Andreas E. Kulozik · Matthias W. Hentze
Christian Hagemeier · Claus R. Bartram

Molekulare Medizin

Grundlagen – Pathomechanismen – Klinik

W
DE
G

Walter de Gruyter · Berlin · New York 2000

Professor Dr. med.
Andreas E. Kulozik, PhD
Charité
Otto-Heubner-Centrum für Kinder-
und Jugendmedizin
Humboldt Universität zu Berlin
Augustenburger Platz 1
D-13353 Berlin

Professor Dr. med.
Christian Hagemeier, PhD
Charité
Otto-Heubner-Centrum für Kinder-
und Jugendmedizin
Humboldt Universität zu Berlin
Ziegelstr. 5–9
D-10098 Berlin

Dr. med. habil. Matthias W. Hentze
EMBL
Meyerhofstr. 1
D-69117 Heidelberg

Professor Dr. med. Claus R. Bartram
Universität Heidelberg
Institut für Humangenetik
Im Neuenheimer Feld 328
D-69120 Heidelberg

Mit 217 Abbildungen und 49 Tabellen.

Die Deutsche Bibliothek – CIP-Einheitsaufnahme

Molekulare Medizin : Grundlagen – Pathomechanismen – Klinik / Andreas
E. Kulozik ... – Berlin ; New York : de Gruyter, 2000
ISBN 3-11-015097-2

♾ Gedruckt auf säurefreiem Papier, das die US-ANSI-Norm über Haltbarkeit erfüllt.

Vorwort

Mit diesem Werk „Molekulare Medizin" haben wir uns ein ehrgeiziges Ziel gesetzt: wir möchten die Grundlagen der ehemals rein basiswissenschaftlichen Molekularbiologie in verständlicher Form erläutern und gleichzeitig darstellen, warum sich die Molekulare Medizin ungewöhnlich schnell zu einer klinischen Fachrichtung entwickelt hat. Die Struktur dieses Buches wurde so gewählt, daß der rapide Zufluß neuer Erkentnisse diese Einführung nicht wertlos, sondern ergänzungsbedürftig machen sollte. Wir haben dieses Buch primär für unsere Kollegen in allen Sparten der klinischen Medizin und für Medizinstudenten konzipiert. Dabei haben wir versucht, die theoretischen Grundlagen unter der Prämisse darzustellen, daß biomedizinische Forschung letztlich dem Patienten dienen sollte.

Die Gliederung dieses Buches verrät die Vielschichtigkeit und Komplexität der Materie. Zunächst geben wir eine Einführung in die theoretischen Grundlagen der Medizinischen Molekularbiologie; dabei wird schnell deutlich werden, daß diese neue Disziplin auf einfache, klassische Grundsätze der Biologie und Genetik aufbaut. Dieser „Entmystifizierung" folgt die Darstellung der gebräuchlichsten Methoden und erster Anwendungsbeispiele bei klinischen Fragestellungen. Schließlich rückt die medizinische Relevanz in den Mittelpunkt der Betrachtung: welche Einsichten und Erkenntnisse trägt die Medizinische Molekularbiologie zum Verständnis pathologischer Vorgänge, deren Diagnose und Therapie bei? Unser Ziel ist nicht, ein möglichst vollständiges Nachschlagewerk der Molekularen Medizin zu erstellen. Vielmehr haben wir versucht, modellhaft die molekularbiologischen Hintergründe und Erkenntnisse einiger Erkrankungen zu beschreiben.

Zuweilen haben wir seltene Krankheitsbilder aufgeführt, wenn sie wegen ihrer allgemeinen Bedeutung für die Erläuterung von Basisphänomenen besonders geeignet erschienen. Oftmals wurde auf eine Darstellung wissenschaftlicher Details verzichtet, umgekehrt aber ebenso häufig Einzelheiten miteinbezogen, wenn dies aus Gründen des besseren Verständnisses geboten erschien. Darin gründet sich ein gewisses Maß an Subjektivität. Wir würden uns freuen, Leser dieser Einführung dazu ermutigt zu haben, Interessensschwerpunkten in der umfangreicheren zumeist angloamerikanischen Literatur nachzugehen.

Als wir im Jahre 1990 die „Einführung in die Medizinische Molekularbiologie" als Vorläufer des nun vorliegenden Buches veröffentlichten, hatte sich der Begriff „Molekulare Medizin" im deutschen Sprachgebrauch noch nicht durchgesetzt. Die Medizinische Molekularbiologie repräsentierte eine vielversprechende neue Denkweise und Methodik, die wichtige Fortschritte zum Verständnis des Krankheitsgeschehens und zur Diagnosestellung erwarten ließ. In wenigen Jahren hat die Molekulare Medizin diese Erwartungen vielfach erfüllt und sie oftmals sogar übertroffen.

Das sehr positive Echo auf die „Einführung in die Medizinische Molekularbiologie" sowie ein Quantensprung im Erkenntnisstand haben uns davon überzeugt, unter Beibehaltung des ursprünglichen Konzepts eine vollständig überarbeitete Neufassung vorzulegen. Dem didaktischen Ansatz, grundlegende Prinzipien an geeigneten Beispielen möglicht einfach darzustellen sind wir dabei treu geblieben. Der Leser dieses Buches soll sich in der „Molekularen Medizin" zu Hause zu fühlen beginnen, und sich im Stande sehen, die Terminologie, Methoden und Fortschritte der Molekularen Medizin einzuordnen und zu bewerten.

Gegenüber dem Vorläufer hat sich nicht nur der Titel geändert. Einige Aspekte wurden stärker fokussiert, andere neu aufgenommen oder vollständig überarbeitet. Zuweilen werden komplementäre Blickwinkel einer Thematik (wie z. B. das Retinoblastomgen) in unterschiedliche Zusammenhänge einbezogen (z. B. Zellzyklus, Apoptose, Onkologie) und durch Querverweise miteinander eng vernetzt. Diese Darstellungsform soll die medizinischen und biologischen Sachverhalte adäquat widerspiegeln und dem didaktischen Prinzip dieses Buches Rechnung tragen. Die Einbeziehung zusätzlicher Fachkollegen erlaubte es, das breite Spektrum der Molekularen Medizin von ihren basiswissenschaftlichen Wurzeln bis zu klinischen Anwendungen kompetent zu überspannen. Gleichzeitig sicherte die enge Zusammenarbeit aller Autoren die Einheitlichkeit der Darstellung, die bei der Erstauflage ein besonders positives Echo hervorrief. Dem Walter de Gruyter Verlag ist zu verdanken, daß nicht nur der Inhalt erweitert werden, sondern vor allem auch die Qualität der Abbildungen mit der rasanten Fortentwicklung der Thematik Schritt halten konnte.

Schließlich sei uns die Hoffnung gestattet, daß dieses Buch Studenten den frühen Zugang zu einer Disziplin ermöglicht, die schon in Kürze nicht mehr als futuristisch, sondern als ein wesentlicher Bestandteil klinischer Medizin angesehen werden wird. Praktizierenden Ärzten wollen wir die Gelegenheit bieten, einem wichtigen Aspekt medizinischen Fortschritts zu folgen. Gewöhnlich ist der Weg für eine medizinische Basiswissenschaft sehr lang, bevor ihre Erkenntnisse Eingang in klinische Überlegungen und Entscheidungen am Krankenbett finden. Wir hoffen, diesen Weg verständlich ausgeschildert zu haben und ihn damit verkürzen zu helfen.

April 2000   *Andreas E. Kulozik, Matthias W. Hentze*
                                               Christian Hagemeier, Claus R. Bartram

Autoren

Verfaßt und herausgegeben von:

Prof. Dr. Dr. A. E. Kulozik
Charité
Otto-Heubner-Centrum für Kinder- und
Jugendmedizin
Humboldt-Universität zu Berlin
Augustenburger Platz 1
13353 Berlin

Prof. Dr. Dr. C. Hagemeier
Charité
Otto-Heubner-Centrum für Kinder- und
Jugendmedizin
Humboldt-Universität zu Berlin
Ziegelstr. 5–9
10098 Berlin

Dr. habil. M. W. Hentze
EMBL
Meyerhofstr. 1
69117 Heidelberg

Prof. Dr. C. R. Bartram
Universität Heidelberg
Institut für Humangenetik
Im Neuenheimer Feld 328
69120 Heidelberg

unter Mitarbeit von:

Prof. Dr. K. Bayertz
Philosophisches Seminar der
Universität Münster
Domplatz 23
48143 Münster
Molekulare Medizin:
ein ethisches Problem

Prof. Dr. E. C. Böttger
Medizinische Hochschule Hannover
Institut für Medizinische Mikrobiologie
30623 Hannover
Molekulare Bakteriologie

PD Dr. M. Digweed
Charité
Institut für Humangenetik
Humboldt-Universität zu Berlin
Augustenburger Platz 1
13353 Berlin
DNA Reparatur

Dr. M. Beekes
Robert-Koch-Institut (P 31)
Nordufer 20
13353 Berlin
Prionen

PD Dr. W. Berger
Max-Planck-Institut für
Molekulare Genetik
Abt. Ropers
Ihnestr. 73
14195 Berlin
Genkartierung, Genidentifikation,
Das menschliche Genomprojekt

Prof. Dr. G. Geserick und
Dr. M. Nagy
Charité
Institut für Gerichtliche Medizin
Humboldt-Universität zu Berlin
Hannoversche Str. 6
10115 Berlin
Analyse hochpolymorpher Marker

Dr. A. Jauch
Universität Heidelberg
Institut für Humangenetik
Im Neuenheimer Feld 328
69120 Heidelberg
Molekulare Cytogenetik

PD Dr. R. Klein und
Dr. A. Plück
EMBL
Meyerhofstr. 1
69117 Heidelberg
Tiermodelle

Prof. Dr. H.-G. Kräusslich
Heinrich-Pette-Institut
Abt. Zellbiologie und Virologie
Martinistr. 52
20251 Hamburg
Molekulare Virologie

Prof. Dr. G.-B. Kresse
Pharma Research Penzberg
Nonnenwald 2
82372 Penzberg
Rekombinante Proteine

Prof. Dr. R. Schäfer und Dr. C. Sers
Charité
Institut für Pathologie
Humboldt-Universität zu Berlin
Augustenburger Platz 1
13353 Berlin
Signalübertragung

Inhalt

1 Was ist Molekulare Medizin?

Die klinische Medizin befaßt sich mit der Erhaltung und Wiederherstellung gesunder Körperfunktionen. Diese Funktionen werden von verschiedenen Organen und anatomischen Strukturen übernommen, die ihrerseits ein Netzwerk differenzierter Zellen darstellen. Man darf deshalb den menschlichen Körper mit seinen 10^{14} Zellen auch als einen organisierten Verbund einzelner spezialisierter Zelltypen mit unterschiedlichen Teilfunktionen auffassen, die ständig miteinander kommunizieren müssen, um sich den jeweiligen Anforderungen des Organismus anzupassen. Die Molekulare Medizin hat eine grundlagenwissenschaftliche und eine klinisch-anwendungsbezogene Ausrichtung. Als Grundlagenwissenschaft untersucht sie die molekularen und genetischen Mechanismen der zellulären Funktion und Kommunikation und versucht, pathologische Zustände als Störungen in diesem fein abgestimmten System zu erkennen. Als klinische Disziplin bedeutet sie eine Erweiterung des Spektrums diagnostischer und therapeutischer Möglichkeiten für viele erworbene und ererbte Erkrankungen. Molekularbiologische und molekularmedizinische Methoden spielen inzwischen in vielen Bereichen der theoretischen und klinischen Medizin eine wichtige praktische Rolle.

Die Molekulare Medizin untergliedert sich in drei Bereiche: 1. Die molekulare Anatomie, Physiologie und Biochemie, 2. die molekularmedizinische Diagnostik und 3. die molekularmedizinische Therapie. Die Grenzen zwischen diesen Bereichen selbst und in Bezug auf ihre „klassischen" Pendents sind fließend. Die „klassische" Anatomie befaßt sich mit dem Aufbau und der Struktur eines Organismus. Die molekulare Anatomie ergänzt mit vormals nicht verfügbarem Auflösungsvermögen eine Beschreibung des Aufbaus und der Struktur des genetischen Apparates. Die Physiologie beschäftigt sich mit der funktionellen Bedeutung von anatomischen Strukturen. Sie beschreibt Prinzipien der Funktionsweise von Geweben und Organen, interzellulärer Kommunikation, Schaltkreise und Signalübertragungen. Die molekulare Physiologie untersucht Abruf und Steuerung der dafür nötigen genetischen Information und beschreibt, wie der genetische Apparat auf den interzellulären Informationsfluß reagiert und diesen steuert. Die Biochemie erklärt intrazelluläre Reaktionsabläufe und metabolische Zyklen. Sie untersucht deren Ablauf, Ineinandergreifen und gegenseitige Steuerung. Die molekulare Biochemie erforscht den genetischen Informationsfluß im Rahmen dieser Schaltkreise. Gleichzeitig stellt sie der Zellbiologie und der Biochemie präzise Werkzeuge zur Verfügung, die exakt definierte experimentelle Manipulationen im Aufbau und in der Expression von Struktur- und Funktionsproteinen ermöglichen.

Als eine Wissenschaft der medizinischen Grundlagenforschung befaßt sich die Molekulare Medizin also hauptsächlich mit Aspekten normaler Zellfunktion und deren Regulation. Sie schafft somit Grundlagen zur Erkennung der molekularen

Ursachen von Erkrankungen und zur Entwicklung kausaler Therapieformen. Die Molekulare Medizin hat den empirischen und deskriptiven Aspekten medizinischer Erkenntnis mit zunehmender Dynamik biowissenschaftliche Einsichten in Kausal-zusammenhänge der Krankheitsentstehung sowie therapeutischer Strategien hinzugefügt. Diese Entwicklung wird sich in Zukunft fortschreitend manifestieren und ruft nach der interdisziplinären Zusammenarbeit von Fachleuten komplementärer medizinischer Fachdisziplinen, um eine optimale Krankenversorgung nach neuestem Kenntnisstand zu gewährleisten.

Die molekularmedizinische Diagnostik ist der Zweig der Molekularbiologie, der bislang die größte Bedeutung in der klinischen Medizin gefunden hat. Die bekannten Anwendungen erstrecken sich sowohl auf ererbte als auch auf erworbene Erkrankungen. Molekularbiologische Methoden und Erkenntnisse haben nicht nur die humangenetische Beratung und pränatale Diagnostik revolutioniert, sondern werden zunehmend auch im Bereich der infektiösen Erkrankungen, der Hämatologie und Onkologie, der Endokrinologie, der Stoffwechselerkrankungen sowie der forensischen Medizin und der Präventivmedizin angewendet. Der Vorteil molekularmedizinischer Diagnostik beruht vor allem auf einer hohen Nachweisempfindlichkeit und Spezifität. Darüberhinaus erschließen molekularbiologische Methoden bislang unzugängliche Problemkreise der medizinischen Diagnostik.

Die Rolle der Molekularen Medizin im Rahmen klinischer Therapie umschließt verschiedene Aspekte. Einerseits ermöglicht sie eine frühere und/oder exaktere Diagnosefindung und hilft daher, die Prognose konventioneller Therapieformen zu verbessern. Außerdem führt ein verbessertes Kausalverständnis pathologischer Abläufe zur Weiterentwicklung konventioneller Therapiekonzepte. Ferner hat sich die molekulare Pharmakologie zu einem eigenständigen, expandierenden Gebiet entwickelt. Rekombinante Therapeutika und Impfstoffe ersetzen schon heute einige traditionell gewonnene Substanzen und erweitern das therapeutische Spektrum. Traditionell waren beispielsweise Hämophiliepatienten auf Faktor VIII Konzentrate angewiesen, die aus menschlichem Blut isoliert und gereinigt wurden. Daraus ergaben sich zwei Nachteile: Zum einen ist die Verfügbarkeit menschlichen Blutes begrenzt, zum anderen kann Humanblut kontaminiert sein (z. B. Hepatitis B, HIV) und trägt daher einen Risikofaktor. Wie in Kapitel 8.1 ausführlicher beschrieben werden wird, erlauben molekularbiologische Methoden die gentechnologische Herstellung naturgleicher Produkte. Der Vorteil dieser „rekombinanten Pharmaka" liegt in der nahezu unbegrenzten Verfügbarkeit und einem vergleichsweise günstigeren Herstellungspreis (bei allerdings erheblichen Entwicklungskosten). Da die gentechnologische Gewinnung nicht aus menschlichem Blut oder Gewebe erfolgt, ist ein Kontaminationsrisiko mit humanpathogenen Erregern praktisch ausgeschlossen.

Die gegenwärtig größte Herausforderung für die Molekulare Medizin auf therapeutischem Gebiet besteht darin, einzelne Gene zielgerichtet in Körperzellen „einzuschleusen" und auf diesem Wege genetische Defekte korrigieren oder maligne Zellen eliminieren zu können. Während die Transplantationschirurgie insuffiziente Organe durch gesunde ersetzt, könnte die somatische Gentherapie ein fehlendes oder defektes Gen durch ein gesundes ersetzen. Damit würde ein großer Bereich derzeit prognostisch ungünstiger Erkrankungen einer Therapie zugänglich. An den Möglichkeiten zu gentherapeutischen Anwendungen wird gegenwärtig intensiv geforscht. Erste klinische Erfahrungen aus Gentherapiestudien liegen vor. Wenngleich deren Ergebnisse weitgehend hinter den Erwartungen zurückblieben, darf nicht vergessen werden, daß die Geschichte der Molekularen Medizin noch recht jung ist und beispielsweise sechzig Jahre vergehen mußten, bevor Robert Koch's Entdeckung des *Mycobacterium tuberculosis* eine erfolgreiche antibiotische Therapie folgte. Der gegenwärtige Stand der Entwicklung der Gentherapie sowie medizinethische Implikationen und Probleme werden in den Kapiteln 8.2 und 9 diskutiert.

Vor dem Hintergrund expandierender Möglichkeiten in Diagnostik (einschließlich prädiktiver Diagnostik) und Therapie möchten wir schon in dieser Einleitung auf zwei weitere, zukünftig zunehmend relevante Aspekte hinweisen. Einerseits muß ein ärztlicher und gesellschaftlicher Konsens darüber angestrebt und erzielt werden, nach welchen Kriterien Prioritäten ärztlichen Handelns mit ökonomischen Gegebenheiten in Einklang zu bringen sind. Außerdem muß das Vorliegen einer vom Arzt festzustellenden medizinischen Indikation Grundlage ärztlichen Handelns bleiben etwa bei der Einleitung molekulargenetischer Diagnostik. Auch deshalb wird es zunehmend wichtig, daß alle Ärzte über molekularmedizinisches Grundlagenwissen verfügen. Insgesamt durchdringt die molekularmedizinische Denkweise viele Bereiche der modernen Medizin und hat bereits zu einigen praktisch wichtigen Durchbrüchen geführt. Ohne entsprechendes Grundlagenwissen wird man diesen Entwicklungen künftig kaum noch folgen können.

2 Molekulare Anatomie

In der Molekularen Medizin wie auch in anderen medizinischen Teilbereichen hat das Verständnis von Funktionen und dynamischen Abläufen ebenso wie die Analyse pathologischer Veränderungen eine Voraussetzung: die Kenntnis der statischen, anatomischen Grundstruktur. Dieses Kapital beschreibt die Bestandteile und den Aufbau des genetischen Apparates. In diesem Sinne stellt es gewissermaßen eine „molekulare Anatomie" dar. Das in jeder Zelle vorhandene Erbmaterial, die DNA (Desoxyribonukleinsäure), und ihre Abkömmlinge, die RNAs (Ribonukleinsäuren), stehen im Mittelpunkt der molekularmedizinischen Betrachtung. Dabei soll zuerst daran erinnert werden, daß jede eukaryonte Zelle (d.h. tierische, pflanzliche oder Hefezelle) im Gegensatz zur prokaryonten (Bakterien) Zelle ihren genetischen Apparat im Zellkern kompartimentiert hat. Außerdem verfügen eukaryonte Zellen über Organellen wie Lysosomen oder Mitochondrien. Letztere beherbergen ein eigenes, mitochondriales Genom, welches wegen seiner nicht unerheblichen molekularmedizinischen Bedeutung gesondert diskutiert wird (siehe Kap. 5.2.2).

2.1 Aufbau des Zellkerns

Der Zellkern läßt sich wegen seiner Größe und seiner stärker lichtbrechenden Eigenschaften schon im Lichtmikroskop vom Cytoplasma abgrenzen. In einigen Bereichen, vor allem an den Chromosomenenden sowie im Bereich der Centromere (s.u.), ist die DNA stärker kondensiert und erscheint daher dunkler. Man spricht hier von Heterochromatin. Viele inaktive Gene und nicht transkribierte repetitive DNA Sequenzen finden sich in diesen heterochromatischen Bereichen. Im Gegensatz dazu ist das Euchromatin weniger stark kondensiert und weist die Mehrzahl aktiver Gene auf. Eine höhere Auflösung als das Lichtmikroskop bietet das Elektronenmikroskop, das die in Abbildung 2.1 gezeigten Strukturen zu unterscheiden erlaubt. Deutlich sichtbar werden im Cytoplasma einige Mitochondrien, sowie die Doppelmembran, die den Zellkern und seinen Inhalt vom Cytoplasma trennt. Eine solche Kernhülle gibt es bei Bakterien nicht. Dieser Unterschied hat eine entscheidende Konsequenz: Wenn bakterielle mRNA von der DNA transkribiert wird, steht diese mRNA sofort als Vorlage zur Proteinsynthese (Translation) zur Verfügung. Da die Translation von den Ribosomen durchgeführt wird und diese sich nicht im Zellkern befinden, muß die mRNA in eukaryonten Zellen erst aus dem Zellkern exportiert werden (nukleo-cytoplasmatischer Transport), bevor sie translatiert werden kann. Weshalb wählen die weiterentwickelten, höheren Lebensformen diesen scheinbar umständlicheren Weg? Welche Vorteile bieten die zeitliche und örtliche Trennung von Transkription und Translation?

Die räumliche Trennung von Transkription und Translation ist eine Notwendigkeit, um in eukaryonten Zellen die Translation aberranter Proteine von einer unreifen mRNA zu verhindern. Eukaryonte und prokaryonte mRNAs unterscheiden sich signifikant. Prokaryonte mRNA wird von der DNA-Vorlage abkopiert und bedarf vor Beginn der Translation keiner weiteren Veränderungen; die Translation beginnt sogar schon am „Kopf" der prokaryonten mRNA wenn der „Schwanz" noch nicht einmal transkribiert ist. Im Gegensatz dazu muß die eukaryonte mRNA drastischen Modifikationsschritten unterzogen werden (siehe Kap. 3.2), bevor die Translation

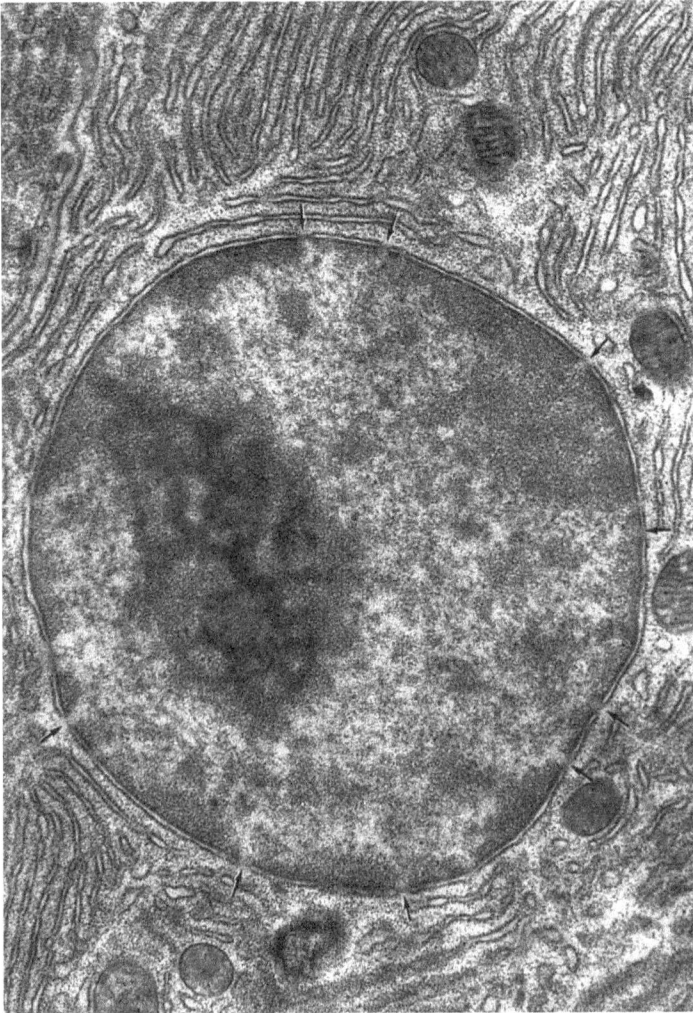

Abb. 2.1 Elektronenmikroskopische Darstellung einer eukaryonten Zelle. Pfeile kennzeichnen die Kernporen. (Abbildung freundlicherweise überlassen von Prof. D. Fawcett, Harvard, USA)

beginnen darf. Erst wenn die mRNA alle Reifungsschritte durchlaufen hat, wird sie aus dem Zellkern ins Cytoplasma transportiert. Der Export reifer mRNAs aus dem Zellkern in das Cytoplasma erfolgt durch elektronenmikroskopisch darstellbare, komplex aufgebaute Transportkanäle, die Kernporen (Abb. 2.1)

Der Vorteil, der sich eukaryonten Zellen durch die anatomische Trennung von RNA Prozessierung und Translation bietet, liegt in der Zwischenschaltung von Reifungsschritten. Erstens können diese Reifungsschritte Angriffspunkte für regulatorische Interventionen sein. Zweitens erlauben nachgeschaltete Reifungsschritte einen Genaufbau im „Baukastenprinzip" (siehe Kap. 3.2.3), der der Evolution zusätzliche Möglichkeiten bietet, erfolgreiche Proteinbausteine mehrfach in verschiedenen Proteinen zu verwenden.

2.2 Das menschliche Genom

Alle Zellen einer gegebenen Spezies verfügen im allgemeinen über denselben DNA-Bestand, das Genom. Ein haploides menschliches Genom besteht aus drei Milliarden Einzelbausteinen (Nukleotiden), wobei die Genomgrößen verschiedener Spezies stark variieren. Tabelle 2.1 zeigt einen Vergleich der Genomgrößen eines Bakteriums (*Escherichia coli*), einer Hefezelle (*Saccharomyces cerevisiae*), einer pflanzlichen Zelle (Lilie) und einer menschlichen Zelle. Es fällt dabei auf, daß die Lilie über 30-mal mehr DNA verfügt als eine menschliche Zelle, während Krötenzellen und menschliche Zellen vergleichbare Mengen an DNA aufweisen. Offensichtlich läßt die Komplexität eines Organismus keinen Rückschluß auf die Menge von DNA pro Zelle zu. Einer der Hauptgründe dafür ist, daß ein großer Teil der genomischen DNA nicht für Proteine kodiert, sondern andere (oder zum Teil keine?) Funktionen ausübt. Der Prozentsatz dieser nicht-Protein kodierenden DNA schwankt sehr stark zwischen verschiedenen Spezies. Die Zahl aktiver Gene ist dagegen bei komplexeren Organismen deutlich höher als bei einfacheren: So weist die Bierhefe etwa 6.300 Gene auf, während der Mensch über etwa 140.000 Gene verfügen dürfte.

Ein nicht unerheblicher Teil der vermeintlich funktionslosen DNA entfällt auf solche Sequenzen, die sich in vielen tausend Kopien über das gesamte Genom ver-

Tab. 2.1 Vergleich von Genomgrößen verschiedener Spezies

Herkunft der Zelle	Größe des haploiden Genoms
Mensch	3×10^9 bp
Amphibien	$0.5 - 90 \times 10^9$ bp
Kröte	3×10^9 bp
Pflanzen	$0.1 - 100 \times 10^9$ bp
Lilie	90×10^9 bp
Hefen	$0.02 - 0.04 \times 10^9$ bp
Saccharomyces cerevisiae	0.02×10^9 bp
Bakterien	$0.001 - 0.01 \times 10^9$ bp
E. coli	0.004×10^9 bp

streut wiederholen. Diese repetitiven DNA-Sequenzen existieren beim Menschen ebenso wie bei Affen, Mäusen, Hühnern und vielen anderen Spezies. Sie sind in ihrer Nukleotidsequenz zwischen verschiedenen Spezies eindeutig miteinander verwandt, jedoch unterschiedlich genug, um mit ihrer Hilfe beispielsweise menschliche DNA von Maus-DNA unterscheiden zu können. Die Mehrzahl repetitiver DNA-Sequenzen kann auf Grund von Sequenzhomologien in verschiedene Familien eingeteilt werden. Die Familie der sogenannten „Alu-Sequenzen" kommt im menschlichen Genom in etwa 500.000 Kopien vor, was allein circa 5 % der Gesamtgröße des Genoms entspricht. Ihr Name erklärt sich daraus, daß sie sich mit dem Restriktionsenzym *Alu*I in etwa gleichlange Fragmente schneiden lassen. Über die mögliche Funktion von Alu-Sequenzen existieren verschiedene Theorien, sie werden hier jedoch hauptsächlich wegen ihrer Rolle als genetische Marker menschlicher DNA erwähnt. Repetitive DNA-Sequenzen finden sich zum einen in der Nähe der Telomere und Centromere (s. u.). Zum anderen kommen sie auch als kleine Inseln verstreut im Genom vor. Man spricht dann von Mini- bzw. Mikrosatelliten. Da sich die Anzahl der zwischen 2 und 100 Nukleotiden langen Einzelsegmente individuell oft hochgradig unterscheiden, eignen sie sich besonders gut als genetische Marker.

2.2.1 Aufbau der Gene

Als praktische Arbeitsdefinition könnte man Gene als die kleinsten Funktionseinheiten der DNA bezeichnen, die Information für eine nachweisbare Funktion oder Struktur einer Zelle tragen. Dazu zählen neben den Proteinen auch eine Reihe von verschiedenen RNA-Molekülen. Strukturell/funktionell kann man bei einem Gen zwischen der Steuereinheit und der exprimierten Region unterscheiden. Die Steuereinheit reguliert die Expression eines Gens in angemessener Stärke, in den richtigen Geweben und zum korrekten Zeitpunkt. Die exprimierte Region trägt die eigentliche Information für die RNA bzw. ein Protein als endgültiges Genprodukt. Auf der Basis unterschiedlicher Expressionsmechanismen unterscheidet man zwischen drei Hauptgruppen von Genen. Es handelt sich dabei um die Protein-kodierenden Strukturgene, um die Gene für die ribosomale RNA sowie um Gene für kleine Ribonukleinsäuren wie beispielsweise die tRNAs. Von direkter klinischer Bedeutung sind dabei hauptsächlich die Strukturgene. Für ein besseres Verständnis der molekularen Physiologie einer Zelle sind allerdings grundlegende Kenntnisse über die anderen beiden Gengruppen bzw. über deren Produkte erforderlich.

Das haploide menschliche Genom, d.h. die DNA des einfachen Chromosomensatzes, enthält mit seinen etwa 3×10^9 Nukleotiden die genetische Information für etwa $1-1.5 \times 10^5$ verschiedene Proteine. Diese Information ist auf nur ca. 5 % der menschlichen DNA untergebracht. Die restlichen 95 % sind nicht mRNA-kodierend, enthalten aber regulative Elemente für die organspezifische und ontogenetische Genexpression, Anheftungsstellen der DNA an das Chromatingerüst, Replikationsursprünge, wahrscheinlich virale Elemente, die im Verlauf der Evolution ins menschliche Genom eingebaut wurden und Abschnitte ohne bekannte Funktion (s. o.). Ein Teil der nicht transkribierten DNA zwischen den Genen setzt sich aus sogenannten repetitiven Sequenzen zusammen. Dabei handelt es sich um Elemente ähnlicher Sequenz aber unterschiedlicher Länge, die an verschiedenen Stellen des Genoms in insgesamt vieltausendfacher Ausfertigung vorkommen. Manche dieser repetitiven Sequenzen sind speziesspezifisch und lassen sich daher als Gensonden zur Identifikation z. B. menschlicher DNA einsetzen.

2.2.1.1 Strukturgene

Die meisten Proteine werden von Genen kodiert, die nur jeweils einmal als single copy im Genom vorkommen. Strukturgene bestehen aus einem in RNA transkribierten Anteil und einer Steuereinheit, die in der Regel selbst nicht exprimiert wird (Abb. 2.2). Der transkribierte Teil enthält die Protein-kodierenden Abschnitte, die in den meisten Genen von nicht-kodierenden Anteilen unterbrochen sind. Die kodierende Information eines Gens ist also auf der DNA und auf dem Primärtranskript diskontinuierlich angeordnet. Für eine geordnete Proteinsynthese am Ribosom ergibt sich daher die Notwendigkeit, die kodierende von der nicht-kodierenden Information zu trennen. Bei diesem als Spleißen bezeichneten Vorgang (siehe Kap. 3.2.3) werden die nicht-kodierenden Sequenzen (Introns) noch im Zellkern ausgeschnitten, wogegen die kodierenden Segmente des Primärtranskriptes miteinander verbunden und als reife mRNA zur Proteinsynthese aus dem Zellkern in das Cytoplasma transportiert werden. Die entsprechenden Sequenzen des Gens bezeichnet man daher als Exons.

Die Steuerelememte des Gens liegen teils in dessen unmittelbarer Nachbarschaft, im sogenannten Promotor, oder auch einige tausend Basenpaare davon entfernt. Sie können die Transkription eines Gens entweder stimulieren oder hemmen und werden daher als Enhancer oder als Silencer bezeichnet. Abbildung 2.2 zeigt den schematischen Aufbau eines typischen Strukturgens. Die funktionalen Zusammenhänge bei der Expression eines Gens werden in Kapitel 3.1 näher erläutert.

Anzumerken ist, daß es bei der Unterscheidung zwischen der transkribierten und der Steuereinheit eines Gens Überschneidungen geben kann. So können Introns und auch Exons durchaus Elemente der Steuereinheit enthalten.

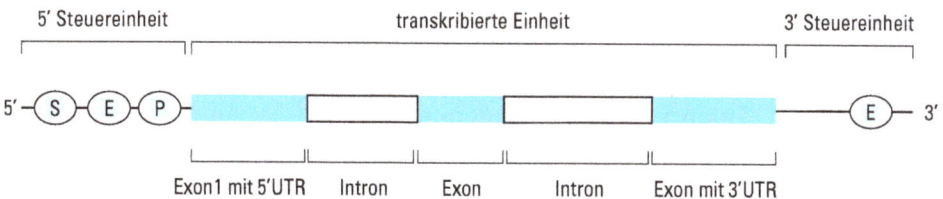

Abb. 2.2 Schematischer Aufbau eines Strukturgens. Die Steuereinheit setzt sich aus dem Promotor (P), Enhancern (E) und ggf. Silencern (S) zusammen. Enhancer und Silencer können sowohl 5' als auch 3' vom transkribierten Anteil eines Gens liegen. Die transkribierte Einheit enthält Sequenzen, die als reife mRNA den Zellkern verlassen (Exons) sowie Sequenzen, die aus dem Primärtranskript herausgespleißt werden (Introns). Die untranslatierten Regionen 5' und 3' des proteinkodierenden offenen Leserasters (5'-UTR und 3'-UTR) enthalten Nukleotide, die für die Translation und für die mRNA-Stabilität von Bedeutung sein können, aber nicht in Peptidsequenz translatiert werden.

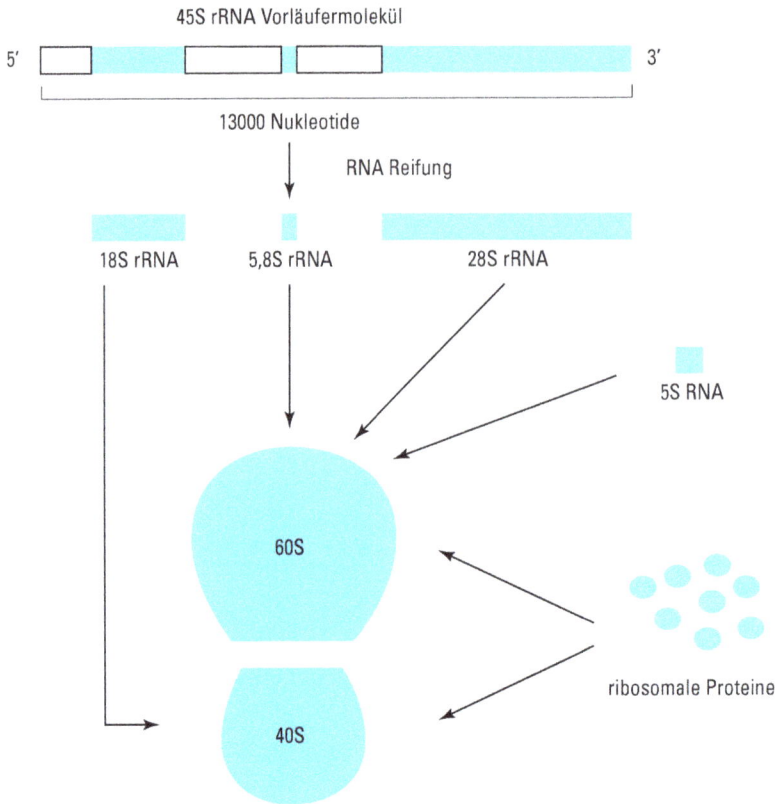

Abb. 2.3   Schematischer Ablauf der rRNA- und Ribosomensynthese.

2.2.1.2 Gene für die ribosomale RNA (rRNA)

Die rRNA wird als Bestandteil der Ribosomen in großen Mengen für die Proteinsynthese benötigt. Entsprechend macht sie etwa 75 % der gesamten zellulären RNA aus. Im Gegensatz zu den meist in single copy vorliegenden Strukturgenen gibt es etwa 200 fast identische Kopien der rRNA Gene im haploiden menschlichen Genom. Sie sind in fünf Gruppen auf den fünf akrozentrischen Chromosomen 13, 14, 15, 21 und 22 verteilt und liegen dort getrennt von Abstandshaltern, der sogenannten Spacer-DNA, hintereinander. Die für die rRNA Synthese zuständige RNA-Polymerase I setzt an einem, im Vergleich zu den Strukturgenen, etwas anders aufgebauten Promotor an und transkribiert von allen 200 Genen das gleiche etwa 13 kb lange Vorläufermolekül mit einem Sedimentationskoeffizienten von 45 S. Dieses wird post-transkriptional in die reifen 5,8 S, 18 S und 28 S rRNA Moleküle (160 bp, 2000 bp und 5000 bp) gespalten. Die verbleibenden 6000 bp des gemeinsamen Vorläufers werden im Zellkern abgebaut (Abb. 2.3). Die ribosomalen Untereinheiten entstehen dann im Nukleolus durch Verbindung der rRNA mit den ribosomalen Proteinen.

Dabei werden die 5.8 S und die 28 S rRNA sowie die von einer eigenen Gengruppe transkribierte 5 S rRNA in die große Untereinheit und die 18 S rRNA in die kleine Untereinheit des Ribosoms eingebaut. Die Transkription eines gemeinsamen Vorläufermoleküls und dessen Spaltung in die verschiedenen rRNA Moleküle garantiert deren Synthese in den benötigten äquimolaren Mengen. Für den Morphologen ist die Rolle der Nukleoli bei der Synthese der Ribosomen von einiger diagnostischer Bedeutung, da die Größe dieser Strukturen recht gut mit der Stoffwechselaktivität einer Zelle korreliert. Zellen mit einer besonders ausgeprägten Proteinsyntheseleistung, aber auch maligne Zellen fallen durch ihre großen Nukleoli auf.

2.2.1.3 Gene für die Transfer RNA (tRNA)

Die kleinen, von der RNA-Polymerase III synthetisierten RNA Moleküle machen etwa 15 % der gesamten zellulären RNA aus und erfüllen wichtige Aufgaben bei der Proteinsynthese oder beim Spleißen des Primärtranskriptes, der prä-mRNA. So spielt die tRNA als eigentlicher Adapter eine zentrale Rolle bei der Translation von mRNA in die Aminosäuresequenz eines Proteins (siehe Kap. 3.4.2). Die Sekundärstruktur der mehr als 20 tRNA Moleküle ist grundsätzlich ähnlich. Durch intramolekulare Basenpaarung entsteht ein Molekül mit drei exponierten Schleifen und einem freien 3'-Ende. Eine der Schleifen enthält das Anticodon, das sich über homologe Basenpaarung spezifisch an ein Basentriplett der mRNA, das Codon bindet. Das freie 3'-Ende dient als Bindungsstelle für die jeweils spezifische Aminosäure, die dort durch eine eigene Aminoacyl-tRNA-Transferase angefügt wird. Die Spezifität dieser Enzymreaktion ist somit von ebenso großer Wichtigkeit für die korrekte Translation wie die Wechselwirkung zwischen Codon und Anticodon. Es ist noch nicht abschließend geklärt, welche spezifischen Elemente der tRNA von der jeweiligen Aminoacyl-tRNA-Transferase erkannt werden. Bei einigen der bisher untersuchten tRNA Species spielt das Anticodon auch bei dieser Reaktion eine entscheidende Rolle, bei anderen scheinen Nukleotide an anderen Stellen diese Funktion zu übernehmen. Bestimmte tRNA-Nukleotide werden post-transkriptionell modifiziert, was möglicherweise die Translationseffizienz und die Codonspezifität beeinflußt.

Außer der tRNA werden auch andere kleine RNA-Moleküle, wie die U6 snRNA und die 5 S rRNA von der RNA-Polymerase III synthetisiert. Es muß noch geklärt werden, warum eine Zelle mit drei verschiedenen RNA Polymerasen ausgestattet ist. Es ist denkbar, daß die unterschiedlichen Erfordernisse bei der Regulation der verschiedenen Genklassen die Entwicklung der drei Enzymsysteme begünstigt haben.

2.2.1.4 Pseudogene

Bei den Pseudogenen handelt es sich um nicht transkribierte DNA Abschnitte mit hoher Sequenzhomologie zu funktionellen Genen. Bekannt sind zwei Entstehungsmechanismen. Der erste Typ, das sogenannte prozessierte Pseudogen, leitet sich vermutlich von revers transkribierter mRNA ab, denn man findet praktisch eine DNA

Kopie der mRNA ohne Introns, die ins Genom integriert wurde. Prozessierten Pseudogenen fehlen die Elemente der Steuereinheit der Originale und sie werden daher nicht transkribiert. Der zweite Typ leitet sich aus der Evolution von Familien ähnlicher menschlicher Strukturgene ab. Ein Beispiel für diesen Typ sind die Globingene, die sich vermutlich aus einem gemeinsamen „Gen-Ahnen" durch eine Kombination von Duplikations- und Konversionsereignissen entwickelt haben. Einige der Produkte dieses Evolutionsprozesses sind entweder primär fehlerhaft entstanden oder haben sukzessive Mutationen akkumuliert, die ihre Expression verhindern. Praktische Bedeutung kommt den Pseudogenen bei der Rekonstruktion der Genevolution und als Gensonden bei der Diagnose genetischer Veränderungen zu.

2.3 Chromosomen

Unter einem Chromosom versteht man eine im Zellkern befindliche, mikroskopisch abgrenzbare Einheit, die sich aus einem langen Faden von DNA und damit assoziierten Proteinen zusammensetzt. Abhängig von seiner Größe besteht jedes Chromosom aus einem DNA-Faden von etwa 50 Millionen (Chromosom 21) bis 300 Millionen Nukleotiden.

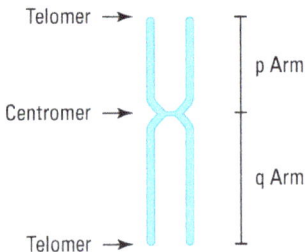

Abb. 2.4   Schematische Darstellung eines Chromosoms.

Eine lichtmikroskopische Untersuchung von Zellen und deren Zellkernen läßt in den meisten Phasen des Zellzyklus nur wenige Rückschlüsse auf die Organisation der DNA im Zellkern zu. In der Metaphase von Meiose und Mitose (siehe Kap. 3.6) kondensiert die DNA dagegen zu lichtmikroskopisch definierbaren Strukturen, den Chromosomen. Aus diesem Grunde werden lichtmikroskopische Untersuchungen zur Chromosomenzahl und -struktur vor allem an Metaphase-Präparaten durchgeführt. Chromosomenanalysen werden an kernhaltigen und teilungsfähigen Zellen durchgeführt. Die schematische Darstellung eines Chromosoms in Abbildung 2.4 identifiziert seine charakteristischen Bestandteile: die Chromosomenenden (Telomere), das Centromer, den mit p (petit, französisch) bezeichneten kurzen Arm und den mit q (nächster Buchstabe im Alphabet) bezeichneten langen Arm eines Chromosoms.

Diploide Zellen des Menschen enthalten in ihrem Zellkern 46 Chromosomen: 22 Autosomenpaare und 2 Geschlechtschromosomen (Gonosomen). Das größere der Geschlechtschromosomen wird mit X und das kleinere mit Y bezeichnet. Eine weibliche Zelle enthält zwei X-Chromosomen, während eine männliche Zelle ein X- und ein Y-Chromosom aufweist. Seit den 70er Jahren werden cytogenetische Bänderungstechniken zur Chromosomenanalyse eingesetzt. Hierbei werden die Chromosomen mit chemischen Substanzen so behandelt, daß alternierend helle und dunkle Banden entlang der Chromosomen erzeugt werden. Bei der Erstellung eines Karyogramms werden die Chromosomen nach Größe, Lage des Centromers und Bandenfärbung paarweise geordnet und von 1 bis 22, beziehungsweise mit X und Y numeriert (Abb. 2.5). Abbildung 2.6 zeigt am Beispiel eines Chromosoms 1 die unterschiedlichen Bandenmuster nach G-, R- und C-Bänderung.

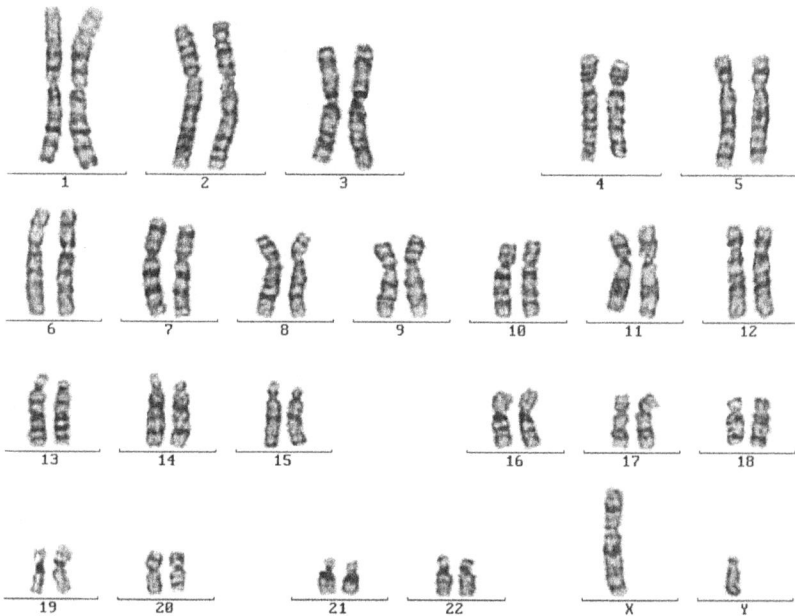

Abb. 2.5 Chromosomensatz eines Mannes. Die Abbildung zeigt eine Darstellung des Bandenmusters nach Giemsa-Färbung.

Die Bänderungstechniken machen ein für jedes Chromosom spezifisches Färbemuster sichtbar und sind daher zur cytogenetischen Beurteilung chromosomaler Veränderungen sehr hilfreich. Eine Chromosomenbande hat dabei die Größe von ungefähr 10 Millionen Nukleotiden (10 Megabasenpaaren, Mbp), d.h. mit Hilfe cytogenetischer Bänderungtechniken können nur relativ grobe Veränderungen der Chromosomen erkannt werden.

Chromosom 1

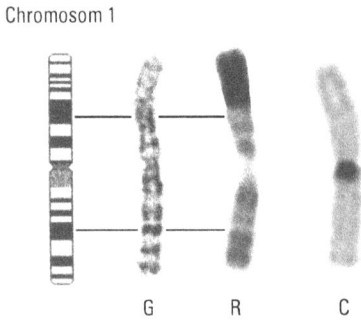

G   R   C

Abb. 2.6 Anfärbung von Chromosom 1 mit der konventionellen Giemsa Methode (G-Bänderung) sowie den methodischen Varianten der R-Bänderung (reverse Darstellung von Chromosomenregionen, die nach der G-Bänderung ungefärbt bleiben) und C-Bänderung (gezielte Markierung des Heterochromatins in der Centromer-Region). Die schematische Darstellung des Chromosoms entspricht der G-Bänderung. Beispielhaft wird im Bereich der kurzen und langen Chromosomenarme gezeigt (Strichlinie), daß eine dunkelgefärbte Bande nach G-Färbung einem ungefärbten Bereich der R-Bänderung entspricht.

2.3.1 Chromosomenaberrationen

Normabweichungen in Zahl, Größe oder Form von Chromosomen können als pathologisch angesehen werden. Gleichzeitig muß jedoch herausgestellt werden, daß Anomalien des Karyotyps klinisch gegebenenfalls vollkommen unauffällig bleiben können. Auf der anderen Seite rufen cytogenetisch feststellbare Chromosomenanomalien in vielen Fällen komplexe Syndrome hervor. Bedenkt man die Menge genetischer Information, die einer Veränderung unterworfen sein muß, bevor sie cytogenetisch diagnostizierbar wird, ist es nicht verwunderlich, daß häufig mehrere physiologische Körperfunktionen oder Körpersysteme betroffen sind.

Anomalien des Karyotyps lassen sich in zwei Gruppen unterteilen: a) numerische und b) strukturelle Chromosomenanomalien. Alle Veränderungen, bei denen die Chromosomenzahl des diploiden menschlichen Chromosomensatzes größer oder kleiner als 46 ist, zählen zu den numerischen Chromosomenanomalien. Da jedes Chromosom und jede chromosomale Region unterschiedliche Erbinformationen beherbergt, hängt die klinische Symptomatik maßgeblich von der Lokalisation der Veränderung ab.

Durch Vervielfachungen (Polysomien) oder Fehlen (Monosomien) eines oder mehrerer Chromosomen können numerische Chromosomenaberrationen (Aneuploidie) hervorgerufen werden. Das klinische Erscheinungsbild läßt sich vermutlich auf Gendosiseffekte (einfache oder dreifache Gendosis anstatt der zweifachen) zurückführen. Das Paradigma der numerischen Chromosomenaberration stellt die Trisomie des Chromosoms 21 (Down Syndrom) dar. Der Karyotyp wird in diesem Fall als 47, XX oder XY, +21 beschrieben. Das Down Syndrom ist die häufigste aller Aneuploidien (1–2/1000 Geburten) und kommt bei allen ethnischen Gruppen vor. Während das klinische Erscheinungsbild typisch ist, bleibt derzeit noch ungeklärt, weshalb ein drittes Chromosom 21 (bzw. welche Gene auf diesem Chromosom) für eine so weitreichende klinische Symptomatik verantwortlich ist. Man weiß inzwischen auf Grund cytogenetischer Analysen einer kleinen Zahl von Patienten, bei denen nur ein Teil des Chromosoms 21 dreifach vorliegt, daß die verantwortlichen Gene im Bereich des langen Arms von Chromosom 21 (21q22) lokalisiert sind.

Der Karyotyp 45, X0, das heißt das Fehlen eines Geschlechtschromosoms in allen Körperzellen, stellt die derzeit einzig bekannte lebensfähige Aneuploidie mit weniger als 46 Chromosomen dar. Der Phänotyp bei einem Genotyp von 45, X0 (Turner Syndrom) ist weiblich, jedoch sind die betroffenen Patientinnen unfruchtbar und kleinwüchsig. Auch im Kontext maligner Erkrankungen kann es zu numerischen Aneuploidien in einzelnen Körperzellen kommen.

Im Gegensatz zu den numerischen Veränderungen betreffen strukturelle Aberrationen Teilabschnitte einzelner Chromosomen. Unter den Strukturanomalien sind Deletionen, Duplikationen, Translokationen und Inversionen die häufigsten. Bei der Deletion und der Duplikation ist die Gesamtmenge chromosomaler DNA verändert, bei der (balancierten) Translokation und Inversion gewöhnlich nicht. Aus molekularmedizinischer Sicht soll hervorgehoben werden, daß alle Strukturanomalien Bruchstellen aufweisen, bei denen „neue Nachbarschaftsverhältnisse" geschaffen werden (siehe Abb. 2.7).

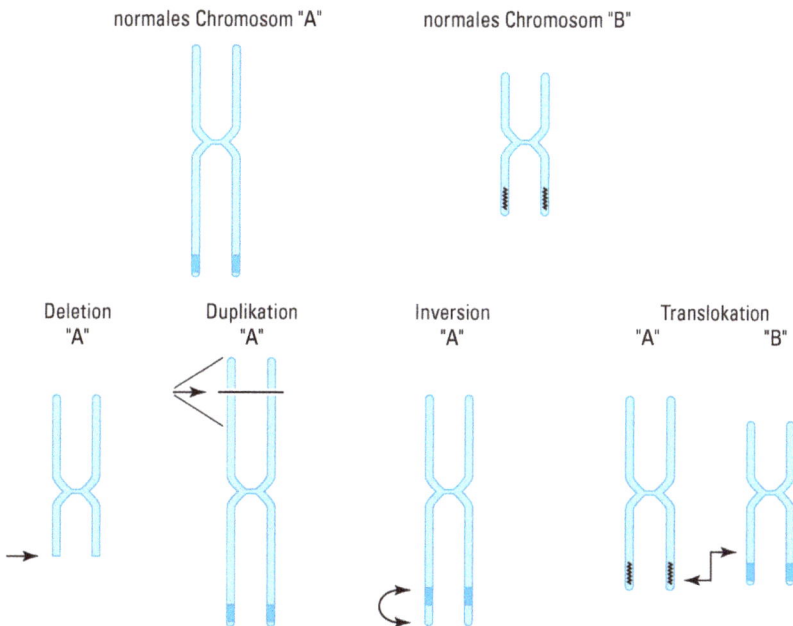

Abb. 2.7 Schematische Darstellung einiger chromosomaler Strukturanomalien. Die gekennzeichneten Bereiche des q Arms dieser beiden Chromosomen dienen der Orientierung. Die Pfeile weisen auf den von einer Strukturanomalie betroffenen Bereich des Chromosoms hin.

Dadurch können die Kontrollelemente einzelner Gene ihren Einfluß auf ihr Zielgen verlieren und/oder andere Gene unter ihre Regulation geraten. Im Endeffekt ist der normale Ablauf einer gesteuerten Expression der Erbinformation gestört, was zum Teil weitreichende Konsequenzen (z. B. eine Tumorentwicklung) nach sich ziehen kann.

Darüber hinaus wird in zunehmenden Maße die Bedeutung einzelner, in vielen Fällen kleiner Deletionen im Rahmen der klinischen Humangenetik offensichtlich. Als ein klassisches Beispiel gilt das mit Minderwuchs, Adipositas und geistiger Retardierung einhergehende Prader-Willi Syndrom, das durch eine Deletion eines cytogenetisch kleinen, manchmal mit dem Mikroskop nicht erkennbaren Abschnitts des langen Arms von Chromosom 15 (15q11–13) hervorgerufen wird (siehe Kap. 5.4). Vergleichbare Minimalläsionen wurden auch beim Williams-Beuren (7q11) oder beim Langer-Giedion Syndrom (8q22) beobachtet.

2.3.2 Molekulare Cytogenetik

Durch die Einführung der Fluoreszenz *in situ* Hybridisierung (FISH) Ende der 80er Jahre konnte die Diagnostik chromosomaler Veränderungen wesentlich erweitert werden. Die FISH-Technik verbindet cytogenetische und molekulargenetische Arbeitsmethoden und ermöglicht eine farbige Darstellung ausgewählter Chromosomen und Chromosomenabschnitte im Fluoreszenz-Mikroskop. Verglichen mit konventionellen Bänderungstechniken kann durch die FISH-Analyse ein bis zu tausendfach höheres Auflösungsvermögen im Bereich weniger kb erzielt werden. Mit Hilfe dieser Methode ist es auch möglich die chromosomale Herkunft komplex zusammengesetzter Chromosomenanomalien (sogenannter Markerchromosomen) und Translokationen zu bestimmen. Durch den Einsatz ausgewählter DNA-Sonden lassen sich spezifische Chromosomenveränderungen zudem in der Interphase nachweisen.

Wie alle Hybridisierungstechniken beruht auch die FISH Analyse auf der Fähigkeit von DNA sich im einzelsträngigen Zustand mit einem komplementären DNA-Strang zu einem doppelsträngigen Molekül zusammenzulagern. Die Hybridisierung der Sonde erfolgt dabei *in situ* direkt auf dem Chromosomen- bzw. Zellkernpräparat des Patienten. Das Verfahrensprinzip ist in Abbildung 2.8 schematisch dargestellt.

Je nach Fragestellung können verschiedene DNA-Sonden zur Hybridisierung eingesetzt werden. Prinzipiell unterscheidet man dabei zwischen gen- bzw. locusspezifischen DNA-Sonden, die unter geeigneten Hybridisierungsbedingungen nur auf einem spezifischen Chromosomenabschnitt hybridisieren, und DNA-Sonden, die neben chromosomenspezifischen DNA-Abschnitten auch ubiquitär im Genom vorkommende repetititve Sequenzabschnitte (z. B. Alu-Sequenzen) enthalten. Durch einen Überschuß unmarkierter repetitiver DNA im Hybridisierungsansatz können diese Sequenzen unterdrückt werden. Für diese als „chromosome painting" bezeichnete Technik stehen heute chromosomen-spezifische DNA-Bibliotheken, die die DNA eines kompletten menschlichen Chromosoms enthalten, zur selektiven Anfärbung individueller Chromosomen zur Verfügung. DNA-Sonden für Chromosomenarme bis hin zu einzelnen Chromosomenbanden (> 10 Mbp) können mit Hilfe von Mikrodissektion und anschließender Mikroklonierung bzw. Amplifikation mittels PCR

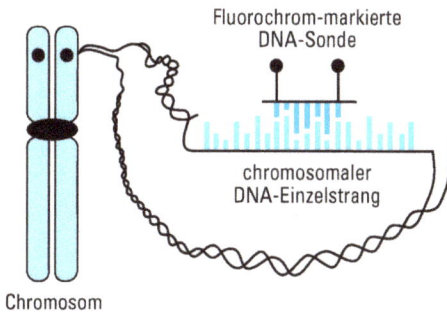

Abb. 2.8 Schematische Darstellung der Fluoreszenz *in situ* Hybridisierung (FISH): Durch Hitzedenaturierung ist der DNA-Doppelstrang eines Chromosoms und einer DNA-Sonde zum Einzelstrang aufgeschmolzen. Die mit einem Fluoreszenzfarbstoff markierte DNA-Sonde hybridisiert an die komplementäre Basensequenz der chromosomalen DNA und ist anschließend im Fluoreszenzmikroskop als Signal auf beiden Chromatiden des Metaphasechromosoms sichtbar.

(Polymerase Kettenreaktion) hergestellt werden. Kleinere DNA-Bereiche können mit Cosmid- (30–45 kb) oder Phagen bzw. Plasmid-Sonden (< 10 kb) markiert werden (siehe Kap. 4.1.1). Neuerdings werden auch künstliche Chromosomen wie PAC (P1 bacteriophage artificial chromosome), BAC (bacterial artificial chromosome) oder YAC (yeast artificial chromosome) als Klonierungsvektoren eingesetzt. Sie haben den Vorteil, daß sehr große DNA-Fragmente (100–2000 kb) aufgenommen werden können. Für die Auswertung der FISH-Experimente werden in zunehmendem Maße CCD- (charge coupled device-) Kameras und Computer-Programme zur digitalen Bildbearbeitung verwendet.

Einige Beispiele sollen die diagnostische Relevanz der FISH-Analytik verdeutlichen. Im Rahmen der Pränataldiagnostik wird Schwangeren zum Ausschluß einer Chromosomenstörung des Kindes eine Chromosomendiagnostik nach Chorionbiopsie oder Fruchtwasserpunktion angeboten. Das Ergebnis einer solchen Untersuchung liegt in der Regel nach zwei bis drei Wochen vor. Mittels FISH kann diese Zeitspanne für die am häufigsten beobachteten numerischen Chromosomenveränderungen wie Trisomie 21, Trisomie 13 oder Trisomie 18 deutlich auf zwei Tage verkürzt werden, da ohne Kultivierung der Zellen eine Interphase-Diagnostik direkt am Zellkern durchgeführt werden kann.

Abbildung 2.9 zeigt den Nachweis eines Down Syndroms an unkultivierten Fruchtwasserzellkernen. Die DNA-Sonde für Chromosom 21 zeigt drei spezifische Hybridisierungssignale im Zellkern. Allerdings sollte dieser Schnelltest nur bei gezielter Indikationsstellung eingesetzt werden, da er im Gegensatz zur konventionellen Cytogenetik nur die spezifisch untersuchten numerischen Aberrationen erfaßt, jedoch keinen Überblick über potentielle Anomalien der Chromosomenzahl oder -struktur beim Kind vermittelt.

Mittels FISH lassen sich auch strukturelle Chromosomenaberrationen schnell und einfach diagnostizieren. Chromosomenspezifische DNA-Bibliotheken werden zum

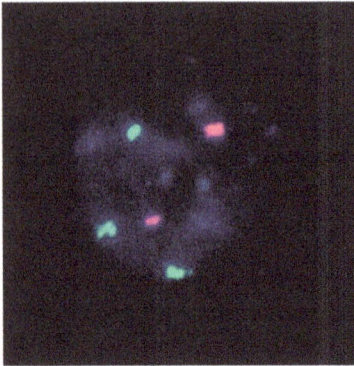

Abb. 2.9   Zweifarben-Hybridisierung an unkultivierten Fruchtwasserzellkernen eines Kindes mit Down Syndrom (Interphase-Cytogenetik). Die mit einem roten Fluoreszenzfarbstoff markierte DNA-Sonde für Chromosom 13 zeigt 2 Hybridisierungssignale, die mit einem grünen Fluoreszenzfarbstoff markierte DNA-Sonde für Chromosom 21 zeigt 3 Hybridisierungssignale im Zellkern.

Nachweis von Translokationen (Abb. 2.10) und Insertionen verwendet, Proben für chromosomale Subregionen werden zum Nachweis von Duplikationen, Inversionen und Deletionen (Abb. 2.11) zur Hybridisierung eingesetzt. Vor allem die Erkennung submikroskopischer Deletionen ist für die Zuordnung zu bestimmten Mikrodeletions-Syndromen und für die genetische Beratung der betroffenen Familien von Bedeutung. Am Beispiel der X-chromosomal rezessiv vererbten Muskeldystrophie Duchenne (DMD) soll dies exemplarisch aufgezeigt werden (siehe Kap. 5.1.2). Wird

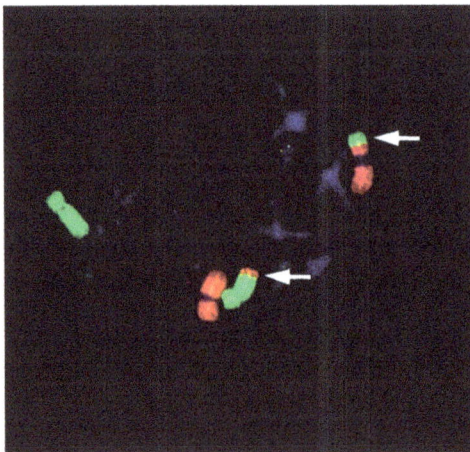

Abb. 2.10   Nachweis einer balancierten Translokation t(9;10). Zweifarben-Hybridisierung mit einer Chromosom 9-spezifischen (rote Fluoreszenz) und einer Chromosom 10-spezifischen (grüne Fluoreszenz) Probe. Die Pfeile zeigen auf die Translokationsprodukte zwischen einem Chromosom 9 und einem Chromosom 10.

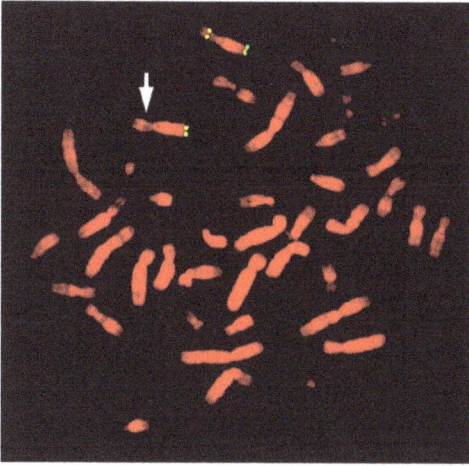

Abb. 2.11   Überträgerinnen-Diagnostik bei Muskeldystrophie Duchenne. Hybridisierung mit einer Sonde aus dem Dystrophin-Gen, das im kurzen Arm des X-Chromosoms in der Bande Xp21 lokalisiert ist. In einem der beiden X-Chromosomen (Pfeil) liegt eine Deletion vor. Zusätzlich wurde eine Referenz-Probe vom langen Arm des X-Chromosoms mithybridisiert, so daß die X-Chromosomen leicht erkannt werden können.

bei einem erkrankten Jungen mittels FISH eine Deletion im Dystrophin-Gen gefunden, so kann bei allen weiblichen Familienmitgliedern eine Untersuchung des Überträgerstatus angeboten werden. Findet man eine Deletion auf einem der beiden X-Chromosomen ist diese Frau gesicherte Überträgerin (Abb. 2.11). Für einen männlichen Nachkommen besteht dann ein 50%iges Risiko an DMD zu erkranken.

Die Anwendung der FISH-Analyse setzt beim Untersucher Vorkenntnisse über die zu erwartenden Chromosomenveränderungen voraus. Dabei bestimmt die klinische Fragestellung die Auswahl der DNA-Sonden. Zur Identifizierung unbekannter Chromosomenveränderungen können jedoch weiterführende Methoden der molekularen Cytogenetik eingesetzt werden.

2.3.2.1 Mikrodissektion und Reverse Painting

Mit Hilfe konventioneller Bänderungstechniken ist die Charakterisierung zusätzlicher Markerchromosomen oder *de novo* entstandener unbalancierter Chromosomentranslokationen nur selten möglich. Zur Bestimmung der chromosomalen Herkunft dient die Mikrodissektionsmethode. Mit einer Glasnadel wird das zusätzliche Chromosomenmaterial von mehreren Metaphasepräparaten des Probanden heruntergekratzt, die DNA wird mittels PCR amplifiziert und nach Markierung als DNA-Sonde zur Hybridisierung eingesetzt. Man bezeichnet diese Technik auch als reverse painting, da die Lokalisierung des zusätzlichen Materials auf einem Metaphase-Präparat eines gesunden Probanden erfolgt. Ein großer Vorteil der Mikrodissektionsmethode liegt darin, daß sie auch dann diagnostisch genutzt werden kann, wenn

nur wenige Prozent der untersuchten Gewebezellen die betreffende Chromosomenaberration aufweisen.

2.3.2.2 Vergleichende genomische Hybridisierung (CGH)

Die vergleichende genomische Hybridisierung (comparative genomic hybridization,
CGH) ist ein Verfahren, das heute vor allem in der tumorcytogenetischen Diagnostik
zur Untersuchung genomischer Imbalancen eingesetzt wird. Der Nachweis von über-
zähligem oder deletiertem Chromosomenmaterial kann dabei als Hinweis auf die
Lokalisation möglicher Onkogene oder Tumorsuppressor-Gene dienen (siehe
Kap. 6). Das Verfahrensprinzip ist in Abbildung 2.12 schematisch dargestellt. Als
Ausgangsmaterial dient isolierte DNA eines Test-Genoms (beispielsweise Tumor-
DNA) und Referenz-DNA eines gesunden Probanden. Tumor- und Referenz-DNA
werden unterschiedlich markiert, zu gleichen Teilen gemischt und zusammen mit
einem Überschuß an normaler, Cot1-verdauter DNA zur Suppression ubiquitär

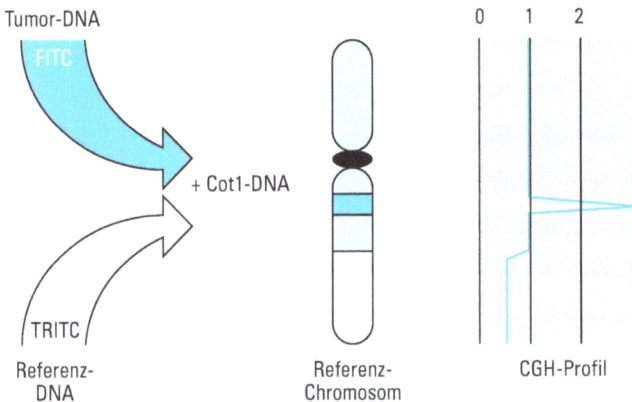

Abb. 2.12 Prinzip der vergleichenden genomischen Hybridisierung. Unterschiedlich markierte Tumor (FITC)- und Referenz-DNA (TRITC) wird im Verhältnis 1:1 gemischt und zusammen mit einem Überschuß an Cot1-DNA (Cot1-verdaute humane DNA mit repetitiven Sequenzen) auf Metaphasen einer gesunden Kontroll-Person hybridisiert. Der hellblaue Chromosomenabschnitt des Referenzchromosoms repräsentiert den Bereich, in dem gleich viele
Kopien von Tumor- und Referenz-DNA-Sequenzen vorliegen. Die dunkelblaue Bande im
langen Arm des Referenzchromosoms zeigt die Lokalisation zusätzlicher Kopien von DNA-
Sequenzen im Tumorgenom. Der weiße Bereich im langen Arm repräsentiert einen DNA-
Abschnitt, der im Tumorgenom deletiert vorliegt. Nach Aufnahme der einzelnen Fluoreszenz-
bilder mit einer CCD-Kamera werden die Fluoreszenzintensitäten der Tumor- und Referenz-
DNA entlang der Chromosomenachse bestimmt. Eine spezielle CGH-Software ermittelt den
Fluoreszenzquotienten von Tumor- zu Referenz-DNA, der als CGH-Profil dargestellt wird.
Fluoreszenzquotienten über 1.25 entsprechen Chromosomenabschnitten, die in erhöhter Ko-
pienzahl vorliegen. Fluoreszenzquotienten unter 0.75 entsprechen deletierten Chromosomenabschnitten. Bleibt die Kurve zwischen diesen beiden Schwellenwerten, so liegt ein balan-
cierter Chromosomenstatus vor.

vorkommender repetitiver Sequenzen auf ein Metaphase-Präparat eines gesunden Probanden hybridisiert. Nach der Hybridisierung wird die mit einem grünen Fluoreszenzfarbstoff (FITC) markierte Tumor-DNA (dargestellt in dunkelblau) und die mit einem roten Fluoreszenzfarbstoff (TRITC) markierte Referenz-DNA (dargestellt in weiß) im Fluoreszenzmikroskop sichtbar gemacht. Enthalten Tumor- und Referenz-DNA gleich viele Kopien eines Chromosomenabschnittes, so sind beide Fluorochrome nach der Hybridisierung nachweisbar (hellblau schattierter Chromosomenabschnitt). Finden sich im Tumor zusätzliche Kopien bestimmter DNA-Sequenzen, beispielsweise bei einer Gen-Amplifikation, so findet sich in der entsprechenden Chromosomenbande eine sehr viel stärkere Anfärbung der Tumor-DNA (dunkelblaue Chromosomenregion). Umgekehrt zeigt der Verlust von Chromosomenmaterial im Tumor eine deutlich schwächere Anfärbung im Vergleich zur Referenz-DNA (weißer Chromosomenabschnitt). Für die Auswertung der CGH-Experimente wird ein Fluoreszenzmikroskop mit CCD-Kamera zur Aufnahme der einzelnen Fluoreszenzbilder eingesetzt. Eine spezielle CGH-Software ermittelt den Fluoreszenzquotienten von FITC/TRITC (Tumor-DNA/Test-DNA) und gibt den jeweils ermittelten Wert als CGH-Profil an. Gewinne von Chromosomenmaterial führen dabei zu einer Verschiebung der Kurve nach rechts, Verluste von Chromosomenmaterial zu einer Verschiebung der Kurve nach links.

Der entscheidende Vorteil der CGH-Methode liegt darin, daß eine rasche und umfassende Analyse des Genoms direkt, ohne den Umweg über die Zellkultur, durchgeführt werden kann. Die CGH ist daher nicht auf frisches Gewebe beschränkt, sondern kann auch an archiviertem Tumormaterial erfolgen. Balancierte Chromosomenaberrationen wie Translokationen oder Inversionen, die ebenfalls wichtige Hinweise für die Lokalisierung tumorrelevanter Gene geben, lassen sich mit Hilfe der CGH-Technik jedoch nicht nachweisen. Eine wichtige Voraussetzung ist zudem, daß mindestens 50 % der Zellen die genetische Imbalance tragen. Ist dies nicht der Fall, so besteht die Möglichkeit, histopathologisch identifizierte Tumorareale mit Hilfe von Mikrodissektion zu isolieren und die DNA nach PCR-Amplifikation bei der CGH einzusetzen. Die Nachweisgrenze für Gewinne und Verluste mittels CGH liegt bei etwa 10 Mbp und entspricht in etwa einer Chromosomenbande. Abbildung 2.13 zeigt am Beispiel eines Blasentumors das Ergebnis einer CGH-Analyse.

2.3.2.3 Vielfarben-FISH (M-FISH, SKY)

Bei der Multiplex-FISH (M-FISH) und der verwandten Spektral-Karyotypisierung (SKY)-Technik handelt es sich um zwei neue Ansätze, die eine Darstellung aller Chromosomen des Menschen in 24 verschiedenen Farben ermöglichen. Beide Techniken arbeiten mit einer kombinatorischen Markierungsstrategie der DNA-Sonden, so daß unter Verwendung von fünf verschiedenen Fluorochromen in genau definierten Kombinationen bis zu 31 verschiedene Farben erreicht werden können. Beide Techniken verwenden spezielle Computerprogramme zur automatischen Klassifizierung der Chromosomen. Durch die spezifische Anfärbung individueller Chromosomen können komplexe Chromosomenveränderungen, die mit Hilfe von Bänderungsanalysen nur schwer nachweisbar sind, schnell und sicher identifiziert werden. Die neue 24-Farben-FISH-Technik bietet zur Darstellung komplexer Chromosome-

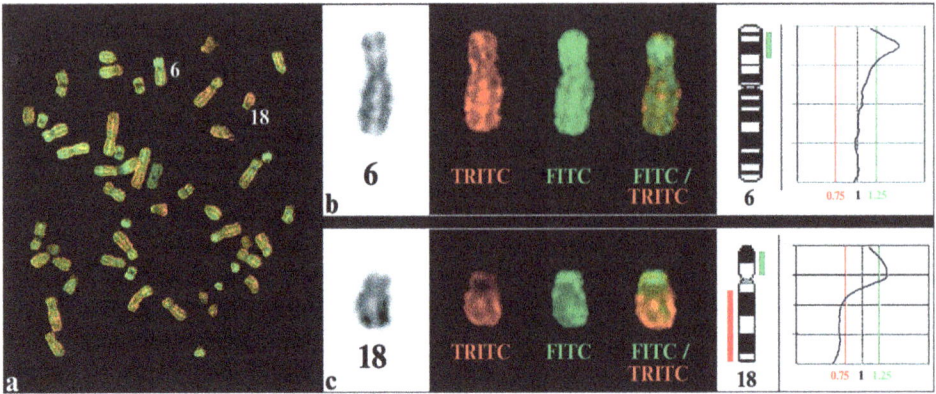

Abb. 2.13   CGH-Analyse eines Blasentumors. (a) Metaphase nach Überlagerung der rot markierten Referenz- (TRITC) und grün markierten Tumor-DNA (FITC). Einige Chromosomen
der Metaphase zeigen deutlich unterschiedliche Fluoreszenzintensitäten in roter und grüner
Farbe. CGH-Auswertung am Beispiel zweier Chromosomen: (b) Chromosom 6 und (c) Chromosom 18. Von links nach rechts: Die invertierte DAPI-Färbung ermöglicht die Identifizierung
der einzelnen Chromosomen; Hybridisierung der rot markierten Referenz-DNA (TRITC);
Hybridisierung der grün markierten Tumor-DNA (FITC); Überlagerung der grünen und roten
Fluoreszenz; CGH-Profil nach Auswertung von 10 Mitosen (20 Chromosomen). Die Kurve
gibt den FITC/TRITC-Fluoreszenzquotienten für das jeweilige Chromosom an. Verluste von
Chromosomen oder Chromosomenabschnitten in der Tumor-DNA führen zu einer Verschiebung der Kurve nach links, Gewinne zu einer Verschiebung der Kurve nach rechts. Der Bereich
zwischen der roten und grünen Linie gibt den Bereich an, in dem Tumor- und Referenz-DNA
gleich viele Kopien eines bestimmten Chromosoms oder Chromosomenabschnitts aufweisen.
Das deletierte Chromosomenmaterial wird als roter Balken links vom Referenzchromosom,
zugewonnenes Chromosomenmaterial als grüner Balken rechts vom Referenzchromosom dargestellt. Chromosom 6 zeigt einen Gewinn im kurzen Arm, Chromosom 18 einen Gewinn
im kurzen und Verlust im langen Arm.

nanomalien vor allem in der Tumorcytogenetik ein bisher unbekanntes Auflösungsvermögen. Abbildung 2.14 zeigt das Hybridisierungsergebnis eines M-FISH-Expe-
riments bei einem gesunden Mann (a) und einem Nebennierenrindentumor einer
Frau (b). Mit Hilfe der computervermittelten (Falschfarben-) Darstellung lassen
sich numerische und strukturelle Chromosomenveränderungen auch ohne cytogenetische Kenntnisse leicht im Karyogramm erkennen.
   Die molekulare Cytogenetik stellt somit in Ergänzung zur klassischen Cytogenetik
eine Reihe neuer Methoden zur Verfügung, die für die humangenetische Diagnostik
und Beratung ebenso wichtige Fortschritte erbracht haben wie für die Grundlagenforschung.

2.3.3 X-Inaktivierung und pseudoautosomale Regionen

Jede Körperzelle einer Frau enthält 2 X-Chromosomen; dennoch ist die Menge X-
chromosomaler Genprodukte nicht größer als beim Mann. Diese Dosiskompensation beruht auf einem epigenetischen Prozeß, der X-Chromosom-Inaktivierung.

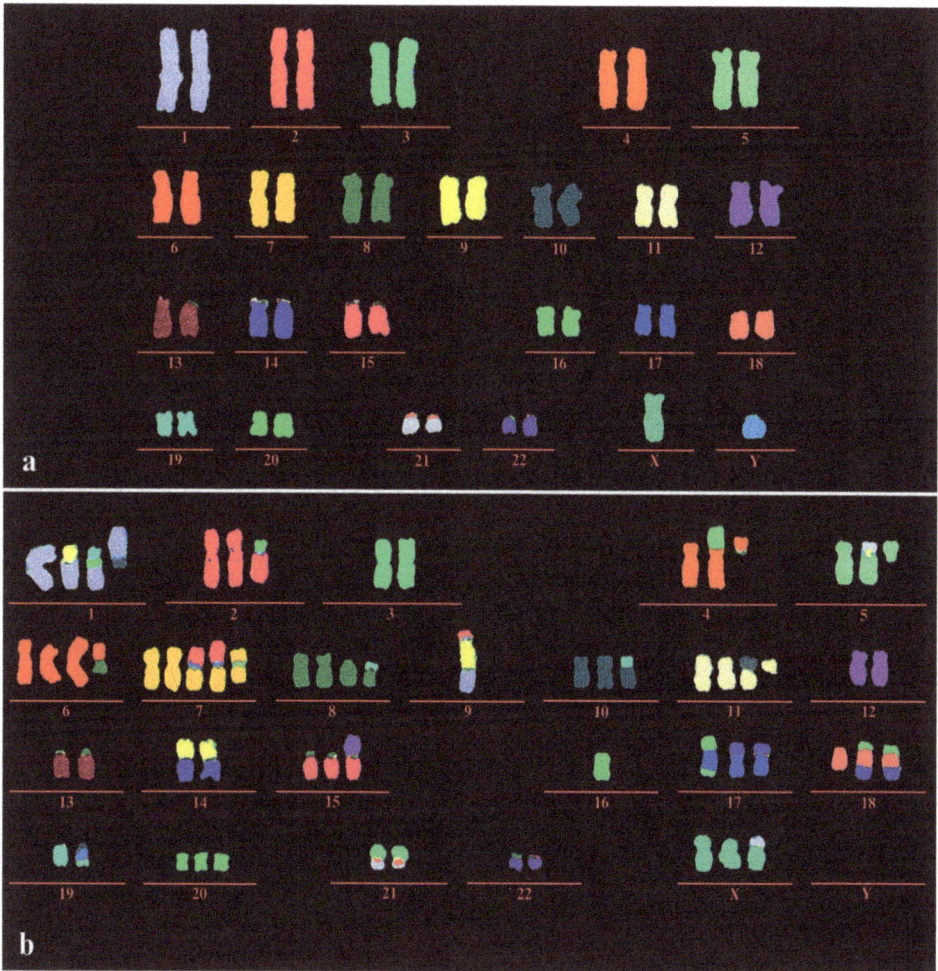

Abb. 2.14 M-FISH Analysen. (a) Metaphase eines gesunden Probanden nach Hybridisierung mit 24 verschiedenen chromosomenspezifischen DNA-Sonden. Jedes Chromosom ist in einer spezifischen Farbe dargestellt. (b) Die Metaphase einer Tumorzelle von einer Patientin mit Nebennierenrindenkarzinom zeigt zahlreiche numerische und strukturelle Chromosomenveränderungen, die mit konventionellen Bänderungstechniken nur schwer klassifizierbar wären.

Während der frühen Embryonalentwicklung wird in jeder Embryonalzelle jeweils ein X-Chromosom inaktiviert; dabei handelt es sich entweder um das X-Chromosom mütterlicher oder väterlicher Herkunft. Dieser erste Schritt folgt dem Zufallsprinzip; das jeweilige Inaktivierungsmuster bleibt dann aber in allen Tochterzellen stabil. Die Zellverbände einer Frau bilden somit ein Mosaik aus paternal und maternal exprimierten Allelen des X-Chromosoms mit einer statistischen Verteilung von 1:1. Allerdings zeigen etwa 15 % der Frauen eine erhebliche Verschiebung dieses Gleichgewichtes mit einer überwiegenden Inaktivierung des väterlichen oder mütterlichen X-Chromosoms (skewed inactivation). Diese Imbalance kann zwischen unterschiedlichen Geweben variieren. Sie erhält dann klinische Relevanz, wenn das aktive X-Chromosom eine Genmutation trägt, die durch das präferentiell inaktivierte Allel des anderen X-Chromosoms im Gewebekontext nicht mehr kompensiert werden kann. Es kommt dann zur Manifestation einer X-chromosomal rezessiven Erkrankung (z.B. Muskeldystrophie Duchenne) bei Mädchen, die ansonsten als Überträgerinnen frei von klinischen Symptomen sind (siehe Kap. 5.1.2).

Der Inaktivierungsprozeß erfaßt jedoch nicht alle Bereiche des betreffenden X-Chromosoms. Ausnahmen bilden etwa die unmittelbar an die Telomere grenzenden Abschnitte des kurzen und des langen Arms des X-Chromosoms, die als pseudoautosomale Regionen (PAR) bezeichnet werden (Abb. 2.15). Die X und Y Chromosomen werden hier analog den Autosomenpaaren durch homologe Sequenzen charakterisiert, die während der Meiose eine Paarung dieser Regionen und einen Austausch genetischer Information zwischen beiden Gonosomen ermöglichen. Auch außerhalb der beiden PAR finden sich auf dem X und Y Chromosom homologe Gene, die der X-Inaktivierung entgehen und bei beiden Geschlechtern die Synthese vergleichbarer Mengen des Genproduktes gewährleisten. Außerdem werden einige Gene ohne Y-Homolog von beiden X-Chromosomen exprimiert. Der normale weibliche Phänotyp ist somit von der Präsenz und Aktivität beider X-Chromosomen abhängig. Dies kommt auch durch das klinische Erscheinungsbild von Frauen mit Turner Syndrom (45, X0) zum Ausdruck. Tatsächlich liegt etwa das für den Kleinwuchs beim Turner Syndrom verantwortliche Gen, *shox*, in der pseudoautosomalen Region 1 und entgeht der X-Inaktivierung.

Das X-Inaktivierungszentrum befindet sich auf dem langen Arm des X-Chromosoms. Es wird durch das *xist* Gen repräsentiert, welches eine nicht translatierte RNA exprimiert. Eine stabile Form dieses Transkriptes wird von allen inaktiven X-Chromosomen produziert (X-inactive specific transcript). Anders ausgedrückt: In jeder Körperzelle, ob weiblich oder männlich, wird die Expression des *xist* Gens auf nur einem Allel blockiert, das hierdurch das aktive X-Chromosom definiert. Alle weiteren X-Chromosomen exprimieren *xist* und werden inaktiviert (n-1 Regel).

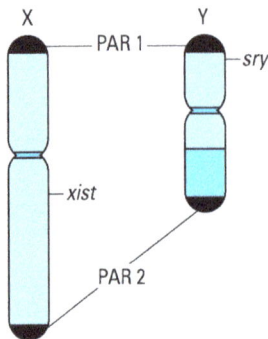

Abb. 2.15   Die Lage der pseudoautosomalen Regionen (PAR) vom X- und Y- Chromosom sowie der für den Prozeß der X-Inaktivierung bzw. Testisentwicklung wesentlichen *xist* und *sry* Gene. Die heterochromatinreichen Gebiete der Centromere und des langen Arms vom Y-Chromosom sind dunkel blau dargestellt.

Auch in diesem Falle entgehen bestimmte Bereiche wie die pseudoautosomalen Regionen der Inaktivierung. Die mit einer Überzahl von X-Chromosomen verbundene Gendosisverschiebung manifestiert sich ebenfalls klinisch, beispielsweise beim Klinefelter Syndrom (47, XXY) durch einen Hochwuchs und Infertilität. Ausgehend vom X-Inaktivierungszentrum überzieht die *xist* RNA das X-Chromosom und induziert durch direkte Interaktion mit chromosomalen Strukturen weitere Modifikationen wie DNA-Methylierung oder Histon-Deacetylierung, die insgesamt zur Chromatinkondensation und Inaktivierung des X-Chromosoms führen. Inaktivierte X-Chromosomen replizieren spät und können in der Interphase cytologisch als Geschlechtschromatin oder Barr-Körper am Kernrand sichtbar gemacht werden.

Unter den mehr als 20 Genen des Y-Chromosoms finden sich einige mit X-chromosomalen Homologen; die meisten Gene sind aber Y-spezifisch. Hierzu zählt das in unmittelbarer Nachbarschaft der pseudoautosomalen Region 1 gelegene *sry* Gen, das für die Entwicklung des männlichen Geschlechtes ausschlaggebend ist. Es kodiert einen Transkriptionsfaktor, der während der Embryogenese die Umwandlung der indifferenten Gonadenanlagen in Testisgewebe und die Regression der Müllerschen Gänge steuert. Fehlt *sry* oder ist dieses Gen mutiert, so entsteht ein Ovar. Normalerweise wird der *sry* Locus nicht in die homologe Paarung der X und Y Chromosomen während der Meiose einbezogen. Erfaßt dieser Prozeß aber einmal ein größeres Gebiet, dann kann bei einem crossing-over das *sry* Gen auf ein X-Chromosom übertragen werden. In diesem Fall könnten Kinder eines betroffenen Mannes trotz XX-Karyotyps einen männlichen Phänotyp entwickeln (XX-Mann); umgekehrt würde das Fehlen des *sry* Gens auf dem Y-Chromosom zu einem weiblichen Phänotyp mit XY-Chromosomen führen (XY-Frau).

2.4 Nukleinsäuren

Der vorangehende Abschnitt beschreibt die lichtmikroskopisch erkennbare Organisationsstruktur der Desoxyribonukleinsäure (DNA), das Chromosom. Die folgenden Abschnitte werden sich den zwei Bestandteilen von Chromosomen näher zuwenden, nämlich der DNA und den chromosomalen Proteinen.

Oftmals lassen sich in der Biologie komplexe Funktionsträger auf relativ wenige, einfache Grundbausteine zurückführen. So besteht der genetische Bauplan aller Lebewesen aus nur vier verschiedenen Bausteinen, Nukleotide genannt. Die DNA ist eine Kette linear miteinander verknüpfter Nukleotide, deren exakte Reihenfolge den Unterschied von einem Protein zum anderen, letztendlich sogar von *E. coli* zum *Homo sapiens* ausmacht.

2.4.1 Chemischer Aufbau von DNA und RNA

Jedes Nukleotid setzt sich aus einem Zuckermolekül, einer organischen Base und einer Phosphatgruppe zusammen (Abb. 2.16). Das Zuckermolekül unterscheidet sich bei DNA- und RNA-Nukleotiden in nur einer Position. In beiden Fällen handelt es sich um einen C5 Zucker, eine Pentose. Wie Abbildung 2.16 zeigt, hat die Ribose

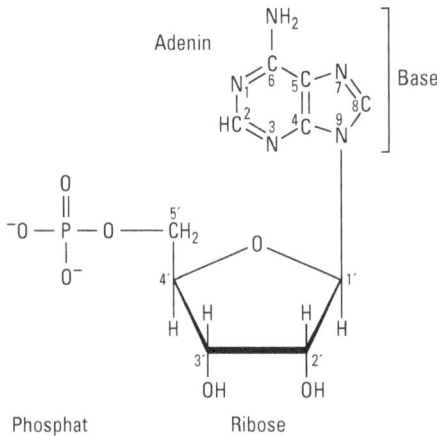

Abb. 2.16   Die chemische Struktur von Adenosin-5'-monophosphat als einem typischen Nukleotid. Die drei Komponenten Phosphatrest, Ribose und Base sind gezeigt. In DNA liegt die Ribose als 2' Desoxyribose vor.

als Zuckerbestandteil der Ribonukleinsäure eine OH-Gruppe in der 2'-Position, während die Desoxyribose der Desoxyribonukleinsäure in der 2' Position ein Wasserstoffatom aufweist.

Die organische Base vermittelt die Unterscheidbarkeit der vier Bausteine von DNA und RNA. Die drei Basen Adenin (A), Guanin (G) und Cytosin (C) kommen sowohl in DNA als auch in RNA Nukleotiden vor. Uracil (U) findet sich nur in RNA, dessen methylierter Abkömmling Thymin (T) dagegen kommt nur in DNA vor. Die drei Basen Cytosin, Thymin und Uracil weisen einen Pyrimidinring auf (Pyrimidinbasen), während Adenin und Guanin aus Doppelringen, Purinen, bestehen (Purinbasen). Da der Zuckerbestandteil und die Phosphatgruppe bei allen Nukleotiden konstant sind, werden die Nukleotide mit den gleichen Buchstaben (A, G, C, T, U) wie die in ihnen enthaltenen Basen abgekürzt. Folglich ist aus einem Buchstabenkürzel nicht ersichtlich, ob von der Base oder von dem dazu gehörigen Nukleotid die Rede ist. Eine Einheit aus einer Base und einer Pentose bezeichnet man als Nukleosid, Nukeoside mit einer Phosphatgruppe als Nukleotide.

Die Phosphatgruppe ist aus zwei Gründen wichtig. Zum einen stellt sie das Bindeglied zwischen zwei benachbarten Nukleotiden dar, zum anderen vermittelt sie den sauren Charakter der Nukleinsäuren. Die Phosphatgruppe verbindet das C3 Kohlenstoffatom des vorangehenden Zuckers mit dem C5 Kohlenstoffatom des nachfolgenden (siehe Abb. 2.17). Man spricht deshalb von einer 5'-3' Phosphodiesterbindung. Zwangsläufig haben bei einer fadenförmigen Kette das Kopf- und das Schwanznukleotid nur einen Nachbarn. Das Kopfnukleotid trägt in diesem Fall die Phosphatgruppe am C5 Atom seiner Pentose (man spricht deshalb vom 5'-Ende des DNA- oder RNA-Moleküls), das Schwanznukleotid hat eine freie OH-Gruppe am C3 Atom des Zuckers (deshalb 3'-Ende).

Wenn Zellen DNA oder RNA synthetisieren, dienen die jeweiligen Triphosphate der Nukleotide, also dATP, dCTP, dGTP, dTTP bzw. ATP, CTP, GTP und UTP als Ausgangsbausteine. Eine neue Phosphodiesterbindung zwischen zwei Nukleo-

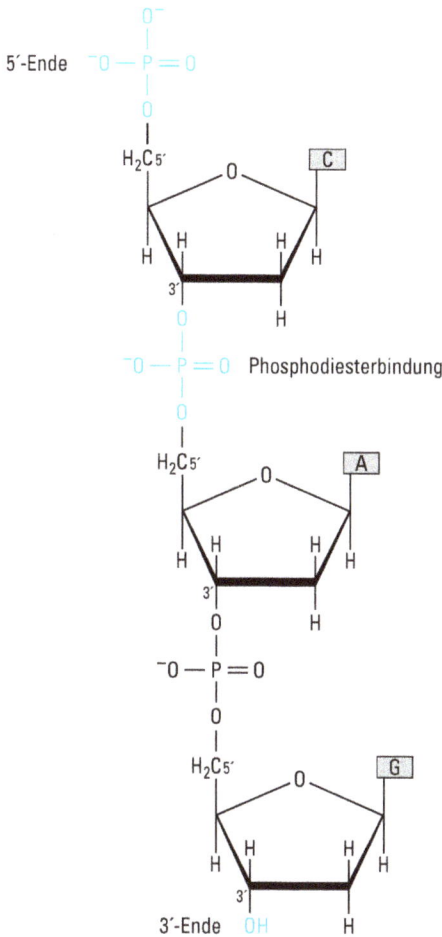

Abb. 2.17 Nukleinsäurekette (hier: DNA) mit 5' Phosphatende und 3' OH Gruppe. Die einzelnen Kettenglieder sind durch 3' und 5' Phosphodiesterbindungen miteinander verknüpft. Daraus ergibt sich ein Gerüst aus Zucker- und Phosphatresten, von dem aus sich die Basen (hier: C-A-G) nach innen erstrecken.

tiden wird unter Abspaltung von zwei Phosphatresten des Triphosphats erstellt. So wachsen sowohl DNA als auch RNA Stränge vom 5'- zum 3'-Ende (siehe Kap. 3.1 und 3.6.1).

Nukleotide erfüllen zwei Kriterien, die wichtig sind, wenn Information von einer Zellgeneration genutzt und an Tochtergenerationen weitergegeben werden soll. Zum einen muß die Information schnell und zuverlässig abgelesen (dekodiert) werden können, zum anderen muß der Informationsträger zuverlässig kopiert und an die Tochterzellen weitergegeben werden. Der Schlüssel zur Erfüllung beider Erfordernisse liegt in der Fähigkeit der Basen, spezifisch miteinander in Wechselwirkung treten zu können. Zwischen Guanin und Cytosin können sich drei Wasserstoffbrük-

Wasserstoffbrücken-
bindung

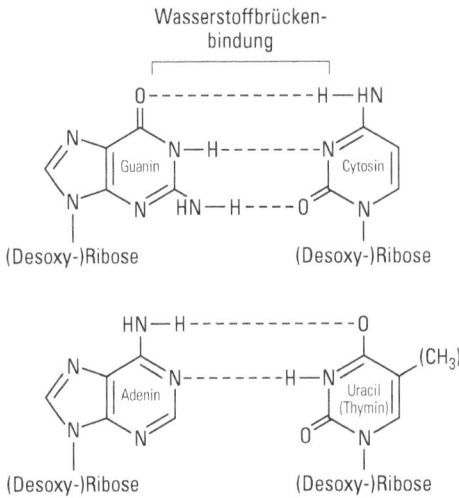

Guanin

Cytosin

(Desoxy-)Ribose   (Desoxy-)Ribose

Adenin

Uracil
(Thymin)

(CH$_3$)

(Desoxy-)Ribose   (Desoxy-)Ribose

Abb. 2.18 Schematische Darstellung von Wasserstoffbrückenbindungen zwischen Basen komplementärer RNA oder DNA Nukleotide. Zwischen Guanin und Cytosin können sich drei, zwischen Adenin und Uracil (bzw. Thymin) nur zwei Wasserstoffbrückenbindungen ausbilden. Die Anheftungsstelle der Basen an die (Desoxy-) Ribosen ist angedeutet.

ken ausbilden, zwischen Adenin und Thymin (in DNA) bzw. Uracil (in RNA) jeweils zwei (Abb. 2.18). So läßt sich jeder Base genau ein Partner zuordnen. Dieses Komplementaritätsprinzip eignet sich optimal zur Verdopplung der DNA (siehe Kap. 3.6.1), und ist außerdem bei der Dekodierung genetischer Information im Rahmen der Transkription und der Translation entscheidend (siehe Kap. 3.1 und 3.4.2).

2.4.2 Sekundärstruktur der DNA

DNA existiert im Zellkern nicht als Einzelfaden, sondern als Doppelstrang. Die beschriebenen Wasserstoffbrückenbindungen zwischen den Basen der einzelnen Nukleotide halten die zwei Einzelstränge zusammen. Der eine Strang verläuft in 5' zu 3' Richtung, der andere antiparallel dazu in 3' zu 5' Richtung. Basierend auf der Spezifität der Basenpaarung legt die Nukleotidsequenz des einen Stranges die Nukleotidsequenz des Partnerstranges genau fest.

Abb. 2.19 Struktur doppelhelikaler DNA. (a) Eine antiparallele DNA Doppelhelix ist dargestellt. Das Band symbolisiert das Gerüst aus Zucker- und Phosphatresten, die Basen zeigen nach innen und bilden komplementäre Wasserstoffbrückenbindungen aus. (b) Doppelhelikale DNA (hier als Faden dargestellt) wickelt sich zweifach um oktamere Histonkerne (=Nukleosom). Jedes Nukleosom assoziiert mit einem Histon H1 Molekül. Nukleosomen organisieren sich in einer Struktur höherer Ordnung mit 30nm Durchmesser, dem Solenoid. (c) Von links nach rechts ist eine DNA Doppelhelix mit zunehmend höherer Organisationsstruktur synoptisch abgebildet.

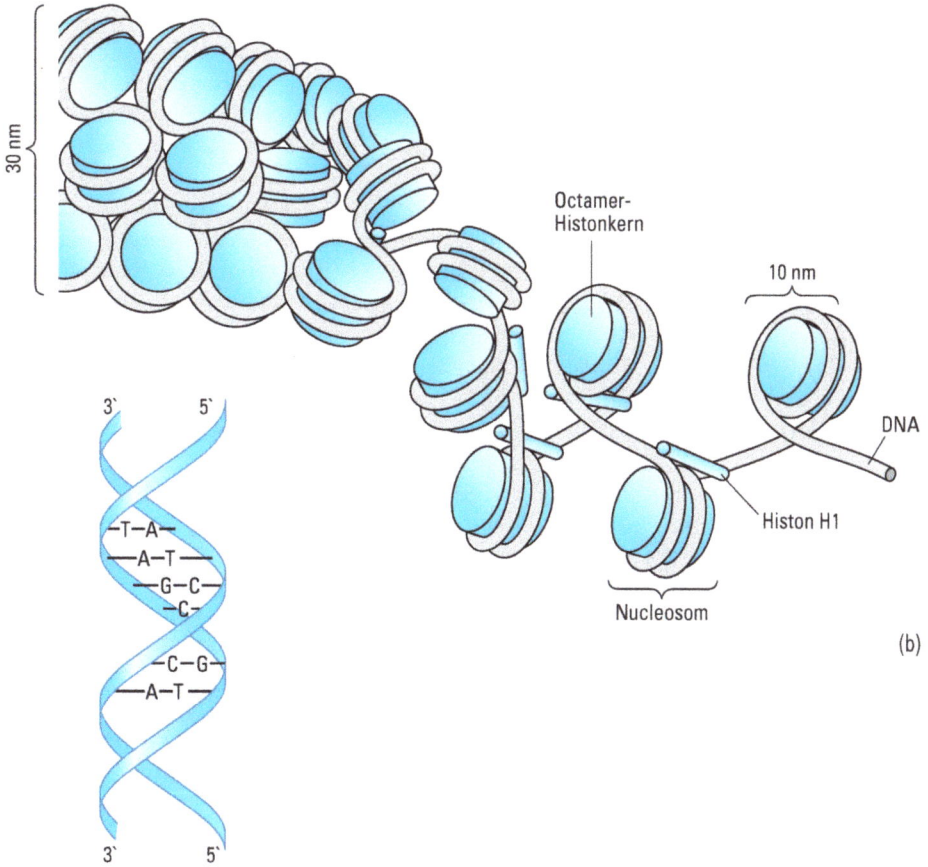

(a)

(b)

30 nm

Octamer-
Histonkern

10 nm

DNA

Histon H1

Nucleosom

3`    5`

—T—A—
—A—T—
—G—C—
—C—
—C—G—
—A—T—

3`    5`

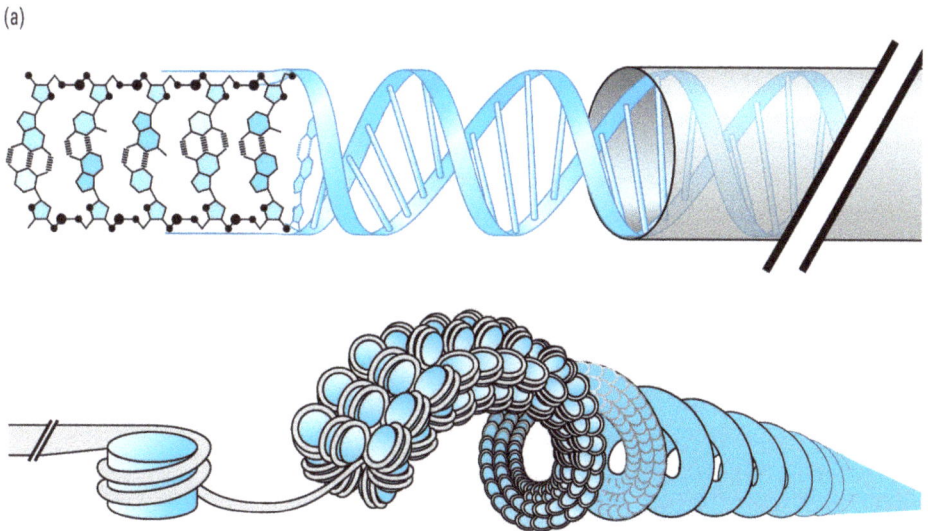

(c)

Wesentlich ist das Prinzip der Basenpaarung auch aus molekulardiagnostischer Sicht. So kann sich an ein einzelsträngiges Stück von DNA oder RNA ein zweites Stück DNA oder RNA spezifisch anlagern, wenn es ebenfalls einzelsträngig und seine Sequenz zur Zielsequenz exakt komplementär ist. Wie Kapitel 4.1 bis 4.3 genau darstellen werden, liegt diese Erkenntnis grundlegenden molekularbiologischen Techniken wie beispielsweise dem Southern und Northern Blotting oder der Polymerase Kettenreaktion (PCR) zu Grunde.

Während die Nukleotidsequenz als Primärstruktur für viele Eigenschaften und Funktionen der DNA wichtig ist, kommt auch ihrer dreidimensionalen Faltung große Bedeutung zu. Röntgenkristallographische Analysen führten J. Watson und F. Crick im Jahre 1953 zur Aufklärung der Sekundärstruktur der DNA. Die Doppelsträngigkeit der DNA und ihre Eigenschaft, Wasserstoffbrückenbindungen zwischen beiden Strängen auszubilden, ist die chemische Grundlage der Entdeckungen von Watson und Crick. Sie fanden heraus, daß die doppelsträngige DNA sich helikal, wendeltreppenförmig, um sich selbst windet (Abb. 2.19). Dabei zeigen die Basen nach innen, der Phosphatrest und die Desoxyribose nach außen.

Etwa alle 10 Nukleotide ist eine vollständige Spiralrundung vollzogen. Die außen liegenden Zucker- und Phosphatgruppen sind nicht symmetrisch. Folglich unterscheiden sich eine rechts von einer sich links herum drehenden Doppelspirale. Je besser sich die beiden komplementären DNA Stränge aneinander anlegen können und je weniger „störende Kanten" die Gesamtstruktur behindern, umso stabiler ist die jeweilige Sekundärstruktur. Aufgrund der asymmetrischen Anordnung hat die sich rechts herum drehende Doppelspirale mehr Stabilität als eine Spirale gleicher Sequenz, die sich links herum dreht. Tatsächlich befindet sich die DNA im Zellkern hauptsächlich in der stabileren, rechtsdrehenden B-Form. Auch linksdrehende Z-DNA wird gefunden, besonders in DNA-Abschnitten, in denen sich Purine und Pyrimidine abwechseln. Der Übergang zwischen der B-Form und der Z-Form von DNA kann für die Bindung genregulatorischer Faktoren oder bei der Rekombination (siehe Kap. 3.5) eine wichtige Rolle spielen.

2.5 Nukleäre Proteine

Die besondere Rolle des Zellkerns wird eng mit dem Vorkommen von DNA in Verbindung gebracht. Daher wird oft außer acht gelassen, daß das nackte Nukleinsäuregerüst an sich ohne die nukleären Proteine ebenso funktionslos wäre wie eine Computerdiskette ohne Computer.

Da mRNA im Zellkern nicht in Proteine translatiert werden kann, müssen alle nukleären Proteine aus dem Cytoplasma importiert werden. Für kleine Proteine (Molekulargewicht < 40–60 kDa) stellt die Kernhülle wegen der Größe ihrer Poren *a priori* keine strikte Importbarriere dar. Größere Proteine bedürfen jedoch besonderer Transportmechanismen. Inzwischen ist einiges darüber bekannt, wie bestimmte Proteine den Zellkern erreichen, andere cytoplasmatische Proteine aber aus dem Nukleus ausgeschlossen bleiben (siehe Kap. 3.3). Die im Zellkern vorkommenden Proteine gehören verschiedenen Funktionsklassen an, wie zum Beispiel Strukturproteine, Enzyme, regulatorische Proteine, Transportproteine oder Komponenten funktioneller RNA/Protein Partikel (Ribonukleoprotein Partikel).

2.5.1 Strukturproteine

Die Architektur des Zellkerns ist unter dem Gesichtspunkt eines Verpackungsproblems besonders interessant: Der DNA-Faden eines Chromosoms ist 300.000-mal länger als der Durchmesser des Zellkerns. Folglich muß die DNA in platzsparender Form aufgewickelt werden. Da der Zellkern aber nicht als Archiv zur passiven Datenspeicherung sondern als aktive Schaltzentrale des Zellmetabolismus dient, muß die Aufwicklung chromosomaler DNA außerdem hochorganisiert und leicht zugänglich erfolgen. Die Natur hat dieses Verpackungsproblem so überzeugend gelöst, daß die dafür verantwortlichen Proteine von nahezu allen eukaryonten Lebewesen fast identisch übernommen worden sind.

Den Komplex aus DNA und Proteinen bezeichnet man als Chromatin. Mengenmäßig besteht das Chromatin aus etwa doppelt soviel Protein wie DNA. Die am besten charakterisierten und gleichzeitig häufigsten nukleären Proteine sind die Histone. Der Hauptproteinbestandteil des Chromatins setzt sich aus fünf verschiedenen Histonen zusammen, die als H1, H2A, H2B, H3 und H4 bezeichnet werden. Sie sind basische, positiv geladene Proteine, die reich an den Aminosäuren Lysin und Arginin sind. Da Histone positiv geladen sind, können sie mit der sauren, negativ geladenen DNA in enge Wechselwirkungen treten. Unter dem Elektronenmikroskop lassen sich zwei sehr regelmäßige Erscheinungsbilder des Chromatins unterscheiden. Das erste sieht aus wie eine Perlenkette mit Perlen von etwa 10 Nanometern (nm) Durchmesser. Jede dieser Perlen besteht aus einem Proteinkern, um den herum der doppelhelikale DNA-Faden gewickelt ist. Der Proteinkern setzt sich aus acht Proteinmolekülen zusammen; jeweils zwei der Histone H2A, H2B, H3 und H4. Das Histon H1 lagert sich von außen an den DNA-Faden an und ist vergleichsweise locker gebunden. Wie Abbildung 2.19 zeigt, umwickelt die DNA jede Perle zweimal, was circa 140 Nukleotiden Länge entspricht. Auch der Abstand zwischen zwei Perlen ist regelmäßig und beträgt etwa 60 Nukleotide. Diese regelmäßige Struktur aus neun Proteinmolekülen und 200 Nukleotiden aufgespulter DNA bezeichnet man als Nukleosom.

Die zweite elektronenmikroskopisch erkennbare, höhere Organisationsform des Chromatins bleibt nur dann erhalten, wenn man es unter Bedingungen reinigt, die den natürlichen Zustand relativ wenig beeinträchtigen. Unter diesen schonenden Bedingungen zeigt sich, daß die Nukleosomen selbst in einem sehr regelmäßigen Muster aufgewickelt sind. Diese nächst höhere DNA-Struktur stellt sich unter dem Elektronenmikroskop als ein dicker Faden von 30 nm Durchmesser dar (Abb. 2.19). Man nimmt an, daß der größte Teil der im Zellkern vorkommenden DNA diesem platzsparenden, strukturellen Ordnungsprinzip unterworfen ist. Es ist durchaus denkbar, daß darüber hinaus sogar Strukturen noch höherer Ordnung existieren, deren Erkennung mit den zur Zeit zur Verfügung stehenden Präparationsmethoden nicht möglich ist.

Aus der vorangegangenen Beschreibung wird ersichtlich, daß die DNA sehr eng mit Histonen assoziiert ist. Es stellt sich die Frage, wie sich transkriptional aktive von inaktiven Genen unterscheiden und wie die für die Transkription verantwortlichen Proteine Zugang zu den relevanten DNA Abschnitten finden. Um diesen Zugang zu regulieren, wären theoretisch sowohl Veränderungen der DNA selbst als auch Veränderungen der sie umgebenden Proteine denkbar. Natürlich schließen sich beide Möglichkeiten keineswegs gegenseitig aus. Aus der Biochemie sind inzwischen mehrere Möglichkeiten zur Veränderung des Proteingerüstes bekannt, sogenannte post-translationale Modifikationen, die die Eigenschaften von Proteinen in oftmals reversibler Form verändern können. Zu dieser Art posttranslationaler Proteinmodifikationen zählen z. B. die Phosphorylierung oder die Acetylierung. Im Hinblick auf die Interaktion von Histonen mit der DNA ist die regulierte Acetylierung/Deacetylierung von Histonen zur Regulation der Aktivität verschiedener Gene besonders bedeutsam (siehe Kap. 3.1.3).

Zusätzlich zu den Histonen, die ubiquitär im Zellkern vorkommen, enthält der Nukleus weitere Proteine, die vorwiegend in der Nachbarschaft aktiver Gene zu finden sind. Diese Proteine zeigen bei der Elektrophorese eine hohe Wanderungsgeschwindigkeit und werden deshalb als „HMGs" für High Mobility Group bezeichnet. Möglicherweise beeinflußt die Interaktion zwischen DNA einerseits und Proteinen wie HMGs und Histon H1 andererseits die lokale Feinstruktur eines Gens so, daß die Transkription erleichtert oder erschwert wird. Zusätzlich existieren gesonderte Klassen regulatorischer Proteine, die spezifisch dafür verantwortlich sind, die Transkription einzelner Gene zu aktivieren oder zu bremsen (siehe Kap. 3.1.2).

2.5.2 Enzyme

Die DNA im Zellkern dient als Matrize für Vorgänge, die enzymatisch katalysiert werden. Einerseits wird die DNA vor jeder Zellteilung durch die DNA Polymerase exakt verdoppelt, repliziert. Dies ist wichtig, da die Tochterzellen nach jeder Teilung denselben DNA-Bestand haben sollen wie ihre Mutterzelle (siehe Kap. 3.6.1). Zweitens wird die DNA bei der Genexpression von der RNA Polymerase abgelesen, transkribiert (siehe Kap. 3.1). Neben diesen Polymerasen befinden sich im Zellkern weitere Enzyme, die z. B. an der Replikation mitbeteiligt oder für die Reparatur der genomischen DNA verantwortlich sind (siehe Kap. 3.7). Eine Reihe enzymatischer Funktionen im Zellkern werden nicht von Proteinen allein, sondern von RNA-Protein Komplexen getragen (siehe Kap. 3.2). Deshalb beschränkt sich der folgende Abschnitt auf eine Übersicht der wesentlichen Eigenschaften von DNA- und RNA-Polymerasen.

Die bemerkenswerteste Eigenschaft prokaryonter und eukaryonter DNA-Polymerasen ist ihre eindrucksvolle Präzision, die in Anbetracht ihrer ontogenetischen Anforderungen notwendig ist. Bevor eine befruchtete Eizelle sich zu einem Menschen entwickelt hat, muß ihr singuläres Genom etwa 10^{14}-fach vermehrt werden. Dem menschlichen DNA Replikationsapparat unterläuft durchschnittlich nur ein Fehler pro 10 Milliarden Nukleotide, das heißt ein einziger Fehler auf drei Replikationen des etwa 3 Milliarden Nukleotide großen haploiden menschlichen Genoms.

Zur Transkription von mRNAs wird die RNA-Polymerase II benötigt. Sie kopiert nach dem Prinzip der homologen Basenpaarung von einer DNA-Vorlage ein RNA-Transkript (siehe Kap. 3.1). Neben der mRNA, die als Vorlage zur Translation von Proteinen dient, gibt es weitere Klassen von RNA-Molekülen mit spezifischen Aufgaben. Sowohl die transfer RNA (tRNA) als auch die ribosomale RNA (rRNA) sind für die Translation von mRNA von entscheidender Bedeutung (siehe Kap. 3.4.2). Die drei Klassen von RNA werden von drei verschiedenen RNA-Polymerasen transkribiert. Die RNA-Polymerase I transkribiert rRNAs, die RNA-Polymerase II mRNAs und die RNA-Polymerase III tRNAs (und eine Untergruppe von rRNAs). Diese Funktionen sind in Tabelle 2.2 zusammengefaßt.

Tab. 2.2 RNA-Polymerasen eukaryonter Zellen

Enzym	Funktionelles Produkt
RNA-Polymerase I	Ribosomale RNA (28 S, 18 S, 5.8 S)
RNA-Polymerase II	Messenger RNA, spleißosomale UsnRNAs (außer U6 snRNA)
RNA-Polymerase III	Kleine RNAs (transfer RNA, 5 S rRNA, snRNAs)

2.5.3 Regulatorische Proteine

Obwohl sich im Zellkern RNA-Polymerasen und DNA befinden, ist dennoch zu einem gegebenen Zeitpunkt nur ein Bruchteil aller Gene einer jeden Zelle transkriptional aktiv. Diese Tatsache wirft die Frage auf, in welcher Form die zu transkribierenden Gene für die RNA-Polymerasen erkennbar, bzw. wie die nicht zu transkribierenden Gene verborgen werden. Wie bereits erwähnt, unterscheiden sich aktive und inaktive Gene hinsichtlich posttranslationaler Modifikationen ihrer benachbarten Strukturproteine.

Um ganz bestimmte Gene oder Familien von Genen zu einem definierten Zeitpunkt an- oder abschalten zu können, befinden sich im Zellkern spezifische regulatorische Proteine. Das klassische Prinzip der Genregulation läßt sich einfach beschreiben. Ein regulatorisches Protein erkennt eine definierte Sequenz in der Nähe des Zielgens und bindet dort an die DNA. Dadurch übt es seinen Effekt auf die Expression des Zielgens aus. Im molekularbiologischen Sprachgebrauch nennt man die DNA-Sequenz, an die sich das Protein bindet auch *cis*-agierendes Element („*cis*-acting element") und das dazugehörige regulatorische Protein *trans*-agierenden Faktor („*trans*-acting factor").

Da für jedes regulatorische Protein nur eine relativ begrenzte Zahl von Zielsequenzen existiert, sind diese Proteine den Strukturproteinen quantitativ deutlich unterlegen. Ihre Funktion als Signalüberträger im zellulären Metabolismus ordnet ihnen jedoch eine bedeutende medizinische Rolle zu, die am Beispiel der Steroidrezeptoren detaillierter beschrieben werden wird (siehe Kap. 3.1.2).

2.6 Ribonukleoprotein Partikel

Ribonukleoprotein Partikel (RNP) ist ein Sammelbegriff für eine Anzahl molekularer Komplexe, die im Cytoplasma und im Zellkern vorkommen. Ihr gemeinsames Merkmal ist die enge strukturelle Assoziation von RNA-Molekülen mit einem oder mehreren Proteinen (daher der Name). Isoliert sind die RNA- und Proteineinzelkomponenten gewöhnlich funktionslos; es handelt sich bei Ribonukleoprotein Partikeln also quasi um eine „Symbiose" von RNA und Proteinen. Ein weiteres Merkmal vieler RNPs ist die geringe Länge des RNA-Moleküls von oft weniger als 200 Nukleotiden. Die Ribonukleoprotein Partikel des Zellkerns werden in zwei Hauptgruppen unterteilt, die hnRNPs und die snRNPs („Snurps"). Die hnRNPs (heterologous nuclear ribonucleoprotein particles) enthalten Vorstufen der mRNA und als Proteinanteil einen funktionell noch wenig definierten Komplex aus mehr als 20 Proteinen. Die prä-mRNA Prozessierung (siehe Kap. 3.2) vollzieht sich in diesen hnRNPs.

Die Snurps (small nuclear ribonucleoprotein particle) sind besser charakterisiert. Der Name der snRNPs leitet sich von der Kürze der RNA-Bestandteile ab (60 bis 215 Nukleotide), die außerdem sehr Uridin-reich sind. Aus diesem Grunde werden die verschiedenen snRNPs nach ihren RNA-Bestandteilen U1, U2 etc. benannt. So sind die U1, U2, U4, U5 und U6 snRNPs zum Beispiel an der später noch genauer zu besprechenden Reifung von mRNA, dem Spleißen, beteiligt (siehe Kap. 3.2.3). Die Proteinkomponente der snRNPs besteht aus mehreren nukleären Proteinen.

3 Molekularmedizinische Physiologie und Biochemie

Dieses Kapitel beschreibt, wie die im Genom einer jeden Zelle hinterlegte Information dazu dient, zelluläre Funktionen und damit die Funktionen eines gesamten Organismus zu tragen und zu steuern. Die DNA selbst hat keine Exekutivfunktion, sondern dient „nur" als Informationsspeicher. Daher wird erläutert, wie dieser Informationsspeicher im Rahmen der Zellproliferation an Tochterzellen weitergegeben (DNA-Replikation und Zellteilung), in funktionstüchtigem Zustand erhalten (DNA Reparatur) und als Matrize zur Synthese von RNAs genutzt wird (Transkription). Außerdem wird diskutiert, wie Störungen der DNA-Replikation, Reparatur und Transkription unterschiedlichen Erkrankungen zu Grunde liegen. Ebenso wird dargestellt, wie die durch Transkription entstandenen Primärtranskripte sequentielle Reifungsschritte durchlaufen und schließlich ein Zusammenspiel mehrerer reifer RNAs zur Synthese von Proteinen erforderlich ist.

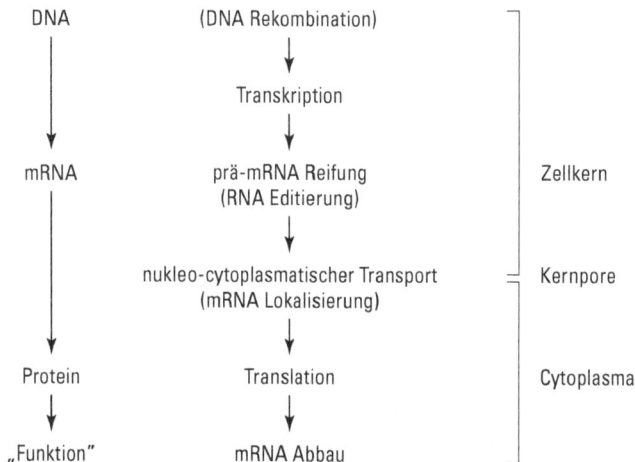

Abb. 3.1 Schema des zellulären Informationsflusses und der Expression von Strukturgenen. *Links:* In allen Zellen dient DNA als permanenter Speicher genetischer Information. Die Transkription einer mRNA führt als transiente Zwischenstufe zur Synthese von Proteinen, die ihrerseits Funktionen enzymatischer Natur oder im Rahmen der strukturellen Organisation einer Zelle ausüben. *Rechts:* Genetische Information wird durch den Vorgang der Transkription von der DNA abgerufen. Das Diagramm zeigt die Abfolge verschiedener Schritte im Rahmen der Genexpression.

Da die DNA im Zellkern lokalisiert ist und die Proteinsynthese (Translation) im Cytoplasma stattfindet, wird ein Abschnitt auch die bidirektionalen Transportvorgänge durch die Kernporen diskutieren. Im allgemeinen werden zuerst die einzelnen Schritte der Genexpression beschrieben, und dann im folgenden Regulationsvorgänge an ausgewählten Beispielen diskutiert. Diese Beispiele sollen helfen zu erklären, wie Zellen abhängig von ihrer Gewebezugehörigkeit, ihrem Differenzierungsgrad oder metabolischen Erfordernissen ihre Genexpressionsmuster verändern und anpassen können und wie die pathologisch veränderte Expression einzelner oder mehrerer Gene ursächlich vielen ererbten und erworbenen Erkrankungen zu Grunde liegen. Abbildung 3.1 gibt eine Übersicht über die verschiedenen Schritte der Genexpression.

3.1 Transkription

Die Transkription stellt den ersten Schritt im Prozess der Expression von Genen dar, also dem Abrufen der in diesen DNA-Abschnitten gespeicherten genetischen Information. Transkription ist definiert als Umschreibung von Genen in RNA.

Zu Beginn des Transkriptionsvorganges muß der ausführende Enzymkomplex an die richtige Position im Gen gebracht werden und ein Strang als Matrize für den Aufbau des einzelsträngigen RNA-Moleküls vorbereitet werden, indem die DNA-Doppelhelix aufgeschmolzen wird. Erst dann können die ersten Nukleotide des Gens in RNA umgeschrieben werden. Dieser Prozess wird als Transkriptionsinitiation bezeichnet. Die Effektivität der Initiation ist im wesentlichen für die Effizienz der Transkription eines Gens verantwortlich (rate limiting step). Somit findet die Regulation hauptsächlich auf der Ebene der Transkriptionsinitiation statt.

Die Verlängerung des Transkriptes wird als Elongation bezeichnet. Auch die Effizienz der Elongation von Transkripten kann in der Zelle erheblich variieren. Aufbauend auf dem Prinzip der Basenpaarung wächst der RNA-Strang in $5' \rightarrow 3'$ Richtung. Er ist dem transkribierten DNA-Strang (Matrize) komplementär und folglich in seiner Nukleotidsequenz, bis auf den für RNA charakteristischen T/U Austausch, mit dem nicht-transkribierten DNA-Strang identisch. Grundsätzlich wird nur ein Strang eines Gens transkribiert, jedoch können dies je nach Ausrichtung der Gene unterschiedliche Stränge der DNA-Doppelhelix sein. Für die Sequenz eines Gens wird in der Literatur gewöhnlich die Sequenz des nichttranskribierten DNA Stranges angegeben. Da von diesem Strang die Proteinsequenz anhand des genetischen Codes abgeleitet werden kann (s. o.), wird er auch als „Sense-Strang" bezeichnet. Eine „Antisense-RNA" besitzt demnach die Sequenz des transkribierten DNA Stranges, und sie hat die Fähigkeit mRNAs mit hoher Spezifität zu binden. Diese Tatsache macht sich die Molekulare Medizin im experimentellen sowie im diagnostischen und therapeutischen Bereich zu Nutze, um Transkripte bestimmter Zielgene spezifisch ansteuern zu können.

Der Referenzpunkt für die Numerierung der Nukleotide eines Gens ist die dem ersten Ribonukleotid des RNA-Stranges entsprechende Base. Diese wird mit $+1$ bezeichnet. Von dort wird in Richtung der Transkription, d. h. in $3'$-Richtung, weitergezählt. Gensequenzen $5'$ zum Transkriptionsstart werden entsprechend negativ

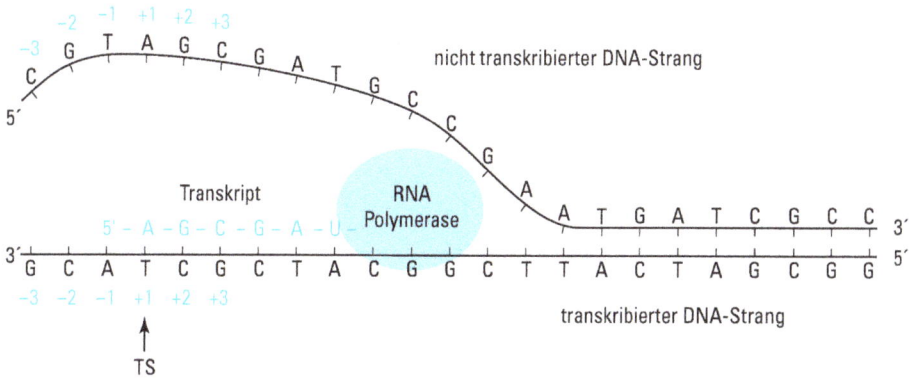

Abb. 3.2 Numerierung der Nukleotide in einer Transkriptionseinheit. Dargestellt ist ein DNA-Doppelstrang, der im Bereich des Transkriptionstartes (TS) aufgeschmolzen ist. Von dem durch die RNA-Polymerase produzierten Transkript kommen die ersten sechs Nukleotide zur Darstellung.

numeriert (Abb. 3.2). Mit der vollständigen Umschrift des Gens in RNA wird der Transkriptionsvorgang beendet. Dieser Schritt wird als Termination bezeichnet. Aus der obigen Darstellung wird deutlich, warum der Enzymkomplex der Transkription als DNA-abhängige RNA-Polymerase -oder kurz als RNA-Polymerase- bezeichnet wird.

Weil jede kernhaltige somatische Zelle unseres Organismus mit dem gleichen Satz an Genen ausgestattet ist (Ausnahmen stellen die rekombinationsaktiven Lymphocyten dar, siehe Kap. 3.5), muß gewährleistet sein, daß die Expression unterschiedlicher Gene zu bestimmten Zeiten an- und abgeschaltet werden kann und darüber hinaus die Expressionshöhe zwischen den Extremen variabel regulierbar ist.

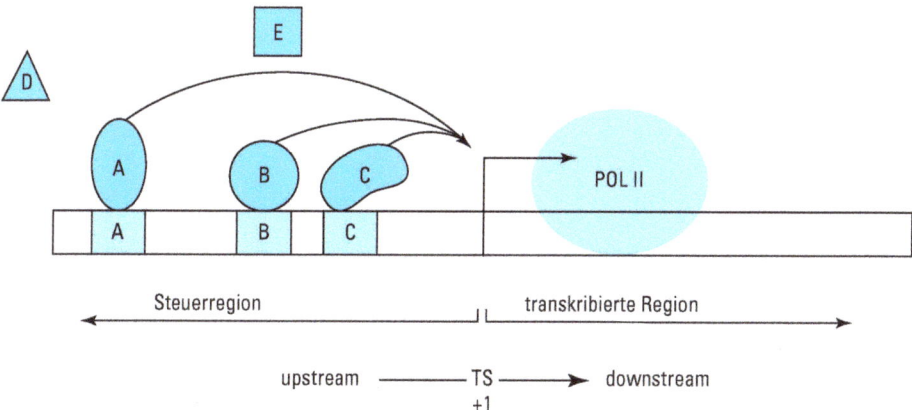

Abb. 3.3 Schematische Darstellung der Genstruktur. Der Transkriptionsstart (TS) unterteilt ein Gen in eine abwärts (downstream) liegende, transkribierte Region und in eine aufwärts (upstream) liegende Steuerregion. In der Steuerregion sind einzelne *cis*-agierende Elemente mit *trans*-agierenden Faktoren dargestellt.

Auf Transkriptionsebene wird die korrekte Genexpression durch das komplexe Zusammenspiel zweier Komponenten garantiert (Abb. 3.3). Einerseits sind dies die sogenannten Steuerelemente der Gene, die sich typischerweise oberhalb (engl.: upstream), d. h. in 5'-Richtung vom Transkriptionsstart eines Gens befinden. Anderseits sind dies Regulatorproteinkomplexe, die über diese Strukturelemente an zu transkribierende Gene rekrutiert werden und die Effizienz der Transkription positiv oder negativ beeinflussen können. Die Steuerelemente werden auch als *cis*-agierende Elemente (*cis*-acting elements) und die Regulatorproteine als *trans*-agierende Faktoren (*trans*-acting factors) bezeichnet.

Da diesen beiden Komponenten die allesentscheidende Rolle bei der Regulation des Transkriptionsvorganges zufällt, wird dieses Kapitel in seinem weiteren Verlauf am Beispiel der proteinkodierenden Gene, d. h. RNA-Polymerase II transkribierter Gene, das Zusammenwirken *cis*-agierender Elemente und *trans*-agierender Faktoren detaillierter beschreiben. Die durch RNA-Polymerasen I und III durchgeführte Transkription der rRNA- bzw tRNA-Gene (siehe Kap. 2.4) beruht auf ähnlichen Prinzipien; ihre Besonderheiten sollen jedoch an dieser Stelle unberücksichtigt bleiben.

3.1.1 Die Steuerelemente der RNA-Polymerase II vermittelten Genexpression

Wie oben bereits angedeutet, befinden sich die Steuerelemente der durch RNA-Polymerase II transkribierten Gene (im folgenden als Pol II Gene bezeichnet) in der Regel in einem wenige Kilobasen umfassenden Bereich oberhalb des Transkriptionsstartes. Steuerelemente sind typischerweise 6–10 bp kurze DNA-Abschnitte, von denen manchmal weniger als zehn, in anderen Fällen aber auch mehr als 30 in Kombination vorliegen können. Die Gesamtheit der Steuerelemente eines Gens wird als Steuerregion oder Promotor bezeichnet. (Unter dem Begriff „Promotor" hat man in der Vergangenheit oftmals die um den Transkriptionsstart liegenden Steuerelemente zusammengefasst. Diese Elemente werden heute besser als „basale Promotorelemente" bezeichnet (s. u.)). Durch detaillierte Sequenz- und Mutationsanalysen von Promotoren unterschiedlicher Pol II Gene ist es gelungen, einzelne Steuerelemente in ihrer Basenabfolge und in ihrer Bedeutung für die Genexpression genau zu beschreiben. Diese Analysen erlauben eine Gruppierung unterschiedlicher Steuerlemente nach ihrer Wertigkeit für den Transkriptionsvorgang.

3.1.1.1 Basale Promotorelemente

Der Promotor enthält drei unterschiedliche Gruppen von Steuerelementen. Die erste Gruppe besteht aus den basalen (zentralen) Promotorelementen (Abb. 3.4). Zu ihnen gehören die TATA-Box, die etwa 25–30 bp oberhalb des Transkriptionsstartes liegt. Der Name leitet sich von der Nukleotidsequenz dieses Elementes ab (Konsensus: TATAa/tAa/t). Der zweite Vertreter dieser Gruppe ist das Initiator-Element, welches in seiner Basenabfolge weniger gut definiert ist als die TATA-Box, das aber immer eine besonders pyrimidinreiche Zusammensetzung aufweist und stets über dem Transkriptionsstartpunkt zentriert ist. Das Downstream Sequence Element ist ein kürz-

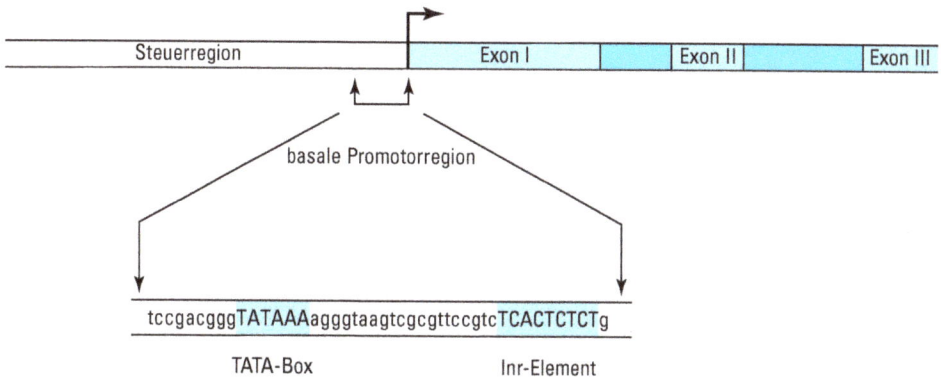

Abb. 3.4 Skizzierung der basalen Promotorregion im Genkontext. In der oberen Hälfte der Abbildung ist ein Gen mit Transkriptionsstart (→), Exonstrukturen sowie der Steuerregion abgebildet. Die basale Promotorregion befindet sich unmittelbar vor dem Transkriptionsstart. Diese ist in der unteren Abbildungshälfte als Nukleotidsequenz dargestellt. Große Buchstaben heben die TATA-Box und das Initiator-Element (Inr) heraus.

lich entdecktes, seltener vorkommendes basales Promotorelement einiger TATA-Box-loser Gene.

Alle basalen Promotorelemente dienen primär der Lokalisierung des Transkriptionsstartes. Die Lokalisierung des Transkriptionsstartpunktes wird im wesentlichen dadurch erreicht, daß der die Transkription initiierende Enzymkomplex neben der RNA-Polymerase auch die DNA-Bindungsproteine der basalen Promotorelemente (wie z. B. das TATA-bindende Protein, s. u.) enthält. Über diese Bindungsproteine wird der Enzymkomplex an den Transkriptionsstartpunkt herangeführt.

Manche Gene enthalten zwei oder drei funktionelle TATA-Boxen, andere Promotoren jedoch keines der (bekannten) basalen Steuerelemente. In solchen Fällen wird die Transkription an multiplen Startpunkten initiiert, die dann nicht selten über eine Region von ca. 100 bp verstreut liegen. Der Vorteil eindeutig definierter Transkriptionsstartpunkte liegt in dem bewußten Ein- oder Ausschließen von Sequenzabschnitten der 5'-nichttranslatierten Region eines Transkriptes (5'-UTR). Dadurch ergeben sich Regulationsmöglichkeiten der Genexpression wie die Integration posttranskriptionaler Steuerelemente in die 5'-UTR oder die Ansteuerung unterschiedlicher Translationsstartpunkte (siehe Kap. 3.4.2). Es ist interessant, daß Gene ohne basale Promotorelemente oft sogenannte CpG-Islands aufweisen und zelltypunspezifisch und konstitutiv exprimiert werden (s. u.). Zusammengenommen lassen die Beobachtungen den Schluß zu, daß basale Promotorelemente den Transkriptionsstart bei der in Zeit und Raum komplex regulierten Genexpression definieren.

3.1.1.2 Proximale Promotorelemente

Die zweite Gruppe der Steuerelemente, die sogenannten proximalen Promotorelemente, befindet sich in einer Region, die sich bis zu wenigen hundert Basenpaaren oberhalb der TATA-Box erstreckt (Abb. 3.5). Die bei weitem häufigsten dieser Ele-

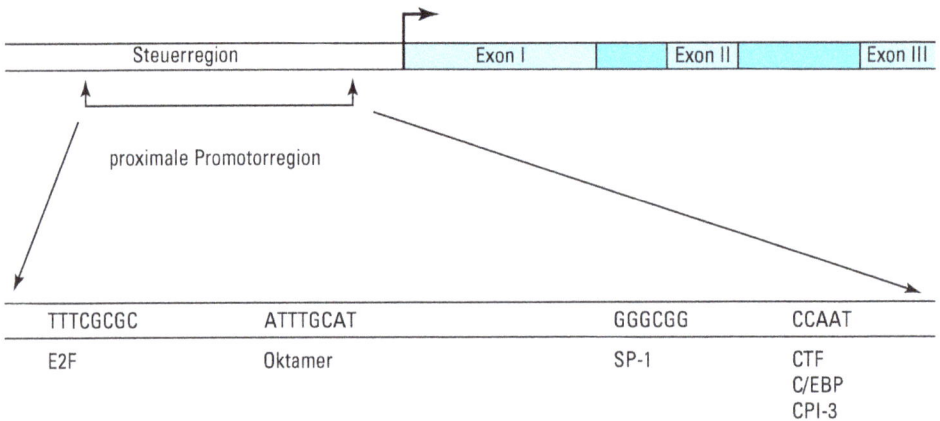

Abb. 3.5 Organisation der proximalen Promotorregion im Genkontext. Anschließend an die basale Promotorregion ist hier in der oberen Bildhälfte die proximale Promotorregion eines Gens schematisch dargestellt. In der unteren Bildhälfte sind beispielhaft einige Transkriptionsfaktoren mit Ihren spezifischen Erkennungsequenzen benannt.

mente sind die GC-Box und die CAAT-Box. Die GC-Box enthält die Sequenz GGGCGG und dies oft in multiplen Kopien. Das Motiv wird von dem nukleären Faktor SP-1 gebunden. Der Name CAAT-Box gibt die Konsensussequenz dieses Elements wider. Es kann von verschiedenen nukleären Faktoren erkannt werden. Anders als die TATA-Box oder das Initiator Element können GC- und CAAT-Boxen innerhalb der proximalen Promotorregion beträchtlich in ihrer Entfernung vom Transkriptionsstart variieren, in multiplen Kopien pro Gen vorkommen und in beiden Orientierungen aktiv sein. Sie sind allerdings in einem größeren Abstand vom Transkriptionsstart (von z. B. mehr als einer Kilobase) nicht mehr funktionell. Dies macht den wesentlichen Unterschied zu den distalen Promotorelementen aus (s. u.). GC- und CAAT-Box-bindende Proteine kommen ubiquitär vor und werden konstitutiv exprimiert. Man weiß, daß diese proximalen Elemente in erster Linie für die Effektivität der Transkriptionsinitiation verantwortlich sind, ohne dabei eine hochspezifische Regulation der Gene zu ermöglichen.

Neben diesen beiden prototypischen proximalen Promotorelementen gibt es zahlreiche weitere Steuerelemente dieser Kategorie. Anders als GC- und CAAT-Boxen können aber z. B. Oktamer-, ATF-, NFκB- oder E2F-Elemente nicht nur die Grundaktivität eines Promotors erhöhen, sondern sie tragen auch direkt zur spezifischen Regulation der Genexpression bei.

So ist das E2F-Element typischerweise in solchen Genen anzutreffen, deren Expression im Verlauf des Zellzyklus reguliert wird (Abb. 3.6). Auf diese Weise wird die Expression von Genen, deren Produkte lediglich im Rahmen der DNA-Replikation benötigt werden, nur kurz vor dem Beginn und während der DNA-Synthese-Phase der Zelle gesteigert. Ein Beispiel für ein solches Gen ist das Cyclin-E Gen, das in seinem proximalen Promotorabschnitt neben den E2F-Elementen auch positive Steuerelemente besitzt, die dem Promotor eine Grundaktivität verleihen. Werden diese Steuerelemente mutiert, verliert der Promotor seine Grundaktivität. Werden hingegen die E2F-Elemente ausgeschaltet, bleibt zwar die Grundaktivität des

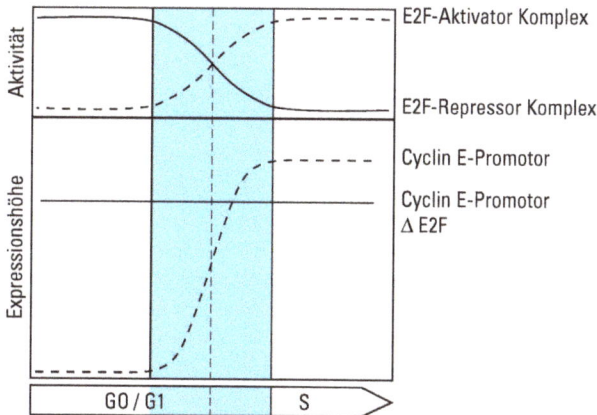

Abb.3.6 Graphische Darstellung der Aktivität des Cyclin-E Promotors in Abhängigkeit von E2F-Faktoren. Die Aktivität des Cyclin E Promotors wird in einem eng begrenzten Fenster am Übergang der Zellzyklusphasen G1 und S gesteigert. Ein Cyclin E Promotor mit deletierten E2F-Bindungsstellen ΔE2F zeigt eine konstant hohe Expression ohne wesentliche zellzyklusspezifische Regulation. Im oberen Teil der Abbildung wird diesem Expressionsmuster die Aktivität von E2F-Aktivator- bzw. E2F-Repressorkomplexen im Zellzyklus gegenübergestellt.

Promotors erhalten, aber die Regulation im Verlauf des Zellzyklus entfällt. Die E2F-Elemente regulieren somit die Expression des Cyclin-E Gens, indem sie die Grundaktivität des Promotors in den entsprechenden Phasen des Zellzyklus modulieren. Diese Regulation wird über die im Zellzyklus zeitlich begrenzte Verfügbarkeit bestimmter E2F-Proteinkomplexe erreicht (Abb. 3.6). Der zugrunde liegende Mechanismus soll bei der Besprechung der Regulation des Zellzyklus näher betrachtet werden (siehe Kap. 3.6.2).

Dieses Beispiel soll verdeutlichen, daß alle *cis-* und *trans*-agierenden Komponenten eines Promotors als funktionelle Einheit betrachtet werden müssen. Promotorelemente besitzen keine Transkriptionsaktivität per se; erst die Verfügbarkeit und Anbindung aktiver *trans*-agierender Faktoren verleihen Promotoren mit unterschiedlichen Kombinationen *cis*-agierender Elemente ein spezifisches Expressionsmuster.

3.1.1.3 Distale Promotorelemente (Enhancer)

Bisher ist der Promotor als die Region eines Gens vorgestellt worden, die sich in 5'-Richtung lückenlos an den transkribierten Anteil eines Gens anschließt. Demgegenüber sind distale Promotorelemente Steuerelemente, die sich in größerer Entfernung zum Transkriptionsstartpunkt befinden. Dabei ist es grundsätzlich unerheblich, ob sie oberhalb oder unterhalb des Transkriptionsstartes liegen.

Die Fähigkeit, Genexpression transkriptionell über eine große Distanz zu beeinflussen, ist der wesentliche Unterschied zwischen proximalen und distalen Promotorelementen. Da das Vorkommen dieser Regulatorelemente mit einem sehr großen

Tab. 3.1   Bindungselemente von Enhancern mit ihren Erkennungssequenzen. „N" steht für jedes mögliche Nukleotid.

Bindungselement	Erkennungssequenz
Serum Response Element	CCATATTAGG
AP-1 (FOS/JUN)	TGACTCA
Glukokortikoid Response Element	TGGTACAATGTTCT
Hitzeschock-Element	CNNGAANNTCCNNG
ETS/PU.I	GAAAGNNGAA
E-Box (z. B. MYC)	CACGTG

Anstieg der Transkriptionsaktivität der RNA-Polymerase einhergehen kann, werden diese Elemente auch als Enhancer bezeichnet. Wie die bisher besprochenen Promotorstrukturen stellen auch Enhancer Bindungsstellen für Regulatorproteine dar. Dabei enthält ein Enhancer – wie der proximale Promotorabschnitt – mehrere Bindungsstellen für *trans*-agierende Faktoren. In Tabelle 3.1 sind Steuerelemente bekannter Enhancer und die dazugehörigen Faktoren aufgeführt.

Die Existenz distaler Steuerelemente in einer Entfernung von bis zu mehreren zehn Kilobasen zum Transkriptionsstart (oder in Intronstrukturen von Genen) läßt vermuten, daß viele ähnlich positionierte Steuerelemente bisher unentdeckt geblieben sind. Enhancer wirken Gen-unspezifisch. Sie können experimentell ohne Funktionsverlust von einer Transkriptionseinheit auf eine andere übertragen werden. Nach dem jetzigen Wissensstand entfalten sie ihre Wirkung im genomischen Kontext auf den am nächsten gelegenen basalen Promotorkomplex.

Distale Steuerelemente, die die Expression von Genen reduzieren, aber ansonsten nach dem Wirkprinzip von Enhancern agieren, werden als Silencer bezeichnet. Eine besondere Form einer distalen Steuereinheit ist ferner die Lokuskontrollregion (LCR) des β-Globingenkomplexes. Die LCR besitzt zahlreiche Steuerelemente, die die unterschiedlichen Gene des Globingenkomplexes aus sehr großer Entfernung () 10 kb) differenziell regulieren.

Eine folgenreiche Komplikation der unspezifischen Wirkweise von Enhancerelementen kennen wir aus der molekularen Onkologie. So kann es bei bestimmten Translokationen oder der Insertion proviraler DNA zu der artifiziellen Zusammenführung von Enhancerelementen und Proto-Onkogenen kommen (siehe Kap. 6.2.2). Ein eindrucksvolles Beispiel stellen genetische Subformen des Burkitt-Lymphoms dar, wo es durch chromosomale Translokation (t(8;14)) zu einer räumlichen Annäherung des Gens für den proto-onkogenen Wachstumsfaktors MYC und des IgH-Enhancers in B-Zellen kommt. Daraus resultiert die Überexpression des strukturell völlig unverändert gebliebenen MYC Proteins, was einen kontinuierlichen Proliferationsstimulus für die betroffenen Zellen bedeutet (siehe Kap. 6.2.4).

Ein wichtiges Charakteristikum von Enhancer-bindenden Faktoren ist ihre Induzierbarkeit. Somit ermöglichen Enhancer die Expression eines Gens schnell und leistungsstark zu steigern und kurzfristig auf externe oder interne zelluläre Stimuli zu reagieren. Derartige Enhancerelemente werden deshalb auch als Response Element (RE) bezeichnet. Ein Beispiel für ein solches Element ist das Glucocorticoid Response Element. Es wird durch den entsprechenden *trans*-agierenden Faktor, den Glukokortikoidrezeptor, nach endogenem oder (nach therapeutischer Applikation) auch exogen bedingtem Anstieg von Glukokortikoiden („Signal") gebunden, was zu einer spezifischen Aktivierung („Antwort" oder engl. response) von Glukokortikoid-sensitiven Genen führt (siehe Kap. 3.1.2). Darüber hinaus sind Enhancer oft für die Zelltyp-spezifische Expression von Genen verantwortlich (obwohl diese Funktion grundsätzlich auch von proximalen Promotorabschnitten erfüllt werden kann). Ein bekanntes Beispiel stellen die Immunglobulin- bzw. T-Zellrezeptor-Enhancer dar. Enhancer sind demnach Steuerelemente, die die Transkription über eine große Entfernung besonders effektiv zelltypspezifisch und zeitlich regulieren können.

3.1.2 Regulierende Proteine der Transkriptionsinitiation

Zu Beginn dieses Kapitels wurde die DNA als Speichermedium genetischer Information vorgestellt. Auch die *cis*-agierenden Steuerelemente sind Teil dieses passiven Wissens, und es bedarf der *trans*-agierenden Faktoren, dieses passive Wissen aktiv in Transkription umzusetzen. Die *trans*-agierenden Faktoren werden deswegen auch als Transkriptionsfaktoren (TF) bezeichnet.

Die RNA-Polymerase II (POL II) als transkribierendes Enzym besitzt keine spezifische DNA-Bindungsfähigkeit, kann also den Ort des Transkriptionsstartes nicht selbständig ansteuern. Zu diesem Zwecke kann die Polymerase mit den sogenannten basalen Transkriptionsfaktoren interagieren, die über spezifische Bindungsfähigkeiten an basale Promotorelemente verfügen. Wie oft und wie schnell der Komplex aus Polymerase und basalen TF an den Transkriptionsstart eines Gens rekrutiert werden kann, bestimmt seine Transkriptionseffizienz. Wie bereits erwähnt, besitzen basale Promotorelemente keine signifikante Funktion im Rahmen der Transkriptionseffektivität, was im wesentlichen daran liegt, daß basale TF die Aktivität der POL II nicht regulieren können. Dieser wichtige Schritt wird hingegen durch regulative Transkriptionsfaktoren bestimmt, die den Promotor eines Gens über seine proximalen und distalen Elemente ansteuern. Es ist diese Trias aus POL II sowie basalen und regulativen TF, die das Herzstück der Transkriptionsregulierung darstellen.

3.1.2.1 RNA-Polymerase II

Die RNA-Polymerase II liegt in der Zelle sehr wahrscheinlich als präformierter, sehr großer Enzymkomplex vor, der über 70 Proteinpartner enthält (Abb. 3.7). Den größten Teil dieses als POL II Holo-Enzym bezeichneten Protein-Konglomerates bilden akzessorische Subkomplexe, die regulative Aufgaben erfüllen. Die genaue Zusammensetzung des Holo-Enzyms ist nicht bekannt und kann auch je nach Notwendigkeiten variieren. Seine strukturelle und funktionelle Untersuchung ist Gegenstand derzeitiger Forschungsbemühungen.

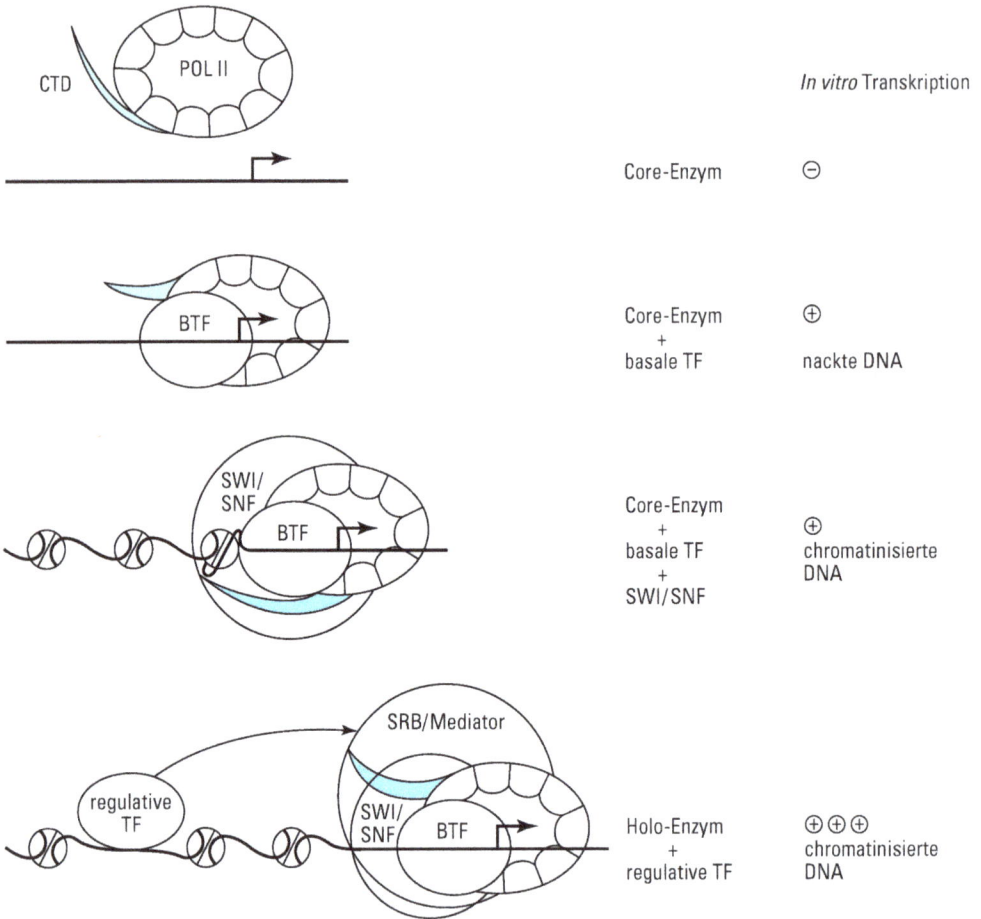

Abb. 3.7   Schematische Darstellung der Formierung des POL II Holo-Enzyms. Aus Gründen
der verständlicheren Darstellung ist die Zusammensetzung einer funktionellen Transkriptionseinheit auf chromatinisierter DNA als schrittweise Assemblierung von Subkomplexen skizziert. POL II steht für die 12 Untereinheiten der DNA-abhängigen RNA-Polymerase II inklusive der C-terminalen Domäne (CTD). BTF steht für den basalen Transkriptionsfaktorkomplex. SWI/SNF- und SRB/Mediatorkomplexe sind als eigenständige Subkomplexe dargestellt. Die gewählte Darstellungsweise soll das Zusammenspiel von Subkomplexen des POL
II Holo-Enzyms mit regulativen Transkriptionsfaktoren im Hinblick auf die *in vitro* gemessene
Transkriptionsstärke eines Testpromotors verdeutlichen. Die schrittweise Assemblierung des
POL II Holo-Enzyms und der hier dargestellte späte Eintritt regulativer Transkriptionsfaktoren in die Transkriptionseinheit spiegelt nicht die *in vivo* Situation wider (weitere Erläuterungen siehe Text).

Das Core-Enzym ist die kleinste funktionelle Einheit der POL II

Der minimale, essentielle Teil des Holo-Enzyms wird auch als POL II Core-Enzym bezeichnet. Dieser Komplex aus 12 Untereinheiten (etwa 500 kDa) benötigt zusätzlich lediglich basale TF (s. u.), um ein kloniertes Gen *in vitro* zu transkribieren. Die katalytische Aktivität liegt in den zwei größten Untereinheiten des Komplexes. Die größere dieser Untereinheiten besitzt eine außergewöhnliche C-terminale Domäne (CTD) aus 52 Wiederholungen (repeats) der Aminosäuresequenz YSPTSPS. Die CTD-Repeats spielen eine bedeutende Rolle in der Regulation der Transkription (und auch posttranskriptionaler Vorgänge).

Im Stadium der Initiierung der Transkription dient die CTD als Ankersequenz für die übrigen RNA-POL II Subkomplexe (s. u.) und wird beim Übergang von der Initiation zur Elongation zunehmend phosphoryliert. Die phosphorylierte CTD kann die Subkomplexe nicht mehr effektiv binden. Die Phosphorylierung der POL II CTD korreliert mit der Loslösung des Core-Enzyms vom basalen Transkriptionskomplex in 3'-Richtung des entstehenden Transkriptes. Dieser Schritt wird als promotor clearing bezeichnet. Die phosphorylierte Form der CTD steht dann als regulatives Element während der Elongation und Termination der Transkription oder gar bei der posttranskriptionalen Reifung der RNA – wie der Polyadenylierung und dem Spleißen – zur Verfügung.

Das Holo-Enzym integriert zahlreiche enzymatische Vorgänge während der Transkription

Das Holo-Enzym enthält wenigstens drei weitere Subkomplexe. Erstens ist dies ein Komplex aus basalen TF, der weiter unten separat beschrieben wird. Der zweite ist ein Kopplungskomplex und dient im wesentlichen dem Brückenschlag zwischen regulatorischen TF und der POL II. Es scheint verschiedene Kopplungskomplexe zu geben, die sich in ihrer Zusammensetzung unterscheiden. Gut analysiert ist der Mediator/SRB-Komplex. Anteile dieses Komplexes (SRB10 und 11) können die POL II CTD phosphorylieren. Mutationsanalysen in Hefen haben gezeigt, daß der Mediator/SRB-Komplex lebensnotwendig für diese Hefen und damit ein ähnlich bedeutender Bestandteil des Transkriptionsapparates ist wie die basalen TF.

Kann der Mediator/SRB-Komplex als Bindeglied zwischen basalen und proximalen/distalen Promotorelementen verstanden werden, so gilt der dritte Subkomplex des Holo-Enzyms, der sogenannte SWI/SNF-Komplex, als Bindeglied zwischen basalen TF und der RNA-Polymerase einerseits sowie der Chromatin-Struktur der zu transkribierenden Gene andererseits. *In vivo* ist die DNA hochorganisiert in Chromatin verpackt (siehe Kap. 2.4.2). Chromatin aber verhindert den Zugang von Transkriptionsfaktoren oder der RNA-Polymerase zu Promotoren und wirkt deshalb repressorisch auf die Transkription. Dieser Sachverhalt erfordert eine Umorganisation des Chromatins (chromatin remodeling), bevor Gene effektiv transkribiert werden können. Der SWI/SNF-Komplex kann als RNA POL II assoziierter Teil des nukleären Chromatin-Remodeling-Systems bezeichnet werden; der Wirkmechanismus des SWI/SNF-Komplexes ist allerdings noch nicht bekannt (siehe Kap. 3.1.3).

3.1.2.2 Die Initiierung des Transkriptionsvorganges durch basale Transkriptionsfaktoren

Die basalen TF werden auch als generelle TF bezeichnet, was erkennen lassen soll, daß sie für die Transkription aller Gene benötigt werden. Sie übernehmen die Aufgabe, den Transkriptionsstart festzulegen, die POL II zu rekrutieren und den Transkriptionsvorgang zu initiieren. Tabelle 3.2 listet diese basalen TF mit ihren Untereinheiten auf.

Die bis *dato* geleistete Aufklärung der Funktion einzelner dieser Faktoren/Untereinheiten hat im wesentlichen zu unserem heutigen Verständnis des Transkriptionsvorganges geführt. Er gehört zu den am besten verstandenen komplexen molekularen Funktionsabläufen in der Zelle (Abb. 3.8). Die Nomenklatur der Faktoren geht auf das ursprüngliche biochemische Fraktionierungssystem aus HeLa-Zellen zurück, mit dessen Hilfe diese Faktoren identifiziert werden konnten. So bedeutet z. B. TFIID: basaler Transkriptionsfaktor der RNA-Polymerase II, Fraktion D.

Tab. 3.2   Zusammenstellung und Funktion basaler Transkriptionsfaktoren der POL II Transkription. Für die verschiedenen basalen Transkriptionsfaktoren ist die Anzahl der Untereinheiten angegeben.

Basaler TF	Anzahl der Untereinheiten	Funktionen
TFIIA	3	Stabilisierung von TBP
TFIIB	1	Rekrutiert die POL II Festlegung des Transkriptionsstart
TFIID	10	TATA-Box Bindung HAT-Aktivität CTD-Kinasierung Gen-spezifische Aktivierung
TFIIE	2	Promotoraufschmelzung
TFIIF	2	Elongationsfaktor
TFIIH	8	Helikase CTD-Phosphorylierung CDK-aktivierende Kinase DNA-Reparatur

Abb. 3.8   Formation des basalen Transkriptionsfaktorkomplexes. Die schematische Darstel- ▶
lung zeigt die Assemblierung der basalen Transkriptionsfaktoren über der TATA-Box eines zu transkribierenden Gens sowie die strukturelle und funktionelle Anknüpfung basaler Transkriptionsfaktoren an Subkomplexe des POL II Holo-Enzyms. Entsprechend der Abbildung 3.7 ist auch hier die schrittweise Assemblierung des basalen Transkriptionsfaktorkomplexes zum besseren Verständnis der Einzelfunktionen gewählt worden. Es muß aber betont werden, daß unter *in vivo* Bedingungen der basale Transkriptionsfaktorkomplex präformiert ist bzw. basale Transkriptionsfaktoren auch als Bestandteil des POL II Holo-Enzyms gefunden werden konnten (weitere Erläuterungen siehe Text).

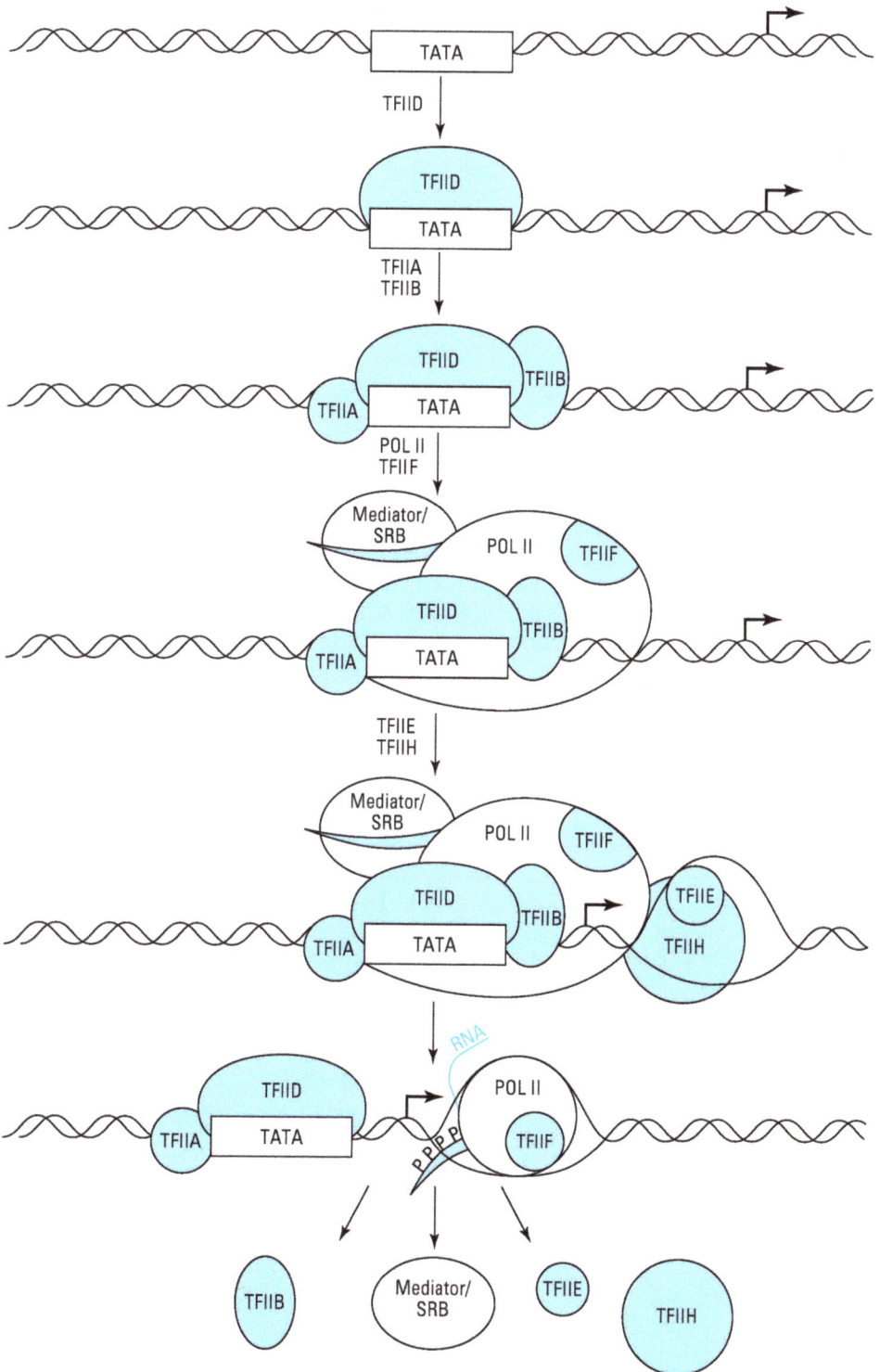

Die TATA-Box Erkennung durch TFIID

Dieser Faktor gilt als der zentrale der basalen TF. Er enthält das TATA-Box-bindende Protein (TBP) und die TBP-assoziierten Faktoren (TAF). TAFs können über niedrig affine DNA-Bindungen eine Interaktion mit der Region unterhalb der TATA-Box bis zum Transkriptionsstart herstellen und festigen so die Bindung von TFIID an den basalen Promotor. Auch in der Abwesenheit einer TATA-Box ist TBP ein essentieller basaler TF. Hingegen sind die meisten TAFs nur für die spezifische Expression bestimmter Gene notwendig und dienen dann, ähnlich wie der Mediator/SRB-Komplex, als Adapterproteine regulativer TF (s. u.). Der basale TF TFIIA interagiert mit dem TFIID-DNA Komplex oberhalb der TATA-Box und festigt von dort aus die Verankerung des basalen TF-Komplexes auf der DNA.

TFIIB rekrutiert die POL II zum Transkriptionsstart

Auch TFIIB dient durch direkte Interaktion mit dem TBP/TATA-Box Komplex der Stabilisierung der basalen TF auf der DNA. Die wichtigste Funktion von TFIIB ist allerdings die direkte Rekrutierung der mit TFIIF komplexierten Pol II an den TFIID/TFIIA/DNA-Komplex. Es ist somit die TFIIB-Pol II Interaktion, die den Transkriptionsstart relativ zur TATA-Box festlegt.

Es ist die Vielzahl der Protein-Protein- und Protein-DNA-Interaktionen innerhalb des Transkriptionsinitiationskomplexes, die seine Stabilität auf der DNA und damit die Effektivität bestimmen, mit der die Transkription eines Gens initiiert wird. Wie weiter unten ausgeführt wird, gehört es zu den Funktionen der regulativen TF diesen Komplex an eine Transkriptionseinheit zu rekrutieren und dort weiter zu stabilisieren.

TFIIE und TFIIH präparieren den DNA-Doppelstrang für die Transkription

Die Funktionen, die durch diese beiden letzten basalen TF beigesteuert werden, sind eine Helikase-Aktivität, die die Helix-Konformation der DNA um den Transkriptionsstartpunkt herum auflösen kann (TFIIH) und eine „Promotor Melting"-Aktivität, die den DNA-Doppelstrang aufschmilzt (TFIIE), um der RNA-Polymerase den Zugriff auf die DNA-Matrize zu erleichtern. Zusätzlich besitzt TFIIH, ähnlich wie der Mediator/SRB-Komplex, die Fähigkeit, die POL II CTD zu phosphorylieren und dient somit dem Übergang von der Initiation zur Elongation der Transkription.

Neben der Funktion als basaler Transkriptionsfaktor erfüllt TFIIH auch wichtige Aufgaben bei DNA-Reparaturvorgängen. Diese Doppelfunktion ist bei den Erkrankungen *Xeroderma Pigmentosum* und Cockayne Syndrome gestört und erlangt so klinische Bedeutung (siehe Kap. 3.7.1).

3.1.2.3 Regulative Transkriptionsfaktoren bestimmen die Rate der Transkriptionsreinitiierung

Die wichtigste Funktion regulativer TF ist die Modifizierung der Initiationsrate der Transkription. Darüber hinaus können regulative TF aber auch den Elongationsschritt der Transkription beeinflussen (siehe Kap. 3.1.5). Erst durch das Zusammenwirken unterschiedlicher Kombinationen regulativer TF an einem Promotor wird die Feinabstimmung der Transkriptionsregulierung in Zeit und Raum ermöglicht. Um diese Aufgabe erfüllen zu können, müssen regulative TF mindestens zwei Fähigkeiten besitzen: die spezifische Erkennung und Bindung von Steuerelementen und die funktionelle Anbindung an das Holo-POL II-Enzym.

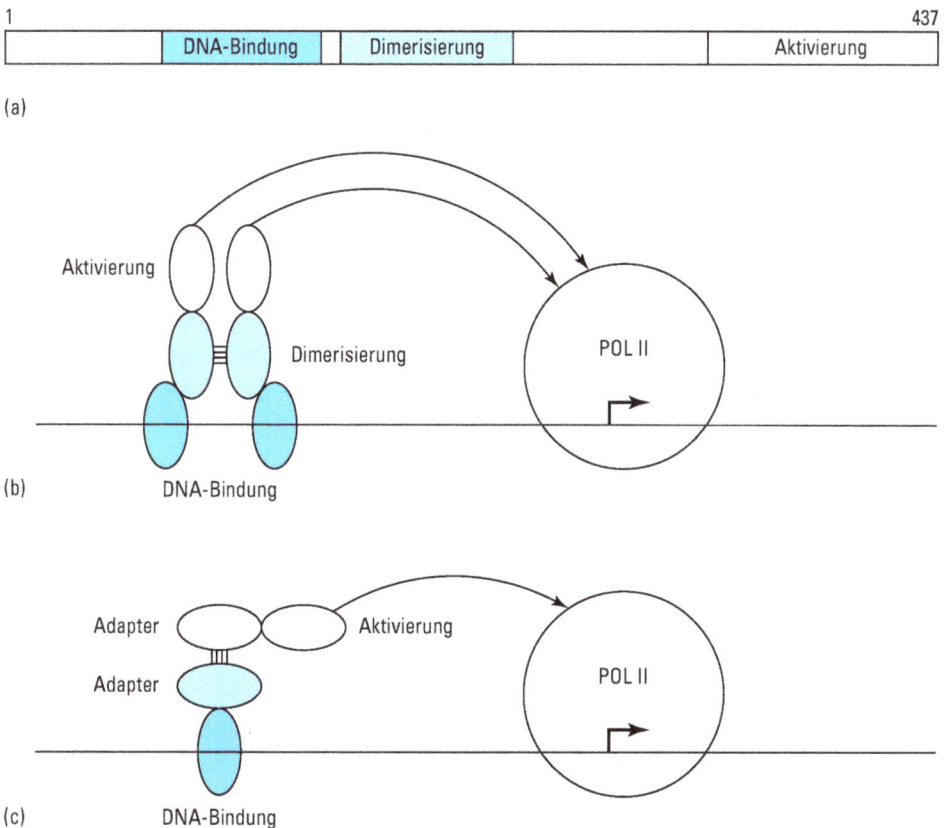

Abb. 3.9 Moduläres Bauprinzip regulativer Transkriptionsfaktoren. (a) Lineare Darstellung des 437 Aminosäuren umfassenden E2F1 Proteins mit Skizzierung der Domänen für DNA-Bindung, Dimerisierung und Transkriptionsaktivierung. (b) Skizzierung eines dimerisierten Transkriptionsfaktors auf der DNA. Die Interaktion zwischen den Aktivierungsdomänen und dem POL II Holo-Enzym ist angedeutet. (c) Kopplung eines dimeren Transkriptionsfaktorkomplexes über Adapterdomänen. Das erste Protein kann direkt mit der DNA interagieren, besitzt aber selbst keine Aktivierungsdomäne. Diese wird durch einen Proteinpartner bereitgestellt, der über Protein-Interaktion an die Transkriptionseinheit rekrutiert wird.

Moduläres Bauprinzip regulativer TF

Um den unterschiedlichsten Anforderungen gerecht werden zu können, basieren die regulativen TF auf einem modulären System, d. h. sie sind aus untereinander unabhängigen Proteindomänen mit unterschiedlichen Aufgabenbereichen zusammengesetzt (Abb. 3.9). Entsprechend der oben formulierten Anforderungen besitzt ein prototypischer regulatorischer TF mindestens zwei solcher Domänen: eine DNA-Bindungsdomäne, die dem TF die Bindung an ein Steuerelement im Promotor erlaubt und eine Aktivierungs- bzw. Repressordomäne, die die Regulation der Transkriptionsrate ausführt. Oft binden regulatorische TF das entsprechende Steuerelement als Dimer. Für diesen Fall gibt es eine dritte Domäne, die sogenannte Dimerisierungsdomäne, die sich typischerweise unmittelbar an die DNA-Bindungsdomäne anschließt. Der moduläre Aufbau der TF ermöglicht es aber auch, daß die DNA-Bindungs- und Aktivierungsdomänen auf zwei gänzlich anderen Proteinen angesiedelt sind. In diesem Fall sind die beiden Proteine zusätzlich mit einer zueinander passenden Interaktionsdomäne (molekulare Adapter) ausgestattet (Abb. 3.9). So sind über Protein-Protein-Interaktionen im Baukastenprinzip die vielfältigsten Kombinationen von funktionstüchtigen Transkriptionsfaktoren in der Evolution erstellt und den Notwendigkeiten der spezifischen Genexpression angepaßt worden.

Darüber hinaus sind Teilfunktionen regulativer TF wie die Dimerisierung und DNA-Bindung, die Proteininteraktionen oder Transkriptionsaktivierung oft separat an- oder abschaltbar. Dies kann u. a. durch die reversible Phosphorylierung einzelner Aminosäuren in den entsprechenden Proteindomänen erreicht werden. Diese molekularen Schalter sind dabei typischerweise Endpunkte von Signalkaskaden, die auf diese Weise z. B. Wachstumsinformationen in Form von Hormon-Rezeptor-Interaktionen auf der Zelloberfläche in spezifische Genregulation übersetzen. Ein solches Beispiel ist mit dem RAS-Signalweg in Kapitel 3.9.2 ausführlicher beschrieben.

Beispiele funktioneller Domänen.

Es wird angenommen, daß die einige hundert Faktoren umfassende Gruppe der DNA-bindenden regulativen TF lediglich 20–30 prinzipiell unterschiedliche DNA-

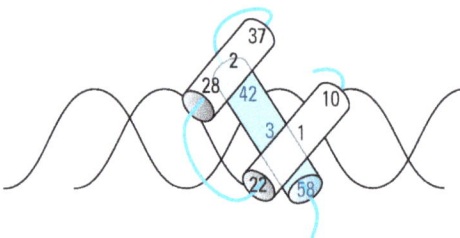

Abb. 3.10 Protein-DNA-Interaktion am Beispiel der Homeodomäne. Die DNA Doppelhelix ist als zweifaches Schleifenband skizziert. Das mit der DNA assoziierte Protein bildet drei α-Helices (Zylinder 1, 2 und 3) aus. α-Helix Nr. 3 liegt tief in der großen Furche der DNA-Doppelhelix. Die α-Helices 1 und 2 stabilisieren diese Interaktion. Die Zahlen am Anfang bzw. Ende der α-Helices (Zylinder) geben beispielhaft die Positionen von Aminosäureresten in einer typischen Homeodomäne an.

Bindungsdomänen aufweist. Durch Strukturanalysen (NMR-Spektroskopie, Rönt-gen-Kristallographie) kennt man heute von einem Drittel dieser Motive den genauen Interaktionsmodus mit der DNA. Abbildung 3.10 zeigt exemplarisch an der soge-nannten Homeodomäne (wie sie z. B. bei den Oktamerfaktoren vorkommt), wie sich ein monomeres Protein an DNA anlagern kann. Dabei wird deutlich, wie sich eine α-Helix der Homeodomäne tief in die große Furche der DNA-Doppelhelix

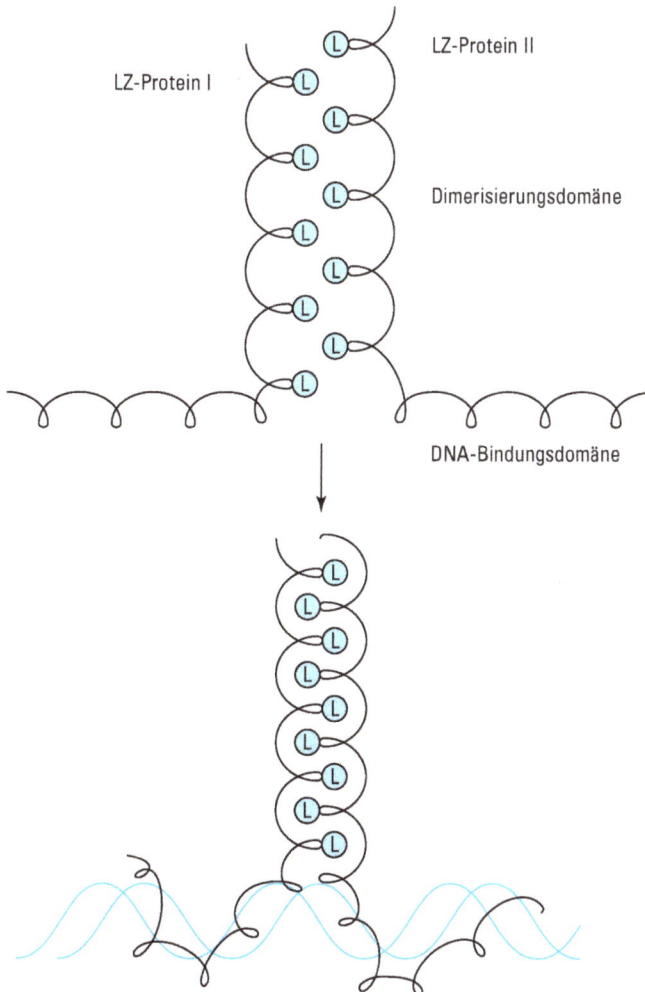

Abb. 3.11 Die Leucine-Zipper Formation im heterodimeren Transkriptionsfaktor AP-1. Der Transkriptionsfaktor AP-1 besteht aus einem Heterodimer der Proteine JUN und FOS. Diese Proteine bilden korrespondierende α-Helixes aus, die aufgrund hydrophober Wechselwirkun-gen mit hoher Affinität aneinanderbinden. Die Ausbildung des Heterodimers ist Voraussetzung für die DNA-Bindung von AP-1. Im unteren Teil der Abbildung ist die DNA-Doppelhelix als zweifaches Schleifenband dargestellt. Die DNA-Bindungsdomäne von JUN und FOS win-det sich durch die große Furche der Doppelhelix. Dabei scheint das Dimer auf der DNA zu „reiten".

einbettet. Somit können Aminosäurereste der Homeodomäne nicht nur mit den spezifischen Basen des Steuerelementes auf der Oberfläche der DNA wechselwirken, sondern auch mit den Phosphatresten im Zentrum der Doppelhelix interagieren und die Bindung stabilisieren.

Ein eindrucksvolles Beispiel eines dimeren Transkriptionsfaktors ist AP-1. In diesem Faktor bilden die Proto-Onkogenprodukte JUN und FOS ein Heterodimer. Die Dimerisierungsdomänen beider Proteine bestehen aus einer amphipatischen α-Helix, d. h. einer Helix, die auf der einen Seite hydrophobe und auf der anderen Seite eine Anreicherung geladener Aminosäuren besitzt. Die Hydrophobie wird durch die strategische Anordnung von Leucinresten an jeder siebten Position der Helix erreicht. Bei 3,5 Aminosäuren pro kompletter Umdrehung einer α-Helix liegen die Leucinreste somit an einer Seite des helikalen Zylinders. Zwei solche Zylinder winden sich in dem JUN-FOS-Heterodimer umeinander, so daß die Leucinreste jeweils interkalieren wie bei einem Reißverschluß (Abb. 3.11). Aus diesem Erscheinungsbild leitet sich auch der Name „leucine zipper" für dieses Dimerisierungsmotiv ab. Unmittelbar vor der Dimerisierungsdomäne in FOS und JUN liegt jeweils die DNA-Bindungsdomäne dieser Proteine. Auch sie bestehen aus einer α-Helix, die sich aber in dem JUN-FOS-Heterodimer voneinander abspreizen. Somit ergibt sich das Bild eines umgedrehten „Y", wobei die Gabel auf der DNA „reitet" und die DNA-Bindungsdomänen, wie schon bei den Homeodomänen kennengelernt, in der großen Furche der DNA-Doppelhelix zu liegen kommen.

Aus diesem Beispiel, nämlich der Anordnung des Dimers auf der DNA einerseits und der zwischen FOS und JUN konservierten DNA-Bindungsdomäne andererseits, läßt sich auch ableiten, warum dimere DNA-Bindungsfaktoren in der Regel spiegelbildliche Steuerelemente erkennen. Ausgehend von dem Mittelpunkt des Bindungselementes besteht eine inverse Symmetrie in 5'- bzw. 3'-Richtung. Deshalb werden solche Bindungselemente auch als inverted repeats oder Palindrome bezeichnet.

Aktivierungsdomänen sind weniger gut charakterisiert als DNA-Bindungs- oder Dimerisierungsdomänen. Sie weisen oft eine Anreicherung bestimmter Aminosäuren auf, ohne daß sich daraus aber ein besonderes Strukturelement ableiten ließe. So gibt es „saure", prolin- oder glutaminreiche Aktivierungsdomänen, von denen die „sauren" (reich an den aziden Aminosäuren Glutamat und Aspartat) zu den stärksten bisher identifizierten Aktivierungsdomänen gehören.

In den letzten Jahren konnte darüber hinaus eine Gruppe von aktivierenden Transkriptionsfaktoren identifiziert werden, die selbst nicht mit DNA interagieren, stattdessen aber Aktivierungsdomänen regulativer TF binden können. Diese Faktoren werden als Coaktivatoren bezeichnet und sind oft essentielle Partner regulativer TF bei der Transkriptionsaktivierung. Cofaktoren können mit verschiedenen regulativen TF interagieren. So kann das CREB-Binding Protein (CBP/P300) als Koaktivator für die regulativen TF CREB, JUN, FOS und Steroidrezeptoren wie den Glukokortikoidrezeptor fungieren. Einige Cofaktoren, wie auch CBP/P300, besitzen eine „chromatin-remodeling" Aktivität, die aufgrund der großen Bedeutung für das Verständnis der Transkriptionsregulation *in vivo* unter 3.1. detaillierter betrachtet werden soll.

Transkriptionsregulierung durch den Glukokortikoidrezeptor.

An einem medizinisch relevanten und mechanistisch interessanten Beispiel soll in diesem Abschnitt abschließend der Wirkmodus eines regulativen TF beschrieben werden. Dieser TF ist der Glukokortikoidrezeptor, der, ausgelöst durch das Ansteigen des intrazellulären Glukokortikoidpools, die Transkription Glukokortikoid-sensitiver Gene steuert. Entsprechend der durch die Expression dieser Zielgene bedingten potenten Wirkung von Glukokortikoiden muß die Glukokortikoidrezeptor-vermittelte Transkription sorgfältig reguliert werden. Dabei berührt die Wirkungsweise des Glukokortikoidrezeptors viele zentrale Aspekte der Transkriptionsregulation.

Glukokortikoide können durch Diffusion in Zellen gelangen und dort ein Protein binden, welches als Glukokortikoidrezeptor (GR) bezeichnet wird. Diese Bindung findet im Cytoplasma statt und führt zur Translokation des Hormon-beladenen GR in den Zellkern, der dort als DNA-bindender, regulativer Transkriptionsfaktor fungiert. Interessanterweise wird der freie, d. h. nicht Hormon-gebundene, Rezeptor

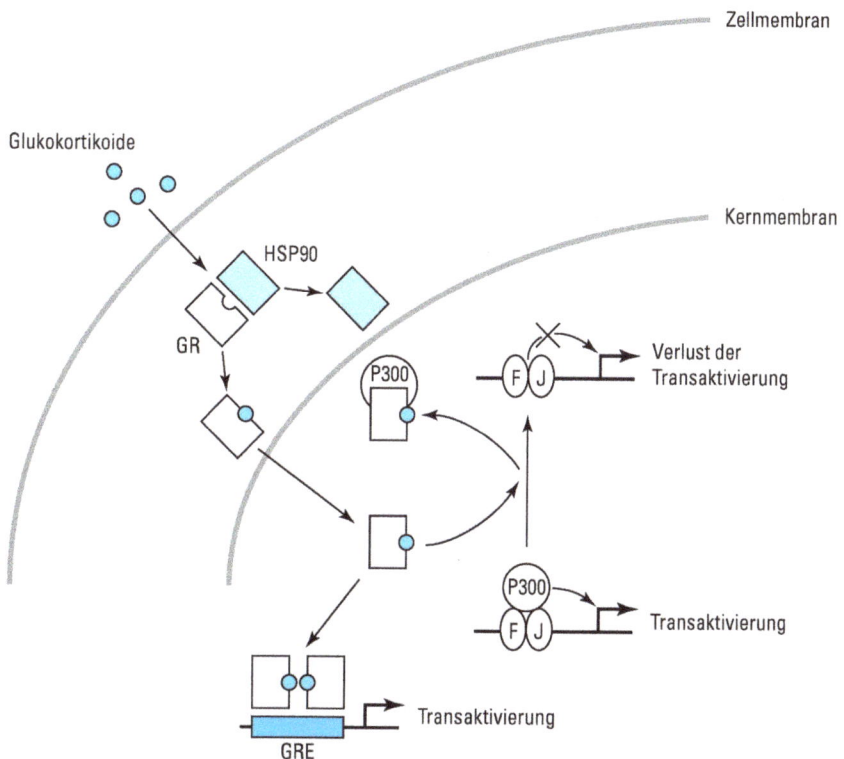

Abb. 3.12 Wirkweise des Glukokortikoid-Rezeptors als hormonabhängiger Transkriptionsfaktor. Glukokortikoide diffundieren durch die Zellmembran und treffen im Cytoplasma auf den Glukokortikoid-Rezeptor. Dies ermöglicht den Kerntransport des hormonbelandenden Rezeptors. Im Zellkern kann der Glukokortikoid-Rezeptor Transkription auf mindestens zwei Wegen regulieren: erstens über die direkte Bindung an Glukokortikoid-Response-Elemente (GRE) und zweitens über die Sequestrierung des Koaktivators CBP/P300.

durch das HSP90 Protein aktiv im Cytoplasma zurückgehalten. Erst die Hormonbindung zerstört die GR-HSP90 Interaktion (Abb. 3.12). Somit ist die Translokation
des Glukokortikoidrezeptors vom Cytoplasma in den Zellkern bereits als Teilaspekt
der komplexen Regulation der Glukokortikoidrezeptor-Aktivität zu verstehen. Sie
stellt einen molekularen Schalter dar, der durch die Hormonbindung betätigt wird.

Der Glukokortikoidrezeptor bindet ein Steuerelement, welches als Glukokorti-
koid-Response-Element (GRE) bezeichnet wird und als solches ein typischer Bestandteil der Enhancer Glukokortikoid-sensitiver Gene ist. Weil der Glukokortikoidrezeptor DNA preferentiell als Dimer bindet, ist die Sequenz hochaffiner GREs
wiederum als „inverted repeat element" angelegt: AGAACA›NNN‹TGTTCT (wobei „N" jede beliebige Base darstellen kann). Die DNA-Bindung ist eine notwendige
Voraussetzung für die Aktivierung GRE-haltiger Gene durch den Rezeptor und
wiederum hormonabhängig. So stellt die Hormonbindung auch für die DNA-Bindung des Glukokortikoidrezeptors einen molekularen Schalter dar.

Interessanterweise gibt es aber auch eine Transkriptionsregulierung durch den
Glukokortikoidrezeptor, die zwar ebenfalls hormonabhängig, jedoch unabhängig
von der DNA-Bindungsdomäne des Glukokortikoidrezeptors ist. In diesem Falle
fungiert der Glukokortikoidrezeptor nicht als DNA-bindender Transkriptionsfaktor, sondern entzieht über eine Proteininteraktionsdomäne anderen Transkriptionsfaktoren funktionell essentielle Partnerproteine (s. u.). Entsprechend handelt es sich
dabei um eine repressorische Regulation der Transkription, also der Herunterregu-
lierung der Transkription von Genen. Dabei fällt auf, daß die Expression von Genen,
die durch den GR reprimiert werden, vor allem durch zwei regulative Transkriptionsfaktoren aktiviert wird: AP-1 (JUN/FOS) und NFκB. Es konnte gezeigt werden, daß der Glukokortikoidrezeptor und AP-1 auf der Proteinebene funktionell
antagonistische Wirkung haben. Beide Transkriptionsfaktoren benötigen den gleichen Coaktivator, CBP/P300 (s. o.). Bei begrenzter Verfügbarkeit von CBP/p300
und steigender Glukokortikoid-Konzentration in der Zelle könnten der Glukokortikoidrezeptor und AP-1 um CBP/P300 konkurieren. Als Resultat würde die GRE-
abhängige Transkription gesteigert und die AP-1 regulierte Transkription reduziert
(Abb. 3.12). Dies entspricht den Beobachtungen nach Glukokortikoidgabe.

Welcher Nutzen könnte aus dem Verständnis dieser molekularen Funktionsabläufe gezogen werden? Die größte pharmakologische Bedeutung besitzen die Glukokortikoide in der antiinflammatorischen und immunsuppressiven Therapie, die
insbesondere Konsequenz der negativen transkriptionalen Regulierung durch den
GR ist. Viele der unerwünschten Nebenwirkungen der Glukokortikoidtherapie sind
hingegen auf die Aktivierung GRE-haltiger Gene zurückzuführen. Es wäre demnach
wünschenswert, für die antiinflammatorische/immunsuppressive Therapie solche
Pharmaka zu entwickeln, die primär die transkriptionsrepressorischen Funktionen
des GR und weniger seine aktivierenden unterstützen. Einblicke in die molekularen
Funktionsmechanismen der Transkriptionsregulierung durch den GR könnten eine
große Hilfe beim Design solcher Pharmaka oder ihrer Erprobung im Labor sein.

3.1.3 Chromatin und Transkription

Alle eukaryonten Zellen haben die Fähigkeit, ihr Genom im Zellkern auf engstem Raum hochgradig zu verpacken. Das dafür erforderliche Verpackungssystem, die Histonproteine formen als kleinste Verpackungseinheit das Nukleosom, das bereits vorgestellt wurde (siehe Kap. 2.5.1). In Nukleosomen organisierte DNA wird als Chromatin bezeichnet (siehe Kap. 2.5.1). Abbildung 3.13 zeigt schematisch auf wie sich die zentralen Histone („core-histones") aneinanderlagern können und die DNA um diese Struktur gewickelt ist. Die N-terminalen Anteile der Histone sind nicht an der Assoziation der Histone untereinander beteiligt. Vielmehr sind sie frei und können mit ihren positiv geladenen Aminosäuren (insbesondere Lysinreste) die um die Core-Histone gewundene DNA umklammern, um so den DNA/Histon-Komplex zu stabilisieren. In Nukleosomen organisierte DNA kann nicht effizient transkribiert

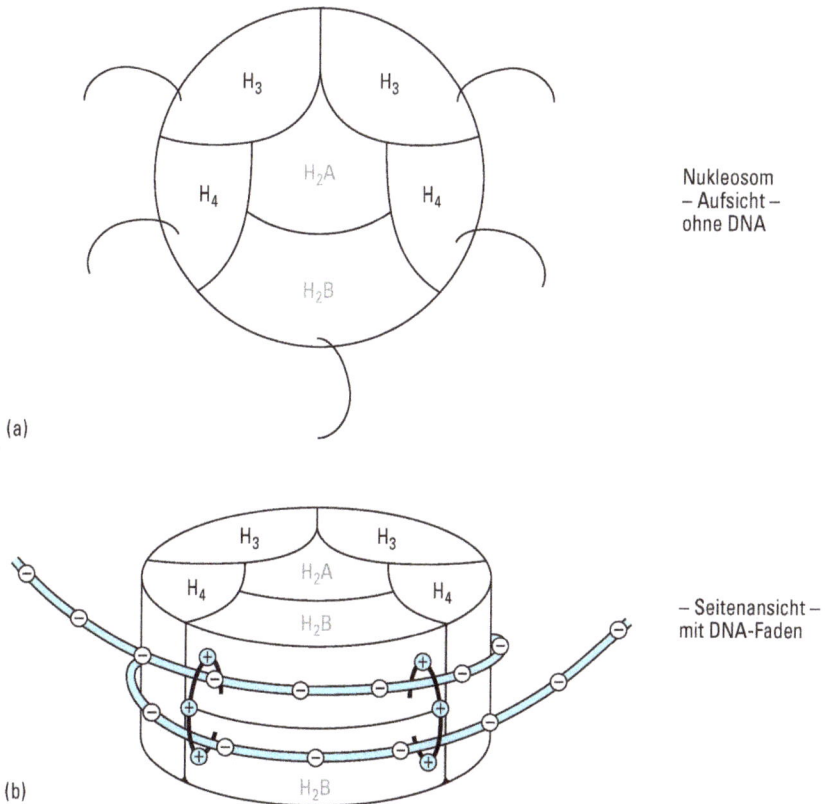

Abb. 3.13 Zentraler Histonkomplex mit DNA-Faden. (a) Jeweils zwei Moleküle der Histone H2A, H2B, H3 und H4 lagern sich in der dargestellten Form zum zentralen Histonkomplex zusammen. In der Aufsicht ist eine Vorstellung skizziert, nach der sich die N-Termini der Proteine von dem zentralen Histonkomplex abspreizen. (b) In der Seitenansicht ist zusätzlich ein DNA-Doppelstrangfaden abgebildet, der sich um den zentalen Histonkomplex wickelt. Es wird angenommen, daß die positiv geladenen N-Termini helfen, die negativ geladene DNA auf dem Histonkomplex zu verankern.

werden. In der Tat kann z. B. das mit niedriger DNA-Affinität ausgestattete TBP die TATA-Box in nukleosomaler DNA nicht einmal binden. Transkription erfordert also die Umorganisation der Chromatinstruktur in Form einer Destabilisierung von Nukleosomen, d. h. der Lockerung bzw. Auflösung der engen Verbindung zwischen Histonen und DNA (chromatin-remodeling).

3.1.3.1 Nukleosom-modulierende Faktoren

Bereits bei der Beschreibung des POL II Holo-Enzyms wurde erwähnt, daß dieses mit einer Chromatin-Remodeling-Aktivität assoziiert ist, die in Hefen als SWI/SNF-Komplex bezeichnet wird. Dieser Komplex ist aus mehr als zehn Untereinheiten zusammengesetzt, von denen die Mehrzahl auch in Chromatin-modulierenden Komplexen höherer Organismen (inkl. Mensch) konserviert ist. Der Wirkmechanismus dieser Komplexe ist nicht bekannt. Wichtig ist jedoch, daß infolge der Aktivität dieser Chromatin-modulierenden Faktoren die nukleosomale Struktur aufgelockert werden kann und DNA-bindende Transkriptionsfaktoren (wie TBP) DNA mit hoher Affinität binden können.

Histon-Acetylierung

Es gibt eine seit langem bekannte (positive) Korrelation zwischen der Acetylierung von Histonen und Transkriptionseffektivität. Unter Acetylierung versteht man die Übertragung von Acetylgruppen auf aminoterminale Lysinreste der Histonproteine (Abb. 3.14).

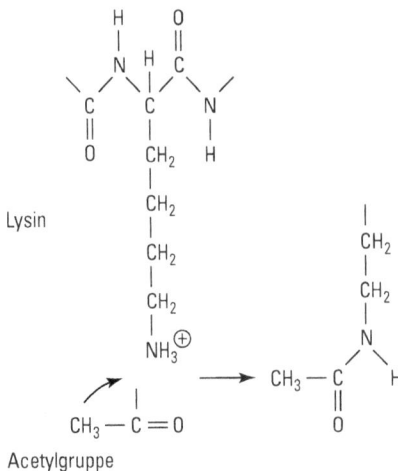

Abb. 3.14   Acetylierung eines Lysinrestes. Während der Acetylierung von Histonen wird eine Acetylgruppe an die Aminogruppe der Aminosäure Lysin gebunden.

Tab. 3.3. Beispiele nukleärer Proteine mit HAT-Aktivität. Nukleäre Histon-Acetyl-Transferasen sind transkriptionelle Cofaktoren. TAF 250 ist zentraler Bestandteil des basalen Transkriptionsfaktors TFIID.

Proteine mit nukleärer HAT-Aktivität	
Faktor	Funktion
GCN5	
P 300/CBP	
P/CAF	transkriptionelle Cofaktoren
ACTR	
SRC-1	
TAF 250	Bestandteil des basalen TFIID

Es war aber solange nicht möglich gewesen, Histon-Acetylierung und Transkriptionsaktivierung kausal in Zusammenhang zu bringen, bis die Klonierung nukleärer Histon-Acetyltransferasen (HAT) gelang. Diese Enzyme fungieren als transkriptionale Coaktivatoren oder in einem Fall (TAF250) als basaler TF (Tab. 3.3).

Es wird vermutet, daß regulative Transkriptionsfaktoren HAT-Aktivität an zu transkribierende Gene rekrutieren und auf diese Weise die in Nukleosomen organisierten Histone dieser Transkriptionseinheiten spezifisch acetyliert werden. Diese Acetylierung neutralisiert die positive Ladung der Lysine mit der Konsequenz, daß die N-Termini der Histone ihre Bindungsaktivität gegenüber der negativ geladenen DNA verlieren. Daraus wiederum resultiert eine aufgelockerte nukleosomale Struktur, die dem transkribierenden Enzymkomplex schließlich eine starke Anbindung an den Promotor erlaubt (Abb. 3.15a, b).

Die Identifizierung einer weiteren Gruppe von Faktoren hat den kausalen Zusammenhang zwischen Histon-Acetylierung und Transkriptionsregulierung bestätigt. So konnten kürzlich mehrere Proteine isoliert werden, die analog zu den Coaktivatoren als Corepressoren der Transkriptionsregulierung fungieren, also Transkription reprimieren anstatt zu aktivieren. Für diese Faktoren konnte eine Histon-Deacetylase-Aktivität nachgewiesen werden, d. h. eine Aktivität, die es ermöglicht, Acetylreste von Histonen wieder zu entfernen (Abb. 3.15c). Ein solcher Prozess sollte nukleosomale Strukturen unterstützen und somit die Zugänglichkeit des Promotors für den Transkriptionsapparat reduzieren.

3.1.4 DNA-Methylierung und CpG Islands

So wie die Acetylierung von Histonen positiv mit der Transkription korreliert, gibt es eine negative Korrelation zwischen der Methylierung von DNA und der Transkription. Typischerweise erfolgt die DNA-Methylierung am C5-Atom von Desoxycytosin in CpG-Dinukleotiden. Die fehlende Transkription von Genen mit methylierten CpG-Dinukleotiden liegt vornehmlich an der spezifischen Okkupierung dieser Gen-Abschnitte mit DNA-bindenden Proteinen, die den Promotorzugang für Transkriptionsfaktoren unterbinden. Diese Form der Regulation wird besonders in sol-

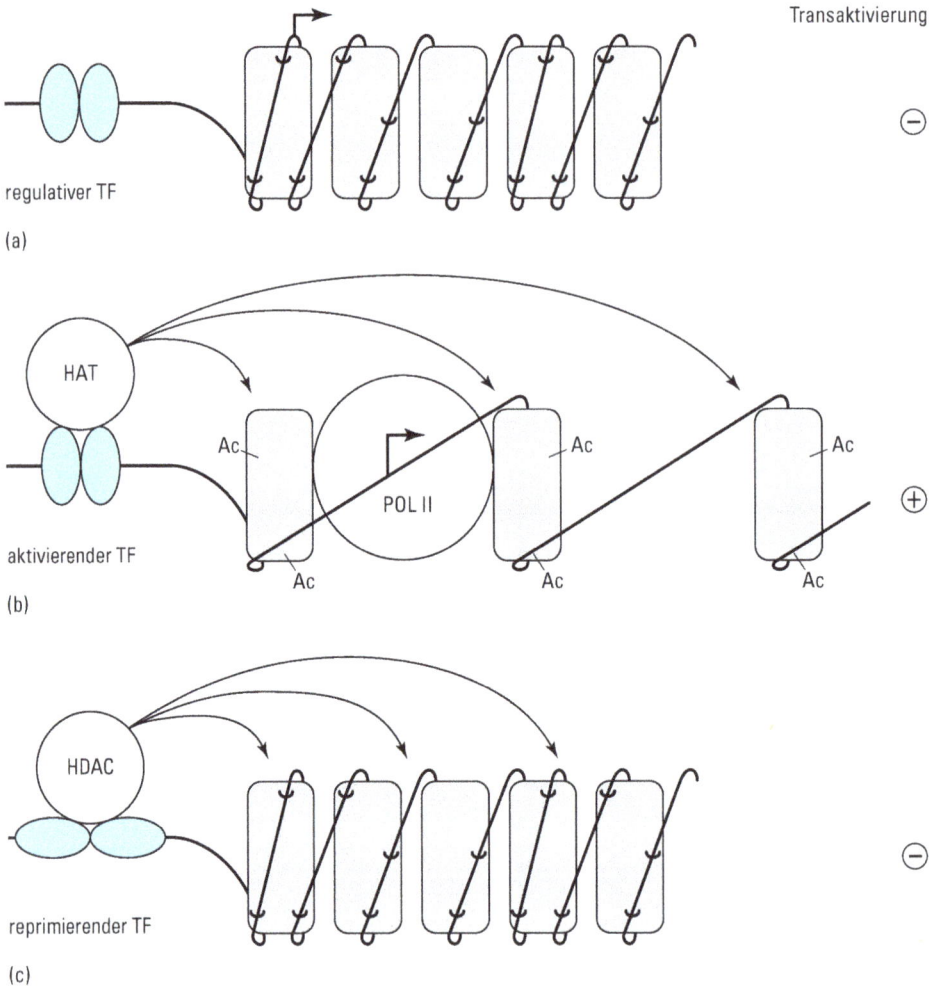

Transaktivierung

regulativer TF

(a)

aktivierender TF

(b)

reprimierender TF

(c)

Abb. 3.15 Modell der Acetylierung und Deacetylierung von Histonen. (a) In der Abwesenheit von HAT-Aktivität wird eine Transkriptionseinheit durch Chromatin reprimiert. (b) Nach Rekrutierung eines HAT-Enzym-Komplexes durch einen DNA-gebundenen, aktivierenden Transkriptionsfaktor kommt es zur Acetylierung der N-terminalen Histonenden und zur konsekutiven Auflockerung der Nukleosomenstruktur. Als Folge wird die Transkriptionseinheit dereprimiert, und es kommt zur Transkription. (c) Ein reprimierender Transkriptionsfaktor hat eine Histon-Deacetylase-Aktivität (HDAC) an ein aktives Gen rekrutiert. Als Folge der Deacetylierung von Histonen bildet sich die aufgelockerte Chromatinstruktur wieder zurück und die in dichter Nukleosomenstruktur verpackte Transkriptionseinheit ist wieder inaktiv.

chen Fällen genutzt, wo existierende Genexpressionsmuster umgestellt werden müssen (z. B. gene silencing), so wie es bei der Differenzierung von Zellen aus pluripotenten Vorläufern vorkommt.

Die Bedeutung der Methylierung für die Genregulation wird durch folgende Beispiele verdeutlicht. Wird etwa ein nicht methylierbares Cytosinderivat wie Azacytidin in DNA eingebaut, so kommt es zu massiven Genregulationsstörungen mit einer auffälligen Reaktivierung embryonaler Gene und dem Verlust differenzierten Zellwachstums. Azacytidin wirkt dabei als potentes Karzinogen. Darüber hinaus spielt die DNA-Methylierung bei der Inaktivierung eines der beiden X-Chromosomen weiblicher Zellen eine wichtige Rolle und stellt eine wesentliche Grundlage des genomischen Imprintings dar (siehe Kap. 5.4.1).

Anhäufungen von CpG-Dinukleotiden kommen weit überproportional häufig in 5′-Bereichen von Housekeeping-Genen vor, also Genen, die konstitutiv exprimiert werden. Diese Anhäufungen werden dann auch als CpG-Islands bezeichnet. Überraschenderweise sind in diesen CpG-Inseln die Cytosinreste nicht methyliert. Auch ist die Nukleosomenstruktur der Promotoren dieser Gene weniger rigide organisiert als in induzierbaren Genen, was auf einen reduzierten Anteil von Histon H1 zurückgeführt werden kann. Beide Beobachtungen korrelieren mit der konstitutiv hohen Transkription der betroffenen Gene. Es ist bisher nicht bekannt, wie die Nicht-Methylierung bzw. die *de novo* Methylierung von CpG-Islands reguliert wird. Die Fehlregulation von Methylierungsschritten scheint aber medizinische Relevanz zu besitzen. So konnte in verschiedenen Tumoren eine Hypermethylierung der Promotorregion des *p16* Tumorsuppressorgens (siehe Kap. 6.7.2) gefunden werden, was zu einer ausgeprägten transkriptionalen Repression dieses Gens führt.

3.1.5 Elongation und Termination

Die bisher beschriebenen Mechanismen der Transkriptionsregulierung konzentrieren sich primär auf die Regulation der Initiation der Transkription, die mit dem als Promoter Clearing bezeichneten Schritt abgeschlossen wird. Aus zwei Beobachtungen heraus hat sich allerdings gezeigt, daß auch die sich an das Promoter Clearing anschließende Phase der Transkriptionselongation einen wesentlichen Einfluß auf die Effizienz der Transkription ausüben kann.

Die erste Beobachtung zeigte, daß die Transkription bestimmter Gene, wie z. B. des *c-myc* Proto-Onkogens, des Streßfaktors Hitzeschockprotein (HSP70) oder des HIV-1 Genoms etwa 30 Nukleotide unterhalb des Transkriptionsstarts „pausiert" (transcriptional pausing) und diese Unterbrechung erst durch die Funktion regulativer TF überwunden werden konnte. Die zweite Beobachtung war die, daß Transkriptionselongation *in vivo* etwa zehnmal schneller abläuft (etwa 30 Nukleotide pro Sekunde) als *in vitro* mit hochaufgereinigten Faktoren, was den Verlust elongationsaktivierender Faktoren bei der biochemischen Aufreinigung der Komponenten nahelegte. Da es sich bei der ersten Beobachtung um sequenzspezifische Aktivierung, bei der zweiten aber um eine generelle Aktivierung der Elongation handelt, führten die Analysen der zugrunde liegenden Mechanismen zu der Identifizierung von regulativen und generellen Elongationsfaktoren (Abb. 3.16).

Einige der regulativen Elongationsfaktoren waren zuvor bereits als regulative TF der Initiation identifiziert worden. Ihr Wirkprinzip in der Elongationsaktivierung ist zwar weniger gut verstanden, aber es zeichnen sich bestimmte Mechanismen ab. So wird das Transcriptional Pausing des HSP70 Gens durch rigide Nukleosomen im Promotor-proximalen Bereich verursacht. Die Induktion von Streß in Zellen, wie etwa der Erhöhung der Temperatur (Hitzeschock), erlaubt die Inaktivierung

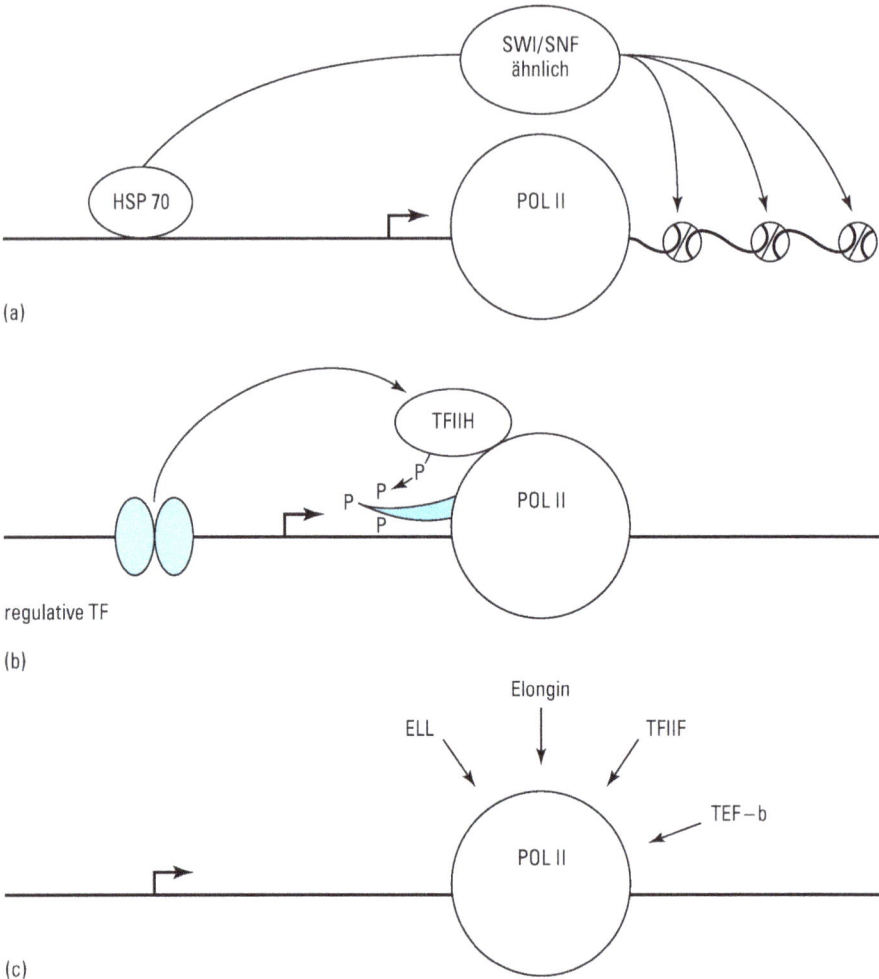

Abb. 3.16 Mechanismen der Regulation der Transkriptionselongation. (a) Nach erfolgter Transkriptionsinitiation verharrt der POL II-Komplex unmittelbar stromaufwärts von einem Chromatinblock. Dies führt zu einer Inhibierung der Elongation initiierter Transkripte. Erst durch die Modifizierung der Nukleosomenstruktur, wie in diesem Falle durch die Rekrutierung eines nukleosomalen Remodellierungskomplexes durch das Hitzeschockprotein 70 (HSP 70), kann die Verlängerung der Transkripte erfolgen. (b) Regulative Transkriptionsfaktoren unterstützen Vorgänge der CTD-Phosphorylierung, wie hier exemplarisch über den basalen Transkriptionsfaktor TFIIH dargestellt. Es wird vermutet, daß dieser Schritt nach erfolgter Initiation der Transkription zum „promotor clearing" und damit zur Transkriptionselongation beiträgt. (c) Während die unter A und B skizzierten Modellvorstellungen Promotor-proximale Elongationsschritte darstellen, erlauben die hier dargestellten Faktoren eine Promotor-distale Elongation von Transkripten. Die Funktionsweisen dieser Proteine sind bisher nicht bekannt.

des nukleosomalen Blocks. Dazu wird der streßinduzierte regulative TF, das Hitze-schockprotein und ein Nukleosom-modulierender Enzymkomplex benötigt (siehe Abb. 3.16a). Hier scheint sich also ein regulatives Moment der Transkriptionsini-tiation wiederzufinden.

Ein Merkmal anderer regulativer TF, die in der Elongationskontrolle eine Rolle spielen (z. B. „saure" (azide) Transaktivatoren wie E2F und das Herpesvirusprotein VP16 sowie das HIV TAT-Protein), ist die Assoziierung dieser Faktoren mit einer CTD-Kinase wie z. B. TFIIH (Abb. 3.16b). Vor dem Hintergrund der oben bereits beschriebenen Funktion der CTD-Phosphorylierung für den Übergang zwischen Initiation und Elongation der Transkription machen diese Befunde sehr viel Sinn.

Die bisher bekannten generellen Elongationsfaktoren sind aus Abbildung 3.16c ersichtlich. Ihre Wirkweisen sind bisher nicht genauer untersucht. Lediglich TEF-b konnte als potente CTD-Kinase identifiziert werden.

Eine für generelle Transkriptionsfaktoren ungewöhnliche Beobachtung konnte für Elongin und ELL-1 gemacht werden, denn -ähnlich wie TFIIH- scheinen sie direkt mit der Genese oder Progression von Krankheiten assoziiert zu sein. Tran-skriptionsaktives Elongin ist ein trimerer Komplex aus den Untereinheiten A, B und C. Das von Hippel-Lindau Tumorsuppressorprotein (VHL) antagonisiert die Formation des Elonginkomplexes. Ist VHL aber in Tumoren, wie z. B. dem Klar-zelligen Nierentumor, mutiert, kann es diese Funktion nicht mehr ausführen. Dieser Befund impliziert eine mögliche Bedeutung von VHL bei der Regulation der Tran-skriptionselongation, obwohl weitere, transkriptionsfremde Funktionen des Elon-gin-VHL-Komplexes (insbesondere in der Regulation des Proteinabbaus) nicht aus-geschlossen werden können. Darüber hinaus ist das ELL-1 Gen an der Genese/Progression von Subformen der akuten myeloischen Leukämie beteiligt, denn der ELL1-Genlokus konnte als Bruchpunkt einer Translokation (t(11;19)(q23;p13.1)) identifiziert werden. Obwohl auch in diesen Fällen die Wirkweise der entstehenden Fusionsproteine nicht bekannt ist, gibt es somit bereits zwei Hinweise auf eine mög-liche Verbindung von Elongationsfaktoren und der Entstehung/Progression von Tu-moren.

Im Gegensatz zu Prokaryonten, bei denen bereits viele Details über die Termi-nation der Transkription bekannt sind, liegt dieser Vorgang bei eukaryonten Zellen noch sehr im Dunkeln. So sind weder cis-agierende Elemente noch trans-agierende Faktoren der Termination definitiv identifiziert worden. Dem AATAAA-Sequenz-motiv im 3′-Bereich von Genen sowie der (abrupten Dephosphorylierung der) POL-II CTD könnte jedoch eine Funktion bei der Termination der Transkription zu-kommen.

Abschließend kann in diesem Kapitel festgestellt werden, daß es vor allem die Kombination und vielfältige Modifizierung von Transkriptionsfaktoren ist, die es einer begrenzten Zahl von Proteinen ermöglicht, Transkription auf schier unendlich vielen Wegen zu regulieren. In der Vielfalt solcher Regulationsmöglichkeiten liegt eine Basis für die Entwicklung und Aufrechterhaltung hochkomplexer Organismen.

3.2 RNA Prozessierung

Anfang der 60er Jahre wurde gezeigt, daß m(essenger) RNAs als Botensubstanzen zwischen Genen im Zellkern und Proteinsynthese im Cytoplasma fungieren. Dabei sind mRNAs keine exakten Kopien ihrer Gene, da die primären Transkriptionsprodukte, die prä-mRNAs, sich in mehreren Aspekten von den translationsreifen, cytoplasmatischen mRNAs unterscheiden. Eine prä-mRNA muß zunächst am Kopf- (5') und Schwanz- (3') -ende sowie in der Mitte verändert werden, bevor sie aus dem Zellkern ins Cytoplasma transportiert wird. Diese drei Reifungsschritte heißen Capping, Polyadenylierung und Spleißen (splicing) (Abb. 3.17). Beim Capping wird dem 5'-Ende der prä-mRNA (dem Kopf) enzymatisch ein chemisch modifiziertes Nukleotid (eine Kappe) aufgesetzt. Die Polyadenylierung teilt sich in zwei Phasen auf: Zuerst wird das 3'-Ende geschnitten, anschließend wird dieser Schnittstelle ein Poly(A)-Schwanz angehängt. Beim Spleißen werden die sogenannten Introns aus dem Inneren der prä-mRNA exakt ausgeschnitten und die verbleibenden Exons mit ihren Enden wieder verknüpft.

Ebenso wie das Capping, die Polyadenylierung und das Spleißen für die Reifung eukaryonter mRNAs typisch sind, entstehen auch reife tRNAs und rRNAs nach dem Durchlaufen mehrerer obligater Prozessierungsschritte. Obgleich auch diese Schritte biochemisch charakterisiert sind, konzentriert sich dieses Kapitel auf die mRNA Prozessierung: Das Spleißen stellt einen wichtigen Schritt für die Regulation der Genexpression dar, und mutierte Spleißsignale liegen einer großen Zahl ererbter Erkrankungen zu Grunde.

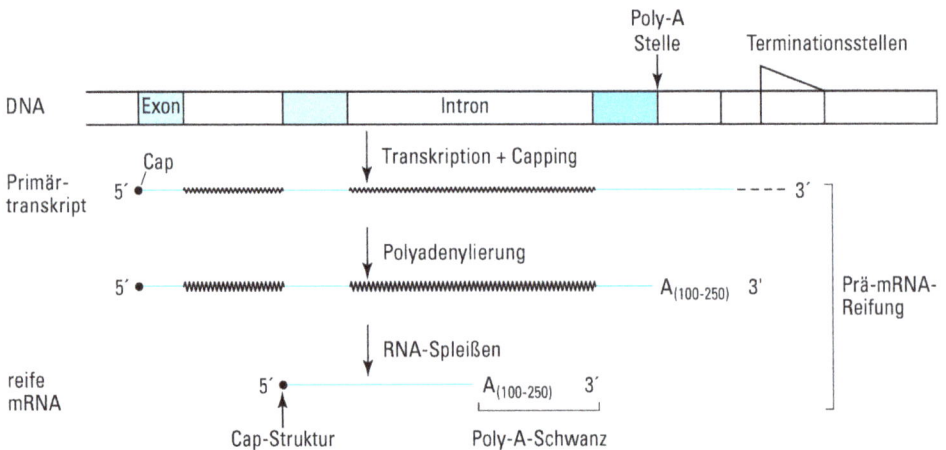

Abb. 3.17 Reifungsschritte der eukaryotischen Prä-mRNA. Diese Prozessierung findet im Zellkern statt, wobei ein biologisch aktives, reifes mRNA-Molekül entsteht, das dann ins Cytoplasma transportiert wird. Das von der RNA-Polymerase II synthetisierte Primärtranskript erstreckt sich von der 5'-Capstruktur, die in der reifen RNA enthalten bleibt, bis zu einem von mehreren alternativen 3'-Nucleotiden, die rund 0,5–2 kb stromabwärts von der Polyadenylierungsstelle liegen. Das Primärtranskript wird an der Polyadenylierungsstelle gespalten, worauf eine Reihe von A-Resten angefügt und die Introns herausgespleißt werden. Der Poly(A)-Schwanz ist bei Säugetieren ca. 250, bei Insekten ca. 150 und bei Hefe ca. 100 A-Reste lang.

3.2.1 Capping

Auffälligerweise beginnt die Transkription eines Gens in mehr als 95% aller Fälle mit einem Purin-Nukleotid (meistens A), das von Pyrimidinen umgeben ist. Die häufigste Sequenz ist C-A-T, wobei A das erste in der prä-mRNA vorkommende Nukleotid ist. Dieses erste RNA-Nukleotid bezeichnet man auch als den Transkriptionsstart, der als Referenzpunkt für die Numerierung der Nukleotide eines Gens dient. Im obigen Beispiel entspräche das C der Position -1, und T (bzw. U) wäre +2.

Beim Capping wird in einer zweistufigen Reaktion dem +1 Nukleotid der prä-mRNA noch während des Transkriptionsvorgangs ein GTP in einer „verdrehten" 5'-5'-Bindung angefügt. Danach wird dieses GTP durch eine 7-Methyltransferase methyliert und die (m^{7}GpppN) Cap-Struktur vervollständigt.

Eine solche Cap-Struktur erfüllt mehrere Aufgaben. Sie verbessert die Effizienz des Spleißens der prä-mRNA und vermittelt die Interaktion der reifen mRNA mit Transportermolekülen für den nukleo-cytoplasmatischen Export. Außerdem erhöht die Cap-Struktur die Stabilität reifer mRNAs und spielt bei der mRNA Translation eine wichtige Rolle. Die medizinische Bedeutung des Capping wird z. B. im Rahmen der Poliovirusinfektion besonders deutlich: Die RNA des Poliovirus benötigt für eine effiziente Translation keine typische Cap-Struktur. Eine virale Protease inaktiviert einen der Cap-bindenden zellulären Translationsfaktoren und programmiert die Wirtszelle dadurch derart um, daß sie hauptsächlich die virale RNA auf Kosten der eigenen mRNA translatiert. Diese Strategie ermöglicht es dem Virus, auch ohne eigene Ribosomen eine effiziente Translation viraler Proteine auf Kosten der Translation zellulärer Proteine zu erzielen.

3.2.2 Polyadenylierung

Ebenso wie das 5'-Ende der prä-mRNA modifiziert wird, erhält auch das 3'-Ende ein posttranskriptionelles Anhängsel, den Poly(A)-Schwanz. Abgesehen von einigen Histon-kodierenden und den mitochondrialen mRNAs unterliegen alle zellulären mRNAs der Polyadenylierung. Für den Poly(A)-Schwanz gibt es im zugehörigen Gen keine komplementäre Poly(T)-Region, sondern er wird im Zellkern von einem überraschend komplexen Prozessierungsapparat angehängt, der auch die Poly(A)-Polymerase einschließt (Abb. 3.18).

Die Reifung des 3'-Endes einer prä-mRNA vollzieht sich nach Beendigung der Transkription durch die RNA-Polymerase II in zwei (experimentell) voneinander trennbaren Schritten. Zuerst wird ein kurzes Stück des 3'-Endes durch die Endoribonukleaseaktivität eines Multiproteinkomplexes abgeschnitten. Anschließend wird von der Poly(A)-Polymerase unter Mitarbeit eines zweiten Multiproteinkomplexes diesem verkürzten 3'-Ende der Poly(A)-Schwanz angehängt (Abb. 3.18). Dafür sind vor allem zwei Steuerungs- und Erkennungselemente der prä-mRNA verantwortlich, die die Schnittstelle flankieren. Als eine notwendige Komponente für beide Teilschritte steht das Poly(A)-Signal fest. Die Hexanukleotidsequenz AA/UUAAA befindet sich etwa 10–30 Nukleotide 5' von der Schnittstelle und damit dem Beginn des Poly(A)-Schwanzes. Mutationen in dieser hochkonservierten Erkennungssequenz können die Ausbildung eines korrekten 3'-Endes verhindern und somit zu Störungen

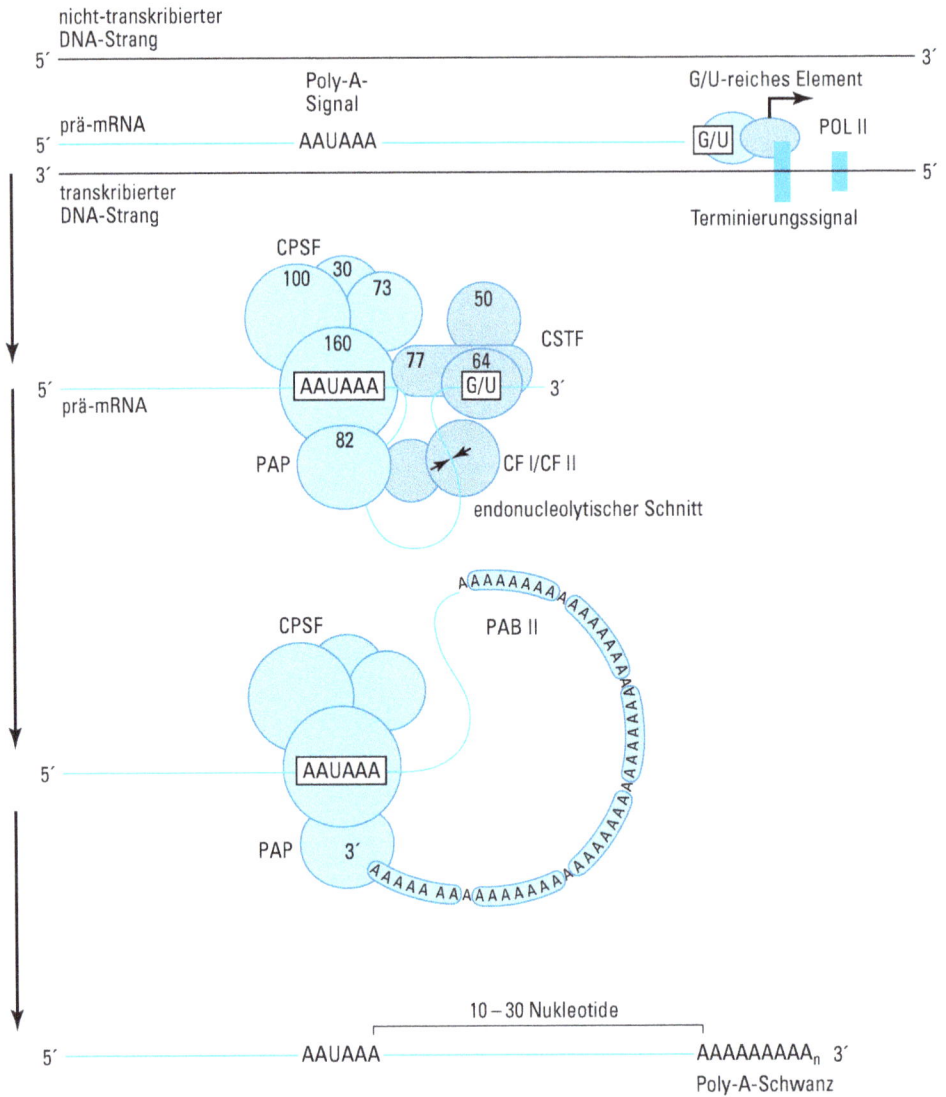

Abb. 3.18   Ablauf der Polyadenylierung einer prä-mRNA. Die Terminierung der Transkription und die Polyadenylierung sind eng miteinander gekoppelt. Deshalb ist der Abschluß der Transkription als Ausgangspunkt für die Polyadenylierung dargestellt. Das Poly-A-Signal fungiert dabei wahrscheinlich auch als Teil des Terminierungssignals. Die dargestellten Schritte sind im Text näher erklärt.

der Genexpression führen. Eines von zahlreichen Beispielen dafür bietet eine Variante der α-Thalassämie, bei der das Poly(A)-Signal des α-Globin Gens zu AATAAG mutiert ist und im Cytoplasma keine reife α-Globin mRNA vorgefunden wird. Das zweite Element ist weniger stark konserviert, GU-reich, und etwa 20–40 Nukleotide 3′ von der Schnittstelle lokalisiert. Das Zusammenspiel beider Elemente bzw. der

daran bindenden Faktoren erlauben die lokale Definition der Schnittstelle und beeinflussen somit die Stärke des Poly(A)-Signals.

Ähnlich der Cap-Struktur ist auch der Poly(A)-Schwanz für mehrere Aspekte
des mRNA Metabolismus von Bedeutung. So wurde ein positiver Einfluß auf den
nukleo-cytoplasmatischen Transport sowie die Stabilität der mRNA gezeigt. Besser
definiert ist die Funktion des Poly(A)-Schwanzes für die Translation im Cytoplasma.
Dort stimulieren die Cap-Struktur und der Poly(A)-Schwanz synergistisch die Translationsinitiation. So ist es nicht verwunderlich, daß die Regulation der Länge des
Poly(A)-Schwanzes im Cytoplasma als wichtiger Mechanismus genutzt wird, um
die Translationseffizienz von mRNAs zu regulieren (siehe Kap. 3.4.2).

Analog zum Spleißen gibt es auch bei der Polyadenylierung Beispiele alternativer
Signalerkennung. In diesen Fällen existieren mehrere AATAAA-Signale in der 3'-
Region des betreffenden Gens. Differentielle Nutzung der alternativen Signale kann
zur Expression von mRNA-Molekülen mit unterschiedlichen Protein-kodierenden
Sequenzen führen. Ein Beispiel für diesen Typ post-transkriptionaler Genregulation
bieten die Immunglobuline der M Klasse. Von diesen Immunglobulinen existieren
eine zellmembranständige und eine sezernierte Form, die sich am carboxyterminalen
Ende des Proteins unterscheiden (Abb. 3.19). Auf ähnliche Weise werden auch vom
Calcitoningen in der Schilddrüse und im Gehirn unterschiedliche Proteine exprimiert.

Abgesehen von der physiologischen Bedeutung des Poly(A)-Schwanzes eröffnet
seine Existenz eine praktische Möglichkeit zur Reinigung von mRNAs, z. B. für
die Klonierung von cDNA (Kap. 4.6.1).

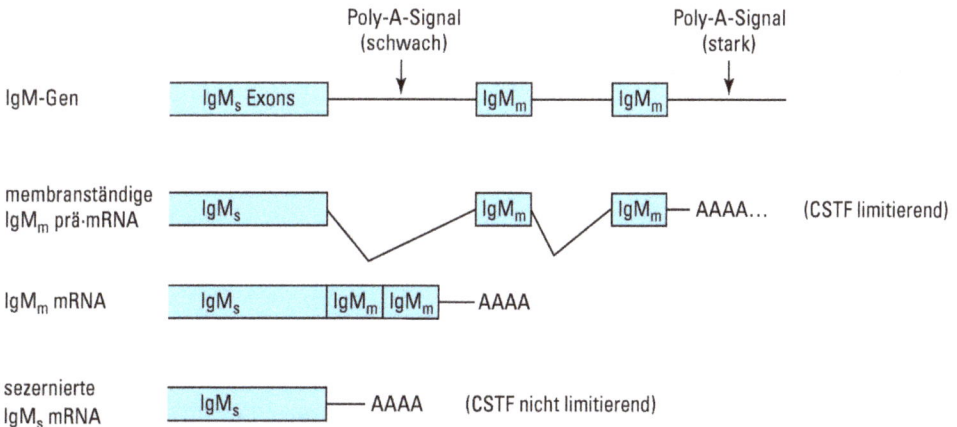

Abb. 3.19 Alternative Kontrolle der Polyadenylierung bei der IgM Expression. Das IgM
Gen kodiert sowohl für membranständige (IgM$_m$) und sezernierte (IgM$_s$) Formen des Proteins.
Die membranständige Form schließt 2 Exons ein, die den IgM$_s$ fehlen. Wenn zunächst der
CSTF (cleavage stimulating factor, siehe Abb. 3.18) limitierend ist, wird das schwache, 5'
gelegene Poly(A) Signal übergangen. Die IgM$_m$ Exons werden dann durch Spleißen eingeschlossen. Bei höheren Konzentrationen von CSTF wird das schwächere Poly(A) Signal genutzt, und eine IgM$_s$ kodierende mRNA erzeugt. Dies ist ein gutes Beispiel dafür wie Veränderungen in der Aktivität genereller Faktoren zur Regulation spezifischer Gene beitragen
können.

3.2.3 Spleißen

Ein Vergleich reifer mRNAs und ihrer zugehörigen Gene zeigt, daß ein Gen häufig durch Sequenzen unterbrochen wird, die sich nicht in der reifen mRNA wiederfinden (Abb. 3.17). Die Abschnitte eines Gens, die in der reifen mRNA repräsentiert sind heißen Exons, die dazwischen geschobenen Sequenzen bezeichnet man als Introns.

Zuerst wird die prä-mRNA als vollständige Kopie des Gens als Vorstufe transkribiert; anschließend entsteht die reife mRNA durch Herausschneiden der Introns. Da die mRNA bei der Proteinsynthese triplettweise abgelesen wird (siehe Kap. 3.4.2), müssen die Introns exakt exzidiert und benachbarte Exons miteinander verbunden werden. „Irrtümer", bei denen ein Exon ein Nukleotid zu kurz oder zu lang geriete, würden zu einer Verschiebung des Leserasters führen.

3.2.3.1 Expression anderer RNAs

Bei der folgenden ausführlichen Diskussion der Reifungsschritte von prä-mRNAs soll nicht übersehen werden, daß für den korrekten Ablauf der Genexpression weitere Familien von RNA Molekülen unbedingt benötigt werden. Dazu zählen die Familien der t(ransfer)RNAs, der r(ibosomalen) RNAs, der s(mall)n(uclear) RNAs sowie der s(mall)n(ukle)o(lar) RNAs.

Die Beteiligung einiger snRNAs am Aufbau des funktionellen Spleißosoms wird genauer beschrieben. Außerdem sind snRNAs und snoRNAs für die Prozessierung und Reifung der ribosomalen RNAs von Bedeutung, die sich in einer speziellen Region des Zellkerns abspielt, dem Nukleolus. rRNAs bilden zusammen mit den ribosomalen Proteinen den Translationsapparat, die Ribosomen. Wie im Kapitel 3.4.2 noch ausführlich beschrieben werden wird, spielen die tRNAs bei dem Translationsvorgang ebenfalls eine zentrale Rolle.

3.2.3.2 Merkmale von Exons und Introns

Die protein-kodierende Information der meisten Gene ist auf der DNA und auf dem Primärtranskript diskontinuierlich angeordnet und im allgemeinen durch mehrere Introns unterbrochen, deren Zahl über 75 pro Gen betragen kann. Es gibt allerdings auch intronlose Gene (z. B. alpha- und beta-Interferon). Die Länge einzelner Introns variiert zwischen einem Minimum von etwa 50 bis zu über 10^6 Nukleotiden (z. B. Apolipoprotein B100, Faktor VIII, Dystrophin, Titin). Im Vergleich dazu mißt das kürzeste bislang definierte Exon 7 Nukleotide, die längsten über 7000. Die längsten reifen mRNA Moleküle sind mehr als 50 000 Nukleotide lang. Aus diesen Zahlen wird deutlich, daß der Spleiß-Apparat, das Spleißosom, manchmal große Distanzen zwischen zwei benachbarten Exons überwinden muß.

Introns müssen mit höchster Präzision ausgeschnitten werden. Die unterschiedlichen Längen von Introns und Exons schließen aber einen simplen Meßmechanismus aus. Wichtig für den Mechanismus des Spleißens sind daher RNA-Erkennungssequenzen, die am 5'-Exon/Intron Übergang (Spleißdonor), am 3'-Ende des Introns (Spleißakzeptor), innerhalb des Introns (Verzweigungspunkt) sowie innerhalb des

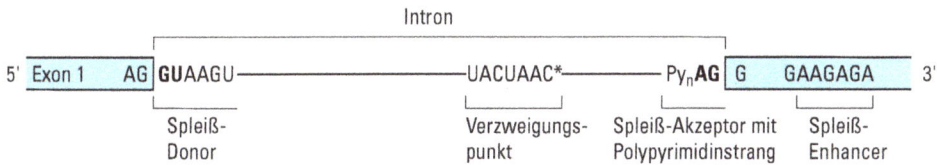

Abb. 3.20 Charakteristische Sequenzmerkmale von Introns. Die dargestellten Konsensussequenzen innerhalb eines Introns bzw. der Intron/Exon-Übergänge sind für den Vorgang des Spleißens von Bedeutung. **Das GU/AG Motiv wurde wegen seiner fast 100%igen Konservierung fett gedruckt.** Die anderen Sequenzmotive sind weniger streng konserviert. Das * hinter der Sequenz des Verzweigungspunktes bedeutet, daß es sich hierbei um die in *Saccharomyces cerevisiae* gefundene Sequenz handelt. Introns von Säugerzellen weisen eine verwandte, aber weniger streng konservierte Sequenz am Verzweigungspunkt auf.

3′-Exons (Spleiß-Enhancer oder Exon-Enhancer genannt) lokalisiert sind und als Spleißsignale dienen. Abbildung 3.20 veranschaulicht diese gemeinsamen Merkmale verschiedener Introns.

Mutationen, die solche Erkennungssequenzen zerstören bzw. an falschen Stellen kreieren führen zu aberrantem Spleißen. So ist es nicht verwunderlich, daß etwa 15 % aller pathologischen Mutationen zu Spleißdefekten der betroffenen Gene führen. Bei vielen Patienten mit Phenylketonurie fand sich so beispielsweise das Spleißdonorsignal des 12. Introns der Phenylalanin-Hydroxylase mRNA von „GU" zu „AU" mutiert. Diese Veränderung verhindert die korrekte Erkennung des Intronbeginns und folglich die Reifung einer korrekt gespleißten mRNA. Abgesehen von Mutationen, die physiologische Spleißsignale pathologisch verändern, gibt es darüber hinaus Beispiele, bei denen durch Mutationen neue Spleißsignale entstehen. Sowohl beim 21-Hydroxylase Mangel (dem häufigsten Grund für das adrenogenitale Syndrom) als auch bei einigen Formen der β-Thalassämie führen Mutationen innerhalb von Introns zur pathologischen Aktivierung von Spleißsignalen. Dadurch wird das eigentliche Intron falsch reseziert, so daß die cytoplasmatische mRNA nicht mehr in das physiologische Protein translatiert werden kann.

Bei den Spleiß-Enhancern bzw. Exon-Enhancern handelt es sich um fakultative Spleißsignale. Während exonische Spleiß-Enhancer bei Introns mit klassischen Konsensus-Spleißsignalen kaum eine Rolle spielen, können sie zur Aktivierung relativ schwacher intronischer Speißakzeptorsequenzen eines 5′-gelegenen Introns dienen. Das geschieht vor allem dadurch, daß Exon-Enhancer spezielle Proteine binden, die die Anbindung des Spleißapparats an das Intron fördern und stabilisieren (s. u.). Werden solche gewöhnlich purinreichen Exon-Enhancer durch Mutationen inaktiviert, kommt es ebenfalls zu fehlerhaftem Spleißen. Besonders interessante Beispiele stellen dabei Veränderungen dar, bei denen die Mutation einer „Wobbleposition" (siehe Kap. 3.4.2) in einem proteinkodierenden Exon nicht zu einer veränderten Aminosäuresequenz führt, sondern zu fehlgespleißten mRNAs, die auf mutierten Exon-Enhancersequenzen beruhen. Das heißt, daß eine Exon-Enhancermutation pathologischen Wert hat, obgleich die kodierte Aminosäuresequenz primär nicht verändert ist. Durch aberrantes Spleißen kommt es letztlich doch zu einer erheblich veränderten Sequenz des reifen Spleißproduktes. Zu solchen Exon-Enhancermutationen zählen u. a. Veränderungen der Porphobilinogendeaminase prä-mRNA bei der *Porphyria intermittens* oder der Fumarylacetoacetathydrolase prä-mRNA bei der hereditären Tyrosinämie Typ 1.

3.2.3.3 Aufbau des Spleißosoms

Klassische enzymatische Kaskaden wie z. B. der Citratzyklus werden von Proteinen katalysiert. Im Gegensatz dazu wird der mehrstufige Prozeß des Spleißens von RNA/ Protein Komplexen ausgeführt. Wie schon kurz erwähnt, zählen diese RNA/Protein

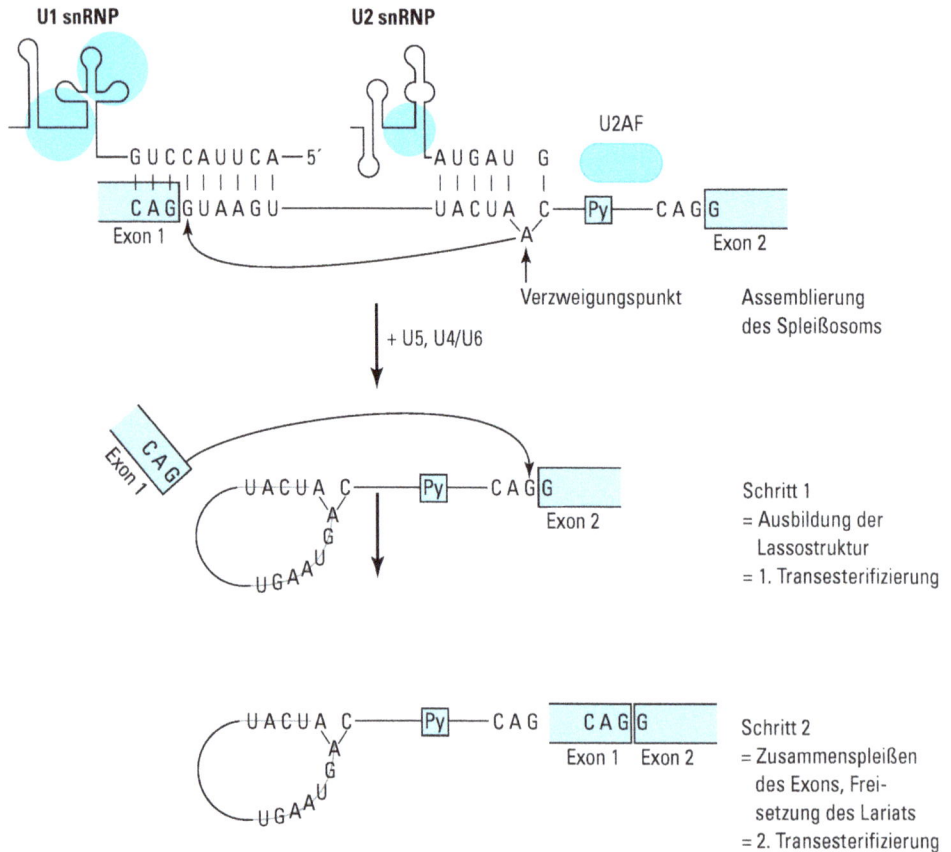

Abb. 3.21 Ablauf des Spleißens einer prä-mRNA. Zunächst wird ein U1 snRNP und U2 snRNP einschließender Spleißosomkomplex an der prä-mRNA assembliert, U1 snRNA nutzt dabei komplementäre Basenpaarung mit der konservierten Spleißdonorregion. U2 snRNA hybridisiert am Verzweigungspunkt und positioniert ein „A" für den 1. Schritt des Spleißens. Eine pyrimidinreiche Sequenz in der Nähe des Spleißakzeptors wird von U2AF (U2 auxiliary factor) gebunden, was die U2 snRNP Bindung stabilisiert. Nach Rekrutierung des sogenannten U4/U5/U6 Tri-snRNP, wird im 1. Spleißschritt in einer Transesterifizierungsreaktion das 5'-Ende des Introns vom Verzweigungspunkt unter Ausbildung einer Lassostruktur attackiert. Im 2. Schritt attackiert das freie 5'-Exon die Spleißakzeptorstele, was zur präzisen Ligierung beider Exons und der Freisetzung des Introns in Form einer Lassostruktur führt.

Komplexe zur Familie der snRNPs, der small nuclear ribonucleoprotein particles. Diese snRNPs bestehen aus jeweils einem kurzen RNA-Molekül der U-Klasse (so benannt weil ihre Sequenzen sehr Uridin-reich sind) und mehreren nukleären Proteinen.

Insgesamt sind fünf verschiedene snRNPs an der häufigsten Form des Spleißens beteiligt: U1, U2, U4/U6 und U5 snRNPs. Im ersten Schritt der Intronerkennung bindet das U1 snRNP an das 5′-Ende des Introns (Abb. 3.21). Es nutzt die Komplementarität der U1 RNA zur 5′-Spleißkonsensus-Region der prä-mRNA aus, die auch das konservierte „GU" des Introns miteinschließt. Dagegen wird das 3′-Ende des Introns zuerst von einem Protein, U2AF, gebunden. Anschließend bindet das U2 snRNP ungefähr 20–60 Nukleotide vom 3′-Ende des Introns entfernt an den Verzweigungspunkt in der Nähe des sogenannten Polypyrimidinstranges, gefolgt von U4/U6 snRNPs (beide sind durch Wasserstoffbrücken miteinander verbunden) und dem U5 snRNP. Nachdem das Spleißosom vollständig zusammengefügt ist, wird das Intron in zwei Schritten ausgeschnitten.

Zuerst kommt es in einer chemischen Umlagerungsreaktion (Transesterifizierung) zu einer Verknüpfung des ersten Nukleotids des Introns mit dem Verzweigungspunkt unter Ausbildung einer Lassostruktur (Lariat). Dabei wird das 5′-Exon abgetrennt, aber vom Spleißosom daran gehindert „davonzuschwimmen" (Schritt 1, Abb. 3.21). Anschließend attackiert das Ende dieses freien 5′-Exons die Spleißakzeptorstelle. In einer zweiten Transesterifizierungsreaktion verbinden sich die beiden Exons präzise miteinander und setzen das gesamte „Intronlasso" frei (Schritt 2, Abb. 3.21). Das verbleibende Intron wird im Zellkern abgebaut. Aus dem Ablauf der Spleißreaktion wird ersichtlich, daß die Beteiligung von RNA-Molekülen am Spleißosom sinnvoll ist, weil dadurch die Komplementarität zwischen Nukleotidsequenzen des Introns bzw. des Exon-/Intron- Übergangs und der U RNAs zur genauen Erkennung spezifischer Erkennungssignale ausgenutzt werden kann.

3.2.3.4 Alternatives und reguliertes Spleißen

Alternatives Spleißen ist ein medizinisch wichtiges Beispiel für die vielfältige Nutzung des Informationsgehalts genetischen Materials. Zahllose Fälle alternativen Spleißens menschlicher prä-mRNAs sind beschrieben. Oft wird von einem Gen eine definierte prä-mRNA transkribiert, die ihrerseits in vorgegebener Form prozessiert und schließlich in ein bestimmtes Protein translatiert wird (Abb. 3.1). Dieser Ablauf hatte zu der sogenannten „Ein Gen – ein Protein Hypothese" geführt. Alternatives Spleißen stellt jedoch einen der Gründe dar, weshalb dieser Hypothese heute eher historischer Wert zukommt. Beim alternativen Spleißen wird eine prä-mRNA mit mehreren Introns und Exons so gespleißt, daß zwei (oder mehrere) unterschiedliche reife mRNA-Spezies daraus entstehen (Abb. 3.22). Die verschiedenen mRNAs können sich in der Zahl ihrer protein-kodierenden Exons oder in der Position des Translationsstart oder -stopsignals unterscheiden. Zuweilen co-existieren alternativ gespleißte mRNAs in denselben Zellen, oftmals finden sich aber auch gewebespezifische oder differenzierungsabhängige alternative Spleißmuster. Die Existenz alternativer Spleißformen einer bestimmten mRNA bedeutet jedoch nicht zwangsläufig, daß das Spleißen dieser mRNA auch reguliert ist. Ein interessantes Beispiel für alternatives

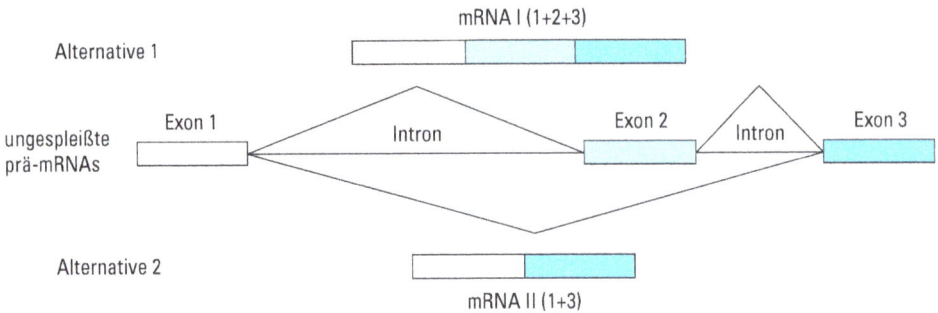

Abb. 3.22 Alternatives Spleißen. In der Mitte ist die ungespleißte prä-mRNA dargestellt. Die darüber bzw. darunter abgebildeten Spleißvorgänge führen zur Ausbildung von zwei unterschiedlichen mRNAs (Gegenwart von Exon 2).

Spleißen bietet das *bcl-x* Gen, von dem zwei alternativ gespleißte mRNA Varianten in unterschiedlichen Zellen gebildet werden. Eine Spleißvariante, die *bcl-xl* mRNA, kodiert für ein längeres Protein das ebenso wie das verwandte BCL-2 antiapoptotische Wirkung hat. Im Gegensatz dazu antagonisiert das vom alternativen Spleißprodukt entstandene kürzere Protein BCL-XS die antiapoptotische Wirkung von BCL-2. Wie man erwarten würde, entsteht die *bcl-xl* mRNA vor allem in langlebigen postmitotischen Zellen wie denen des Gehirns, während die *bcl-xs* mRNA vorwiegend in Zellen mit hoher Umsatzrate wie Lymphozyten exprimiert wird.

Das Spleißen kann sowohl durch positive als auch durch negative Signale reguliert werden. Positive Spleißregulation, d. h. die Aktivierung eines an sich schwachen Spleißsignals, findet vor allem durch die Anbindung Serin (S)- und Arginin (R)-reicher Aktivatorproteine (sogenannte SR Proteine) an exonische Spleißenhancer statt. Ein Beispiel dafür bietet das Zelloberflächenadhäsionsmolekül CD44. Die CD44 prä-mRNA kann auf vielfältige Weise alternativ gespleißt werden. Interessanterweise korrelieren bestimmte Spleißformen mit der Expression bestimmter SR Proteine, die sich wiederum gehäuft in bestimmten Tumorzellen, nicht aber den verwandten nicht-malignen Zellen wiederfinden. Heterologe Expression dieser Spleißvarianten überführt nicht-metastasierende Zellinien in metastasierende Zellen. Diese experimentellen Befunde legen nahe, daß alternatives Spleißen und die Expression bestimmter SR Proteine profunden Einfluß auf das metastatische Potential einiger Tumorzellen ausüben können, und daß sich die Interaktion dieser SR Proteine mit exonischen Enhancern der CD44 mRNA gegebenenfalls als neuartige Ansatzpunkte für pharmakologische Intervention eignen könnten.

Negative Spleißregulation wird durch Proteine vermittelt, die in der Nähe der Spleißdonor- oder Akzeptorsignale binden und kompetitiv den Zugang essentieller Spleißfaktoren verhindern. Ein interessantes Beispiel dafür findet sich bei der Fruchtfliege *Drosophila melanogaster*. Hier wird keine geringere Entscheidung als „männlich oder weiblich" durch alternatives Spleißen gefällt (Abb. 3.23). Das Protein Sexlethal (SXL) wird nur in weiblichen Embryos exprimiert. Es hat die Aufgabe, das Spleißen der in beiden Geschlechtern gebildeten *tra* prä-mRNA so zu regulieren, daß nur in weiblichen Embryos TRA Protein translatiert werden kann. Bei weiblichen Embryos bindet SXL in der Nähe der Spleißakzeptorstelle des Introns 1 und unterdrückt die Erkennung dieser Spleißakzeptorstelle. Daher wird bei weiblichen

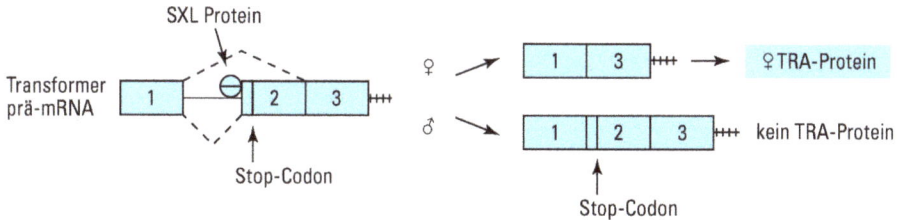

Abb. 3.23 Reguliertes, alternatives Spleißen in der sexuellen Differenzierung bei Drosophila melanogaster. Das Transformer (TRA) Protein bestimmt die weibliche Entwicklung. Die *tra* prä-mRNA wird aber bei beiden Geschlechtern transkribiert. Ausschlaggebend ist die Expression eines RNA-bindenden regulatorischen Proteins, sex-lethal (SXL), das nur in weiblichen Embryonen synthetisiert wird. Das führt dazu, daß eine proximale Spleißakzeptorstelle unterdrückt wird und stattdessen eine weiter 3'-gelegene Stelle genutzt wird. Diese kürzere mRNA kodiert für das TRA Protein. Bei männlichen Embryos wird ein kleineres Intron reseziert, so daß im Exon ein Translationsstopcodon eingeschlossen wird. Folglich kann kein TRA Protein gebildet werden.

Embryos das Exon 1 direkt an das Exon 3 gespleißt. Das übersprungene Exon 2 wird bei männlichen Fliegenembryos miteingeschlossen. Da es ein Translationsstopcodon enthält, wird bei diesen männlichen Embryos die Translation eines kompletten TRA Proteins (kodiert von den Exons 1, 3 und 4) verhindert.

Trotz zahlreicher Beispiele regulierten Spleißens bei menschlichen Genen sind die Mechanismen bislang noch nicht so gut verstanden wie z. B. bei der Fruchtfliege. Diese Beispiele unterstreichen ebenso wie zu aberrantem Spleißen führende Mutationen bei menschlichen Erberkrankungen die kritische Rolle des Spleißvorgangs bei der Genexpression.

3.2.3.5 Ribozyme

Klassische Enzyme (Biokatalysatoren) sind Proteine. Die Entdeckung, daß einige natürlich vorkommende RNAs ebenfalls als Biokatalysatoren fungieren können war daher überraschend. In Anlehnung an klassische Proteinenzyme werden diese katalytischen RNAs als Ribozyme bezeichnet. Ribozyme haben die Fähigkeit, die Reaktionsgeschwindigleit einer biochemischen Reaktion erheblich zu beschleunigen, selbst unverändert aus einem katalytischen Zyklus hervorzugehen und deshalb mehrere solcher Zyklen durchlaufen zu können. Ferner zeichnen sie sich durch hohe Substrat- und Produktspezifität aus, und stellen hinsichtlich dieser Kriterien echte RNA-Äquivalente zu Proteinenzymen dar. Theorien von der Entstehung des Lebens auf der Erde wurden durch die Entdeckung von Ribozymen nachhaltig beeinflußt. Man glaubt, daß die biologische Welt vor der Entstehung von Zellen eine „RNA-Welt" gewesen sein könnte, in der sowohl die Nukleinsäure-typische Funktion der Informationsspeicherung als auch die Katalyse metabolischer Vorgänge von RNA-Molekülen ausgeführt worden sei.

Physiologisch vorkommende Ribozyme verwenden RNAs als Substrate für Spaltungsreaktionen von Phosphodiesterbindungen. Die Interaktion eines Ribozyms mit

Hammerhead Ribozym (allgemein)

```
                                        ↓
Zielsequenz              5'  A C C G U A  G A C U  3'
                             | | | | |    | | | |
Hammerhead Ribozym       3'  U G G C A   C U G A  5'        3'  N N N C A    N N N N  5'
(spezifisch)                       A    C                            A    C
                                   A     U                           A     U
                                   A      G                          A      G
                                   G   A    A                        G   A    A
                                   C - G  G U                        C - G  G U
                                   A - U                             A - U
                                   G - C                             G - C
                                   G - C                             G - C
                                   A   G                             A   G
                                   G   U                             G   U
```

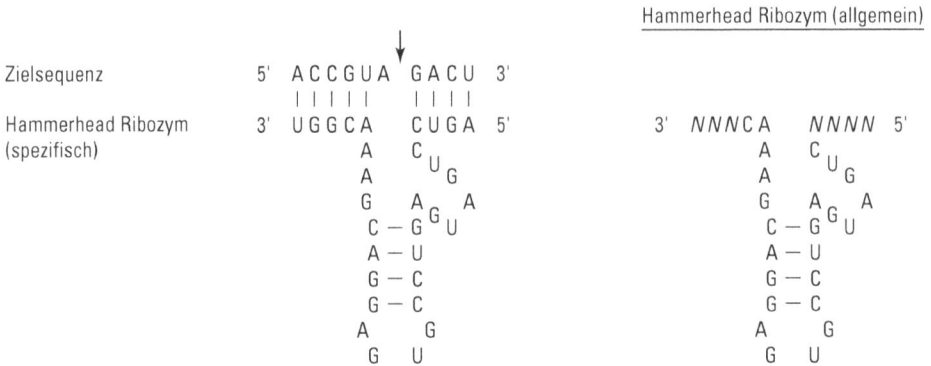

Abb. 3.24   Spezifisches Einschneiden von RNA Sequenzen durch „hammerhead" Ribozyme. Diese Ribozyme bestehen aus einer Region, die sich mittels Basenpaarung spezifisch an eine Zielsequenz anlagert [NNN auf der rechten Seite der Abb.) und dem katalytischen Kern, dessen Sequenz funktionell wichtig ist. Der Pfeil auf der linken Seite der Abb. identifiziert die Schnittstelle des „hammerhead" Ribozyms, das seinen Namen von der Hammerkopf-ähnlichen Struktur des Enzym-Substratkomplexes ableitet.

seinem Substrat findet zunächst durch Basenpaarung statt, was seine hohe Spezifität erklärt. Physiologisch vermitteln Ribozyme z. B. die Reifung von tRNA Vorstufen (durch die sogenannte RNase P) oder können, ähnlich dem Spleißosom, auch das Ausschneiden spezieller Introns (z. B. von der 26S rRNA bei *Tetrahymena*) katalysieren. Neben ihrer physiologischen Bedeutung werden Ribozyme in der Molekularmedizin als mögliche Therapeutika diskutiert, vor allem die relativ kleinen (30–50 Nukleotide) „Hammerkopf" (hammerhead) und „Haarnadel" (hairpin) Ribozyme. Die Besonderheit dieser Ribozyme liegt darin, daß sie prinzipiell gegen jede beliebige RNA Sequenz mit hoher Spezifität gerichtet werden können (Abb. 3.24). Das heißt, daß man grundsätzlich spezifische Ribozyme zur Zerstörung viraler RNAs (HIV und andere), mRNAs mutierter Onkogene (wie das BCR-ABL Fusionsprotein bei der Philadelphia Chromosom-positiven Leukämie, siehe 6.4.2) oder des MDR (multi drug resistance) Proteins therapieresistenter Tumoren einsetzen könnte. Dazu wählt man eine für die Ziel-RNA möglichst spezifische Sequenz und synthetisiert ein hammerhead Ribozym mit dazu komplementären Bindearmen (Abb. 3.24).

3.2.4 mRNA Editierung

Eine Sonderform der mRNA Prozessierung stellt die mRNA Editierung dar. Sie betrifft vor allem eine kleine (aber wichtige) Gruppe nukleärer mRNAs bei Säugern sowie verschiedene mitochondriale mRNAs bei Protozoen wie Trypanosomen und *Leishmania*, die in der Parasitologie eine wichtige Rolle spielen. Bei der mRNA Editierung wird die genomisch kodierte Sequenz einer RNA nach ihrer Transkription enzymatisch verändert, so daß die editierte RNA ein anderes Protein kodiert als die nichteditierte Vorstufe.

3.2.4.1 mRNA Editierung durch Basenumwandlung

C → U Editierung: Das menschliche Apolipoprotein B48 wird von Enterocyten sezerniert und bildet einen Bestandteil der Chylomikronen, während das Apolipoprotein B100 in der Leber gebildet wird und zur LDL-Fraktion gehört. Die N-Termini beider Proteine sind sequenzidentisch, das kleinere Apolipoprotein B48 entspricht 48 % des größeren (Abb. 3.25). Die mRNAs beider Proteine sind nahezu sequenzidentisch, unterscheiden sich jedoch im Nukleotid 6666, das bei der B100 mRNA ein C ist (entsprechend der DNA Sequenz), bei der B48 mRNA jedoch ein U. Dieser Sequenzunterschied beruht auf der enzymatischen Deaminierung des betreffenden Cytosins zu Uracil, die zur Umwandlung eines Glutamin-Codons (CAA) in ein Stopcodon (UAA) führt. Wie erkennt das dafür verantwortliche, im Zellkern lokalisierte Enzym (APOBEC-1) exakt dieses Nukleotid 6666 und unterscheidet es von den vielen anderen Cytosinen dieser und anderer mRNAs? Entscheidend dafür ist eine spezifische Sequenz von 11 Nukleotiden, die sich in unmittelbarer Nähe der Editierungsstelle befindet und von APOBEC1 erkannt wird.

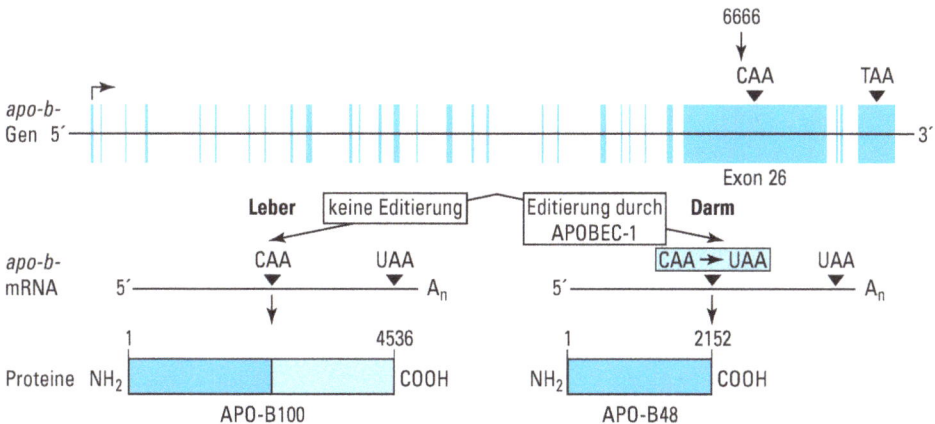

Abb. 3.25   Editierung der Apo-B100 mRNA generiert eine modifizierte Apo-B48 mRNA in intestinalen Zellen. In der Leber wird das Apo-B100 Protein von 4536 Aminosäuren Länge synthetisiert (links). Im Darm wird das CAA Triplett (was für die 2152.-Aminosäure kodiert durch Editierung des „C"-Nukleotids 6666 in ein „U" in ein UAA Stopcodon umgewandelt (rechts). Dafür ist das Enzym APOBEC-1 verantwortlich. Das auf 48 % seiner Länge verkürzte Apo-B48 Protein wird somit exprimiert.

Die physiologische Bedeutung dieses Editierungsmechanismus wird an transgenen Mäusen deutlich, die APOBEC-1 in der Leber überexprimieren und daher kein Apolipoprotein B100 bilden können. Diese Tiere leiden an einer Fettleber mit Leberfibrose. Ein zweites Beispiel für die C → U Editierung findet sich bei der *nf1* mRNA, deren Genprodukt bei der Neurofibromatose von Recklinghausen mutiert ist. Sequenzvergleiche der *nf1* mRNA zwischen Tumoren und unverändertem Gewebe fanden einen erhöhten Prozentsatz editierter RNA im Tumorgewebe. Die Frage der Kausalität ist hier noch nicht geklärt.

A → I Editierung: Die Expression verschiedener Untereinheiten des Glutamatrezeptors (GluR), eines wichtigen Relaisschalters bei der Signalübertragung im Gehirn, wird ebenfalls durch RNA Editierung kontrolliert. Die DNA Sequenz gibt in einer für die Ca^{2+} Permeabilität des Rezeptors kritischen Transmembrandomäne ein Glutamin (CAG) vor, das jedoch bei einigen Untereinheiten durch ein Arginin ersetzt ist. Diese Abwandlung beruht auf der Deaminierung des Adenosin in ein Inosin (CAG → CIG), was vom Ribosom als G (CGG) gelesen wird. Das für diesen neurobiologisch wichtigen Vorgang verantwortliche Enzym vermittelt die Deaminierung von Adenosinen in doppelsträngiger RNA. Bei dem entsprechenden Editierungsvorgang der *GluR-B* mRNA ist der kritische Editierungsbereich mit einer Intronsequenz gepaart, so daß die prä-mRNA vor dem Spleißen editiert werden muß.

Weitere, weniger gut charakterisierte Beispiele von mRNA Editierung sind eine Aminierung (U → C) bei der Wilmstumor (WT) mRNA sowie ein U → A Ersatz bei der α-Galactosidase mRNA.

3.2.4.2 mRNA Editierung durch U-Insertionen und Deletionen bei Protozoen

Extreme Beispiele von mRNA Editierung wurden bei verschiedenen, vom mitochondrialen Genom kodierten mRNAs bei Trypanosomen und *Leishmania* entdeckt. Hier werden zum Teil hunderte von Us in die nicht editierte RNA an mehreren Stellen inseriert oder aus ihr deletiert, so daß sich die genomische Sequenz und die Sequenz der editierten mRNA bis zur Unkenntlichkeit ihrer direkten Verwandschaft unterscheiden können, und sowohl das Translationsstartcodon (AUG), die Translationsstopcodons (UAA, UGA, UAG) als auch die Aminosäuresequenz erst durch Editierung festgelegt werden (Abb. 3.26). Ein ähnlicher Vorgang ist bei Säugerzellen nicht bekannt. Da diese Editierung beispielsweise jedoch für die Erreger der in den Tropen weit verbreiteten Schlafkrankheit oder der Chagas Erkrankung unbedingt erforderlich ist, hofft man, spezifische Medikamente gegen den Editierungsapparat entwickeln zu können.

Der Editierungsmechanismus basiert auf der Existenz kleiner RNAs (ca. 50–70 Nukleotide), die sich mit einer kurzen, komplementären Sequenz an die nicht editierte oder teileditierte mRNA anlagern, und anschließend ca. 30–40 Nukleotide komplementär zur gewünschten Sequenz aufweisen. Diese RNAs dienen also als Informationsgeber für den enzymatischen Editierungsvorgang und heißen „guide RNAs". Diese guide RNAs vermitteln zunächst die endonukleolytische Spaltung der zu editierenden RNA, und bestimmen dann die genaue Zahl der einzufügenden oder der zu deletierenden Nukleotide durch eine Uridylat Transferase (siehe Abb. 3.26). Abschließend werden die beiden Enden der RNA religiert. Das Ende der guide RNAs trägt einen Schwanz aus einigen Us, dessen Bedeutung noch nicht ganz aufgeklärt ist. Zur vollständigen Editierung einer mRNA sind mehrere guide RNAs notwendig, die gemeinsam den gesamten zu editierenden Bereich abdecken.

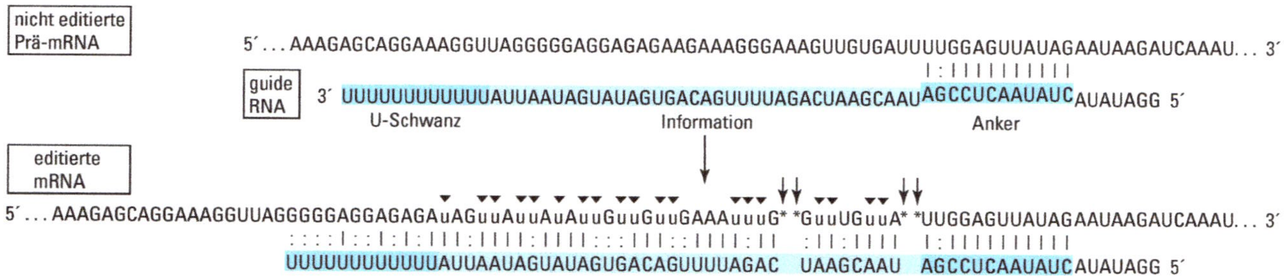

nicht editierte Prä-mRNA

5′ ... AAGAGCAGGAAAGGUUAGGGGGAGGAGAGAAGAAAGGGAAGUUGUGAUUUUGGAGUUAUAGAAUAAGAUCAAAU... 3′

guide RNA

3′ UUUUUUUUUUUAUUAAUAGUAUAGUGACAGUUUUAGACUAGCAAUAGCCUCAAUAUCAUAUAGG 5′

U-Schwanz   Information   Anker

editierte mRNA

5′ ... AAGAGCAGGAAAGGUUAGGGGGAGGAGAGAuAGuAuuGuuGuuGAAAuuuG* *GuuUGuuA* *UUGGAGUUAUAGAAUAAGAUCAAAU... 3′

UUUUUUUUUUUAUUAAUAGUAUAGUGACAGUUUUAGAC UAAGCAAU AGCCUCAAUAUC AUAUAGG 5′

Abb. 3.26 RNA Editierung bei Trypanosoma brucei. Die nicht editierte *ATPase 6* prä-mRNA ist oben abgebildet. Durch Hybridisierung der Ankersequenz einer „guide RNA" wird Information zur Editierung in Form von Einfügungen (Kleinbuchstaben mit Pfeilkopf) und Deletionen (Sternchen mit Pfeilen) von „U"s bereitgestellt. Diese Einfügungen und Deletionen verändern die editierte (unten) im Vergleich zur nicht-editierten (oben) RNA grundlegend.

3.3 Nukleo-cytoplasmatischer Transport

Die Trennung von Zellkern und Cytoplasma durch eine Kernhülle repräsentiert einen entscheidenden Unterschied zwischen Bakterien und eukaryonten Zellen. Diese räumliche Trennung macht Transportvorgänge erstaunlichen Ausmaßes in beide Richtungen erforderlich: Reife RNAs und Ribosomen müssen aus dem Zellkern in das Cytoplasma exportiert werden, um dort für die Proteinsynthese zur Verfügung zu stehen. Im Gegenzug müssen alle nukleären Proteine, die ja im Cytoplasma translatiert werden, in den Zellkern importiert werden. Ein Re-Import nukleärer Komponenten ist ebenfalls nach der Zellmitose erforderlich, während derer die Kernmembran aufgelöst und erst nach erfolgter Zellteilung wieder aufgebaut wird.

Nukleo-cytoplasmatischer Transport vollzieht sich durch spezielle Transportkanäle, die sogenannten Kernporen. Die meisten Säugerzellen verfügen über einige tausend dieser im Vergleich zu anderen Zellbestandteilen gewaltigen Strukturen von ca. 100 MDa (ca. 25 mal größer als Ribosomen). Kernporen sind rundliche Strukturen, die aus ca. 50–100 unterschiedlichen Einzelbausteinen zusammengesetzt sind und die ca. 100–200 nm lange Distanz durch die Kernhülle überbrücken (Abb. 3.27). In einer Säugerzelle spielen sich etwa 1 Million Transportvorgänge pro Minute zwischen Kern und Cytoplasma ab, die sowohl substratspezifisch als auch in korrekter Richtung durchgeführt werden müssen. Ein Vergleich mit der Komplexität internationaler Flughäfen drängt sich auf. Der Transport ist energieabhängig. Moleküle mit einem kleineren Durchmesser als ca. 9 nm (das entspricht einem ca. 60 kDa großen globulären Protein) können prinzipiell passiv diffundieren, werden jedoch in den meisten Fällen dennoch aktiv transportiert.

Wie werden die zu transportierenden Substratmoleküle erkannt und wie wird die korrekte Richtung ihres Transports gewährleistet? Grundsätzlich gibt es eine Reihe von Import- (in den Zellkern) und Export- (in das Cytoplasma) Signalen. Diese Transportsignale sind teilweise recht kurze Aminosäuresequenzen von Substratproteinen, die von Adaptermolekülen erkannt und gebunden werden (Abb. 3.28). Der Transport von RNAs erfolgt ebenfalls mittels Bindung von Adapterproteinen. Diese Adapterproteine interagieren selbst mit sogenannten Import- bzw. Exportrezeptoren, die dann den Transport des gesamten Komplexes durch die Kernpore vermitteln.

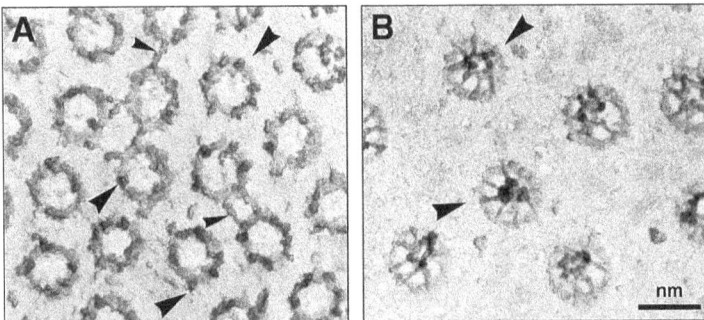

Abb. 3.27 Elektronenmikroskopische Darstellung von Kernporen. Die Abbildung zeigt eine Ansicht aus dem Cytoplasma (A) und dem Zellkern (B). Die Photos wurden freundlicherweise zur Verfügung gestellt von Dr. Nelly Panté (Basel).

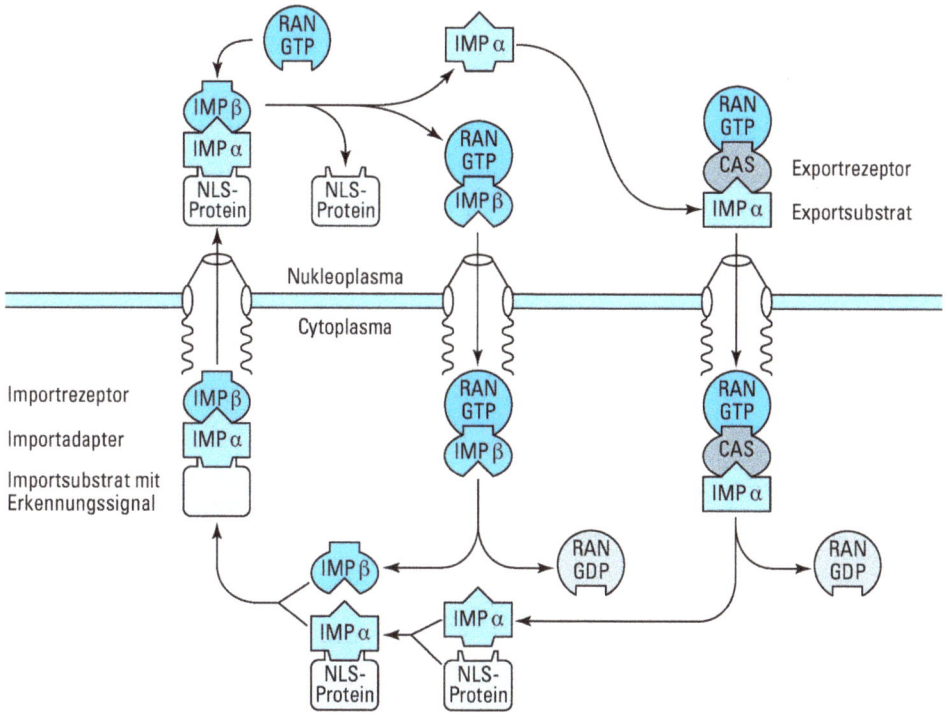

Abb. 3.28 Nukleo-cytoplasmatischer Transport. In der Mitte ist die Kernhülle mit ihrer nukleären Seite (oben) und cytoplasmatischer Seite (unten) dargestellt. Ein für den Import bestimmtes Substrat wird mittels seiner Erkennungssequenz (NLS = nukleäre Lokalisierungssequenz) vom Importadapter Importin α (IMP α) erkannt und gebunden. Dieser Komplex wird anschließend vom Importrezeptor Importin β (IMP β) gebunden und durch die Kernpore in den Zellkern importiert. Dort wird dieser Komplex von RanGTP gebunden. Das Importsubstrat wird freigesetzt, ebenso der Importadapter IMP α. Der IMP β/RanGTP Komplex wird direkt wieder in das Cytoplasma exportiert. Dort wird RanGTP in RanGDP umgewandelt, und IMP β für einen weiteren Importzyklus freigesetzt. Das im Kern befindliche IMP α wird selbst zum Exportsubstrat und von dem Exportrezeptor CAS gebunden. Dafür ist ebenfalls RanGTP erforderlich (oben rechts). Nach erfolgtem Export ins Cytoplasma wird wiederum RanGTP in RanGDP umgewandelt, und IMP α für den nächsten Importzyklus freigesetzt.

Die Mechanismen, mittels derer ein Importrezeptor mit seiner Fracht in die korrekte kernwärtige Richtung bzw. ein Exportrezeptorkomplex in die entgegengesetzte Richtung gelenkt werden, sind noch nicht aufgeklärt. Dagegen weiß man, daß der asymmetrischen Verteilung der GTP bzw. GDP-beladenen Form des Proteins RAN große Bedeutung für die Direktionalität des Transports zukommt: RAN liegt im Zellkern vorwiegend als RAN-GTP vor (weil das GTP-beladende Enzym nukleär ist), während es im Cytoplasma als RAN-GDP existiert (weil die Stimulation der GTP-Hydrolyse dort erfolgt). Dem nukleo-cytoplasmatischen Transport kann auch regulatorische Bedeutung zukommen. So wird beispielsweise die Lokalisierung der Transkriptionsfaktoren NFκB oder E2F im Zellkern durch regulierten Import

(NFκB) bzw. Export (E2F) gesteuert. Im Folgenden werden der Import und Export an Beispielen erläutert.

3.3.1 Nukleärer Import

Klassische basische Signale für den nukleären Import, wie z. B. des Transkriptionsfaktors NFκB oder des onkogenen SV40 large T Antigens, werden im Cytoplasma von dem Adapterprotein Importin α gebunden. Importin α bindet dann über eine zweite funktionelle Domaine an den Importrezeptor Importin β. Dieser Komplex wird nun durch die Kernpore in den Zellkern importiert, wo RAN-GTP an Importin β bindet und die Dissoziation des Komplexes und damit das Entladen der importierten Fracht auslöst. Der Importin β/RAN-GTP Komplex wird direkt re-exportiert; Importin α bindet hingegen an einen eigenen Exportrezeptor (CAS) und gelangt auf diesem Wege ins Cytoplasma zurück (Abb. 3.28).

3.3.2 Export ins Cytoplasma

Offensichtliche Substrate für den Export ins Cytoplasma sind all die Moleküle, die für die Translation benötigt werden, d. h. reife mRNAs, tRNAs sowie die im Nukleolus zusammengefügten Ribosomen. Darüber hinaus gibt es aber auch noch eine Reihe von Proteinen, die nach ihrem Import in den Zellkern wieder re-exportiert werden. Diese Proteine werden als „shuttling proteins" bezeichnet. Die verschiedenen Klassen von Exportsubstraten verwenden z. T. unterschiedliche Adaptoren und Exportrezeptoren. Zu exportierende RNAs binden zum Teil direkt an einen Exportrezeptor (tRNAs), oder sie werden von Adapterproteinen gebunden. Ein sehr interessantes Beispiel für den zweiten Exporttyp ist die ungespleißte HIV mRNA, die eine spezielle Bindungsstelle (RRE) für das virale Adapterprotein REV aufweist (Abb 3.29).

REV wird in Gegenwart von RAN-GTP kooperativ vom Exportrezeptor CRM1 gebunden, und der Komplex wird exportiert. Im Cytoplasma wird RAN-GTP in RAN-GDP umgewandelt, und der Komplex dissoziiert unter Freisetzung des „Exportguts". REV und der von diesem Protein vermittelte Export un- bzw. teilgespleißter HIV RNA ist für das Virus von entscheidender Bedeutung, da diese RNAs ohne REV bzw. ohne intaktes RRE nicht exportiert werden können und die ungespleißte RNA z. B. bei der Vermehrung des Virus im Cytoplasma in die Virushülle verpackt werden muß. Die für den Export von mRNAs verantwortlichen Moleküle sind noch nicht genau identifiziert, wenngleich ein nukleärer Cap-Bindekomplex und verschiedene hnRNP Proteine am Export beteiligt zu sein scheinen. Fest steht jedoch, daß prä-mRNAs während ihres Reifungsprozesses zunächst im Kern zurückgehalten werden, bevor sie exportierbar werden.

Bislang sind noch keine Erkrankungen beschrieben, die auf Störungen des nukleocytoplasmatischen Transports zurückzuführen sind. Es ist jedoch gut denkbar, daß ein weiteres Verständnis der zu Grunde liegenden Mechanismen die Entwicklung therapeutischer Strategien unterstützen wird, vor allem im Bereich der Virologie. Wie bereits erwähnt, kann der nukleo-cytoplasmatische Transport in einigen Fällen

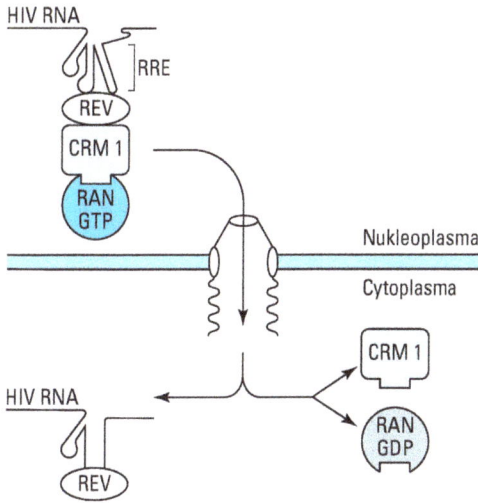

Abb. 3.29   Transport ungespleißter HIV RNA. Nicht – oder nicht vollständig gespleißte – HIV RNAs retinieren ein intronisches RNA Element, das RRE (REV-response element). Dieses RRE wird von dem viralen Protein REV gebunden, das als Adapter fungiert. Im Zellkern bindet RAN-GTP/CRM1 den REV/RNA Komplex und exportiert ihn ins Cytoplasma. Dort wird RAN-GTP in RAN-GDP gespalten, der Exportkomplex zerfällt, und die virale RNA wird freigesetzt.

auch physiologisch reguliert werden. Erste Mechanismen dafür sind bereits bekannt, bei denen durch Phosphorylierung von Transportsignalen oder Freilegung von Transportsignalen durch proteolytische Prozessierung oder Abdissoziation von Inhibitormolekülen (z. B. NFκB) der Transport signalabhängig moduliert wird.

3.4 Cytoplasmatische Schritte der Genexpression

3.4.1 mRNA Lokalisierung

Viele Zellen zeichnen sich durch Polarisierung bzw. Asymmetrie aus, die für ihre unterschiedlichen physiologischen Funktionen von entscheidender Bedeutung sind. Beispiele dafür sind Nervenzellen, die einen Zellkörper, Axone und Dendriten aufweisen, oder Zellen des Darm- und Nierenepithels, bei denen die luminale (apikale) Seite andere Aufgaben erfüllt als die basolaterale. Auch eine befruchtete Eizelle muß in der Frühembryonalentwicklung die Ausbildung dorso-ventraler und kraniocaudaler Axen veranlassen. Die dafür erforderliche asymmetrische Verteilung zellulärer Proteine wird zum Teil durch Proteinsortierungsvorgänge gewährleistet. Es hat sich jedoch in letzter Zeit herausgestellt, daß auch die funktionsbezogene Lokalisierung von mRNAs in Oozyten, Neuronen und Epithelzellen für die Ausbildung und Aufrechterhaltung der Zellpolarisierung verantwortlich ist (Abb. 3.30).

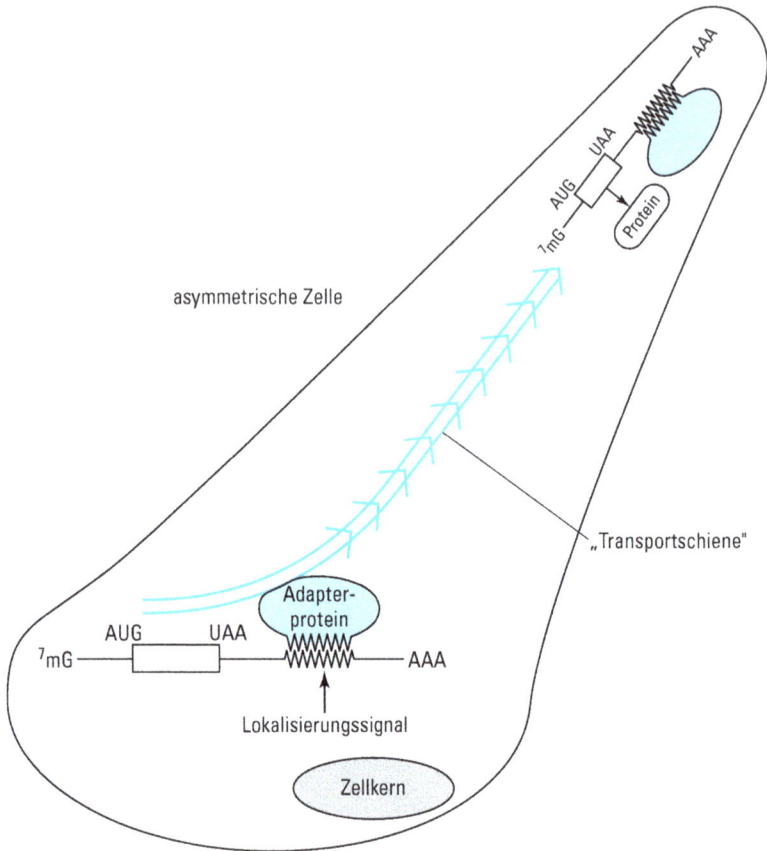

Abb. 3.30   mRNA Transport in polarisierten Zellen. Eine polarisierte (Nerven-) Zelle ist schematisch abgebildet. Im Soma der Zelle wird eine Lokalisierungssequenz im 3′-UTR von einem
Adapterprotein gebunden. Dieses vermittelt den gerichteten Transport des mRNA/Protein-
komplexes in eine dezentrale Zellregion (z. B. Dendriten) entlang einer cytoskelettären „Trans-
portschiene". Erst am Zielort wird die mRNA translatiert, so daß auch nur dort das entsprechende Protein entsteht. Dieser Mechanismus kann zur asymmetrischen Verteilung von
Proteinen und somit zur Ausbildung intrazellulärer Proteingradienten führen.

Welche Vorteile bietet die mRNA Lokalisierung? Zum einen ist es gut vorstellbar,
daß die Lokalisierung einer mRNA weniger aufwendig ist als der Transport vieler
(von dieser mRNA translatierter) Proteine. Zum anderen bietet sich die Möglichkeit,
die Synthese von Proteinen lokal zu steuern: Eine mRNA wird lokalisiert und erst
dann translatiert, wenn ein lokales Signal dazu den Befehl gibt. Beispiele dafür sind
wiederum aus der Embryologie, aber auch aus der Neurophysiologie bekannt: Hier
nimmt man inzwischen an, daß im engen Netzwerk synaptischer Verschaltungen
die Aktivierung spezifischer Synapsen die Translation an dieser Synapse lokalisierter
mRNAs aktiviert. Die für die mRNA Lokalisierung verantwortlichen Mechanismen
sind noch sehr unvollständig aufgeklärt. Gesichert ist jedoch, daß die Lokalisations-
signale („Postleitzahlen") sich am 3′-Ende der entsprechenden mRNAs befinden.

Ähnlich wie beim Kernexport geht man davon aus, daß spezielle Adapterproteine die RNAs an Transportvehikel koppeln, wobei es erste Hinweise darauf gibt, daß die cytoskelettären Mikrotubuli als Transportschienen fungieren könnten. Da es in der Entwicklungsbiologie erwiesen ist, daß mRNA Lokalisationsstörungen zu schwersten embryonalen Fehlbildungen führen, darf man gespannt darauf sein, inwieweit gestörte mRNA Lokalisierung beispielsweise für Fehlbildungssyndrome oder neurologische Störungen des Menschen mitverantwortlich ist.

3.4.2 mRNA Translation

Die Translation ist der Zielpunkt des Weges vom Gen zum Protein. Darüber hinaus ist sie der komplexeste Vorgang auf diesem Weg, weil biologische Information exakt zwischen zwei verschiedenen Klassen von Biopolymeren (von Nukleinsäuren zu Proteinen) weitergegeben werden muß. Bei der Translation erfolgt die Umsetzung von Information (mRNA) in Funktion (Protein) durch Anwendung des genetischen Codes.

3.4.2.1 Der genetische Code

Nachdem etabliert worden war, daß mRNAs als Matrizen zur Proteinsynthese dienen, stellte sich die Frage, wie ein aus vier Symbolen bestehender Code (A, U, C, G) in 20 bzw. 21 verschiedene Aminosäuren entschlüsselt werden könne. Wäre jedem Nukleotid genau eine Aminosäure zugeordnet, böte der genetische Code nur Platz für vier Aminosäuren, bei Zuordnung von zwei Nukleotiden zu einer Aminosäure fänden 16 verschiedene Aminosäuren im genetischen Code Platz. Erst bei drei Nukleotiden pro Aminosäure geht die Rechnung auf: Insgesamt gibt es $4^3 = 64$ verschiedene Basentripletts, so daß allen Aminosäuren mindestens ein Codon aus drei Nukleotiden zugeordnet werden kann.

Mehrere Charakteristika des in Tabelle 3.4 gezeigten genetischen Codes sind beachtenswert. Es fällt auf, daß es für die Aminosäuren Serin, Leucin und Arginin jeweils sechs verschiedene Codons gibt, für Tryptophan und Methionin dagegen nur jeweils eines. Die Tripletts UAG, UAA und UGA kodieren im allgemeinen keine Aminosäure sondern stellen Translationsstopsignale dar. Eine Ausnahme stellt die Synthese von Selenoproteinen wie den Glutathionperoxidasen oder der im Schilddrüsenstoffwechsel wichtigen Deiodase dar: In genau definierten Fällen dient ein UGA Triplett nicht als Stopcodon, sondern kodiert für Selenocystein. Dort wo mehrere Tripletts für eine Aminosäure stehen können, ist die dritte Position variiert. Diese Variation wird auch als „wobble" bezeichnet.

Folglich ist im genetischen Code jeweils drei Ribonukleotiden (einem Triplett) genau eine Aminosäure zugeordnet (mit Ausnahme der Stopcodons), andererseits aber kann eine Aminosäure von verschiedenen Tripletts kodiert werden (wobble). Der genetische Code ist also nur bedingt umkehrbar und wird auch als degeneriert bezeichnet.

Tab. 3.4 Der genetische Code. Jeweils drei Nukleotide (ein Triplett) codieren für eine Aminosäure. Das erste Nukleotid wird in der linken Spalte, das zweite in der mittleren Zeile, und das dritte in der rechten Spalte abgelesen. So steht „CAU" beispielsweise für die Aminosäure Histidin (His, H). Die Aminosäuren sind in den geläufigen Drei- und Ein-Buchstabenabkürzungen angegeben. UAA, UAG und UGA sind Stopcodons, bei besonderen mRNAs kann UGA auch für die Aminosäure Selenocystein codieren.

1. Base	2. Base				3. Base
	U	C	A	G	
U	Phe (F)	Ser (S)	Tyr (Y)	Cys (C)	U
	Phe (F)	Ser (S)	Tyr (Y)	Cys (C)	C
	Leu (L)	Ser (S)	Stop	Stop/SeCys	A
	Leu (L)	Ser (S) Stop	Trp (W)	G	G
C	Leu (L)	Pro (P)	His (H)	Arg (R)	U
	Leu (L)	Pro (P)	His (H)	Arg (R)	C
	Leu (L)	Pro (P)	Gln (Q)	Arg (R)	A
	Leu (L)	Pro (P)	Gin (Q)	Arg (R)	G
A	Ile (I)	Thr (T)	Asn (N)	Ser (S)	U
	Ile (I)	Thr (T)	Asn (N)	Ser (S)	C
	Ile (I)	Thr (T)	Lys (K)	Arg (R)	A
	Met (M)	Thr (T)	Lys (K)	Arg (R)	G
G	Val (V)	Ala (A)	Asp (D)	Gly (G)	U
	Val (V)	Ala (A)	Asp (D)	Gly (G)	C
	Val (V)	Ala (A)	Glu (E)	Gly (G)	A
	Val (V)	Ala (A)	Glu (E)	Gly (G)	G

3.4.2.2 tRNAs dienen als Adaptermoleküle

Die Kenntnis des genetischen Codes wirft die Frage auf, wie die Zelle ein Basentriplett abzulesen vermag und dann die entsprechende Aminosäure in eine wachsende Polypeptidkette einbaut. Dazu werden Adaptermoleküle benötigt, die ein Triplett ablesen können und die zugehörige Aminosäure tragen.

Ebenso wie die komplementäre Basenpaarung die Grundlage für eine akkurate DNA-Replikation und die RNA-Transkription ist, wird die hohe Spezifität dieser Interaktionen auch für die Ablesung des genetischen Codes ausgenutzt. Dazu dienen kleine, 75–80 Nukleotide lange RNA-Moleküle, die transfer RNAs oder tRNAs genannt werden. Den Aufbau einer tRNA zeigt die Abbildung 3.31.

Der sogenannte Anticodonarm der tRNA liest die mRNA ab und paart sich mit dem zugehörigen mRNA-Codon. Der Aminoacylarm der tRNA trägt in kovalenter Bindung die zum Codon/Anticodon gehörige Aminosäure. Zellen verfügen über mehr als 21 verschiedene tRNAs, weil es für viele Aminosäuren mehr als ein kodierendes Basentriplett gibt. Andererseits muß nicht für jedes der 61 bzw. 62 amino-

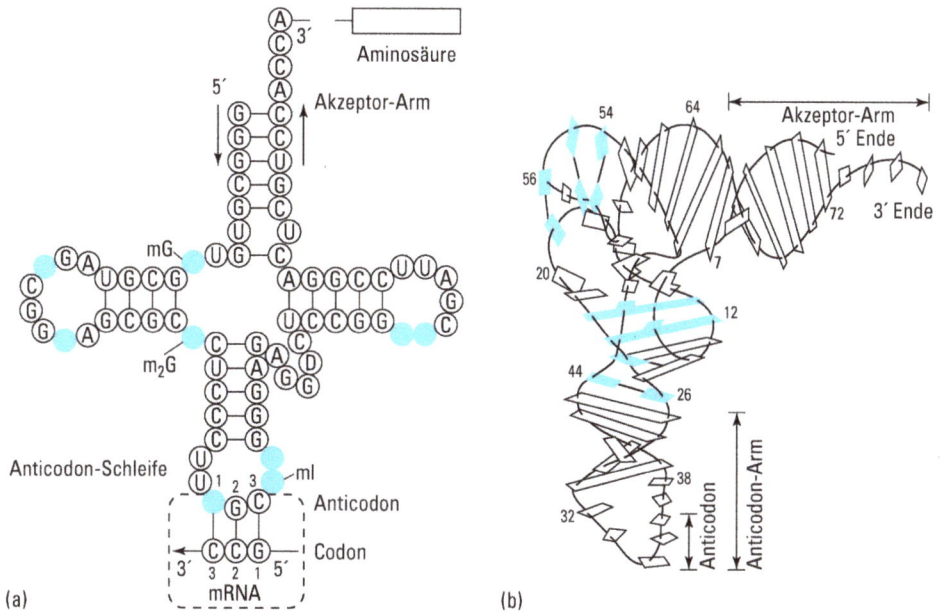

Abb. 3.31 Stuktur einer tRNA. Die linke Abb. (a) zeigt die typische kleeblattähnliche Sekundärstruktur von tRNAs. Die Aminosäurebeladung durch tRNA Synthetasen erfolgt am 3′ Ende des sogenannten Akzeptorarms. Am gegenüberliegenden Ende (unten) befindet sich die Anticodonsequenz, die das entsprechende Codon der mRNA mittels Basenpaarung erkennt. Die rechte Abb. (b) stellt die korrespondierende L-förmige Tertiärstruktur derselben tRNA dar.

säurekodierenden Tripletts eine eigene tRNA existieren, weil für die Hybridisierung von Codon und Anticodon eine gewisse Variabilität bezüglich des dritten Nukleotids bestehen darf (dies ist ein Grund für den wobble). Für jede tRNA gibt es ein zugehöriges Enzym, das die tRNA mit der korrekten Aminosäure belädt.

3.4.2.3 Rolle der Ribosomen bei der Translation

Ribosomen organisieren und katalysieren die Translation von mRNAs in Proteine. Eukaryonte Ribosomen bestehen aus vier verschiedenen ribosomalen RNA-Molekülen (rRNAs) und über 50 ribosomalen Proteinen. Sie sind somit, ähnlich wie die Spleißosomen, auch Ribonukleoprotein-Partikel (RNPs). Die Ribosomen bieten das mechanische und katalytische Gerüst, in dem die Ablesung der mRNA und die Synthese des zugehörigen Polypeptids durch Schaffung von Peptidbindungen vollzogen wird. Das eukaryonte Ribosom besteht aus zwei Untereinheiten, der 40S und der 60S Untereinheit (die Einheit „S" = Svedberg leitet sich aus dem Sedimentationsverhalten bei Gradientenzentrifugationen ab), die sich bei der Translation zum vollständigen 80S Ribosom verbinden (siehe Abb. 3.32). Meistens wird eine mRNA gleichzeitig von mehreren Ribosomen translatiert; man spricht dann von Polysomen.

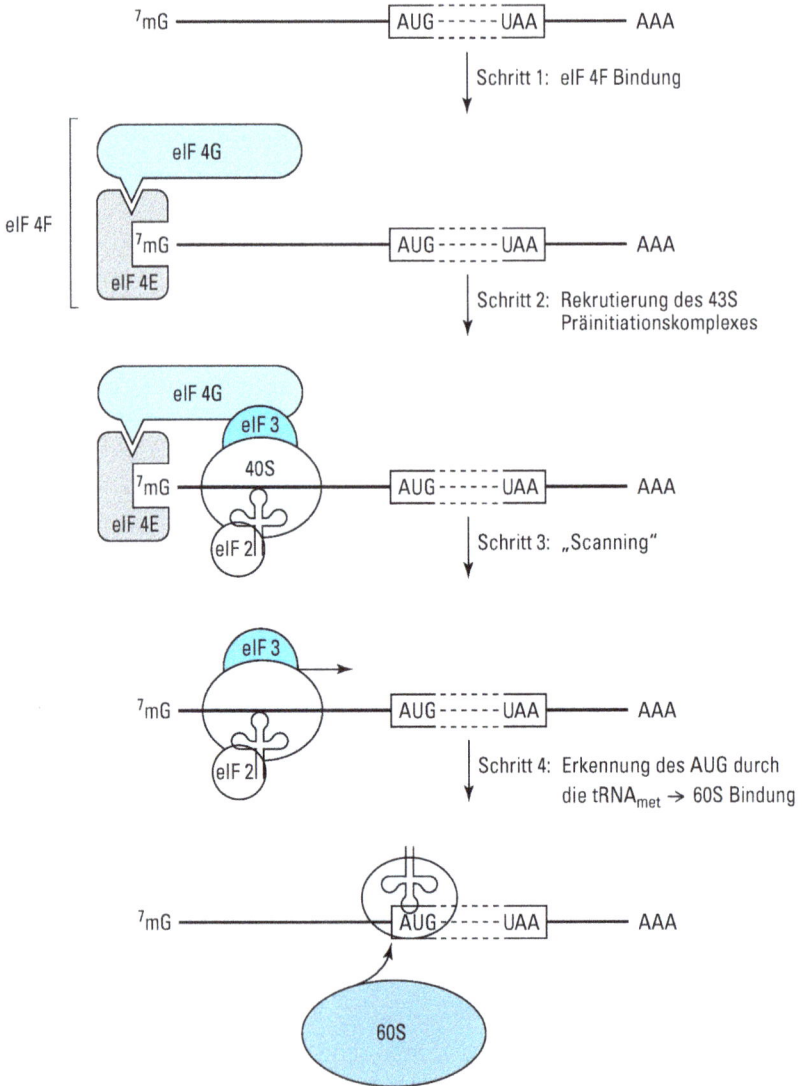

Abb. 3.32 Eukaryonte Translationsinitiation. Eine mRNA mit der typischen Cap-Struktur (^{7}mG), dem proteinkodierenden offenen Leseraster (AUG...UAA) und dem Poly(A) Schwanz ist abgebildet. Im ersten Schritt der Translationsinitiation bindet ein Komplex (eIF4F), der aus eIF4E, eIF4A und eIF4G besteht, an die Cap-Struktur. Diesem Schritt folgt die Rekrutierung der kleinen ribosomalen Untereinheit (40S) in Form des 43S Präinitiationskomplexes, der zusätzlich die Initiationsfaktoren eIF2 und eIF3 sowie die Initiator tRNA$_{Met}$ trägt. Dieser Komplex bewegt sich in 3'-Richtung („scanning"), um mittels Codon/Anticodon Interaktion das AUG Initiationskodon zu identifizieren. Nach erfolgter Erkennung bindet sich nach Freisetzung von eIF2 und eIF3 im 4. Schritt die große ribosomale Untereinheit (60S), was zur Vervollständigung des zur Proteinsynthese fähigen 80S Ribosoms führt.

Der Komplexität der Translation trägt auch die Anzahl beteiligter Moleküle Rechnung: Neben der zu translatierenden mRNA werden tRNA-Moleküle und rRNA (als Bestandteil der Ribosomen) sowie eine Vielzahl ribosomaler Proteine und Translationsinitiations- bzw. -elongationsfaktoren benötigt. Prinzipiell läßt sich die Translation wie auch die Transkription in drei Phasen unterteilen: Initiation-Elongation-Termination. Jede dieser Phasen benötigt gesonderte (Protein-)Faktoren und ATP bzw. GTP als Energieträger.

3.4.2.4 Translationsinitiation

Unter diesem Begriff faßt man die Vorgänge zusammen, die durchlaufen werden, bevor die eigentliche Proteinsynthese am Initiationscodon AUG beginnt. Der Prozess der Translationsinitiation läuft bei allen eukaryonten Zellen von Hefen bis zum Menschen nach dem gleichen Schema und unter Beteiligung vergleichbarer Komponenten ab; Bakterien verfügen dagegen über einen anderen Translationsinitiationsmechanismus.

Abbildung 3.32 zeigt die einzelnen Schritte der Translationsinitiation. Zuerst bindet der Initiationsfaktor 4F (eIF4F) an die Cap-Struktur der mRNA (Schritt 1). eIF4F rekrutiert anschließend zuerst die kleine ribosomale Untereinheit in Form des 43S Präinitiationskomplexes (bestehend neben der 40S ribosomalen Untereinheit aus der Methionyl-tRNA, eIF2 und eIF3) zur mRNA (Schritt 2). Danach bewegt sich der 43S Komplex in 3'-Richtung an der mRNA entlang, bis er auf das erste AUG Codon trifft. Dieser Prozess wird auch als „scanning" bezeichnet (Schritt 3). Die Translation startet fast immer an einem AUG Codon, in 95 % aller Fälle an dem am weitesten 5' gelegenen. Neusynthetisierte Polypeptide tragen deshalb an ihrem Kopfende („Aminoterminus") die Aminosäure Methionin, die von dem Triplett AUG kodiert wird. Die Interaktion des Anticodons der Methionyl-tRNA mit dem Initiationscodon AUG löst die Bindung der großen 60S ribosomalen Untereinheit aus (Schritt 4). Dadurch komplettiert sich das vollständige 80S Ribosom.

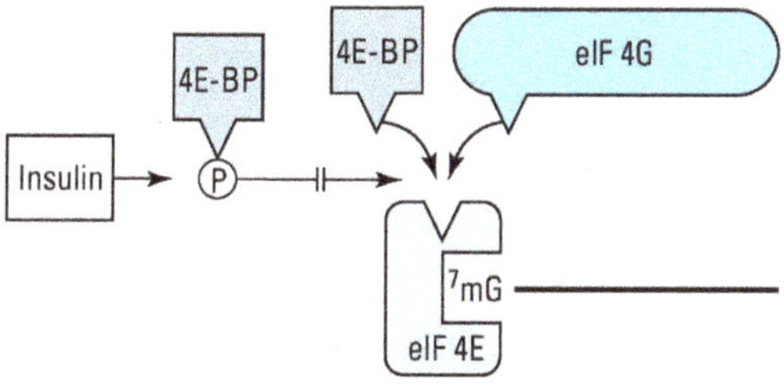

Abb. 3.33 Insulin-vermittelte Regulation der Proteinsynthese. Wie in Abb. 3.32 gezeigt, ist ein Komplex aus eIF4E und eIF4G für den ersten Schritt der Translationsinitiation erforderlich. Ein kleines, 4E-BP (4E-binding protein) genanntes Protein kann sich aber kompetitiv an dieselbe Stelle von eIF4E anlagern, an die auch eIF4G anbindet. Dadurch wird die Translation blockiert. Insulin stimuliert einen Signalübertragungsweg, durch den 4E-BP phosphoryliert wird. Diese Form kann eIF4E nicht mehr kompetitiv blockieren, und die Proteinsynthese wird stimuliert.

niedriger Eisenspiegel ⟶ IRP Bindung

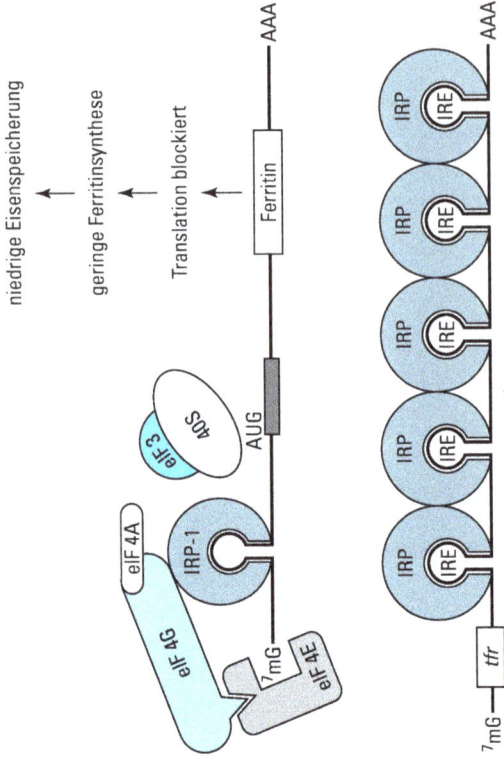

niedrige Eisenspeicherung ⟵ geringe Ferritinsynthese ⟵ Translation blockiert ⟵ Ferritin — AAA

eIF-3 / 40S / AUG / eIF 4A / IRP-1 / eIF 4G / 7mG / eIF 4E

tfr mRNA stabil ⟶ hohe TFR Synthese ⟶ hohe Eisenaufnahme

RNase blockiert

IRP / IRE — AAA

7mG — tfr

hoher Eisenspiegel ⟶ keine IRP Bindung

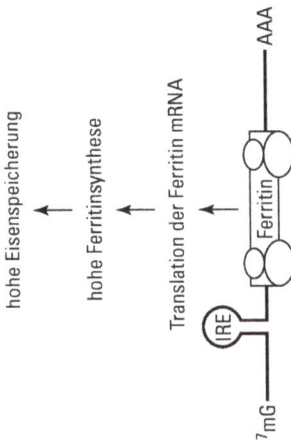

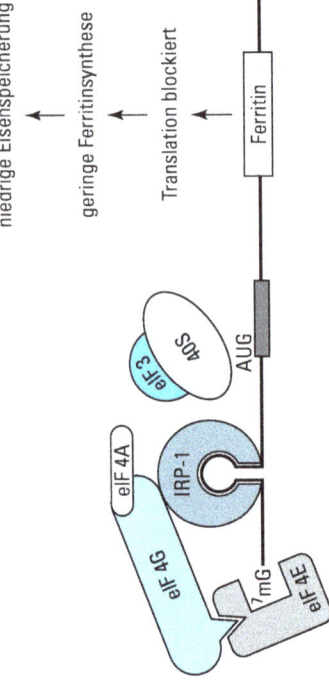

hohe Eisenspeicherung ⟵ hohe Ferritinsynthese ⟵ Translation der Ferritin mRNA ⟵ Ferritin — AAA

7mG — IRE

Regulation der Translation

tfr mRNA Abbau ⟶ wenig TFR Protein ⟶ geringe Eisenaufnahme

RNase

IRE IRE IRE IRE IRE IRE — AAA

7mG — tfr

Regulation der mRNA Stabilität

Nur ein Teil aller cytoplasmatischen mRNAs werden zu jedem gegebenen Zeitpunkt translatiert. Der mehrstufige Prozeß der Translationsinitiation kann von physiologischen oder pathologischen Faktoren beeinflußt werden. So ist z. B. schon seit langem bekannt, daß das Hormon Insulin die Proteinsynthese von Zielzellen steigern kann. Erst kürzlich wurde jedoch eine Erklärung dafür gefunden (Abb. 3.33). Der eIF4F-Komplex setzt sich aus dem Cap-bindenden Protein eIF4E und seinem Interaktionspartner eIF4G zusammen. Das relativ kleine 4E-bindende Protein (4E-BP) kann diese Interaktion verhindern, indem es sich genau an die Stelle von eIF4E anlagert, an die normalerweise eIF4G bindet. 4E-BP ist also ein Translationsinhibitor. Insulin setzt eine Signaltransduktionskaskade in Gang, die zur Phosphorylierung von 4E-BP führt. Da phosphoryliertes 4E-BP nicht mehr störend an eIF4E binden kann, steigt die Translationsrate Insulin-sensitiver Zellen.

Ein weiteres Beispiel für die physiologische Bedeutung einer kontrollierten Translationsinitiation stellt die Regulation der Länge des Poly(A)-Schwanzes verschiedener mRNAs während der Fertilisation und frühen Embryogenese vieler Organismen einschließlich Säugern dar. Der Poly(A)-Schwanz steigert auf noch nicht exakt geklärte Weise die Anbindung der kleinen ribosomalen Untereinheit an eine mRNA. Es besteht eine positive Korrelation zwischen diesem Stimulationseffekt und der Länge des Poly(A)-Schwanzes. Durch gezielte Verlängerung bzw. Verkürzung des Poly(A)-Schwanzes (d. h. durch regulierte cytoplasmatische Polyadenylierung) können somit die Translationsraten verschiedener mRNAs gesteuert werden.

Ein gut verstandenes Beispiel für die translationale Regulation einzelner mRNAs stellt die Biosynthese des intrazellulären Eisenspeicherproteins Ferritin dar. Überschüssiges intrazelluläres Eisen wird durch das Ferritin gebunden und so entgiftet. Bei hohem Eisenangebot muß Ferritin daher vermehrt und bei geringem Angebot vermindert gebildet werden. Dazu verfügen die Ferritin mRNAs in ihrer 5' nichttranslatierten Region über ein iron-responsive element (IRE), das bei niedrigen zellulären Eisenkonzentrationen von dem iron regulatory protein (IRP) gebunden wird. Diese Anbindung blockiert die Translationsinitiation der Ferritin mRNAs, indem sie die Rekrutierung des 43S Präinitiationskomplexes durch eIF4F verhindert. Bei steigendem Eisenspiegel löst sich IRP von den mRNAs und erlaubt so die Translation des unter diesen Umständen benötigten Eisenspeicherproteins. Abbildung 3.34 zeigt

◄ *Abb. 3.34*   Posttranskriptionelle Kontrolle des Eisenstoffwechsels. Sowohl die Expression des Eisenspeicherproteins Ferritin, als auch des für die Eisenaufnahme verantwortlichen Transferrinrezeptors wird durch das sogenannte IRE/IRP System gesteuert. Die Ferritin mRNA weist an ihrem 5'-Ende ein Steuerelement (IRE = iron-responsive element) auf, das bei niedrigen zellulären Eisenspiegeln von IRP-1 oder IRP-2 (IRP = iron regulatory protein) gebunden wird. Der IRE/IRP Komplex am 5'-Ende blockiert die Translationsinitiation, weil der eIF4F Komplex nicht mehr den 43S Präinitiationskomplex rekrutieren kann (siehe Abb. 3.32). Folglich ist in eisendefizienten Zellen die Synthese des Eisenspeicherproteins Ferritin blockiert. Die Transferrinrezeptor (TFR) mRNA trägt fünf IREs an ihrem 3'-Ende. Zwischen diesen IREs befindet sich eine Schnittstelle für eine Endonuklease (Pfeil). In eisenbeladenen Zellen ist IRP nicht gebunden, die TFR mRNA wird eingeschnitten und abgebaut. IRP Bindung in eisendefizienten Zellen schützt die RNA vor diesem Einschnitt und stabilisiert sie somit. Die erhöhten TFR mRNA Spiegel erlauben eine erhöhte Synthese dieses Rezeptors, der dann über vermehrte Eisenaufnahme der Defizienz entgegensteuert.

die Funktion der IRE/IRP-vermittelten Ferritinregulation bei hohem und niedrigem Eisenangebot, sowie den zu Grunde liegenden Mechanismus. Als Charakteristikum der translationalen Regulation variiert die Proteinsynthese trotz unverändertem mRNA Angebots.

Auch Viren nutzen die Komplexität der Translationsinitiation, um die zelluläre Proteinsynthese zu ihrem Vorteil zu beeinflussen. Das Poliovirus inaktiviert die Funktion des eIF4F indem es eIF4G durch eine virale Protease spaltet. Die meisten zellulären mRNAs benötigen die Beteiligung dieses Faktors an der Initiation und können deshalb nicht mehr translatiert werden. Poliovirus mRNA kann hingegen seine Translation unabhängig von eIF4F initiieren und beherrscht folglich die zelluläre Translationskapazität.

3.4.2.5 Translationselongation und -termination

Sobald das 80S Ribosom am Initiationscodon bereitsteht, kann die Proteinsynthese beginnen. Von hier aus wird die mRNA triplettweise dekodiert, bis das Ribosom auf eines der drei Stopcodons trifft. Die proteinkodierende Region einer mRNA zwischen Initiations- und Stopcodon bezeichnet man auch als „offenes Leseraster". Während sich im offenen Leseraster keine Stopcodons befinden, weist die mRNA Sequenz in dem um ein bzw. zwei Nukleotide verschobenen Raster meist mehrere Stopcodons auf (siehe Abb. 3.35).

```
offenes Leseraster      5´... AUG   AUAACGAGGGCUA GCG... 3´
                             Met    I le Thr Ar gA laS e r....

+1 frameshift            +1  Stop

+2 frameshift            +1 +2 AspAsnGl uGl yStop
```

Abb. 3.35 „Frameshift" Mutationen führen oft zum Abbruch der Proteinsynthese. Oben ist ein offenes Leseraster dargestellt. Durch eine +1 Verschiebung des Leserasters (Einfügung von 1,4,7... Nukleotiden oder Deletion von 2,5,8... Nukleotiden) kodieren das 2. bis 5. Nukleotid (UGA) ein Stop-Codon. Ebenso führt eine +2 Verschiebung (Einfügung von 2,5,8... Nukleotiden oder Deletion von 1,4,7... Nukleotiden) nach kurzer Zeit zum Syntheseabbruch durch das Stopcodon UAG. Nicht abgebildet: Lediglich die Einfügung oder Deletion von 3,6,9... Nukleotiden verschiebt das Leseraster nicht, und es wird ein vergrößertes bzw. verkleinertes Protein synthetisiert.

Die Translationselongation (gleichbedeutend mit Proteinsynthese) vollzieht sich in wiederholten Zyklen, die aus jeweils drei Einzelschritten bestehen (siehe Abb. 3.36).

Zuerst bindet sich die zum zweiten Codon gehörige Aminoacyl-tRNA an der Eingangsstelle (A-Stelle) des Ribosoms mit ihrem Anticodon an die mRNA (Schritt 1). An diesem Schritt ist der Elongationsfaktor 1 (eEF1) beteiligt. Dann kommt es unter dem katalytischen Einfluß der 60S Untereinheit des Ribosoms zur Peptidbindung zwischen dem Initiator-Methionin und der zweiten Aminosäure (Schritt 2). Das entstandene Dipeptid befindet sich noch an der A-Stelle des Ribosoms. Schließ-

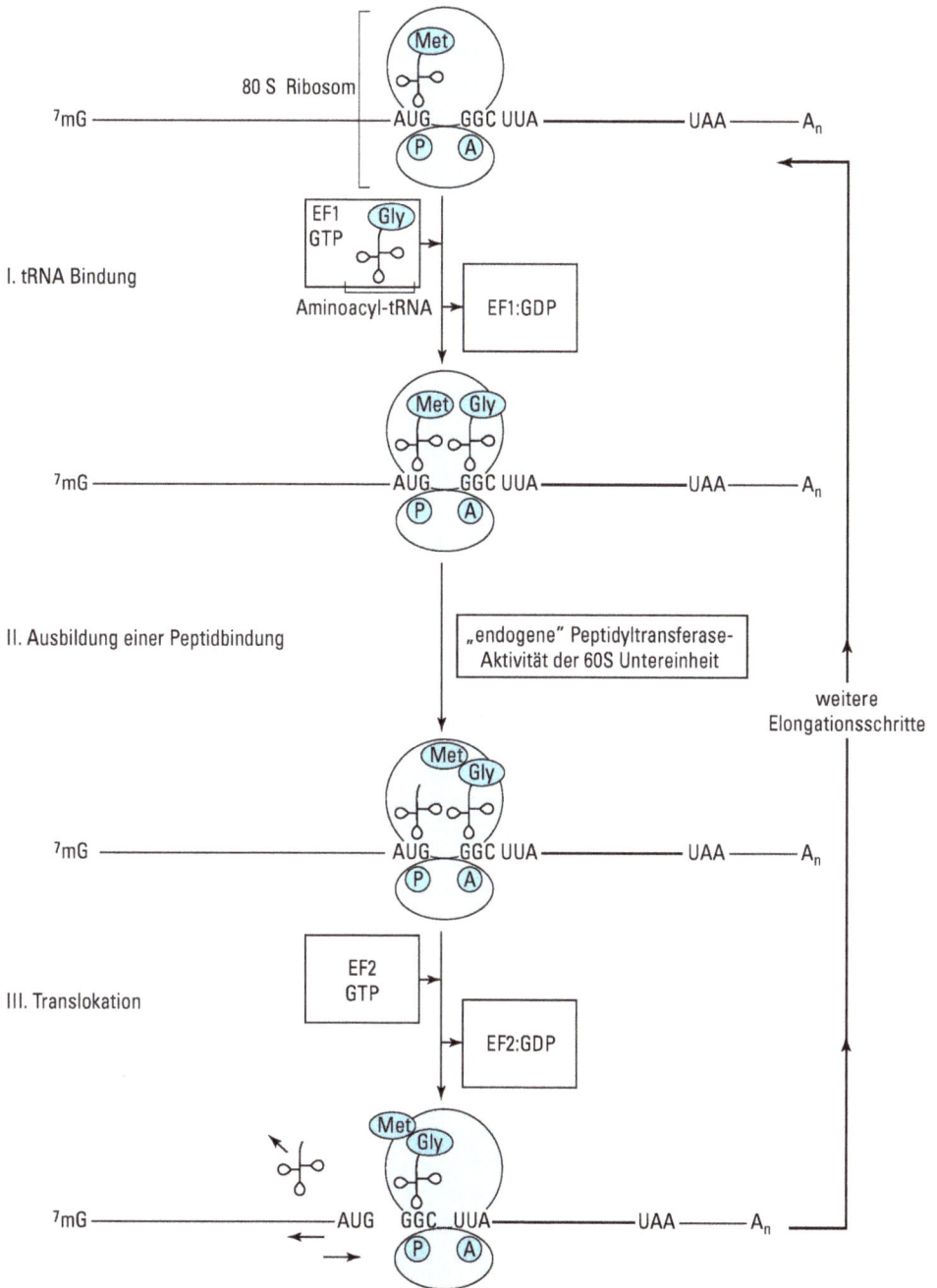

Abb. 3.36 Schema der Translationselongation.

lich wird dieses Dipeptid zusammen mit der mRNA in die Peptid (P)-Stelle transloziert (Schritt 3), um die A-Stelle für die nächste Aminoacyl-tRNA zu räumen.
Dieser dritte Schritt benötigt eEF2. Die Bindung der dritten Aminoacyl-tRNA entspricht dem Schritt 1 des nächsten Elongationszyklus. Sobald ein Stopcodon in die
A-Stelle rückt, bindet sich der sogenannte release factor Komplex RF1/RF3. Diese
Bindung führt dazu, daß das fertige Polypeptid von der letzten tRNA gelöst wird
und das 80S Ribosom wieder in seine 40S und 60S Untereinheiten zerfällt (Termination).

Die korrekte Entschlüsselung jedes Codons und die Einhaltung des richtigen Leserasters sind für die Synthese eines funktionstüchtigen Proteins von offensichtlicher
Bedeutung. Das Ribosom ist deshalb so konzipiert, daß es nicht nur die Schaffung
von Peptidbindungen ermöglicht, sondern auch gleichzeitig zwei Präzisionskontrollen durchführt. Die erste Kontrolle stellt sicher, daß nur tRNAs mit dem korrekten
Anticodon auf der A-Stelle Platz nehmen. Die zweite Kontrolle ist dafür verantwortlich, daß beim Translokationsschritt (Schritt 3) die mRNA um exakt drei Nukleotide vorgerückt wird. Beide Präzisionskontrollen werden durch die beiden Elongationsfaktoren vermittelt. Diese Präzisionskontrollen führen dazu, daß bei der
Translation Energie in Form von zwei Molekülen GTP pro Peptidbindung ver-
braucht wird, obwohl die Ausbildung einer Peptidbindung an sich ein exergonischer
Prozeß ist.

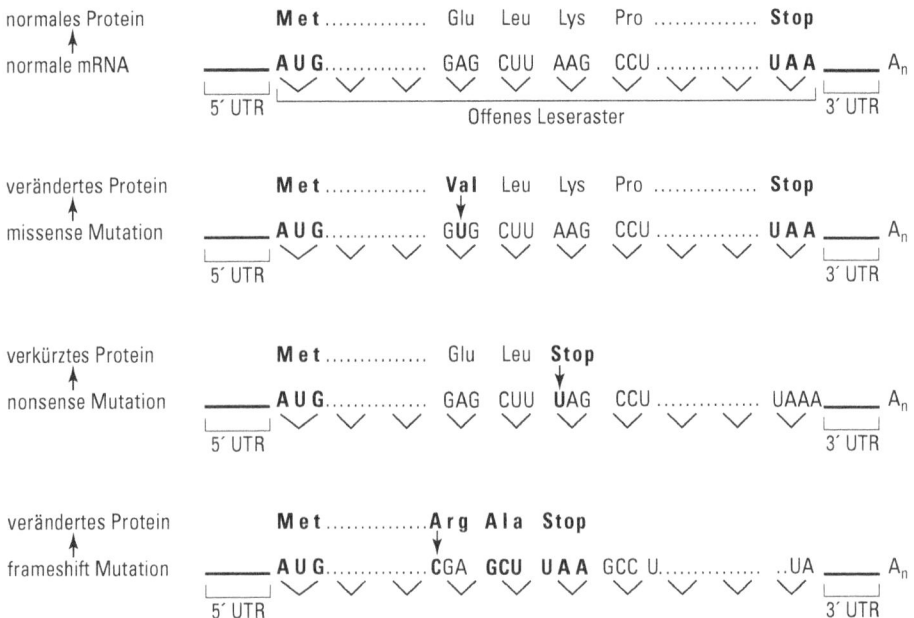

Abb. 3.37 Effekte von Punktmutationen im offenen Leseraster einer mRNA. Eine fiktive
normale mRNA Sequenz wurde gewählt, um die Effekte von missense, nonsense und frameshift Mutationen zu verdeutlichen. Der Pfeil weist auf das punktmutierte Nukleotid hin,
die v-förmige Klammer kennzeichnet das Triplettmuster des jeweiligen Transkriptes.

Die geringe Irrtumsrate der Translation vermag eine korrekte Proteinsynthese nicht sicherzustellen, wenn die mRNA selbst verändert ist. Prinzipiell unterscheidet man zwischen drei verschiedenen mRNA Mutationstypen, von denen jeder bei einer Vielzahl von Erkrankungen des Menschen gefunden werden (siehe Abb. 3.37).

Eine Punktmutation verändert das Codon für eine bestimmte Aminosäure in ein anderes. Folglich wird an dieser Stelle eine falsche Aminosäure ins wachsende Protein eingebaut. Man spricht hier von einer „missense mutation". Eine missense Mutation liegt beispielsweise der Sichelzellerkrankung zu Grunde, bei der ein Valin (GUG) anstatt einer Glutaminsäure (GAG) als sechste Aminosäure in die β-Globinkette eingebaut wird und deshalb ein pathologisch verändertes Hämoglobin synthetisiert wird.

Den zweiten Mutationstyp nennt man „nonsense mutation". Hier wandelt eine Punktmutation ein Aminosäure-kodierendes Triplett in ein Stopcodon um. Die Folge ist ein pathologisch verkürztes Protein, das selbst instabil sein kann. Ein Beispiel hierfür bieten einige Formen der β-Thalassämie (siehe auch Kap. 5.1.1), bei denen verschiedene der insgesamt 146 Codons in ein Stopcodon (UAG) mutiert sein können.

Der dritte Mutationstyp, „frameshift mutation" genannt, verschiebt das Leseraster durch Einfügung oder Deletion von Nukleotiden (siehe Abb. 3.35). Das verschobene Leseraster führt zum Einbau falscher Aminosäuren, bis das Ribosom auf ein Stopcodon in diesem falschen Leseraster trifft. Die Folge ist ein meist verkürztes (selten jedoch auch verlängertes) Protein mit einem falschen Schwanzende (Carboxyterminus). Solche Frameshift Mutationen wurden zum Beispiel als Ursache mehrerer Formen der Muskeldystrophie Duchenne sowie bei vielen anderen Erkrankungen nachgewiesen.

3.4.2.6 Antibiotika nutzen Unterschiede zwischen eukaryonter und prokaryonter Translation

Obwohl das Grundschema der Translation bei eukaryonten und prokaryonten Zellen sehr ähnlich ist, gibt es eine Reihe von Unterschieden in hier nicht beschriebenen Details der Initiation, der ribosomalen Architektur und der beteiligten Translationsfaktoren. Diese Detailunterschiede macht sich die Antibiotika-Therapie zu Nutze. So blockiert Streptomycin bei Bakterien den Übergang zwischen Translationsinitiation und -elongation. Tetracycline blockieren die A-Stelle des bakteriellen Ribosoms und damit Schritt 1 der Elongation. Chloramphenicol interferiert mit der Ausbildung der Peptidbindung. Erythromycin blockiert die Translokation von der A-Stelle zur P-Stelle (Schritt 3). Man hofft, daß die genaue Charakterisierung des eukaryonten und des prokaryonten Translationsvorgangs auch in Zukunft die Entwicklung weiterer hochwirksamer Antibiotika ermöglichen wird.

3.4.3 Abbau und Stabilität von mRNA

Sobald eine mRNA das Cytoplasma erreicht hat, kann sie als Matrize zur Translation dienen. Andererseits kann sie auch durch Ribonukleasen abgebaut werden. Dieser Abbauvorgang ist physiologisch von ebenso großer Bedeutung wie die Transkription

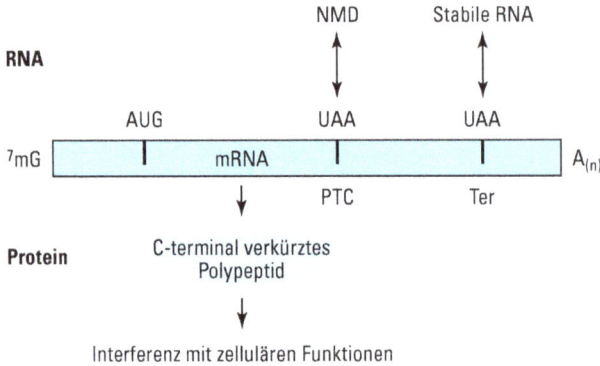

Abb. 3.38 „Nonsense-mediated decay" als zellulärer Schutzmechanismus. Nonsense bzw. frameshift Mutationen führen zu verfrühten Stop-Codons (premature termination codon, PTC). Wäre diese mRNA stabil, würde ein C-terminal verkürztes Protein gebildet, welches zelluläre Funktionen erheblich stören könnte. Durch „nonsense-mediated decay" (NMD) kommt es zum Abbau dieser mutanten RNAs.

von mRNA. Nur durch den Abbau von mRNAs ist es möglich, die cytoplasmatischen Spiegel bestimmter mRNAs durch verminderte Neusynthese zu senken und einem verminderten Bedarf anzupassen. Ferner können mittels mRNA Abbau auch mutierte mRNAs degradiert werden, bevor sie als stabile Matrizen für die Synthese pathologisch veränderter Proteine dienen. Diese Aufgabe erfüllt der durch nonsense Mutationen vermittelte Abbau (nonsense mediated decay, NMD), der mRNAs abbaut bei denen nonsense oder frameshift Mutationen von mRNAs zur Synthese C-terminal verkürzter Polypeptide führen würden (Abb. 3.38).

Die Mechanismen mittels derer die Zelle zwischen mutierten und nicht mutierten mRNAs unterscheidet sind noch nicht genau definiert. NMD dürfte bei vielen, vor allem genetischen Erkrankungen von großer Bedeutung sein. Das wird zum Beispiel an verschiedenen Nonsense Mutationen des β-Globingens deutlich: Wenn die mutierten mRNAs dem NMD unterliegen, folgen die Mutationen einem rezessiven Vererbungsmuster einer β-Thalassämie, während andere Nonsense Mutationen des β-Globingens, deren mRNAs dem NMD entgehen, schon bei Patienten mit heterozygotem Genotyp zu klinisch signifikanten Ausprägungen der Erkrankung führen.

Ein Vergleich der Halbwertszeiten verschiedener mRNAs zeigt, daß große Unterschiede in ihrer Stabilität bestehen können (Tabelle 3.5).

Tab. 3.5 Stabilität verschiedener mRNAs

Regulatorprotein – codierende mRNAs [z. B. MYC, FOS, GM-CSF]	15 min – 180 min
Haushaltungsprotein – codierende mRNAs [z. B. GAPDH, Ferritin, Actin]	2 h – >10 h
Sehr stabile mRNAs [z. B. α-Globin, β-Globin]	>24 h

Die kürzesten mRNA Halbwertszeiten in menschlichen Zellen betragen ca. 15 Minuten, während langlebige mRNAs Halbwertszeiten von mehr als 10–50 Stunden aufweisen können. Dabei fällt auf, daß die mRNAs einiger Onkogene und Wachstumsfaktoren besonders kurzlebig sind, und sogenannte „housekeeping genes" (hauptsächlich Gene für ubiquitär exprimierte Stoffwechselenzyme) lange mRNA Halbwertszeiten haben. Zieht man die physiologischen Funktionen von housekeeping genes und Wachstumsfaktoren in Betracht, ist es sehr sinnvoll, die Produktion von Wachstumsfaktoren einer raschen Regulation zugänglich zu machen; der ständige Bedarf an den Produkten der „housekeeping genes" profitiert dagegen im Sinne zellulärer Ökonomie von langlebigen mRNA Transkripten.

Durch welche Merkmale unterscheiden sich langlebige von kurzlebigen mRNAs? Das Sequenzmotiv AUUUA findet sich mehrfach wiederholt in der 3′ nicht-translatierten Region der mRNAs einiger Onkogene und zellulärer Wachstumsfaktoren. Diese AUUUA-reichen Sequenzen vermitteln die physiologisch kurze Halbwertszeit dieser Transkripte, wenngleich der Weg auf dem diese Sequenzmotive die mRNAs vermehrtem Abbau zuführen noch unbekannt ist. Obwohl die Halbwertszeiten unterschiedlicher mRNAs stark variieren, scheint eine gegebene mRNA gewöhnlich eine relativ konstante Halbwertszeit zu besitzen. Es gibt aber auch Beispiele, bei denen die Halbwertszeit bestimmter mRNAs in Abhängigkeit von einem biologischen Signal reguliert wird.

Ein solches Beispiel ist die Transferrinrezeptor (TFR) mRNA. Der TFR ist für die Aufnahme Transferrin-gebundenen Eisens in die Zelle verantwortlich. Wie bereits beschrieben, erfolgt die feine Abstimmung der intrazellulären Eisenhomöostase einerseits durch das Binden überschüssigen intrazellulären Eisens an Ferritin. Andererseits wird die Eisenaufnahme über die Regulation der Zahl von Transferrinrezeptoren auf der Zellmembran kontrolliert. Im 3′ nicht-translatierten Ende der *tfr* mRNA befinden sich, ebenso wie am 5′-Ende der Ferritin mRNAs, iron-responsive elements (IRE), die von IRP gebunden werden können und damit die *tfr* mRNA stabilisieren. Die IRP Bindung an die IREs der *tfr* mRNA ist abhängig vom zellulären Eisenspiegel und ist bei Eisenmangel erhöht (Abb. 3.34). Umgekehrt führt hohes zelluläres Eisenangebot zu verminderter Affinität des IRP für die IREs und damit zu rascherem Abbau der ungeschützten Transferrinrezeptor mRNA. Diese Regulation ist im Sinne der Eisenhomöostase sinnvoll, da von der Sollkonzentration abweichende Eisenspiegel zu gegenläufigen Veränderungen der Eisenaufnahme führen.

Wie dieses Kapitel gezeigt hat, ist der Weg vom Gen zum Protein lang und erfordert eine zeitlich und örtlich wohlabgestimmte Interaktion vieler zellulärer Komponenten. Die Länge dieses Weges bietet der Zelle einerseits Ansatzpunkte für viele Regulationsschritte; andererseits existieren ebensoviele Möglichkeiten für pathologische Störungen. Die zunehmende Kenntnis molekularer Einzelheiten der Genexpression und molekularer Ursachen von Erkrankungen ist der Ausgangspunkt für die Entwicklung neuer rationaler und kausaler Diagnose- und Therapie-Strategien.

3.5 Genrekombination als Grundlage einer spezifischen Immunantwort

Bisher haben wir Genloci als strukturell fixierte DNA-Abschnitte beschrieben, deren Informationen den Bedürfnissen einer Zelle entsprechend abgerufen werden können. Das Immunsystem steht vor der besonderen Aufgabe, auf eine nahezu unbegrenzte Zahl fremder Moleküle (Antigene) ganz spezifisch zu reagieren. Hierzu ist die Synthese einer Vielzahl qualitativ unterschiedlicher Genprodukte (Antikörper) nötig. Das Immunsystem wird dieser spezifischen Anforderung durch eine beim Menschen einmalige somatische Rekombination der genetischen Information selbst in den Lymphocyten gerecht. Dabei werden zunächst unterschiedliche Versatzstücke des betreffenden Genlocus zu einer individuellen Information zusammengesetzt. Erst diese neu rekombinierten DNA-Sequenzen werden dann transkribiert und entsprechend den oben beschriebenen Prinzipien in ein Protein übersetzt.

Man unterscheidet B-Zellen, die als ausdifferenzierte Plasmazellen Immunglobuline ins Blut sezernieren (humorale Abwehr) von T-Lymphocyten, die membranständige Rezeptoren exprimieren und durch Interaktion mit Molekülen des MHC-Komplexes (major histocompatibility complex) die zelluläre Abwehr vermitteln. Immunglobuline (Ig) setzen sich ebenso wie T-Zell-Rezeptoren (TCR) aus zwei verschiedenen Kettentypen zusammen; bei den Immunglobulinen werden schwere (heavy, H) Ketten mit leichten (light, L) Ketten des κ oder λ Typs kombiniert, während T-Zell-Rezeptoren entweder aus α- und β-Ketten oder aus γ- und δ-Ketten bestehen. Prinzipiell gleicht sich der strukturelle Aufbau von Ig- und TCR-Mole-

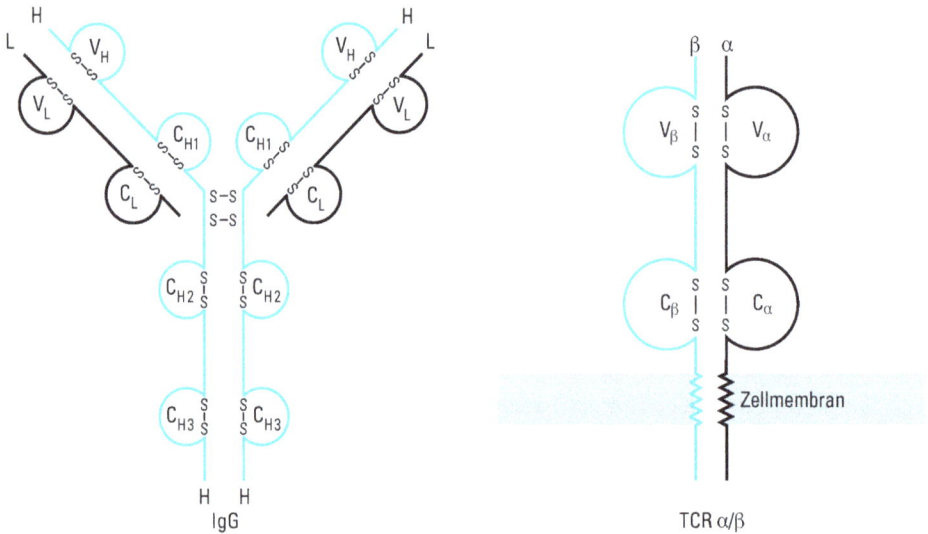

Abb. 3.39 Prinzipielle Struktur von Immunglobulinen und T-Zell-Rezeptoren. Beispielsweise bestehen IgG-Moleküle aus zwei leichten (L) und zwei schweren (H) Ketten, während T-Zell-Rezeptoren vom TCRα/β-Typ aus einer α- und einer β-Kette zusammengesetzt sind. Funktionell relevante Domänen (Kettenschlaufen) der konstanten (C) bzw. variablen (V) Kettenregionen sind über Disulfidbrücken verbunden.

külen (Abb. 3.39): Der für die Effektorfunktion verantwortliche konstante (C) Abschnitt wird aminoterminal durch den variablen (V) Bereich ergänzt, welcher der Erkennung von Fremdmolekülen dient und die Spezifität der jeweiligen Ig- oder TCR-Kette ausmacht.

Die Gene der verschiedenen Ig- und TCR-Ketten sind auf 4 Chromosomen verteilt und erstrecken sich jeweils über eine Distanz von 200 bis 3000 Kb (Abb. 3.40). Die Besonderheit dieser Genloci besteht darin, daß die variablen Kettenanteile durch zahlreiche Gensegmente repräsentiert werden, die zunächst durch eine DNA-Rekombination zu funktionstüchtigen Einheiten verknüpft werden müssen.

Dieses Prinzip des somatischen Rearrangements von DNA-Sequenzen ermöglicht dem Immunsystem, auf eine nahezu unbegrenzte Zahl von körperfremden Molekülen spezifisch zu reagieren. Drei Typen von DNA-Segmenten spielen bei der somatischen Rekombination variabler Kettensequenzen eine Rolle: V-Elemente (variability) kodieren die aminoterminalen Abschnitte, J-Elemente dienen als Bindeglieder (to join, verbinden) zu den konstanten Kettenteilen, und schließlich erhöhen kurze, zwischen V- und J-Sequenzen gelegene D-Elemente noch die Vielfalt (diversity) der variablen Region. Die Zahl der V-, D- und J-Segmente sowie ihre Anordnung innerhalb eines Genlocus variieren erheblich zwischen den einzelnen Ig- und TCR-Ketten. D-Elemente sind nur im IgH, TCRβ und TCRδ Genlocus enthalten und somit jeweils in einer Kette von Immunglobulinen oder T-Zell-Rezeptoren. Der 685 Kb große TCRβ-Locus wurde bereits komplett durchsequenziert. Dabei fanden sich 46 funktionell relevante V-Elemente (neben 19 Vβ Pseudogensegmenten), 2 D- und 13 J-Segmente, so daß sich allein aus dem Keimbahnrepertoire der variablen Genabschnitte $46 \times 2 \times 13 = 1196$ Rekombinationsmöglichkeiten ableiten. In der IgH Region mit etwa 100 V-, 30 D- und 9 J-Elementen liegt dieses Rekombinationspotential sogar noch zwanzigmal höher. Allerdings gilt die Einschränkung, daß nicht alle Genabschnitte der variablen Regionen gleichberechtigt für Rearrangements herangezogen werden.

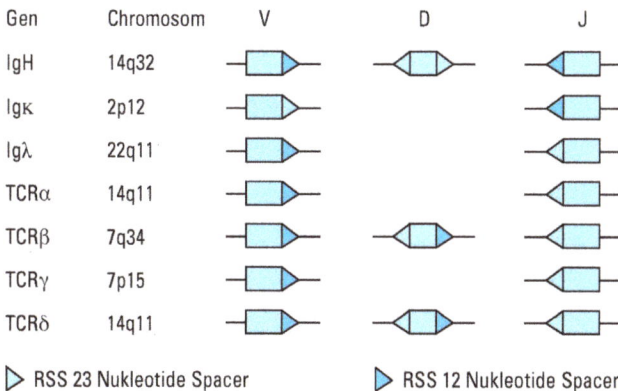

Abb. 3.40 Chromosomale Lokalisation der Ig und TCR Gene sowie die Anordnung der Signalerkennungssequenzen (RSS) variabler Kettensegmente. Die Signaleinheiten mit 12 bp bzw. 23 bp großem Spacer werden durch dunkle bzw. helle Dreiecke dargestellt.

In Abbildung 3.41 sind exemplarisch die wesentlichen Schritte auf dem Weg zur Synthese einer funktionstüchtigen IgH-Kette dargestellt. Zunächst kommt es zu Rearrangements auf DNA-Ebene, in deren Verlauf ein D- mit einem J-Element und anschließend ein V-Element mit den bereits rekombinierten DJ-Sequenzen verknüpft wird. Erst dieses rearrangierte IgH-Allel wird dann in RNA umgeschrieben, durch Spleißvorgänge zu einer reifen mRNA weiterverarbeitet und schließlich in ein Protein translatiert. Die 5'-Exons der V-Elemente kodieren die sogenannten leader(L)-Sequenzen. Dabei handelt es sich um den hydrophoben, aminoterminalen Anteil des Proteins, der den transmembranösen Transport der Ig-Ketten erleichtert und vor der Ig-Sekretion aus Plasmazellen abgespalten wird.

Die Rekombination der Ig- und TCR-Elemente erfolgt in Lymphozyten nach einem Stufenplan. Vorläuferzellen der B-Reihe führen zunächst DJ- und anschließend V-DJ-Rearrangements im Bereich der Gene für die schweren Ig-Ketten auf Chromosom 14 durch. Dabei werden zunächst weiter 3' gelegene V-Elemente berücksichtigt. Kommt es nicht zur Rekombination einer Sequenz, die einen funktionstüchtigen variablen Kettenteil kodiert, wird ein weiterer Versuch auf dem zweiten Allel gestartet. Der erfolgreiche Abschluß eines IgH-Rearrangements leitet dann zur V-J-Rekombination im Igκ-Locus auf Chromosom 2 über. Sollte es auf beiden Allelen zu aberranten Rearrangements kommen, wird ein weiterer Versuch, funk-

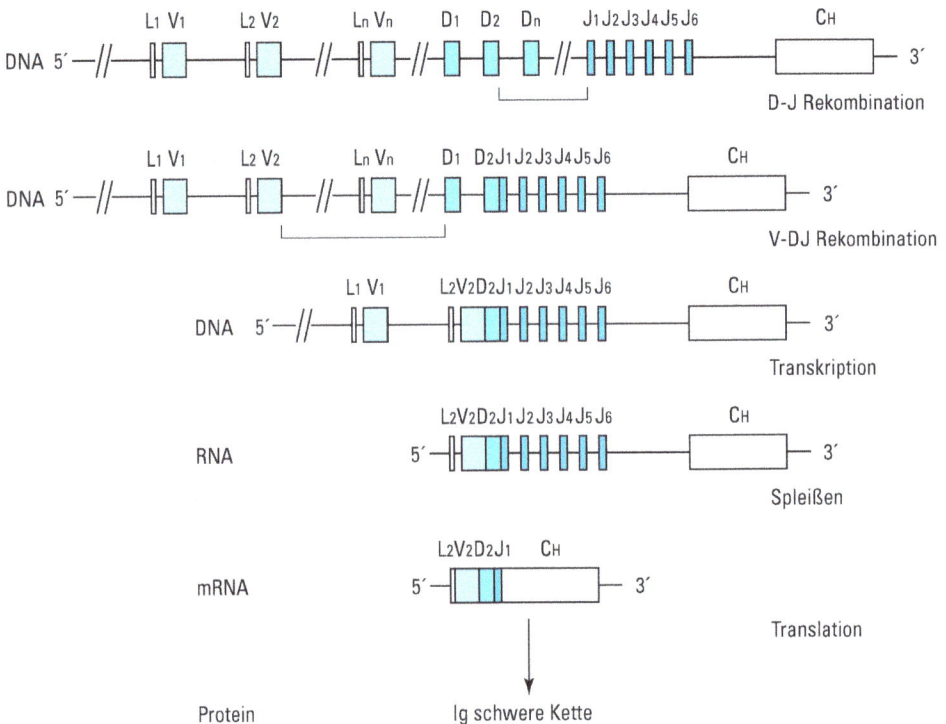

Abb. 3.41 Genetische Meilensteine der IgH-Ketten Synthese. Im Schema sind nur wenige der zahlreichen V-, D- bzw. J-Segmente wiedergegeben. Die konstante Region (C) ist vereinfachend durch ein Segment repräsentiert.

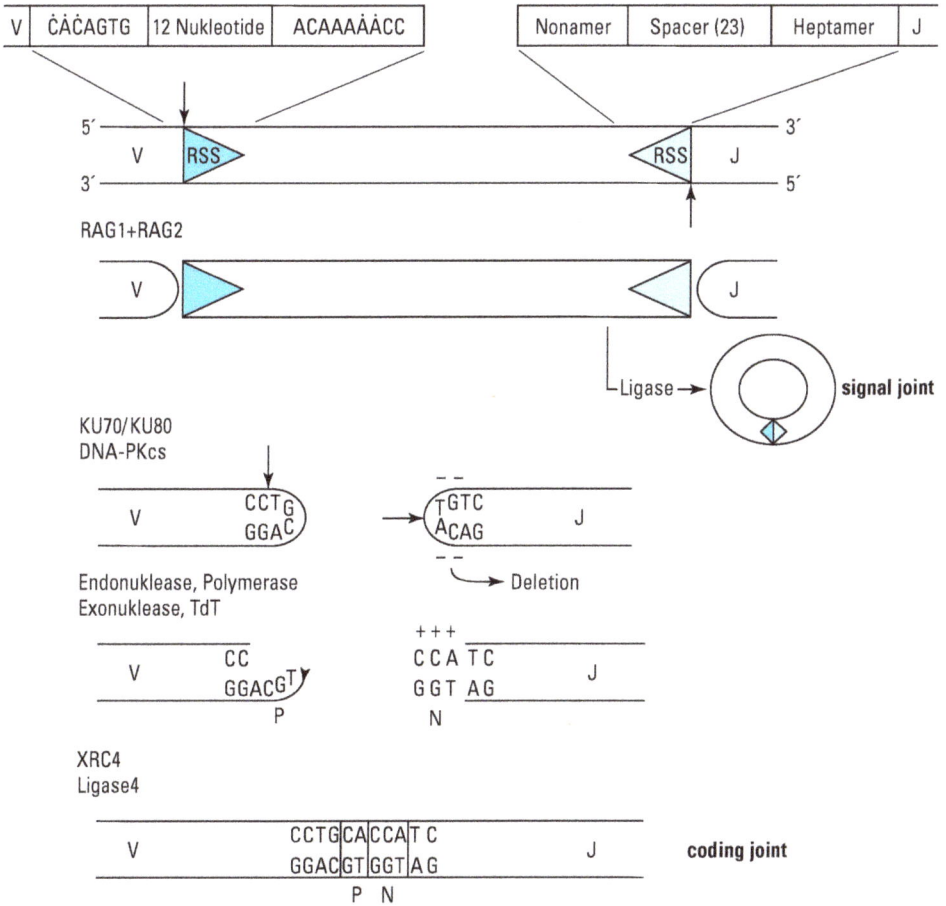

| V | ĊAĊAGTG | 12 Nukleotide | ACAAAĂĂCC | | Nonamer | Spacer (23) | Heptamer | J |

V   RSS

V   RSS   J

RAG1+RAG2

V   J

Ligase → signal joint

KU70/KU80
DNA-PKcs

V   CCTG / GGAC

TGTC / ACAG   J

Endonuklease, Polymerase
Exonuklease, TdT

Deletion

V   CC / GGACG T

P

CCA TC / GGT AG   J

N

XRC4
Ligase4

V   CCTG CA CCA T C / GGAC GT GGT A G   J   **coding joint**

P N

Abb. 3.42   Schema der V(D)J Rekombination. V- und J-Elemente werden von Signalsequenzen (RSS) flankiert (Dreiecke), die unterschiedliche große spacer (12/23 bp) enthalten. Punkte kennzeichnen die für den Rekombinationsprozeß unabdingbaren Nukleotide der RSS. Die genomische Distanz beider kodierender Segmente kann mehrere 100 kb ausmachen. RAG1 und RAG2 schneiden genau zwischen RSS und kodierendem Element ein, wobei die kodierenden Enden eine Haarnadelstruktur bilden. KU-Heterodimere binden an die freien DNA-Enden. Beide RSS werden zum ringförmigen „signal joint" verknüpft und deletiert. Nach Hinzutreten der katalystischen Untereinheit (PKcs) beginnt der DNA-PK Komplex Substrate zu rekrutieren, die eine Modifikation der kodierenden Segmente katalysieren. Die Haarnadelstrukturen werden durch eine Endonuklease zentral (J-Element) oder asymmetrisch (V-Element) geöffnet, wobei dann ein überhängender Strang mit P Nukleotiden entsteht; eine DNA-Polymerase ergänzt den komplementären Einzelstrang. Im J-Element ist ein Verlust (-) von zwei Nukleotiden aufgetreten, gefolgt von einer *de novo* Insertion (+) von drei freien Nukleotiden (N) durch das Enzym TdT. Abschließend wird das V- und J-Element durch den XRC4-DNA Ligase 4 Komplex verbunden (coding joint). Die Verknüpfungsregion wurde durch die Deletion von J Sequenzen sowie die Insertion von P und N Sequenzen modifiziert.

tionstüchtige leichte Ketten zu produzieren, durch VJ-Rekombination des Igλ-Locus auf Chromosom 22 initiiert. Zuvor jedoch wird der gesamte Igκ-Locus durch Vermittlung eines κ-de(deleting)-Elements aus beiden Chromosomen 2 eliminiert, um konkurrierende Versuche eines Igκ- und Igλ-Rearrangements in einer Zelle zu unterbinden. Diese schrittweise Abfolge der Ig-Rekombinationen verhindert in reifen B-Zellen die gleichzeitige Produktion von κ- und λ-Isotypen (Isotyp-Exklusion) bzw. die Expression beider Allele eines Ig-Locus (Allel-Exklusion).

In T-Zellen unterliegt die Kombination von TCR-Sequenzen einer ähnlichen Ordnung, wobei eine Reihenfolge TCRδ vor TCRγ vor TCRα vor TCRα besteht. Im Bereich von Chromosom 14q11 liegt insofern eine besondere Situation vor als hier der TCRδ-Locus innerhalb des TCRα Komplexes angesiedelt ist. Bevor TCRα Rekombinationen gestartet werden, kommt es zu einer Entfernung des TCRδ Anteils, insbesondere der für die Effektorfunktion maßgeblichen C-Region, über ein vorgeschaltetes Rearrangement unter Nutzung des δrec (δ recombining bzw. deleting) Elements.

Die Rekombination der Ig und TCR Segmente wird durch eine sogenannte V(D)J Rekombinase gesteuert. Derzeit sind die Faktoren und Mechanismen, die während der Lymphopoese die jeweiligen Genloci der Rekombinasemaschinerie zugänglich machen, noch unzureichend verstanden. Sehr viel mehr Kenntnis hat man aber von den Teilschritten des Rekombinationsprozesses selber. Von essentieller Bedeutung ist die Kennzeichnung der einzelnen kodierenden Segmente durch Rekombination-Signalsequenzen (RSS), die in charakteristischer Weise um die V-, D- und J-Elemente angeordnet sind (Abb. 3.40, Abb. 3.42). Dabei handelt es sich um Folgen von 7 bzw. 9 Nukleotiden, welche durch Platzhalter (Spacer) von 12 oder 23 Nukleotiden getrennt werden (Heptamer-Spacer-Nonamer). Rearrangements erfolgen jeweils nur zwischen Segmenten, deren Signalsequenzen unterschiedlich lange Spacer (12 bp bzw. 23 bp) aufweisen; man spricht von der 12/23 Regel. So kann es etwa im IgH-Locus zur Rekombination von D- zu J bzw. V- zu DJ-Elementen kommen, nicht jedoch von V- zu J- oder V-zu V-Abschnitten. Nicht alle Nukleotide der Signalsequenzen sind für den Rekombinationsprozeß von gleicher Bedeutung.

Der Prozeß der V(D)J Rekombination wird durch die beiden Proteine RAG1 (Rekombination aktivierendes Gen) und RAG2 eingeleitet (Abb. 3.42). RAG1 erkennt die Signalsequenzen (RSS), wobei das Nonamer das für die DNA-Bindung kritische Motiv stellt; anschließend wird RAG2 gebunden. Der RAG1/RAG2 Komplex fungiert als Endonuklease und schneidet präzise zwischen dem letzten Nukleotid des Gensegmentes und dem ersten Nukleotid des RSS Heptamers ein. Dabei werden die sense und antisense Stränge des jeweiligen V-, D- oder J-Segmentes kovalent miteinander verbunden, was zur Ausbildung einer Haarnadelstruktur (hairpin) führt. Die beiden RSS Enden werden im weiteren Verlauf mittels einer DNA Ligase ohne zusätzliche Modifikation zu einer ringförmigen Struktur verbunden (signal joint), die keine Funktion besitzt und als extrachromosomale DNA bald eliminiert wird. Sehr viel komplexer verläuft die Verknüpfung der kodierenden Elemente (coding joint). Zunächst fallen RAG1 und RAG2 von der Haarnadelstruktur ab. Es kommt zur Bindung des KU-Komplexes, einem aus den Proteinen KU70 und KU80 bestehenden Heterodimer, das an den freien Enden des Doppelstrangbruches bindet, an der DNA entlanggleitet und ein weiteres Protein mit der katalytischen Eigenschaft einer Serin/Threoninkinase (DNA-PKcs) rekrutiert. Diese drei Komponenten bilden

Tab. 3.6   Grundlagen der Ig- und TCR-Vielfalt

Kombination verschiedener Kettentypen (IgH/L, TCRα/β, TCRγ/δ)
Keimbahnrepertoire von V-, D- und J-Elementen
Rekombinationen zwischen V-, D- und J-Segmenten
Variabilität der exakten Rekombinationsstelle zweier Elemente
Verlust von Nukleotiden der Rekombinationsregion
Insertion von Nukleotiden (N/P-Elemente) während der Rekombination
Somatische Mutationen in rekombinierten Genen

die DNA-abhängige Proteinkinase (DNA-PK), welche ihrerseits für den Rekombinationsprozeß wichtige Substrate aktiviert. Hierzu gehört eine Endonuklease, die die Haarnadelstrukturen an den DNA-Enden öffnet. Dabei kann der Einschnitt entweder zentral, an der Spitze der Haarnadel (J-Element, Abb. 3.42) oder asymmetrisch (V-Element, Abb. 3.42) erfolgen, so daß bis dahin komplementär gegenüberstehende Nukleotide nebeneinander zu liegen kommen und sogenannte Palindrome (P-Elemente) bilden, die durch eine DNA-Polymerase komplementär ergänzt werden. Ein lymphocytenspezifisches Enzym, die Terminale-Desoxynukleotidyltransferase (TdT) kann *de novo* an die noch nicht verknüpften Enden der kodierenden Segmente Nukleotide (N-Elemente) ankoppeln. Umgekehrt können während der Modifikation auch Nukleotide aus den kodierenden Bereichen entfernt werden. Den abschließenden Schritt der Verknüpfung beider modifizierter Gensegmente vollzieht ein Komplex aus den Proteinen XRCC4 und DNA-Ligase 4. Somit umfaßt das V(D)J Rearrangement einerseits Komponenten, die generell eine Bedeutung für die Reparatur von DNA Doppelstrangbrüchen besitzen (z. B. DNA-PK, Endonuklease, Liganden), während RAG1, RAG2 und TdT für diesen Rekombinationsprozeß spezifische Funktionen beisteuern.

Die Vielfalt der Ig und TCR Moleküle beruht demnach nicht nur auf dem Keimbahnrepertoire der variablen Kettensegmente (Tab. 3.6). Vielmehr kann die exakte Verknüpfungsstelle zwischen zwei Elementen um mehrere Nukleotide variieren.

Nukleotide der kodierenden Bereiche können deletiert werden, umgekehrt können aber auch zusätzliche Nukleotide integriert werden, sei es unter Nutzung einer Keimbahnmatrize (P-Elemente) oder unabhängig hiervon (N-Elemente). Schließlich werden funktionstüchtig rekombinierte variable Kettensegmente noch nachträglich durch somatische Mutationen modifiziert, wobei die Mutationsrate hier eine millionmal höher liegt als in anderen Körperzellen des Menschen. Diese Mechanismen besitzen für die einzelnen Kettentypen eine unterschiedliche Bedeutung. So wird das spärliche Keimbahnrepertoire der TCRγ- und TCRδ-Loci durch Einfügen von N-Elementen wesentlich ergänzt, während somatische Mutationen bei Ig, nicht jedoch bei TCR-Molekülen die Vielfalt vergrößern.

Für die Immunglobulinsynthese ist noch ein anderer Typ genomischer Rekombination von Bedeutung, auf dem der Wechsel (switch) der Ig-Klassen beruht (Abb. 3.43).

Hierbei wird unter Beibehaltung einer spezifisch rearrangierten variablen IgH-Sequenz der funktionell relevante konstante Bereich modifiziert. Die konstante Region des IgH-Genlocus umfaßt μ-, γ-, ε-,α-Sequenzen, welche die IgM-, IgD-, IgG-,

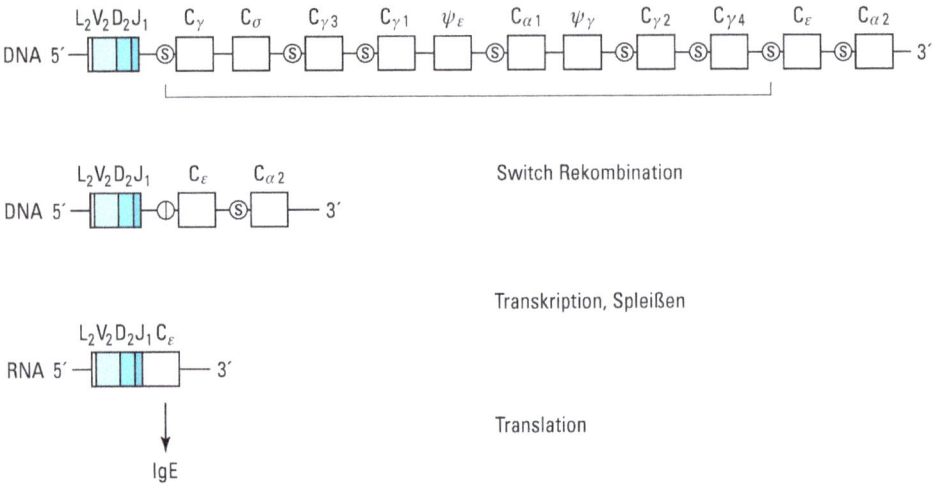

Abb. 3.43 Ig Klassenwechsel vermittelt durch switch (S) Sequenzen nach erfolgreicher Rekombination der variablen Kettensegmente. Dargestellt ist der Wechsel von einer μ- bzw. δ-Ketten exprimierenden Zelle zu einer ε-Ketten produzierenden Plasmazelle.

IgE- und IgA-Klassen und Subklassen kodieren. Nach erfolgreicher Rekombination der variablen Sequenzen werden zunächst μ-Ketten produziert. Gleichzeitig kann eine B-Zelle durch alternative Spleißvorgänge (RNA-Ebene) auch die Synthese von δ-Ketten aufnehmen. Der Wechsel von einer IgM/IgD zu einer IgG-, IgA- oder IgE-exprimierenden Zelle setzt jedoch eine DNA-Rekombination voraus, welche durch spezifische Schaltelemente (S, switch) vermittelt wird; diese liegen 5′ von den entsprechenden konstanten Elementen. Dieser Switch wird anders als die V(D)J-Rekombination nicht sequenzspezifisch sondern regionsspezifisch vermittelt und erfolgt unabhängig von RAG1 und RAG2. Das Signal zum Klassenwechsel und damit zur Erweiterung des Funktionspotentials erhalten die B-Zellen über den an der Zelloberfläche lokalisierten CD40 Rezeptor. Der zugehörige Ligand (CD40L) wird insbesondere von den CD4+ (Helfer) T-Zellen exprimiert. Die Interaktion von CD40L und CD40 setzt eine Kaskade weiterer interzellulärer, kostimulierender Signale frei, die auch Cytokine integrieren. So steuert etwa IL 4 den Klassenwechsel spezifisch zur IgE und TGFβ zur IgA Produktion.

Die hier skizzierten Prinzipien des Ig und TCR Rearrangements bilden nicht nur die Grundlage einer spezifischen Immunantwort sondern sind auch für das Verständnis von zwei Krankheitsgruppen bedeutsam, den erblichen Immundefekten sowie Neoplasien des lymphatischen Systems.

Angeborene Defekte der V(D)J Rekombinationsmaschinerie sind beim Menschen bisher nur für *rag1* und *rag2* bekannt. Mutationen in diesen auf Chromosom 11p13 eng benachbart liegenden Genen charakterisieren eine wichtige Subgruppe von Patienten mit autosomal-rezessiv vererbtem, schwerem kombiniertem Immundefekt (SCID, severe combined immunodeficiency). Patienten dieser heterogenen Gruppe von Krankheitsbildern können nur durch eine Knochenmarkstransplantation geheilt werden. Etwa gleich häufig wie Fälle mit RAG Mutationen tritt die sehr viel bekanntere SCID Entität mit Mutationen im Enzym Adenosindeaminase (ADA) auf, deren Ausfall zu einer Anhäufung toxischer Produkte des Purinstoffwechsels in den Lymphocyten führt; bei ADA-Mangel werden derzeit gentherapeutische Strategien erprobt. Das Tiermodell der SCID Maus ist auf eine Mutation in der katalytischen Komponente (DNA-PKcs) der DNA-abhängigen Proteinkinase zurückzuführen. Ein entsprechendes Krankheitsbild ist beim Menschen nicht bekannt. Die spontane SCID Mutation wie auch transgene Mausmodelle, bei denen *rag1* oder *rag2* gezielt ausgeschaltet wurden, kommen im Bereich der biomedizinischen Grundlagenforschung bei der *in vivo* Expansion und Funktionsanalyse von Zellpopulationen (auch des Menschen) zur Anwendung, da diese Tiere über keine eigene Lymphopoese verfügen und somit auch keine Abwehr gegen die fremden Zellpopulationen aufbauen. Auch für den zweiten Rekombinationsprozeß, den Wechsel der Ig-Klassen ist ein angeborener Immundefekt bekannt, der X-chromosomal vererbt wird und mit hartnäckigen bakteriellen Infektionen verbunden ist. Es handelt sich um das Hyper-IgM Syndrom, das auf Mutationen im CD40 Liganden basiert, so daß B-Zellen trotz Expression von CD40 ausschließlich IgM oder IgD an der Oberfläche präsentieren, jedoch kein IgG, IgA oder IgE.

In mehrerer Hinsicht sind die genannten Rekombinationsprinzipien auch für die Onkologie von Bedeutung. Wie bereits erwähnt sind nicht alle Nukleotide der die V-, D- und J-Elemente flankierenden Signalsequenzen gleich wichtig und entsprechend konserviert. Ähnliche Sequenzfolgen, sogenannte kryptische Signale, finden sich in größerer Zahl sowohl im Bereich der Ig- und TCR-Loci als auch verstreut im übrigen Genom und werden auch tatsächlich während der Lymphopoese fehlerhaft genutzt. Die Folge derartiger aberranter Rekombinationen können sehr unterschiedlich ausfallen, unabhängig davon, ob sie innerhalb oder außerhalb der Ig/TCR Bereiche stattfinden. So kommt etwa beim *hprt* (Hypoxanthin-Guanin-Phosphoribosyltransferase) Gen auf dem X-Chromosom den aus einer unphysiologischen Rekombination resultierenden Deletionen keine pathologische Bedeutung zu. Lymphocyten mit aberranter Rekombination in einem Ig- oder TCR-Locus werden, sofern diese nicht durch nachfolgende, korrekte Rearrangements ersetzt werden, aus der Lymphopoese eliminiert. Andererseits können illegitime Rekombinationen auch zur Entstehung maligner Erkrankungen des lymphatischen Systems führen. Ein Beispiel ist die Deletion von funktionell wichtigen Abschnitten im Tumor-Suppressor Gen *p16* auf Chromosom 9. Zu nennen sind aber insbesondere die Rekombinationen von Ig- bzw. TCR-Sequenzen mit kryptischen Signalsequenzen im Bereich von Genen auf anderen Chromosomen, die hierdurch aktiviert werden und onkogene Potenz erhalten. Derartige Fehlrekombinationen können auch noch nach Abschluß der primären V(D)J Rekombination auftreten. So kommt es während der somatischen Mutation rearrangierter variabler Ig-Segmente nicht nur zur Substitution einzelner Basen sondern auch zu größeren Deletionen und Insertionen, die von Strangbrüchen begleitet werden und in einer aberranten DNA Rekombination resultieren können. Diese Pathomechanismen, die sich cytogenetisch als chromosomale Translokation manifestieren, stellen eine der häufigsten Ursachen für lymphatische Leukämien oder Lymphome dar (siehe Kap. 6.4.4 und 6.9).

Die Regel, daß sich die DNA-Sequenz aller Zellen eines Organismus gleicht, trifft also für immunkompetente Zellen nicht zu. Im Gegenteil, jeder Lymphocyt und seine Nachkommen sind durch ein eigenständiges Rearrangement der Ig- bzw. TCR-

Loci charakterisiert. Diese Tatsache eröffnet der Onkologie eine diagnostische Pforte von großer klinischer Relevanz. Da sich Lymphome und Leukämien von einzelnen Lymphocytenvorläufern ableiten, sind diese Malignome durch ein jeweils individuelles Genrearrangement gekennzeichnet. Hierauf basieren die sogenannte Immungenotypisierung hämatopoetischer Neoplasien sowie Verfahren zum Nachweis einer minimalen residuellen Resterkrankung (siehe Kap. 6.10).

3.6 Zellzyklus

Die Fähigkeit von Zellen sich durch Teilung zu vermehren wird nicht nur während der Entwicklungs- und Wachstumsphasen eines Organismus benötigt. Auch die Aufrechterhaltung der Gewebehomöostase bei Erwachsenen erfordert täglich millionenfache Zellteilungen. Trotzdem gibt es eine große Zahl hochdifferenzierter Zelltypen (wie z. B. Nervenzellen) die die Fähigkeit zur Zellteilung verloren haben. Sie müssen ihre Spezialisierung mit dem Verlust der Proliferationsfähigkeit „bezahlen", denn die Vorgänge der Differenzierung und Proliferation sind gegenläufig, und das Proliferationsverhalten von Zellen nimmt mit wachsendem Differenzierungsgrad ab. Einige differenzierte Gewebe (wie z. B. die Darmmukosa oder Hämatopoese) bilden deshalb ständig differenzierungskompetente Vorläuferzellen nach, um die Verluste entsprechender Zellen im Gewebe ersetzen zu können.

Die zwischen zwei Teilungen liegende Periode proliferierender Zellen wird als Zellzyklus bezeichnet. Seine Dauer kann dabei von Zelltyp zu Zelltyp erheblich variieren und wenige Stunden oder aber viele Wochen bis zu Jahren betragen. Unabhängig von der Länge des Zellzyklus ist sein prinzipieller Ablauf in allen somatischen Zellen gleich und kann in unterschiedliche Phasen geteilt werden. Zwei Abschnitte zeichnen sich durch besondere Aktivitäten aus. Einerseits ist dies die als Mitose (M) bezeichnete Zellteilungsphase und andererseits die DNA-Synthesephase (S), in der die zelluläre DNA zur Verteilung auf die beiden Tochterzellen in der Mitose exakt dupliziert wird. Vor (G1) und nach (G2) der S-Phase gibt es zwei als Gap-Phasen (engl.: gap, Lücke, im Sinne von Pause) bezeichnete Abschnitte. G1, S und G2 bilden zusammen die Interphase zwischen zwei Mitosen. Nichtproliferierende Zellen (wie z. B. sich differenzierende Zellen) verharren in einer Sonderform der G1-Phase, die auch als G0 bezeichnet und nicht zu den Zellzyklus-Phasen proliferierender Zellen gezählt wird. G0 Zellen scheiden in der frühesten G1-Phase aus dem aktiven Zellzyklus aus und schließen sich ihm im Falle des Wiedereintritts auch an dieser Stelle wieder an. In dem in Abbildung 3.44 dargestellten, hypothetischen Zellzyklus von 24 Stunden sind die Phasen untereinander in Beziehung gesetzt. Unterschiedlich lange Zellzyklen sind fast ausschließlich auf unterschiedlich lange G1-Phasen zurückzuführen. Nachdem der G1/S Übergang einmal vollzogen wurde, ist die Dauer der verbleibenden Phasen in verschiedenen Zelltypen ähnlich.

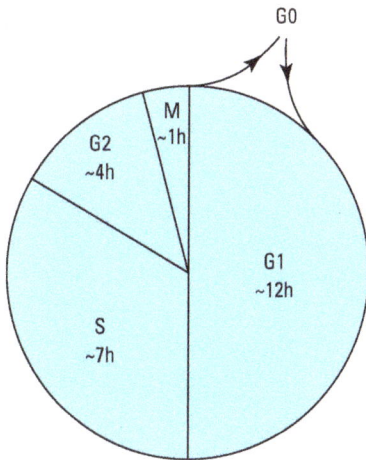

Abb. 3.44 Der Zellzyklus und seine verschiedenen Phasen. Dargestellt ist ein Zellzyklus von 24 Stunden. Dabei entfallen die angegebenen Zeiträume auf die unterschiedlichen Phasen G1, S, G2 und M. Zyklen, die länger als 24 Stunden dauern, sind in der Regel auf längere G1-Phasen zurückzuführen. Hingegen ist die Dauer der übrigen Phasen zu den hier angegebenen Werten relativ konstant. Nicht proliferierende Zellen können sich zeitweilig oder permanent aus dem Zellzyklus zurückziehen und verharren dann in einem als G0 bezeichneten Stadium.

3.6.1 DNA Replikation und Zellteilung

Nach dem Ende einer Mitose hat die Zelle in Abhängigkeit von Proliferationssignalen aus der Umgebung die Möglichkeit, sogleich wieder in den nächsten Zellzyklus einzutreten oder sich in die G0-Phase zurückzuziehen. Von dort kann sie nach unbestimmter Zeit ggf. wieder in den Zellzyklus eintreten. Unabhängig davon, ob eine Zelle aus M oder G0 kommt, wird der neue Zellzyklus immer mit einer G1-Phase begonnen, denn in dieser Phase stellt die Zelle das biochemische Milieu für die Replikation der DNA zusammen. Insbesondere bedeutet dies die Expression von Genen, deren Produkte essentielle Funktionen bei der DNA-Replikation (z. B. Proteine des Nukleotidstoffwechsels wie Thymidinkinase oder Dehydrofolatreduktase) und der Zellzyklusprogression von G1 in Richtung S-Phase übernehmen. Darüber hinaus besteht in G1 die Möglichkeit, eventuell eingetretene Schäden an der DNA vor der Replikation zu reparieren (siehe Kap. 3.7.4), um so nur intaktes Erbmaterial zu duplizieren. Der DNA-Gehalt einer G1-Zelle entspricht einem kompletten diploiden Chromosomensatz. Nach Verdopplung des Chromosomensatzes in S kann die Zelle in der G2-Phase weiter an Volumen zunehmen und insbesondere die Protein- und RNA-Synthese vor Beginn der Mitose zum Abschluß bringen. Darüber hinaus erlaubt die G2-Phase -ähnlich wie in G1- Kontrollfunktionen, die an dieser Stelle primär die Überprüfung der Vollständigkeit der DNA-Replikation zum Ziel haben. Am Ende der G2-Phase erfüllt die Zelle die Voraussetzungen für die Zellteilung.

3.6.1.1 DNA-Replikation

Anders als die übrigen Makromoleküle, die für die Verteilung auf Tochterzellen während der gesamten Interphase produziert werden können, wird die DNA lediglich in der S-Phase des Zellzyklus synthetisiert. Die DNA-Synthese startet an definierten Punkten, den sogenannten Replikons, die etwa alle 30.000 bis 300.000 Basenpaare vorkommen. In der Regel sind 20–80 benachbarte Replikons zu Replikationseinheiten organisiert, in denen die DNA-Synthese koordiniert abläuft.

Ein aktives Replikationszentrum formt eine als Replikationsgabel bezeichnete DNA-Struktur (Abb. 3.45 a). In einem ersten Schritt muß die DNA-Doppelhelix entwunden und aufgeschmolzen werden. Dieser Vorgang wird durch mehrere Enzyme mit Helikaseaktivität (u. a. Topoisomerasen) durchgeführt, die im Zentrum der Replikationsgabel angeordnet sind. Da in der folgenden DNA-Synthese beide Stränge als Matrize fungieren und zu jeweils einem neuen Doppelstrang aufgebaut werden, wird diese Form der DNA-Synthese auch als semikonservativ bezeichnet. Die DNA-Synthese wird von DNA-Polymerasen ausgeführt. Anders als RNA-Polymerasen benötigen sie einen Primer, der an die zu replizierende Einzelstrangmatrize bindet und dann in $5' \rightarrow 3'$Richtung verlängert werden kann. Dieser Primer besteht aus einem RNA-Molekül, welches von einer RNA-Polymerase speziell für die Initiierung der DNA-Synthese bereitgestellt wird und die deshalb auch als Primase bezeichnet wird. Die replizierende DNA-Polymerase ist außerdem mit einer Korrektur-Aktivität ausgestattet, die die Entfernung fehlerhaft eingebauter Basen erlaubt (s. u.). Diese Aktivität wird auch als „proofreading" bezeichnet. Durch sie ist die Fehlerrate der DNA-Replikation nicht höher als eine Fehlinkorporation auf 10^{10} Nukleotide.

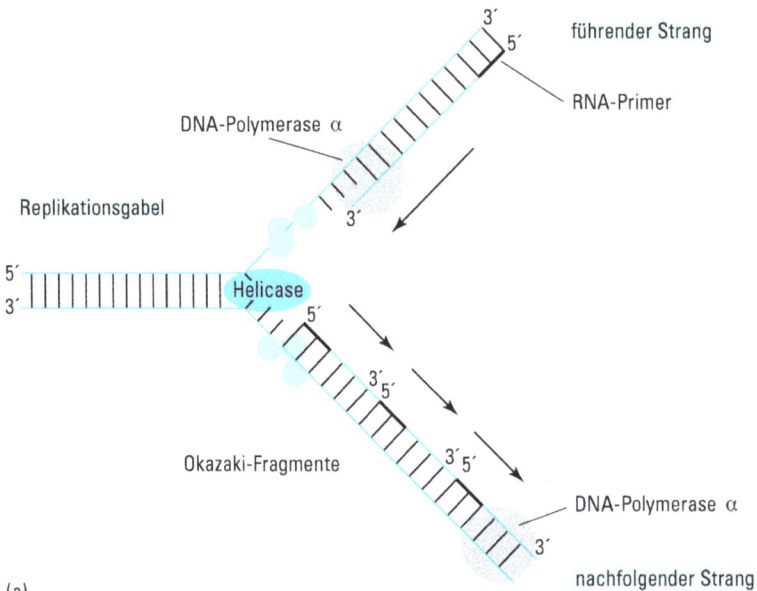

(a)

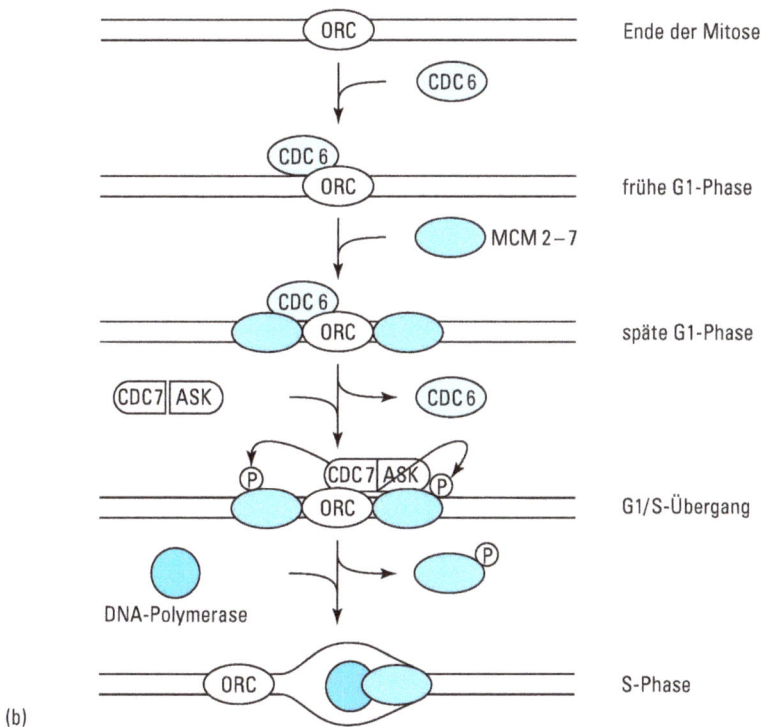

(b)

Abb. 3.45   Initiierung und Ablauf der DNA-Replikation. Im Zentrum der Replikationsgabel öffnet eine Helikase den DNA-Doppelstrang (a). Am führenden Strang wird die DNA-Synthese nach Anheftung eines RNA-Primers vollzogen. An dem nachfolgenden Strang sind die einzelnen Okazaki Fragmente zu erkennen (siehe Text für weitere Erläuterungen). (b) Die Initiierung der DNA-Replikation wird durch einen Multiproteinkomplex erreicht. Durch kontrolliertes Ein- und Austreten von Faktoren aus dem Präinitationskomplex wird sichergestellt, daß die DNA nur in der S-Phase repliziert wird und die DNA-Synthese pro Replikationsursprung nur einmal pro Zellzyklus gestartet wird (siehe Text für eine detaillierte Beschreibung).

Die $5' \rightarrow 3'$-Richtung der DNA-Synthese und die Antiparallelität der DNA-Stränge ermöglicht einerseits, daß ein Strang (der sogenannte führende Strang oder engl.: leading strand) kontinuierlich synthetisiert werden kann, erfordert aber andererseits, daß der andere Strang (der sogenannte nachfolgende Strang oder engl.: lagging strand) in kleinen Abschnitten, also diskontinuierlich in sogenannten Okazaki Fragmenten, synthetisiert werden muß (Abb. 3.45). Diese Tatsache erfordert die konzertierte Aktion mehrerer Enzyme. Die DNA-Polymerase α verlängert dabei den RNA-Primer. An dem nachfolgenden Strang kann dieser Vorgang nur bis zum RNA-Primer des folgenden Okazaki-Fragments erfolgen. Die RNA-Primer werden anschließend entfernt, die entstandenen Lücken durch die DNA-Polymerase β gefüllt und durch eine Ligase vollständig verschlossen. Darüber hinaus gibt es zahlreiche weitere Faktoren, die an der DNA-Replikation beteiligt sind. So ist z. B. bekannt, daß Replikationseinheiten, die aktive Gene enthalten, früh in der S-Phase repliziert werden, inaktive Gene wie z. B. die des inaktivierten X Chromosoms hingegen erst spät in der S-Phase. Dies verweist auf die Bedeutung der Öffnung der Chromatinstruktur vor der eigentlichen DNA-Synthese. Es zeichnet sich ab, daß die Initiation der DNA-Synthese in vielen Aspekten analog der der Transkription ablaufen könnte. Auf die z. Z. aber erst wenig bekannten Regulationsmechanismen soll an dieser Stelle nicht weiter eingegangen werden.

Angesichts eines nicht unerheblichen zellökonomischen Aufwands fragt man sich, warum die Evolution nicht die Entwicklung zweier DNA-Polymerasen gefördert hat, von denen die eine die DNA-Synthese in einer $5' \rightarrow 3'$ und die andere in einer $3' \rightarrow 5'$-Richtung katalysiert. In einem solchen Fall könnten beide Stränge relativ unkompliziert in einem Stück auf die Replikationsgabel zu synthetisiert werden. Das Fehlen einer $3' \rightarrow 5'$-DNA-Polymerase erklärt sich vermutlich daraus, daß die Fehlerquote eines solchen Enzyms um Größenordnungen höher liegen müßte als die der existierenden $5' \rightarrow 3'$-DNA-Polymerase. Die Fehler einer $5' \rightarrow 3'$-Synthese können nämlich noch während der Synthese korrigiert werden, was die Präzision der DNA-Replikation erheblich steigert: Die DNA-Polymerase kann die Kette des wachsenden DNA Stranges nur dann verlängern, wenn das zuletzt eingebaute Nukleotid korrekt zu seinem Partnernukleotid auf dem Matrizenstrang paßt. Kommt es zu einer Fehlpaarung, so kann die DNA-Polymerase das falsch eingebaute Nukleotid entfernen, durch das richtige ersetzen und die Synthese fortsetzen. Der Vorteil einer $5' \rightarrow 3'$-Synthese liegt nun in der chemischen Energiezufuhr für die Ausbildung der Phosphodiesterbindung zwischen zwei Nukleotiden: Das einzubauende Nukleotid selbst trägt die nötige Energie als $5'$-Triphosphat, das sich unter Abspaltung von Pyrophosphat an die $3'$-OH-Gruppe des vorher eingebauten Nukleotids bindet. Wird ein fehlerhaft eingebautes Nukleotid entfernt, so kann sich das richtige über sein freies $5'$-Triphosphat an die $3'$-OH-Gruppe des davor eingebauten Nukleotids binden. Wüchse der DNA-Strang in einer $3' \rightarrow 5'$-Richtung, so müßte der wachsende Strang an seinem zuletzt eingebauten Nukleotid den Triphosphatrest als Energie für seine eigene Verlängerung tragen. Eine Entfernung dieses letzten Nukleotids als Ergebnis einer Fehlerkorrektur müßte somit zum Abbruch der Replikation führen. Die Beschränkung der Zelle auf die $5' \rightarrow 3'$-DNA-Synthese ermöglicht also eine effiziente selbstkorrigierende DNA-Replikation mit einer Fehlerquote von nur 1 in 10^{10} Basenpaaren. Bei der Replikation der DNA einer Zelle wird daher statistisch weniger als ein Fehler gemacht.

Kopplung der DNA-Replikation an den Zellzyklus

Von herausragender Bedeutung ist die Sicherstellung, dass die Replikation der DNA lediglich in der S-Phase des Zellzyklus stattfindet und jeder DNA-Abschnitt nur einmal pro Zellzyklus repliziert wird. Nur so kann gewährleistet werden, dass erstens die DNA-Replikation erst beginnt, wenn alle Voraussetzungen dazu in der G1-Phase des Zelzyklus geschaffen worden sind und zweitens eine exakte Verdopplung des Genoms in der S-Phase erzielt wird.

Die Kopplung der DNA-Replikation an den Zellzyklus wird dadurch erreicht, dass am Ende einer jeden Zellteilung sog. Präreplikationskomplexe an den Replikons aufgebaut werden (Abb. 3.45 b). So bindet nach der Mitose (s. u.) der aus mehreren Proteinen bestehende *origin recognition complex* (ORC) an die Replikons. Der ORC stellt dabei eine Art Ankerkomplex dar, der selbst keine enzymatische Aktivität zu haben scheint. Mit Eintritt in die G1-Phase rekrutiert der ORC ein Adapterprotein, CDC6, welches als Plattform für das Ankoppeln des MCM-Komplexes fungiert. Der MCM-Komplex besteht aus sechs Proteinen, und er besitzt eine in diesem Stadium noch latente Helikaseaktivität, die später zu Beginn der S-Phase jedoch über das Öffnen der DNA an den Replikationsursprüngen eine wichtige Funktion für den Eintritt der DNA-Polymerase spielt. Im weiteren Verlauf der G1-Phase verläßt CDC6 den Präreplikationskomplex wieder, die MCM Proteine bleiben jedoch (inaktiv) am Replikon zurück. Es ist bisher nicht genau verstanden welche regulativen Prozesse zum Austritt von CDC6 führen, entscheidend ist aber, dass CDC6 nach dem Verlassen des Präreplikationskomplexes den ORC nicht wieder binden kann, bevor die nächste Mitose abgeschlossen ist.

Am G1/S-Übergang schließlich wird der MCM-Komplex aktiviert, was mit dem Eintritt der DNA-Polymerase in den Präreplikationskomplex korreliert. Diese Aktivierung des MCM-Komplexes geschieht wahrscheinlich durch eine Kinase, CDC7, deren katalytische Untereinheit erst am G1/S-Übergang synthtisiert wird. Mit dem Start der DNA-Neusynthese zerfällt der MCM-Komplex am Replikon, wobei die MCM-Faktoren mit Helikaseaktivität mit der DNA-Polymerase „wandern". Durch diesen Vorgang wird der Präreplikationskomplex nach erfolgter Initiierung der DNA-Synthese zerstört – seine Reorganisation ist aber strikt CDC6-abhängig und deshalb nicht vor dem Ende der bevorstehenden Mitose möglich. Durch die CDC6-Funktion wird auf diese Weise sichergestellt, dass an jedem Replikon die DNA-Synstehe nur einmal pro Zellzyklus initiiert wird und durch die CDC7-Funktion wird der Start der DNA-Replikation erst mit dem Beginn der S-Phase ermöglicht.

Replikation der Telomeren

Bei jeder DNA-Replikation ergibt sich an den Chromosomenenden, den Telomeren, das selbe Problem. Als Startpunkt für die Synthese eines Tochterstranges in 5' → 3'-Richtung benötigt die DNA-Polymerase die Bindung eines kurzes nukleären RNA-Fragmentes, eines Primers, der später entfernt wird. Danach verbleibt am äußersten Ende jedoch eine Lücke im Tochterstrang, die nicht aufgefüllt werden kann (Abb. 3.46a). Somit verkürzen sich bei jeder Zellteilung die Chromosomenenden etwa um 25–200 bp. Um die Integrität des Genoms zu sichern, besteht die Telomerregion aus einem 6–10 kb großen Bereich repetitiver Sequenzen, einer Art Pufferzone. Das allen Vertebraten gemeinsame Telomermotiv 5'-TTAGGG-3' wird hier mehr als tausendfach wiederholt. Das Telomer schließt mit einer Schlaufe ab, wobei sich das äußerste Ende in den DNA-Doppelstrang einhakt und hier eine dreisträngige DNA-Struktur bildet (Abb. 3.47a). Tritt im Verlauf der Zellteilungen ein Verlust von etwa 4–5 kb der repetitiven Telomersequenzen ein, so ergibt sich eine Instabilität der chromosomalen DNA, und es kommt zum Zelltod. Telomerverkürzungen charakterisieren somit eine wichtige Komponente des Alterungsprozesses von Zellen, aber auch von Individuen.

Keimzellen dürfen in ihrem Bestand nicht gefährdet werden. In diesen Zellpopulationen wirkt das Enzym Telomerase dem Verlust terminaler DNA-Sequenzen entgegen, in dem es an das 3'-Ende des Elternstranges zusätzliche TTAGGG-Motive ankoppelt, so daß die nachfolgenden DNA-Verluste im Tochterstrang nicht die Pri-

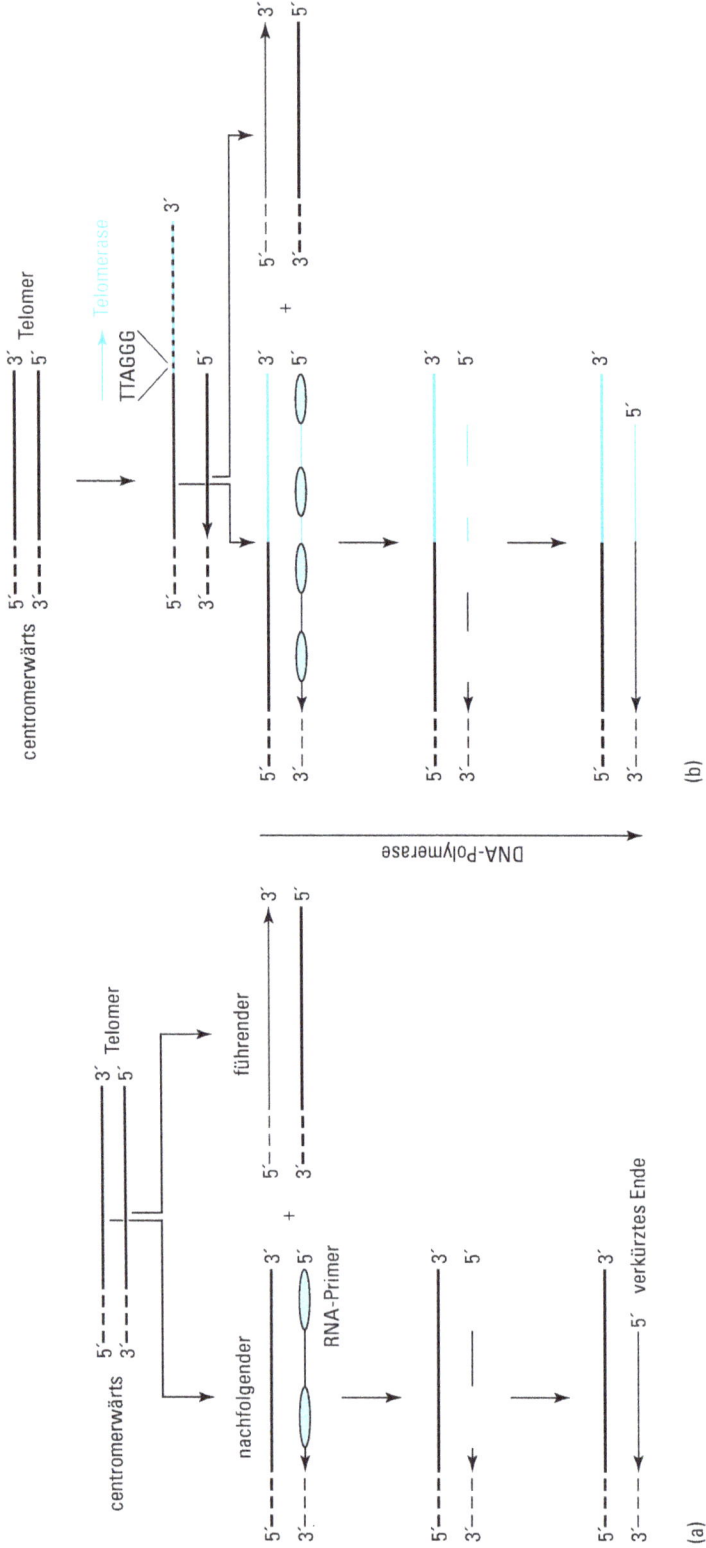

(a)

(b)

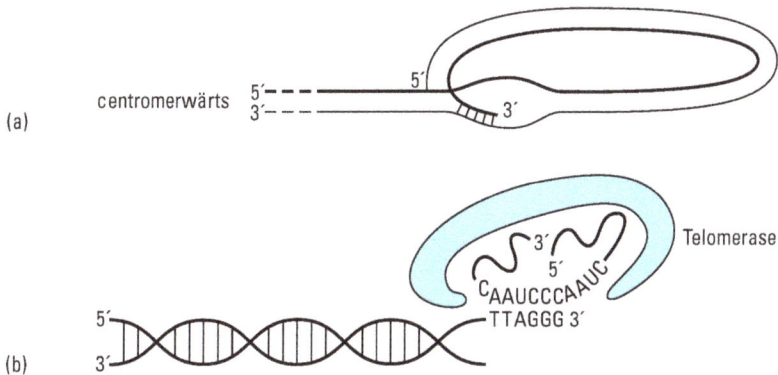

Abb. 3.47   Replikation der Telomeren. (a) Darstellung der Schlaufenstruktur am Telomer. (b) Die Telomerase besteht aus einem Mulitproteinkomplex, der neben einer katalytischen Domäne eine RNA-Matrize zur Synthese der repetiven Telomer-Motive enthält.

märbestandteile der Chromosomenenden erfassen (Abb. 3.46 b). Die Telomerase ist eine RNA-abhängige DNA-Polymerase; sie besteht aus einer katalytischen Komponente, die vom *tert* Gen kodiert wird, und einer RNA-Untereinheit, die als Matrize zur Synthese der charakteristischen Telomer-Motive dient. Die RNA-Komponente enthält Einheiten aus 11 Nukleotiden, 5'-CUAACCCUAAC-3', deren 5'- und 3'-Enden zur richtigen Positionierung der RNA-Matrize dienen (Abb. 3.47 b). Die Telomerase steht mit einer Reihe weiterer Proteine, deren Funktionen teilweise noch unbekannt sind, in Wechselwirkung. So ist die als eine Art reverse Transkriptase agierende katalytische Domäne mit dem Protein TLP1 assoziiert. Die Proteine TRF1 und TRF2 binden an repetitive Telomersequenzen, wobei TRF1 als Inhibitor der Telomerase fungiert und die Telomerelongation blockiert, während TRF2 die End-zu-End Fusion beider Telomere eines Chromosoms verhindert.

Somatische Zellen besitzen im Gegensatz zu Keimzellen normalerweise keine Telomeraseaktivität; ihre Teilungskapazität ist demnach begrenzt. Eine gewisse Expression, die den Alterungsprozeß hinauszögert, findet sich aber in spezifischen Zellpopulationen mit Stammzellcharakter wie etwa in hämatopoetischen Vorläuferzellen, Basalzellen der Epidermis oder Zellen der proliferativen Zone in intestinalen Krypten.

3.6.1.2 Mitose

In der Mitose muß aus der kompakten Chromatinmasse des duplizierten Genoms jeweils ein kompletter Chromosomensatz an die Tochterzellen weitergegeben werden. Dieser Vorgang kann in vier Abschnitte unterteilt werden, denen jeweils sichtbare Strukturveränderungen der Zelle zu Grunde liegen (Abb. 3.48). In der Prophase

◀ *Abb. 3.46*   Bei der DNA-Replikation kommt es an den Telomeren zur Verkürzung des äußersten 5' Bereiches eines Tochterstranges (a). Diesem Verlust kann durch die 5' → 3'-Verlängerung des Elternstranges mit repetitven Telomersequenzen begegnet werden; diesen Prozeß steuert die Telomerase (b).

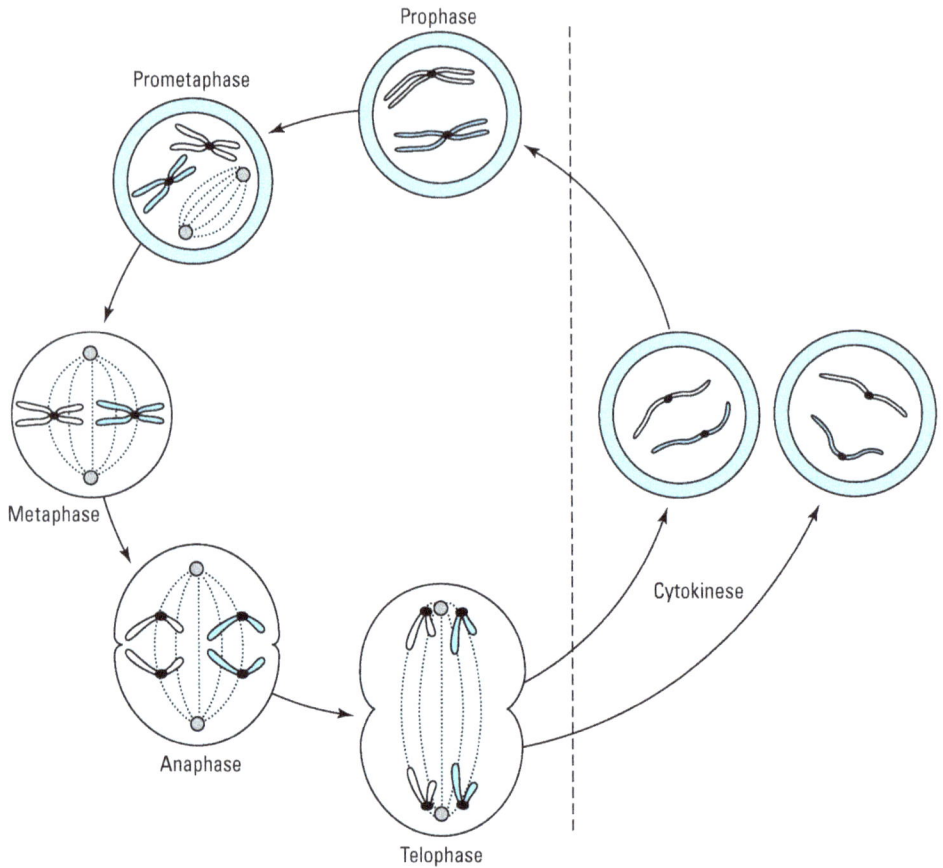

Abb. 3.48   Die unterschiedlichen Phasen der Zellteilung. Auf der rechten Seite der Abbildung sind jeweils Zellen mit einem diploiden Chromosomensatz abgebildet, die trotz der G1-Phase als kondensierter DNA-Faden skizziert sind. Nach der Verdopplung der DNA sind die Schwesterchromatiden in der Prophase zu erkennen. In der Metaphase hat sich die Kernmembran aufgelöst. Am unteren und oberen Zellrand erscheinen die Spindelpole, zwischen denen der Spindelapparat ausgebildet ist. Nachdem sich die Schwesterchromatiden in der Anaphase voneinander trennen und in der Telophase die gegenüberliegenden Spindelpole erreichen, werden Abschnürungen in der Zelle sichtbar, die in der Cytokinese zur Generierung der beiden Tochterzellen führen.

kondensiert die DNA (möglicherweise als Folge der Phosphorylierung von Histon H1) und läßt die Chromosomen mit den Schwesterchromatiden erkennen.

In der Metaphase ordnen sich die Chromosomen in der Äquatorialebene der Zelle an. Gleichzeitig löst sich die Kernmembran auf, und es kommt zur Ausbildung des Spindelapparates, dessen Fasern die beiden Centrosomen an den Polen der Zelle mit den Centromeren der Schwesterchromatiden verbinden. In dieser Phase des Zellzyklus liegen die Chromosomen in ihrer kompaktesten Form vor (etwa 10.000 x kondensiert). Diese Tatsache macht man sich in der Cytogenetik zu Nutze, um mit verschiedenen Nachweis- und Färbemethoden chromosomale Aberrationen mikroskopisch darstellen zu können.

Zu Beginn der Anaphase trennen sich die Schwesterchromatiden und wandern jeweils in die Richtung entgegengesetzter Pole. Die Bewegung kommt dabei durch das Verkürzen der Mikrotubuli in den Spindelfasern zustande. In der Telophase erreichen die Chromosomen schließlich die Centrosomen und um das wieder dekondensierende Chromatin formen sich neue Kernstrukturen. Zur gleichen Zeit verjüngt sich der Raum zwischen den beiden neuen Nuklei, bis sich in dem Prozess der Cytokinese zwei komplette Tochterzellen voneinander abschnüren. Diese Zellen besitzen einen einfachen diploiden Chromosomensatz und stellen typische G1-Phase Zellen dar, deren weiteres Schicksal von dem Differenzierungs- bzw. Proliferationsprogramm des umgebenden Milieus abhängig ist.

3.6.2 Regulation der Zellzyklusprogression

Grundlegende Erkenntnisse der Regulation biologischer Funktionsabläufe beim Menschen werden vielfach zuerst in einfachen Eukaryonten gewonnen. So haben Untersuchungen zur Regulation der Zellzyklusprogression in den beiden phylogenetisch sehr weit voneinander entfernten Spalt- bzw. Bäckerhefen (*S. pombe* und *S. cerevisiae*) zur Identifizierung von zwei hochkonservierten Genen geführt, deren Verlust die Zellzyklusprogression der Hefen am G2/M- und (wie später gezeigt werden konnte) auch am G1/S-Übergang unterbricht. Diese Gene wurden als Mutanten des *cell division cycle* mit *cdc2* (*S. pombe*) und *cdc28* (*S. cerevisiae*) bezeichnet.

Die CDC2- und CDC28-Proteine wiederum sind Homologe des Faktors P34 aus dem Frosch *Xenopus laevis*. P34 ist Teil eines Komplexes, der in *X. laevis* für den Übergang von G2 zur Mitose benötigt wird und deswegen als M-phase promoting factor (MPF) bezeichnet wird. MPF ist ein Proteinkomplex der spezifische Zielproteine phosphoryliert. P34 bildet die katalytische Untereinheit dieses Komplexes, also eine Kinase, die durch ihr Partnerprotein P45 (die regulatorische Untereinheit) in diesem Komplex aktiviert werden muß. P45 wird in G1 Zellen nicht exprimiert und erst ab der S-Phase synthetisiert, um dann am Ende der Mitose schlagartig (durch Proteolyse bedingt) wieder abgebaut zu werden. Im Verlauf mehrerer Zellteilungen betrachtet scheint das P45 Protein somit regelrecht zu zyklieren, was in seiner Bezeichnung „Cyclin" (CYC) zum Ausdruck kommt. Entsprechend wird P34 (CDC2/CDC28) als cyclinabhängige Kinase oder CDK (cyclin dependent kinase) bezeichnet (Abb. 3.49).

Weitere Analysen haben gezeigt, daß CDC2 in verschiedenen Zellzyklusphasen durch unterschiedliche Cycline aktiviert wird. Somit scheint die Phosphorylierung bestimmter Zielproteine durch phasenspezifische CYC/CDK-Komplexe das wesentliche Element der Zellzyklusregulation in Hefen zu sein. Diese grundsätzliche Aussage wirft drei wichtige Fragen auf: (1) Ist das CYC/CDK-System auf Menschen übertragbar? (2) Wie wird die Aktivität der CYC/CDK-Komplexe reguliert? (3) Welches sind die Zielproteine der cyclinabhängigen Kinasen?

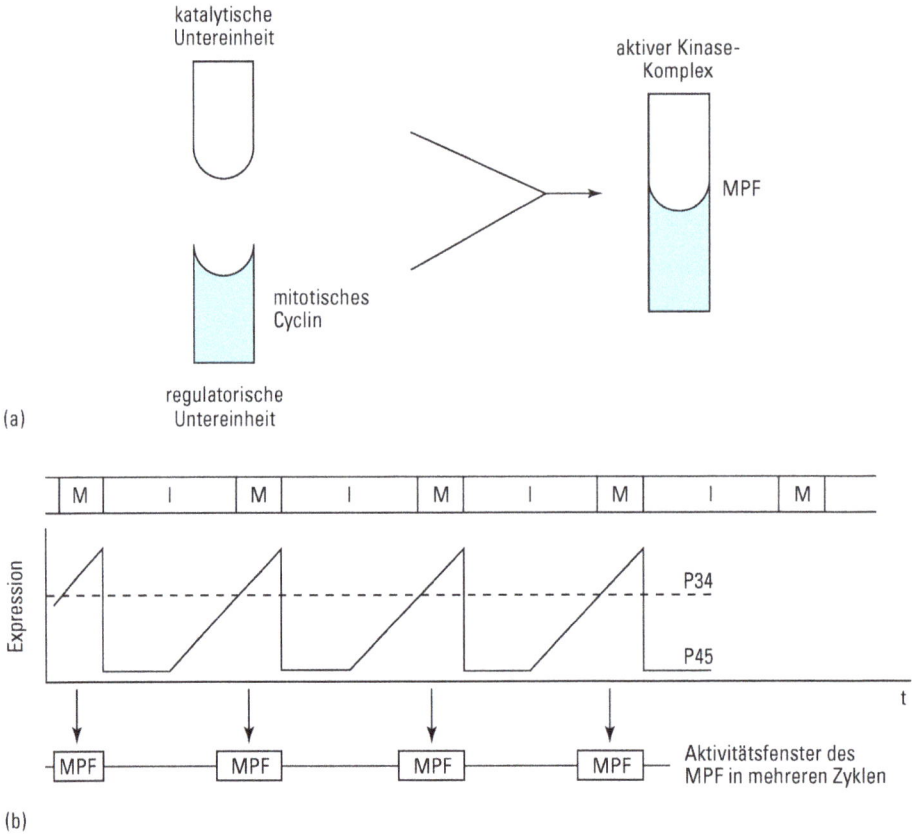

Abb. 3.49 Der „M-phase promoting factor" als Beispiel eines Cyclin-CDK-Komplexes. (a) Der „M-phase-promoting-factor" ist ein Dimer einer Cyclin-abhängigen Kinase als katalytische Untereinheit und des mitotischen Cyclin P45 als regulatorische Untereinheit. (b) Im oberen Teil sind die wechselnden Mitosen und Interphasen mehrerer Zellzyklen skizziert. Darunter sind die Expressionsverläufe der P34 und P45 Untereinheiten des „M-phase-promoting-factors" angegeben. Daraus resultiert das Aktivitätsfenster des aktiven Kinasekomplexes in der Mitose.

3.6.2.1 Cyclinabhängige Kinasen als Motor der Zellzyklusprogression

Wie so oft sind zwar die biologischen Funktionsabläufe beim Menschen ähnlich zu denen in einfachen Eukaryonten, jedoch ist die Komplexität der Regulation dieser Funktionsabläufe beim Menschen wesentlich größer – dieses trifft auch auf die Zellzyklusregulation zu. So besitzen menschliche Zellen nicht nur ein *cdk*-Gen sondern mindestens acht Homologe, von denen die meisten bereits bekannte Funktionen in der Zellzyklusregulation besitzen (Abb. 3.50a). Das menschliche Gen *cdk-1* besitzt die größte Homologie zu *cdc2/cdc28* und wird in Anlehnung an das Spalthefe-Gen als *cdc2* und alle anderen menschlichen cyclinabhängigen Kinase als *cdk*-Gene bezeichnet.

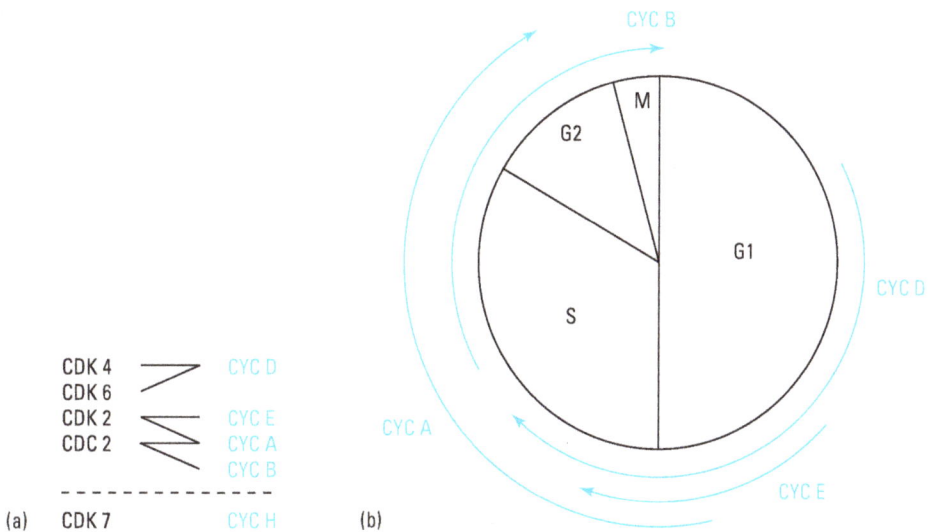

Abb. 3.50 Formation von Cyclin-CDK-Komplexen im menschlichen Zellzyklus. (a) Die verschiedenen Cycline formen nur mit bestimmten Cyclin-abhängigen Kinasen spezifische Komplexe. (b) Das Aktivitätsfenster der unterschiedlichen Cyclin-CDK-Komplexe wird im wesentlichen durch die Verfügbarkeit der unterschiedlichen Cyclinpartner bestimmt. Die Pfeile geben an, zu welchen Phasen des Zellzyklus die einzelnen Cycline als regulatorische Untereinheiten zur Verfügung stehen.

Darüber hinaus finden sich in menschlichen Zellen zahlreiche Cycline, die nur mit bestimmten CDKs in Komplexen gefunden werden können. Abbildung 3.50B zeigt, wann die Cyclin-Kinase-Komplexe im Zellzyklus auftreten. So assoziieren Typ D-Cycline mit CDK4 bzw. -6 und treten früh in G1 auf; später in G1 kommt es dann zur Bildung der CYC-E/CDK2-Komplexe. Am G1/S-Übergang formiert sich ein Komplex aus CDK2 und CYC-A, welches ebenso wie CYC-B in der späten S-Phase sowie in G2 und M auch mit CDC-2 assoziiert ist. Diese Verteilung von CYC/CDK-Komplexen stellt das Grundgerüst der Zellzyklusregulation beim Menschen dar. Aber es ist nicht das Auftreten dieser Komplexe *per se*, welches die Progression im Zellzyklus garantiert, sondern vielmehr ihre Kinaseaktivität, die (ähnlich wie in Hefen) durch zusätzliche Faktoren reguliert wird. So ist die Induktion der verschiedenen Zellzyklusphasen abhängig von dem zeitlich definierten Auftreten aktiver CYC/CDK-Komplexe.

3.6.2.2 Positive und negative Regulatoren von CYC/CDK-Komplexen

Cyclin-abhängige Kinase-Inhibitoren

Cyclin-abhängigen Kinase-Inhibitoren (CKI) sind Proteine, die in der Lage sind, die Aktivität von CYC/CDK-Komplexen negativ zu regulieren (Abb. 3.51). Ihre Überexpression arretiert Zellen in G1, weil keine aktiven CDK-Komplexe mehr

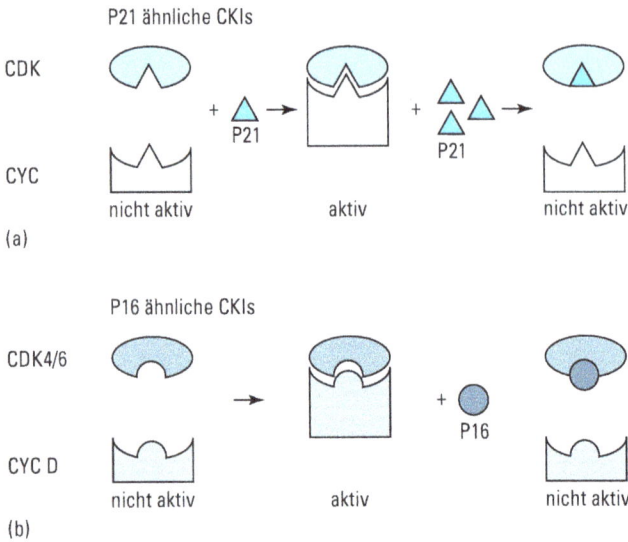

Abb. 3.51 Cyclin-abhängige Kinase-Inhibitoren als Repressoren der Cyclinkinaseaktivität. (a) Die Cyclinkinase-Inhibitoren der P21-Familie (P21, P27 und P57) können alle Cyclin-abhängigen Kinasen inhibieren. Im Gegensatz dazu sind die P16-ähnlichen Cyclinkinasen-Inhibitoren (P15, P16, P18, P19) spezifisch für die Cyclin-abhängigen Kinasen 4 und 6 (CDK 4/6).

vorliegen. P21, P27 und P57 bilden eine Gruppe strukturell verwandter Faktoren, die CDKs inhibieren können. Das *p21* Gen ist ein direktes Zielgen des Tumorsuppressorproteins P53 und P21 ist somit ein wichtiges Effektorprotein der Zellzyklusregulation durch P53 (s. u.). P27 ist typischerweise in G0-Zellen zu finden und wird bei Eintritt in die G1 Phase posttranskriptional kontinuierlich reduziert.

P15, P16, P18 und P19 bilden die zweite Subgruppe von CKIs. Im Gegensatz zu der o. g. Gruppe inhibieren diese Proteine allerdings spezifisch CDK4 und CDK6 durch kompetitive Verdrängung der TypD-Cycline. Die P15-Genexpression wird im Rahmen der Aktivierung antimitogener Signalwege durch den transforming growth-factor-β (TGF-β) hochreguliert. Die p16 Genregion kodiert in einem alternativen Leseraster noch für ein weiteres Protein, P14ARF (P14 alternative reading frame). P14ARF fungiert nicht als CKI, ist aber wichtiges Bindeglied der P53-Aktivierung bei bestimmten Formen des „genomischen Stresses" (siehe Kap. 3.6.4). Über die physiologische Induktion dieser Gruppe von CKIs ist ansonsten wenig bekannt.

Reversible Regulation der CDKs durch Phosphorylierung und Dephosphorylierung

CDKs können durch Phosphorylierung eines spezifischen Tyrosinrestes (Tyr-15 in CDC2) durch die Wee1 Kinase inaktiviert werden (Abb. 3.52). Dieser Vorgang soll sicherstellen, daß CYC/CDK-Komplexe nicht unmittelbar nach ihrer Assoziation aktiviert werden. Von besonderer Bedeutung ist, daß Phosphatasen der CDC25-Familie den Phosphatrest zur Aktivierung der Kinasekomplexe wieder entfernen

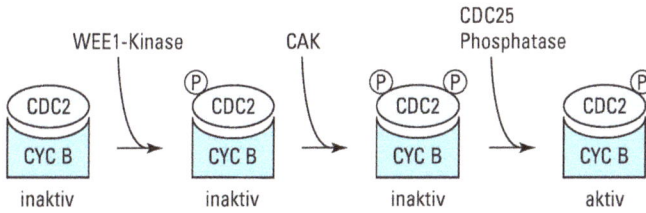

WEE1-Kinase   CAK   CDC25 Phosphatase

CDC2 / CYC B — inaktiv
CDC2 (P) / CYC B — inaktiv
CDC2 (P) (P) / CYC B — inaktiv
CDC2 (P) / CYC B — aktiv

Abb. 3.52 Die Aktivität von Cyclin-CDK-Komplexen kann durch Phosphorylierung und Dephosphorylierung reguliert werden. Sobald sich der Cyclin B/CDC2-Komplex formiert, wird die Cyclin-abhängige Kinase am Tyrosinrest 15 durch die WEE1-Kinase phosphoryliert. Daraufhin führt die CDK-aktivierende Kinase einen weiteren Phosphorylierungsschritt aus, diesmal auf dem Tyrosinrest 161. Erst wenn die CDC25 Phosphatase den Tyrosinrest 15 wieder dephosphoryliert hat, entsteht ein aktiver Cyclin-CDK-Komplex. Die Aktivität der Wee1-Kinase bzw. der CDC25 Phosphatase selbst ist dabei derart Zellzyklus-abhängig reguliert, daß die Aktivierung des Cyclin B/CDC2-Komplexes erst nach Komplettierung der S-Phase erfolgt.

müssen. Es gibt Hinweise darauf, daß bestimmte Faktoren und Signalwege (wie z. B. das Protoonkogenprodukt C-Myc oder das Antimitogen TGF-β) die CDC25-Expression kontrollieren und dadurch direkten Einfluß auf den Aktivitätszustand von CYC/CDK-Komplexen ausüben.

Die Aktivierung von CYC/CDK-Komplexen erfordert neben der o. g. Tyrosin-dephosphorylierung der CDKs auch die Phosphorylierung eines Threoninrestes (161 in CDC2). Die ausführende Kinase ist die CDK-activating-kinase (CAK). Dieses Enzym besteht aus einem Komplex aus Cyclin H und CDK7. Beide Faktoren sind auch Bestandteil des generellen Transkriptionsfaktors TFIIH, in dem sie möglicherweise eine Rolle in der Zellzyklus-abhängigen Transkriptionskontrolle spielen (siehe Kap. 3.1.2). Die Regulation der CAK-Aktivität ist bisher allerdings nur wenig verstanden.

Irreversible Regulation der CDK-Aktivität durch Proteolyse von Zyklinen

Das Beispiel der CDK-Regulation durch die antagonistischen Aktivitäten der Wee1/CDC25 Proteine zeigt die Möglichkeiten eines reversiblen Regulationsprinzips auf. Je nach Signallage kann die Aktivität der Proteine angepaßt werden. Im Gegensatz dazu ist die Proteindegradation eine irreversible Inaktivierung eines Proteins. Diese Form der negativen Regulation bietet vor allem in solchen Situationen Vorteile, wo biochemische Signalwege an einem Punkt angelangt sind nach dem vorher notwendige Faktoren nur noch stören würden.

Eine solche Situation liegt während der Mitose vor (Abb. 3.53). Die Kinaseaktivität der CYC-B/CDC2-Komplexe ist notwendig, um Zellen in die Mitose zu führen. So trägt die CYC-B/CDC2-Aktivität über die Phosphorylierung von Histon H1 zur Kondensierung der Chromosomen (siehe Prophase) und über die Phosphorylierung von nukleärem Lamin zur Auflösung der Kernstruktur vor der Spindelformation (siehe Prophase/Metaphase) bei. In der Telophase jedoch muß es wieder zur Dekondensierung der Chromosomen und Neuausbildung von Kernstrukturen kommen. Anhaltende CYC-B/CDC2-Aktivität hätte zu diesem Zeitpunkt katastro-

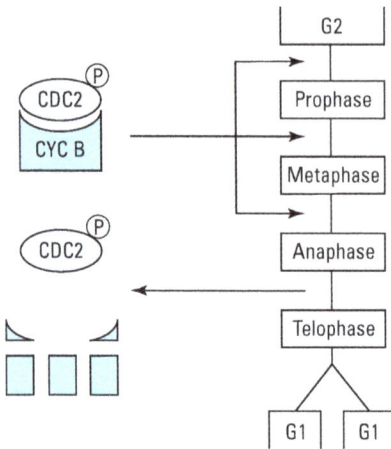

Abb. 3.53　Zielgerichtete Proteolyse von Cyclin B in der späten Mitose. In der rechten Bild-
hälfte ist ein Teil des Zellzyklus skizziert, der die späte G2-Phase mit dem Übergang in die
Mitose sowie den Beginn der G1-Phase der entstehenden Tochterzellen abdeckt. Der durch
Phosphorylierung aktivierte Cyclin B/CDC2-Komplex ist notwendig für die Transition von
Zellen aus der G2-Phase über Prophase und Metaphase in die Anaphase. Im Gegensatz dazu
kann die Progression von der Anaphase zur Telophase nur dann erfolgen, wenn die Cyclin
B/CDC2-Aktivität am Ende der Anaphase inhibiert wird. Dies geschieht, wie durch die
Fragmentierung des Cyclin B-Proteins angedeutet, durch gezielten proteolytischen Abbau
des Cyclinpartners.

phale Folgen und würde den Tod für die Zelle bedeuten. Diese Gefahr wird durch
die Proteolyse von CYC-B und somit der vollständigen Inaktivierung des CYC-B/
CDC2-Komplexes nach der Anaphase gebannt. Die Proteolyse muß dabei auf die
Minute genau einsetzen, denn auch jede verfrühte Zerstörung von CYC-B würde
den Tod der Zelle bedeuten. Dementsprechend existiert ein komplexes Kontrollsystem, das diesen Schritt reguliert. Dieses System muß folgende Leistungen erbringen:
1. Die Identifizierung des abzubauenden Proteins, 2. die zeitlich definierte Markierung dieses Proteins zur Erkennung für den Abbauapparat und 3. die Degradation
des markierten Proteins.

Diese Schritte werden von dem Ubiquitin-Proteasomensystem ausgeführt. Dabei
wird ein abzubauendes Protein durch Anheftung von Ubiquitinresten markiert und
anschließend vom 26S Proteasom abgebaut. Im Gegensatz zu dem unspezifischen
lysosomalen Abbau von Proteinen erlaubt dieses System durch ein komplexes Ineinandergreifen enzymatischer Schritte den zielgerichteten, spezifischen Abbau von
Zellzyklusregulatoren (und anderen Proteinen). Am Beispiel von Cyclin B ist dieses
Proteolysesystem in Abbildung 3.54 dargestellt.

In einem ersten Schritt wird das 76 Aminosäuren große Polypeptid Ubiquitin
(Ub) an seinem C-terminalen Ende durch ein Ub-aktivierendes Enzym (E1) aktiviert.
Diese Aktivierung ermöglicht die Übergabe von Ubiquitinmolekülen an Ubiquitin-
konjugierende (E2) Enzyme. Ein E2-Faktor kann anschließend in Kooperation mit
einem Ub-ligierenden Enzym (E3) den Ubiquitinrest auf ein Zielprotein übertragen.
Ein derartig markiertes Substrat wird durch das 26S Proteasom erkannt und spe-

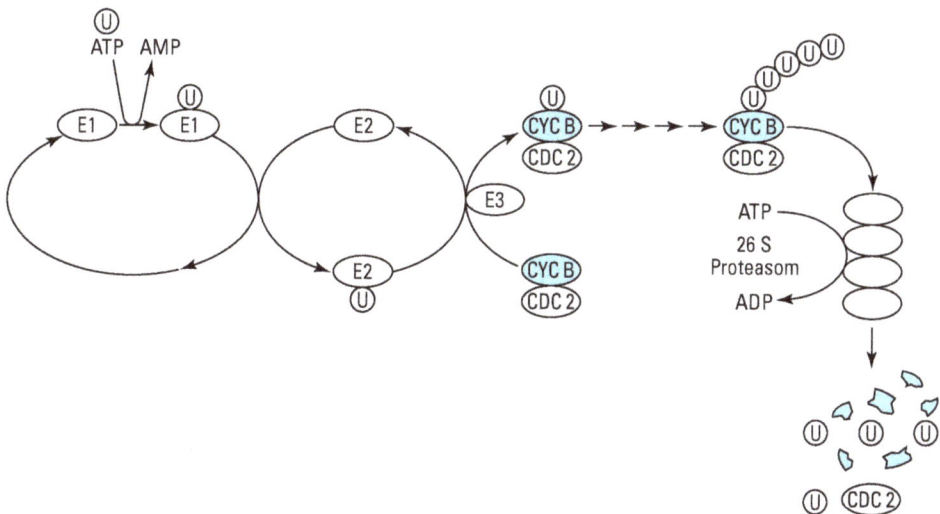

Abb. 3.54 Darstellung des proteolytischen Ubiquitin-Proteasomensystems. Unter Verbrauch von ATP wird Ubiquitin (u) durch ein Ubiquitin-aktivierendes Enzym aktiviert und an ein Ubiquitin-konjugierendes Enzym (E2) weitergegeben. In Kooperation mit einem Ubiquitin-legierenden Enzym (E3) erfolgt die Substrat-spezifische Markierung des abzubauenden Cyclin-Proteins mit dem Ubiquitinmolekül. Die Substratspezifität dieses Vorganges wird gewährleistet durch die sogenannte PEST-Domäne im N-Terminus von Cyclin B sowie durch den Multi-Proteinkomplex E3, der die PEST-Sequenz in Cyclin B spezifisch erkennt. Nach der Anheftung des ersten Ubiquitinrestes erfolgt eine Polyubiquitinierung mit dem anschließenden proteolytischen Abbau dieses Komplexes im 26S Proteasom.

zifisch proteolytisch abgebaut. Insbesondere den E3-Faktoren fällt bei diesem Prozeß die Rolle der Spezifikationsfaktoren zu. E3-Faktoren sind z. T. große Multiproteinkomplexe. Ein Beispiel für eine solche E3-Aktivität ist der „*anaphase promoting complex*" (APC), der u. a. durch den Abbau von Cyclin-B den Übergang von der Anaphase in die Telophase ermöglicht (s. o.).

3.6.3 Die Stimulation des Zellzyklus durch Wachstumsfaktoren

Zellen sind in ihrem Wachstumsverhalten von dem umgebenden Milieu abhängig. Wachstumsfaktoren repräsentieren einen Stimulus, ohne den keine aktivierten CYC/CDK-Komplexe entstehen. Die Zelle verharrt so im Stadium G0. Erst die Gabe von Wachstumsfaktoren (wie z. B. des epidermal-growth factor) führt bei einer kultivierten Fibroblastenzelle wie in Abbildung 3.55 schematisch dargestellt ca. 12 Stunden später zur DNA-Synthese.

Dabei ist die Anwesenheit der Wachstumsfaktoren bis zum Durchlaufen von ca. 2/3 der G1-Phase absolut notwendig, um die S-Phase einzuleiten. Der Entzug von Wachstumsfaktoren bis zu diesem Zeitpunkt führt zu einem Rückfall der Zelle in die G0-Phase. Überschreiten dieses imaginären Zeitpunktes in der Gegenwart von

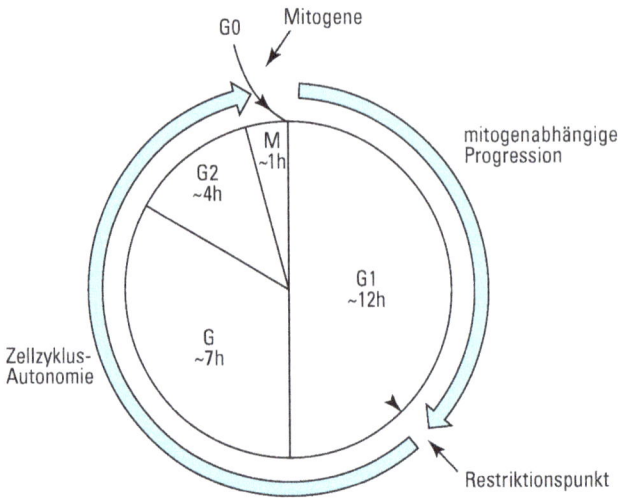

Abb. 3.55   Mitogen-abhängige Aktivierung des Zellzyklus. Mitogene Stimuli, wie Wachstumsfaktoren, fördern den Eintritt von Zellen in den Zellzyklus. Damit es zur DNA-Replikation einer stimulierten Zelle kommen kann, muß der mitogene Stimulus bis spät in der G1-Phase anhalten. Beim Überschreiten des sogenannten Restriktionspunktes beginnt der Mitogen-unabhängige, autonome Abschnitt des Zellzyklus. Das heißt, daß das weitere Fortschreiten im Zellzyklus auch in der Abwesenheit von Wachstumsfaktoren erfolgt.

Wachstumsfaktoren führt hingegen zu einem dann autonomen Fortschreiten des Zellzyklus (Abb. 3.55). Selbst wenn zu einem späteren Zeitpunkt die Wachstumsfaktoren entzogen werden, komplettiert die Zelle den begonnenen Teilungszyklus. Entsprechend wird dieser Zeitpunkt in G1 als Restriktionspunkt bezeichnet.

Diese Beobachtungen werfen zwei entscheidende Fragen auf: 1. Welche Vorgänge starten den Zellzyklus nach der Gabe von Wachstumsfaktoren und 2. welche Ereignisse führen zur Autonomie des Zellzyklus am Restriktionspunkt. Nach dem heutigen Verständnis der Proliferationskontrolle umreißen diese beiden Fragen die essentiellen Vorgänge der Wachstumskontrolle menschlicher Zellen, und hinter ihrer Beantwortung verbirgt sich die Identifizierung von Genen, deren Produkte das Wachstum unserer Zellen regulieren und deren Inaktivierung Grundlage für Zelltransformation und Tumorwachstum ist. So ist die große Mehrzahl aller bis heute identifizierten Proto-Onkogene und Tumorsuppressorgene an der Kontrolle zumindest einer dieser beiden Schritte beteiligt.

3.6.3.1 Der Start des Zellzyklus: Aktivierung der D-Typ Cycline

Wachstumsfaktoren (oder Mitogene) sind in der Regel kleine Moleküle, die als Liganden membranständige Rezeptoren binden. Diese Bindung aktiviert den Rezeptor, der über eine Kaskade von Proteinphosphorylierungen die Aktivierung von Transkriptionsfaktoren induziert (siehe auch Kap. 3.9.2). Dies wiederum führt zu der Expression zellulärer „immediate early response" Gene (IE-Gene), bei denen es sich in der Regel selbst um Transkriptionsfaktoren handelt. Beispiele dafür sind die Faktoren FOS und JUN (siehe Kap. 3.1.2). Typischerweise erfolgt die Aktivierung der IE-Gene innerhalb weniger Minuten nach Gabe der Wachstumsfaktoren (Abb. 3.56). Doch wie binden sich IE-Proteine danach in den Zellzyklus ein?

Die D-Typ Cycline sind die ersten Cycline, die im Zellzyklus exprimiert werden. Der Zeitpunkt ihres Auftretens (ca. 2–4 Stunden nach mitogener Stimulation) sowie die Abhängigkeit ihrer Expression von mitogenen Stimulantien (im Gegensatz zu allen anderen Cyclinen) qualifiziert D-Typ Cycline als Produkte der „delayed early response" Gene (DE-Gene). So führt der Entzug von Mitogenen zum Verlust der CYC D-Expression. Diese Befunde entsprechen den Erwartungen nach dem o. g. Aktivierungsmuster des Zellzyklus bis zum Restriktionspunkt. Obwohl es kürzlich gelungen ist, die Expression von CYC D1 kausal mit der Aktivierung des RAS-Signalweges in Zusammenhang zu bringen (siehe Kap. 3.9.2), ist die transkriptionelle Aktivierung des kompliziert aufgebauten *cyc d1*-Promotors durch IE-Genprodukte wenig verstanden.

Trotzdem wird die medizinische Bedeutung der Anbindung von Wachstumssignalwegen über Cyclin D an den Zellzyklus durch die onkogene Aktivierung zahlreicher Mitglieder dieser Signalwege nachhaltig belegt. Auf praktisch jeder Stufe mitogener Signalwege können aktivierende Mutationen (gain of function mutants) onkogene Potenz entfalten (siehe Kap. 3.9.2). Durch die konstitutive Aktivierung von Poto-Onkogenen wird selbst in der Abwesenheit von Mitogenen ein Wachs-

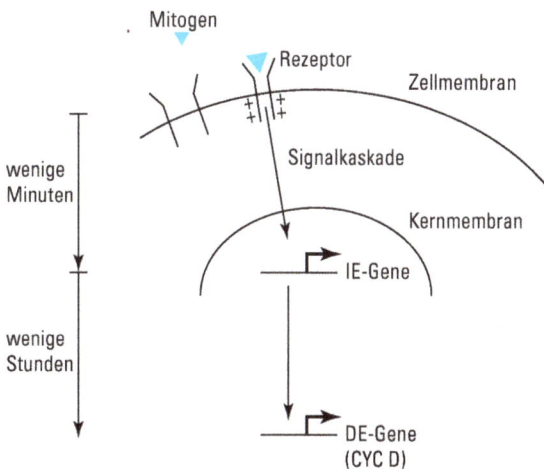

Abb. 3.56 Die Gabe von Wachstumsfaktoren führt zur Expression der Cyclin D Gene. Als Ergebnis der Behandlung nicht-proliferierender Zellen mit Mitogenen können innerhalb weniger Minuten sogenannte „immediate early" Gene (IE-Gene) exprimiert werden. Der Informationsfluß der Mitogene läuft über membranständige Rezeptoren und eine Signalkaskade in den Zellkern (siehe Kap. 3.9.2). „Immediate early" Gene tragen ihren Namen, da sie als unmittelbare Zielstrukturen solcher präformierten Signalkaskaden fungieren. Zelluläre „immediate early" Gene führen dann nach wenigen Stunden zur Aktivierung von Cyclin D, was in diesem Sinne ein „delayed early" Gen (DE-Gen) darstellt. Mit diesem Schritt ist die Aktivierung der G1-Phase eingeleitet.

tumssignal vorgetäuscht und „downstream" der Mutation (d. h. unterhalb des mutierten Faktors in der Signalkaskade) kommt es zur permanenten Aktivierung des Signalweges bis hin zur Expression der IE-Gene, die schließlich mit der (in)direkten Transaktivierung der *cyc d*-Gene den Zellzyklus anschalten. So sind IE-Gene wie *fos* und *jun* seit langer Zeit als Protoonkogene bekannt und auch CYC D1 konnte als potentes Onkogen identifiziert werden (s. u.).

3.6.3.2 Die Regulation des Restriktionspunktes

Der Restriktionspunkt ist ein sogenannter Checkpoint im Zellzyklus. Checkpoints sind imaginäre Zeitpunkte, an denen ein komplexes molekulares Kontrollsystem wirkt, um sicherzustellen, daß eine Zellzyklusphase korrekt abgeschlossen ist, bevor die folgende Phase beginnt. So kann ein Checkpoint-Kontrollsystem durch verschiedene Signale, wie z. B. eine DNA-Schädigung, aktiviert werden. Als Folge wird der Zellzyklus an diesem Kontrollpunkt solange arretiert bis das Signal wieder entfällt. Auf diese Weise kann am Restriktionspunkt sichergestellt werden, daß nur unbeschädigte DNA in der S-Phase repliziert wird und der G2/M Checkpoint soll sicherstellen, daß nur korrekt replizierte DNA auf die Tochterzellen verteilt wird. Der funktionell in menschlichen Zellen wichtigste Checkpoint ist der Restriktionspunkt in G1.

Die klinische Bedeutung der Rb-CYC D-P16-Beziehung am Restriktionspunkt

Das *cyc d1* Gen wurde ursprünglich als amplifiziertes Onkogen in Tumorzellen entdeckt. Entsprechend der *cyc d1* Funktion als limitierender, positiver Regulator von CDK 4/6 gewinnen Zellen dadurch eine größere Wachstumspotenz. Der CDK-Inhibitor P16, ein spezifischer Antagonist der CYC D-CDK 4/6 Kinase, reguliert den Phosphorylierungsgrad der CYC D/CDK 4/6-Zielproteine. Bemerkenswert ist, daß P16 als Tumorsuppressorprotein identifiziert wurde, welches sehr häufig in Tumoren inaktiviert wird.

Das wichtigste bisher entdeckte Substrat der CYC D/CDK4/6 Kinasekomplexe ist das Produkt des Retinoblastomgens (*rb*). *rb* wurde als ein Tumorsuppressorgen identifiziert, welches bei allen Kindern mit einem Retinoblastom inaktiviert vorliegt. Im Laufe der letzten Jahre konnten *rb*-Mutationen in vielen anderen Tumoren gefunden werden (siehe Kap. 6.7.2). Aus diesen Befunden folgte, daß die Deletion des *rb* Gens oder die Hyperphosphorylierung des RB Proteins (als Folge des dejustierten Gleichgewichtes zwischen CYC D/CDK4/6 und P16) ein wachstumsförderndes Signal in Zellen darstellt; hingegen ist die Hypophosphorylierung von RB ein wachstumshemmendes Signal (Abb. 3.57).

Es bleibt festzuhalten, daß der Verlust von *p16* oder *rb* nicht in jeder Zelle unbedingt zum Tumorwachstum führen muß. In der Tat können nur Retinoblastome und möglicherweise noch hereditäre Melanome als fest determinierte Konsequenzen eines erblichen Verlustes von RB bzw. P16 angesehen werden. Für Cyclin D ist bis heute kein Tumor identifiziert worden, der zwangsläufig aus einer Amplifizierung dieses Cyclins hervorgehen würde. Die Inaktivierung von *rb* oder *p16* sowie die Amplifizierung von *cyc d1* stellt jedoch eine wichtige Komponente der multifaktoriellen Genese von Tumoren dar. Kombinationen aus der Amplifikation von Cyclin D und dem Verlust von *rb* bzw. *p16* oder aber aus dem doppelten Verlust von *p16* und *rb* werden in Tumorzellen nicht beobachtet. Somit scheinen RB, CYC D/CDK4/6 und P16 im Gewebe ein und dieselbe Schaltstelle zu regulieren; eines dieser drei Proteine ist in der großen Mehrzahl aller Tumore defekt (Abb. 3.57).

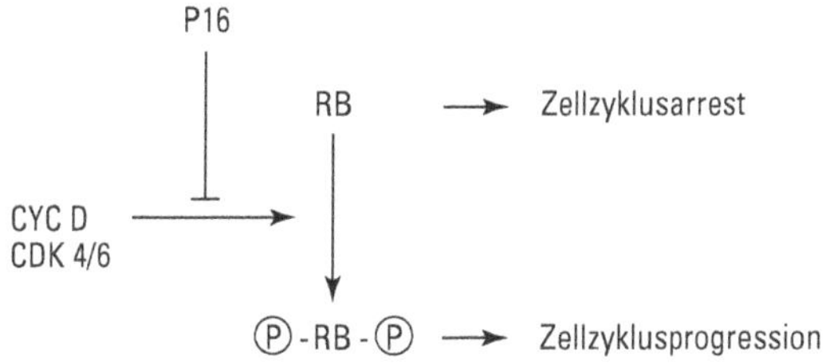

Abb. 3.57 Kontrolle des Zellzyklus am Restriktionspunkt. Cyclin D, P16 und das Retinoblastomprotein (RB) stehen untereinander in Beziehung. Cyclin D induziert die CDK4/6-vermittelte Phosphorylierung von RB und überführt nichtphosphoryliertes RB in die hyperphosphorylierte Form (P-RB-P). Die nichtphosphorylierte Form von RB verhindert die Überschreitung des Restriktionspunktes und führt somit zum Zellzyklusarrest. Die hyperphosphorylierte Form von RB hingegen erlaubt die Überschreitung des Restriktionspunktes und somit die Zellzyklusprogression. Die Inaktivierung von RB durch Cyclin D/CDK4/6-Komplexe kann durch den Cyclinkinase-Inhibitor P16 inhibiert werden. Die physiologische Signifikanz dieser Dreierbeziehung wird durch den Befund bestätigt, daß bei der weitaus größten Zahl menschlicher Tumore mindestens ein Mitglied dieser drei Faktoren dereguliert ist. So führt jeweils die Überexpression von Cyclin D (durch Amplifizierung des Cyclin D Gens) sowie der Verlust von P16 oder RB (durch Gendeletionen oder inaktivierende Mutationen) zu einer Inaktivierung des Restriktionspunktes und folglich einer erhöhten Zellzyklusprogression.

3.6.3.3 Der efferente Schenkel des RB-Signalweges

RB liegt in seiner nicht phosphorylierten Form im Komplex mit dem DNA-bindenden Transkriptionsfaktor E2F vor (Abb. 3.58a). Auf diese Weise wird RB an Promotoren mit E2F-Bindungsstellen rekrutiert, die durch den RB/E2F-Komplex transkriptional reprimiert werden. Diese RB/E2F-Proteinbindung wird durch Phosphorylierung von RB reguliert: In der frühen G1-Phase bindet nichtphosphoryliertes RB E2F und der Komplex fungiert als Repressor von E2F-Zielgenen. Kommt es während der G1-Phase durch die Aktivierung der CDK4/6-Proteine zur Phosphorylierung von RB, zerfällt ein Teil der RB/E2F-Komplexe. Als Resultat werden Gene, die in der frühen G1-Phase durch diesen Komplex reprimiert wurden jetzt exprimiert. Zielgene der E2F-Faktoren kodieren für Proteine mit einer Funktion in der Progression des Zellzyklus von G1 nach S, der Replikation der DNA und der Induktion von Apoptose (Abb. 3.58b).

Insbesondere die Regulierung des Cyclin E Gens (*cyc e*) durch RB/E2F scheint eine wichtige Rolle in der Regulation des Restriktionspunktes zu spielen. So kommt

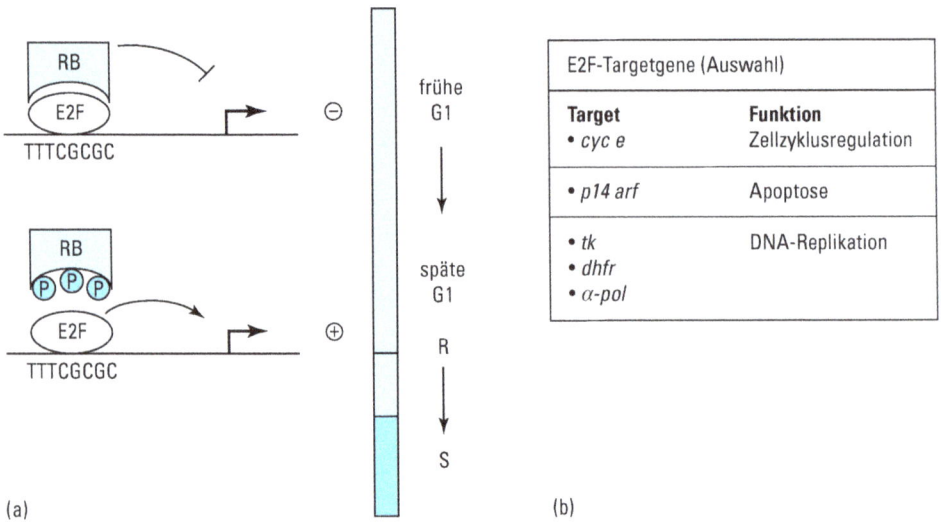

Abb. 3.58   RB ist ein transkriptionaler Repressor von E2F Zielgenen. (a) In seiner unter-phosphorylierten Form bindet RB an den Transkriptionsfaktor E2F. Als Folge werden Gene mit E2F-Bindungsstellen in ihren Promotoren reprimiert (-). Mit Fortdauer der G1-Phase kommt es zur Phosphorylierung von RB. Diese führt zu einer Aufhebung der transkriptionalen Repressoraktivität von RB zum Zeitpunkt des Restriktionspunktes (R). Als Konsequenz wird E2F-abhängige Genexpresison aktiviert (+). (b) Produkte von E2F-Zielgenen übernehmen Funktionen in der Regulation der Zellzyklusprogression, der Apoptose sowie der DNA-Rep-likation (tk, Thymidinkinase; dhfr, Dehydrofolatreduktase; α-pol, DNA Polymerase α).

es im Sinne der o. g. Regulation von E2F-Zielgenen bereits ab der ersten Hälfte der G1-Phase zur steigenden Expression des *cyc e*-Gens. Durch die in dieser Zeit permanent fallende Konzentration des CKI P27 (s. o.) kommt es dann zur Bildung aktiver CYC E/CDK2 Komplexe, für die das RB-Protein ein wichtiges Substrat ist. Dadurch wiederum werden kontinuierlich RB/E2F-Repressorkomplexe zerstört, was in einen sprunghaften Anstieg der CYC E/CDK2-Kinase mündet. Diese positive Rückkopplung markiert einen wichtigen Punkt in G1, nämlich das Umschalten der mitogenabhängigen Inaktivierung von RB durch CYC D/CDK4/6 auf eine mito-genunabhängige Inaktivierung von RB durch CYC E/CDK2 (Abb. 3.59). Der Schei-telpunkt in dieser Enwicklung wird als mögliche Demarkation des Restriktionspunk-tes angesehen und als ein Baustein der Zellzyklusautonomie verstanden. Es soll aber auch betont werden, daß dieses Model nicht auf alle Zellen gleichermaßen zutrifft und die CYC E/CDK2-Kinase auch andere (noch nicht identifizierte) Sub-strate besitzen muß.

In jedem Falle ist der Restriktionspunkt aber der bei weitem wichtigste Wachs-tumskontrollpunkt im Teilungszyklus menschlicher Zellen. Durch das Auftreten der Zellzyklusautonomie sind die im Zellzyklus folgenden Phasen für die Wachstums-kontrolle der Zellen von untergeordneter Bedeutung. Diese Erkenntnis beruht ins-besondere auch auf in der Medizin gesammelte Erfahrungen, nach denen zellzyk-lusregulierende Proteine mit transformierender Kapaziät eindeutig auf die Zeit bis zum Restriktionspunkt entfallen.

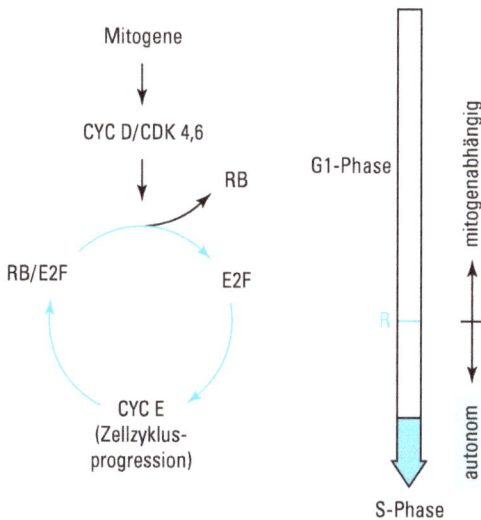

Abb. 3.59 Modell für die Entstehung der autonomen Zellzyklusprogression. Die Mitogen-abhängige Induktion von Cyclin D inaktiviert den RB/E2F Repressorkomplex. Am Restriktionspunkt kommt es nach Freisetzung von E2F zur transkriptionalen Aktivierung des Cyclin E-Gens. Cyclin E trägt durch weitere Phosphorylierung von Rb zu dessen Inaktivierung bei. Dieser positive Feedback-Mechanismus ist eine mögliche Erklärung der autonomen, Mitogen-unabhängigen Zellzyklusprogression nach Durchschreiten des Restriktionspunktes.

3.6.4 P53-abhängige Zellzykluskontrolle

Das P53 Protein trägt den Beinamen „Guardian of the Genome" (Wächter des Genoms). Dies verweist auf die Fähigkeit von P53 am Schnittpunkt zweier Signalwege positioniert zu sein, die jeweils Informationen über genomischen Streß an dieses Protein vermitteln (Abb. 3.60). Als genomischer Streß soll in diesem Sinne einmal die direkte Schädigung von DNA durch UV- oder γ-Strahlung sowie durch genotoxische Substanzen wie z. B. die Chemotherapeutika Methotrexat oder Etoposid verstanden werden. Zum anderen ist damit die pathologische Aktivierung einzelner Onkogene gemeint, die einen isolierten Reiz zur Zellzyklusaktivierung (und damit der Replikation des Genoms) darstellen, ohne dabei in das komplette physiologische Programm der mitogenen Aktivierung integriert zu sein. Als „Wächter des Genoms" ist es die physiologische Funktion von P53 die Zelle bzw. den Organismus vor den möglichen Konsequenzen des genomischem Stresses zu schützen.

So könnten DNA-Schäden zur Anreicherung potentiell gefährlicher Mutationen in den unterschiedlichsten Genen führen und auf diese Weise zu der Transformation von Zellen beitragen. Die Aktivierung von Onkogenen (oder Inaktivierung von Tumorsuppressorgenen) würde proliferative Signale direkt an den Zellzyklus weiterleiten und somit ebenfalls die Transformation von Zellen begünstigen. Um dies zu verhindern, wird P53 nach genomischem Streß hochreguliert und durch P53 ein entsprechendes Schutzprogramm induziert. Die Tatsache, daß P53 in über 50 %

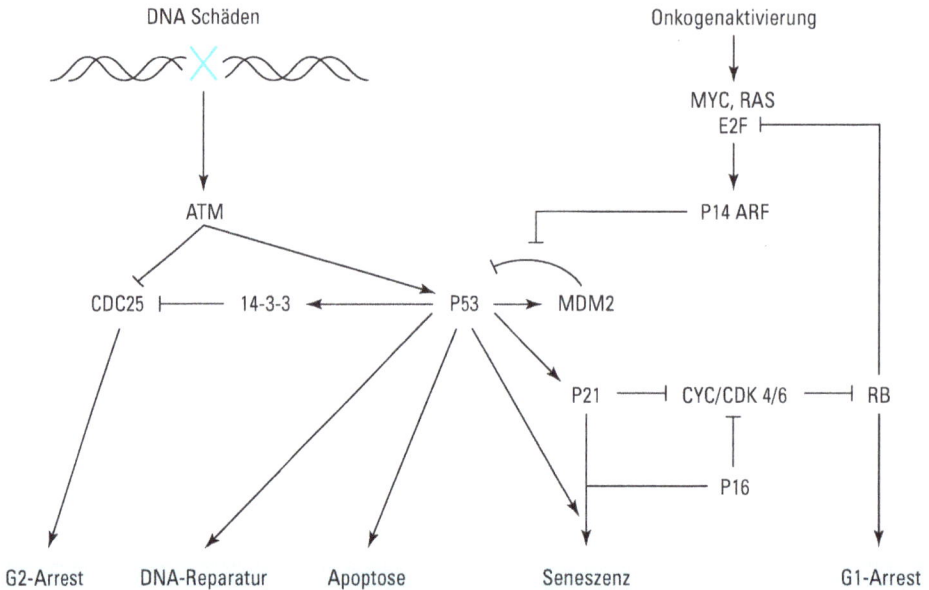

Abb. 3.60 P53-abhängige Zellzykluskontrolle. Für die Anbindung von P53 an die Regulation der DNA-Reparatur und Apoptose siehe Kapitel 3.7.5 und 3.8.5.

aller menschlichen Tumore inaktiviert ist und damit das am häufigsten betroffene Gen in der Onkologie überhaupt darstellt, scheint die Bedeutung der P53 Funktion für die Zelle in diesem Sinne zu bestätigen.

Die verschiedenen Signalwege zur Erfassung des genomischen Stresses bzw. die P53-vermittelten Gegenmaßnahmen berühren eine Vielzahl wichtiger biologischer Regelkreisläufe und sind in Abbildung 3.60 zusammenfassend dargestellt. P53 liegt in der Zelle in geringsten Konzentrationen vor, was hauptsächlich daran liegt, daß es in seiner Funktion als Transkriptionsfaktor die Aktivierung des Gens *mdm2* verursacht, dessen Produkt wiederum das P53 Protein inaktiviert. Diese MDM2-vermittelte Inaktivierung erfolgt über die Induktion des proteolytischen Abbaus von P53 über den Ubiquitin-Proteasomen-Weg. Aus diesem negativen Rückkopplungsweg resultiert eine unter physiologischen Umständen äußerst sensitive Regulation der Menge an P53 in der Zelle.

Nahezu alle Funktionen und Dysfunktionen von P53 sind auf ein geändertes Gleichgewicht dieser P53/MDM2-Interaktion zurückzuführen. So ist *mdm2* in verschiedenen Tumoren als (amplifiziertes) Onkogen identifiziert worden, welches einen Verlust der effektiven Anreicherung von P53 nach genomischem Streß bedeutet. Ebenso führen inaktivierende Punktmutationen in P53 in der Regel zu einem Verlust der Aktivierung von P53 Zielgenen. Daraus wiederum resultiert die in vielen Tumoren gefundene große Menge an funktionsuntüchtigem P53, das mangels der *mdm2*-Transaktivierung nicht degradiert wird.

3.6.4.1 Kontrollfunktionen von P53 bei DNA-Schäden

Ein wichtiger Schritt bei der Identifizierung von geschädigter DNA in der Zelle ist
die Aktivierung einer Familie von Kinasen zu denen auch das Tumorsuppressorprotein ATM gehört (siehe Kap. 3.7.4). Mitglieder dieser Familie haben u. a. zwei
wichtige Substrate: P53 (direkt) und CDC25 (indirekt). Durch die Phosphorylierung
des P53 Proteins wird seiner Interaktion mit MDM2 entgegengewirkt, und durch die
Anreicherung von P53 kommt es zur transkriptionellen Aktivierung von primär
zwei P53 Zielgenen. Einerseits ist dies das CKI-Gen *p21*, welches durch die Inaktivierung der CYC D/E Interaktion mit CDKs zu einer Arretierung des Zellzyklus
in G1 führt. Das zweite P53 Zielgen ist *14-3-3*, welches spezifisch die durch die ATM-
Familie phosphorylierte Form von CDC25 inaktiviert. Der CYC B/CDC2-Komplex
muß durch die Funktion der CDC25 Phosphatase vor Eintritt in die Mitose aktiviert
werden (siehe Kap. 3.6.2). Infolge die Inaktivierung von CDC25 durch 14-3-3 verharren die betroffenen Zellen in der G2-Phase des Zellzyklus.
   Auf diese Weise wird nach DNA-Schädigung der Zellzyklus in G1 und G2 unterbrochen. Diese Unterbrechung erlaubt der Zelle, die DNA-Schäden zu reparieren
(siehe Kap. 3.7.5) und auf diese Weise sicherzustellen, daß nur intakte DNA repliziert
und auf die Tochterzellen verteilt wird.

3.6.4.2 Der P53-induzierte G1-Kontrollpunkt nach Onkogenaktivierung

Die isolierte Onkogenaktivierung führt nicht nur zu einer Induktion des Zellzyklus,
sondern auch zur (ungewollten) Aktivierung einer Wachstumssicherung. Diese Si-
cherung wird durch die Aktivierung des Gens *p14arf* durch dieselben Onkogenprodukte ausgelöst. Das P14ARF Protein ist ein direkter Inhibitor von MDM2, was
wiederum zu einer Steigerung des P53 Proteins führt. Ähnlich wie im DNA-Schaden-
Signalweg führt dies über die Aktivierung von P21 zu einer Inhibition der CYC-D/E
aktivierten CDKs und einem G1-Arrest. Wie der P53-vermittelte G1-Arrest bei physiologischen Wachstumssignalen vermieden wird, ist bisher nicht bekannt. Es ist
aber besonders bemerkenswert, daß durch die genomische Kopplung der *p16* und
p14arf Gene von einem chromosomalen Abschnitt zwei Inhibitoren exprimiert werden, die die beiden wichtigsten Tumorsuppressorgene, nämlich *p53* und *rb*, regulieren
können (Abb. 3.61).

3.6.4.3 P53-vermittelte Apoptose und vorzeitige Zellalterung

Neben der Zellzyklusarretierung in G1 und G2 kann P53 nach genomischem Streß
auch zwei weitere Schutzfunktionen aktivieren: die Induktion der Apoptose (programmierter Zelltod, siehe Kap. 3.8.5) und der Seneszenz (vorzeitige Zellalterung)
(Abb. 3.60). Möglicherweise sind dies Maßnahmen nach irreparablen DNA-Schäden
oder massiver Onkogenaktivierung.
   Die Seneszenz ist ein auf molekularer Ebene wenig verstandener Vorgang des
natürlichen Alterungsprozesses von Zellen. Entsprechend wird die P53-vermittelte
Seneszenz auch als „vorzeitig" (premature senescence) angesehen. So werden nor-

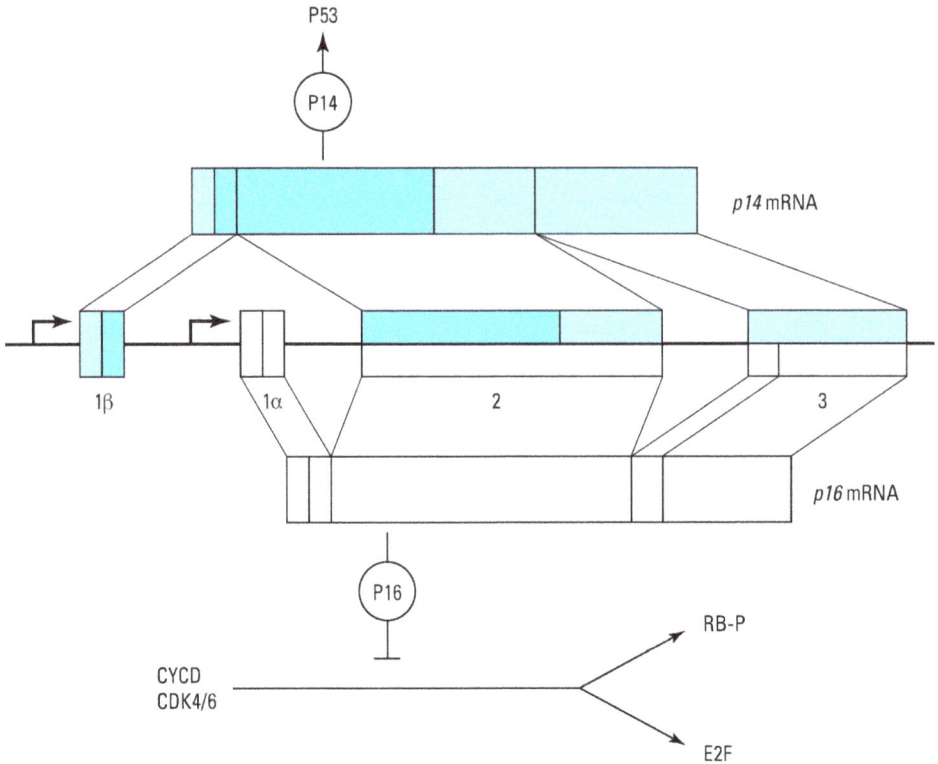

Abb. 3.61   Die Produkte des P16 INK4A/P14ARF Genlocus. In einem für das menschliche Genom bislang einzigartigen Beispiel kodiert der Locus 9p21 in zum Teil überlappenden Leserastern für P14ARF und P16INK4A. P16INK4A inaktiviert als Cyclinkinase-Inhibitor CDK4/6, was zu einem Zellzyklusarrest in G1 führt. P14ARF hingegen aktiviert das Tumorsuppressorprotein P53, welches dann über die Aktivierung des Cyclinkinase-Inhibitors P21 ebenfalls zum G1-Arrest am Restriktionspunkt führt.

male Zellen durch die Überexpression des *ras*-Onkogens nicht etwa transformiert, sondern reagieren in Anwesenheit von funktionellem P53 auf die Gefahr der Transformation mit einem irreversiblen Teilungsstop. Seneszenz zeichnet sich auf der Zellzyklusebene durch die hohe Expression von P53, P21 und P16 aus, also von Faktoren, die in dieser Kombination den Zellzyklus in allen Phasen arretieren können. Erst die zusätzliche Expression eines weiteren Onkogens (wie z. B. von *myc*) in den selben Zellen führt zum Verlust der P53-abhängigen Seneszenz und schließlich zu ihrer Transformation.

3.6.4.4 P53: „Pannenhilfe" für den RB-Signalweg

Diese Versuche verdeutlichen eine wichtige Erkenntnis der Tumorbiologie: Normale Zellen können mit genetisch determinierten Schutzprogrammen auf potentiell transformierende Ereignisse reagieren und diese damit abwehren. Erst wenn es zu meh-

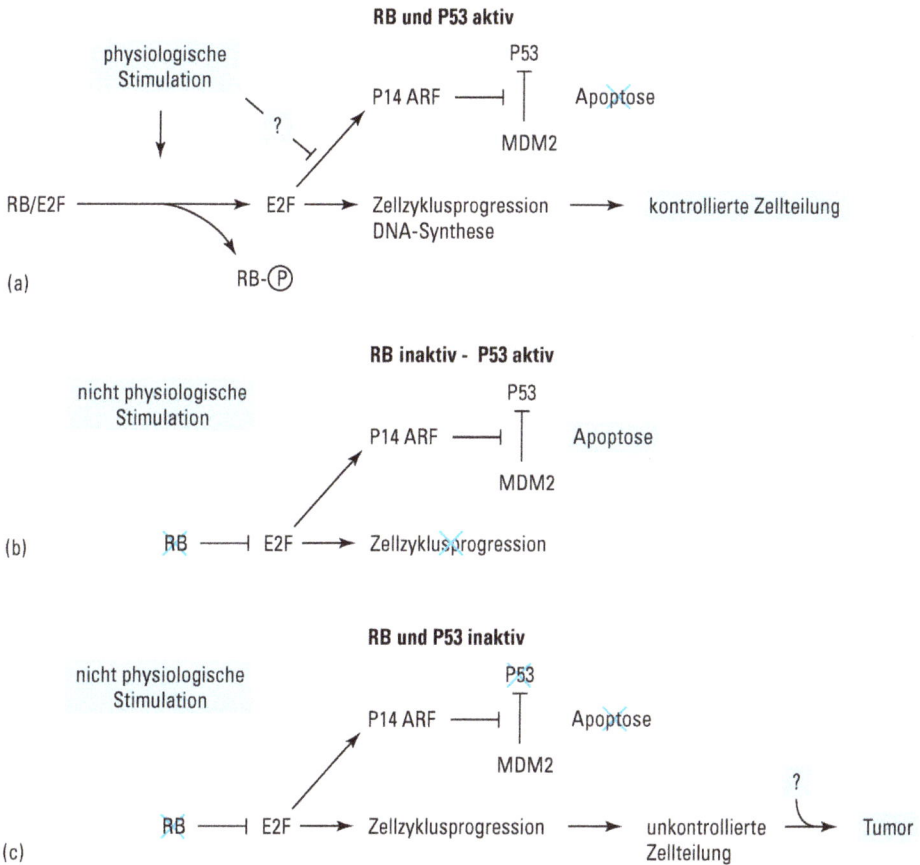

Abb. 3.62 P53-„Pannenhilfe" für den RB-Signalweg. (a) Während einer physiologischen Wachstumsstimulation kommt es zur Phosphorylierung von RB und damit zur Freisetzung von E2F. Entsprechend führt diese zur Zellzyklusprogression und DNA-Synthese. Gleichzeitig muß die Aktivierung des proapoptotischen Signalweges von E2F über P14ARF und P53 unterdrückt werden. So kommt es nicht zur Apoptose, sondern einem kontrollierten Zell-wachstum. (b) Kommt es durch den Ausfall des Retinoblastomproteins zu einem nicht-phy-siologischen Wachstumsstimulus, führt die Derepression von E2F zur Aktivierung des pro-apoptotischen Signalweges. In der Gegenwart von intaktem P53 wird deshalb Apoptose aus-gelöst, die ein unkontrolliertes Proliferieren von Zellen verhindert. (c) Kommt es durch den Ausfall von RB zu einem nicht-physiologischen Wachstumsstimulus in der Abwesenheit von aktivem P53, so aktiviert E2F zwar den proapoptotischen Signalweg über P14ARF, jedoch kommt es aufgrund des Funktionsverlustes von P53 nicht zur Apoptose. In dieser Situation kann die von E2F eingeleitete Zellzyklusprogression unkontrolliert weiterlaufen. Als Folge kommt es zu einem autonomen Zellwachstum, welches sich durch weitere Faktoren begünstigt zu einem Tumorwachstum entwickeln kann. Diese Modellvorstellung soll verdeutlichen, wie sich die Zelle gegen einen Ausfall des RB-Proteins am Restriktionspunkt zu schützen versucht. Erst wenn der Schutzmechanismus (P53) ebenfalls inaktiviert ist, kommt es zur unkontrol-lierten Proliferation von Zellen. Die physiologische Relevanz dieser Modellvorstellung wird dadurch belegt, daß in zahlreichen Tumoren der Signalweg des RB Proteins zusammen mit dem *p53*-Gen inaktiviert ist.

reren solcher Ereignisse pro Zelle gekommen ist, erschöpft sich das Abwehrpotential der Zelle, und es kommt zu ihrer Transformation. Ein Beispiel für einen solchen Aktions-Reaktions-Vorgang im Rahmen der multifaktoriellen Tumorgenese stellt die Pannenhilfe-Funktion von P53 für den RB-Signalweg im Zellzyklus dar (Abb. 3.62).

In fast allen Tumoren ist die RB-Funktion direkt oder indirekt dereguliert. Der daraus resultierende Verlust der transkriptionalen RB/E2F-Repressorfunktion führt aber solange nicht zur Induktion der Zellproliferation, wie die gleichzeitige durch E2F-vermittelte Aktivierung von P53 (über P14ARF) zur Apoptose der Zellen führt. Sollte jedoch der Verlust der RB-Funktion in Zellen auftreten, die bereits kein funktionsfähiges P53 mehr aufweisen, käme die proliferative Funktion von E2F zum Tragen. Tatsächlich weisen viele Tumoren eine Kombination von P53 Mutationen und dereguliertem RB auf.

Ein weiteres Beispiel für die Kooperation der Tumorsuppressorproteine P53 und RB stammt aus der Virologie. Die onkogenen Adeno- und Papillomviren benötigen die S-Phase der Wirtszelle, um ihre DNA replizieren zu können. Deshalb besitzen Sie jeweils ein Protein (E1A bzw. E7), welches RB direkt inaktiviert, damit es zur Induktion der S-Phase der Wirtszellen kommen kann. Da aber auch in solchen Zellen der P53-Pannenhilfe-Mechanismus greift, haben die Viren über ein zweites Protein (E1B bzw. E6) die Fähigkeit entwickelt, die P53-Funktion zu inaktivieren. E1B ist ein Homolog des antiapoptotischen BCL-2 Proteins, und E6 führt zur direkten Proteolyse von P53.

Gerade die Tatsache, daß RB und P53 in zwei völlig unabhängigen biologischen Systemen, nämlich der Zellzykluskontrolle und dem Replikationszyklus kleiner DNA-Viren, als limitierende Faktoren Ziel von Inaktivierungsschritten werden, belegt eindrucksvoll die herausragende Bedeutung dieser beiden Tumorsuppressoren für die Wachstumskontrolle menschlicher Zellen und identifiziert sowohl RB als auch P53 als zentrale, kooperativ wirkende Regulatoren des Zellzyklus.

3.7 DNA-Reparatur

Die Entstehung autonomen Zellwachstums erfordert mehrere somatische Mutationen in Genen, deren Produkte in die Regulation der Wachstumskontrolle eingreifen. Mutationen entstehen, weil die DNA, wie alle anderen Makromoleküle, instabil ist. Allein aufgrund physiko-chemischer Gesetzmäßigkeiten treten täglich Läsionen, wie z.B. die Desaminierung von Cytosinen oder der Bruch einer Phosphodiesterbrücke im Zuckerphosphatrückgrat auf. Im Gegensatz zu kurzlebigen Molekülen besteht die DNA solange eine Zelle existiert, und DNA-Schäden können mit der Zeit akkumulieren und als Mutationen an Tochterzellen weitervererbt werden. Um so erstaunlicher ist es, daß am Ende der üblichen Lebensspanne einer normalen Zelle nur wenige manifestierte Mutationen gefunden werden. Eine Erhöhung der Mutationsrate scheint somit eine der Voraussetzungen für die maligne Transformation einer Zelle zu sein.

Eine mutationsfördernde Wirkung haben auf der einen Seite exogene Noxen wie kurzwelliges Sonnenlicht, ionisierende Strahlen und eine Reihe chemischer Mutagene. Auf der anderen Seite kann es zum Ausfall von Genen kommen, die an der Reparatur von DNA-Schäden beteiligt sind. Letztere können unterteilt werden in Sicherungssysteme, die sogenannten Checkpoints (siehe dazu auch Kap. 3.6.3.2), die den Zellzyklus arretieren, bis DNA-Läsionen repariert werden und die DNA-Reparatursysteme selbst, die unmittelbar für die Beseitigung der DNA-Läsionen verantwortlich sind. Abbildung 3.63 zeigt eine Übersicht von DNA-Läsionen und ihre Häufigkeit.

Die Verschiedenartigkeit der DNA-Läsionen erfordert entsprechend unterschiedliche Reparatursysteme. Grundsätzlich kann man zwischen zwei Gruppen von Reparatursystemen unterscheiden. Von der ersten Gruppe werden solche Läsionen korrigiert, welche auf einen Strang der DNA-Doppelhelix begrenzt sind, dabei kann

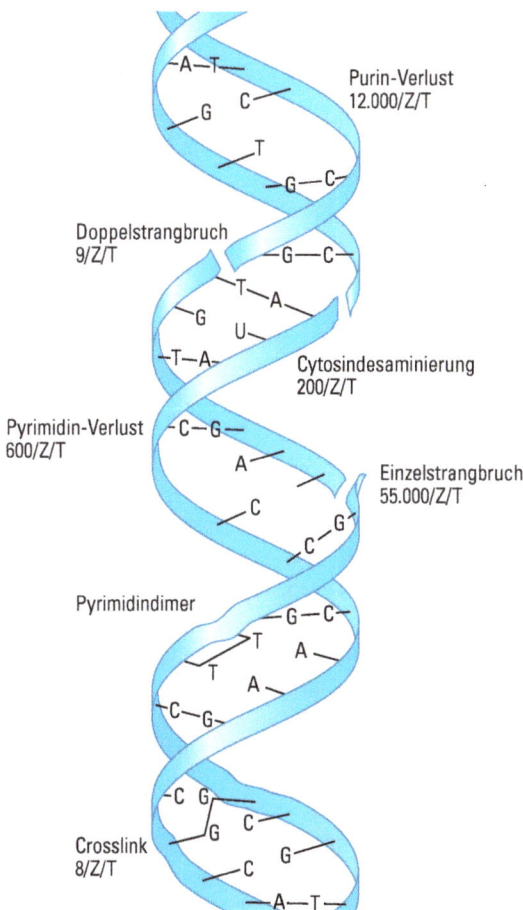

Abb. 3.63 DNA Schäden. Einige der spontan auftretenden bzw. durch die Umwelt bedingten Schäden der DNA-Doppelhelix sind schematisch dargestellt mit ihrer durchschnittlichen Häufigkeit pro Zelle (Z) und pro Tag (T).

der intakte komplementäre Strang während des Reparaturvorganges als Matrize dienen. Zu den Reparatursystemen dieser Gruppe gehören a) die Nukleotid-Exzisionsreparatur (NER), bei der ein ganzes Nukleotid (oder mehrere) aus dem DNA-Strang entfernt wird, b) die Transkriptions-gekoppelte Reparatur, die praktisch eine NER von aktiv transkribierten Genen darstellt, sowie c) die Basenfehlpaarungs- und d) Basen-Exzisions Reparatursysteme, die primär durch einen Basendefekt aktiviert werden. Die Reparatursysteme der zweiten Gruppe korrigieren DNA-Doppelstrangbrüche. Dabei können Doppelstrangenden entweder direkt fusioniert oder die Defekte unter Einbeziehung der homologen Rekombination repariert werden.

Erkrankungen, die aus dem Funktionsausfall von Reparatursystemen resultieren, werden als genetisch bedingte Reparaturdefekte bezeichnet; die wichtigsten sind in Tabelle 3.7 aufgelistet und werden im folgenden ausführlicher besprochen. Meistens handelt es sich dabei um Erkrankungen mit autosomal-rezessiven Erbgängen, die sich bei homozygoten Trägern phänotypisch durch eine genetische Instabilität und eine (z. T.) ausgeprägte Prädisposition für Krebs manifestieren. Bei einigen dieser Erkrankungen gibt es Grund zur Annahme, daß auch die Heterozygoten ein überdurchschnittliches Krebsrisiko zeigen. Der Zuweisung zu einer der Krankheitsgruppen liegt in der Regel eine besondere Empfindlichkeit von Patienten gegenüber bestimmten Mutagenen zugrunde. Dabei können die entstandenen Defekte bei manchen Chromosomenbruchsyndromen (wie z. B. der Fanconi Anämie oder der *Ataxia teleangiectasia*) direkt im Mikroskop nachgewiesen werden. Bei anderen Erkrankungen, wie z. B. der *Xeroderma pigmentosum*, kann eine fehlende Reparaturleistung nur experimentell nachgewiesen werden.

Es wird geschätzt, daß über 200 Proteine direkt oder indirekt an der DNA-Reparatur beteiligt sind. Wie aus Tabelle 3.7 ebenfalls hervorgeht, sind für viele der aufgelisteten Erkrankungen bereits betroffene Gene identifiziert worden. Dabei fällt auf, daß entsprechend der angedeuteten Komplexität von Reparatursystemen einer Erkrankung Defekte in unterschiedlichen Genen zugrunde liegen können. So kommt es z. B. zur Ausbildung der Fanconi Anämie (FA), wenn mindestens eines von acht sicher definierten Genen (*fanca-fanch*) ausfällt. Diese Tatsache ist bereits seit langem bekannt, ohne daß jedes dieser Gene bis heute auch identifiziert werden konnte: Es gelang nämlich, Zellen von FA Patienten zu gewinnen und den Reparaturdefekt dieser Zellen durch Verschmelzen mit Zellen anderer FA Patienten zu korrigieren. Durch den Verschmelzungsvorgang wird das Genom zweier Zellen vereinigt, so daß die resultierende Zelle neben dem defekten Gen der einen Ausgangszelle auch das intakte Gen der anderen Ausgangszelle besitzt: der Gendefekt wurde komplementiert. Auf das Beispiel der Fanconi Anämie angewandt heißt das, daß der Reparaturdefekt in Zellen mit einem Funktionsverlust des mutmaßlichen *fanca*-Gens nicht durch Verschmelzung mit Zellen von anderen *FancA* Patienten, wohl aber durch Verschmelzung mit Zellen der Patientengruppen B bis H korrigiert werden kann. Die derartige Charakterisierung zahlreicher Fanconi-Zellinien führte zu der Erkenntnis, daß es mindestens acht sogenannte Komplementationsgruppen bei der Fanconi Anämie gibt. Man geht davon aus, daß jeder Komplementationsgruppe der Defekt eines unterschiedlichen Gens zugrunde liegt.

Die Verfügbarkeit von Zellinien unterschiedlicher Komplementationsgruppen erlaubt aber nicht nur die Charakterisierung molekulare Subtypen einer Erkrankung, sondern eröffnet auch die Möglichkeit der Klonierung betroffener Gene. So kann

Tab. 3.7 Einige genetisch bedingte Erkrankungen mit Beteiligung von DNA-Reparatur-Vorgängen

Erkrankung	Hauptmerkmale		Erbgang	Häufigkeit	Gen	Funktion
	Klinisch	Zellulär				
Xeroderma pigmentosum	Sonnenlicht-Überempfindlichkeit; Hauttumoren	Defekte Nukleotid-Exzisionsreparatur (NER)	autosomal rezessiv	1 : 200 000	7 Gene xpa-xpg	NER-Proteine; Läsion-Erkennung; Helicase; Endonucleasen
Cockayne Syndrom	Sonnenlicht-Überempfindlichkeit; Minderwuchs	Defekte Kopplung der NER zur Transkription	autosomal rezessiv	selten, ohne sichere Angaben	csa und csb	Kopplungsproteine
Fanconi-Anämie	Knochenmarkversagen; Panzytopenie; Skelettfehlbildungen	Chromosomenbrüche insbesondere durch bifunktionellen Alkylantien	autosomal rezessiv	1 : 350 000	8 Gene $fanca$ – $fanch$	unbekannt; Crosslink-Reparatur?; Zellzyklus?
Bloom Syndrom	Wachstumsverzögerung; Immundefekte; Prädisposition für Leukämien und anderen Tumoren	Schwesterchromatid Austäusche	autosomal rezessiv	selten, ohne sichere Angaben	blm	DNA-Helicase; DNA Replikation
Ataxia telangiectasia	Ataxie; Immuninsuffizienz; Lymphome und Leukämien	Chromosomenbrüche insbesondere nach ionisierenden Strahlen	autosomal rezessiv	$\leq 1 : 100 000$	atm	Signalübertragung?; Doppelstrangbruch Reparatur?
Nijmegen Breakage Syndrom	Immuninsuffizienz; Mikrozephalie; Lymphome	Chromosomenbrüche insbesondere nach ionisierenden Strahlen	autosomal rezessiv	selten, ohne sichere Angaben	$nbs1$	Doppelstrangbruch Reparatur
Li-Fraumeni Syndrom	multiple Tumoren	fehlende Zellzykluskontrolle nach Mutagenbehandlung	autosomal dominant	selten, ohne sichere Angaben	$p53$	Transkriptionsfaktor; Genomschutz
HNPCC	Tumoren des Dickdarms	DNA-Instabilität	autosomal dominant		$msh2$ $mlh1$	Reparatur von Basen-Fehlpaarungen

die Korrektur nicht identifizierter Gendefekte einer bestimmten Komplementationsgruppe nicht nur über Zellfusion erfolgen, sondern auch über die Einschleusung von Chromosomen, Chromosomenabschnitten oder Kandidatengenen in die defizienten Zelle. Über diesen Weg kann der Gendefekt kartiert und das krankheitsverursachende Gen über seine chromosomale Position kloniert werden. Auf diese Weise gelang z. B. die Identifizierung der *fanca-* und *fancc*-Gene (s. u.).

3.7.1 Fehler der Nukleotidstruktur

Unter der Einwirkung von UV-Licht (exogene Noxe) kommt es in den sonnenexponierten Stellen der Haut vermehrt zur Ausbildung von Strahlenschäden wie z. B. Pyrimidindimeren (Abb. 3.63). Diese können nicht mehr an der komplementären Basenpaarung teilnehmen und stören so die Struktur der DNA-Doppelhelix. Während der DNA-Replikation werden in der Regel Adenine gegenüber einem Pyrimidindimer in den neusynthetisierten Strang eingebaut. Damit sind die selteneren Cytosin-Thymin-Dimere weitaus mutagener als die häufiger auftretenden Thymin-Thymin-Dimere. Einen wesentlichen Beitrag zum Verständnis der Reparatur von UV-induzierten DNA-Schäden leistete die molekulare Charakterisierung von zwei seltenen Krankheitsbildern: der *Xeroderma pigmentosum* und dem Cockayne Syndrom.

3.7.1.1 Nukleotid-Exzisionsreparatur: *Xeroderma pigmentosum*

Xeroderma pigmentosum (XP) ist eine Hauterkrankung, bei der sich betroffene Patienten durch eine Sonnenlichtüberempfindlichkeit mit Hyper- und Depigmentierung der sonnenexponierten Haut auszeichnen. Es entwickeln sich zahlreiche Präkanzerosen: Die Inzidenz von Hauttumoren ist gegenüber dem Bevölkerungsdurchschnitt 2000-fach erhöht.

Der erste Schritt zur Aufklärung der molekularen Defekte bei dieser Erkrankung bestand in Komplementationsanalysen, so wie sie oben bereits für die Fanconi Anämie beschrieben wurden. Dabei wurde festgestellt, daß es insgesamt sieben Komplementationsgruppen bei XP gibt. Die diesen Komplementationsgruppen zugrundeliegenden sieben Gene werden als *xpa – xpg* bezeichnet und sind bereits alle kloniert worden. Die strukturelle und funktionelle Charakterisierung dieser Gene weisen weitläufige Homologien zu den Reparatursystemen von UV-Läsionen bei *E. coli* auf. Dies zeigt die hochgradige Konservierung dieses wichtigen DNA-Reparatursystems. Das Prinzip der Nukleotid-Exzisionsreparatur (NER) ist in Abbildung 3.64 dargestellt.

Die UV-induzierten Läsionen werden durch die XPC-, XPA- und XPE-Proteine identifiziert und mit hoher Affinität gebunden. Zu diesem Komplex treten XPB und XPD. Diese Proteine sind Helikasen, die den DNA-Doppelstrang entwinden können. Die geöffnete Doppelhelix wird durch ein abundantes und nicht XP-spezifisches DNA-Einzelstrang bindendes Protein stabilisiert. Die Exzision des die Mutionen beinhaltenden Fragmentes wird von Endonukleasen durchgeführt. Auf der 3′-Seite der Läsion geschieht dies durch XPG und auf der 5′-Seite durch einen Komplex

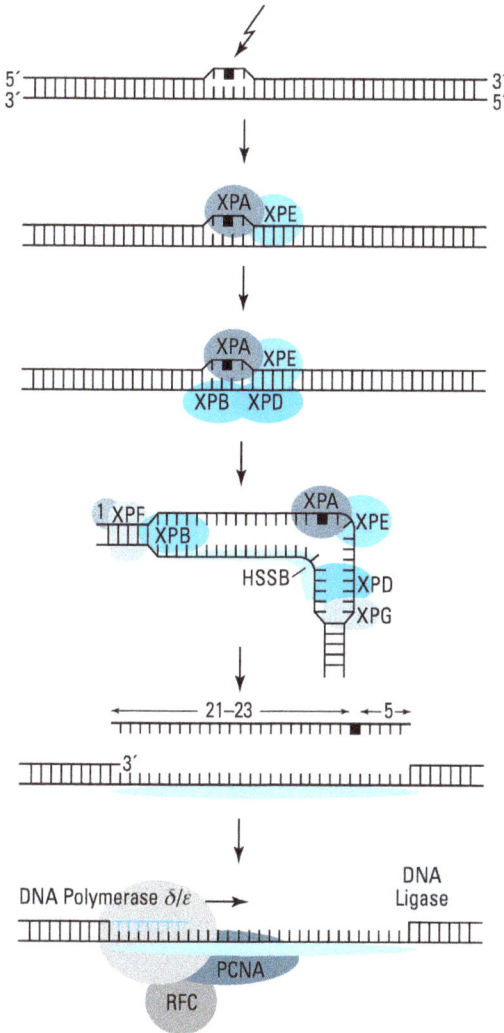

Abb. 3.64 Nukleotid Exzisionsreparatur (verändert nach Hoeijmakers und Bootsma). Schematisch dargestellt ist die schrittweise Erkennung und Entfernung UV-induzierter Läsionen aus der DNA in menschlichen Zellen. Mutationen in vielen der Proteine, die hierbei mitwirken, sind für die seltene genetisch bedingte Erkrankung Xeroderma pigmentosum verantwortlich. Deshalb tragen sie die Namen XPA – XPE. Einzelheiten sind dem Text zu entnehmen.

aus XPF und einem weiteren Protein, ERCC1, das noch nicht in Zusammenhang mit XP gebracht werden konnte. Auf diese Weise wird ein Oligonukleotid von relativ konstanter Länge (26–27 Nukleotide) aus dem beschädigten Strang entfernt. Die entstandene Lücke wird anschließend durch DNA-Polymerasen aufgefüllt und durch DNA-Ligasen vollständig verschlossen. Der komplementäre Basenstrang dient dabei als Matrize, so daß es zu keinem Informationsverlust durch den Reparaturvorgang kommt.

Die Rolle des XPC-Proteins in diesem Reparaturvorgang ist von besonderer Bedeutung, weil es den ersten Kontakt des XP-Reparaturkomplexes mit der beschädigten DNA herstellt. Es konnte gezeigt werden, daß Patienten mit XPC-Mutationen, anders als die übrigen XP-Patienten, die Reparatur aktiv transkribierter Gene funktionstüchtig durchführen können, und lediglich in der „globalen" Reparatur des nichttranskribierten Genoms defizient sind. Dies legt nahe, daß die XP-Reparaturkomplexe in Abhängigkeit von der Transkriptionsaktivität bestimmter Genabschnitte strukturell und funktionell unterschiedlich sind und daß die XPC Funktion bei der Reparatur transkribierter Gene durch den XP-Komplex von anderen Faktoren übernommen wird. Eine weitere Besonderheit weist auf die Verbindung von Transkription und DNA-Reparatur durch das XP-System hin. Die XPB und XPD Helikasen sind nicht nur essentieller Bestandteil des Nukleotid-Exzisionsreparatursystems, sondern auch des basalen Transkriptionsfaktors TFIIH. Wie in Kapitel 3.1.2 dargestellt, erfüllen XPB und XPD auch während der Initiation der Transkription die Aufgabe der Entwindung der DNA-Doppelhelix. Auf diese Weise wird der RNA-Polymerase der Zugang zur DNA ermöglicht. Mutationen in XPD, die die Reparaturaktivität des XP-Komplexes zerstören, aber die Transkriptionseigenschaften von TFIIH intakt lassen, führen zum typischen Bild der XP, mit den UV-induzierten Hauterkrankungen inklusive der Tumorneigung. Jedoch führen andere Mutationen in XPD, die außer der Reparaturfunktion dieses Proteins auch die Transkriptionseigenschaften von TFIIH beeinflussen, zu einem klinischen Erscheinungsbild, welches neben den typischen XP-Befunden auch neurodegenerative Veränderungen, eine generelle Dystrophie und geschlechtliche Unreife umfaßt. Diese Analysen verdeutlichen, daß es reparatur- und transkriptionsspezifische Erkrankungskomponenten bei Patienten mit unterschiedlicher Ausprägung der XP-Erkrankung gibt.

3.7.1.2 Transkripitons-gekoppelte Reparatur: Das Cockayne Syndrom

Die Reparatur von DNA-Läsionen vor der nächsten DNA-Replikationsphase ist essentiell, um ihre Fixierung als Mutation zu verhindern. Darüber hinaus haben DNA-Läsionen aber einen weiteren negativen Effekt, nämlich die Hemmung des Transkriptionsvorganges. Sobald die RNA-Polymerase im Rahmen der aktiven Transkription eines Gens auf ein Pyrimidindimer des transkribierten Stranges stößt, wird der Transkriptionsvorgang unterbrochen und kann erst dann fortgesetzt werden, wenn die DNA-Läsion repariert worden ist. Da die aktiv transkribierten Gene nur einen Bruchteil des Gesamtgenoms ausmachen, DNA-Läsionen aber statistisch verteilt über das Gesamtgenom auftreten, wird neben dem XP-Reparaturkomplex die Notwendigkeit für ein schnell verfügbares, spezifisch an aktiv-transkribierte Gene zu rekrutierendes Reparatursystem deutlich. Tatsächlich werden aus aktiv transkribierten Genen über 66 % der UV-induzierten Läsionen innerhalb von 24 Stunden entfernt. Im gleichen Zeitraum werden aber nur 15 % der Läsionen aus dem Gesamtgenom korrigiert.

Im Gegensatz zu dem Reparaturdefekt bei XP ist bei Patienten mit Cockayne Syndrom nur die Nukleotid-Exzisionsreparatur des transkribierten Stranges aktiv transkribierter Gene geschwächt, wohingegen die Nukleotid-Exzisionsreparatur im

Gesamtgenom weiterhin aktiv ist. Diese bevorzugte Reparatur von aktiven Genen wird durch eine Kopplung der NER an die Transkription ermöglicht: Wird der Transkriptionskomplex durch eine DNA-Läsion gestoppt, werden über einen Kopplungsfaktor die Reparaturproteine zur DNA transportiert und die Läsion anschließend entfernt. Die Mutation eines solchen Kopplungsfaktors (CS-B) liegt dem Cokkayne Syndrom zugrunde. Zusammen mit dem zweiten Cockayne Syndrom-Protein (CS-A) wird das CS-B-Protein mit dem Transkriptionsfaktor TFIIH in einem Komplex vorgefunden. Wie schon bei den Faktoren XPB und XPD zeichnet sich somit auch für die beiden Cockayne Syndrom-Gene eine Doppelfunktion in Transkription und DNA-Reparatur ab.

Wie bei XP, so weisen auch Patienten mit dem Cockayne Syndrom eine Hypersensitivität gegen UV-Licht auf, jedoch ist diese UV-Sensitivität bei Patienten mit Cockayne Syndrom nicht mit einer erhöhten Tumorrate verbunden. Darüber hinaus weisen Patienten mit Cockayne Syndrom neurodegenerative Veränderungen, kongenitale Entwicklungsstörungen und Kleinwuchs auf. Da bei all diesen Patienten die globale Nukleotid-Exzisionsreparatur intakt ist, scheint das klinische Erscheinungsbild primär auf eine reduzierte Transkription bestimmter, bisher nicht näher identifizierter Gene zurückzuführen zu sein, die Folge einer nicht oder verlangsamt ablaufender DNA-Reparatur ist. Diese Vermutung wird dadurch verstärkt, daß bestimmte XP-Patienten der Komplementationsgruppe D ein dem Cockayne Syndrom ähnliches Erscheinungsbild aufweisen (s. o.).

Obwohl die Erkrankungen *Xeroderma pigmentosum* und das Cockayne Syndrom seltene Erkrankungen darstellen, hat die Aufklärung der molekularen Grundlagen dieser Erkrankungen ganz wesentlich zum Verständnis der zugrundeliegenden DNA-Reparaturvorgänge beigetragen.

3.7.2 Basenfehler

Isolierte Basenfehler der DNA resultieren präferentiell aus sogenannten endogenen Noxen. So gibt es zahlreiche Chemikalien, die DNA durch Modifizierung der Nukleotidbasen beschädigen – vor allem durch Alkylierung. Defekte Basen werden in einem Prozess der als Basen-Exzisionsreparatur (Abk. BER für engl.: base excision repair) bezeichnet wird aus dem Nukleotid herausgeschnitten und ersetzt. Eine andere Form der Basenreparatur liegt bei Fehlpaarungen vor, die während des DNA-Replikationsvorganges in den Doppelstrang eingebaut worden sind. Entsprechend wird die Korrektur derartiger Defekte als Reparatur von Basenfehlpaarungen (Abk. MMR für engl.: mismatch repair) bezeichnet. Diese beiden Reparaturprozesse werden durch unterschiedliche molekulare Komplexe ausgeführt, die jeweils ontogenetisch hoch konserviert sind.

Die funktionelle Integrität der BER scheint von *E. coli* bis hin zum Menschen für alle Entwicklungsstufen essentiell zu sein. Einerseits sind nicht nur Bakterien oder Hefen, sondern auch Mäuse nicht in der Lage, ohne BER zu existieren. BER defiziente Mäuse sterben schon im frühen Embryonalstadium. Andererseits sind bisher keine Erkrankungen identifiziert, die Mutationen in Genen für das BER System aufweisen. Diese Konstellation legt nahe, daß BER auch beim Menschen eine fundamentale Bedeutung besitzt und ihr Ausfall mit dem Leben nicht zu vereinbaren ist.

Auch das MMR-System ist ontogenetisch hoch konserviert. Allerdings scheint es keine essentielle Bedeutung in der Entwicklung von Vertebraten zu besitzen, da sich Mäuse mit defektem MMR völlig normal entwickeln. Im Gegensatz dazu ist das MMR-System von signifikanter medizinischer Bedeutung, denn zwei Gene, die bei der erblichen Form des Dickdarmkarzinoms ohne Polyposis betroffen sind, stellen wichtige Faktoren des MMR Reparaturkomplexes dar (siehe Kap. 6.8.3).

3.7.2.1 Reparatur von Basenfehlpaarungen: Dickdarmkarzinom ohne Polyposis

Ein Großteil der während der DNA-Replikation eingebauten Basenfehlpaarungen wird sogleich durch die Korrekturaktivität der DNA-Polymerase ausgeglichen (siehe Kap. 3.6.1.1). Fehlpaarungen, die von diesem System nicht erfaßt werden, können von einem spezifischen, als Post-Replikations-Basenfehlpaarungs-Reparatursystem bezeichneten Komplex korrigiert werden (Abb. 3.65). Dieses System ermöglicht die Reparatur von einfachen Basenfehlpaarungen sowie Einzelstranginsertionen von bis zu vier zusätzlichen Basen.

Obwohl nicht bekannt ist, wie der Reparaturkomplex den mutierten vom nicht mutierten Strang zu unterscheiden vermag, gelang die Identifizierung und Klonierung der Genprodukte, die direkt in den Erkennungsprozeß der Fehlpaarungen involviert sind. Die unmittelbare Ansteuerung des Defektes geschieht durch das Protein MSH2 (Abk. für MutS Homolog, wobei MutS ein Fehlpaarungsreparaturprotein aus *E.coli* ist), welches einfache Basenfehlpaarungen und Insertionen von ein oder zwei Basen als Heterodimer mit MSH6 und größere Insertionen als Heterodimer mit MSH3 erkennt. Diese Komplexe werden in einem nächsten Schritt von Ankerproteinen (PMS2 und MLH1) gebunden, die den eigentlichen Reparatur-Enzymkomplex rekrutieren, der die Exzision der Base (und ggf. ihren Ersatz) vornimmt. Dieser Komplex ist bisher nicht eindeutig identifiziert worden, wird aber analog konservierter Reparatursysteme in Hefen und *E.coli* Exonukleasen, DNA-Polymerasen und Ligasen beinhalten, die den Defekt im neusynthetisierten Strang korrigieren.

Die medizinische Bedeutung des MMR-Systems wird insbesondere dadurch belegt, daß etwa 60 % der Betroffenen mit erblichem Dickdarmkrebs ohne Polyposis (Abk. HNPCC für engl.: hereditary non-polyposis colon cancer) eine Mutation im *MSH2*-Gen und 30 % eine Mutation im *MLH1*-Gen aufweisen (siehe Kap. 6.8.3). HNPCC Patienten weisen außerdem in mehr als einem Drittel der Fälle Zweittumoren auf, was die Bedeutung des Verlustes von MMR für die allgemeine Genomintegrität unterstreicht. So ist auch ein besonders hervorstechendes Merkmal all dieser Erkrankungen die allgemeine Instabilität von Mikrosatelliten (siehe Kap. 4), die wahrscheinlich auf den Reparationsverlust von Replikationsfehlern in Dinukleotid-Repeatelementen (besonders CA-Dinukleotide) zurückzuführen ist. Ein anderes häufig gefundenes Problem, welches durch den Verlust von MMR bedingt ist, ist die Therapieresistenz von Tumoren bei Behandlung mit alkylierenden Substanzen. Dies scheint primär darin begründet zu liegen, daß die mangelnde Erkennung der therapeutischen DNA-Schäden nicht zu einer Eliminierung der Tumorzellen führt.

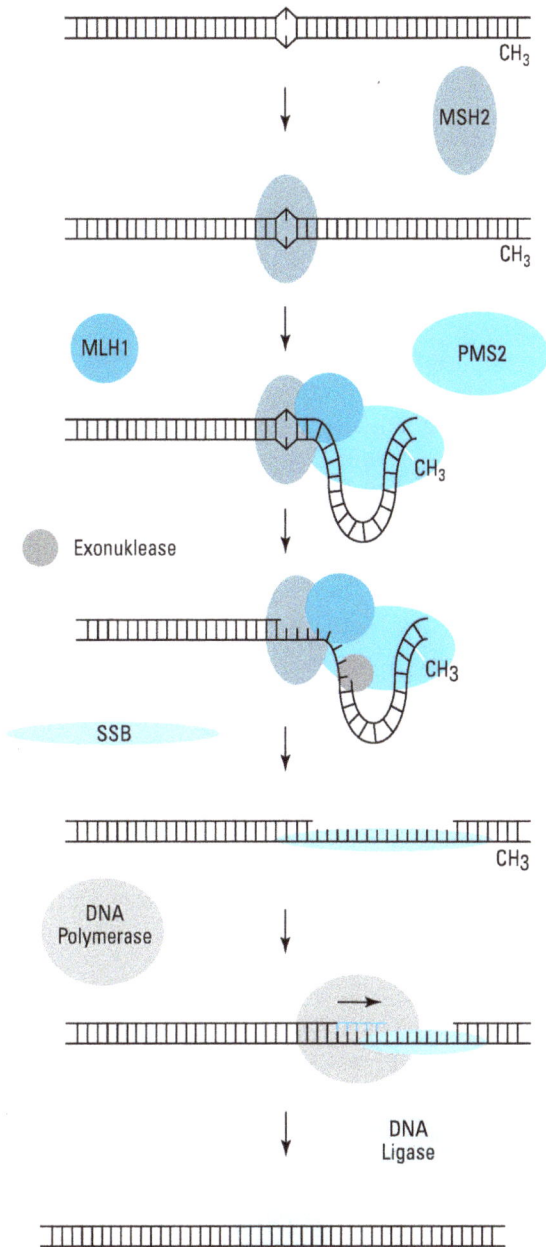

Abb. 3.65 Vorgang der Reparatur von Basenfehlpaarungen. Die schrittweise Erkennung und Entfernung von Basenfehlpaarungen nach der DNA Replikation ist dargestellt. Entscheidend für die Entfernung der neuinkorporierten, falschen Base ist die Tatsache, daß der neusynthetisierte Strang noch nicht durch DNA-Methylierung markiert ist. Einzelheiten dieses Reparaturvorganges sind dem Text zu entnehmen.

3.7.2.2 Die Basen-Exzisionsreparatur

Täglich kommt es in jeder Zelle unseres Organismus zu hunderten von chemischen Basenschädigungen wie etwa der spontanen Desaminierung von Cytosin zu Uracil. Da sich Uracil mit Adenin und Guanin paart, kann es bei der nächsten Replikation zu G → A Transitionen kommen, indem im neusynthetisierten Strang anstelle eines Guanins ein Adenin gegenüber dem Uracil eingebaut wird. Deshalb müssen beschädigte Basen entfernt und ersetzt werden. Dieser Vorgang wird durch die Basen-Exzisionsreparatur ausgeführt (Abb. 3.66). Enzymatisch beruht die BER auf DNA-Glykosylasen – in dem o. g. Beispiel auf der Uracil-Glykosylase.

Zahlreiche solcher Glykosylasen, die spezifisch zwischen veränderten Basen wie etwa Methyladenin, Methylguanin oder Hypoxanthin unterscheiden können, sind bekannt. Sie spalten die Verknüpfung zwischen Base und Zucker-Phosphatrückgrat, wobei die beschädigte Base freigesetzt wird. In einem nächsten Schritt erzeugt eine spezifische Endonuklease eine Lücke von einem Nukleotid im Einzelstrang, die von Exonukleasen in beide Richtungen erweitert werden kann. Wie schon bei der Nukleotid-Exzisionsreparatur gesehen, kann anschließend ein aus DNA-Polymerasen und Ligasen bestehender Komplex die Lücke wieder verschließen, wobei auch hier der nicht beschädigte DNA-Strang als Matrize dient, so daß kein Informationsverlust entsteht.

3.7.3 DNA Läsionen, die beide DNA Stränge betreffen

Bisher wurden Läsionen vorgestellt, die nur einen Strang der DNA-Doppelhelix betreffen. In diesen Fällen dient der nicht beschädigte Strang als Vorlage für die Neusynthese des beschädigten Strangs. Anders verhält es sich bei Läsionen, die beide Stränge betreffen wie Doppelstrangbrüche und Interstrangvernetzungen (sogenannte crosslinks). In diesen Fällen gibt es keine unmittelbare Matrize, anhand derer ein exzisiertes DNA Fragment wiederaufgebaut werden kann.

Doppelstrangbrüche (DSB) werden hauptsächlich durch ionisierende Strahlen verursacht und können über zwei prinzipielle Wege repariert werden. Der erste Weg entfernt DSB durch Ligation der DNA-Enden, das sogenannte non-homologous end joining (NHEJ). Bei diesem Vorgang werden jedoch die durch den Bruch verursachten DNA Enden einzelsträngig abgebaut, bis eine gewisse Komplementarität der überstehenden Enden gefunden wird. Dadurch entstehen kleinere Deletionen, die potentielle Mutationen darstellen. Somit ist diese Art der Reparatur fehlerhaft. Der zweite Weg entfernt DSB über homologe Rekombination, benutzt also im Prinzip die Sequenzinformation des homologen Chromosoms um DSB mit geringfügigstem Informationsverlust zu reparieren. Die beiden DSB-Reparaturwege zeigen jeweils ein deutliches Aktivitätsprofil im Zellzyklus. Während NHEJ vorwiegend in G1 und am Beginn der S-Phase der aktivere DSB Reparaturweg ist, greifen die Mechanismen der homologen Rekombination vorwiegend während und nach der DNA Replikation in der S-Phase. Offensichtlich wird die unmittelbare Anwesenheit eines Schwesterchromatids ausgenutzt, um DSB, die nach der Replikation entstehen, über den genaueren Reparaturweg der homologen Rekombination zu korrigieren.

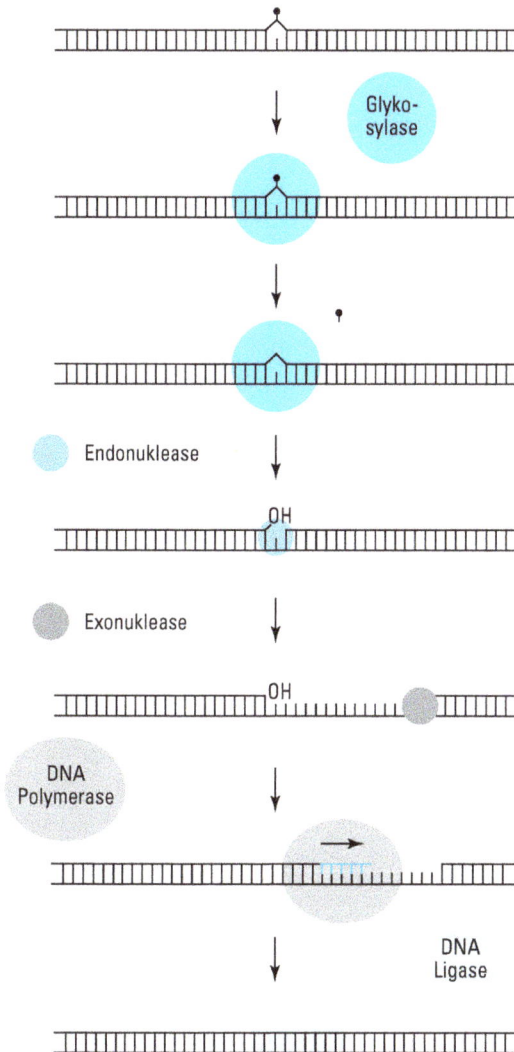

Abb. 3.66 Basen-Exzisionsreparatur. Die Abbildung zeigt das Grundmuster der DNA-Reparatur wie sie in sämtlichen pro- und eukaryontischen Organismen durchgeführt wird. Zunächst wird eine Läsion, z. B. eine modifizierte Base, durch ein Protein, hier ein Glykosylase, spezifisch erkannt. Die DNA wird anschließend durch Nukleasen lokal abgebaut, hierbei werden sowohl direkt einschneidende Endonukleasen als auch nukleotidweise verdauende Exonukleasen eingesetzt. Die entstandene Lücke in einem Strang der DNA wird dann durch DNA-Polymerase anhand des verbleibenden komplementären Strangs neu synthetisiert. DNA-Ligase schließt dann die neusynthetisierte DNA kovalent an den alten Strang an.

3.7.3.1 Reparatur von Doppelstrangbrüchen

Homologe Rekombination

In einem ersten Schritt wird der DSB zu einem Einzelstrang mit 3'-Überhang prozessiert. Dieser Vorgang benötigt eine Helikase- bzw. Nukleaseaktivität, die noch nicht sicher identifiziert ist. Alle weiteren Schritte werden von dem sogenannten RAD52-Komplex durchgeführt, der aus mindestens neun Einzelfaktoren zusammengesetzt ist. RAD51 ist ein zentrales Protein in diesem Komplex. Es polymerisiert an den prozessierten Einzelsträngen, um dort ein regelrechtes Nukleoproteinfilament auszubilden, welches unter Einbeziehung weiterer Faktoren des RAD52-Komplexes die homologe Doppelhelix (bzw. das Schwesterchromatid) identifizieren kann. Nach erfolgreicher Anlagerung der homologen DNA-Abschnitte kommt es zum Strangaustausch zwischen den 3'-Überhängen des geschädigten Moleküls und dem homologen Abschnitt der intakten Doppelhelix (Abb. 3.67a). Mit Hilfe von DNA Polymerasen und Ligasen kann die verlorengegangene Sequenzinformation wieder ein-

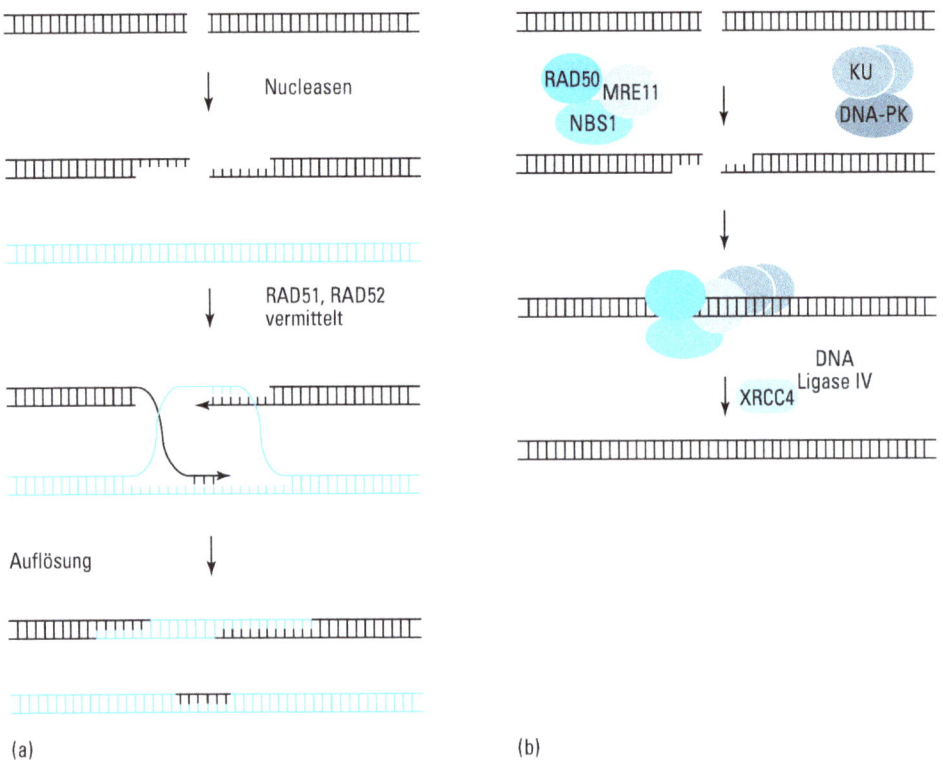

(a)   (b)

Abb. 3.67 Doppelstrangbruch-Reparatur. Die Reparatur von Läsionen, die beide Stränge der DNA betreffen, wie Doppelstrangbrüche, bedarf besonderer Mechanismen, z. B. der Homologen Rekombination (a), wobei ein nichtbeschädigtes homologes DNA Molekül benötigt wird. Alternativ hierzu können, im Falle des Doppelstrangbruches unter Verwendung von wenigstens zwei z. T. unabhängigen Enzymkomplexen, die DNA-Enden wieder miteinander verknüpft werden, sog. End-Joining (b). Einzelheiten sind dem Text zu entnehmen.

gefügt werden. Schließlich wird der Reparatur-DNA-Komplex über eine Resolvase aufgelöst.

Auch während der Meiose ist der RAD52 Komplex aktiv, benötigt dann aber weitere Faktoren (RAD50, MRE11 und ein XRS2P-Homolog). In mitotischen Zellen erfüllt dieser Subkomplex darüber hinaus eine Funktion in der Reparatur von DSB über non-homologous end joining. Dieser Sachverhalt ist insofern von Bedeutung, als das das menschliche XRS2P-Homolog kürzlich als das Nijmegen-Breakage Protein identifiziert worden ist (s. u.).

Non-homologous end joining

Es ist nicht bekannt warum DSB unter gewissen Umständen präferentiell durch das fehlerhafte System des NHEJ repariert werden. Vor dem Hintergrund, daß das menschliche Genom aber nur zu einem kleinen Prozentsatz aus kodierenden bzw. genregulatorischen Sequenzen besteht, bei denen es durch den potentiellen Informationsverlust des NHEJ zu manifesten Mutationen kommen könnte, scheint für große Bereiche des Genoms NHEJ ein hinreichendes Reparatursystem zu sein. Interessanterweise gehen bestimmte Defekte des NHEJ auch mit Defekten der V(D)J-Rekombination von Immunglobulinen und T-Zell Rezeptoren (siehe Kap. 3.5) einher, was darauf zurückzuführen ist, daß beide Vorgänge einen überlappenden Komplex an Faktoren benötigen. In diesem Falle könnte das fehlerhafte NHEJ auch zum Variantenreichtum bei der Antikörpergenerierung beitragen (s. u.).

In einem frühen Schritt des NHEJ werden die freien DNA-Enden nach einem Doppelstrangbruch von einem Heterodimer aus KU70 und KU80 gebunden, wobei nicht geklärt ist, ob KU-Proteine die tatsächlichen Sensoren des DNA-Schadens sind oder erst nach Aktivierung von (bisher nicht bekannten) Primärsensoren an die beschädigte DNA binden (Abb. 3.67b). Beide Faktoren sind regulatorische Untereinheiten der DNA-abhängigen Proteinkinase, deren katalytische Untereinheit, DNA-PKcs, durch das KU-Heterodimer in den Komplex eingebunden wird. Es wird vermutet, daß dieser Komplex die DNA-Enden zusammenführt und anschließend den Eintritt des oben bereits erwähnten RAD52-Subkomplexes aus RAD50, MRE11 und dem Nijmegen Breakage Syndrom Protein, NBS1, erlaubt. Dieser Subkomplex besitzt eine Exonukleaseaktivität, die für die Prozessierung der DNA-Enden benötigt wird. Anschließend werden die DNA-Enden durch einen Ligase-Komplex zusammengefügt.

Wie oben bereits erwähnt besitzt die DNA-abhängige Proteinkinase neben der Funktion in NHEJ auch essentielle Aufgaben bei der V(D)J-Rekombination (siehe Kap. 3.5). So beruht der molekulare Defekt der sogenannten SCID-Maus, die in der Medizin ein vielbenutzes Modellsystem eines schweren Immundefektes darstellt, auf dem Verlust der DNA-abhängigen Proteinkinase. Darüber hinaus scheinen die KU-Proteine auch wichtige Funktionen bei der Erhaltung der Telomerlänge zu spielen und umgekehrt die SIR-Proteine, die transkriptionelle Repression an Telomeren vermitteln, auch wesentliche (aber noch nicht näher untersuchte) Funktionen bei NHEJ zu übernehmen.

3.7.4 Kopplung von DNA-Reparatur, Zellzyklus und Apoptose

Obwohl die oben dargestellten Reparatursysteme bereits in ihren Grundzügen bekannt sind, fehlt insbesondere noch das Verständnis für die Zusammenhänge zwischen der primären Erkennung von DNA-Schäden und der Rekrutierung der Reparaturkomplexe einerseits sowie der Signalweiterleitung an die Kontrollapparate der Zellzyklus- und Apoptoseregulation andererseits. Wie in den Kapiteln 3.6 und 3.8 beschrieben, spielt das P53 Tumorsuppressorprotein eine zentrale Rolle bei der Integration dieser Signale.

In vielen Fällen werden die DNA-Reparaturvorgänge abgeschlossen sein, bevor die Zelle in eine kritische Phase des Zellzyklus eintritt: die Replikation der DNA in der S-Phase bzw. die Verteilung der replizierten DNA auf die Tochterzellen in der Mitose. Jedoch kann die Zelle den Eintritt in die S-Phase bzw. Mitose notfalls verzögern, um entweder die Replikation beschädigter DNA oder aber die Weitergabe beschädigter, bereits replizierter DNA zu verhindern. Dies erfolgt primär durch Hemmung der Cyclin/Cyclinkinase-Komplexe, die für die Zellzyklusprogression verantwortlich sind (siehe Kap. 3.6.2). Somit stellen der G1/S- und der G2/M-Übergang im Zellzyklus Checkpoints des Zellzyklus dar (siehe Kap. 3.6.3.2). Generell sollen Checkpoints sicherstellen, daß eine Zellzyklusphase korrekt abgeschlossen ist bevor die folgende beginnen kann. Im Falle der DNA-Schädigung kann auf einen Checkpoint ein Signal einwirken, das durch die DNA-Schädigung erzeugt worden ist. Als Folge arretiert der Zellzyklus bis dieses Signal wieder entfernt wird. Eine Überprüfung des Zustandes der DNA als solche gibt es an den checkpoints jedoch nicht.

Das P53 Protein stellt die zentrale Schaltstelle dar, von der aus aufgrund geschädigter DNA eingehende Signale weitergeleitet werden. Der Zellzyklus kann über die P53-vermittelte Aktivierung des Cyclinkinase-Inhibitors P21CIP und der Phosphatase CDC25C in G1 und G2 arretiert werden (siehe Kap. 3.6.4) und die Apoptose kann (zumindest partiell) über die Regulation von Proteinen der BCL-Familie eingeleitet werden (siehe Kap. 3.8.5). Es ist allerdings sehr viel weniger verstanden, wie die Signale von der geschädigten DNA zu P53 gelangen. Ein Protein, das in der Aktivierung von P53 nach DNA Schädigung involviert ist, ist ATM, dessen Gen bei Patienten mit der Erkrankung *Ataxia teleangiectasia* (s. u.) inaktiviert ist. ATM kann den für P53 kritischen Phosphorylierungszustand direkt regulieren und fungiert somit unmittelbar stromaufwärts von P53. Wie aber ATM selbst durch DNA-Schädigung aktiviert wird, ist noch unbekannt.

Entsprechend der zentralen Stellung von P53 in der Aufrechterhaltung der genomischen Integrität, sind Mutationen von P53 mit einer großen Zahl von Tumoren assoziiert (siehe Kap. 3.8.5). Besonders deutlich wird dieser Zusammenhang bei dem sehr seltenen, aber instruktiven Krankheitsbild des Li-Fraumeni Syndroms. Diese Patienten besitzen eine Keimbahnmutation des *p53* Gens und bei Ausfall des verbliebenen funktionellen Allels fehlt diesen Zellen jegliche P53 Funktion. Daraus resultiert eine stark erhöhte Mutationsrate und ein ebenso stark erhöhtes, generelles Krebsrisiko.

3.7.5 Chromosomenbruchsyndrome

Unter diesem Begriff werden eine Reihe von seltenen genetischen Erkrankungen zusammengefaßt, die mit einer unterschiedlich stark ausgeprägten Prädisposition für Krebs einhergehen und mit einer Chromosomenbrüchigkeit gekoppelt sind. Für alle Erkrankungen (bis auf einige Subformen der Fanconi Anämie) sind die krankheitsverursachenden Gene bereits identifiziert worden, und die Kenntnis der Proteinsequenz erlaubt erste Analysen der möglichen Proteinfunktionen. Diese deuten an, daß die betroffenen Proteine Aufgaben bei der Erkennung und der Reparatur von DNA-Schäden besitzen, aber auch Funktionen in der DNA-Replikation und -Rekombination sowie der Checkpoint-Integrität besitzen.

3.7.5.1 *Ataxia teleangiectasia*

Diese Erkrankung zeigt ein heterogenes Erscheinungsbild mit neurologischen und immunologischen Defekten, charakteristischen Telangiektasien (Gefäßerweiterungen, insbesondere der Konjunktiven), einer cerebellären Ataxie sowie einem Hypogonadismus. Betroffene Patienten haben ein erhöhtes Risiko an T-Tell Lymphomen und Leukämien zu erkranken und auch Heterozygote, die mit einer Frequenz von 1:70 in der Bevölkerung vorkommen, scheinen ein erhöhtes Krebsrisiko zu besitzen (Frauen insbesondere für Mammakarzinome). Auf zellulärer Ebene findet sich eine ausgeprägte Hypersensitivität gegenüber UV- und γ-Strahlung, eine stark verzögerte P53 Aktivierung sowie ein Verlust der Zellzyklusarrestfunktion in G1 und G2/M nach ionisierender Bestrahlung. Unter diesen Bedingungen wird selbst in der S-Phase die DNA-Synthese nicht angehalten, ein Phänomen, das als radiosensitive DNA-Synthese bezeichnet wird. Dem gegenüber ist nur ein leichter, aber doch signifikanter Defekt in der eigentlichen Reparatur von Doppelstrangbrüchen festzustellen, so daß Zellen von diesen Patienten primär als Zellzyklus Checkpoint Mutanten mit assoziiertem DSB Reparaturdefekt eingestuft werden.

Das ATM-Genprodukt (ataxia telangiectasia mutated) ist ein über 300 kDa großes Protein. ATM scheint nach γ-Strahlung aktiviert zu werden und den Phosphorylierungszustand des P53-Proteins zu modifizieren, was zur Aktivierung dieses Tumorsuppressorproteins führt mit den o. g. Konsequenzen für die Zellzyklusprogression und die Einleitung der Apoptose betroffener Zellen. Die Unterbrechung des ATM-P53-Signalweges bei Patienten mit *Ataxia telangiectasia* erklärt somit den wesentlichen Befund des Verlustes von Checkpoint-Funktionen. Die Strahlensensitivität hingegen scheint primär durch den Reparaturdefekt bedingt zu sein.

3.7.5.2 Nijmegen Breakage Syndrom

Diese autosomal-rezessive Erkrankung ist mit weltweit nur 70 beschriebenen Familien extrem selten. Die wesentlichen klinischen Befunde sind Kleinwuchs, Mikrocephalie, Immundefizienzen und eine ausgeprägte Prädisposition für Krebserkrankungen, insbesondere zu Leukämien und Lymphomen. Wie auch bei Patienten mit Ataxia telangiectasia besteht eine besondere Brüchigkeit der Chromosomen 7 und

14, auf denen die T-Zell-Rezeptorgene lokalisiert sind. Auch Zellen von Patienten mit dem Nijmegen Breakage Syndrom zeigen eine radiosensitive DNA-Synthese mit einem Verlust der G1 und G2/M Checkpoint-Kontrolle, vermutlich basierend auf einer erheblichen Verzögerung der Aktivierung von P53. Diese Befunde deuten auch für das dieser Erkrankung zugrundeliegende NBS1 Genprodukt eine Funktion in der Signalübertragung von DNA-Schäden an. Darüber hinaus konnte das NBS1 Protein aber auch direkt aus einem Reparaturkomplex isoliert werden, der essentielle Funktionen bei der Doppelstrangreparatur durch NHEJ übernimmt (s. o.). Somit scheint NBS1 Funktionen zumindest in der Reparatur und Signalübertragung von Doppelstrangbrüchen zu übernehmen. Im Gegensatz zu ATM und DNA-PKcs besitzt NBS1 keine Proteindomänen die bisher mit der direkten Erkennung von DNA-Schäden in Zusammenhang gebracht werden konnten.

3.7.5.3 Fanconi Anämie

Das klinische Erscheinungsbild dieser autosomal-rezessiven Erkrankung ist durch eine aplastische Anämie, Thrombozytopenie und Leukopenie, sowie Wachstumsdefizienzen mit Skelettfehlbildungen charakterisiert. Die Prädisposition zu malignen Tumoren drückt sich insbesondere durch ein erhöhtes Risiko für myeloische Leukämien aus. Bei den bisher besprochenen Erkrankungen konnten die Chromosomenbrüche lediglich nach Bestrahlung oder Behandlung von Zellen mit alkylierenden Substanzen identifiziert werden. Fanconi Patienten hingegen weisen regelmäßig spontane Chromosomenbrüche auf. Nach Behandlung mit Diepoxybutan bzw. Mi-

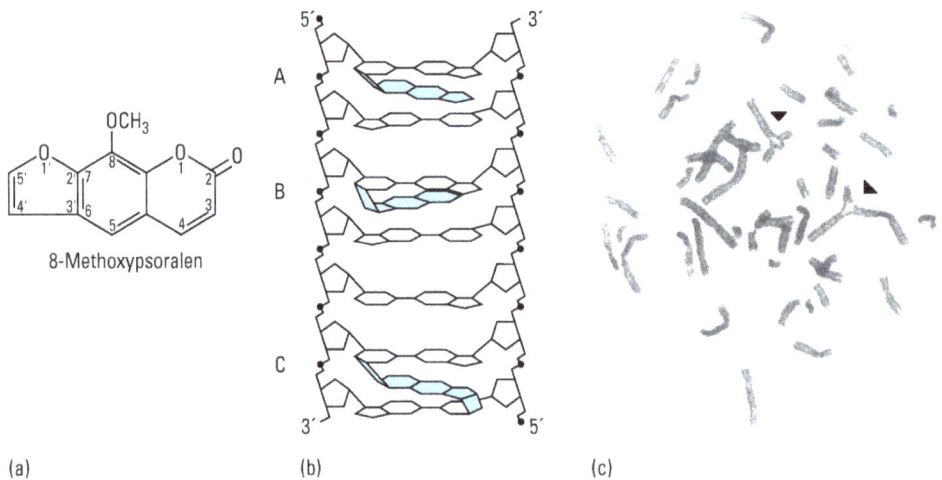

(a)   (b)   (c)

Abb. 3.68 DNA-Crosslinks und Chromosomenbrüche bei der Fanconi-Anämie. Bifunktionelle Alkylantien, wie z. B. 8-Methoxypsoralen (a) können in DNA interkalieren (b) und Monaddukte (b: A und B) bzw. Diaddukte (b: C) sog. Crosslinks formieren. Zellen von Patienten zeigen nach Behandlung mit einem bifunktionellen Alkylans erhöhte Chromosomenbrüche (c) und Chromosom-Reunionsfiguren (Pfeile), die vermutlich auf nicht oder fehlerhaft reparierte Crosslinks zurückzuführen sind.

tomycin C zeigen Lymphocyten-Chromosomen eines Fanconi Patienten die charak-teristischen Brüche und Reunionsfiguren, die diagnostische Bedeutung besitzen und in Abbildung 3.68 zu sehen sind. Nach einer solchen Behandlung sind im Durch-schnitt etwa 40 % der Metaphasen in Fanconi Zellen beschädigt. Das entspricht einer 10-fachen Erhöhung gegenüber gesunden Individuen.

Wie *Xeroderma pigmentosum*, so ist auch die Fanconi Anämie genetisch heterogen mit bisher acht identifizierten Komplementationsgruppen. Obwohl für drei Gruppen die entsprechenden Gene isoliert werden konnten, *fanca*, *fancc* und *fancg*, bleibt die Funktion der Proteine unklar. Im Gegensatz zu *Xeroderma pigmentosum* konnten die meisten *in vitro* Analysen bei der Fanconi Anämie keinen Defekt in der DNA-Reparatur nachweisen. Isolierte Zellen von Fanconi Patienten wachsen in Kultur nur langsam, und Zellzyklusanalysen haben ergeben, daß diese Zellen sich vermehrt in G2 aufhalten. Dieser Effekt wird durch Behandlung mit bi- oder polyfunktionellen Alkylantien verstärkt. Dieses könnte ein Hinweis darauf sein, daß die Fanconi Gene in die Kontrolle des Zellzyklus eingebunden sind, möglicherweise insbesondere bei hämatopoetischen Stammzellen. Berichte, daß Fanconi Zellen *in vitro* durch Über-expression eines Cyclin-ähnlichen Gens partiell korrigiert werden konnten, bzw. die einen Komplex zwischen FANCC und einer Cyclinkinase beschreiben, sprechen auch für diese Hypothese. Neben dem Reparaturdefekt für DNA-Crosslinks schei-nen somit zumindest einige der Fanconi Gene Funktionen in der Zellzykluskontrolle zu besitzen.

3.7.5.4 Bloom-Syndrom

Patienten mit dem autosomal-rezessiv vererbten Bloom-Syndrom fallen durch eine deutliche Wachstumsverzögerung und eine charakteristische Facies mit sonnenlicht-induziertem Gesichtserythem auf. Neben einer mäßig ausgeprägten Immundefizienz sind die Betroffenen in der Regel subfertil, und ein Diabetes tritt mit erhöhter Wahr-scheinlichkeit auf. Die Prädisposition für Krebs ist sehr groß und malignes Tumor-wachstum ist bereits in jungen Jahren zu finden. Es scheint aber keine deutliche Priorität für bestimmte Tumore zu geben. Zellen dieser Patienten weisen eine mäßige Empfindlichkeit gegenüber einer Reihe verschiedener Mutagene auf. Bei diesem Krankheitsbild finden sich als charakteristischer Befund zahlreiche Rekombinatio-nen zwischen Schwesterchromatiden sowie Rekombinationsmuster zwischen homo-logen Chromosomen.

Das BLM Protein konnte als eine 3' → 5'-Helikase identifiziert werden. Helikasen besitzen eine wichtige Funktion in der Entwindung von DNA-Doppelhelices bei der Transkription, Replikation, Rekombination und Reparatur von Genabschnit-ten. Die genauere Funktion des BLM-Proteins ist allerdings unklar. Obwohl die Rate an Spontanmutationen bei Bloom Syndrom Patienten erhöht ist, konnte bisher kein Defekt in den DNA-Reparatursystemen gefunden werden. Das BLM-Protein könnte eine Funktion in der DNA-Synthese ausüben, deren Verlust die Zelle durch vermehrte Rekombinationstätigkeit zu umgehen versucht. Alternativ könnten die zahlreichen Rekombinationsereignisse beim Bloom Syndrom andeuten, daß das BLM-Protein möglicherweise eine Aufgabe bei der Begrenzung des Austausches von genetischem Material in mitotischen Zellen besitzt.

3.7.5.5 Werner Syndrom

Alle bis jetzt in diesem Kapitel beschriebenen Erkrankungen manifestieren sich bereits im frühen Kindesalter. Das Werner Syndrom jedoch ist eine Erkrankung die einen vorzeitigen Alterungsprozess widerspiegelt, der meist erst Mitte der zweiten Lebensdekade beginnt. Die betroffenen Patienten ergrauen schnell, erkranken früh an Arteriosklerose, Osteoporose und *Diabetes mellitus* und sind subfertil. Auch eine Tumordisposition besteht. Dabei handelt es sich primär um nicht-epitheliale Malignome wie Osteosarkome, Melanome und maligne hämatologische Erkrankungen. Neben der Chromosomenbrüchigkeit findet sich als ungewöhnlicher Befund auch ein Mosaik aus verschiedenen Zellklonen mit jeweils unterschiedlichen karyotypischen Befunden, wie Inversionen, Translokationen oder Chromosomenverlusten. Isolierte Zellen dieser Patienten teilen sich sehr langsam, und es ist eine progressive Verkürzung der Telomere zu beobachten. Wie auch bei dem BLM-Protein kodiert das *wrn* Gen für eine $3' \rightarrow 5'$-Helikase, die darüber hinaus auch eine Exonukleaseaktivität aufweist. Obwohl die Funktion des WRN-Proteins nicht bekannt ist, scheint eine direkte Beteiligung in DNA-Reparaturvorgängen unwahrscheinlich, da, ähnlich wie beim Bloom Syndrom, bei Zellen von Patienten mit Werner Syndrom keine Defizienzen in Reparaturvorgängen gefunden werden konnten. Vor diesem Hintergrund wird auch für das WRN-Protein eine Funktion in der DNA-Replikation angenommen.

3.8 Apoptose

Die Ontogenese verschiedener Organismen hängt nicht nur von der in Zeit und Raum regulierten Proliferation und Differenzierung von Zellpopulationen ab, sondern auch von dem kontrollierten Absterben definierter Zellen, deren Funktionen für weitere Entwicklungsschritte nicht mehr gebraucht werden bzw. hinderlich wären. Ein besonders beeindruckendes Beispiel ist von dem Nematoden *Caenorhabditis elegans (C. elegans)* bekannt. Von den exakt 1090 somatischen Zellen des fertigen Wurms sterben 131 während der Entwicklung, und die Position und Zeit des Absterbens dieser Zellen ist von Wurm zu Wurm identisch. Derartige Beobachtungen haben dazu geführt, das Sterben dieser Zellen als „programmierten Zelltod" (programmed cell death, PCD) zu bezeichnen und hinter dem PCD ein genetisch determiniertes Suizidprogramm von Zellen zu vermuten.

   Im Gegensatz zu der Zellnekrose liegt dem PCD ein organisiertes Absterben einer Zelle zu Grunde. Es wird keine lokale Entzündungsreaktion verbunden mit klinischen Symptomen wie Schmerz im angrenzenden Gewebe hervorgerufen. Das morphologische Erscheinungsbild des PCD wird charakterisiert durch die Kondensierung von Chromatin, Vakuolenbildung im Cytoplasma und Abschnürungen an der Zellmembran und geht mit einer generellen Zellschrumpfung einher. In einem solchen Zustand werden die sterbenden Zellen im funktionellen Gewebeverband phagozytiert. Zu den charakteristischen Zellveränderungen der Apoptose zählt auf der molekularen Ebene auch die Fragmentierung der chromosomalen DNA. Der ganze Prozeß dauert dabei in der Regel weniger als eine Stunde, und die Zellbausteine werden zur Wiederverwertung „recycled". Für das morphologische Erscheinungsbild des PCD wurde in den frühen siebziger Jahren der Begriff Apoptose geprägt. Heute hat sich dieser Begriff weitestgehend als Synonym für PCD im internationalen Schrifttum durchgesetzt. Deswegen soll die Bezeichnung Apoptose auch im weiteren Verlauf dieses Kapitels für alle Formen und Aspekte des PCD einheitlich benutzt werden.

3.8.1 Funktionelle Bedeutung der Apoptose

Auf die Bedeutung der Apoptose in der Entwicklungsbiologie ist bereits hingewiesen worden. Bei höheren Organismen können z. B. in Gewebeverbänden Lumina von Hohlorganen ausgebildet werden, indem zentrale Zellpopulationen apoptieren, während peripher gelegene Zellverbände differenzieren. Ähnlich kommt es zu der Ausbildung von Fingern und Zehen nicht durch das Auswachsen digitaler Anlagen, sondern vielmehr durch das Absterben interdigitaler Zellverbände. Diese Funktion bei der Ausbildung von Körperformen und -strukturen ist nur ein Beispiel für die Bedeutung der Apoptose während der Ontogenese. Bei der Aufrechterhaltung der Gewebehomöostase stellt die Apoptose ein funktionelles Gegenstück zur Zellteilung dar. Erst die Balance zwischen der Produktion neuer Zellen durch Mitose und dem Abbau bestehender Zellen durch Apoptose garantiert die Einhaltung physiologischer Zellzahlen im Gewebeverband.

Eine wichtige Rolle spielt die Apoptose ferner bei der Eliminierung von potentiell kanzerogenen Zellen. So führt z. B. eine Bestrahlung von Zellen mit γ-Strahlen häufig zu Beschädigungen der DNA. Derartige Schäden müssen behoben werden, bevor die betroffene Zelle in die nächste Mitose eintritt, um die Weitergabe beschädigten Erbmaterials zu verhindern. In der Regel können kleinere Schäden an der DNA repariert werden (siehe Kap. 3.7). Sollten die DNA-Schäden jedoch irreparabel sein, muß die betroffene Zelle eliminiert werden. Auch dieser Prozess wird durch Induktion von Apoptose bewerkstelligt. In Zellen, in denen das Tumorsuppressorgen *p53* deletiert ist, ist eben diese Induktion der Apoptose ausgeschaltet (s. u.).

Eine besondere Bedeutung spielt die Apoptose ferner in der T-Zell Immunologie. Nach der Einwanderung in den Thymus werden dort mehr als 90 % der Thymocyten im Laufe ihrer Reifung durch apoptotische Vorgänge eliminiert. Dies dient insbesondere dem Ausschalten von T-Lymphocyten mit fehlerhaftem Rearrangement ihrer Rezeptorgene und solchen T-Lymphozyten, die gegen körpereigene Strukturen gerichtet sind. Darüber hinaus töten cytotoxische T-Lymphozyten und Killerzellen, indem sie in den Zielzellen Apoptose induzieren. Dabei kommt dem FAS L-System eine besondere Bedeutung zu. Da das FAS L-System das am besten verstandene proapoptotische Induktionssystem in höheren Eukaryonten darstellt, soll es später in diesem Kapitel noch einmal aufgegriffen werden, wenn es um die molekularen Grundlagen bei der Aktivierung der Apoptose geht.

3.8.2 *ced*-Gene und ihre menschlichen Homologe

Zwei prinzipielle Entdeckungen haben entscheidend dazu beigetragen, die molekularen Grundlagen der Apoptose einerseits und ihre Bedeutung für Wachstum und

Entwicklung andererseits in ihren Grundzügen zu verstehen. Erstens war dies die Klonierung der pro- und antiapoptotischen Gene im Modellsystem von *C. elegans*, das in seinen wesentlichen Elementen durch die gesamte Evolution hindurch bis zum Menschen konserviert ist. Zweitens die Klonierung des Proto-Onkogens *bcl-2* aus den B-Zellen eines follikulären Lymphoms, welches sich Jahre später als das menschliche Homolog des einzigen in *C. elegans* gefundenen anti-apoptotischen Gens (*ced-9*) herausstellen sollte (s. u.). Bevor die molekularen Grundlagen der Regulation der Apoptose beim Menschen vorgestellt werden sollen, erscheint es deshalb angebracht, den Blick auf das einfacher strukturierte, aber im Prinzip konservierte System der Regulation der Apoptose in *C. elegans* zu lenken.

Mutante Formen von *C. elegans* mit Abweichungen im Apoptose-Programm können grundsätzlich aus Mutationen in drei verschiedenen Genen resultieren: *ced-3, -4* und *-9*. Mutationen in *ced-3* und *-4* haben zur Folge, daß keine der 131 Zellen, die eigentlich sterben sollten, auch tatsächlich apoptiert, wohingegen Inaktivierung von *ced-9* auch den Tod derjenigen Zellen hervorruft, die eigentlich überleben sollten. Um den Effekt der *ced-9* Inaktivierung beobachten zu können, muß sowohl das *ced-3* als auch das *ced-4* Gen intakt sein.

Aus diesen Befunden läßt sich schlußfolgern, daß *ced-3* und *ced-4* für pro-apoptotische Proteine kodieren und das *ced-9* Gen ein Inhibitorprotein bereitstellt, welches die CED-3/CED-4 Funktionen antagonisieren kann. Dabei ist bemerkenswert, daß CED-9 das Überleben der nicht apoptierenden Zellen offensichtlich in der Gegenwart latenter Formen von CED-3 und CED-4 sichert, denn sobald CED-9 ausfällt, apoptieren diese Zellen. Es konnte daraufhin gezeigt werden, daß CED-9 CED-4 direkt inhibiert und so die Induktion der apoptotischen Wirkung von CED-3 durch CED-4 verhindert wird. Folglich ist CED-3 das zentrale proapoptotische Protein von *C. elegans*, welches jedoch durch CED-4 aktiviert werden muß und durch CED-9 (über CED-4) inhibiert werden kann (Abb. 3.69).

Die Klonierung von *ced-3* ergab, daß es sich bei dem kodierten Protein um eine Protease handelt, also ein Protein-verdauendes Enzym. *ced-3* Gene sind in allen Spezies hochkonserviert, und beim Menschen gibt es gar eine ganze Familie von CED-3 Homologen. CED-9 stellte sich als Homolog des menschlichen BCL-2 Proteins heraus. *bcl-2* war zuvor als Protoonkogen identifiziert worden, dessen Expres-

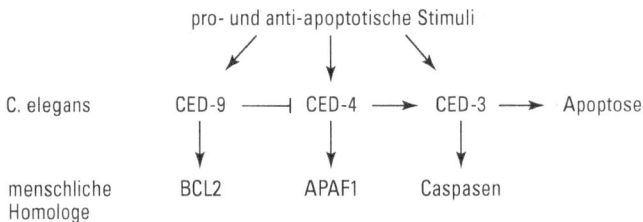

Abb. 3.69   *ced*-Gene und ihre menschlichen Homologe. In *C. elegans* gibt es drei wesentliche Faktoren, die Apoptose positiv oder negativ regulieren. Zu diesen drei Faktoren sind menschliche Homologe identifiziert worden. Für CED-9 ist dies die Familie der BCL2-Proteine und für CED-4 ist mit APAF1 erst ein entferntes Homolog identifziert worden. Im Gegensatz dazu gibt es für CED-3 eine Familie von Homologen, die als Caspasen bezeichnet werden.

sion durch die Translokation t(14;18)(q32;q21) unter den Einfluß des IgH-Enhancers gerät. Folglich wird das BCL-2 Protein in den betroffenen B-Zellen stark überexprimiert. Entsprechend der Funktion von CED-9 in *C. elegans* führt die BCL-2 Überexpression zu einer drastisch verlangsamten Eliminierung der betroffenen B-Zellen durch Apoptose und begünstigt so die Entstehung eines Lymphoms (siehe Kap. 6). Damit war der Beleg erbracht worden, wie bedeutend die Deregulation der Apoptose für die Kanzerogenese beim Menschen ist. Ein menschliches Homolog von CED-4 ist als APAF-1 identifiziert worden und Bestandteil des "apoptosis activating factor" (Abb. 3.69).

3.8.3 Molekulare Grundlagen der Apoptose

Wie eingangs dieses Kapitels angesprochen wurde, kann die Apoptose aus zahlreichen, sehr unterschiedlichen Notwendigkeiten heraus induziert werden. Jede dieser Notwendigkeiten erfordert ein spezifisches, unmißverständliches Signal, das den Vorgang der Apoptose einleitet (Abb. 3.70). Dieser Schritt wird als Aktivierung der Apoptose bezeichnet.

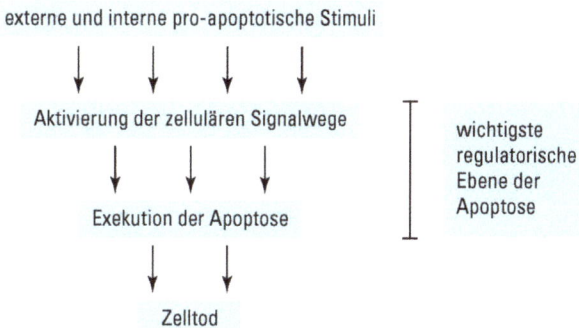

Abb. 3.70   Das Prinzip der Apoptose.

Die unterschiedlichen Aktivierungswege konvergieren auf der Ebene einer allgemeinen Zell-Maschinerie, die die Durchführung des eigentlichen Zelltodes (Exekution der Apoptose) am „point of no return" übernimmt. Pro-apoptotische Signale können zwischen der Aktivierung und Exekution verstärkt, abgeschwächt oder auch wieder ganz abgeschaltet werden. Diese Signalveränderungen werden als Regulation der Apoptose bezeichnet. Bei der Beschreibung der molekularen Grundlagen der Apoptose ist es sinnvoll, zwischen diesen drei Abschnitten zu unterscheiden. Es sind insbesondere die fehlregulierte (Nicht-)Aktivierung der Apoptose sowie Dysfunktionen bei der Regulation der Apoptose, die an der Entstehung zahlreicher Erkrankungen beteiligt sind. Zunächst wollen wir die Exekution der Apoptose betrachten.

3.8.4 Caspasen und ihre Zielmoleküle

Die Notwendigkeit mehrerer Caspasen beim Menschen ergibt sich aus den nicht überlappenden, z. T. zelltypspezifischen Prozessen, an deren Ende die Apoptose steht. So ist z. B. die Caspase 8 ein integraler Bestandteil der Apoptose im Rahmen der T-Zell Immunantwort, wohingegen die Caspase 9 notwendig für die durch γ-Strahlen, Glukokortikoide oder cytotoxische Pharmaka induzierte Apoptose ist (s. u.).

Der Name „Caspase" leitet sich von drei biochemischen Charakteristika dieser Proteine ab. So sind Caspasen (wie auch CED-3) Proteasen, die in ihrem aktiven, enzymatischen Zentrum einen Cysteinrest (Cys) aufweisen und ihre Substrate immer hinter einem Tetrapeptid schneiden, das mit einem Aspartatrest (Asp) endet. Das Suffix „ase" schließlich weist auf die enzymatische Aktivität des Proteins hin.

Caspasen liegen in Zellen als inaktive Proenzyme vor, die durch proteolytischen Verdau aktiviert werden müssen (Abb. 3.71). Mit der Erkenntnis, daß es sich bei den Caspase-aktivierenden Enzymen oftmals selbst um Caspasen handelt, zeichnen sich zwei Untergruppen von Caspasen ab. Die CED-3 ähnlichen Caspasen sind die eigentlichen Effektorcaspasen, die durch den Verdau apoptotischer Substrate (s. u.) die beschriebenen morphologischen Veränderungen der Zelle bedingen. Ad-

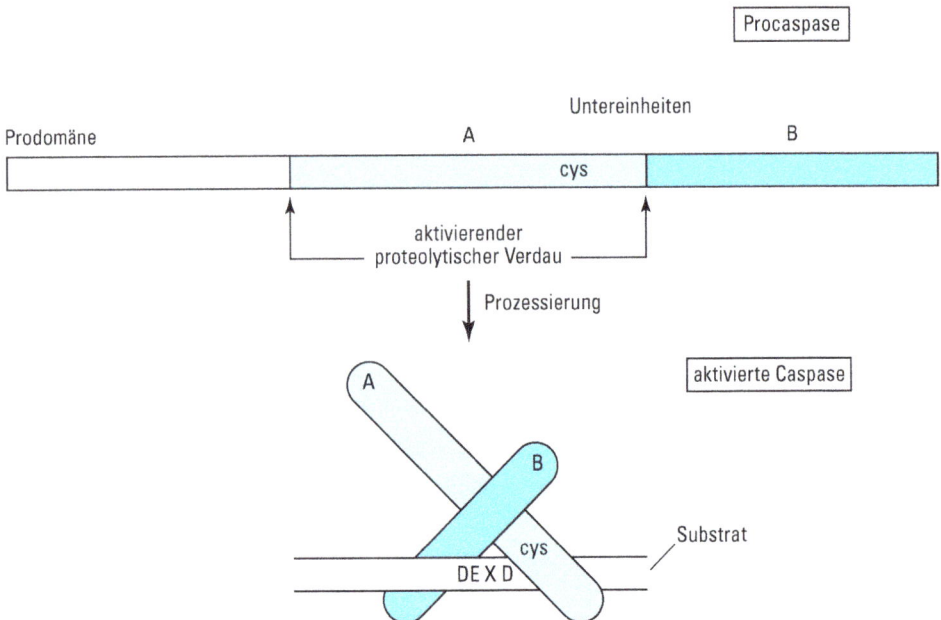

Abb. 3.71 Prozessierung von Procaspasen. Procaspasen werden durch zwei proteolytische Spaltungen in eine Prodomäne und die beiden Untereinheiten A und B prozessiert. Die Untereinheiten formieren sich zu der aktiven Caspase, deren proteolytisches Zentrum durch einen Cysteinrest (Cys) charakterisiert ist. In der unteren Bildhälfte ist in einem Substratprotein das Tetrapeptid DEXD (wobei „X" für jede mögliche Aminosäure steht) als Erkennungssequenz für die aktive Caspase dargestellt. Der proteolytische Verdau durch die Caspase erfolgt hinter dem zweiten Aspartatrest.

Tab. 3.8   Caspasen und ihre Funktion in der Apoptose

Caspasen	Erkennungs-sequenz	Substrat	Funktion
Effektorcaspasen			
	DEXD	Lamin	Exekution der Apoptose
(CED 3 ähnlich)		Actin	
Caspase 3		RB	
Caspase 7		ICAD	
Caspase 2		hnRNP	
		DNA PK	
		u.v.a.m.	
Adaptercaspasen			
	(I/V/L) EXD	Effektorcaspasen	Aktivierung der Apoptose
Caspase 6			
Caspase 8			
Caspase 9			

aptercaspasen sind Bindeglieder zwischen den die Apoptose auslösenden zellulären Ereignissen („Signale") und den Effektorcaspasen (Tab. 3.8). Die Gruppe der ICE-ähnlichen Caspasen (ICE = interleukin-1β-converting enzyme) soll hier auf Grund ihrer für die Apoptose eher untergeordneten Rolle nicht näher betrachtet werden.

Schon der strukturierte Wandel der Zellmorphologie deutet an, daß apoptierende Zellen keinem „chaotischen" Proteolyseprozess zum Opfer fallen, sondern daß die Caspasen gezielt vorgehende Proteasen mit definierten Substraten sind. Typische Vertreter der Substrate (oder Zielproteine) von Effektorcaspasen sind in Tabelle 3.8 aufgeführt. Bei der Betrachtung dieser Substrate fällt auf, daß sie im Sinne der Zellzerstörung gut nachvollziehbare Ziele während der Apoptose darstellen. Zusammengefaßt scheint die Inaktivierung bisher identifizierter Substrate mit folgenden Konsequenzen für die sterbende Zelle einherzugehen: (1) Unterbrechung von Signalübertragungen in der Zelle, (2) Inhibition der Genexpression, (3) Arretierung des Zellzyklus, (4) Verlust von DNA-Reparaturfunktionen, (5) Fragmentierung chromosomaler DNA und (6) Abbau von nukleären und cytoplasmatischen Strukturproteinen.

Wie kann man sich jedoch die Umsetzung der Aktivierung einer Caspase bis hin zur veränderten Zellmorphologie vorstellen? Am Beispiel der DNA-Fragmentierung soll die Achse Caspase – Substrat – morphologisches Korrelat genauer betrachtet werden (Abb. 3.72).

Es konnte ein Enzym identifiziert werden, welches nach Aktivierung durch Caspase 3 DNA verdauen kann (caspase-activated desoxyribonuclease, CAD). CAD kann zwar in vielen Zellen gefunden werden, ist erstaunlicherweise aber im Cytoplasma von Zellen lokalisiert, obwohl es ein nukleäres Lokalisationssignal besitzt. Es hat sich aber herausgestellt, daß CAD durch ein anderes Protein, „inhibitor of CAD" (ICAD), aktiv im Cytoplasma zurückgehalten und so in normalen Zellen in „Sicherheitsgewahrsam" genommen wird. Die Aminosäuresequenz von ICAD beinhaltet zwei typische Erkennungselemente für die Caspase 3. Kommt es also zur

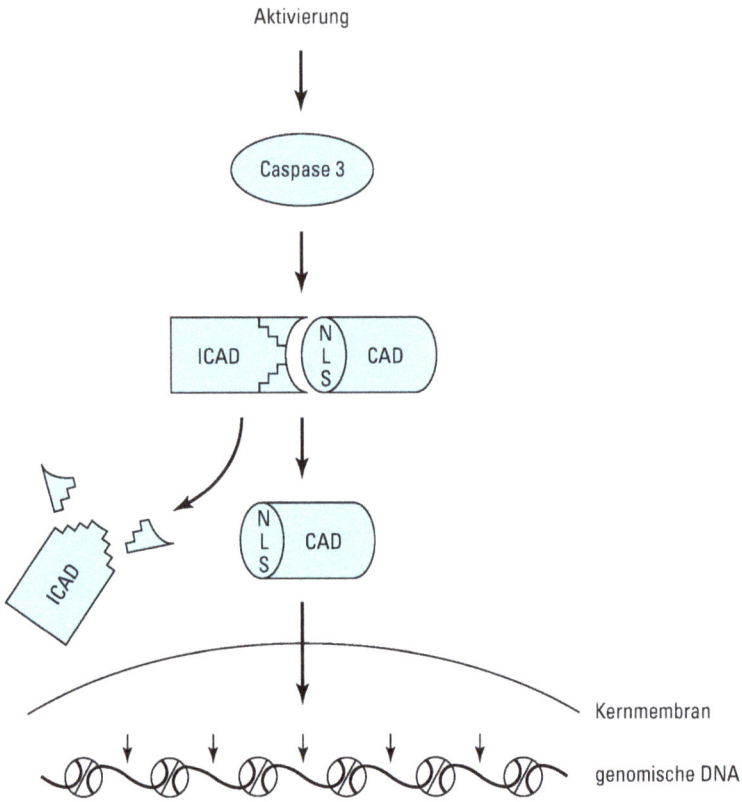

Abb. 3.72   Abbau genomischer DNA nach Caspase 3 Aktivierung. Eine durch Caspase 3 aktivierte Desoxyribonuklease (CAD) wird durch proteolytische Spaltung eines Inhibitorproteins (ICAD) in den Zellkern transportiert und kann dort genomische DNA internukleosomal verdauen.

Aktivierung von Caspase 3, wird ICAD proteolytisch verdaut, und der Komplex aus ICAD und CAD zerfällt. Als Konsequenz daraus transloziert CAD in den Zellkern und kann dort die chromosomale DNA abbauen.

3.8.5 Signalwege der Apoptose

Nachdem es zur Aktivierung der Effektorcaspasen gekommen ist, ist das apoptotische Schicksal der Zellen besiegelt. Es ist deshalb von größter Bedeutung für jede Zelle, die Aktivierung der Apoptose (d. h. die Aktivierung der Effektorcaspasen) präzise zu steuern. Dies erfolgt über apoptotische Signalwege, die durch unterschiedliche Stimuli aktiviert werden. Verschiedene pro-apoptotische Stimuli sind in Tabelle 3.9 zusammengefaßt.

Tab. 3.9   Pro-apoptotische Stimuli

Pro-apoptische Stimuli
• UV-Strahlung • γ-Strahlung • Glukokortikoide • Entzug von Wachstumsfaktoren • Cytokine • CTL-Angriff

Der FAS/FASL-Signalweg

Der FAS-Ligand (FASL) ist ein Mitglied der „tumor necrosis factor"-Familie (TNF) von Cytokinen. FASL existiert vor allem als membranständiger Faktor, was eine Signalfunktion in der direkten Zell-Interaktion ermöglicht. Der zu FASL gehörige Rezeptor ist FAS (auch APO-1 oder CD95 genannt), der Mitglied der TNF-Rezeptorfamilie ist, die u. a. auch den TNF-Rezeptor-1 (TNFR-1) enthält. Die Aktivierung von FAS oder TNFR-1 durch Ligandenbindung kann zu einer potenten Induktion von Apoptose führen, ohne daß dafür neue Proteine in der Zelle synthetisiert werden müssen. Der Signalweg zwischen Rezeptor und Caspase 3 ist in Zellen somit bereits präformiert. Was passiert nach der Bindung von Ligand und Rezeptor?

Der cytoplasmatische Anteil von FAS und TNFR-1 enthält eine konservierte Proteindomäne, die für die Weiterleitung des Signals notwendig ist und deshalb als „death domain" bezeichnet wird. Nach Ligandenbindung formt der Rezeptor ein Homotrimer. Es ist diese Trimerisierung der „death domain", die daraufhin die Ankopplung eines Adapterproteins erlaubt und so das Zelltodsignal weiterleitet (Abb. 3.73). Das Adaptermolekül von FAS, FADD (FAS associated protein with death domain), bindet den Rezeptor ebenfalls über seine „death domain", die somit als Protein-Interaktionselement fungiert. FADD besteht neben der „death domain" praktisch nur aus einer weiteren Struktur, der sogenannten „death effector domain". Diese Domäne stellt letztlich die Verbindung des Adaptermoleküls FADD zur Caspase 8 her, eine Interaktion, die der Vermittlung eines weiteren Faktors, FLASH genannt, bedarf. Das Substrat der Caspase 8 schließlich ist die Caspase 3, die dann die Exekution der Apoptose, wie oben beschrieben, in Gang setzen kann.

Die Bedeutung des FAS/FASL-Systems in der Medizin

FAS wird ubiquitär exprimiert, wohingegen FASL hauptsächlich auf cytotoxischen T-Zellen (CTL) und Natürlichen Killerzellen (NK) gefunden wird. Nach der Bindung der antigenpräsentierenden Zelle durch CTLs über den Antigen/MHC/TCR-Komplex kommt es auch zu einer FAS-FASL-Interaktion. Daraus resultiert die Aktivierung von FAS mit der Apoptose der antigenpräsentierenden Zelle. Darüber hinaus wird FASL auch auf bestimmten Zellpopulationen der Augen und Testes sowie in einigen Tumoren exprimiert. Interessanterweise gehören Augen und Testes zu den „immune privileged sites", also zu den Organen, die gegen cytotoxische Effekte von T-Zellen einen erhöhten Schutz besitzen. Dem FAS/FASL-System scheint dabei eine wichtige Funktion zuzufallen. Durch die Expression von FASL auf den Zellen dieser Organe werden die FAS-Rezeptoren der einwandernden T-Lymphocyten aktiviert und so deren Zelltod eingeleitet. In Anlehnung an dieses Prinzip exprimieren bestimmte Tumoren FASL und entziehen sich so der Zerstörung durch NK-Zellen. Es wird angenommen, daß dieser Prozeß zu dem „immune escape" von Tumoren beiträgt.

Als letztes Beispiel für die Bedeutung der Rezeptor-vermittelten Apoptose in der Medizin soll schließlich die Ausschüttung von löslichem TNF durch Tumore angeführt werden. Dies führt über die Aktivierung des ubiquitär exprimierten TNF-Rezeptors zu einer systemischen apoptotischen Gewebeschädigung. Dieser Prozess wird für den kachektischen Zustand von Tumorpatienten mitverantwortlich gemacht.

Der Cytochrom c-Signalweg

Während die Induktion der Apoptose durch die TNF-Rezeptorfamilie primär über einen Signalweg erfolgt, der auf direkten Proteinwechselwirkungen von Rezeptor, Adaptorproteinen und Effektorcaspasen beruht, gibt es einen anderen Signalweg, der als zentralen Informationsüberträger das Cytochrom c benutzt. Es ist noch nicht vollständig gesichert, welche pro-apoptotischen Stimuli primär über Cytochrom c weitergeleitet werden, aber wahrscheinliche Kandidaten sind u. a. die Signale, die nach DNA-Schädigung aus dem Zellkern gesendet werden (etwa nach Einwirkung von γ-Strahlung oder nach genotoxischer Chemotherapie). Darüber hinaus weisen alle bis heute untersuchten Signalwege der Apoptose im Endstadium eine zusätzliche Aktivierung des Cytochrom c-Signalweges auf. Dieser Befund impliziert eine späte Amplifizierungsfunktion von Cytochrom c für die Aktivierung der Apoptose im allgemeinen und unterstreicht seine besondere Bedeutung.

Cytochrom c ist in Mitochondrien lokalisiert und dort als Elektronentransporter an der Bereitstellung biochemischer Energie in Form von ATP beteiligt. Unabhängig davon konnte es aber überraschenderweise auch als Bestandteil des „apoptotic protease activating factor" (APAF) im Cytosol apoptierender Zellen nachgewiesen werden. Die weitere Analyse dieses Befundes ergab folgendes Bild: Nach initialer Aktivierung der Apoptose gelingt Cytochrom c aus den Mitochondrien in das Cytoplasma. Dort bindet es an APAF-1, das sich als das lang gesuchte Homolog von *C. elegans* CED-4 (s. o.) herausstellte. Auf diese Weise aktiviert Cytochrom c APAF-1. Dieser aktive Komplex bindet APAF-3, welches als Adaptercaspase (Caspase 9) direkt Effektorcaspasen zu aktivieren vermag. Auf dieser Ebene schließlich konvergieren die FAS/FASL- und Cytochrom c-Signalwege (Abb. 3.74).

Es konnte auch gezeigt werden, daß der FasL-Signalweg über eine Aktivierung des BCL-Familienmitgliedes BID durch Caspase 8 zur Destabilisierung der Mitochondrienmembran beiträgt (Abb. 3.73). Dadurch kann es auch im FAS/FASL-Si-

Abb. 3.73 Schematische Darstellung des FAS/FASL Signalweges. Die Aktivierung des membranständigen FAS-Rezeptors führt über Kopplungsproteine zur Induktion der Procaspase 8. Die aktive Caspase 8 kann entweder direkt die Effektorcaspase 3 aktivieren oder über das Protein BID den Cytochrom c-Signalweg aktivieren (siehe Text für eine detaillierte Beschreibung dieses Signalweges). ▶

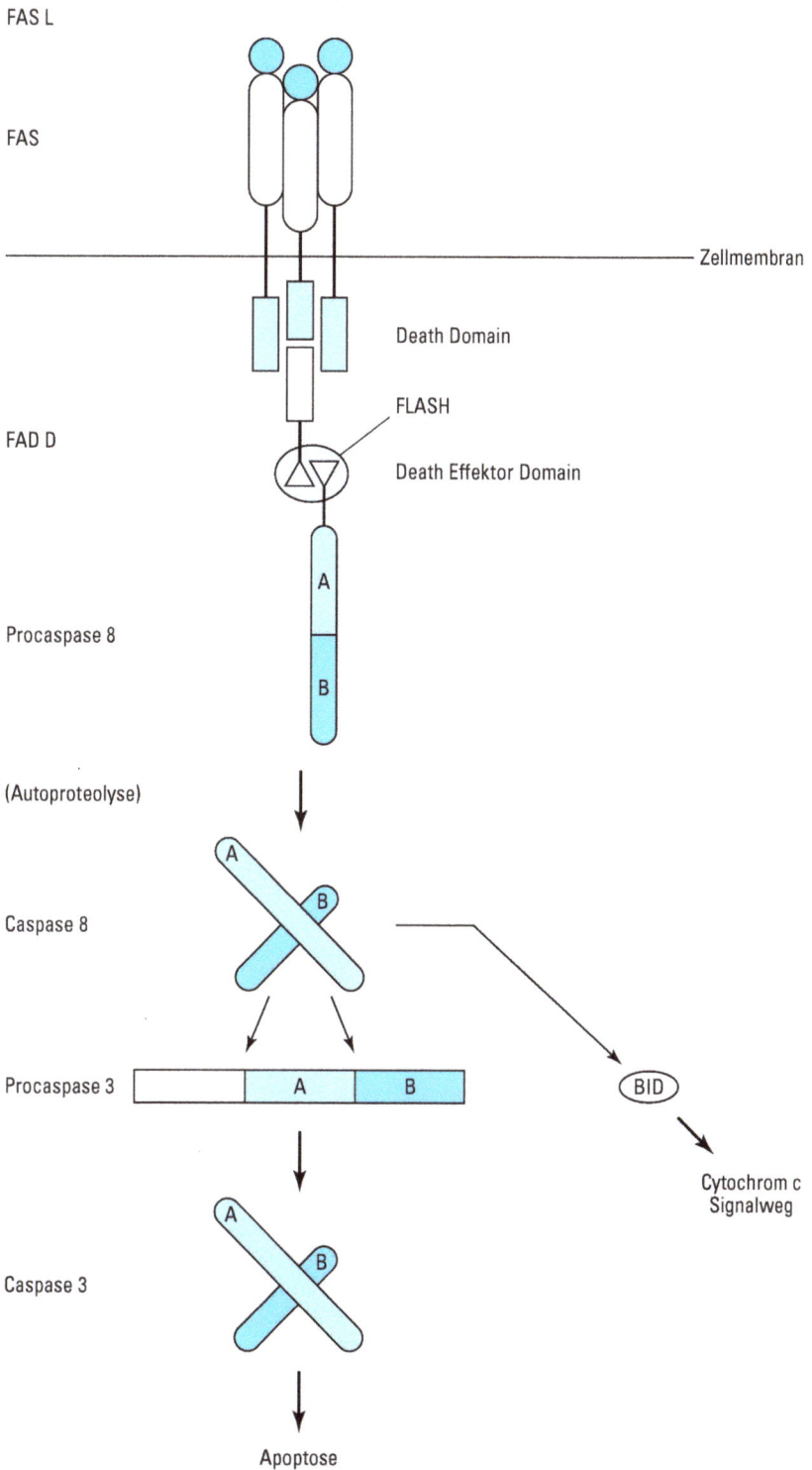

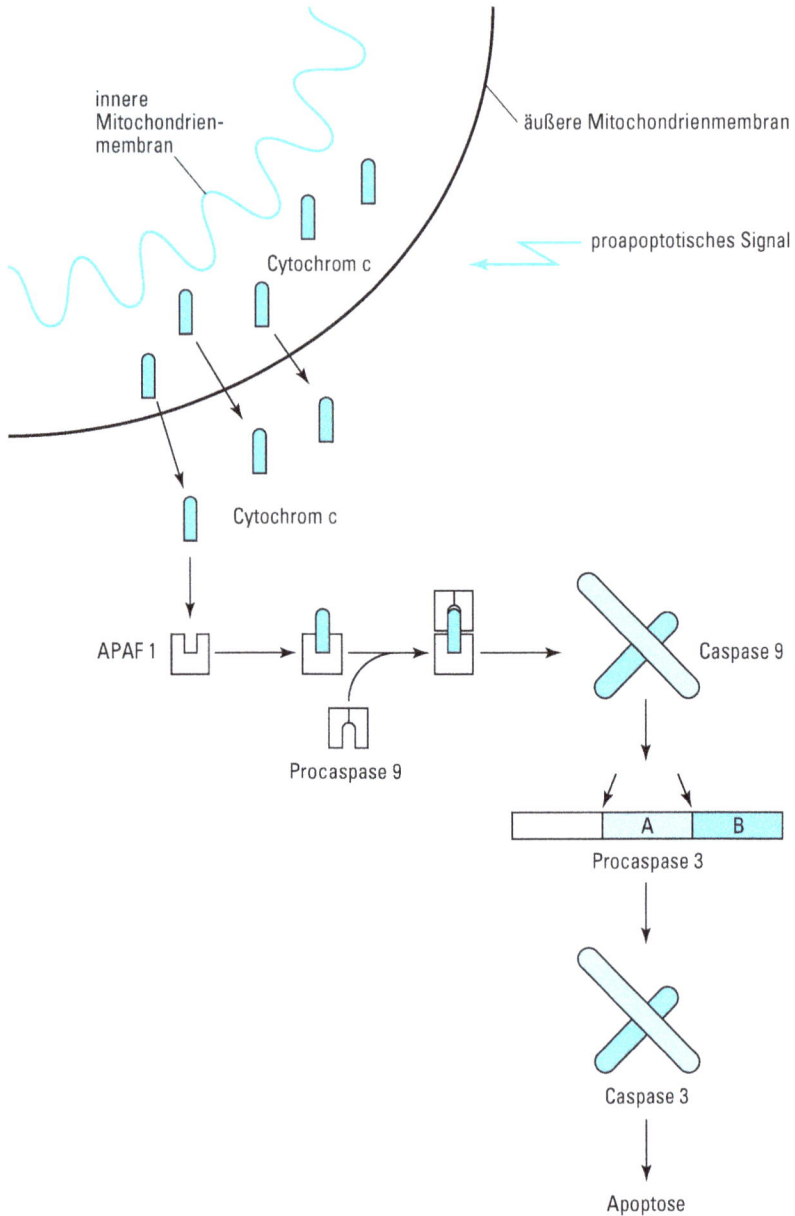

Abb. 3.74 Schematische Darstellung des Cytochrom c-Signalweges. Cytochrom c wird nach einem proapoptotischen Signal aus den Mitochondrien freigesetzt. Zusammen mit APF1 und Procaspase 9 bildet es den „apoptotic protease activating factor". Die Assemblierung dieses Faktors führt zur Aktivierung der Caspase 9, die dann direkt zur Induktion von Effektorcaspasen und zur Einleitung der Apoptose führt. Alternativ kann es zum Austritt von Cytochrom c aus den Mitochondrien auch nach Aktivierung des FASL Signalweges kommen. Dieser führt über die Aktivierung des Proteins BID sowie Caspase 8 zur Destabilisierung der Mitochondrienmembran (siehe Abb. 3.73), ist aber aus Übersichtsgründen in diesem Schema nicht erfaßt (siehe Text für eine detaillierte Beschreibung des Signalweges).

gnalweg zu einer Aktivierung des Cytochrom c-Signalweges kommen. Zusätzlich kann bereits aktivierte Caspase 3 retrograd zur Porenöffnung auf Mitochondrien beitragen. Auf diese Weise wäre die Bedeutung des Cytochrom c-Signalweges als genereller Amplifizierungsschritt in der Apoptose erklärbar.

Die BCL-2 Familie als Regulatoren des Cytochrom c-Signalweges

Der Name des Proto-onkogens *bcl-2* geht auf seine ursprüngliche Entdeckung in Non-Hodgkin B-Zell Lymphomen zurück (*B-cell lymphoma*). In diesen Tumoren konnte das Gen an den chromosomalen Bruchpunkten gefunden werden, die der Translokation t(14;18) zugrunde liegen. Dabei wird das *BCL-2* Gen von seiner normalen Position auf 18q21 in die Nähe des Immunglobulin-Locus auf 14q32 transferiert und gerät so unter den Einfluß des starken IgH-Enhancers.

Die onkogene Eigenschaft von BCL-2 beruht nicht auf der Steigerung der Zellproliferationsrate, sondern vielmehr auf der reduzierten Apoptoserate der betroffenen B-Zellen. Mit der Klonierung des *ced-9* Gens von *C. elegans* (s. o.) konnte *bcl-2* überdies als menschliches Homolog dieses anti-apoptotischen Proteins identifiziert werden. Die artifizielle Überexpression von BCL-2 in Zellkulturen erweist

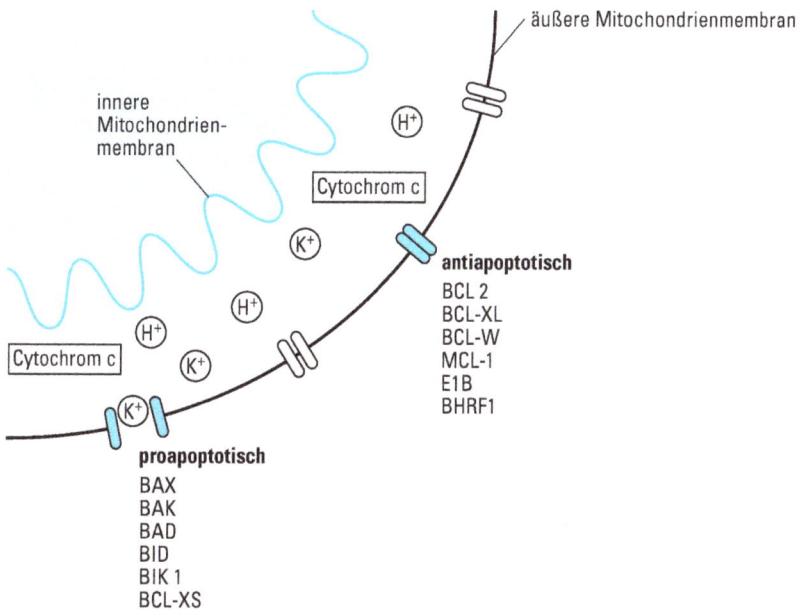

Abb. 3.75   Die BCL2-Familie als negative und positive Regulatoren des Cytochrom c-Signalweges. Es wird angenommen, daß pro- und anti-apoptotische Mitglieder der BCL2-Superfamilie den Elektronentransport über die äußere Mitochondrienmembran regulieren können. Dies kann durch Deaktivierung oder Aktivierung von bestehenden Ionenkanälen geschehen oder aber durch die Ausbildung von neuen Ionenkanälen, wie dies für einige proapoptotisch wirkende Familienmitglieder angenommen wird. Als Konsequenz des vermehrten Ionentransportes kommt es zur Destabilisierung der äußeren Mitochondrienmembran und zur sekundären Freisetzung von Cytochrom c.

sich als potentes antiapoptotisches Signal. Es fällt auf, daß BCL-2 viele unterschiedliche Aktivierungswege der Apoptose inhibieren kann, aber besonders die Apoptose
nach Strahlenschäden, Chemotherapeutikagabe (s. u.) und dem Entzug von Wachstumsfaktoren inhibiert. Dabei handelt es sich um Signalwege der Apoptose, die
(wie unten ausgeführt) durch P53 reguliert werden. Hingegen wirkt BCL-2 signifikant schwächer auf den FAS/FASL Signalweg. Diese Befunde deuten an, daß BCL-2
einen sehr nah an den Effektorcaspasen liegenden Schritt der Apoptose blockiert,
jedoch nicht alle Signalwege gleichermaßen stark inhibieren kann.

Das BCL-2 Protein ist primär in der äußeren mitochondrialen Membran lokalisiert. Überdies legen Strukturanalysen nahe, daß BCL-2 Domänen ausbilden kann,
die an (Ionen-)Kanäle erinnern. Diese Untersuchungen implizieren, daß BCL-2
durch die Regulation des transmembranösen Ionenaustausches eine Funktion
bei der Stabilisierung der äußeren Mitochondrienmembran spielt und so die Ausschüttung von Cytochrom c aus den Mitochondrien kontrolliert (Abb. 3.75).
Über diese Funktion regelt BCL-2 direkt die Aktivierung des Cytochrom c-Signalweges der Apoptose. In Anlehnung an die CED-9 Funktion bei *C. elegans* wird für
BCL-2 außerdem eine direkte Inhibition des CED-4 Homologs APAF-1 angenommen.

BCL-2 ist als erstes Mitglied einer ständig wachsenden Proteinfamilie von BCL-2
ähnlichen Faktoren identifiziert worden. Es konnte gezeigt werden, daß einige dieser
Proteine nicht anti-apoptotisch wirken, sondern im Gegenteil als Verstärker eines
proapoptotischen Signals fungieren (Abb. 3.75). Dieser Befund erklärt sich daraus,
daß pro- und antiapoptotische Mitglieder der BCL-2 Familie in einem Proteinkomplex wechselwirken können und je nach Zusammensetzung des Komplexes die Mitochondrienmembran stabilisiert oder aber destabilisiert wird.

3.8.6 P53 – Wächter des Genoms

Das *p53*-Gen ist das am häufigsten mutierte Tumorsuppressorgen in menschlichen
Tumoren, was eine wichtige Funktion für P53 in der Wachstumskontrolle von Zellen
impliziert. In normal wachsenden Zellen ist das P53-Protein kaum nachweisbar. Es
wird aber stark induziert, wenn es in diesen Zellen zu sogenanntem genomischen
Streß kommt. Darunter versteht man primär die Schädigung von DNA (z. B. durch
γ-Strahlen und Chemotherapeutika) oder die pathologische Aktivierung zellulärer
Protoonkogene (wie z. B. des MYC-Proteins nach Translokation in Burkitt-Lymphomen).

Diese Erkenntnisse haben das P53-Protein als eine zentrale Schaltstelle identifiziert, bei der Informationen über die Integrität des Genoms eintreffen und von der
aus bei Fehlermeldungen entsprechende Gegenmaßnahmen gestartet werden können
(Abb. 3.76).

Diese Maßnahmen sind vielschichtig, verfolgen aber primär ein Ziel: den Organismus vor der möglichen Entartung einzelner Zellen zu schützen. Dementsprechend
kann P53 bei genomischem Streß folgende Konsequenzen einleiten: (1) weitere Zellteilungen durch Arretierung des Zellzyklus temporär zu unterbrechen (siehe
Kap. 3.6.4); (2) für den Fall von DNA-Schäden: Aktivierung von DNA-Reparaturvorgängen (siehe Kap. 3.7.4); (3) für den Fall andauernder Onkogenaktivierung:

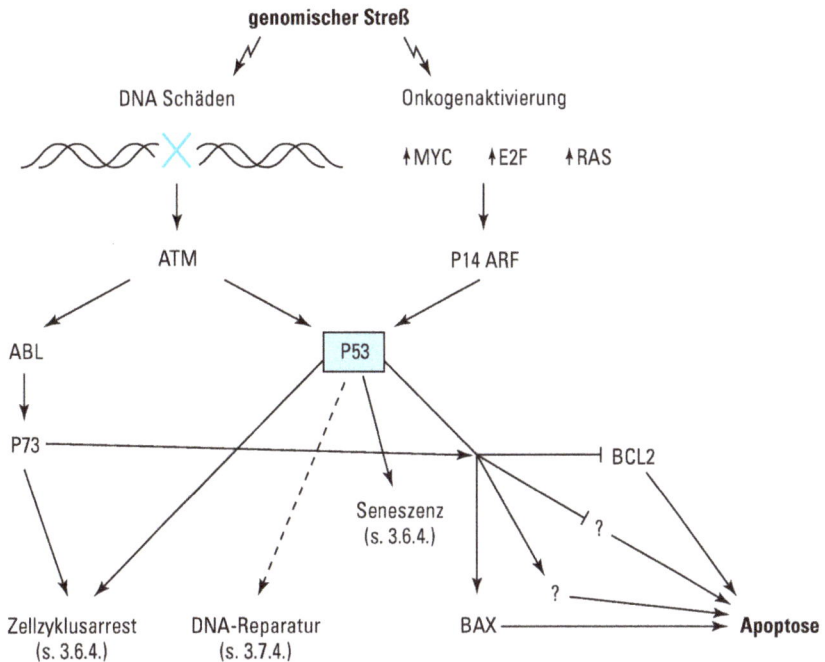

Abb. 3.76 P53: Wächter des Genoms. DNA-Schäden und die Aktivierung von Onkogenen stellen eine Form von genomischem Stress dar, der zur Aktivierung des P53 Tumorsupressorproteins führt. Es ist bisher nicht genau bekannt, wie die Informationen über DNA-Schäden oder einer Onkogen-Aktivierung zum P53 Protein gelangen, aber das ATM-Protein (*Ataxia teleangiectasia* mutated, siehe Kap. 3.6.4 und 3.7.4) und das P14ARF (P14 alternative reading frame, siehe Kap. 3.6.4) stellen wahrscheinliche Kandidaten für diese Informationsübertragung dar. Nach Aktivierung von P53 kommt es zur Deregulation des Zellzyklus, Induktion von DNA-Reparaturmechanismen und ggf. zur Einleitung der Apoptose. Dabei ist die Funktion von P53 bei der Einleitung von Zellzyklusregulationschritten etabliert. Es ist aber unsicher, welche Rolle P53 bei der Einleitung von DNA-Reparaturmechanismen spielt. Die Verbindung von P53 zu Reparaturvorgängen ist deswegen in dieser Abbildung als gestrichelter Pfeil angegeben. Auch der Mechanismus der P53-induzierten Apoptose ist durch die Aktivierung des BAX-Proteins bzw. die Repression von BCL2-Proteinen nur partiell erklärbar. Pro-apoptotische Funktion kann nach DNA Schädigung auch das mit P53 verwandte P73 Protein übernehmen.

Permanente Arretierung des Zellzyklus durch Induktion der Zellseneszenz (siehe Kap. 3.6.4); (4) für den Fall andauernder Onkogenaktivierung oder nicht reparabler DNA-Schäden: Eliminierung der Zellen durch Induktion von Apoptose.

Diese Punkte verdeutlichen den hohen Selektionsdruck, der nach erfolgtem genomischen Streß auf das *p53*-Gen einwirkt. Nur bei andauernder Funktionstüchtigkeit von P53 können die o. g. Sicherheitsmaßnahmen aufrechterhalten werden. Verliert eine Zelle in dieser Situation ihr *p53*-Gen, überwiegt die Funktion aktivierter Onkogene oder aber die Konsequenzen der DNA-Schädigungen kommen zum Tragen. Als Folge daraus kann schließlich autonomes Zellwachstum resultieren. Vor diesem Hintergrund wird die wichtige Funktion dieses Tumorsuppressorproteins als „Wächter des Genoms" verständlich.

Für Erläuterungen zu dem durch P53 induzierten Sicherungsprogramm (Punkte 1–3) wird auf die angegebenen Kapitel verwiesen. Doch wie aktiviert P53 die Apoptose? P53 ist ein Transkriptionsfaktor, und es ist die DNA-Bindungsfunktion dieses Proteins, die in den meisten betroffenen Tumoren ausgeschaltet ist. Das verweist darauf, daß P53 seine proapoptotische Funktion in diesen Fällen als Transkriptionsfaktor ausübt. So besitzt das proapoptotische *bax*-Gen aus der *bcl-2*-Familie in seiner Promotorregion mehrere Bindungsstellen für P53, und die Expression des *bax*-Gens kann durch P53 stark aktiviert werden. Außerdem reprimiert P53 die Expression des anti-apoptotischen Gens *bcl-2*. Somit kann P53 über die mittelbare Kontrolle mitochondrialer Membranproteine direkt in den Cytochrom c-Signalweg eingreifen und Apoptose regulieren. Da allerdings auch P53-Proteine mit defekter DNA-Bindungsdomäne eine residuale pro-apoptotische Aktivität besitzen und P53 auch in der Gegenwart von Translationshemmern Apoptose aktivieren kann, muß P53 über zumindest einen weiteren (bisher nicht bekannten) Mechanismus Apoptose induzieren können (Abb. 3.76). Auch weitere, mit P53 verwandte Proteine wie P73 können nach DNA Schädigung pro-apoptotische Funktionen wahrnehmen. In diesem Fall kommt es nach γ-Bestrahlung oder Behandlung mit dem Chemotherapeutikum Cisplatin über die Aktivierung von ATM und ABL zum P73-vermittelten programmierten Zelltod.

Eine besondere Bedeutung kommt dem P53-Status von Tumorzellen nicht nur bei der Krebsentstehung zu. So besteht eine Korrelation zwischen der Chemo- bzw. Strahlentherapieresistenz eines Tumors und seinem Verlust an aktivem P53-Protein. Diese Beobachtung basiert darauf, daß viele Chemotherapeutika (z. B. Etoposid oder Methotrexat) sowie auch die Strahlentherapie massive DNA-Schäden in den Zellen verursachen. Entsprechend werden Tumorzellen auf diese Art nicht direkt getötet, sondern sie sterben auf Grund der Induktion des zelleigenen Apoptoseprogramms, welches bei DNA-Schäden von funktionellem P53 abhängig ist. Der Erfolg o. g. Therapieansätze kann in Tumoren, die kein P53 exprimieren, somit deutlich reduziert sein. Auf der anderen Seite sprechen P53-positive Tumore (wie z. B. die Teratokarzinome des Hodens oder akute lymphoblastische Leukämien bei Kindern) gut auf eine Chemotherapie an. Experimentell ist es bereits möglich, Resistenzen gegenüber Chemotherapeutika nach Transfer eines *p53*-Gens in P53-negativen Tumorzellkulturen zu revertieren. Dies verdeutlicht den synergistischen Nutzeffekt aus den kombinierten Erkenntnissen der konventionellen und der Molekularen Medizin.

3.9 Signalübertragung

Die Zellen eines Organismus müssen ständig miteinander kommunizieren, um Wachstum und Differenzierung, aber auch die Aufrechterhaltung spezialisierter Funktionen zu bewerkstelligen. Dazu benutzen die Kommunikationspartner unterschiedliche Signale (Tab. 3.10) und verschiedene Prinzipien der Signalübertragung, auch Signaltransduktion genannt. Wie im folgenden näher ausgeführt, gibt es eine Fülle von unterschiedlichen Signalen und Signalübertragungsmodi – das Prinzip der Signaltransduktion ist allerdings immer das gleiche.

Tab. 3.10   Beispiele für extrazelluläre Signalstoffe

Faktor	Molekülklasse	Funktion	Signalprinzip
Nerven-Wachstumsfaktor	Protein	Wachstum und Überleben von sensorischen und sympathischen Neuronen sowie Neuronen im ZNS	lokaler chemischer Botenstoff
Glycin	Aminosäure	Hemmung der Transmission im ZNS	Neurotransmitter
epidermaler Wachstumsfaktor	Protein	Stimulation der Proliferation	Wachstumsfaktor
Insulin	Protein	Glukoseaufnahme, Stimulation der Protein-synthese	Hormon
Kortison	Steroid	Effekte auf Stoffwechsel von Proteinen, Kohlenhydraten, Hemmung der Entzündung	Hormon
Stickstoffmonoxid	Gas	Regulation von Blutfluß und Plättchenfunktion	lokaler chemischer Botenstoff

In diesem Sinne kann Signaltransduktion als ein gerichteter Fluß von Informationen aufgefaßt werden. Signale sind dabei als biologische Informationseinheiten anzusehen, die zu bestimmten biochemischen Veränderungen in den Zellen führen, für die das Signal bestimmt ist. Die Informationseinheiten werden durch Signalträger vermittelt – z. B. die Information „Zellteilung" durch ein Wachstumshormon. Diese Information kann von spezifischen Signalempfängern (Rezeptoren) aufgenommen und weitergeleitet werden, wobei sich die Art des Signalträgers ändern kann, aber der Informationsgehalt typischerweise bestehen bleibt (Signalumwandlung). Ein Beispiel für den Vorgang der Signalumwandlung ist die Bindung eines Wachstumshormons an den extrazellulären Teil seines spezifischen, zellmembranständigen Rezeptors und die Weiterleitung der Information in Form der hormonabhängigen Autophosphorylierung von cytoplasmatischen Rezeptordomänen (s. u.). Von dort aus kann die Information „Zellteilung" über weitere Phosphorylierungen physikalisch miteinander interagierender Proteine in einer Kaskade von Reaktionen weitergegeben werden. Am Ende der Signalkette steht in unserem Beispiel die Phosphorylierung von Transkriptionsfaktoren. Auf dieser Ebene kommt es wieder zu einer Signalumwandlung, nämlich die Information Zellteilung wird in Form der Phosphorylierung (= Aktivitätsänderung) dieser Transkriptionsfaktoren in ein spezifisches Expressionsmuster unterschiedlicher Gene übersetzt, deren Produkte die Zellteilung einleiten. In dem hier gewählten Beispiel kann der Signalträger die Zellmembran als Barriere nicht selbst durchqueren – was die Signalumwandlung notwendig macht. Eine solche Art der Signalübertragen soll ausführlicher am Beispiel des RAS/RAF-Signalweges beschrieben werden. In anderen Fällen kann der Signalträger Barrieren selbst überwinden, so entfällt z. B. für das Gas Stickoxid (NO) die Signalumwandlung an der Zellmembran. Auch dieses instruktive Beispiel einer Signalübermittlung wollen wir weiter unten ausführlicher besprechen. Vorab aber sollen allgemeine Aspekte unterschiedlichster Signalübertragungen beleuchtet werden.

Signalgebende Zellen können chemische Stoffe ausscheiden, welche in einiger Entfernung auf andere Zellen oder Gewebe einwirken. Andere Zellen besitzen spezialisierte Strukturen auf ihrer Oberfläche, welche Kontaktstellen zu anderen Zellen bilden und diese direkt beeinflussen. Außerdem bilden manche Zellen untereinander Kanäle aus (Zell-Zell-Kanäle, gap junctions), durch die kleine Moleküle passieren können und physiologische Vorgänge in der Partnerzelle auslösen. Je nach der Entfernung zwischen Signalgeber und -empfänger erfolgt die Signalübertragung durch chemische Stoffe auf unterschiedliche Weise. Spezialisierte Zellen des endokrinen Systems scheiden Hormone aus, welche mit dem Blutstrom über den Körper verstreute Zielzellen erreichen. Die Signalvermittlung an entfernte Ziele wird als endokrine Signalübertragung bezeichnet. Lokale Wirkungen werden hingegen durch die parakrine Signalübertragung erzielt. In diesem Fall werden die chemischen Überträgerstoffe von den signalempfangenden Zellen sehr rasch aufgenommen und zerstört, so daß keine Fernwirkung mehr möglich ist. Auf das Nervensystem beschränkt ist die synaptische Signalübertragung. Als Botenstoffe dienen in diesem Falle die Neurotransmitter, welche an den Synapsen ausgeschieden, über die synaptische Spalte verteilt und von den postsynaptischen Zielzellen in äußerst geringer Entfernung aufgenommen werden.

Während die signalgebenden Zellen oft in spezialisierten Strukturen, z. B. Drüsengeweben, organisiert sind, um ihre besondere Funktion auszuüben, sind die signalempfangenden Zellen ständig mit hunderten chemischer Signale konfrontiert. Die Spezifität der physiologischen Wirkung wird dadurch erzielt, daß die signalaufnehmenden Zellen mit einem Satz distinkter Rezeptoren bestückt sind, welche die komplementären Signale (auch Liganden des Rezeptors genannt) binden. Viele der chemischen Signale sind in sehr niedrigen Konzentrationen ($< 10^{-8}$ M) aktiv. Jedoch bestimmt die Ausstattung mit Rezeptoren allein nicht die physiologische Signalwirkung. Die interne Zellmaschinerie, mit der die Rezeptoren gekoppelt sind, ist ebenso wichtig (intrazelluläre Signalübertragung). Eine erhebliche Diversität findet sich auch hinsichtlich der Dauer der zellulären Antwort auf den Signalreiz. Chemische Botenstoffe induzieren zelluläre Effekte, welche innerhalb von Millisekunden ablaufen, zum Beispiel bei der acetylcholin-gesteuerten Muskelkontraktion. Dagegen benötigt die Insulin-gesteuerte Regulation der Glukosekonzentration im Blut einige Minuten, bis die physiologische Antwort erfolgt, und Östradiol als Botenstoff reguliert die Ausprägung sekundärer Geschlechtsmerkmale in einem langfristigen Entwicklungsprozeß.

Die meisten Hormone, die lokal wirkenden chemischen Botenstoffe und Neurotransmitter sind wasserlöslich. Hormone werden nach ihrer Ausschüttung im Blut innerhalb weniger Minuten aufgenommen oder abgebaut, bei den beiden anderen Stoffklassen erfolgt die Entfernung aus dem extrazellulären Raum innerhalb von Sekunden oder Bruchteilen davon. Wasserlösliche Signalmoleküle können die Zellmembran nicht durchdringen, sondern binden an Empfangsstationen auf der Oberfläche der Zielzellen, an membranständige Rezeptoren. Im Gegensatz zu den hydrophilen Signalstoffen sind die wasserunlöslichen Steroid- oder Schilddrüsenhormone im Blutstrom an Trägerproteine gebunden. Hydrophobe Signalmoleküle lösen sich von ihrem Trägerprotein, diffundieren durch die Zellmembran und binden an intrazelluläre Rezeptoren, die im Cytoplasma oder im Zellkern lokalisiert sind. Steroidrezeptoren wirken als hormonabhängige Transkriptionsfaktoren und werden daher unter 3.1.2 genauer diskutiert.

3.9.1 Signalübertragung ohne Membranbarriere: NO

Eine grundsätzlich andere, unerwartete Form der Signalübertragung liegt dem Wirkungsprinzip des ursprünglich nur als Umweltgift bekannten Stickstoffmonoxid (NO) zu Grunde. NO ist ein von Körperzellen synthetisiertes, in biologischen Flüssigkeiten gelöstes, niedermolekulares Gas, das ebenfalls Zellmembranen mittels freier Diffusion überwinden kann. Es spielt sowohl bei der intrazellulären als auch der interzellulären Signalübertragung eine wichtige Rolle. Im Gegensatz zu Steroidhormonen bindet NO jedoch nicht an spezifische Rezeptoren, sondern entfaltet seine Aktivität mittels chemischer Reaktionen. Als Zielmoleküle dienen vor allem eisenhaltige Enzyme oder andere bioreaktive Gase wie beispielsweise das Superoxid. Durch Reaktionen mit diesen Zielmolekülen wird die Aktivität von Zielenzymen verändert, oder es entstehen neue gasförmige Sekundärsignalstoffe (z. B. Peroxynitrit), die ihrerseits signalgebende Funktionen haben. Somit stellt NO einen Signalüberträger dar, der Membranbarrieren überwindet und nicht mit hochspezifischen Rezeptoren interagiert.

Viele Körperzellen können NO enzymatisch durch sogenannte NO-Synthetasen erzeugen. Als Substrat dient die Aminosäure Arginin. Bislang sind drei verschiedene NO-Synthetasen bekannt, von denen zwei konstitutiv exprimiert werden und kalziumabhängig sind. Die dritte NO-Synthetase wurde in aktivierten Makrophagen gefunden. Dieses Enzym ist kalziumunabhängig, vermittelt die Synthese erheblich größerer Mengen von NO und wird als Antwort auf geeignete Signale (Lipopolysaccharid, γ-Interferon) transkriptionell induziert. Diese Induktion kann durch Glukokortikoide verhindert werden.

NO ist als Signalüberträger in viele physiologische Prozesse eingebunden. Gleichzeitig dient es als Ansatzpunkt für pharmakologische Interventionen sowie als Quelle pathophysiologischer Prozesse. Diese unterschiedlichen Rollen des NO sollen an Beispielen illustriert werden.

Endothelzellen exprimieren eine NO-Synthetase, die durch Kalziumeinstrom aktiviert wird. Das daraufhin erzeugte NO diffundiert in benachbarte glatte Muskelzellen und aktiviert dort das Hämoprotein Guanylatzyklase (siehe Abb. 3.77). Der Aktivierungsmechanismus basiert auf der chemischen Reaktion von NO mit dem zweiwertigen Eisen des Häm und einer anschließenden sterischen Umlagerung des Proteins, die die Umschaltung vom inaktiven in den aktiven Zustand auslöst.

Das so erzeugte cGMP aktiviert seinerseits eine spezifische Kinase, die schließlich eine Vasodilatation vermittelt. Auf diesem Wege dient NO als eine der wichtigsten Substanzen für die Regulation des Blutdrucks. Pharmakologisch wird dieser Regulationskreis von den antianginös wirkenden Nitroverbindungen ausgenutzt, die eine Weitstellung der Koronararterien durch NO Freisetzung hervorrufen. Das gleiche Wirkungsprinzip spielt allerdings beim septischen Schock auch eine pathophysiologische Rolle. Bakterielle Endotoxine und γ-Interferon induzieren die kalziumunabhängige NO-Synthetase, die zur Freisetzung großer Mengen von NO und unkontrollierbarem Blutdruckabfall führen kann. Da Glukokortikoide die Induktion dieser NO-Synthetase, nicht aber die Aktivität des bereits exprimierten Enzyms verhindern können, erklärt sich die positive Wirkung der Gabe von Glukokortikoiden in der Frühphase und ihre Wirkungslosigkeit in späteren Phasen des septischen Geschehens. Eine kompetitive Hemmung der NO Synthetase in späteren Stadien wird mit Argininanaloga versucht.

Weitere cGMP-vermittelte physiologische Funktionen von NO wurden beispielsweise für die Inhibition der Plättchenaggregation, für Gedächtnisfunktionen im ZNS oder für die Erektion nachgewiesen. Hierauf basiert die pharmakologische Wirkung des bei männlicher Impotenz eingesetzten Medikaments Viagra, das ein für den Abbau von cGMP verantwortliches Enzym hemmt und damit die positive Wirkung des NO bei der Erektion verlängert.

Die für die Immunabwehr und Cytotoxizität aktivierter Makrophagen bedeutsame Rolle des NO erscheint weitgehend unabhängig von einer Aktivierung der Guanylatzyklase. Das in großer Menge freigesetzte NO diffundiert in die benachbarten (pathogenen) Zielzellen und hemmt dort eisenabhängige Enzyme vor allem des Citratzyklus und der Atmungskette sowie das für die DNA Synthese wichtige Enzym Ribonukleotidreduktase. Somit vermittelt NO auf der Basis seiner chemischen Reaktivität eine Vielzahl physiologisch und pathophysiologisch relevanter Reaktionen. Seine Entdeckung hat auch dazu geführt, daß andere gasförmige Signalüberträger wie das Kohlenstoffmonoxid (CO) oder das Wasserstoffperoxid (H_2O_2) identifiziert wurden, die ebenfalls unter physiologischen Bedingungen synthetisiert werden und Membranbarrieren mittels Diffusion überwinden können. NO repräsentiert somit den Prototyp einer neuen Klasse biologischer Signalüberträger.

Ein weiterer Mechanismus der Signalübertragung ohne Membranbarriere wird durch intrazelluläre Hormonrezeptoren verkörpert. Bei dieser Art der Signalübertragung gelangt das Signal in Form eines Hormons per Diffusion in die Zelle und trifft erst im Cytoplasma oder im Zellkern auf den entsprechenden Rezeptor. Hormonrezeptoren fungieren dann als liganden-spezifische Transkriptionsfaktoren. Ein besonders instruktives und medizinisch relevantes Beispiel dieser Form der Signalübertragung, nämlich das des Glukokortikoidrezeptors, ist deshalb im Kapitel „Transkription" (3.1.2.) beschrieben, auf das an dieser Stelle verwiesen werden soll.

Abb. 3.77   Kontrolle des Gefäßtonus durch NO. Die Abbildungen zeigen Endothelzellen und ▶ glatte Gefäßmuskelzellen. (a) Unter physiologischen Bedingungen führen Acetylcholin oder Bradykinin sowie mechanischer Stress zum Ca^{2+} Einstrom in die Endothelzelle. Das Ca^{2+} stimuliert die konstitutive NO-Synthese aus L-Arginin NO zu produzieren. Das NO diffundiert in die benachbarte glatte Gefäßmuskulatur und aktiviert die Guanylylzyclase cGMP aus GTP zu synthetisieren. cGMP führt zur Relaxation. (b) Pharmakologisch werden Nitrovasodilatatoren wie Natrium-Nitroprussid oder Nitroglycerin genutzt, um NO freizusetzen. Dieses wiederum stimuliert die cGMP Synthese in den glatten Gefäßmuskelzellen und die Vasodilatation. (c) Unter pathologischen Bedingungen (z. B. septischer Schock) führen Cytokine zur Induktion der induzierbaren NO Synthetase. Diese Induktion kann durch Glukokortikoide verhindert werden. Die induzierbare Form der NO Synthetase ist Ca^{2+}-unabhängig und hochaktiv. Es kommt zur anhaltenden NO Freisetzung und teilweise therapieresistenter Vasodilatation.

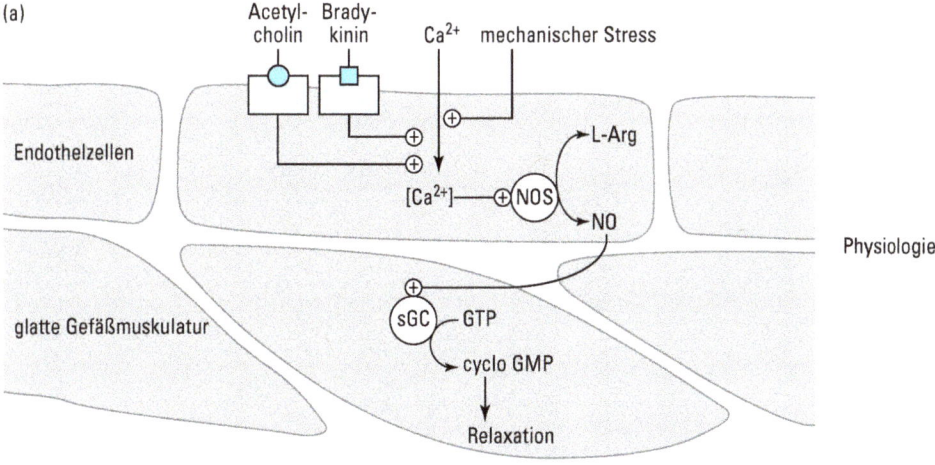

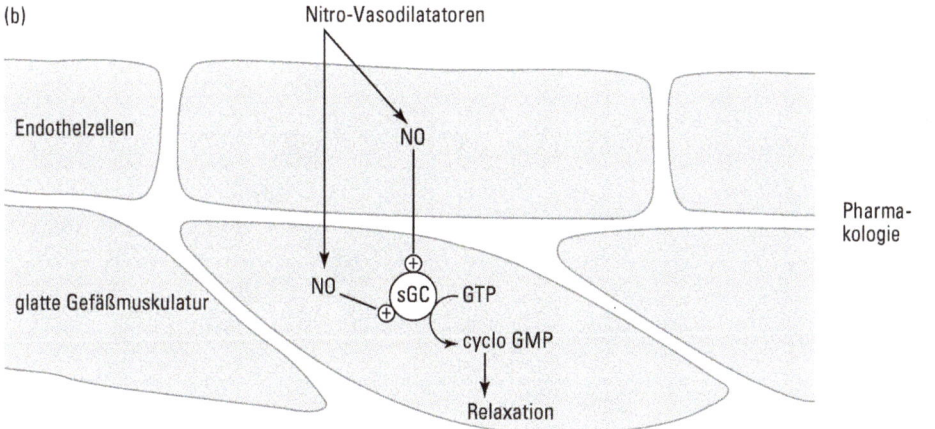

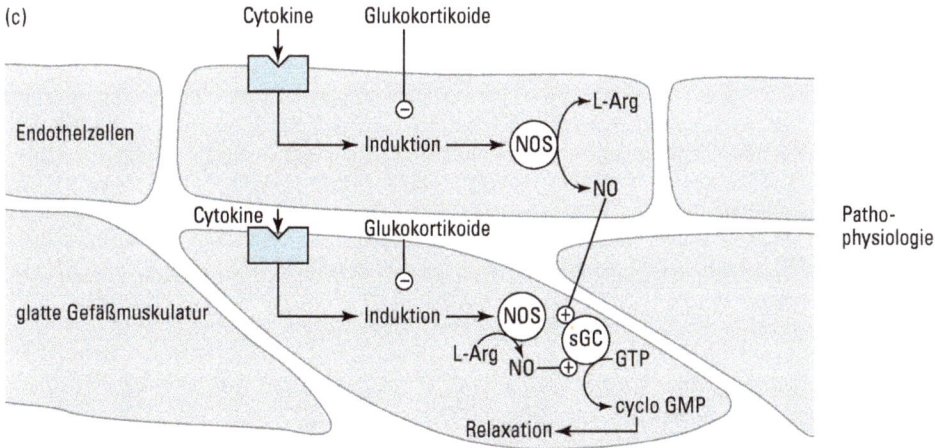

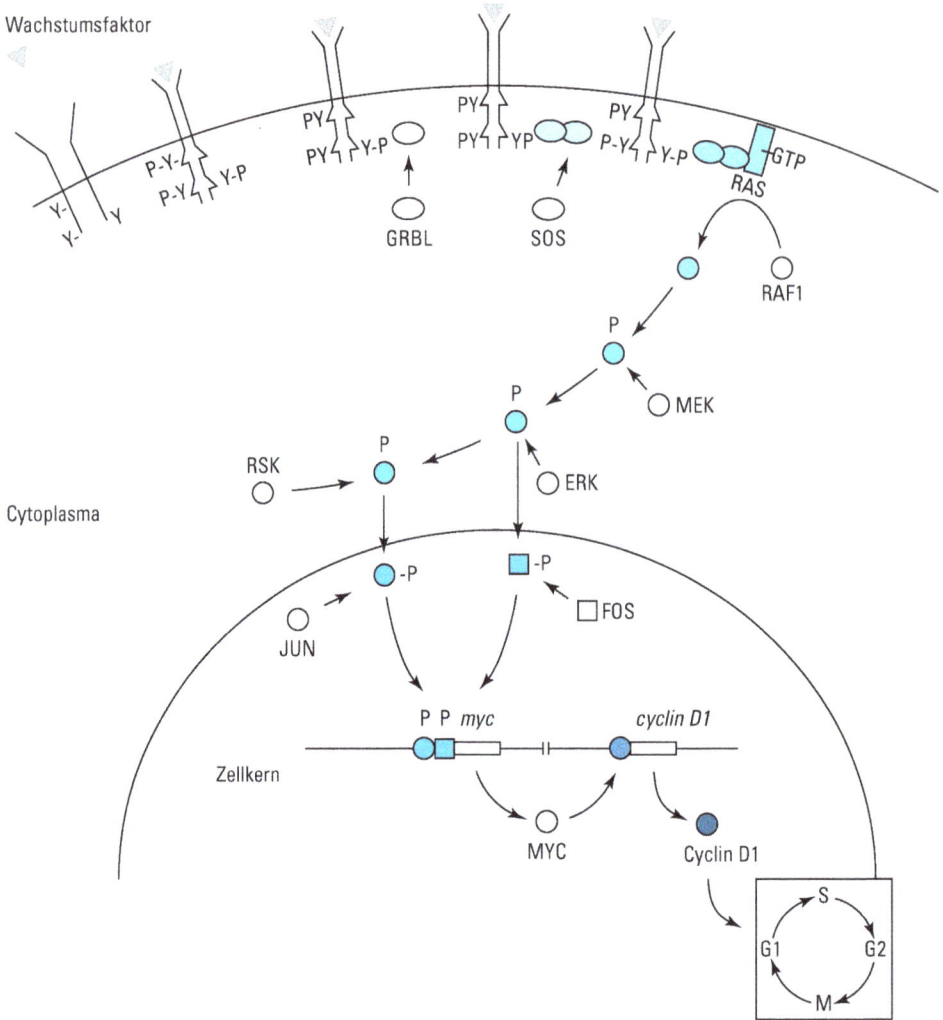

Abb. 3.78 Signalübertragung am Beispiel des RAS-RAF Signalweges. Nach Stimulierung mit Wachstumsfaktoren kommt es zur ligandeninduzierten Rezeptordimerisierung an der Zellmembran. Daraus resultiert die Phosphorylierung intrazellulärer Rezeptordomänen, was zur Rekrutierung von Adapterproteinen (GRB2 und SOS) an den Rezeptor und konsekutiv zur Aktivierung des RAS Proteins an der Innenseite der Zellmembran führt. Durch die Übertragung von Phosphatresten wird das Wachstumssignal über verschiedene Kinasen (RAF, MEK, ERK) weitergeleitet und transloziert auf diese Art schließlich in den Zellkern. Dort kommt es zur Phosphorylierung und somit Aktivierung von Transkriptionsfaktorkomplexen (z. B. JUN-FOS), die direkt oder indirekt Gene regulieren können, deren Produkte eine aktivierende Funktion in der Regulation des Zellzyklus besitzen. So konnte in jüngster Zeit Cyclin D1 als ein wesentliches Target des RAS/RAF Signalweges identifiziert werden. Cyclin D1 ist als Aktivator der Cyclin-abhängigen Kinasen 4 und 6 (CDK4/6) zentraler Bestandteil des Kontrollapparates, der ruhende Zellen nach Wachstumsstimulation von der GO in die G1-Phase des Zellzyklus überführt (s. Kap. 3.6.3).

3.9.2 Signalübertragung mit Membranbarriere: Der RAS/RAF-Signalweg

Im Gegensatz zu den bisher vorgestellten Mechanismen der Signalübertragung gibt es Liganden, die aufgrund ihrer physiko-chemischen Eigenschaften die Zellmembran nicht paasieren können. Derartige Signalträger sind in der Regel Proteine oder kleinere Peptide, die als Botenstoffe Wachstums- oder Differenzierungsinformationen übermitteln und als wasserlösliche Substanzen die äußere Lipid-Doppelschicht der Zelle nicht durchdringen können. Dementsprechend werden die Signale auf der Zelloberfläche durch membranständige Rezeptoren spezifisch erkannt und aufgenommen. Dieser Vorgang löst eine trans(zell)membranöse Aktivierung des Rezeptors aus. Auf diese Weise transloziert die Information, nicht aber der Informationsträger in die Zelle. Ein in diesem Sinne besonders gut verstandenes Beispiel stellt die RAS-RAF1 vermittelte Signalübertragung dar (Abb. 3.78).

Nach der Bindung eines Wachstumsfaktors (z. B. PDGF) kommt es zur Bildung von Rezeptordimeren und Aktivierung der Kinase-Domäne der Rezeptoruntereinheiten, die sich wechselseitig an Tyrosinresten (Y) phosphorylieren (P). Diese Phosphotyrosine (Y-P) fungieren als Andockstellen für Proteine, die ihre Signale auf unterschiedlichen Wegen weitergeben können. So bindet etwa das Adaptorprotein GRB2, das seinerseits SOS rekrutiert. Dieses Protein repräsentiert einen Austauschfaktor, der dafür sorgt, daß das membranständige RAS Protein von einer GDP-bindenden Form in eine aktive, GTP-bindende Version überführt wird. Die gegenläufige Reaktion, eine Hydrolyse von GTP in GDP wird durch Faktoren wie GAP (RAS-GTPase aktivierendes Protein) oder Neurofibromin (NF1) verstärkt. Im aktivierten Zustand löst RAS eine weitere Welle von Phosphorylierungen aus. Über die Serin-Threoninkinase RAF1, die zunächst an die Zellmembran rekrutiert wird, kommt es zur Aktivierung der bispezifischen Serin/Threonin-Tyrosinkinase MEK und nachfolgend der Serin-Threoninkinase ERK. Die Phosphorylierung von ERK führt zur Homodimerisierung und Eintritt der Dimere in den Zellkern. ERK repräsentiert eine Proteinfamilie, die Transkriptionsfaktoren phosphoryliert, entweder direkt (FOS) oder durch die Proteinkinase RSK vermittelt (JUN). FOS und JUN Hetero- oder Homodimere binden dann als Transkriptionsfaktorkomplex AP-1 an Regulatorsequenzen beispielsweise des *myc*-Gens, dessen Protein als Transkriptionsfaktor im Wechselspiel mit anderen Faktoren eine weitere Gruppe von Genen aktiviert, wie etwa Cyclin D1, das im Zellzyklus den Übergang von der G1 in die S-Phase steuert.

Dieser vereinfacht dargestellte Weg der Signalvermittlung stellt sich in der Realität sehr viel komplexer dar, weil a) auf jeder Stufe der Signalübertragung unterschiedliche Partner rekrutiert werden können, die ihrerseits spezifische Signalwege anbahnen, b) eine Reihe von Gegenregulatoren (z. B. Proteinphosphatasen), die wiederum einer strikten Kontrolle unterliegen, zur Feinabstimmung des Systems bereitstehen müssen und schließlich c) eine Interaktion zwischen verschiedenen Signalwegen stattfinden kann. Hierzu drei Beispiele:

1. Neben RAF1 fungiert auch die Phosphatidylinositol 3-Kinase (PI(3)K) als RAS Substrat und multifunktionaler Effektor. Die Achse RAS-PI(3)K-RAC führt etwa zur Umgestaltung der Aktinfilamente des Cytoskeletts und Neuformation von Zelladhäsionskomplexen. RAC – wie RAS ein Mitglied der Familie von Guanosin-Triphosphatasen (GTPasen) – kann zudem über die intrazelluläre Synthese

von Oxidantien (Superoxide) und nachfolgende Aktivierung des Trankriptions-
faktors NFκB die Zellproliferation stimulieren.

2. Die Proteinkinase ERK induziert parallel zur Übertragung RAS-vermittelter Signale auf nachgeschaltete Transkriptionsfaktoren auch eine Proteinphosphatase
(MKP-3), die im Sinne einer Gegenregulation ERK-spezifische inhibiert.

3. Der Signaltransfer über Rezeptoren, die zyklisches AMP (cAMP) als second mes-
senger (sekundären Botenstoff) nutzen, kann den RAS-vermittelten Signalweg
auf Höhe des Übergangs von RAF1 zu MEK inhibieren. Die Aufklärung des
hier angedeuteten gewebs- und entwicklungsspezifischen Wechselspiels verschiedener Signalkaskaden im physiologischen Stoffwechsel und ihrer Störungen im
Rahmen der Krebsentstehung steht derzeit noch ganz am Anfang. Medizinische
Konsequenzen, die sich aus der Fehlregulation des RAS/RAF-Signalweges ergeben, sind ausführlich im Kapitel Onkologische Krankheiten (siehe Kap. 6.4.1)
dargestellt.

4 Molekularmedizinische Methoden

Zum Verständnis vieler ererbter oder erworbener genetischer Erkrankungen ist es erforderlich, eine Untersuchung der Genanatomie oder der Genfunktion durchzuführen. Die dazu nötigen DNA-, RNA- oder Proteinanalysen sind heute im Vergleich zu konventionellen Methoden oft die effizientere Alternative. In diesem Kapitel sollen einige der methodischen Prinzipien dargelegt werden, die für eine medizinisch relevante Genanalyse von Bedeutung sind. Zielmolekül anatomisch-genetischer Untersuchungen ist die DNA. Die normale Struktur vieler menschlicher Gene ist bereits bekannt. Weiterhin ergaben Analysen einer Reihe von Erkrankungen deren molekulares pathologisch-anatomisches Korrelat als Veränderungen einzelner Nukleotide (Punktmutationen), Stückverlusten (Deletionen) oder Veränderungen der Anordnung von Genelementen (Rearrangments). Immer mehr solcher molekularen anatomischen Läsionen können diagnostiziert werden und gewinnen damit auch an praktischer klinischer Bedeutung.

Untersuchungen der Genfunktion zielen auf die Struktur und die Menge gebildeter RNA und Proteins. Durch RNA Studien ist es möglich, die Transkripte pathophysiologisch relevanter Gene zu identifizieren und zu analysieren. Außerdem können die zeitlichen Abläufe und die gewebliche Verteilung der physiologischen Genexpression im Laufe der menschlichen Entwicklung aufgezeigt werden.

4.1 Basiswerkzeuge

4.1.1 Vektoren zur Klonierung von DNA

Grundsätzlich müssen vier Bedingungen erfüllt sein, um spezifische DNA-Fragmente klonieren zu können. Als erstes müssen Wege gefunden werden, die DNA in Bakterien oder Hefen einzubringen; zweitens muß die inkorporierte DNA repliziert werden; drittens muß sie in den Zellen stabil erhalten bleiben und nach Zellteilungen an Folgegenerationen weitergegeben werden; und viertens muß die DNA wieder re-extrahiert werden können. Diese Bedingungen lassen sich durch Kopplung der exogenen DNA an sogenannte Vektoren erfüllen.

4.1.1.1 Plasmide

Bei diesen Strukturen handelt es sich um ringförmige DNA-Moleküle, die sowohl einen Replikationsursprung, d. h. eine spezifische, von Bakterien erkannte Signalsequenz zur DNA Replikation (siehe Kap. 3.6.1) als auch Antibiotika-Resistenzgene enthalten (Abb. 4.1). Plasmide können sich daher unabhängig vom Bakterienchromosom als genetisches Episom vermehren. Die Tendenz der Zelle, nicht-essentielle DNA zu eliminieren, kann durch antibiotischen Selektionsdruck überwunden werden.

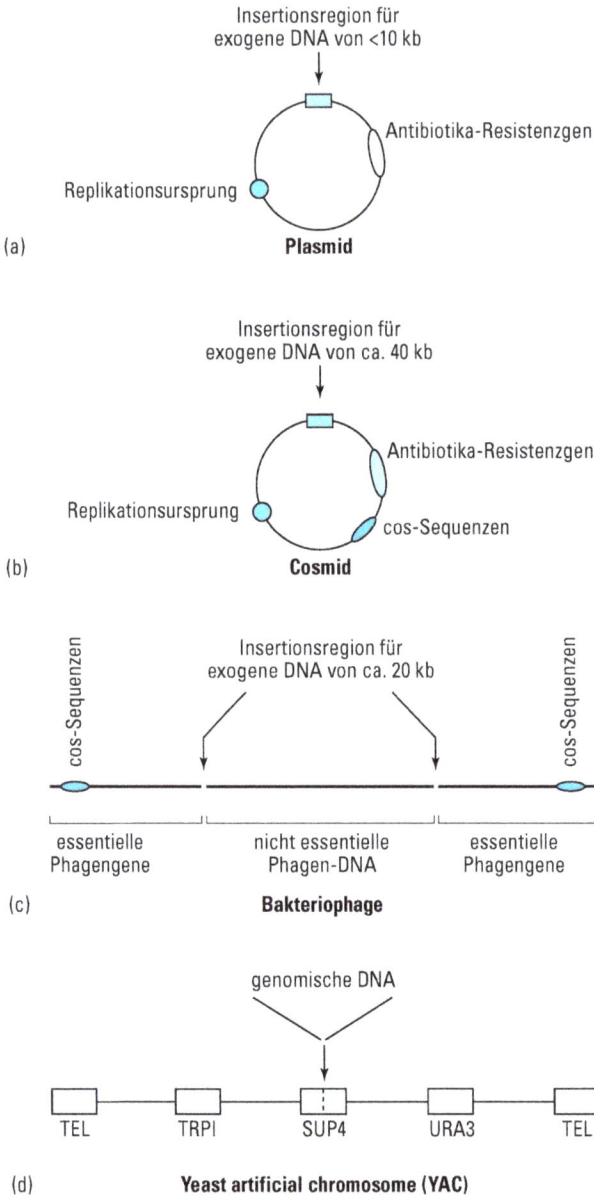

Abb. 4.1 Schematische Darstellung von Plasmiden, Cosmiden, Bakteriophagen und yeast artificial chromosomes.

DNA oder RNA als
Ausgangsmaterial   Vektor

rekombinante
DNA

bakterielle Transformation

transformierte bakterielle
Klone

Genbank

"Screening" der Genbank

gesuchter Klon

bakterielle Vermehrung und
Extraktion rekombinanter DNA

isolierte rekombinante DNA

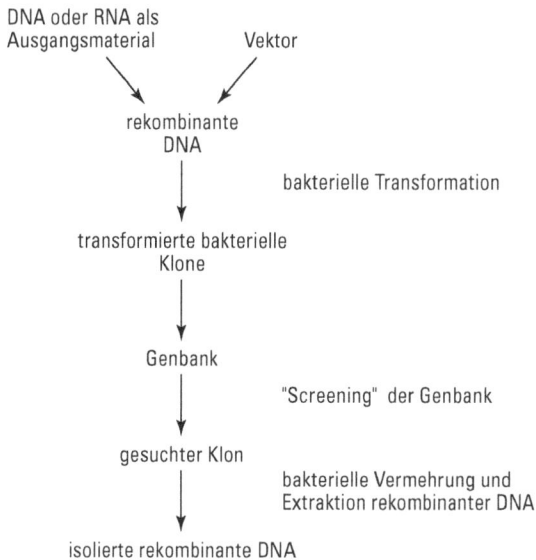

Abb. 4.2 Flußdiagramm zur Strategie des DNA-Klonierens.

Nach Veränderungen der Membranpermeabilität können Plasmide passiv in die Zelle aufgenommen werden. Durch zielgerichtete Modifikationen von natürlichen Plasmiden ließen sich Vektoren schaffen, in die eukaryonte DNA leicht eingesetzt werden kann. Die mit fremder DNA beladenen Vektoren, die Rekombinanten, lassen sich parallel mit dem Bakterienwachstum vermehren und dann auch isolieren. Da eine erfolgreich transformierte Zelle nur ein einziges Plasmid aufnehmen kann, führt klonales Bakterienwachstum zur isolierten Vermehrung der Rekombinanten bzw. der in ihr inkorporierten exogenen DNA. Durch Isolierung des Bakterienklons mit der im Plasmid enthaltenen gewünschten exogenen DNA-Sequenz und dessen spezifischer Vermehrung und Reinigung kann diese DNA in reiner Form und in großen Mengen gewonnen werden. Aus diesem Vorgang leitet sich der häufig benutzte Begriff der DNA-Klonierung ab. Obschon Plasmide im Prinzip alle Kriterien für ein geeignetes Vehikel zur DNA-Klonierung erfüllen (Abb. 4.2), wird ihr praktischer Einsatz oft dadurch begrenzt, daß sie zum einen nur etwa maximal 10 kb Fremd-DNA aufnehmen können, und zum anderen die Methoden zur bakteriellen Plasmid-Transformation recht ineffektiv sind.

4.1.1.2 Bakteriophagen

Viren sind biologisch darauf eingestellt, ihr genetisches Material durch Infektion in fremde Zellen einzubringen (siehe Kap. 7.2). Für die DNA-Klonierung sind Bakteriophagen daher oft effizientere Vektoren als Plasmide (Abb. 4.1). Zum besseren Verständnis dieser Klonierungsstrategie soll hier kurz auf den Infektionszyklus eines Phagen eingegangen werden: Der reife Phage setzt sich an Rezeptoren der Bakterienwand fest und injiziert seine DNA in die Zelle. Dort werden die Gene für seine Hüllproteine abgelesen und exprimiert. Gleichzeitig wird das Phagengenom in vielfacher Ausfertigung als langes zusammenhängendes Molekül (Konkatemer) repliziert, wobei die einzelnen Kopien durch spezifische DNA-Sequenzen, den sogenannten cos-Stellen, voneinander abgegrenzt sind. Daraufhin wird das Konkatemer an den cos-Stellen gespalten und jeweils ein Genom in die fertigen Hüllen verpackt. Letztlich platzt die infizierte Zelle und setzt eine Vielzahl neuer reifer Bakteriophagen frei, die jetzt selbst wieder noch nicht infizierte Nachbarzellen infizieren. Im Unterschied zu den Plasmiden überträgt ein inkorporierter Phage keine Antibiotikaresistenz. Dieses Selektionsprinzip steht damit auch nicht zur Anreicherung transformierter Zellen zur Verfügung. Für die Unterscheidung von rekombinanten gegenüber nativen Phagen macht man sich zunutze, daß das Phagengenom erstens seine essentiellen Gene auf nur knapp 30 kb enthält, und daß zweitens nur solche DNA-Moleküle verpackt werden können, deren Länge nicht wesentlich von der natürlichen Größe des Genoms des häufig verwendeten Bakteriophagen Lambda von ca. 48 kb abweicht. Zur DNA-Klonierung in Phagen können die nicht-essentiellen ca. 18 kb entfernt und durch exogene DNA ersetzt werden. Die rekombinante DNA wird dann *in vitro* verpackt und geeignete *E. coli* Stämme mit den vollständigen Phagenpartikeln infiziert. Die Längenspezifität des Verpackungsmechanismus bewirkt, daß nicht-rekombinante Phagen-DNA wegen der fehlenden 18 kb nicht verpackt werden kann und somit nicht zur Infektion der Zellen geeignet ist. Der Vorteil der DNA-Klonierung in Phagen liegt somit darin, daß die maximale Länge der exogenen DNA etwa doppelt so groß ist wie bei den Plasmiden, und daß *E. coli* Zellen durch die Infektion mit Phagen weitaus effektiver transformiert werden als durch eine passive Aufnahme von Plasmiden.

4.1.1.3 Cosmide

Eine häufig benutzte dritte Alternative ist die Verwendung der natürlicherweise nicht vorkommenden Cosmide als Vektoren (Abb. 4.1). Es handelt sich hierbei um Plasmide mit bakteriellen Replikationsursprüngen und Antibiotika-Resistenzgenen, in die cos-Sequenzen als Signalelemente für den viralen Verpackungsmechanismus eingesetzt wurden. Die essentiellen Bestandteile solcher Vektoren sind nicht viel mehr als 5 kb lang. Durch Inkorporation von ~ 40 kb (und im sogenannten P1 Cosmid von bis zu 100 kb) exogener DNA in ein Cosmid entsteht eine Rekombinante, die *in vitro* in Phagenhüllen verpackt und zur Infektion von *E. coli* benutzt werden kann. Da Cosmide keine Gene für virale Hüllproteine oder für die Regulation des viralen Infektionszyklus enthalten, wird die Zelle durch die Transformation nicht zerstört sondern erwirbt eine Antibiotikumsresistenz, die wie bei der Plasmidklonierung zur Selektion eingesetzt werden kann. Man verbindet bei der Cosmidklonierung somit die Vorteile der praktisch relativ einfacher zu handhabenden Plasmide mit der hohen Transformationseffizienz der Bakteriophagen. Darüber hinaus erhöht sich die maximale Länge der in einer Zelle klonierbaren DNA auf etwa 40 kb. Allerdings sind die großen Cosmide in der Zelle genetisch nicht so stabil wie Phagen oder Plasmide, was gelegentlich zu Rekombinationen der klonierten DNA führen kann.

4.1.1.4 Expressionsvektoren

Wenn man nicht nur die Genanalyse, sondern auch die Expression/Nutzung des klonierten genetischen Materials erreichen möchte, so bietet eine Gruppe von *E. coli* Vektoren die Möglichkeit, rekombinante Gene zu funktionellen Proteinen zu exprimieren. Die DNA muß dazu zunächst ins Bakterium eingebracht werden. Wie in Kapitel 3.1 näher erläutert, benötigt ein Gen für seine Expression außer den Protein-kodierenden Bereichen Steuerelemente. Für die Expression eines eukaryonten Gens in *E. coli* muß das exogene Gen an bakterielle Steuerelemente gekoppelt werden. Die Transkription erfordert einen von der bakteriellen RNA Polymerase erkennbaren Promotor. Außerdem können Bakterien Primärtranskripte nicht spleißen, so daß nur Intron-freie eukaryonte cDNA in Bakterien exprimiert werden kann. Eine effiziente Translation kann in *E. coli* nur dann initiiert werden, wenn die 5'-nicht-translatierte Region eine zur bakteriellen 16S rRNA komplementäre Sequenz enthält. Die meisten entscheidenden DNA-Elemente für eine effiziente Genexpression in *E. coli* liegen also im 5'-Bereich des Gens. Daher wird die exogene DNA dem Promotor eines *E. coli* Gens mit einem oder ohne einen 5'-Teil der kodierenden Sequenzen nachgeschaltet. Häufig wird hier das β-Galactosidasegen (β-Gal) verwendet. Nach der bakteriellen Transformation entstehen dann Fusionsproteine mit einem β-Gal Amino- und einem rekombinanten Carboxy-Ende. Der bakterielle Anteil des Fusionsproteins wird dann fakultativ abgespalten. Alternativ kann das exogene Gen auch von seinem eigenen Initiationscodon aus translatiert werden, so daß das gewünschte Protein primär nativ gebildet wird. Anwendung findet die Expression rekombinanter Gene in Bakterien bei der biotechnologischen Synthese von Proteohormonen wie Insulin, Wachstumshormon oder Erythropoetin oder auch bei der DNA-Klonierung, wenn spezifische Antikörper dazu eingesetzt werden können, den gewünschten rekombinanten Klon über das kodierte Protein zu identifizieren (Expressions-Genbank).

4.1.1.5 Yeast Artificial Chromosomes (YACs)

Wie in Kapitel 4.7.5 beschrieben wird, fällt der Positionsklonierung eine immer größere Bedeutung bei der Identifizierung von Krankheitsgenen zu. Dabei ist es möglich, eine chromosomale Region, auf der das gesuchte Gen liegen sollte, durch cosegregierende genetische Marker einzugrenzen. Eine solche Region umfaßt oft allerdings noch DNA-Abschnitte in der Größenordnung von Megabasen. Es ist daher wünschenswert, chromosomale Abschnitte in dieser Größenordnung zu klonieren, was in Cosmiden nicht erreicht werden kann. Dies führte zu der Entwicklung von YACs, die zusätzlich zum Hefe-eigenen Genom in *Saccharomyces cerevisiae* propagiert werden können und 1–2 Megabasen chromosomaler DNA aufnehmen können (Abb. 4.1).

YAC-Bibliotheken sind sehr aufwendig zu erstellen und zu analysieren. Deshalb werden diese Dienste in der Regel von spezialisierten Zentren angeboten. Neben YAC-Bibliotheken, die das gesamte Genom repräsentieren, stehen auch solche zur Verfügung, die lediglich einzelne Chromosomen oder Chromosomenabschnitte abdecken, wodurch der Bearbeitungsaufwand erheblich reduziert wird. Das Screening einer YAC-Bibliothek kann z. B. mit der bekannten Sequenz eines genetischen Markers erfolgen. Für weitere Schritte, wie z. B. eine Feinkartierung, muß die exogene DNA eines identifizierten YACs zur weiteren Analyse in kleinere Vektoren (Cosmide oder Bakteriophagen) subkloniert werden. Die Sequenzierung der DNA erfordert dann sogar eine weitere Subklonierung in Plasmide oder speziell für diesen Zweck optimierte Bakteriophagen.

4.1.2 Restriktionsendonukleasen

Zu den wichtigsten Werkzeugen des Molekularbiologen gehören enzymatische „Scheren", mit denen DNA an hochspezifischen Stellen geschnitten werden kann (Tab. 4.1, Abb. 4.3). Natürlicherweise kommen diese Enzyme in Bakterien vor, wo sie als prokaryontes Abwehrsystem fremde DNA abbauen und so zum Beispiel die Effektivität eines Virus einschränken, restringieren, mit der es ein Bakterium infizieren kann. Der Name der Restriktionsendonukleasen leitet sich aus dieser natürlichen Funktion ab.

Die für praktische Zwecke herausragende Eigenschaft der Restriktionsendonukleasen ist die Spezifität ihrer Erkennungssequenzen von meist vier bis acht Basenpaaren Länge (Tab. 4.1, Abb. 4.3). Dies bedeutet, daß ein bestimmtes Restriktion-

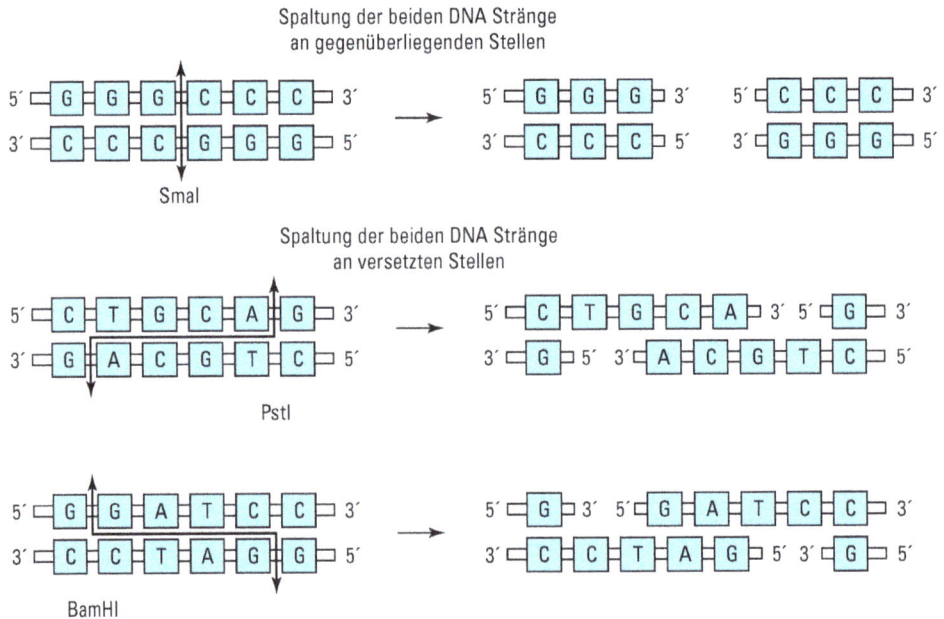

Abb. 4.3 Entstehung verschiedener DNA-Fragmentenden nach Verdau mit unterschiedlichen Typen von Restriktionsenzymen. Enzyme wie *Sma*I spalten die beiden Stränge an gegenüberliegenden Stellen, so daß keine kurzen einzelsträngigen Enden entstehen. Enzyme wie *Pst*I spalten die beiden Stränge an versetzten Stellen, so daß die entstehenden Fragmente an ihrem 3′-Ende einzelsträngig sind. Umgekehrt entstehen nach Verdau mit Enzymen wie *Bam*HI DNA-Fragmente mit einzelsträngigen 5′-Enden.

Tab. 4.1 Auswahl von Restriktionsenzymen mit Namenskürzel, Namensableitung und Erkennungssequenz

*Alu*I	*A*rthrobacter *lu*teus	5′-AGCT-3′
*Mbo*I	*M*oraxella *bo*vis	5′-GATC-3′
*Bam*HI	*B*acillus *am*yloliquefaciens	5′-GGATCC-3′
*Eco*RI	*E*scherichia *co*li	5′-GAATTC-3′
*Hind*III	*H*aemophilus *in*fluenzae	5′-AAGCTT-3′
*Pst*I	*P*rovidencia *st*uartii	5′CTGCAG-3′
*Sma*I	*S*erratia *ma*rcescens	5′-CCCGGG-3′
*Not*I	*N*ocardia *ot*ididis-caviarum	5′-GCGGCCGC-3′

senzym die DNA immer an den gleichen, genau definierten Stellen spaltet. So schneidet ein Enzym mit einer Erkennungssequenz mit sechs aufeinander folgenden Nukleotiden (z. B. *Hind*III) statistisch alle $4^6 \sim 4000$ bp. Andere Enzyme mit einer Erkennungssequenz von nur vier (z. B. *Mbo*I) oder acht (z. B. *Not*I) Nukleotiden schneiden entsprechend häufiger (etwa alle $4^4 \sim 250$ bp) bzw. seltener (etwa alle $4^8 \sim 65000$ bp). Für die DNA-Klonierung ist es oft besonders günstig, wenn ein Restriktionsenzym im Vektor nur ein einziges Mal schneidet, weil die exogene DNA dann leicht in den entsprechend geöffneten Vektor eingesetzt werden kann. Dabei ist es vorteilhaft, wenn die doppelsträngige DNA, wie von vielen Enzymen, nicht an genau gegenüberliegenden Stellen sondern leicht versetzt gespalten wird (Abb. 4.3). Dadurch entstehen Restriktionsfragmente mit kurzen einzelsträngigen Enden. Daher können im allgemeinen nur solche Fragmente wieder miteinander verbunden werden, die aus einem Verdau mit dem gleichen Restriktionsenzym hervorgegangen sind (Abb. 4.4).

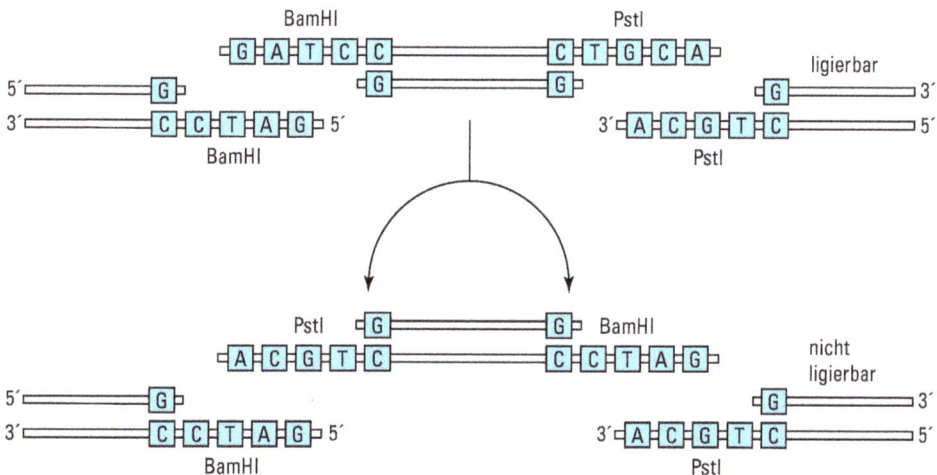

Abb. 4.4 Schematische Darstellung des direktionalen Klonierens. Beim direktionalen Klonieren wird der Vektor mit zwei verschiedenen Enzymen geöffnet, so daß entsprechend geschnittene exogene DNA-Fragmente nur in einer Richtung in den Vektor ligiert werden können.

Restriktionsendonukleasen können auch zur Charakterisierung genomischer DNA, einschließlich diagnostischer Anwendungen verwendet werden. Im menschlichen Genom schneidet ein Enzym mit einer sechs Nukleotide langen Erkennungssequenz etwa 10^6 mal. Dies scheint auf den ersten Blick recht unübersichtlich. Das Entscheidende ist jedoch, daß ein bestimmtes Restriktionsenzym eine bestimmte DNA-Probe immer in genau die gleichen Restriktionsfragmente zerlegt, die so einer reproduzierbaren Analyse zugänglich sind. Zur Zeit sind einige hundert gereinigte Restriktionsenzyme mit jeweils unterschiedlichen Erkennungssequenzen kommerziell erhältlich. Es gibt somit ein stattliches, leicht verfügbares Repertoire an spezifischen enzymatischen DNA-Scheren.

4.1.3 DNA-Hybridisierung

Bei der Analyse genomischer DNA, der RNA und auch bei der DNA-Klonierung ist es nötig, spezifische Sequenzen in einer unübersichtlichen Menge eindeutig zu identifizieren und ggf. zu isolieren. Das dabei anstehende enorme analytische Problem wird deutlich, wenn man bedenkt, daß ein Gen von etwa 3000 bp Länge nur ein Millionstel des gesamten menschlichen Genoms ausmacht. Bei der methodischen Lösung dieses Problems macht man sich die Fähigkeit der DNA und der RNA zur Basenpaarung zunutze. Wie schon in Kapitel 2.4 detailliert erläutert, sind die beiden

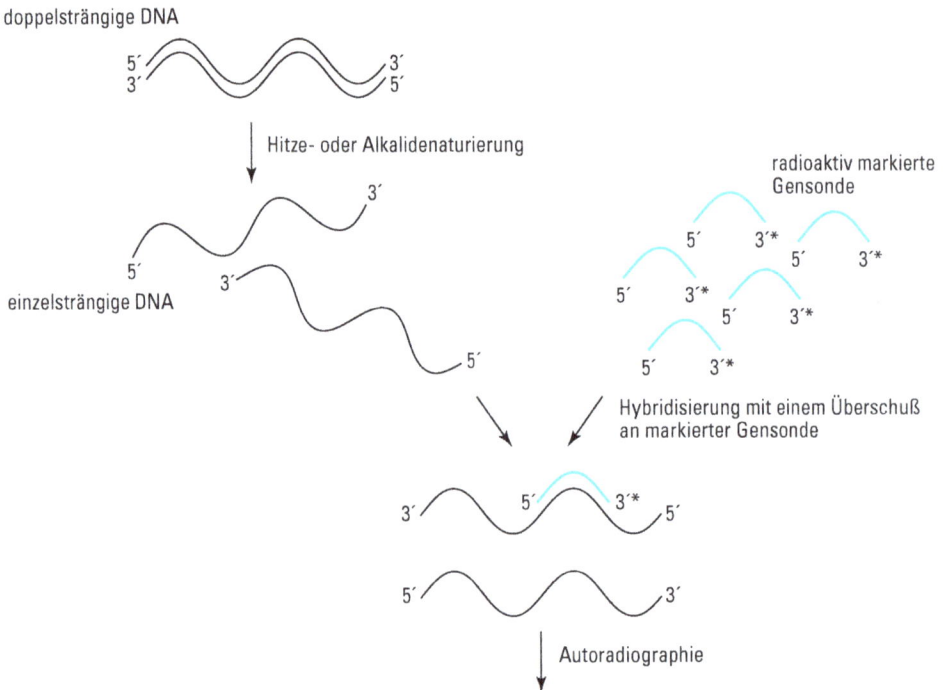

Abb. 4.5 Schematische Darstellung der DNA-Hybridisierung. Der Stern kennzeichnet die Markierung der Gensonde.

Einzelstränge der DNA Doppelhelix im Sinne einer Hybridisierung durch Wasserstoffbrückenbindungen zwischen den gegenüberliegenden Basen Guanin und Cytosin bzw. Adenin und Thymin miteinander verbunden. Diese Bindungen lassen sich durch Erhitzen oder durch Alkalibehandlung der DNA ohne weiteres lösen und unter geeigneten Bedingungen wieder herstellen. Analytisch ist es daher möglich, einen DNA Doppelstrang in seine Einzelstränge zu zerlegen, zu denaturieren und zur Rehybridisierung einen Überschuß an einzelsträngiger z. B. radioaktiv markierter rekombinanter oder synthetischer DNA der gesuchten Sequenz anzubieten (Abb. 4.5). Diese markierte DNA wird mit ihren homologen Sequenzen hybridisieren und sie auf diese Weise aus einer komplexen Population verschiedener DNA-Fragmente quasi heraussondieren. Die Bedingungen dieser Hybridisierung können derart spezifisch gewählt werden, daß nur solche Sequenzen erkannt werden, die eine mehr als 90 %ige Homologie mit der Sonde aufweisen. Im Falle der häufig benutzten radioaktiven Markierung läßt sich eine Hybridisierung anschließend durch die Schwärzung eines aufgelegten Röntgenfilms in der sogenannten Autoradiographie nachweisen.

Besonders relevante Anwendungen der DNA Hybridisierung finden sich beim Southern Blotting (Abb. 4.6–4.14), bei der Amplifizierung spezifischer Sequenzen durch die Polymerase Kettenreaktion (siehe Kap. 4.2.2, Abb. 4.15), bei der Diagnose von Punktmutationen durch spezifische Oligonukleotide (Abb. 4.16) und bei der DNA-Klonierung zur Identifizierung des gesuchten Klons (Abb. 4.32).

4.2 Untersuchung von DNA

Die anatomische Genanalyse ist die heute am häufigsten angewendete molekularbiologische Untersuchung in der praktisch-klinischen Medizin. Sie dient zur Erkennung von Trägern vererbter Erkrankungen sowie zur präsymptomatischen und zur pränatalen Diagnose. Erregernachweise in der mikrobiologischen Diagnostik werden durch molekularbiologische Methoden ergänzt. In der Forensik haben DNA-Analysen die Spezifität der Personenidentifikation revolutioniert. Möglichkeiten klinischer Anwendung bestehen bei der erweiterten HLA-Typisierung nicht verwandter Knochenmarkspender oder bei der frühen Erkennung von Rezidiven maligner Erkrankungen. Weiterhin ist es denkbar, daß die Identifikation defekter Proteine bei vererbten Erkrankungen über den Gendefekt (siehe Kap. 4.7) neue Perspektiven für die Therapie eröffnet. Für den informierten Arzt vieler Fachgebiete wird es daher von Bedeutung sein, sich mit den methodischen Grundsätzen der DNA-Analyse vertraut zu machen.

4.2.1 Southern Blotting

Der eigenwillige Name dieser Methode geht auf deren Erfinder E. Southern zurück, der im Jahre 1975 seine Methode für die Erkennung spezifischer Sequenzen in gelelektrophoretisch getrennten DNA-Fragmenten beschrieb. Mittels Southern Blot-Analyse ist es möglich, die Länge eines DNA-Fragmentes zu bestimmen, das eine bestimmte Sequenz enthält. Bei einer Spaltung extrahierter menschlicher genomischer DNA (siehe Kap. 4.1.2) etwa mit dem häufig verwendeten Restriktionsenzym *Hin*dIII entstehen ca. 10^6 unterschiedliche Restriktionsfragmente. Diese werden zunächst durch Agarose-Gelelektrophorese ihrer Größe nach voneinander getrennt. Sie können dann durch fluoreszierende Farbstoffe, wie Ethidiumbromid, sichtbar gemacht werden (Abb. 4.6). Die Fraktionierung allein nach Größe des Fragments ist aufgrund der großen Zahl der verschiedenen Fragmente so unübersichtlich, daß das Zielfragment nicht spezifisch erkannt werden kann und keine Rückschlüsse auf Veränderungen der genomischen DNA zuläßt. Im Gegensatz dazu wird die relativ übersichtliche genomische DNA des Bakteriophagen Lambda von nur 48 kb durch viele Restriktionsenzyme in nur wenige Fragmente zerlegt, so daß gespaltene Lambda-DNA als Größenmarker bei Southern Blot-Analysen benutzt werden kann (Abb. 4.6).

Der nächste Schritt ist das eigentliche Southern Blotting, bei dem die im Gel liegende doppelsträngige DNA zunächst durch eine Alkalibehandlung in ihre Einzelstränge zerlegt und dann durch kapillare Wirkung als exakte Replika auf eine mechanisch und chemisch resistente Membran aus Nitrocellulose oder Nylon transferiert und fixiert wird (Abb. 4.7).

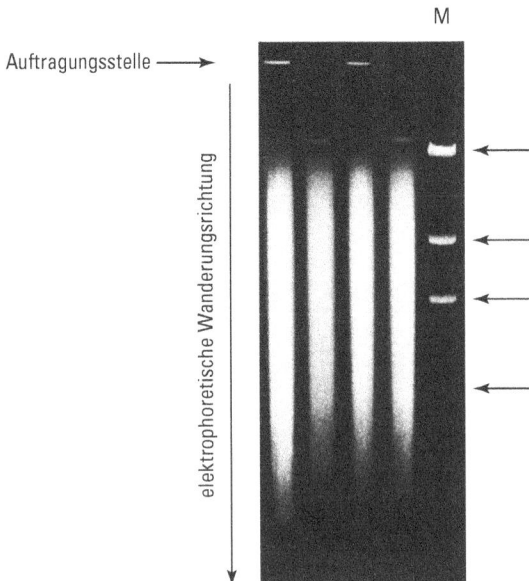

Abb. 4.6   Ethidiumbromid-gefärbtes Agarosegel mit verdauer genomischer DNA. Der Fluoreszenzfarbstoff Ethidiumbromid bindet sich in die DNA-Doppelhelix, so daß DNA in einem mit UV-Licht transilluminierten Gel sichtbar wird. Die vielen hunderttausend bis einige Millionen unterschiedlichen Fragmente der verdauten genomischen DNA verschwimmen dabei in einer homogen erscheinenden Spur. Ein *Hin*dIII-Verdau von Lambda-Phagen-DNA ergibt nur wenige Restriktionsfragmente definierter Größe, die somit als Längenmarker eingesetzt werden können (M, Pfeile).

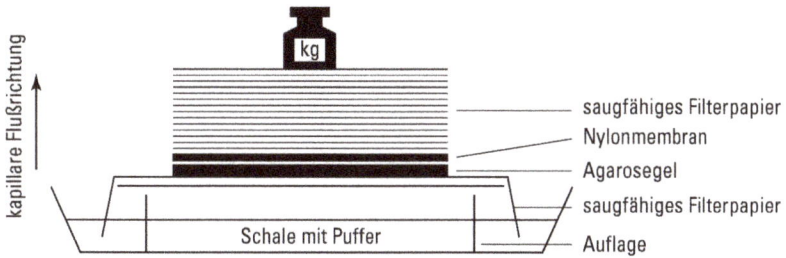

Abb. 4.7   Schematische Darstellung einer Southern Blot-Apparatur.

Der kritische Schritt der Southern Blot-Analyse ist die nun folgende Hybridisierung einer ^{32}P- oder nicht-radioaktiv markierten Gensonde (*probe*) mit der DNA auf der Membran. Als Gensonden werden meist rekombinante DNA-Fragmente benutzt, die entweder Sequenzen mit bekannter Funktion, bekannter Lokalisation oder auch anonyme Sequenzen enthalten (Abb. 4.8). Unter geeigneten Bedingungen bindet sich die Sonde präferenziell an ihre komplementäre Sequenz. Praktisch kommt es jedoch auch zu weniger stabilen, unspezifischen Bindungen, die später beim sogenannten stringenten Waschen bei hoher Temperatur und niedriger Salzkonzentration gelöst werden. Die markierte Gensonde bleibt dabei durch die Wasserstoffbrückenbindungen zwischen den komplementären Nukleotiden spezifisch an ihrer Zielsequenz haften, so daß durch Autoradiographie die Position bzw. die Länge des entsprechenden Restriktionsfragmentes ermittelt werden kann (Abb. 4.8). Pri-

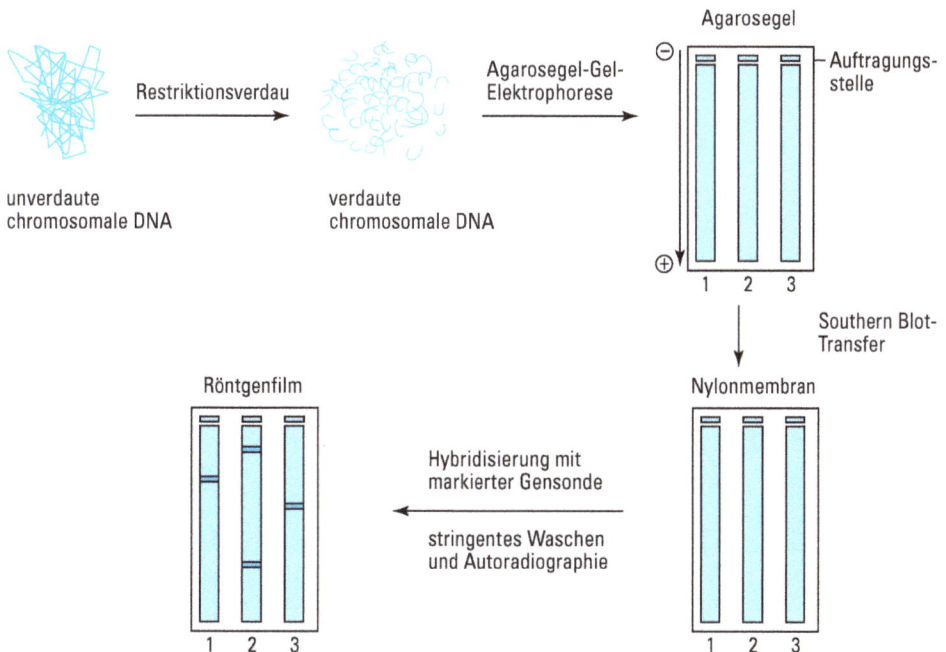

Abb. 4.8   Schematische Darstellung einer DNA-Hybridisierung nach Southern Blot-Transfer bei Verdau mit drei verschiedenen Restriktionsenyzmen (1–3).

mär läßt sich aus der Southern Blot-Analyse also die Größe der Restriktionsfragmente ableiten, die durch das Schneiden mit dem Enzym A entstanden sind und komplementäre/homologe Sequenzen mit der Sonde B enthalten. Das Ergebnis der Southern Blot-Analyse hängt somit von der verdauten DNA, von dem verwendeten Enzym und von der Gensonde ab.

4.2.1.1 Diagnostische Anwendungen des Southern Blotting

Die klinisch relevante Frage ist nun, wie die durch Southern Blotting gewonnene Primärinformation in praktisch verwertbare Diagnosen oder molekular-anatomische Erkenntnisse umzusetzen ist.

Direkte Erkennung von Punktmutationen

Wenn Veränderungen der Nukleotidsequenz das Erkennungssignal eines Restriktionsenzyms betreffen, dann kann die Mutation durch das veränderte Restriktions-

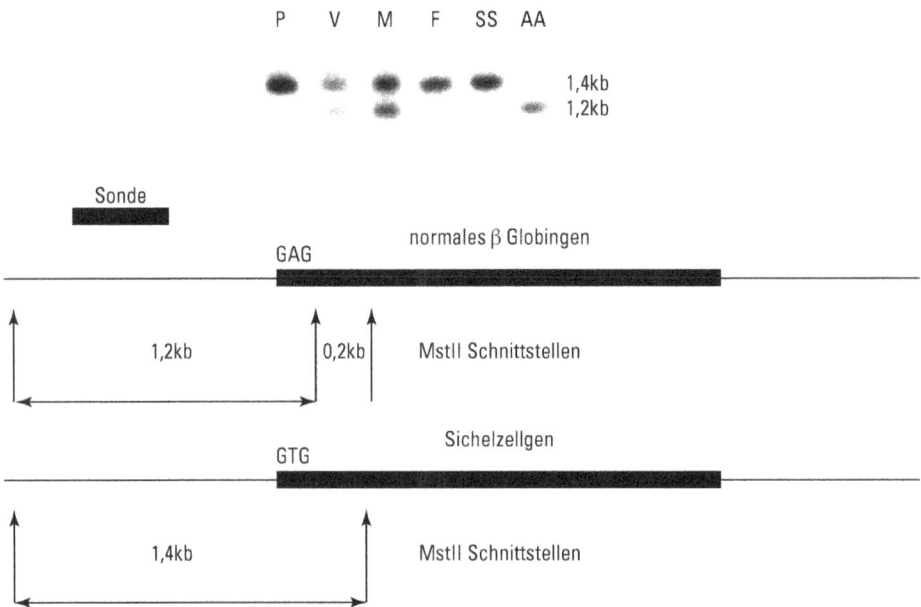

Abb. 4.9 Schematische und autoradiographische Darstellung der Diagnose der Sichelzellmutation. Nach Agarose-Gelelektrophorese und Southern Blot-Transfer *Mst* II verdauter DNA identifiziert eine Gensonde aus dem 5′-Bereich des β-Globingens bei der normalen DNA ein 1,2 kb und bei der pathologischen DNA ein 1,4 kb langes Fragment. Die Sichelzellmutation (GAG → GTG) zerstört die *Mst* II Restriktionsstelle im Codon 6 des β-Globingens. Die Autoradiographie zeigt eine Pränataldiagnose, die beim Fetus einen homozygoten Sichelzellgenotyp feststellte. P: Homozygoter Propositus. V: Heterozygoter Vater. M: Heterozygote Mutter. F: Homozygoter Fetus. SS: Homozygote β^S-Kontrolle. AA: Homozygot gesunde Kontrolle.

muster erfaßt werden. Die Sichelzellmutation im Codon 6 des β-Globingens soll hier als Beispiel dienen. Das Restriktionsenzym *Mst*II schneidet die DNA an der Sequenz 5'-CCTNAGG-3', die sich als 5'-CCT **GAG** GAG-3' im Codon 6 des β-Globingens und an zwei Stellen etwa 1,2 kb weiter 5' bzw. etwa 0,2 kb weiter 3' findet (Abb. 4.9). Verdaut man die DNA einer Person mit normalem β-Globingenotyp mit diesem Enzym, trennt die entstehenden Restriktionsfragmente mittels Agarose-Gelelektrophorese, transferiert die DNA auf eine Membran und hybridisiert sie mit einem radioaktiv markierten 5'-Teil des β-Globingens als spezifische Gensonde, dann sieht man nach Autoradiographie der stringent gewaschenen Membran ein Signal bei 1,2 kb (Abb. 4.9). Diese 1,2 kb entsprechen dem *Mst*II Restriktionsfragment, das den normalen 5'-Abschnitt des β-Globingens enthält. Die A → T β^s Mutation des Codons 6 (5'-CCT **GTG** GAG-3') zerstört die normale *Mst*II Stelle. Bei einem Patienten mit der Sichelzellerkrankung findet man auf dem Southern Blot *Mst*II-verdauter DNA statt des 1,2 kb Fragmentes somit ein 1,4 kb Fragment. Bei einem Heterozygoten sieht man sowohl das normale 1,2 kb als auch das pathologische 1,4 kb Fragment (Abb. 4.9). Die Diagnose einer Sichelzellerkrankung kann so durch die DNA-Analyse gestellt werden, wenn etwa bei einer Pränataldiagnose Blut für eine Hämoglobinelektrophorese nicht zur Verfügung steht. Am Beispiel der β^s Mutation läßt sich jedoch auch eine mögliche Fehlerquelle bei der Interpretation einer DNA-Analyse zeigen: Die *Mst*II Stelle im Codon 6 kann nämlich nicht nur durch die Sichelzellmutation (5'-CCT **GTG** GAG-3') zerstört werden sondern auch durch eine β-Thalassämiemutation an der gleichen Stelle (5'-CCT **G-G** GAG-3'). In der DNA-Analyse geben beide allerdings ein identisches Bild. Eine sorgfältige phänotypische Differentialdiagnose der betroffenen Familie ist also nötig. Diese klinische Differenzierung kann molekulardiagnostisch weiter durch die Allel-spezifische Oligonukleotid-Hybridisierung oder durch eine DNA-Sequenzierung unterstützt werden (siehe Kap. 4.2.2.1 und 4.2.4).

Erkennung von DNA-Polymorphismen

Unterschiede in der Nukleotidsequenz müssen sich nicht unbedingt funktionell auswirken. Bei einer Frequenz individueller Variationen von Einzelbasen von etwa 1/200 bis 1/300 ist dies sogar eher selten der Fall. Weiterhin können sich Abschnitte mit repetitiven Elementen in ihrer Länge um einige kb voneinander unterscheiden. Aus Konvention bezeichnet man funktionell neutrale Veränderungen als Polymorphismen, sofern man das seltenere Allel einer solchen Variation bei mehr als 1 % der Individuen einer bestimmten Population findet. Geben sich DNA-Polymorphismen durch die Zerstörung oder Neubildung von Restriktionsstellen bzw. durch die Veränderung eines Restriktionsmusters zu erkennen, so spricht man von Restriktions-Fragment-Längen-Polymorphismen (RFLPs).

Medizinische Anwendung finden DNA-Polymorphismen, wenn sie wegen ihrer anatomischen Nähe zu pathophysiologisch wichtigen Strukturen als genetische Marker dienen können (siehe Kap. 4.7). Außerdem sind manche polymorphe Loci derart variabel, daß sie, einem Fingerabdruck ähnlich, zur Personenidentifikation benutzt werden können (siehe Kap. 4.25). Die diagnostische Aussagekraft durch Southern Blot-Analyse identifizierter DNA-Polymorphismen soll an zwei repräsentativen Beispielen erläutert werden. Es unterscheiden sich hierbei nicht nur die medizinischen

Fragestellungen sondern auch die molekularbiologischen Strategien der DNA-Analyse.

Einfache RFLPs

Bei vielen vererbten Krankheiten ist das pathogenetisch relevante Gen noch unbekannt. Bei anderen hereditären Krankheiten kennt man zwar das betroffene Gen und in den meisten Fällen dann auch einige der für das Krankheitsbild verantwortlichen Mutationen. Allerdings ist die molekulare Pathologie trotz der heute verfügbaren Technologie zur Sequenzierung oft zu komplex, um in jedem individuellen Fall den exakten Gendefekt für diagnostische Zwecke bestimmen zu können. Beispiele finden sich hier bei den Hämophilien und bei der Muskeldystrophie vom Typ Duchenne. Einfache RFLPs können in solchen Fällen im Sinne einer Kopplungsanalyse zur genetischen Markierung eines Gens bzw. der Vererbung seines normalen oder pathologisch mutierten Allels in einem Stammbaum dienen (Abb. 4.10–4.12).

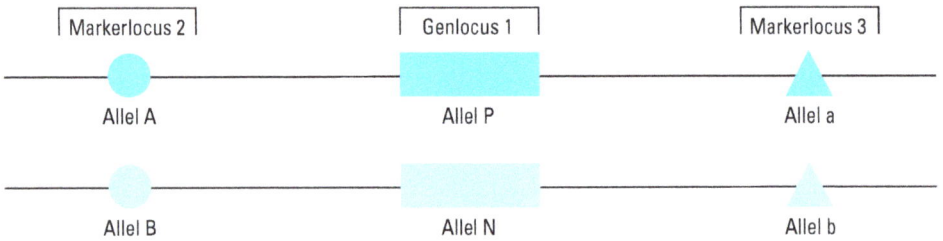

Abb. 4.10 Schematische Darstellung der Kopplung eines pathophysiologisch relevanten Genlocus (Genlocus 1) an zwei polymorphe Markerloci 2 und 3. Der Genlocus 1 kommt dabei in einem pathologischen Allel P und in einem normalen Allel N vor. Das Allel P ist an die Allele A und a der Markerloci 2 bzw. 3 und das Allel N an die Allele B und b gekoppelt.

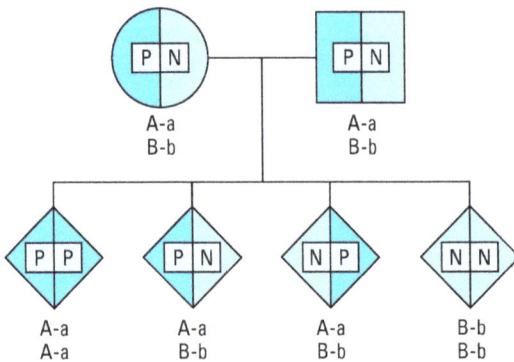

Abb. 4.11 Schematische Darstellung einer Kopplungsanalyse in einer Familie. Die Markeranalyse beim homozygot betroffenen, phänotypisch auffälligen Kind (P/P) und bei seinen Eltern (P/N) erlaubt die Festlegung der Kopplung zwischen den Markerallelen und den Allelen des Genlocus (hier A-P-a; B-N-b). Somit kann durch die Markeranalyse bei anderen Kindern, auch pränatal, der Genotyp am eigentlich interessierenden Genlocus bestimmt werden.

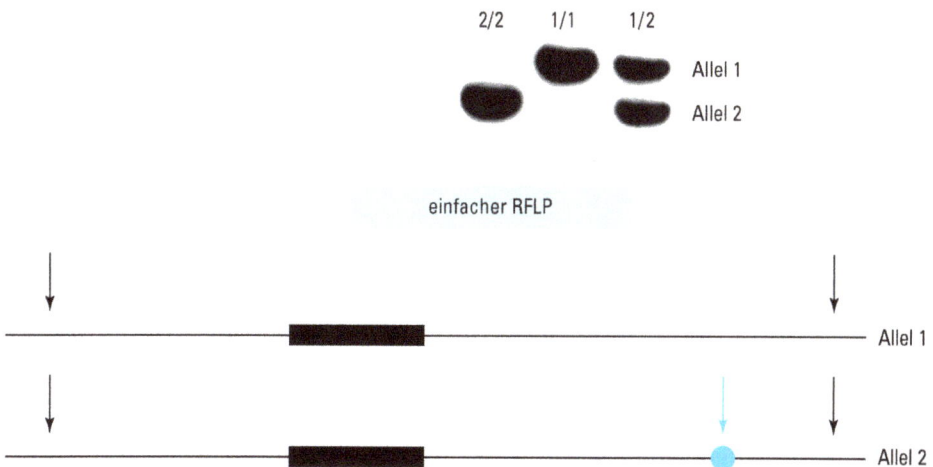

Abb. 4.12 Schematische Darstellung und Autoradiographie eines RFLP. In der Nähe eines relevanten Genlocus (schwarzes Rechteck) befinden sich Restriktionsstellen eines bestimmten Enzyms (Pfeile). Eine dieser Restriktionsstellen (blau) ist polymorph. Die Allele 1 und 2 zeichnen sich somit durch das Fehlen bzw. durch die Gegenwart einer Restriktionsstelle des verwendeten Enzyms aus. Das identifizierte Fragment des Allels 1 ist somit länger als das des Allels 2 und erscheint daher an einer Position, die näher am Ursprung der Elektrophorese liegt. Die Probanden auf der abgebildeten Autoradiographie sind homozygot für das Allel 2 (2/2), das Allel 1 (1/1) oder heterozygot (1/2).

Dazu ist die gesicherte klinische Diagnose zumindest eines homozygoten Patienten und damit der gesicherte Überträgerstatus seiner beiden Eltern erforderlich. Außerdem benötigt man einen RFLP in der Umgebung des eigentlich interessierenden Gens, dessen Allele durch Southern Blot-Analyse unmittelbar identifiziert werden können. Im Stammbaum wird dann die Kopplung zwischen den Allelen des RFLP und den über den Phänotyp bestimmbaren Allelen des pathogenetisch relevanten Gens festgelegt. Wesentlich ist dabei, daß das Gen selbst oder die exakte Natur der Mutation nicht bekannt sein muß.

Abbildung 4.11 demonstriert die diagnostische Nützlichkeit dieses Verfahrens. Der Genlocus 1 liegt hier in einer normalen (N) und in einer im Detail unbekannten pathologischen (P) Form vor. Der polymorphe Markerlocus 2 hat zwei verschiedene direkt erkennbare Allele, A und B. A und B sind Normvarianten und haben selbst keine pathogenetische Bedeutung. In dem vorliegenden Beispiel wird das Allel P des Genlocus 1 gekoppelt mit dem Allel A des Markerlocus 2 vererbt. Erkennbar ist das daran, daß der homozygote Indexpatient (P/P) auch das Markerallel A homozygot und seine Eltern als heterozygote Überträger (P/N) sowohl das Markerallel A als auch B tragen, also auch heterozygot für den Markerlocus sind. Der Bruder des Indexpatienten ist homozygot für das Markerallel B. Er ist also homozygot gesund (N/N). Weiterhin erlaubt eine solche Kopplungsanalyse in dieser Familie eine pränatale Diagnose durch die Untersuchung fetaler DNA, zum Beispiel aus Chorionzotten. Es ist wichtig festzuhalten, daß eine solche Bestimmung nur für die individuelle Familie gilt und die Kopplung zwischen Markerallelen und den Allelen des pathogenetisch wichtigen Gens in jeder Familie neu bestimmt werden muß. Darüber hinaus ergibt sich eine wichtige Einschränkung der diagnostischen Sicherheit dieser Methode aus der Möglichkeit der Rekombination zwischen dem Genlocus und dem Markerlocus. Während der Meiose kommt es zum Stückaustausch zwischen den beiden homologen Chromosomen, die, mechanistisch gesehen, an äquivalenten Stellen brechen und reziprok verbunden werden (Crossing-over, Abb. 4.13).

Ereignet sich in dem hier gezeigten Beispiel bei einem der Eltern ein solches Crossing-over zwischen dem Genlocus 1 und dem Markerlocus 2, so ist auf dem neu arrangierten Chromosom das Markerallel A mit dem normalen Allel N des Gens und das Markerallel B mit dem pathologischen Allel P gekoppelt. Die Wahrscheinlichkeit eines daraus resultierenden Fehlers, z. B. bei einer pränatalen Diagnostik zum Ausschluß des Genotyps P/P hängt vom anatomischen Abstand zwischen dem Markerlocus und dem Genlocus bzw. von der Neigung der beteiligten DNA-Abschnitte zur Rekombination ab. Je weiter Marker und Gen auseinander liegen und je höher die Rekombinationsrate in diesem Bereich ist, desto schlechter ist der Marker für diagnostische Zwecke geeignet. Gute Marker, wie sie durch die Fortschritte des Humangenomprojektes (siehe Kap. 4.8) inzwischen für die meisten Erkrankungen zur Verfügung stehen, haben eine Rekombinationsrate mit dem Genlocus von nicht mehr als 1 %. Die diagnostische Sicherheit liegt dann bei 99 %.

Die diagnostische Sicherheit potenziert sich durch die Verwendung von Markerloci auf beiden Seiten des Gens. In dem hier gezeigten Beispiel (Abb. 4.10) liegt der Markerlocus 3 auf der anderen Seite des Gens als der Markerlocus 2 und hat die allelen Formen a und b. In der Familie ist das pathologische Allel P des Genlocus

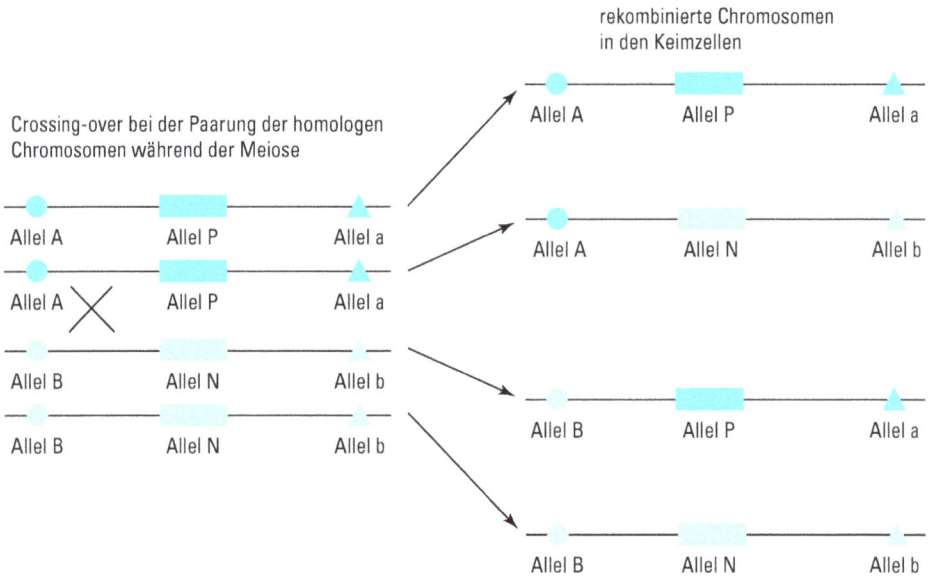

Abb. 4.13 Schematische Darstellung eines Crossing-over zwischen dem Genlocus und den polymorphen Markerloci. Ein Crossing-over während der Meiose rekombiniert die Kopplung der Allele des Genlocus mit den Markerloci und kann so zu Fehldiagnosen führen.

1 mit dem Allel a des Markerlocus 3 gekoppelt. Auf dem Chromosom mit dem pathologisch veränderten Gen findet sich also die Allelkombination, der Haplotyp A-P-a und auf dem normalen Chromosom der Haplotyp B-N-b. Eine Rekombination auf einer Seite des Genlocus fiele hier durch eine Veränderung der Kopplung zwischen den direkt erkennbaren Markerallelen auf. In unserem Beispiel fände man nun die Markerallele A und b bzw. B und a zusammen auf einem Chromosom. In einem solchen Fall sind keine sicheren Rückschlüsse auf den Zustand des Genlocus möglich. Je nach Position der Rekombination könnte der neu entstandene Haplotyp A-N-b oder A-P-b sein. Stehen noch weitere Markerloci zwischen den Loci 1 und 2 bzw. zwischen 2 und 3 zur Verfügung, so ist es eventuell möglich zu entscheiden, auf welcher Seite des Genlocus die Rekombination stattgefunden hat und so noch zu einer sicheren Diagnose zu kommen. Andernfalls ist eine sichere Diagnose ausgeschlossen. Zu einer Fehldiagnose durch Kopplungsanalyse kommt es jetzt nur dann, wenn zwei voneinander unabhängige Rekombinationsereignisse zwischen Locus 1 und 2 sowie zwischen 1 und 3, d. h. beidseits des Gens entstehen. Die Kopplung zwischen den Markerloci bleibt nun bestehen. Der gesamte Haplotyp ändert sich allerdings zu A-N-a bzw. zu B-P-b. Mit anderen Worten, der vorher mit dem gesunden Allel des Genlocus gekoppelte Markerhaplotyp B-b ist nun mit dem pathologischen Allel gekoppelt und umgekehrt. Wenn jedes der Rekombinationsereignisse eine Wahrscheinlichkeit von etwa 1 % hat, so ist nur in 0,01 % der Fälle zu erwarten, daß beide Crossing-over bei der selben Meiose ablaufen. Die diagnostische Sicherheit steigt bei der Verwendung von Markerloci auf beiden Seiten des Genlocus damit von 99 % auf 99,99 %.

Aus den hier dargestellten Überlegungen ergibt sich, daß sich diagnostische Aussagen nur dann treffen lassen, wenn die Vaterschaft im individuellen Fall gesichert ist. Dies läßt sich prinzipiell entweder anamnestisch oder molekulargenetisch durch Zuhilfenahme des genetischen Fingerabdrucks (siehe Kap. 4.2.5) klären. Außerdem müssen verschiedene Allele des Markerlocus jeweils an das gesunde bzw. an das pathologische Gen gekoppelt sein. Findet sich in der betroffenen Familie nur ein Allel des Markers, so lassen sich daraus keine indirekten Rückschlüsse auf den Zustand des Gens ziehen. Die Familie ist bezüglich dieses Markers nicht informativ. Für eine sinnvolle Erweiterung der indirekten molekulargenetischen Diagnostik vererbter Erkrankungen sind also solche Markerloci am besten geeignet, die bei möglichst vielen Überträgern in heterozygoter Form vorliegen.

Hypervariable Regionen (HVR)

Die oben beschriebenen einfachen RFLPs kommen in zwei allelen Formen vor, die durch das Vorkommen bzw. durch das Fehlen einer Restriktionsstelle bestimmt werden. Wegen ihrer geringen allelen Vielfalt liefert ein solches nur dimorphes Markersystem in vielen Fällen keine informative Konstellation, so daß für spezifische diagnostische Zwecke mehrere einfache RFLPs bestimmt werden müssen. Darüber hinaus assoziieren sich nahe beieinander liegende RFLPs in einer Population oft zu einer geringen Zahl von Haplotypen, was die allele Vielfalt auch komplexerer polymorpher Systeme einschränkt. Aus diesem Grunde sind einzelne polymorphe Loci mit mehreren Allelen genetisch meist weitaus informativer und auch diagnostisch besser nutzbar. Es gibt im menschlichen Genom Sequenzabschnitte, die sich aus kurzen Einzelelementen von wenigen Basenpaaren zusammensetzen. Diese Einzelelemente sind individuell unterschiedlich oft aneinander gereiht. Ihre Anzahl variiert oftmals stark, so daß es in einer Population nicht nur zwei, sondern eine Vielzahl von Allelen dieses Locus gibt (Abb. 4.14). Ein Mensch ist darum nur selten homozygot für eines dieser Allele sondern meist heterozygot für zwei verschiedene. Daher bezeichnet man diese Strukturen als hypervariable Regionen (HVR), als „variable number of tandem repeats" (VNTR) oder auch als Minisatelliten (siehe Kap. 4.2.5). Das methodische und konzeptionelle Vorgehen unterscheidet sich hier nicht sehr vom Vorgehen bei einfachen RFLPs. Man spaltet die DNA mittels Restriktionsenzymen an beiden Seiten der HVR, trennt die Fragmente der Größe nach in einem Agarosegel auf, fixiert die DNA im Gel nach Southern Blot-Transfer auf einer Nylonmembran und hybridisiert mit der rekombinanten HVR als Gensonde. Anders als bei den einfachen RFLPs hängt die Länge des markierten Fragmentes aus der genomischen DNA dabei allerdings nicht von der Präsenz einer Restriktionsstelle, sondern von der Anzahl der repetitiven Elemente in der HVR zwischen zwei konstanten Restriktionsstellen ab. Es gibt somit nicht nur zwei Allele wie bei den einfachen RFLPs, sondern so viele wie die unterschiedliche Anzahl der repetitiven Elemente. Viele HVRs haben mehrere hundert verschiedene Allele, so daß der limitierende diagnostische Faktor nicht so sehr die biologische allele Vielfalt des Locus, sondern eher das Auflösungsvermögen der Southern Blot-Analyse ist. Praktisch ergibt sich daraus, daß in so gut wie jeder Familie mit einer HVR in der Nähe des pathogenetisch relevanten Genlocus das pathologische vom normalen Gen durch die Verwendung eines einzelnen polymorphen Markers unterschieden werden kann.

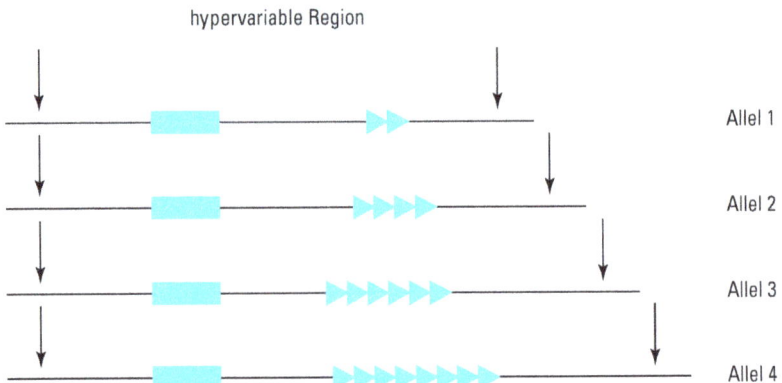

Abb. 4.14 Schematische Darstellung einer hypervariablen Region (HVR). Das verwendete Restriktionsenzym spaltet die DNA an konstanten Stellen (↓). Dazwischen befinden sich jedoch repetitive Elemente (▶), die unterschiedlich oft hintereinandergeschaltet sein können und somit den Abstand zwischen den konstanten Restriktionsstellen und die Länge der entstehenden Fragmente verändern.

4.2.2 Polymerase Kettenreaktion (PCR)

Auch die größten Gene repräsentieren nur einen verschwindend kleinen Teil des gesamten Genoms. Die meisten molekulargenetischen Methoden erfordern daher einen nicht unerheblichen analytischen Aufwand. So ist die DNA-Klonierung bei allen bis hierher beschriebenen Methoden zur Anreicherung und Isolation bestimmter Sequenzen unabdingbar nötig. Die Polymerase Kettenreaktion (PCR für „polymerase chain reaction") führt enzymatisch und *in vitro*, d. h. ohne einen Zwischenschritt in Bakterien, zu einer exponentiellen Amplifikation eines definierten DNA-Fragmentes (Abb. 4.15). Die Potenz dieser Methode ist derart, daß sie die Southern

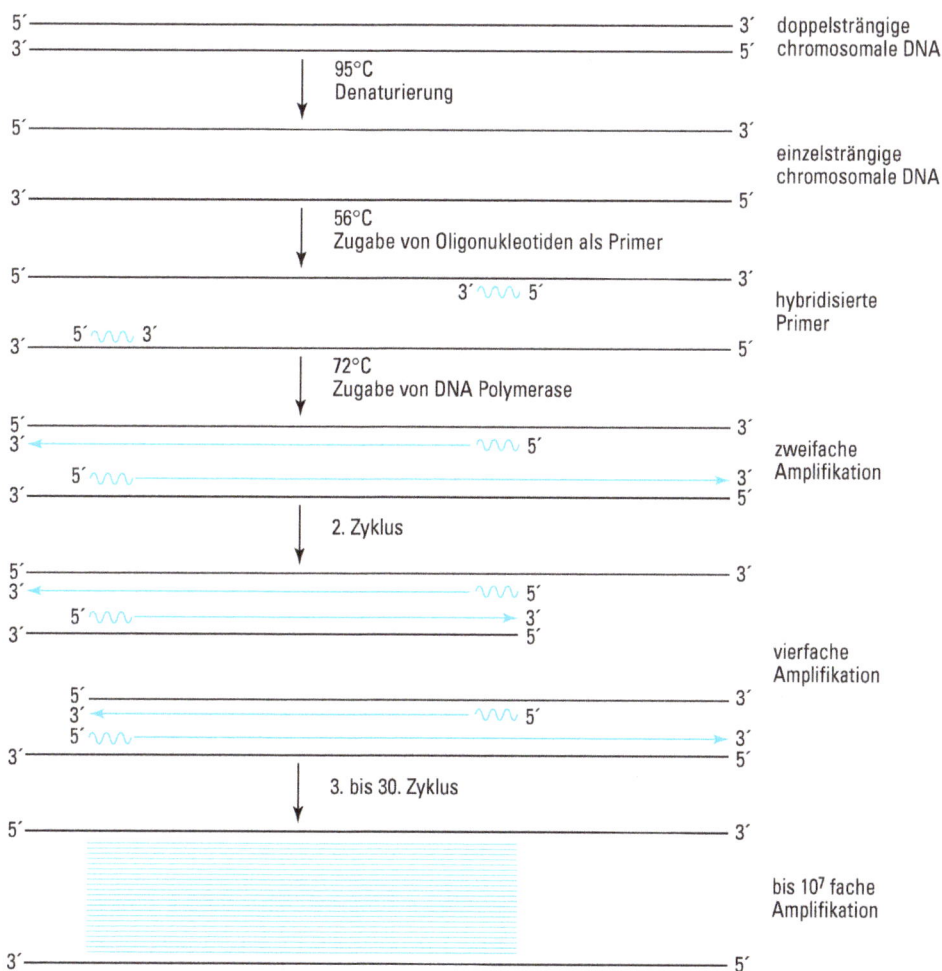

5'——————————————————————— 3'   doppelsträngige
3'——————————————————————— 5'   chromosomale DNA

95°C
Denaturierung

5'——————————————————————— 3'

einzelsträngige
chromosomale DNA

3'——————————————————————— 5'

56°C
Zugabe von Oligonukleotiden als Primer

5'——————————————————————— 3'
                        3' ∿∿ 5'   hybridisierte
                                    Primer
        5' ∿∿ 3'
3'——————————————————————— 5'

72°C
Zugabe von DNA Polymerase

5'——————————————————————— 3'
3'←——————————————— ∿∿ 5'   zweifache
    5' ∿∿ ———————————————→ 3'   Amplifikation
3'——————————————————————— 5'

2. Zyklus

5'——————————————————————— 3'
3'←——————————————— ∿∿ 5'
    5' ∿∿ ———————————————→ 3'   vierfache
3'——————————————————————— 5'   Amplifikation

    5'——————————————————— 3'
    3'←——————————— ∿∿ 5'
    5' ∿∿ ———————————————→ 3'
3'——————————————————————— 5'

3. bis 30. Zyklus

5'——————————————————————— 3'

bis 10^7 fache
Amplifikation

3'——————————————————————— 5'

Abb. 4.15 Schematische Darstellung des Prinzips der Polymerase Kettenreaktion (PCR). Ausgehend von der chromosomalen DNA kann unter Verwendung geeigneter Oligonukleotide als Primer und hitzestabiler DNA-Polymerase in wenigen Stunden eine bis zu 10^7-fache Amplifikation eines DNA-Fragmentes erreicht werden, das sich auf dem Chromosom zwischen den beiden Primern befindet.

Blot-Technik und die konventionelle DNA-Klonierung bei einer Reihe von Anwendungen bereits verdrängt hat. Die PCR repräsentiert eine der diagnostisch bedeutsamsten Neuerungen der molekulargenetischen Methodik der letzten Jahre.

Als Startmaterial benötigt man geringste Mengen humaner oder auch viraler genomischer DNA, die nicht einmal unbedingt durch konventionelle Methoden gereinigt werden muß, sondern in Zelllysaten enthalten sein kann. Zur genomischen DNA werden kurze synthetische Oligonukleotide, etwa 20mere, zusammen mit einer hitzestabilen DNA-Polymerase zugegeben. Die Sequenz der Oligonukleotide ist so gewählt, daß sich ihre jeweiligen komplementären Sequenzen in der Ziel-DNA auf den gegenüberliegenden Strängen der Doppelhelix in einer Entfernung von einigen hundert oder auch wenigen tausend Basenpaaren befinden. Als Vorinformation muß also die Nukleotidsequenz des zu amplifizierenden Fragmentes bzw. seiner unmittelbaren Nachbarschaft bekannt sein.

Die PCR ist ein sich wiederholender Dreischrittprozeß (Abb. 4.15). Im ersten Schritt wird die DNA durch Hitze denaturiert, d. h. in ihre einzelsträngige Form überführt. Im zweiten Schritt läßt man die im Überschuß vorliegenden Oligonukleotide durch Temperatursenkung an ihre komplementären Sequenzen hybridisieren, so daß die DNA an diesen Stellen nun wieder doppelsträngig vorliegt. Im dritten Schritt der Reaktion erkennt die DNA-Polymerase diese kurzen doppelsträngigen Elemente als Startsignale (Primer) und beginnt, die benachbarte einzelsträngige DNA komplementär zum Doppelstrang in der $5' \rightarrow 3'$ Richtung zu ergänzen. Am Ende des dritten Schrittes, und damit des ersten Zyklus der PCR, ist die DNA dieser Region also verdoppelt worden. Durch Wiederholung dieser Zyklen läßt sich somit eine exponentielle Amplifikation der DNA zwischen den Oligonukleotiden erreichen.

Eine gewöhnlich ohne weiteres erreichbare 10^7-fache Amplifikation eines 1000 bp langen humanen genomischen DNA-Fragmentes bedingt, daß dies statt eines Anteils von weniger als einem Millionstel der Ausgangs-DNA nun mehr als 90 % der Gesamt-DNA im amplifizierten Material ausmacht. Die PCR führt somit fast zu einer DNA-Klonierung *in vitro* und erlaubt die Anwendung molekulargenetischer diagnostischer Methoden, die sonst nur an rekombinanter DNA durchgeführt werden können. Dies schließt die direkte Sequenzierung amplifizierter DNA ein. Außerdem erlaubt die PCR eine Untersuchung geringster Mengen biologischen Materials bis zu Einzelzellen. Auch müssen sich die untersuchten Proben nicht in exzellentem biochemischen Zustand befinden: PCR-Analysen sind schon an jahrzehntealten paraffinfixierten histologischen Präparaten und an Geweben ägyptischer Mumien erfolgreich durchgeführt worden.

Eine Beschränkung der PCR liegt in der maximalen Länge des amplifizierbaren Fragmentes, die routinemäßig in der Größenordnung von wenigen kb liegt. Außerdem erfordert die exponentielle Natur der Reaktion bei einer Quantifizierung der amplifizierten Sequenzen im Ausgangsmaterial besondere Verfahren. Die enorme Sensitivität und das exponentielle Prinzip der enzymatischen Reaktion ist einerseits der große Vorteil der Methode, macht sie andererseits aber auch ganz besonders empfindlich für Kontaminationen nur geringsten Ausmaßes. Wird die PCR z. B. eingesetzt, um DNA etwa von HIV oder Hepatitisviren in klinischen Proben nachzuweisen, so reicht eine Kontamination eines einzigen Viruspartikels aus, um ein falsch positives Ergebnis zu produzieren. Sowohl bei der Probenentnahme als auch im Labor sind daher sorgfältige Vorkehrungen nötig, um derartige Fehler zu vermeiden. Im Folgenden sind zwei diagnostisch wichtige und gut etablierte Methoden näher erläutert, die von PCR-amplifizierter genomischer DNA ausgehen.

4.2.2.1 Allel-spezifische Oligonukleotid-Hybridisierung

Die DNA wird durch Wasserstoffbrückenbindungen zwischen den gegenüberliegenden Nukleotiden G und C bzw. A und T in ihrer charakteristischen doppelsträngigen Konfiguration gehalten (siehe Kap. 2.4.2). Dies gilt sowohl für die Situation *in vivo* als auch *in vitro* für an die Ziel-DNA hybridisierte Gensonden. Der Doppelstrang ist dabei umso stabiler, je besser die beiden Hybridisierungspartner zueinander passen. Bei Verwendung von radioaktiv markierten Oligonukleotidsonden führen einzelne, nicht komplementäre gegenüberliegende Nukleotide zu einer deutlichen Destabilisierung des Hybrids. So können stringente experimentelle Bedingungen gefunden werden, die das Oligonukleotid mit dieser einzelnen Fehlpaarung von der Ziel-DNA lösen, ein vollständig komplementäres Hybrid jedoch doppelsträngig belassen. Diese differenzierten physiko-chemischen Eigenschaften der DNA macht man sich bei der Allel-spezifischen Oligonukleotid-Hybridisierung zunutze, um

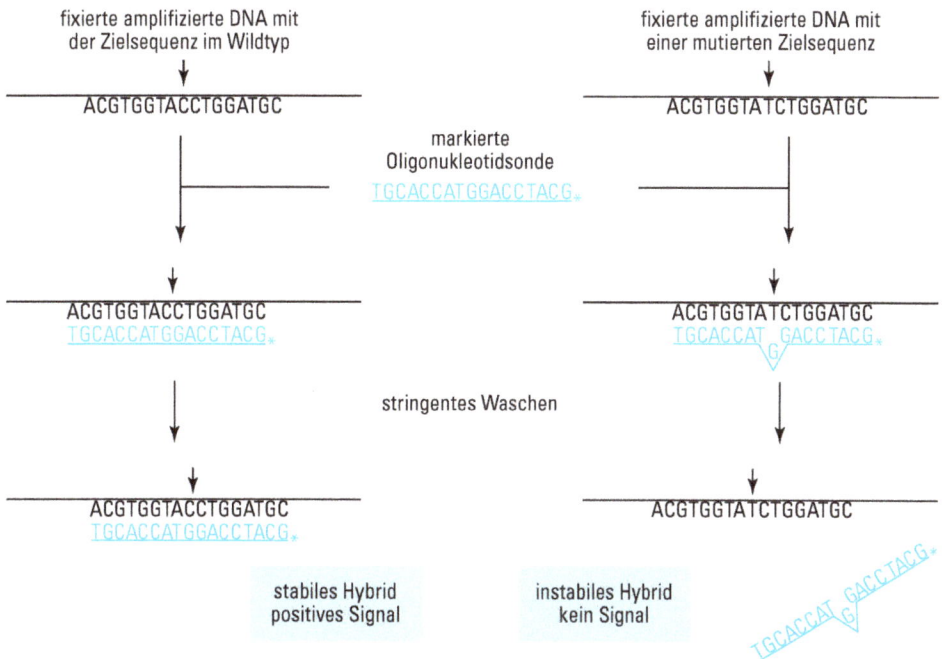

Abb. 4.16 Schematische Darstellung des Prinzips der Allel-spezifischen Oligonukleotid-Hybridisierung. Eine einzige Punktmutation (Pfeilspitze) genügt, um die Hybridisierung einer markierten (*) Oligonukleotidsonde soweit zu destabilisieren, daß sie durch stringentes Waschen gelöst werden kann. Das vollständig zueinander passende DNA-Hybrid bleibt dagegen stabil und kann autoradiographisch sichtbar gemacht werden.

Punktmutationen in pathophysiologisch interessanten Genen eindeutig zu identifizieren. Abbildung 4.16 zeigt das Prinzip dieser Methode. Zunächst wird ein genomisches DNA-Fragment durch PCR amplifiziert, dann durch Hitze denaturiert und
auf eine Nylonmembran aufgetragen (Dot Blotting). Die amplifizierte DNA wird
so in einzelsträngiger Form auf der Membran fixiert und kann mit komplementären
einzelsträngigen Sequenzen als Gensonden hybridisiert werden. Als Sonden dienen
chemisch synthetisierte Oligonukleotide, die in 20 Nukleotiden Länge die Position
der gesuchten Mutation und deren unmittelbare Nachbarschaft enthalten. Eines
dieser Oligonukleotide entspricht dabei der normalen und ein anderes der mutierten
Sequenz. Die beiden Oligonukleotide unterscheiden sich also an einer einzigen Stelle.
Beide werden nun durch Anhängen eines radioaktiven Phosphatrestes (^{32}P) an ihrer
5′-Seite markiert und mit der fixierten Ziel-DNA hybridisiert. Anschließend werden
die Membranen bei definierten Bedingungen bezüglich Temperatur und Salzkonzentration gewaschen, so daß nur solche Hybride stabil und auf der Membran fixiert
bleiben, die 100%ig zueinander passen. Eine einzige Fehlpaarung führt dazu, daß
die Sonde von der Membran abschwimmt. Eine Autoradiographie der Membran
kann somit diejenigen Proben identifizieren, die mit der Sonde identische bzw. voll
komplementäre Sequenzen enthalten. Ein Oligonukleotid mit der Normalsequenz
wird also ein Signal mit homozygot normalen oder mit heterozygoten DNA-Proben
geben. Analog gibt das mutierte Oligonukleotid mit einer homozygot mutierten
sowie ebenfalls mit einer heterozygoten Probe ein Signal. Eine parallele Hybridisierung mit beiden Sonden erlaubt also eine eindeutige Bestimmung des Genotyps
an dieser Stelle. Die diagnostische Sicherheit für die Identifikation einer bestimmten
Mutation liegt also bei nahezu 100 %. Zu bedenken ist jedoch, daß eine solche Analyse nur eine Aussage über eine bestimmte Mutation an einer genau definierten
Stelle erlaubt. Eine Mutation nur wenige Basenpaare entfernt, oder eine andere
Mutation an derselben Stelle wird nicht erkannt.

Mögliche Anwendungen der Allel-spezifischen Oligonukleotid Hybridisierung finden sich z. B. bei der Diagnostik ererbter Krankheiten bzw. deren Überträgerstatus,
bei der Diagnostik von Infektionskrankheiten und auch bei der Untersuchung von
somatischen Mutationen, etwa im Rahmen der Tumorigenese. Das Prinzip der Allel-
spezifischen Oligonukleotid-Hybridisierung liegt auch der Entwicklung von DNA-
Chips zugrunde (siehe Kap. 4.7), bei der die Sonden jedoch an die Membran fixiert
sind und mit der Probe in der Flüssigphase hybridisiert werden.

4.2.2.2 Restriktionsanalyse PCR-amplifizierter DNA

Analog der Southern Blot-Analyse genomischer DNA kann auch amplifizierte DNA
einer Restriktionsanalyse unterzogen werden, um Punktmutationen oder DNA-Polymorphismen zu erkennen. Dazu wird die DNA um die relevante Stelle herum
durch die PCR amplifiziert, mit der gewünschten Restriktionsendonuklease verdaut
und elektrophoretisch aufgetrennt (Abb. 4.17). Im Gegensatz zur Southern Blot-
Analyse genomischer DNA können die Fragmente nach der starken Amplifizierung
direkt, d. h. ohne Hybridisierung mit radioaktiv markierten Gensonden auf einem
mit Ethidiumbromid gefärbten Agarosegel sichtbar gemacht werden. Dadurch sin-
ken Zeit- und Kostenaufwand erheblich.

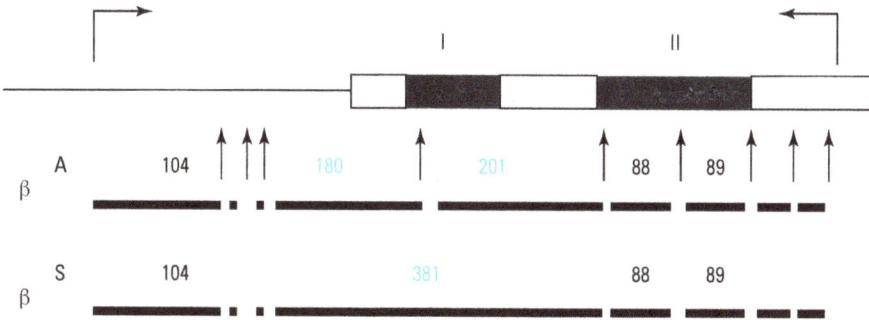

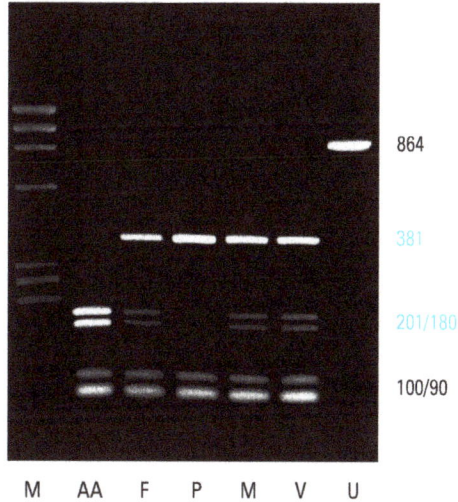

Abb. 4.17 Restriktionsanalyse PCR-amplifizierter DNA am Beispiel der Sichelzellmutation. Das Schema zeigt den relevanten Teil des β-Globingens (I und II: Exon 1 und Exon 2) mit den als Winkelpfeilen dargestellten Amplifizierungsprimern und den Restriktionsstellen des Enzyms *Dde*I mit der Erkennungssequenz CTNAG (↑). Die Sichelzellmutation zerstört die normale *Dde*I Restriktionsstelle im Codon 6 des normalen β-Globingens (β^A). Das Ethidium-bromid-gefärbte Agarosegel zeigt eine Pränataldiagnose zum Ausschluß der homozygoten Sichelzellanämie. Spur „U" enthält das unverdaute Amplifikationsprodukt mit 864 bp Länge, Spur „V" die DdeI verdaute DNA des heterozygoten Vaters, Spur „M" die der ebenso heterozygoten Mutter, Spur „P" die DNA des homozygoten Indexpatienten und Spur „F" die des Fetus. Spur „AA" zeigt die *Dde*I-verdaute DNA einer normalen Kontrolle und „M" die Fragmente eines Größenmarkers. Bei der normalen Kontrolle (AA) sieht man nur die β^A-spezifischen Fragmente mit einer Länge von 201 und 180 bp sowie drei Fragmente von 104, 89 und 88 bp. Einige noch kleinere Fragmente sind auf dem Agarosegel nicht mehr dargestellt. Beim homozygoten Indexpatienten (P) sieht man außer den konstanten Fragmenten um 100 bp nur das abnorme 381 bp Fragment. Bei den Eltern (V und M) und auch dem Fetus (F) finden sich sowohl das 381 bp als auch die 201/180 bp Fragmente. Der Fetus ist somit, wie seine Eltern, heterozygoter Überträger der Sichelzellmutation.

4.2.3 Screeningmethoden für Punktmutationen

Die Identifizierung von Mutationen einzelner Nukleotidpositionen ist eine der größten Herausforderungen bei der Charakterisierung von Gendefekten. Ziel der Analysen ist die Identifizierung solcher Defekte mit hoher Sensitivität (d. h. die Vermeidung von falsch negativen Ergebnissen) bei guter Praktikabilität (d. h. bei akzeptablem Einsatz von Ressourcen). Die Verfügbarkeit der PCR-Technik (siehe Kap. 4.2.2) hat solche Analysen auf breiter Ebene ermöglicht. Das Prinzip zweier solcher Analysen, nämlich der Untersuchung durch „single-strand-conformation polymorphism" (SSCP) und der „temperature-gradient-gel electrophoresis" (TGGE) soll im Folgenden vorgestellt werden. Beide Untersuchungen bauen auf der Analyse von durch PCR amplifizierten Subfragmenten von Genen oder cDNA auf und sind Screening-Methoden. Das heißt, es kann mit Wahrscheinlichkeit eine Aussage über das Vorhandensein einer Punktmutation gemacht werden. Es ist jedoch nicht möglich, den Basenaustausch exakt zu lokalisieren. Deshalb muß nach positiver SSCP bzw. TGGE das entsprechende DNA-Fragment in jedem Falle sequenziert werden.

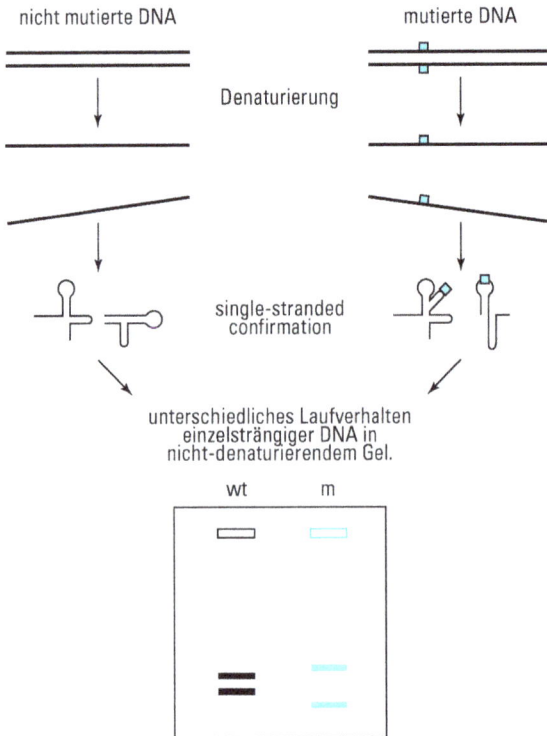

Abb. 4.18   Schema der SSCP-Analyse. Die Untersuchung geht von einem über PCR amplifizierten DNA Fragment aus. Vergleichend wird ein nicht mutiertes Fragment mit dem zu analysierenden und potentiell mutierten Fragment parallel untersucht. Nach Denaturierung der DNA adoptieren die DNA-Einzelstränge eine Konformation (single-stranded conformation), die von ihrer Primärsequenz abhängig ist. Entsprechend unterschiedlich wandern mutierte (m) und nicht mutierte (wt) Proben im nicht denaturierenden Gel.

4.2.3.1 Single-Strand-Conformation Polymorphism (SSCP)

Diese Methode beruht auf der Beobachtung, daß einzelsträngige DNA eine sequenz-spezifische Konformation einnimmt und in Abhängigkeit von dieser Konformation ein spezifisches Laufverhalten in einem nicht-denaturierenden Gel besitzt. Auf diese Weise werden selbst einzelne Basenunterschiede zwischen zwei ansonsten identischen DNA-Einzelsträngen deutlich.

Um ein Gen per SSCP auf Punktmutationen zu untersuchen, werden überlappende Fragmente des Gens amplifiziert, die jeweils eine Länge von ca. 200 bp haben sollten. Nach Trennung der beiden Stränge durch z. B. Hitzedenaturierung werden die Amplifikate in einem nicht-denaturierenden Gel aufgetrennt. Dabei sollte immer ein Amplifikationsprodukt nicht mutierter Kontroll-DNA als Standard mitaufgetragen werden. Aus dem relativen Laufverhalten der DNA-Probe zum Standard ergibt sich der Hinweis auf Mutationen, die dann durch Sequenzierung identifiziert werden müssen (Abb. 4.18).

Je kürzer das amplifizierte Fragment, desto höher ist die Sensitivität, desto höher sind aber auch Arbeitsaufwand und Kosten der Analyse. So liegt bei Fragmenten bis 200 bp die Sensitivität des Assays bei ca. 70–95 % und bei Fragmenten über 400 bp bei unter 50 %. Mit anderen Worten, je nach verwendeter Strategie werden 5–30 % oder gar 50 % der Punktmutationen durch SSCP übersehen. Dieser Nachteil steht der Einfachheit der Anwendung gegenüber und muß in Einzelfällen abgewogen werden.

4.2.3.2 Temperatur-Gradienten-Gel-Elektrophorese (TGGE)

Auch die TGGE basiert auf der Analyse von durch PCR generierten, überlappenden Genfragmenten, die bei unterschiedlicher Basenzusammensetzung spezifische Unterschiede im elektrophoretischen Laufverhalten zeigen. Durch die Verwendung einer speziellen Gelkammer und zweier Wasserbäder, die die Laufpufferlösung an Anode und Kathode unterschiedlich temperieren, wandern die doppelsträngigen Amplifikate im elektrischen Feld gegen einen steigenden Temperaturgradienten. Dies führt während der Elektrophorese zu umschriebenen Strangtrennungen (Denaturierungen) im Amplifikat, die eine signifikante Änderung der Laufgeschwindigkeit verursachen (Abb. 4.19). Eine vollkommene Loslösung der beiden DNA-Stränge wird dabei durch die Verwendung einer chemischen Klammer am 5'-Ende einer der beiden Primer verhindert. Unterschiede im Laufverhalten zwischen Standard und Analyse führen zum Nachweis vorhandener Mutationen. Wie auch bei der SSCP muß die Lokalisation der Mutation durch Sequenzierung nachgewiesen werden.

Die TGGE ist eine Variante der DGGE (denaturing gradient gel electrophoresis). Entsprechend der bei der TGGE durch Temperaturanstieg erreichten Denaturierung kann die Denaturierung bei der DGGE über chemische Gradienten (Harnstoff oder Formamid) erreicht werden. Bei adäquater Amplifikatgröße (bis zu 500 bp) liegt die Sensitivität dieser Methoden bei 90–95 %. Diesem Vorteil der TGGE steht jedoch eine aufwendige Optimierung der Versuchsbedingungen gegenüber.

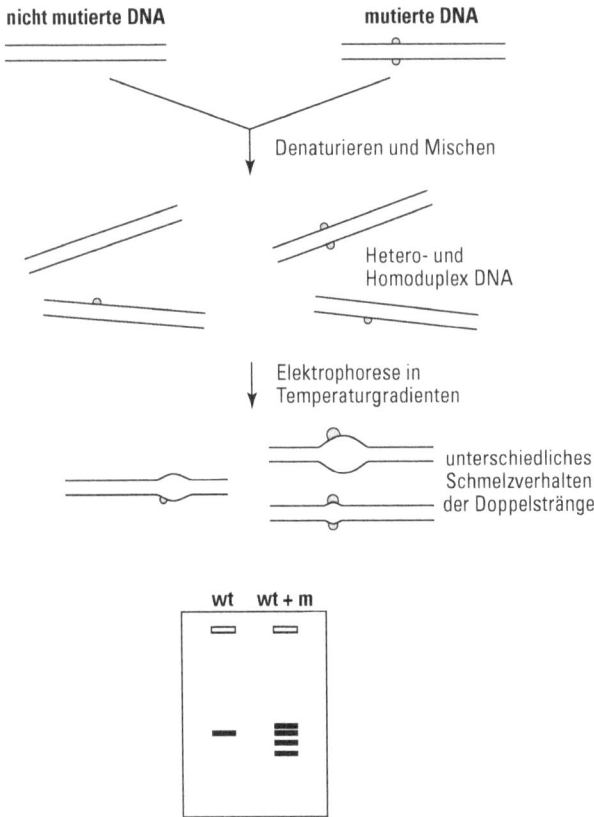

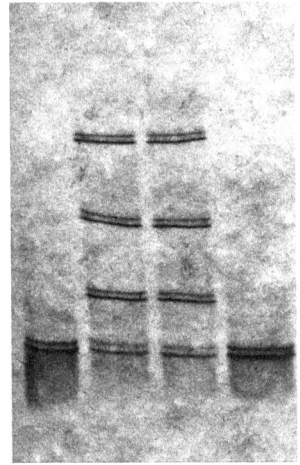

Abb. 4.19 Schematische Darstellung und Beispiel einer TGGE-Analyse. Wie die SSCP beruht auch die TGGE auf der Analyse von durch PCR amplifizierten DNA-Fragmenten. Vor dem Gellauf werden die Kontroll- (nicht mutierte DNA) und Testamplifikate (potentiell mutierte DNA) jedoch denaturiert, gemischt und wieder renaturiert. Bei dem Vorliegen von Mutationen ergeben sich dann vier unterschiedliche DNA-Doppelstrangkombinationen. Jeder dieser unterschiedlichen Doppelstränge zeigt in einem Temperaturgradientengel ein unterschiedliches Laufverhalten. Ein nicht mutiertes Fragment resultiert deshalb in nur einer Bande pro Gel, wohingegen beim vorliegen einer Mutation im günstigsten Fall vier Banden klar unterschieden werden können. Das relative Laufverhalten von mutierten und nicht mutierten Molekülen kann dabei von Untersuchung zu Untersuchung variieren und hängt von der Primärsequenz der untersuchten Genabschnitte ab. Das Gel zeigt das Ergebnis einer TGGE-Analyse von einem DNA-Abschnitt aus dem Fibrillingen eines Patienten mit Marfan Syndrom. Das Vorliegen einer Mutation ist deutlich an dem retardierten Laufverhalten der Amplifikate von Sohn (Spur 3) und Vater (Spur 2) zu erkennen. Die DNA der Mutter (Spur 4) weist das gleiche Laufverhalten wie das der nicht mutierten Kontroll-DNA (Spur 1) auf. (Die Abbildung wurde freundlicherweise von Dr. P. N. Robinson zur Verfügung gestellt)

4.2.4 DNA-Sequenzierung

Die höchste Auflösung der DNA Primärstruktur ergibt die Bestimmung der Reihenfolge der Nukleotide, die DNA-Sequenzierung. Nur nach einer Sequenzierung z. B. einer cDNA können Rückschlüsse auf die Aminosäuresequenz und die Sekundärstruktur des kodierten Proteins gezogen werden. Sie eröffnet damit nicht nur detaillierte Einblicke in die molekulare Anatomie, Physiologie und Pathophysiologie des menschlichen Genoms, sondern ist seit Verfügbarkeit der PCR auch klinisch-diagnostisch nutzbar.

Obwohl verschiedene Strategien zur Verfügung stehen, hat sich die enzymatische Methode nach Sanger fast universell durchgesetzt (Abb. 4.20). Diese soll hier in ihrem Prinzip beschrieben werden. Der konzeptionelle Kern liegt in der Fähigkeit der DNA-Polymerase, einzelsträngige DNA von einem doppelsträngigen Startpunkt (primer) aus durch einen getreuen komplementären Strang zu einem Doppelstrang zu ergänzen. Die Syntheserichtung ist dabei von 5' nach 3' orientiert. Die DNA-Polymerase katalysiert also die Bildung des Phosphodiesters zwischen der 5'-Phosphat und der 3'-OH-Gruppe der desoxy-Nukleotide (dNTP). Weiterhin ist die Fähigkeit der DNA-Polymerase entscheidend, auch natürlicherweise nicht vorkommende didesoxy-Nukleosidtriphosphate (ddNTP) als Substrat verwenden zu können. Diese sind nicht nur an der 2'- sondern auch an der 3'-Position der Ribose desoxygeniert. Daher können sie zwar via ihres 5'-Phosphatrestes in eine wachsende DNA-Kette eingebaut werden, führen aber zum Abbruch der Kettenverlängerung, da ihnen die 3'-OH-Gruppe als Bindeglied zum Phosphat des nächsten Nukleotids fehlt. Als Startmaterial benötigt man recht große Mengen, d. h. 1–3 µg isolierter und gereinigter DNA von einigen hundert bis wenigen tausend Basenpaaren, die entweder durch DNA-Klonierung oder durch die PCR gewonnen wird. Diese wird denaturiert und ein Primer durch Anlagerung in Form eines Oligonukleotids in unmittelbarer Nachbarschaft der zu bestimmenden Sequenzen angelagert. Bei rekombinanter DNA kann der Primer im Vektor direkt neben der Insertionsstelle der exogenen DNA liegen. Bei PCR-amplifizierter DNA kann eines der Oligonukleotide benutzt werden, das schon zur Amplifizierung diente. Diese DNA wird dann in vier verschiedene Gefäße aufgeteilt, die jeweils alle vier desoxy-Nukleotide, eines davon radioaktiv oder nicht-radioaktiv markiert, eine geringe Konzentration eines der vier didesoxy-Nukleotide (ddATP, ddCTP, ddGTP oder ddTTP) und die DNA-Polymerase enthalten. Im Reaktionsgemisch mit ddATP entstehen so radioaktiv oder nicht-radioaktiv markierte DNA-Ketten unterschiedlicher Länge, deren Synthese jeweils beim Einbau eines ddATPs abgebrochen wurde und somit den Abstand vom Primer zu jedem eingebauten Adenosin anzeigen. Entsprechendes gilt für die anderen drei Reaktionen mit ddCTP, ddGTP und ddTTP. Bei hochauflösender elektrophoretischer Trennung der in den vier Reaktionen enstandenen Moleküle nebeneinander kann man nach Autoradiographie über die unterschiedliche Kettenlänge die relative Position der vier Nukleotide zueinander in ihrer Sequenz bestimmen. Von einem Primer ausgehend kann man einige hundert Basenpaare sequenzieren. Zur Sequenzierung weiter entfernt liegender DNA muß man entweder die neu gewonnene Information zur Synthese neuer Primer-Oligonukleotide verwenden, oder verschiedene, sich in ihrer exogenen DNA überlappende Rekombinanten schaffen, die vom selben Primer aus sequenziert werden.

5′- Primer →
3′ ——————— ACTTTGGCAAA-5′

A–Reaktion
dATP*
dCTP, dGTP, dTTP
DNA Polymerase
ddATP

C–Reaktion
dATP*
dCTP, dGTP, dTTP
DNA Polymerase
ddCTP

G–Reaktion
dATP*
dCTP, dGTP, dTTP
DNA Polymerase
ddGTP

T–Reaktion
dATP*
dCTP, dGTP, dTTP
DNA Polymerase
ddTTP

5′- → TGAAACCGTTdd*
3′ ——— ACTTTGGCAAA-5′

5′- → TGAAACCGTTTdd*
3′ ——— ACTTTGGCAAA-5′

5′- → TGAAACCGTdd*
3′ ——— ACTTTGGCAAA-5′

5′- → TGAAACCGdd*
3′ ——— ACTTTGGCAAA-5′

5′- → TGAAACCdd*
3′ ——— ACTTTGGCAAA-5′

5′- → TGAAACdd*
3′ ——— ACTTTGGCAAA-5′

5′- → TGAAAdd*
3′ ——— ACTTTGGCAAA-5′

5′- → TGAAdd*
3′ ——— ACTTTGGCAAA-5′

5′- → TGAdd*
3′ ——— ACTTTGGCAAA-5′

5′- → TGdd*
3′ ——— ACTTTGGCAAA-5′

5′- → Tdd*
3′ ——— ACTTTGGCAAA-5′

denaturierende
Polyacrylamid-Gel-Elektrophorese

A C G T   A C G T

gelesene Sequenz: 5′-TGAAACCGTTT-3′
→ analysierte Sequenz: 3′-ACTTTGGCAAA-5′

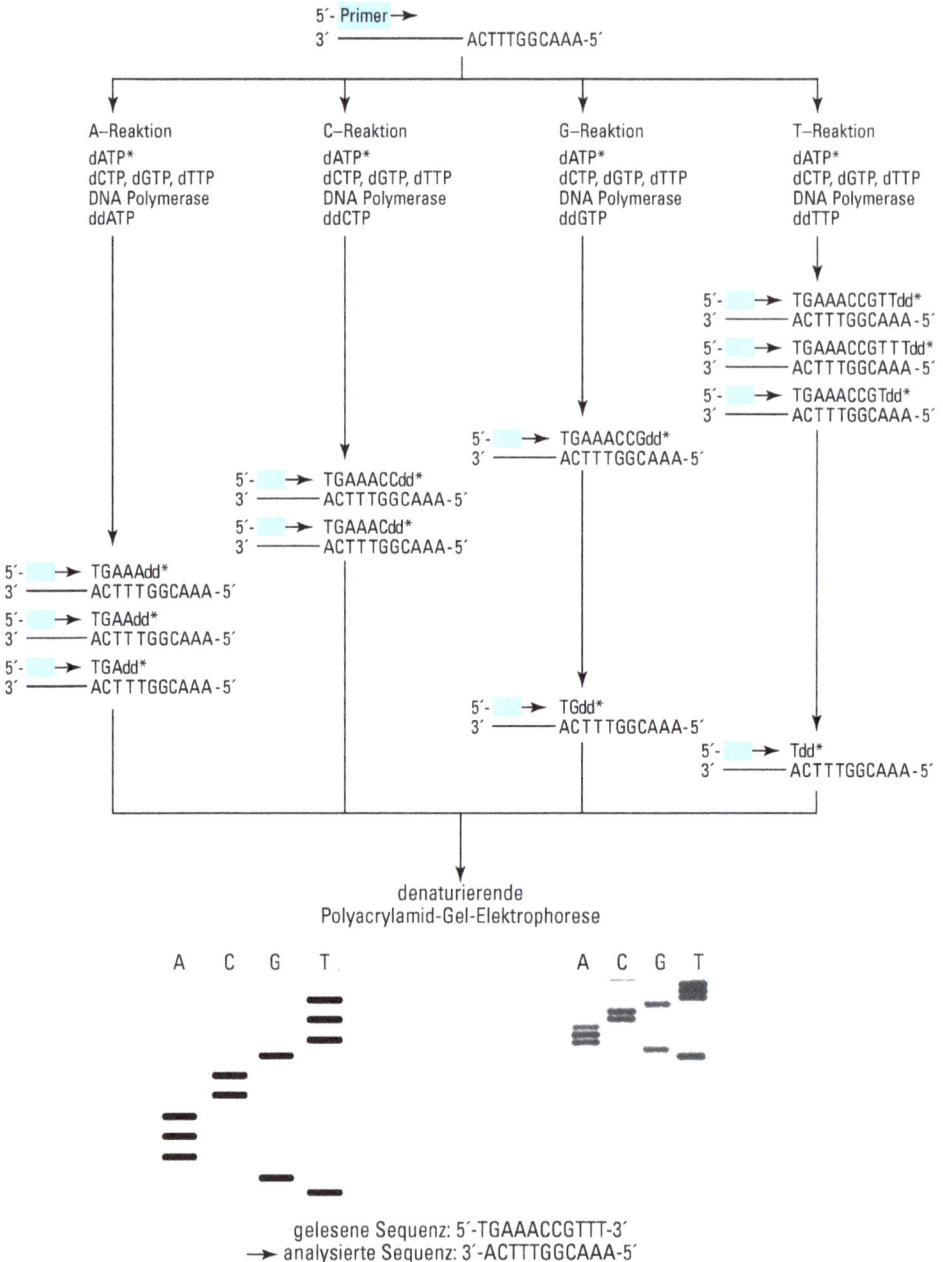

Abb. 4.20   Schematische Darstellung und Autoradiographie einer DNA-Sequenzierung. Ein etwa 20 bp langes Oligonukleotid (Primer) wird in unmittelbarer Nachbarschaft zur interessierenden DNA hybridisiert, so daß ein Ansatzpunkt für die DNA-Polymerase entsteht. Das dATP ist radioaktiv markiert (*).

Moderne Technologien zur DNA-Sequenzierung verwenden fluoreszierende Primer, die eine automatisierte Sequenzanalyse in entsprechenden Robotern zulassen. Die Verfügbarkeit dieser Technologie ist eine der wesentlichen Voraussetzungen für die im großen Umfang durchgeführte DNA-Sequenzierung etwa im Rahmen der Identifikation von Genen (siehe Kap. 4.7) oder des Humangenomprojektes (siehe Kap. 4.8).

4.2.5 Analyse hochpolymorpher Marker

Molekulargenetische Analysen haben die Medizin revolutioniert. Dies gilt in besonderem Maße für die Entwicklung von individualspezifischen Markersystemen. Die Ursachen dafür sind vor allem in der enormen Variabilität der nicht-kodierenden Sequenzbereiche des Genoms und in ihrem damit verbundenen riesigen Individualisierungspotential, in der relativen Stabilität der DNA-Moleküle gegenüber postmortalen Abbauprozessen und Umwelteinflüssen und in der erhöhten Sensitivität der Nachweistechnik insbesondere nach Einführung der Polymerase Kettenreaktion zu suchen.

Anwendung finden diese Individualisierungsverfahren in der klinischen Diagnostik, in der gerichtlichen Medizin und natürlich auch in der medizinischen Grundlagenforschung bei der Kartierung von Genen (siehe Kap. 4.7). Im Dienste der klinischen Medizin werden Identifizierungen von Blut- und Gewebeproben bei Operations- oder Biopsie- und histologischen Präparaten durchgeführt und Chimärismen nach Transplantationen detektiert. In der forensischen Spurenanalyse dienen sie in erster Linie der Klärung strafrechtlicher Fragen, beispielsweise in spurenkundlichen Gutachten, bei Sexualdelikten, Identifizierungen von Lebenden oder Toten, Geweben und Körperflüssigkeiten. Darüber hinaus lassen sich damit auch zivilrechtliche Fragen in Abstammungsgutachten klären. Obwohl PCR-gestützte Verfahren mit ihrer hohen Sensitivität und geringen Degradationsanfälligkeit schon Anfang der neunziger Jahre die Hybridisierungstechniken mit Single- und Multilocus-Systemen verdrängten, haben letztere für spezifische Anwendungen auch heute noch ihre Bedeutung.

4.2.5.1 DNA-Multilocus-Systeme (MLS)

Der Begriff Fingerabdruck (engl.: „fingerprint") wurde ursprünglich für den Abdruck der für jeden Menschen charakteristischen Papillarlinien der Fingerbeere verwendet und fand sein molekularbiologisches Pendant im genauso für jedes Individuum spezifischen Hybridisierungsmuster der Mitte der achtziger Jahre entwickelten DNA-Multilocus-Sonden. Der Prototyp dieses Sondentyps enthält mehrfach aneinandergereiht das Minisatelliten „core"-Motiv (ein häufig wiederkehrendes GC-reiches Sequenzmotiv) und erfaßt viele hypervariable DNA-Loci gleichzeitig. Diese gleichzeitige Erkennung einer Vielzahl von Polymorphismen macht den hohen Informationsgehalt dieser Methode aus. In der Folgezeit wurden weitere Multilocus-Sonden entwickelt, bis hin zu chemisch synthetisierten Oligonukleotiden mit repetitiven Motiven von zwei bis vier Basenpaaren. All diese Systeme detektieren repetitive DNA (engl. VNTR: variable number of tandem repeats oder Minisatelliten) in den nicht-kodierenden Bereichen nukleärer DNA (siehe Kap. 2.2). Ihr Polymorphismus ergibt sich aus den interindividuellen Unterschieden in der Anzahl dieser Sequenzmotive. Meiotische Rekombinationen und Mutationen stellen sicher, daß das Genom eines Vorfahren auch in stark isolierten Bevölkerungsgruppen oder bei Inzestfällen kein zweites Mal entsteht. Die Wahrscheinlichkeit, daß zwei nichtverwandte Individuen denselben DNA-Fingerprint aufweisen, ist deutlich geringer als der Reziprokwert der Weltbevölkerung, so daß Individualspezifität der Multilocus-DNA-Profile mit Ausnahme monozygoter Zwillinge angenommen werden kann (siehe Tab. 4.2.). Heute wird der Begriff „DNA-Fingerprint" für die Gesamtheit der DNA-Methoden zur biologischen Unterscheidung einzelner Individuen verwendet.

Die Darstellung dieser Polymorphismen mit Multilocus-Systemen erfolgt über die Southern Blot-Analyse von genomischer DNA, wobei Restriktionsenzyme ein-

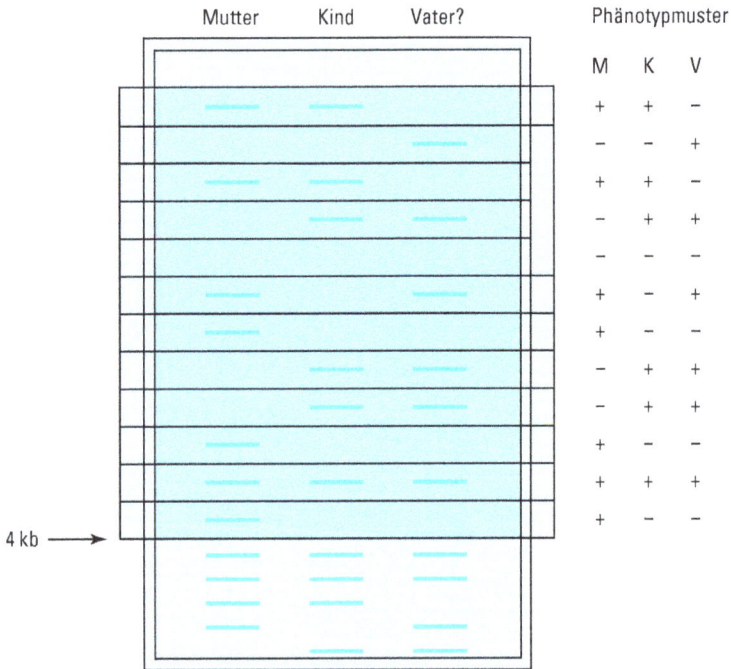

Abb. 4.21 Schematische Darstellung der formalen Analyse eines MLS-"Fingerabdrucks". Das Autoradiogramm wird durch ein Gitter aufgeteilt, das von den größten noch auflösbaren Fragmenten bis hinunter zu 4 Kilobasen (kb) reicht. Die Größengrenzwerte für den zu analysierenden Bereich sind von der verwendeten DNA-Sonde und dem Restriktionsenzym abhängig. Die Phänotypmuster sind positionsweise als + (Bande vorhanden) und als − (Bande nicht vorhanden) vermerkt. Alle nichtmütterlichen Banden des Kindes sind bei einer „wahren" Vaterschaft zwangsläufig väterlich ererbt. Besitzt sie der fragliche Vater (Vater?), auch Putativvater genannt, nicht, ist er von der Vaterschaft zu diesem Kind „auszuschließen". Bei der hier im Schema gezeigten Vaterschafts-Analyse ist der Putativvater von der Vaterschaft „nicht auszuschließen". Die Vaterschaft des Putativvaters kann unter Einbeziehung von mathematischen Schätzungsverfahren mit hoher Wahrscheinlichkeit angenommen werden.

gesetzt werden, die flankierend zu den VNTR-Sequenzen möglichst häufig schneiden (Abb. 4.21 und 4.22). Es entsteht ein multiallelisches Bandenmuster, der Fingerprint.

Die Interpretation des DNA-Profils erfolgt, wie in der Abbildung 4.21 gezeigt, über das Auszählen der Banden je Probe und der Banden-Konstellationen zwischen den involvierten Proben in einem ausgewählten Molekulargewichtsbereich. Hieraus wird die „band-sharing-rate" als Maß der Verwandtschaft zweier Individuen berechnet. Artefakte und eventuelle Mutationsereignisse werden bewertet. Da die Definition von Allelen und ihre Häufigkeitsbestimmung hier nicht möglich ist, sind eine Reihe alternativer Rechenansätze entwickelt worden, die auf Grundlage sinnvoller Modell-Annahmen ebenfalls zu zuverlässigen Schätzungen wie z. B. der Vaterschaftswahrscheinlichkeit führen.

Die Multilocus-DNA-Analyse ist angezeigt bei einer Vielzahl von Anwendungen im klinischen Bereich, z. B. bei der Verlaufskontrolle nach Knochenmark-Transplantationen (Abb. 4.22), bei der Abstammungsbegutachtung von Inzest- und Mehrmän-

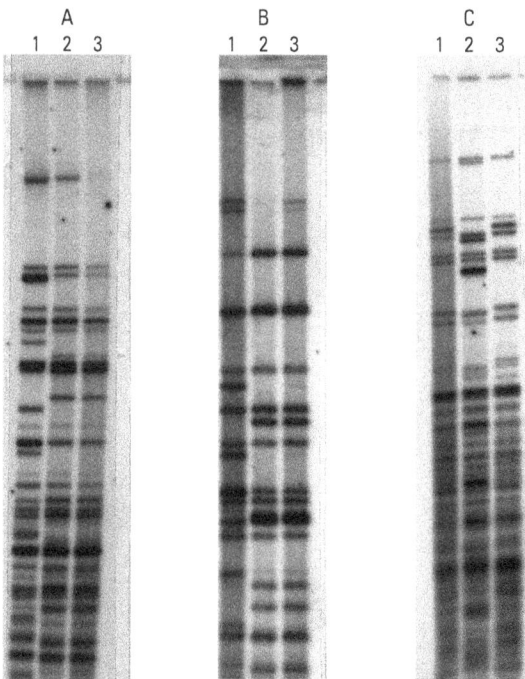

Abb. 4.22 Untersuchung des Chimärismus nach Knochenmark/Stammzell-Transplantation mittels MLS-Analyse. Autoradiogramme der DNA-Fragmente nach Spaltung mit einem Restriktionsenzym, Southern Blot-Analyse und Hybridisierung mit einer MLS-Sonde. 1: DNA des Patienten vor Transplantation, 2: DNA des Spenders, 3: DNA des Patienten, 28 Tage nach Transplantation. A: Vollständiger Spender-Chimärismus nach Anwachsen des Transplantats, B: Gemischter Chimärismus, der klinisch eine beginnende Transplantatabstoßung oder ein beginnendes Rezidiv der Grunderkrankung anzeigen kann. C: Vollständige Empfängerhämatopoese nach Transplantat-Abstoßung.

nerfällen mit verwandten Putativvätern, in der Verhaltensforschung und Sozialbiologie sowie in der Tier- und Pflanzenzucht. In der Spurenanalyse ist sie aufgrund der hohen Anforderungen an DNA-Quantität und -Qualität durch PCR-Systeme (siehe STR-Systeme) verdrängt worden.

4.2.5.2 DNA-Singlelocus-Systeme (SLS)

Die hier eingesetzten DNA-Singlelocus-Systeme gehören ebenfalls zur Gruppe der VNTR-Systeme (Minisatelliten). Es handelt sich im Gegensatz zu den ubiquitär im Genom verteilten Multilocus-Systemen um Repetitivsequenz-Polymorphismen mit hoher allelischer Variabilität an nur einem spezifischen Genort (siehe Kap. 2.2 und 4.2.1). Sie weisen demzufolge nur zwei Fragmente je Individuum auf und folgen einem einfachen codominanten Erbgang. Die Darstellung dieser Polymorphismen erfolgt ebenfalls über die Southern Blot-Analyse von genomischer DNA (siehe MLS). Zur Hybridisierung stehen eine Vielzahl von Sonden zur Verfügung. Die meisten besitzen eine Heterozygotie-Rate von über 90 %, was ihre hohe Aussagekraft unterstreicht (siehe Tab. 4.2.). Dieser steht zwangsläufig eine relativ hohe Mutationsrate von 0,1–1 % je Meiose gegenüber, die bei der Bewertung von Ausschlußkonstellationen zu beachten ist. Die Interpretation der Ergebnisse erfolgt über den Vergleich der Fragmentlängen, die anhand des Längenstandards bestimmt werden. Da hier ebenso wie bei den Multilocus-Systemen keine diskreten Allele unterschieden werden können, wird die Nicht-/Übereinstimmung von zwei Fragmenten z. B. zwischen Putativvater und Kind durch Definition einer Fenstergröße d ermöglicht. Der statistischen Bewertung liegen empirisch in Populationsstudien erhobene Häufigkeitsverteilungen der VNTR-Allele für das jeweilige System zugrunde.

Vor allem bei der Untersuchung von Defizienzfällen in der Gerichtlichen Medizin erscheint der Einsatz dieser hochinformativen Einzellocus-Systeme zur Klärung von Verwandtschaften noch unverzichtbar trotz der mittlerweile verfügbaren Vielzahl an PCR-Systemen.

4.2.5.3 Short Tandem Repeat-Systeme (STR)

Der Polymorphismus von STR-Systemen, auch Microsatelliten genannt, beruht auf der variablen Anordnung kurzer, sich wiederholender Sequenzmotive (Repeats) von 2–7 bp Länge (in der Regel 2–4) an bestimmten DNA-Loci, die häufig und über alle Chromosomen verteilt im Genom vorkommen. Die verschiedenen Allele an einem STR-Locus sind damit durch die unterschiedliche Zahl der Repeats oder die absolute Länge des amplifizierten DNA-Fragments (in bp) eindeutig definiert. Die locusspezifische PCR erfolgt mit Primern, die so konstruiert sind, daß sie beidseits der repetitiven Sequenzen hybridisieren. Die Größe der amplifizierten PCR-Produkte liegt in der Regel zwischen 100 und 300 bp (siehe Kap. 4.2.2). Damit ist eine Anwendung dieser Systeme insbesondere beim Vorliegen von degradierter DNA in der Spurenanalyse indiziert (siehe Tab. 4.2). Im Anschluß an die PCR werden die STR-Merkmale im hochauflösenden Polyacrylamidgel entsprechend ihrer Länge aufgetrennt. Parallel zu den DNA-Proben werden Allel-Leitern aufgetragen, um

Tab. 4.2   Vor- und Nachteile der verschiedenen Methoden zur Analyse hochpolymorpher Marker

	Multi-Locus-Systeme (MLS)	Single-Locus-Systeme (SLS)	Short Tandem Repeat-Systeme (STR)	Mitochondriale DNA-Analysen (mtDNA)
Vorteile	• hochinformativ (individualspezifisch) • geringe Mutationsrate • populationsunabhängig	• hochinformativ • eindeutige und locus-spezifische Zuordnung der Fragmente	• geringe Anforderungen an Qualität und Quantität der DNA • definierte Allele • hochinformativ bei Verwendung mehrerer Systeme • technisch wenig aufwendig und automatisierbar	• geringste Anforderungen an Quantität und Qualität der DNA
Nachteile	• hohe Anforderungen an Quantität und Qualität der DNA • keine diskreten Allele • technisch limitierte und schwierige Interpretation von hochmolekularen Fragmenten	• hohe Anforderungen an Quantität und Qualität der DNA • keine diskreten Allele • im Vergleich zu MLS höhere Mutationsrate • technisch limitierte und schwierige Interpretation von hochmolekularen aber auch sehr niedermolekularen Fragmenten (vorgetäuschte Homozygotie)	• im Vergleich zu MLS und SLS hohe Mutationsrate • wenig informativ bei Verwendung nur eines Systems • Neigung zu technischen Artefakten (slippage) und Allelverlusten (drop out-Effekt)	• höchste Mutationsrate • in der forensischen Analyse hohe Kontaminationsgefahr • problematische Analyse von Mischspuren (Heterozygoten-Sequenzierung)

die Allele definieren zu können (Abb. 4.23 und 4.24). Die statistische Auswertung erfolgt auf der Grundlage von Populationsdatenbanken.

Die STR-Analyse findet aufgrund einer Reihe von Vorzügen (siehe Tab. 4.2.) auf allen Gebieten der molekularbiologischen Individualisierung breite Anwendung. Ihre hohe Sensitivität empfiehlt vor allem ihren Einsatz in der forensischen Spurenanalyse, aber auch bei der Verlaufskontrolle nach Knochenmark-/Stammzell-Transplantationen, wo Micro-Chimärismen schon sehr früh detektiert und Hinweise zur Therapieführung gegeben werden können (Abb. 4.24). Liegen nur noch DNA-Fragmente mit einer Länge von weniger als 150 bp vor (z. B. bei formalinfixierten Präparaten), gelingt gewöhnlich auch die STR-Analyse genomischer DNA nicht mehr.

Von besonderem Interesse in der Forensik sind X- und Y-chromosomal lokalisierte STR-Systeme, mit denen ein kombinierter Geschlechts- und Identitätsnachweis möglich ist. Aufgrund der Tatsache, daß bei Y-chromosomal lokalisierten Systemen ein uniparentaler Erbgang vorliegt, werden vom Vater an alle männlichen Nachkommen einer Erblinie dieselbe Y-Merkmale vererbt, d. h. alle männlichen Verwandten tragen unabhängig vom Verwandtschaftsgrad oder der Generation die gleichen Y-Merkmale. Beim Einsatz dieser Y-Systeme in der Spurenanalyse, z. B. bei Sexualstraftaten, zeigt eine positive Analyse einen männlichen Mitverursacher der Spur in Mischproben (z. B. Vaginalsekret) an und gestattet eine Individualisierung von Spermien (Abb. 4.23). Um Fehlinterpretationen zu vermeiden (keine Amplifikation kann sowohl auf eine ungenügende Quantität/Qualität der DNA als auch

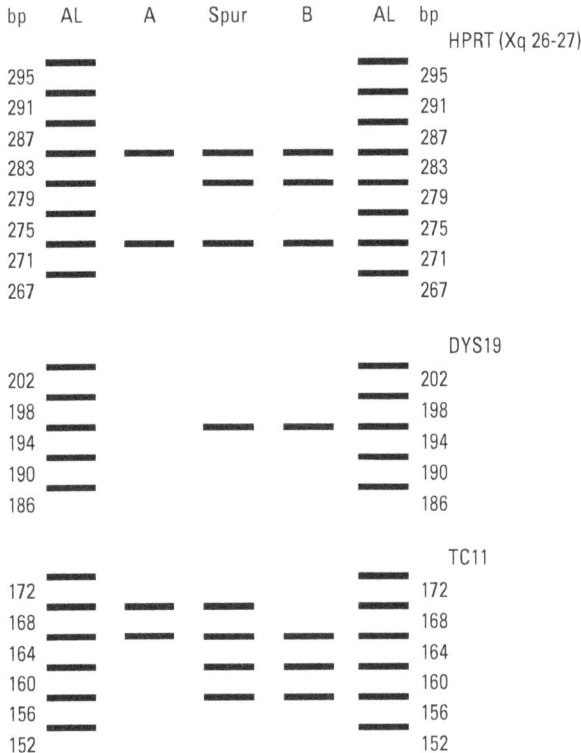

bp	AL	A	Spur	B	AL	bp
						HPRT (Xq 26-27)
295						295
291						291
287		▬				287
283			▬	▬		283
279						279
275		▬				275
271						271
267						267
						DYS19
202						202
198			▬	▬		198
194						194
190						190
186						186
						TC11
172						172
168		▬	▬			168
164		▬	▬	▬		164
160			▬	▬		160
156			▬			156
152						152

Abb. 4.23 Schematische Darstellung einer STR-Analyse in einem Spurenfall. Gleichzeitige Analyse von drei polymophen Loci. AL: Allel-Leiter mit Angabe der Fragmentlängen in bp, HPRT: X-chromosomales System, DYS19: Y-chromosomales System, TC11: autosomales System auf Chromosom 11. A: DNA des Opfers, Spur: DNA aus Spurenmaterial, B: DNA des Tatverdächtigen. Sowohl die Merkmale des Opfers als auch des Tatverdächtigen finden sich in der Spur wieder. Damit ist der Tatverdächtige als Mitverursacher der Spur nicht auszuschließen. Wie wahrscheinlich es ist, daß der Tatverdächtige B Mitverursacher der Spur ist, wird über eine statistische Auswertung ermittelt.

auf das Vorhandensein von nur weiblicher DNA hindeuten), werden parallel zu diesen Systemen X-chromosomale, aber auch autosomale Systeme eingesetzt (Abb. 4.23). Neben den genannten strafrechtlichen Anwendungen ist die Y- aber auch X-chromosomale STR-Analyse bei Defizienzfällen, genealogischen und historischen Fragestellungen indiziert.

4.2.5.4 Mitochondriale DNA-Analysen

Jede Zelle enthält ein diploides nukleäres Genom, metabolisch aktive Zellen besitzen aber bis zu 10.000 mitochondriale (mt) DNA-Moleküle (siehe Kap. 5.2). Damit ist bereits die wesentlich höhere Sensitivität der mtDNA-Analyse im Vergleich zur nu-

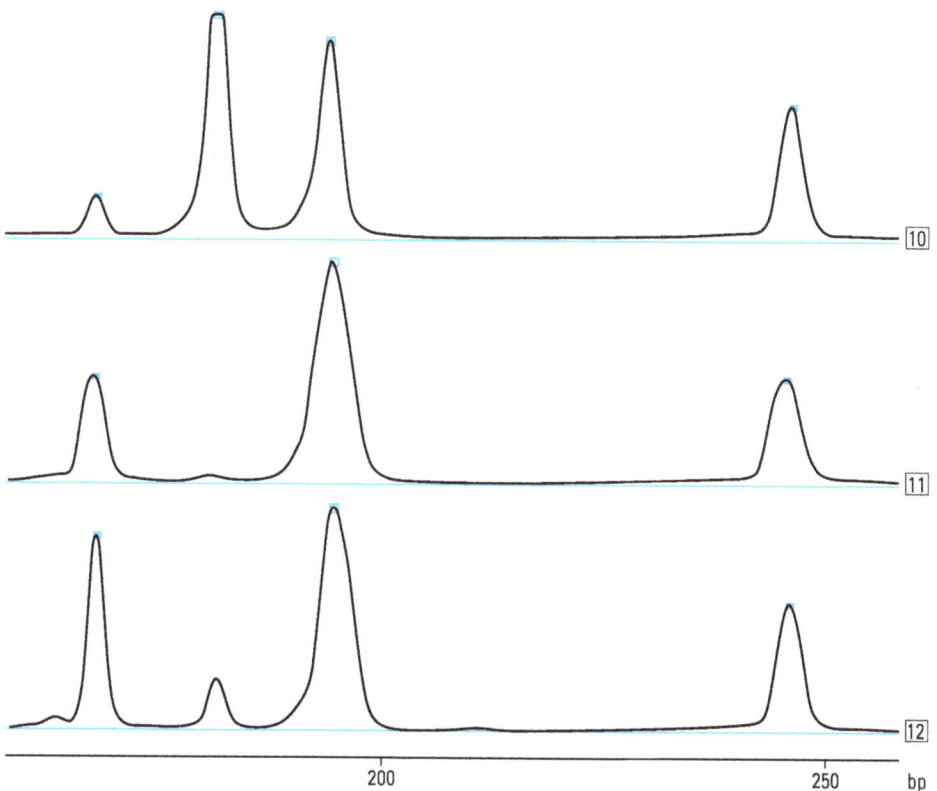

Abb. 4.24 Untersuchung des Chimärismus nach Knochenmark-Transplantation in einem STR-System. Automatisierte Analyse der Fluoreszenz-markierten PCR-Produkte. 10: DNA des Patienten vor Transplantation, 11: DNA des Spenders, 12: DNA des Patienten, 8 Wochen nach Transplantation, zusätzlich 10–12: DNA eines internen Standards. Die Fragmentlängen sind in bp angegeben. Die DNA des Patienten zeigt nach der Transplantation einen gemischten Chimärismus im Verhältnis 1 : 8 (Empfänger:Spender-DNA). Dieser gemischte Chimärismus konnte vor der klinischen Diagnose „Transplantatversagen" bzw. „Rezidiv" der Grunderkrankung beobachtet werden.

kleären Analyse erklärt (siehe Tab. 4.2.). So kommt die mtDNA-Analyse z. B. in der Forensik immer dann zum Einsatz, wenn alle anderen Verfahren nicht erfolgreich sind, wie bei exhumiertem Leichenmaterial, mumifizierten oder skelettierten Leichenteilen/-körpern. Darüber hinaus sind mtDNA-Analysen zur Rekonstruktion von Verwandtschaftsverhältnissen über mehrere Generationen nützlich, da mtDNA ausschließlich maternal vererbt wird. Prähistorische Proben ($\geq 10^6$ Jahre und älter) sind jedoch auch mit dieser Strategie praktisch nicht mehr analysierbar, und gelegentliche Berichte über erfolgreiche Analysen müssen insgesamt kritisch betrachtet werden.

4.3 Untersuchung von RNA

Will man über die molekulare Anatomie hinaus die Funktion von Genen untersuchen, so benötigt man Informationen über die Art und Menge der gebildeten RNA in einem bestimmten Gewebe. Die medizinisch relevanten Anwendungen der RNA-Analyse erstrecken sich zur Zeit auf Untersuchungen der Genphysiologie bzw. Pathophysiologie, auf die Diagnostik von RNA-Viren und auf die Expression pathogenetisch relevanter Gene etwa bei malignen Erkrankungen.

4.3.1 Northern Blotting

Das Prinzip des Northern Blotting unterscheidet sich nicht sehr von dem des Southern Blotting. Die Analogie dieser beiden Methoden drückt sich mit einem gewissen Humor auch in der Namensgebung aus. Ziel des Northern Blotting ist es, die Länge und auch die Menge einer RNA zu bestimmen, die Homologien mit einer bestimmten Gensonde aufweist.

Dazu wird die RNA zunächst aus dem Gewebe isoliert. Methodisch ist dies aufwendiger und störanfälliger als die Isolation von DNA. Dies liegt einmal daran, daß die einzelsträngige RNA in besonderem Maße nukleaseempfindlich ist. Das heißt, die Integrität des RNA-Moleküls wird durch eine einzige Hydrolyse einer Phosphodiesterbindung unmittelbar zerstört, während ein einzelsträngiger Bruch der DNA zunächst durch den intakten gegenüberliegenden Strang „geschient" wird. Weiterhin ist die Ribonuklease ein überaus stabiles Enzym und nur sehr schwer zu inaktivieren, während die Desoxyribonuklease sehr empfindlich ist.

Die isolierte RNA wird dann, ähnlich wie die verdaute DNA beim Southern Blotting, ihrer Größe nach elektrophoretisch aufgetrennt, nach kapillarem Transfer vom Gel auf einer mechanisch stabilen Membran fixiert, mit einer markierten Gensonde hybridisiert und nach stringentem Waschen autoradiographiert (Abb. 4.25). Das entstehende Signal gibt Aufschlüsse über die Länge und die Menge des Transkriptes in dem jeweiligen untersuchten Gewebe. Das Northern Blotting eignet sich somit als orientierende qualitative und quantitative Untersuchung der RNA-Expression. Für spezielle Anwendungen stehen spezifischere Methoden, wie der S1 Nuklease und der RNase Protektionsassay zur Verfügung, die hier allerdings nur mit ihrem Namen genannt sein sollen. Empfindlicher als der Northern Blot ist die im Folgenden beschriebene RT-PCR.

RNA-Extraktion

↓

denaturierende
Agarose-Gelelektrophorese

↓

Transfer auf eine
Nylonmembran

↓

Hybridisierung mit einer
spezifischen Gensonde

↓

stringentes Waschen und
Autoradiographie

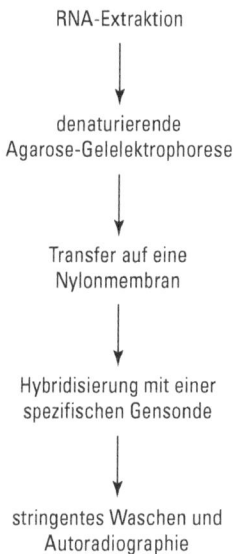

Abb. 4.25   Flußdiagramm des Northern Blotting.

4.3.2 RT-PCR

Wie der Northern Blot so erlaubt auch die RT-PCR (Reverse Transkription-PCR oder cDNA-PCR) den spezifischen Nachweis von mRNAs, deren Sequenz zumindest teilweise bekannt ist. Dabei ist die Methode aber um ein vielfaches sensitiver als der Northern Blot und ermöglicht den Nachweis einer distinkten mRNA unter 10^8 Molekülen. Ein weiterer Vorteil der RT-PCR liegt darin, daß die mRNA zum Nachweis in DNA umgeschrieben wird (siehe unten) und somit direkt sequenziert sowie subkloniert werden kann. Die Nachteile der RT-PCR gegenüber dem Northern Blotting liegen in der aufwendigen und letztlich weniger verläßlichen Quantifizierung und darin, daß sie keine absolute Größenangabe über das Transkript liefern kann.

In einem ersten Schritt wird mRNA in ein einzelsträngiges DNA-Molekül umgeschrieben, weshalb dieser Prozeß auch als Erststrangsynthese bezeichnet wird. Dieser Schritt gelingt mit einem ursprünglich aus Retroviren isolierten Enzym, der RNA-abhängigen DNA-Polymerase oder kurz Reversen Transkriptase. Die Reverse Transkriptase benötigt zur Initiierung der DNA-Synthese einen Primer, der als synthetisches Oligonukleotid vorgegeben wird. Durch die Wahl eines mRNA-spezifischen Primers gelingt dabei die reverse Transkription einer einzelnen mRNA-Spezies. Wird hingegen ein gegen den poly(A)-Schwanz gerichteter oligo-dT Primer gewählt, werden alle poly(A)-haltigen mRNAs in DNA umgeschrieben. Der DNA-Einzelstrang wird anschließend als Matrize in einer gewöhnlichen PCR-Reaktion (siehe Kap. 4.2.2) eingesetzt. Dabei wird im ersten Amplifizierungszyklus die „Zweitstrangsynthese" durchgeführt. Um sichergehen zu können, daß eine Amplifizierung der revers transkribierten mRNA und nicht von genomischen Sequenzen erfolgt ist, sollten die spezifischen Primer der PCR-Reaktion möglichst Intron/Exongrenzen überspannen. Eine mögliche Kontamination durch die Amplifizierung genomischer Sequenzen kann dann über das größere Amplifikat der genomischen DNA inklusive der in der mRNA nicht enthaltenen Introns nachgewiesen bzw. ausgeschlossen werden.

Die RT-PCR hat eine besondere Bedeutung beim Nachweis seltener Transkripte. In der klinischen Diagnostik wird sie zum Beispiel zum Nachweis pathologischer Transkripte eingesetzt, wie sie bei Translokationen in unterschiedlichen Tumoren gefunden werden (siehe Kap. 6.10, Abb. 6.7). Darüber hinaus ermöglicht die DNA als Produkt der RT-PCR-Reaktion auch eine direkte Mutationsanalyse transkribierter Gene. Diese kann entweder über Screening-Analysen wie SSCP und TGGE (siehe Kap. 4.2.3) oder die direkte Sequenzierung (siehe Kap. 4.2.4) erfolgen und findet in der Diagnostik häufige Anwendungen.

4.4 Transfektion von eukaryonten Zellen

Manche wichtige Aufschlüsse über die Funktion von Genprodukten bzw. über die Auswirkung spezifischer anatomischer DNA-Veränderungen kann man nur dann gewinnen, wenn rekombinante DNA in eukaryonten Fremdzellen wie kultivierten Zellinien oder Hefezellen zur Expression gebracht wird. Dazu gehören z. B. die Untersuchung der Genregulation mit der Identifikation von Steuerregionen, die Analyse der biochemischen Relevanz von Aminosäuresubstitutionen in pharmakologisch und auch physiologisch wichtigen Proteinen sowie Anwendungen in der Biotechnologie. In diesem Kapitel sollen einige methodische Prinzipien dieses experimentellen Ansatzes dargestellt werden. Eine Grundvoraussetzung für die Expression fremder Gene in einer eukaryonten Zelle ist es, die exogene DNA in die kultivierte Zelle einschleusen zu können (Abb. 4.26). Den Begriff der Transfektion hat man gewählt, um diesen Vorgang auch sprachlich von der Transformation prokaryonter Zellen abzugrenzen (siehe Kap. 4.1.1).

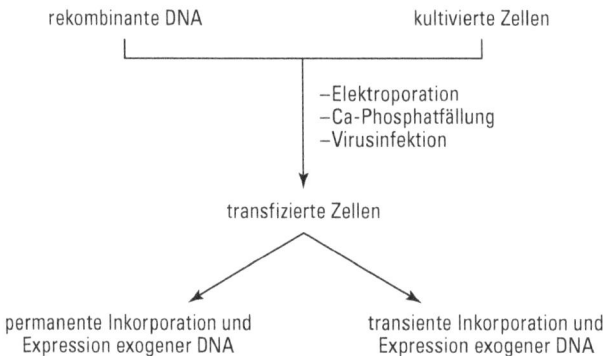

Abb. 4.26   Flußdiagramm der Expression exogener DNA nach Transfektion eukaryonter Zellen.

Grundsätzlich unterscheidet man nun zwischen einer transienten Transfektion einerseits, bei der die exogenen Gene nur für Stunden bis wenige Tage in der Zelle verbleiben und exprimiert werden und einer permanenten Transfektion andererseits, bei der die exogene DNA stabil in das Wirtsgenom integriert wird. Die Vorteile der Analyse transient inkorporierter und exprimierter exogener DNA liegen in der Kürze der benötigten Zeit sowie der leichten experimentellen Reproduzierbarkeit. Außerdem entfallen nicht kontrollierbare Einflüsse, die von benachbart liegender endogener DNA ausgehen. Allerdings sind transiente Expressionsexperimente unbrauchbar, wenn das Verhalten von Genen über längere Zeit beobachtet werden soll. Auch fehlt bei der transienten Inkorporation eine der genomischen DNA vergleichbare Einbindung von DNA in Chromatin, so daß sicher nicht alle Ebenen der Genregulation experimentell erfaßt werden können. Schließlich werden bei der transienten Transfektion in der Regel mehr als 10^4 Plasmidmoleküle von der Zelle aufgenommen, so daß es zu sehr hohen intrazellulären Konzentrationen des Genproduktes kommt. Dies hat zur Folge, daß die zelleigenen Mechanismen der Aktivitätskontrolle dieser Proteine nur sehr eingeschränkt greifen können und entsprechend kaum meßbar sind. Im Gegensatz dazu ist die stabile Integration von Vektoren ein seltenes Ereignis, so daß in der Regel nur wenige Kopien der Vektoren pro Zelle in das Genom integriert werden.

Eine permanente Transfektion setzt in aller Regel voraus, daß ein Selektionsmarker an die exogene DNA gekoppelt wird. Das Prinzip ist dem der antibiotischen Selektion im Rahmen der bakteriellen Transformation ähnlich (siehe Kap. 4.1.1). Ein häufig verwendeter Marker ist das Neomycin-Acetyl-Transferase Gen, dessen Aktivität eine eukaryonte Zelle gegen das Neomycinanalogon G418 resistent werden läßt. Wird die Kultur nun dem Selektionsdruck ausgesetzt, so überleben nur die Zellen, die den Selektionsmarker und die daran gekoppelte exogene DNA stabil inkorporiert haben. Die exogene DNA ist nach dem Selektionsvorgang in das Chromatin der Wirtszelle eingebaut und unterliegt damit auch physiologischen Regulationsmechanismen. Bisher verfügbare Standardmethoden führen allerdings zur zufällig im Genom verteilten Inkorporation und Zelltyp-unabhängigen Expression von Genen, so daß spezifische, nur lokal wirksame Regulationsebenen entweder nicht erfaßt werden oder unkontrolliert und unphysiologisch auf die exogene DNA wirken. In den letzten Jahren entwickelte Methoden zur gezielten Inkorporation exogener Gene an ihre physiologischen Stellen im Genom und die Zelltyp-spezifische Expression von Genen (gene targeting) sind geeignet, viele Nachteile zu überwinden und die exogene DNA den wesentlichen physiologischen Regulationsmechanismen der Wirtszelle zu unterwerfen. Eine häufig verwendete Entwicklung in diese Richtung ist das in Kapitel 4.9 beschriebene Cre/loxP System.

Wenn exogenes Material in eine eukaryonte Zelle eingebracht werden soll, dann stellt die Plasmamembran die entscheidende Barriere dar. Diese kann entweder durch Pino/Phagocytose oder auch durch eine transiente physikalische Schädigung überwunden werden. Methodisch sind heute je nach verwendetem Zelltyp eine der folgenden Verfahren der Transfektion am gebräuchlichsten. Bei der Kalzium-Phosphat Fällung wird die exogene DNA mit dem Salz co-präzipitiert. Man läßt das Präzipitat sich auf einer adhärent wachsenden Zellinie absetzen, woraufhin es von einem Teil der Zellen durch Phagocytose inkorporiert wird.

Die Elektroporation verwendet man vorzugsweise bei Zellinien, die mittels Kalzium-Phosphat Fällung nicht effizient transfektierbar sind. Dabei handelt es sich meist um in Suspension wachsende Zellen. Hier wird die Zellmembran durch einen Elektroschock subletal geschädigt, so daß das umgebende Medium samt darin gelöster DNA passiv in die Zellen eindringt. Nach kurzer Zeit kommt es dann zur Reparatur der Membrandefekte. Sowohl die Kalzium-Phosphat Fällung als auch die Elektroporation erreichen eine vom Zelltyp abhängige Transfektionseffizienz von 1–50 %, d. h. nur 1–50 von 100 tranzfizierten Zellen nehmen die exogene DNA auf. Dies reicht für viele experimentelle Fragestellungen aus, zumal sehr empfindliche Analysemethoden zur Verfügung stehen. Diese Effizienz ist jedoch unzureichend, wenn es darauf ankommt, möglichst alle angebotenen Zellen zu transfizieren. Dies ist z. B. bei Versuchen, einer *ex vivo* Gentherapie der Fall (siehe Kap. 8.2). Ein analoges Problem stellte sich bei der bakteriellen Transformation, bei der die passive Aufnahme von Plasmiden für einige Anwendungen nicht ausreicht. Dort macht man sich den aktiven Infektionsmechanismus von Bakteriophagen und hier den von adaptierten Viren zu Nutze. Diese erreichen auch als Rekombinante eine Transfektionseffizienz von nahe 100 %. Einschränkungen der Anwendbarkeit vieler Viren als Transfektionsvektoren ergeben sich aus theoretischen Erwägungen über ihre biologische Sicherheit und aus ihrer oft geringen Kapazität für exogene DNA. Dagegen hat das in der Biotechnologie oft verwendete Vakzinia Virus eine Kapazität von etwa 100 kb exogener DNA. Für viele Genexpressionsstudien ergibt sich allerdings das Problem, daß dieses Virus den Zellmetabolismus erheblich stört.

4.5 Proteinanalyse

Proteine sind insbesondere aufgrund ihrer enzymatischen Fähigkeiten eine einzigartige Molekülklasse, die im Gegensatz zur DNA zelluläre Funktionsabläufe direkt steuern und koordinieren können. So sind Deregulationen von Funktionsabläufen, wie sie in Kapitel 3 beschrieben worden sind, nahezu immer darauf zurückzuführen, daß bestimmte Proteine als Steuerelemente dieser Funktionsabläufe zu hoch, zu niedrig oder in ihrer Primärstruktur verändert exprimiert werden. Entsprechend sind Erkrankungen, die aus diesen fehlregulierten Funktionsabläufen resultieren im wesentlichen die Konsequenz nicht kompensierter, quantitativ oder qualitativ veränderter Proteinexpression.

Es wäre also folgerichtig, im Rahmen der Molekularen Medizin Proteine in ihrer Struktur und Funktion zu analysieren. Häufig sind die pathogenetisch relevanten Proteine jedoch nur gering exprimiert oder experimentell zum Beispiel aufgrund einer geringen Stabilität nur schwer zu handhaben. Auch sonst ist der technische Aufwand von Proteinanalysen oft groß und auf breiter Ebene kaum zu leisten. Wie in Kapitel 4.2 und 4.3 aber gezeigt, hat die Molekularbiologie im Sinne einer DNA/RNA-Wissenschaft der Molekularen Medizin Werkzeuge an die Hand gegeben, mit denen qualitative und vielfach auch quantitative Veränderung der Proteinexpression indirekt analysiert werden können.

Deshalb ist die Bedeutung der direkten Analyse von Proteinstruktur und -funktion in der Molekularen Medizin zur Zeit nur von untergeordneter Bedeutung. Hingegen ist sie für das Verständnis der Pathogenese neben DNA/RNA-Analysen unentbehrlich. Im Folgenden soll deshalb anhand ausgewählter Methoden auf Prinzipien der Proteinanalyse eingegangen werden.

4.5.1 Western Blotting (Immunoblotting)

Das Western Blotting (oder Immunoblotting) ist eine Methode, um ein einzelnes Protein in einem Proteingemisch nachzuweisen. Voraussetzung ist aber, daß ein Antikörper verfügbar ist, der dieses Protein spezifisch erkennen kann. Dieses Verfahren erlaubt eine semiquantitative Analyse und ermöglicht – solange die Antikörpererkennung des Proteins nicht beeinträchtigt ist – ebenfalls die Erkennung von signifikanten Größenveränderungen von Proteinen. Hingegen können Aminosäuresubstitutionen in aller Regel nicht erkannt werden. Abhängig von der Qualität des Antikörpers kann im Western Blot ein Protein identifiziert werden, welches lediglich 1/100.000 des Gesamtproteins eines Gemisches ausmacht.

In einem ersten Schritt werden Proteine (z. B. aus einem Zellextrakt) mit ionischen Detergenzien in Lösung gebracht. Das meistverwendete Detergenz, SDS, verleiht den Proteinen dabei eine stark negative Ladung. Dies ermöglicht die Auftrennung der Proteine mittels Polyacrylamid-Gelelektrophorese, in der die Proteine in Richtung Anode wandern und dabei entsprechend ihrer Größe separiert werden. Als nächstes erfolgt der Transfer (oder auch das Blotting) der aufgetrennten Proteine von dem Polyacrylamidgel auf eine Nitrozellulosemembran. Dabei wird die Membran direkt auf das Gel gelegt und hinter Gel und Nitrozellulosefilter zwei großflächige Elektroden angebracht. Unter abermals angelegter Spannung wandern die Proteine aus dem Gel auf die Membran. Da die Proteine sich nach dem Transfer auf der Oberfläche der Trägermembran befinden, sind sie während der folgenden Inkubation für die primären, das heißt, das Protein direkt erkennenden Antikörper, frei zugänglich. Diverse Block- und Waschschritte der Membran stellen sicher, daß die primären Antikörper lediglich mit dem spezifischen Zielprotein verbunden bleiben und nicht unspezifisch an andere Proteine oder an die Membran selbst binden. In diesem Zustand wird die Membran mit Sekundärantikörpern behandelt. Diese Antikörper erkennen die konstante Region von Immunglobulinen, also in diesem Falle die primären Antikörper auf der Membran. Diese Sekundärantikörper sind außerdem an ihrer eigenen konstanten Region an Reagenzien gekoppelt, die einen Chemolumineszenznachweis erlauben und somit nach kurzer Exposition auf einem Röntgenfilm eine distinkte Bande erkannt werden kann.

4.5.2 Immunpräzipitation

Die Immunpräzipitation beschreibt einen Vorgang, bei dem spezifische Proteinaggregate aus einem komplexen Gemisch von Proteinen über Zentrifugation isoliert werden können. Auch in diesem Falle werden Antikörper benötigt, die das Protein von Interesse spezifisch erkennen können. Der wesentliche Unterschied zwischen Western Blotting und Immunpräzipitation ist also, daß beim Western Blot ein Protein im Gemisch nachgewiesen und bei der Immunpräzipitation ein Protein aus einem Gemisch isoliert wird.

Wenn die Präzipitation der Proteine unter nicht-denaturierenden Bedingungen durchgeführt wird, kann das isolierte Protein anschließend für funktionelle Untersuchungen genutzt werden. Eine weitere Möglichkeit bei der Immunpräzipitation ist die Isolierung zusammenhängender Proteinkomplexe. Dabei erfolgt die Isolierung unter besonders schonenden Techniken, so daß nicht nur der Epitop-tragende Faktor selbst, sondern auch die mit diesem Faktor interagierenden Partnerproteine isoliert werden können (Immuncopräzipitation). Dies ist eine der besonders attraktiven Verwendungsmöglichkeiten, denn sie erlaubt, Proteinkomplexe aus Zellen zu isolieren, um ihre Zusammensetzung und/oder Funktion *in vitro* zu analysieren. Auf diese Weise gelang unter anderem die Isolierung des gesamten TFIID-Komplexes (s. Kap. 3.1.3) mit Antikörpern, die entweder gegen das TATA-Box bindende Protein oder das TAF250 Protein gerichtet waren. Dies ermöglichte die Untersuchung der an TFIID beteiligten Einzelfaktoren sowie die funktionelle Analyse des Komplexes durch *in vitro* Transkriptionsassays. Eine weitere wichtige Anwendungsmöglichkeit der Immunpräzipitation ist die Immundepletion. Bei dieser leicht abgewandelten Form der Methode wird der Antikörper kovalent an eine Säulenmatrix gebunden, so daß ein Proteinzellextrakt über diese Säule aufgereinigt werden kann. Von den Extrakten sollten lediglich die spezifisch von dem Antikörper gebundenen Proteine auf der Säule verbleiben und der um dieses Protein depletierte Restextrakt als Durchfluß gewonnen werden können. Diese Verwendung der Immunpräzipitation ermöglicht *in vitro* Analysen zur Notwendigkeit eines Proteins für bestimmte Vorgänge und die Rekonstitution depletierter Extrakte durch die Addition von rekombinanten Proteinen. Durch die Wiederherstellung einer durch die Depletion verlorenen Aktivität kann auf diese Weise der Funktionsnachweis von Proteinen gelingen und andererseits auch die Analyse von Proteinmutanten durchgeführt werden, die auf die funktionelle Ergänzung dieser depletierten Extrakte getestet werden können.

Im Folgenden soll das Prinzip der Immuncopräzipitation, also der Präzipitation von Proteinkomplexen, aus Zellen dargestellt werden (Abb. 4.27). Zuerst müssen die Zellen unter Bedingungen aufgeschlossen werden, welche die Stabilität der zu präzipitierenden Proteinkomplexe garantiert. Dies erfordert den weitgehenden Verzicht auf Detergenzien. Das Zelllysat wird dann mit dem spezifischen Antikörper inkubiert. Zur Isolierung (Präzipitation) der resultierenden Immunkomplexe aus dem Zelllysat macht man sich die Eigenschaft der bakteriellen Proteine A und G zu Nutze, die die konstante Region von Immunglobulinen mit hoher Affinität binden können. Diese Proteine können kovalent an mikroskopische Agarosekügelchen gekoppelt werden. Auf diese Weise gelingt es, die Immunkomplexe auf der Oberfläche der Agarosekügelchen zu konzentrieren und sie so durch Zentrifugation zu präzipitieren. Das weitere Vorgehen hängt davon ab, welche Fragen mit den isolierten Proteinkomplexen beantwortet werden sollen.

Der Nachweis von Interaktionspartnern des Epitop-tragenden Proteins kann über eine Western Blot-Analyse (siehe oben) nach denaturierender Proteingelelektrophorese erfolgen. Dies setzt natürlich voraus, daß die Interaktionspartner zumindest als Kandidaten bekannt sind. Unbekannte Proteinpartner können über unspezifische Proteinfärbemethoden zwar nicht identifiziert, so jedoch nachgewiesen werden. Stehen ausreichende Mengen des unbekannten Proteinpartners zur Verfügung, kann die Identifizierung über Proteinsequenzierung oder Massenspektrometrie durchgeführt werden. Die Kenntnis der Proteinsequenz (üblicherweise nur kurzer Fragmente

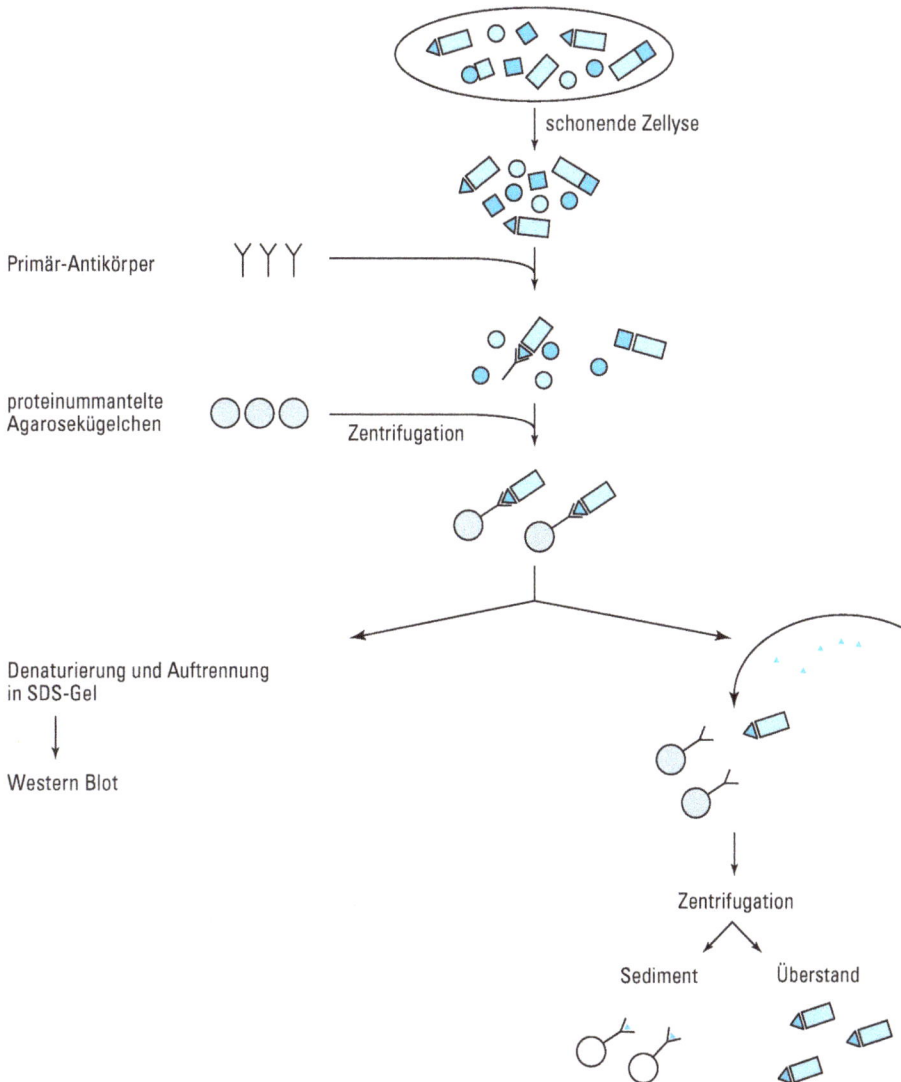

Abb. 4.27 Graphische Darstellung des Ablaufes einer Immunpräzipitation unter nicht denaturierenden Bedingungen. Gezeigt ist die Isolation von Proteindimeren über spezifische
Antikörper zu einem der Proteinpartner. Nach erfolgter Isolation können die immunpräzi-
pitierten Proteinkomplexe über Western Blot nachgewiesen und/oder funktionellen Analysen
zugeführt werden. Für weitere Erklärungen siehe Text.

des Gesamtproteins) kann nach Umkehrung des genetischen Codes (s. Kap. 3.4.2)
über die Verwendung geeigneter Sonden oder PCR-Primer (siehe Kap. 4.2.2) zur
Klonierung der cDNA dieser Proteine genutzt werden. Dabei muß festgestellt werden, daß aufgrund der Degeneration des genetischen Code eine gegebene Peptidsequenz in verschiedene DNA-Sequenzen rückübersetzt werden kann. Entsprechend
kann dieser Schritt bei der „reversen" Klonierung von Genen besonders aufwendig
und fehleranfällig sein.

Für den Fall, daß die präzipitierten Immunkomplexe in funktionellen Assays getestet werden sollen, muß der Proteinkomplex auf nicht denaturierende Weise von dem Antikörper getrennt werden. Die Kenntnis der Erkennungssequenz (Epitop) des Antikörpers erlaubt dabei die Trennung der Antikörper-Antigen Verbindung durch Zugabe Epitop-tragender, kompetitiver Peptide. Auf diese Weise kann der Antikörper über die Agarosekügelchen entfernt und der reine, lösliche Proteinkomplex für weitere Analysen gewonnen werden.

4.5.3 Gel Retardation Assay

Dieser Assay ist zugleich Nachweis- und Funktionstest für Proteine, die DNA oder RNA binden können. Umgekehrt ist es mit diesem Assay aber auch möglich, ein DNA- oder RNA-Fragment als Zielsequenz bekannter Regulatorproteine zu identifizieren, also primär eine qualitative Aussage über eine Nukleotidsequenz zu treffen. Der prinzipielle Ablauf dieser Methode soll hier am Beispiel DNA-bindender Faktoren erläutert werden (Abb. 4.28).

Der Assay basiert auf der Fähigkeit von DNA-Fragmenten, im elektrischen Feld durch ein nicht denaturierendes Polyacrylamidgel zu wandern. Die Wanderungsgeschwindigkeit und damit die Wanderungsstrecke nach gegebener Zeit hängt bei konstanter Spannung von der Größe des DNA-Fragmentes ab. Durch radioaktive Markierung der DNA kann das Fragment nach Exposition des Gels auf einem Röntgenfilm direkt sichtbar gemacht werden. Wird ein solches Fragment vor dem Gellauf mit einem Proteingemisch, z. B. zellulären Extrakten inkubiert, können sich die dieses Element erkennenden Proteine an die DNA binden. In der Regel liegt das DNA-Fragment im relativen Überschuß zu den in den Extrakten vorhandenen spezifischen Bindungsfaktoren vor. Das bedeutet, daß nur ein geringer Teil der DNA-Fragmente im Komplex mit dem gebundenen Protein vorliegt. Wird das gesamte DNA-Protein-Gemisch nun im Gel aufgetrennt, ergibt sich das in Abbildung 4.28 dargestellte Bild. Der Großteil der DNA-Fragmente wandert als ungebundene oder „freie" Sonde durch das Gel und kann am unteren Gelrand erkannt werden. Die von Proteinen gebundenen DNA-Fragmente hingegen wandern als DNA-Protein-Komplex durch das Gel und haben eine entsprechend niedrigere Laufgeschwindigkeit. Nach gegebener Zeit haben diese Komplexe eine geringere Strecke zurückgelegt als die freie Sonde. Die gebundene Sonde wird zurückgehalten (engl.: retarded probe) oder nach oben „bewegt" (engl.: shifted probe).

Dieser Basisassay erlaubt durch Kompetitionsansätze mit nicht-radioaktiv markierten DNA-Fragmenten die Vermessung der Bindungsspezifität und Bindungsaffinität. Über die zusätzliche Inkubation der DNA-Proteinkomplexe mit spezifischen Antikörpern kann ferner das DNA-bindende Protein identifiziert werden. Durch diesen Kunstgriff erfährt der retardierte Komplex im Gel eine weitere Verlangsamung seiner Wanderungsgeschwindigkeit (engl.: supershift). Bei dem Einsatz (über *in vitro* Mutagenese veränderter) rekombinanter Proteine kann außerdem eine funktionelle Charakterisierung von DNA-Bindungsdomänen in diesem Assay erfolgen. Ist das DNA-bindende Protein hingegen nicht bekannt, kann es über eine DNA-Affinitätssäule biochemisch aufgereinigt werden, indem das DNA-Fragment auf einer Säulenmatrix immobilisiert wird. Die derartige Isolierung von DNA-Bindungsproteinen

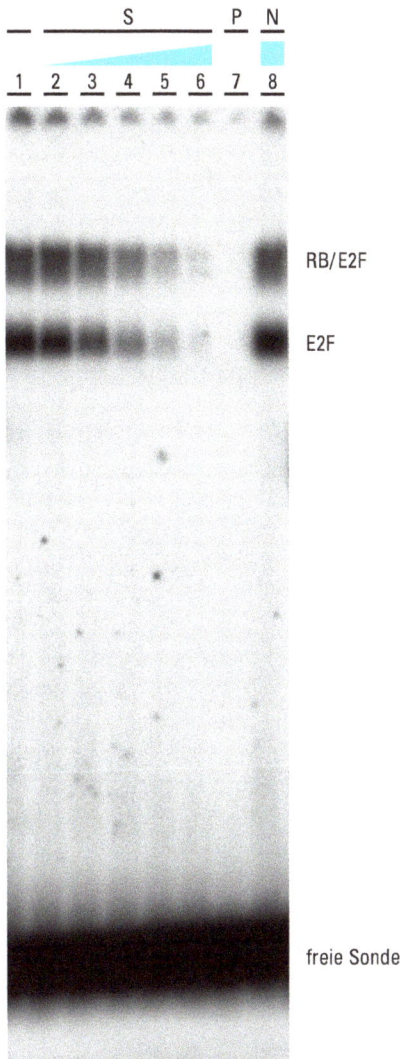

Abb. 4.28 Gel Retardation Assay einer E2F-Bindungsstelle. Eine radioaktiv markierte Son-de, die die DNA-Bindungsstele (TTTCCCGCG) des Transkriptionsfaktors E2F enthält, wurde mit Ganzzellextrakten inkubiert und resultierende DNA-Proteinkomplexe auf einem nicht denaturierenden Polyacrylamidgel aufgetrennt. In Spur 1 kann der E2F-DNA Komplex (E2F) als retardiertes Signal identifiziert werden. Da ein Teil der zellulären E2F-Aktivität im Komplex mit dem Retinoblastomprotein vorliegt, kommt dieser höhergradige DNA-Proteinkomplex (RB/E2F) als noch stärker retardiertes Signal zur Darstellung. Inkubation der Sonde in Puffer ohne Proteinextrakt führt hingegen nicht zu einem retardierten Signal (Spur 7, P). Ansteigende Konzentrationen der nicht radioaktiv markierten Sonde mit E2F-Bindungsstelle (spezifischer Kompetitor, S, Spur 2–6) in dem Inkubationsgemisch führen zu einem konstant abnehmenden E2F und RB/E2F Signal. Hingegen können selbst hohe Konzentrationen einer nicht mar-kierten Sonde ohne E2F-Bindungsstelle (nicht-spezifischer Kompetitor, N, Spur 8) keines der retardierten Signale abschwächen.

kann, wie oben schon für die Immunpräzipitation beschrieben, über die Sequenzinformation des Proteins zur Klonierung der kodierenden cDNA genutzt werden.

4.5.4 Yeast Two Hybrid System

Das Yeast Two Hybrid System ist ursprünglich als Methode entwickelt worden, um die Interaktionsfähigkeit zweier Proteine in Hefezellen zu bestimmen. Die Eleganz dieser Methode liegt erstens darin, daß die Proteininteraktion in einem kompetitiven zellulären Milieu *in vivo* stattfindet. Zweitens werden nicht die Proteine selbst gehandhabt, sondern ihre cDNAs in Expressionsvektoren (siehe Kap. 4.1.1) in die Zellen eingeschleust und die Proteininteraktion erst nach erfolgter Genexpression in den Zellen analysiert. Drittens kann die Proteininteraktion über einen enzymatischen Assay bequem und schnell abgelesen werden.

Das Yeast Two Hybrid Systems baut auf dem modulären Charakter von Transkriptionsfaktoren auf (s. Kap. 3.1.2.3). Die DNA-bindende und die aktivierende Domäne eines Transkriptionsfaktorkomplexes muß also nicht notwendigerweise auf einem Molekül angeordnet sein, solange die beiden Domänen über eine Proteininteraktion miteinander verbunden sind. Diese Proteininteraktion wird im Yeast Two Hybrid System nachgewiesen, indem es zur Expression eines stabil im Hefegenom integrierten *lacZ-Gens* kommt, welche durch einen colorimetrischen Assay erfaßt werden kann (Abb. 4.29 a). Die Expression dieses artifiziell in die Hefen gebrachten *lacZ*-Gens ist streng von der Aktivität des LEX A Transkriptionsfaktors abhängig. Dieser Faktor besitzt eine DNA-Bindungsdomäne und eine Aktivierungsdomäne und ist in diesem Sinne ein klassischer Transkriptionsfaktor. Im Yeast Two Hybrid System sind diese Domänen durch einen Kunstgriff auf zwei unterschiedlichen Proteinen angesiedelt. Die somit völlig unabhängigen Domänen werden dann jeweils mit einem der beiden Testproteine in Hybridkonstrukten fusioniert. Dabei wird die cDNA der LEX A-DNA-Bindungsdomäne mit der cDNA eines der zu untersuchenden Proteinpartner fusioniert. Die Aktivierungsdomäne wird durch die des potenten Aktivators VP16 ersetzt und ihre cDNA an die cDNA des zweiten Proteinbindungspartners fusioniert. Die Aktivierung des *lacZ*-Gens hängt jetzt davon ab, ob die an die DNA-Bindungs- bzw. Aktivierungsdomäne fusionierten Proteine miteinander interagieren können und somit nach der künstlichen Trennung der beiden Transkriptionsfaktordomänen ihre Funktionalität über eine Proteinbrückenbildung wieder hergestellt werden kann. Demnach wird im Yeast Two Hybrid Assay eine Proteininteraktion als transkriptionale Aktivierung des lacZ-Gens bestimmt.

Im Yeast Two Hybrid Klonierungssytem ist die cDNA des Proteins, für das ein neuer Interaktionspartner gesucht wird, mit derjenigen der LEX A DNA-Bindungsdomäne fusioniert. In den Vektor, der die VP16 Aktivierungsdomäne trägt, wird jedoch anstelle einer bekannten cDNA eine cDNA-Bibliothek kloniert (Abb. 4.29 b). Nach der oben beschriebenen Funktionsweise des Systems sollte es nur dann zur Aktivierung des *lacZ*-Gens kommen, wenn von mindestens einem cDNA-Klon aus der Bibliothek ein Bindungspartner des LEX A-Fusionsproteins kodiert wird. Das LEX A-Fusionsprotein wird deshalb auch als Köder (engl.: bait) bezeichnet.

Dieses System konnte in den vergangenen Jahren zur Klonierung einer Vielzahl medizinisch relevanter Faktoren genutzt werden. Trotzdem muß angemerkt werden,

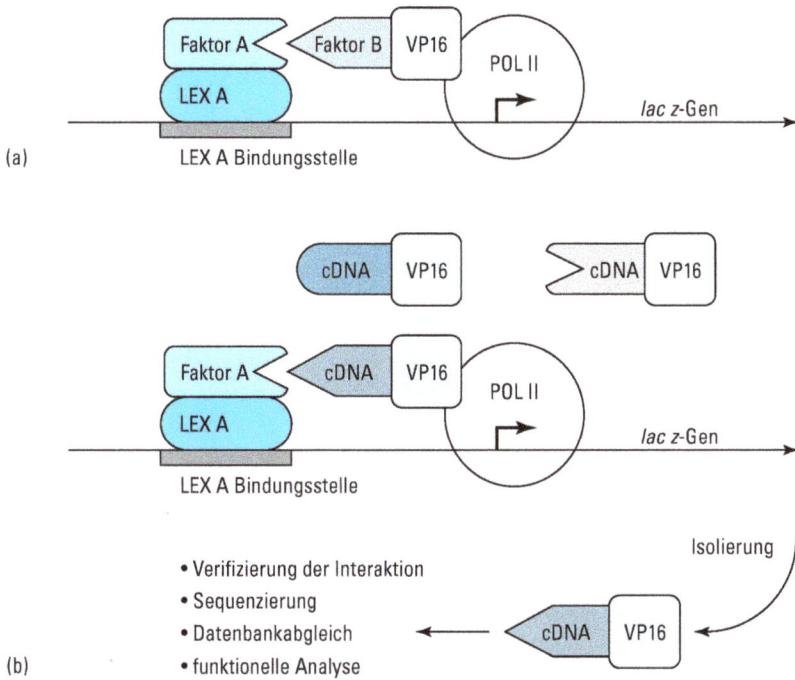

Abb. 4.29 Graphische Darstellung des Yeast Two Hybrid Systems. Diese Methode erlaubt den direkten Nachweis einer Protein-Protein-Interaktion unter *in vivo* Bedingungen (a). Dabei werden die beiden zu testenden Partnerfaktoren (Faktor A und B) als Fusionsproteine mit der LEX A DNA-Bindungsdomäne bzw. der VP16 Aktivierungsdomäne in Hefen exprimiert. Die Hefen besitzen ferner ein stabil in ihr Genom integriertes Reporterkonstrukt. Die Steuerregion des Reportergens ist so modifiziert, daß das nachgeschaltete *lacZ*-Gen nur dann transkribiert werden kann, wenn die Expression über die Lex A-Bindungsstelle aktiviert wird. Entsprechend erfolgt die Transkription nur in Gegenwart einer stabilen Protein-Wechselwirkung zwischen Faktor A und B, die die LEX A-DNA-Bindungsdomäne indirekt mit der VP16-Aktivierungdomäne verbindet. Der Nachweis der *lacZ*-Expression erfolgt über einen colorimetrischen Assay, der zu einer Blaufärbung von entsprechenden Hefekolonien führt. Wird der Genabschnitt der VP16 Aktivierungsdomäne mit einer komplexen cDNA-Bibliothek fusioniert, so kann das System zur identifizierung neuer Interaktionspartner von bekannten Proteinen (hier Faktor A) benutzt werden (b).

daß das System besonders anfällig für falsch positive Ergebnisse ist und die funktionelle Signifikanz einer jeden gefundenen Proteininteraktion detailliert analysiert werden muß.

4.6 Strategien zur DNA-Klonierung

Die Isolierung und Klonierung von Genen ist in vielen Fällen eine Voraussetzung für ihre detaillierte, vor allem funktionelle Charakterisierung. Die damit zusammenhängende analytische Schwierigkeit soll anhand eines Rechenbeispiels erläutert werden: Das haploide menschliche Genom enthält ca. 3×10^9 bp. Ein durchschnittliches Protein mit 500 Aminosäuren benötigt 1500 bp kodierender DNA. Inklusive Introns (siehe Kap. 2.2.1) sind die meisten Gene zwar erheblich größer, machen aber meist dennoch nicht viel mehr als einige Millionstel der gesamten zellulären DNA aus. Aus 20 ml Blut mit ca. 5000/µl kernhaltigen Zellen, die jeweils ca. 3 pg DNA enthalten, lassen sich insgesamt etwa 300 µg DNA isolieren. Diese DNA Menge enthält aber nur 0,6 ng eines Gens mit einer hypothetischen 3000 bp langen spezifischen Sequenz. Für die Untersuchung von spezifischen Genen ist es daher nötig, ihre DNA aus dieser unübersichtlichen Komplexität des Genoms zu isolieren. Darüber hinaus erfordern viele analytische Methoden isolierte DNA in Mikrogramm Mengen. Es ist also außerdem nötig, die isolierte DNA zu vervielfältigen. Sowohl die Isolierung als auch die Vervielfältigung gelingen über den Umweg der Einschleusung eukaryonter, z. B. menschlicher DNA-Fragmente in Bakterien. Die moderne Molekulargenetik profitierte insbesondere von zwei methodologischen Durchbrüchen. Der eine bestand in der Möglichkeit, fremde DNA stabil in *E. coli* inkorporieren zu können. Als *Terminus technicus* hat sich dafür der Begriff der bakteriellen Transformation durchgesetzt (siehe Kap. 4.1.1), obwohl dieser Vorgang mit der malignen Wachstumstransformation eukaryonter Zellen nur wenig gemein hat. Der andere Fortschritt ergab sich aus der Entdeckung von Restriktionsendonukleasen (siehe Kap. 4.1.3) und der DNA-Ligase, mit denen DNA-Moleküle an definierten Stellen geschnitten bzw. wieder zusammengefügt werden können.

Das geeignete Verfahren zur DNA-Klonierung richtet sich wesentlich nach der gesuchten Zielsequenz. So erfordert die Isolierung des Gens eines bekannten Proteins eine andere Strategie als etwa die Suche nach einem Gen, das für eine Erkrankung mit unbekanntem biochemischen Defekt verantwortlich ist (siehe Kap. 4.7). Es gibt zwei grundsätzlich verschiedene Ansätze zur Klonierung von DNA bzw. von Genen. Der eine geht von der mRNA eines bestimmten Zelltyps aus und zielt so auf die Klonierung der dort exprimierten Gene. Der zweite startet mit der gesamten genomischen DNA und bezweckt die Klonierung von DNA-Fragmenten ohne Rücksicht auf ihre Expression. Im Folgenden sollen einige gedankliche und methodische Prinzipien dieser häufig verwendeten Strategien der DNA-Klonierung erläutert werden.

4.6.1 cDNA

Bei der cDNA-Klonierung wird eine Kopie der mRNA des Zielgens kloniert (Abb. 4.30). Die Rekombinante enthält also nur die kodierenden sowie die 5'- und 3'- nicht-translatierten Sequenzen, aber keine Introns. Die cDNA-Sequenz erlaubt daher eindeutige Rückschlüsse auf die Primärstruktur des kodierten Peptids und davon abgeleitet auch eventuell Rückschlüsse auf die Sekundärstruktur und Funktion des Proteins. Die cytoplasmatische mRNA wird mittels Reverser Transkriptase *in vitro* in komplementäre DNA (cDNA) überschrieben. Es handelt sich bei der Reversen Transkriptase um ein retrovirales Enzym, das die umgekehrte Transkription der RNA zu DNA katalysiert (siehe Kap. 7.2). Bei der reversen Transkription von mRNA entsteht also zunächst ein mRNA/DNA Hybrid, das an seinem 3'-RNA/ 5'-DNA-Ende einen Poly-Ribo-A/Poly-desoxy-T Schwanz enthält. Durch Verdau

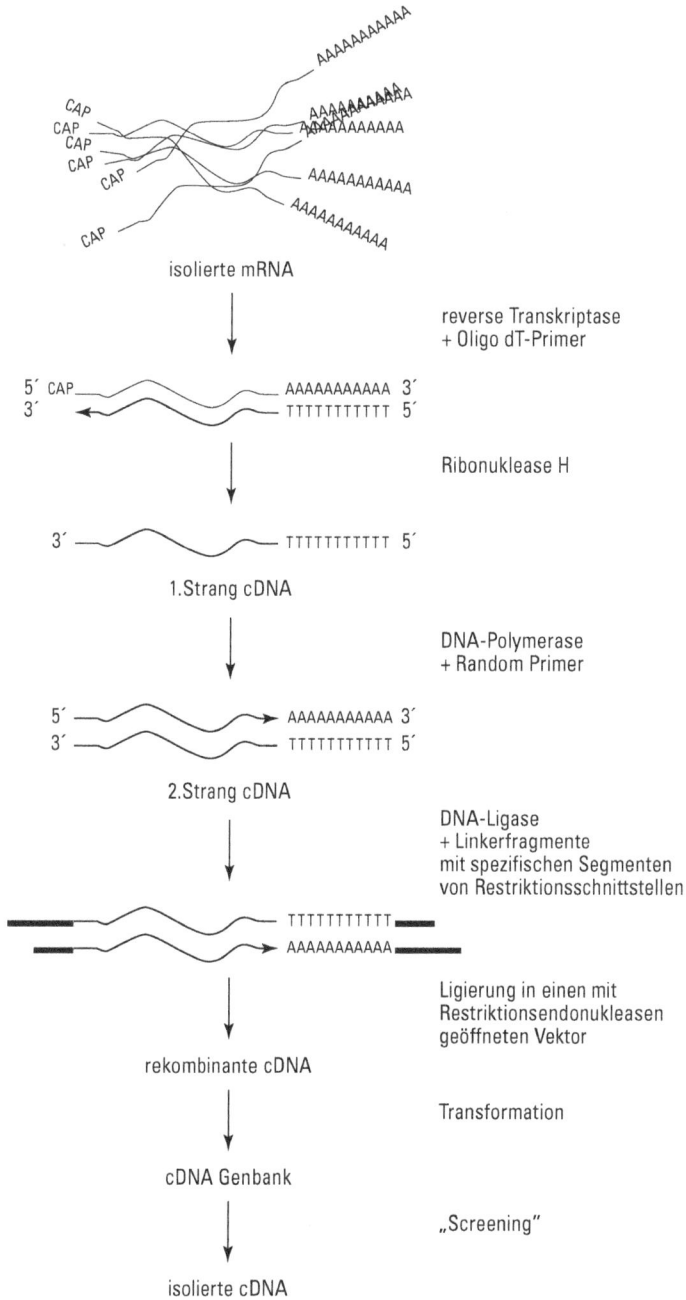

Abb. 4.30 Schematische Darstellung der cDNA-Klonierung.

mit RNA-spezifischen Ribonukleasen (RNasen) wird der RNA-Strang abgebaut. Daraufhin wird mittels DNA-Polymerase ein doppelsträngiges cDNA-Molekül synthetisiert. An die Enden des Moleküls ligiert man dann ein kurzes synthetisches sogenanntes Linkerfragment, das eine definierte Restriktionsstelle enthält. Die so vorbereitete cDNA kann nun in einen geeigneten Vektor, meist einen Bakteriophagen gesetzt und zur Transformation von Bakterien benutzt werden (siehe Kap. 4.1.1). So entsteht eine Population klonierter cDNA Moleküle, eine cDNA Genbank (cDNA library), die in ihrer Komplexität in etwa der der Genexpression des Ausgangsgewebes entspricht. Zur Identifikation des gewünschten cDNA Klons benötigt man eine charakteristische Gensonde. Dies können synthetische Oligonukleotide sein, die man entsprechend einer zumindest teilweise bekannten Aminosäuresequenz des kodierten Proteins synthetisiert hat. Dabei ist zu beachten, daß der degenerierte genetische Code nur eingeschränkt umkehrbar ist (siehe Kap. 3.4.2) und die Oligonukleotide daher sorgfältig ausgewählt werden müssen. Bei Verwendung von Expressionsvektoren (siehe Kap. 4.1.1) kommen auch spezifische Antikörper als Sonde in Frage. Außerdem kann aus der cDNA die Aminosäuresequenz des kodierten Proteins direkt abgeleitet werden, da sie im Gegensatz zur genomischen DNA keine Introns enthält. Zu bedenken ist allerdings, daß die cDNA in dieser Form nicht im menschlichen Genom vorkommt und die Steuerregionen eines Gens nicht enthält. Zur Klonierung des genomischen Gens kann die cDNA jedoch gut als Sonde benutzt werden.

4.6.2 Genomische DNA

Bei einer Reihe von Anwendungen ist es entweder nötig oder sinnvoll, sich nicht auf die Analyse kodierender DNA bzw. von cDNA zu beschränken. So finden sich physiologische Regulationselemente oder pathogenetisch relevante Mutationen häufig in den Introns oder in den 5'- und 3'- flankierenden, nicht transkribierten Sequenzen. Außerdem stammen viele der gegenwärtig für die positionelle Klonierung (siehe Kap. 4.7) benutzten DNA-Sonden aus intergenen Bereichen des Genoms. Für die Klonierung von genomischer DNA braucht man daher anderes Ausgangsma-

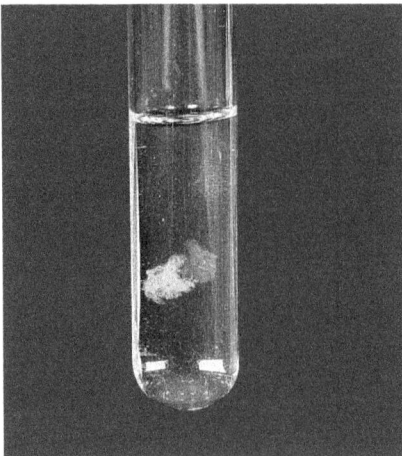

Abb. 4.31   Gefällte genomische DNA in Äthanol.

terial als für die cDNA-Klonierung. Ziel ist es hier, das gesamte oder einen definierten Teil des Genoms, ungeachtet von dessen Expression in einer Genbank anzulegen und die gewünschten Sequenzen zu identifizieren und zu isolieren.

Als Ausgangsmaterial dient genomische DNA, die prinzipiell aus einem beliebigen Gewebe in möglichst hochmolekularer Form gewonnen wird. Dazu werden die Zellen zunächst mit einem Detergenz lysiert, die Proteine dann mit einer Proteinase und die RNA mit einer RNase verdaut und die aliphatischen Bestandteile mit organischen Lösungsmitteln extrahiert. Der DNA wird durch Salz und Alkohol ihr Lösungswasser entzogen und so gefällt (Abb. 4.31).

Vektoren zur DNA-Klonierung können nur begrenzte Mengen exogener DNA aufnehmen (Abb. 4.1). Die genomische DNA muß daher in Fragmente einer auf den Vektor angepaßten Länge zerlegt werden. Dies kann am besten durch einen partiellen Verdau mit einem häufig schneidenden Restriktionsenzym erreicht werden. Der Vorteil dieses Vorgehens besteht gegenüber einer vollständigen Spaltung mit einem seltener schneidenden Enzym darin, daß eine Population von sich überschneidenden DNA-Fragmenten entsteht. Ein solcher partieller Restriktionsansatz muß allerdings so kontrolliert werden, daß hauptsächlich DNA Fragmente der gewünschten Größe entstehen, die mit dem gewählten Vektor ligiert und zur Transformation benutzt werden. Eine Genbank, d. h. die Gesamtheit aller rekombinanten Klone, die das gesamte diploide Genom von etwa 6×10^9 bp beispielsweise in einem Cosmidvektor repräsentieren soll, muß also rechnerisch $1,5 \times 10^5$ Rekombinanten mit 40 kb exogener DNA enthalten. Erfahrungsgemäß benötigt man für eine sicher repräsentative Genbank allerdings etwa zwei- bis dreimal soviele Rekombinanten bzw. transformierte *E. coli* Klone. Zur Identifikation des gewünschten Fragmentes kann meist die zugehörige cDNA oder manchmal eine bekannte Sequenz in der unmittelbaren Nachbarschaft benutzt werden (Abb. 4.32, Abb. 4.33).

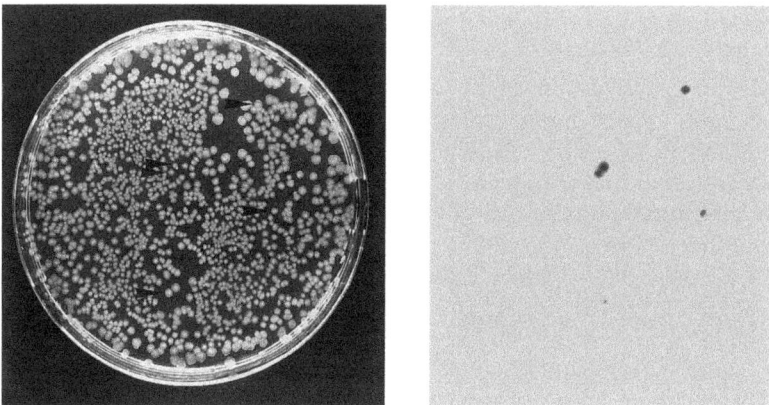

Abb. 4.32 Foto einer Agarplatte mit Bakterienkolonien als Teil einer Genbank (a). Autoradiographie nach Screening der Genbank mit einer Gensonde. Die gesuchten Klone werden nach spezifischer Hybridisierung und stringentem Waschen durch Schwärzung des Röntgenfilms lokalisiert (b). Die Pfeilspitzen zeigen die Position der gesuchten Klone auf der Agarplatte an.

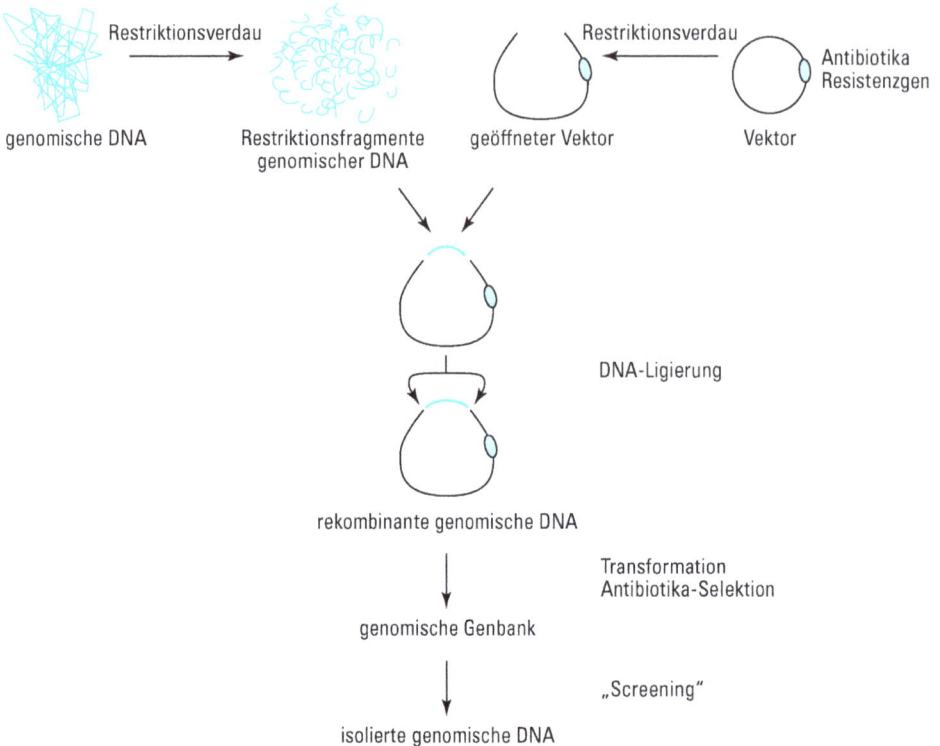

Abb. 4.33   Schematische Darstellung der Klonierung genomischer DNA.

Zur Produktion von Gensonden als genetische Marker ist es oft wünschenswert, DNA bestimmter Chromosomen zu klonieren. Dazu kann man Genbanken aus Mensch/Maus Hybridzellinien mit einzelnen erhaltenen menschlichen Chromosomen herstellen. Bei Verwendung von human-spezifischen repetitiven DNA-Elementen oder auch totaler menschlicher DNA als Gensonde lassen sich die Rekombinanten mit menschlicher exogener DNA von denen mit Maus-DNA differenzieren. Andere Strategien zur Klonierung genomischer DNA-Fragmente bestimmter Chromosomen oder auch spezifischer Abschnitte von Chromosomen verwenden als Ausgangsmaterial Fluoreszenz-sortierte Chromosomenpräparationen, die für ein definiertes Chromosom angereichert sind oder auch mikrodissektierte, einzelne Chromosomenabschnitte als Ausgangs-DNA.

4.6.2.1 Chromosome walking und jumping

Bei der Analyse kompexer Genloci ist es oft nötig, größere DNA-Abschnitte zu charakterisieren, als ein einzelnes rekombinantes Cosmid aufnehmen kann. So sind große Gene, wie etwa das Gen für den Gerinnungsfaktor VIII, für das Dystrophin oder für das Apolipoprotein B einige hundert oder mehr als tausend kb lang. In

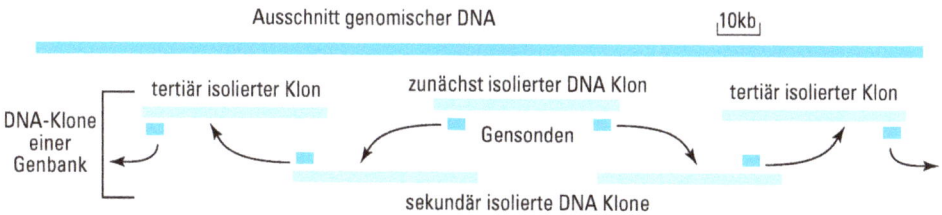

Abb. 4.34 Schematische Darstellung des chromosome walking. Ausgehend von einem zunächst isolierten DNA-Klon wird aus einer genomischen Genbank ein größerer, zusammenhängender Ausschnitt der genomischen DNA (contig) in Form von überlappenden rekombinanten Fragmenten isoliert und charakterisiert.

diesen Fällen ermöglicht die Strategie des sogenannten „chromosome walking" eine Klonierung zusammenhängender genomischer DNA (Abb. 4.34).

Als Ausgangspunkt benötigt man ein rekombinantes Cosmid oder Bakteriophagen, der beispielsweise mit einer cDNA des untersuchten Gens als Sonde aus einer genomischen Genbank isoliert wurde. Das chromosome walking erlaubt nun, überlappende Klone auf beiden Seiten des Ausgangsklons zu isolieren. Dazu sucht man in dem vorliegenden Klon nach single copy Sequenzen, die dann als Sonde für einen erneuten Zugang in die Genbank dienen. Die Beschränkung auf single copy Sequenzen als Sonde ist wichtig, weil Fragmente mit repetitiven Sequenzen Klone mit sehr unterschiedlicher genomischer Lokalisation erkennen würden. Die Identifizierung repetitiver Sequenzen in einer Rekombinante kann durch eine Southern Blot-Analyse erfolgen, bei der ein kloniertes repetitives Element als Sonde dient. Fragmente mit ausschließlich single copy Sequenzen hybridisieren mit dieser Sonde nicht und geben somit kein Signal. Diese nicht Signal-gebenden Fragmente werden dann isoliert und als Sonde benutzt. Das Ausmaß der Überlappung zwischen dem alten und den neu isolierten Klonen läßt sich durch Restriktionsverdau der verschiedenen Rekombinanten abschätzen.

Wiederholungen dieses Schrittes des chromosome walking führen zur Klonierung einer sich nach beiden Seiten des Ausgangsklons ausdehnenden zusammenhängenden Region genomischer DNA, eines sog. Contigs. Auf diese Weise können somit auch größere Gene mitsamt Introns und nicht transkribierten Regulationselementen vollständig kloniert werden.

Mit jedem Schritt des chromosome walkings, die jeweils intensive Laborarbeit erfordern, bewegt man sich maximal 40 kb auf dem Chromosom vorwärts. Bei einigen Anwendungen, wie etwa bei der Positionsklonierung (siehe Kap. 4.7), müssen unter Umständen einige hundert kb überwunden werden, um von einem Genmarker zum Gen selbst zu kommen. In diesen Fällen ist das chromosome walking schon wegen seiner geringen Geschwindigkeit eine nur schwerlich praktikable Strategie. Außerdem enthält das menschliche Genom Sequenzen, die aus unterschiedlichen Gründen nicht klonierbar sind. Solche Sequenzen können einen chromosome walk durchaus stoppen und eine Charakterisierung der DNA jenseits einer solchen Region verhindern. Beide Probleme löst die technisch allerdings sehr anspruchsvolle Strategie des „chromosome jumpings" (Abb. 4.35).

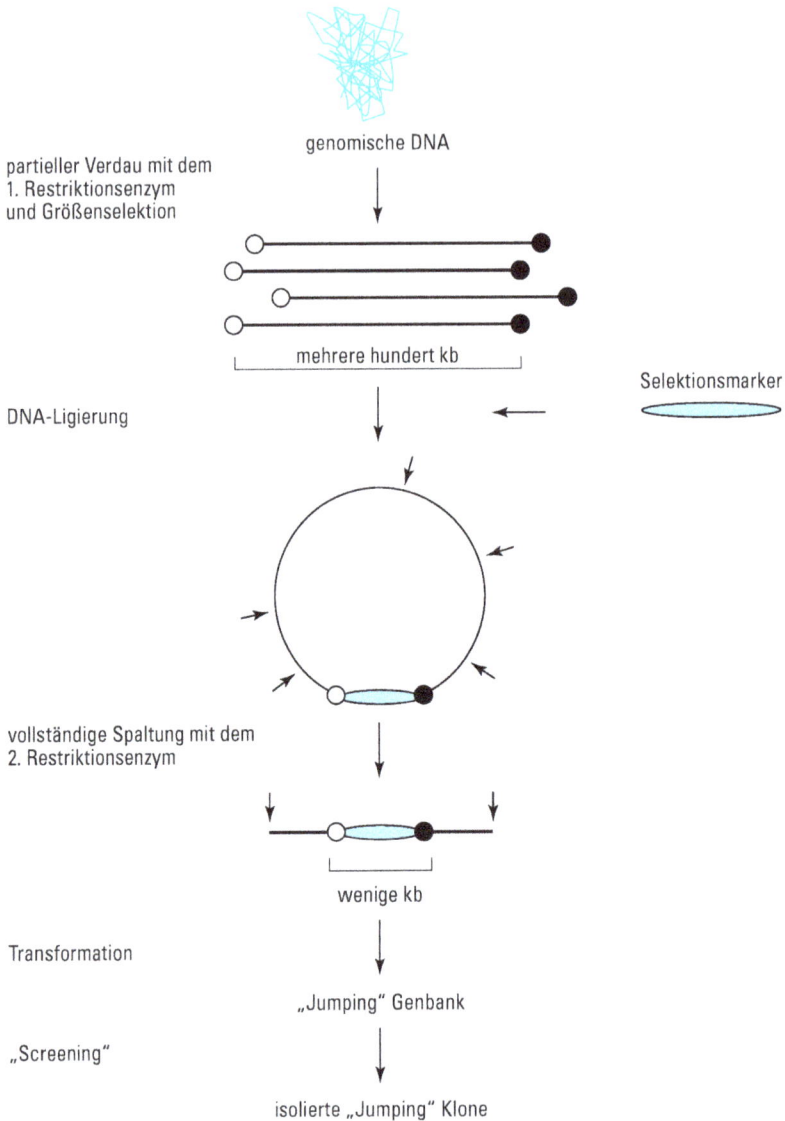

genomische DNA

partieller Verdau mit dem
1. Restriktionsenzym
und Größenselektion

mehrere hundert kb

Selektionsmarker

DNA-Ligierung

vollständige Spaltung mit dem
2. Restriktionsenzym

wenige kb

Transformation

„Jumping" Genbank

„Screening"

isolierte „Jumping" Klone

Abb. 4.35 Schematische Darstellung des chromosome jumping. Nach partiellem Restriktionsverdau entstehen mehrere hundert kb große DNA-Fragmente, die unter Einschluß eines Selektionsmarkers zunächst zirkularisiert werden. In einem zweiten Schritt wird ein wenige kb großes DNA-Fragment kloniert, das neben dem Selektionsmarker Sequenzen enthält, die im Genom einige hundert kb voneinander entfernt auf demselben Chromosom liegen. Die zwischen ihnen liegende DNA wird dabei „übersprungen".

Dabei werden lange genomische DNA-Fragmente von beispielsweise 150 kb, die entweder durch einen partiellen Verdau mit einem häufig schneidenden oder durch vollständige Spaltung mit einem selten schneidenden Restriktionsenzym entstanden sind mit einem bakteriellen Selektionsmarker ligiert. Dann werden die Enden des rekombinanten Moleküls miteinander verbunden. Dadurch entsteht ein ringförmiges DNA-Molekül, in dem in der genomischen DNA weit voneinander entfernt liegende Sequenzen eng benachbart und nur durch den Selektionsmarker voneinander getrennt sind. Im nächsten Schritt wird der DNA-Ring mit einem zweiten Restriktionsenzym geschnitten und die entstehenden Fragmente in einen Vektor ligiert. Zur Transformation kommt es nur durch die Aufnahme der Moleküle mit dem Selektionsmarker. Die entstehende Genbank enthält also Rekombinanten, deren exogene Sequenzen in der genomischen DNA weit voneinander entfernt aber auf dem selben Chromosom liegende DNA enthalten. Ausgehend von einer bekannten Sequenz kann man so in der weiteren Nachbarschaft liegende Fragmente isolieren, kartieren und charakterisieren.

Mit dem chromosome jumping erreicht man somit eine höhere Geschwindigkeit der Charakterisierung größerer Abschnitte eines Chromosoms und kann darüber hinaus nicht klonierbare Sequenzen überspringen. Durch chromosome jumping isolierte Klone können weiterhin als Startpunkte für ein chromosome walking auf der benachbarten DNA dienen. Als wohl bisher wichtigste medizinische Anwendung gelang durch eine Kombination von chromosome walking und jumping die Identifikation des Gendefektes bei der Mukoviszidose.

4.7 Genkartierung und Genidentifizierung

Die molekulare Analyse des menschlichen Genoms ist im letzten Jahrzehnt zu einem essentiellen Bestandteil der medizinischen Forschung und Diagnostik geworden. Erst durch die Aufklärung der molekularen Pathologie hereditärer und erworbener Erkrankungen konnte in vielen Fällen ein Verständnis der grundlegenden Pathogenese erreicht werden. In einigen Fällen war dies auch ein erster Ansatzpunkt für die Entwicklung neuer oder verbesserter konventioneller Therapieformen. Hier sollen verschiedene Strategien zur Kartierung, Identifizierung und Charakterisierung von menschlichen Genen erläutert werden (Abb. 4.36).

Das menschliche Genom enthält etwa 140.000 Gene. Demgegenüber sind nur etwa 7.000 hereditäre Krankheiten des Menschen katalogisiert (McKusick's Mendelian Inheritance in Man). Diese Diskrepanz ist zum einen dadurch erklärbar, daß bei vielen Erkrankungen eine genetische Komponente heute noch nicht etabliert ist. Zum anderen ist zu erwarten, daß viele Gene im Genom hinsichtlich ihrer Funktion redundant sind und andere Genprodukte einen möglichen Defekt kompensieren können. Auch gibt es Gendefekte, die sich bereits in der Embryonal- oder Fetalzeit unspezifisch als Letalfaktoren manifestieren. Außerdem wird die Zuordnung von Genotyp und klinischem Krankheitsbild dadurch kompliziert, daß eine Reihe von Erkrankungen durch Mutationen in unterschiedlichen Genen verursacht wird. Demgegenüber können verschiedene Mutationen in einem Gen ganz unterschiedliche Krankheiten hervorrufen. Diese Komplexität wird noch dadurch gesteigert, daß die multifaktoriellen Krankheiten erst bei mehreren Gendefekten entstehen oder von Umweltfaktoren beeinflußt werden. Trotz dieser Schwierigkeiten konnten bisher etwa 10% der in McKusick's Mendelian Inheritance in Man katalogisierten Krankheiten einem Gendefekt zugeordnet werden. Aus diesem Zahlenverhältnis wird auch

Positionsklonierung	funktionelle Klonierung	reverse Genetik
Phänotyp	bekannter biochemischer Defekt (Enzym)	Gen mit unbekannter Funktion
↓	↓	↓
genetische Kartierung	Isolation des Gens	*in vitro* Mutagenese
↓	↓	↓
Isolation des Gens	Identifizierung von Mutationen	Phänotyp
↓		
Identifizierung von Mutationen		
↓		
Funktionsanalyse		

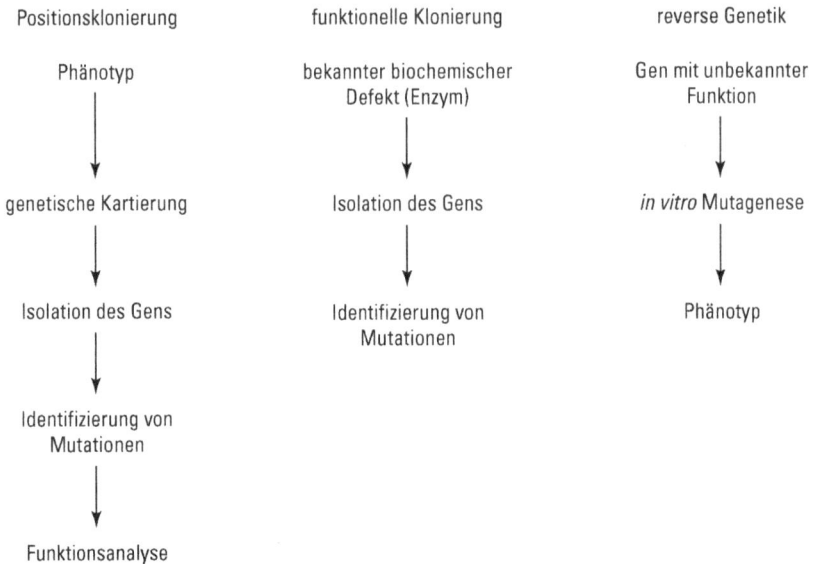

Abb. 4.36 Strategien zur Analyse von Genotyp-Phänotyp Wechselwirkungen, die in der molekularen Medizin Anwendung finden. Die Positionsklonierung ermöglicht, im Gegensatz zur funktionellen Klonierung, die Identifizierung von Mutationen ohne vorherige Kenntnis des biochemischen Defekts (siehe Text). Ein Beispiel für die reverse Genetik ist die ‚knock-out Mutagenese‘ in embryonalen Stammzellen der Maus, wobei ein Gen manipuliert wird und im Anschluss daran die phänotypischen Auswirkungen analysiert werden können.

deutlich, daß man sich zunächst auf die Analyse monogener Krankheiten konzentrieren wird, um später auch die komplexeren multifaktoriellen Krankheiten verstehen zu können.

4.7.1 Kartierung monogener Erkrankungen

Als erster Schritt zur Identifizierung von Genen muß meist der Genort im Genom kartiert werden. Vergleichsweise einfach ist die Kartierung in Fällen mit wegweisenden cytogenetisch auffälligen Befunden, wie etwa Translokationen, die einen direkten Einstieg in die Positionsklonierung des relevanten Gens erlauben (siehe Kap. 4.7.5). In anderen Fällen muß die chromosomale Sublokalisation des gesuchten Gens zunächst durch eine Kopplungsuntersuchung mit polymorphen Markern erfolgen. Im Prinzip beruht eine solche Kopplungsanalyse darauf, die Weitergabe der Allele eines polymorphen Locus mit bekannter chromosomaler Lokalisation in einem Stammbaum von einer zur nächsten Generation zu verfolgen und mit der Ausprägung des Gendefektes zu korrelieren (Abb. 4.37, Abb. 4.38).

Vor Beginn der systematischen Kartierung des Genoms mit solchen Markern (siehe Kap. 4.8) war die Geschwindigkeit dieser Strategie langsam und der Erfolg weitgehend dem Zufall überlassen. Die erste komplette genetische Karte des menschlichen Genoms wurde 1987 publiziert. Die dafür verwendeten genetischen Marker

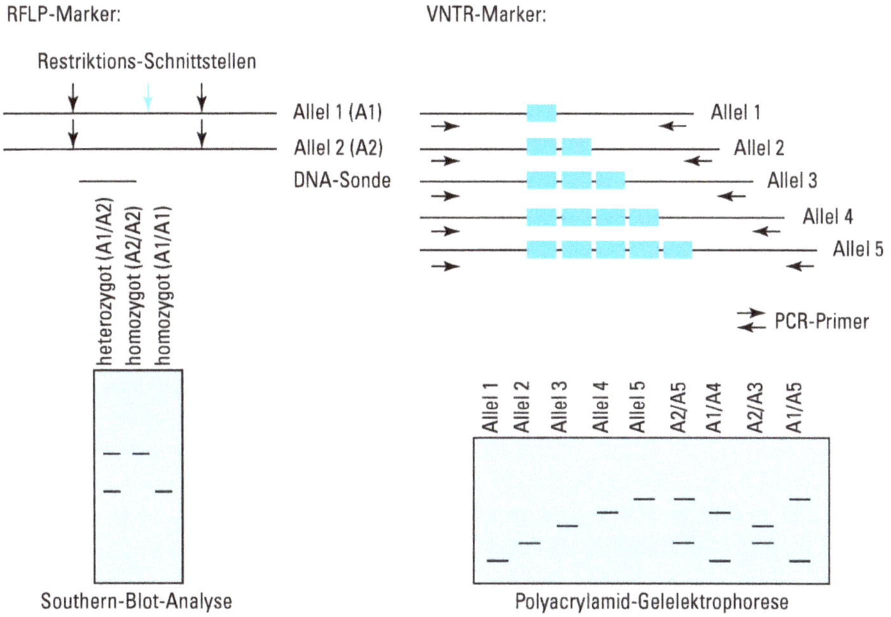

Abb. 4.37 Unterschiedliche genetische Marker, die zur Kopplungsanalyse eingesetzt werden können. Restriktions-Fragment-Längen-Polymorphismen (RFLPs) erlauben eine Unterscheidung der Allele auf der Basis polymorpher Restriktionsschnittstellen. Der Nachweis der einzelnen Allele erfolgt mittels Southern Blot-Hybridisierung mit einer DNA-Sonde. Im Gegensatz zum RFLP, der die Unterscheidung von nur zwei Allelen ermöglicht, können mit Hilfe der SLS- und STR-Systeme mehrere Allel-Varianten detektiert werden. Die Anzahl der Repeat-Einheiten variiert in der Population relativ stark, so daß eine hohe Informativität mit diesen Markern gegeben ist. Der Nachweis der Allele erfolgt über die Auftrennung der mittels Polymerase Kettenreaktion (PCR) amplifizierten DNA-Fragmente in der Gelelektrophorese.

basierten weitgehend auf Restriktions-Fragment-Längen-Polymorphismen (RFLPs; siehe Kap. 4.2.1). Für eine umfassende Kartierung des menschlichen Genoms mit polymorphen Markern sind RFLPs nicht geeignet. Zum einen sind sie in nur sehr weiten Abständen voneinander nachweisbar. Der durchschnittliche Abstand auf der Karte von 1987 betrug 10–15 centi-Morgan (cM). Dies bedeutet, daß es bei 10–15 % aller Meiosen zu einer Rekombination zwischen diesen Markern kommt, was die Interpretation einer Kopplungsanalyse erheblich erschwert. Ein weiterer Nachteil dieser RFLP-Marker ist ihre geringe Informativität. Dies liegt daran, daß eine Kopplungsanalyse natürlich kritisch davon abhängt, ob der polymorphe Marker das mütterliche vom väterlichen Chromosom unterscheiden kann. RFLPs haben nur zwei Allele, die darüber hinaus sehr ungleichmäßig verteilt sein können. Daher sind viele Mitglieder eines Stammbaums für die meisten RFLPs homozygot, so daß die Lokalisation des gesuchten Gens nicht durch die Weitergabe der Allele des Markerlocus zugeordnet werden kann. Kopplungsuntersuchungen werden daher nicht mehr mit RFLPs durchgeführt, sondern meist mit hochpolymorphen Markern wie den in Kapitel 4.2.5 beschriebenen Singlelocus-Systemen (SLS) und short tandem repeat

(STR)-Systemen. Gut einsetzbar sind insbesondere die STR-Systeme, die sich mit Hilfe der PCR (siehe Kap. 4.2.2) analysieren lassen und damit eine Teilautomatisierung der Untersuchungen ermöglichen. Die Anwendung dieser Marker in der genetischen Kopplungsanalyse hat wesentliche Vorteile: SLS und STR-Systeme erlauben die Unterscheidung mehrerer Allele, so daß in der Population wesentlich mehr Kombinationsmöglichkeiten bestehen und die Informativität wesentlich höher ist als bei den RFLP-Markern mit nur zwei Allelen (Abb. 4.38). Gegenwärtig stehen genetische Karten solcher hochpolymorpher Marker mit einem Markerabstand von 2–5 cM zur Verfügung. Im Humangenomprojekt ist eine weitere Verdichtung der Marker auf < 1 cM angestrebt (siehe Kap. 4.7.6 und 4.8).

Die Vorgehensweise bei genetischen Kopplungsuntersuchungen ist in Abbildung 4.38 vereinfacht dargestellt. Für eine signifikante Aussage über die Kopplung eines Markers mit der Erkrankung ist die Größe des Stammbaums und insbesondere die Anzahl der betroffenen Individuen in dieser Familie von entscheidender Bedeutung. Verfolgt man die Marker-Allele in dem hier gezeigten Stammbaum, so wird deutlich, daß immer Allel 1 des zweiten Markers zusammen mit der Erkrankung von einer Generation zur nächsten weitergegeben wird. Dagegen wird Allel 2 nur bei gesunden Individuen gefunden. Entsprechend einem autosomal-rezessiven Erbgang sind die

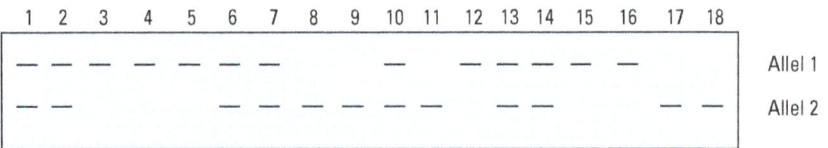

Abb. 4.38 DNA-Marker-Analyse in einer Familie mit einer autosomal-rezessiven Erkrankung. Die Allele des Markers 1 zeigen keine Kopplung mit der Erkrankung. Dagegen ist immer Allel 1 des Markers 2 mit der Erkrankung gekoppelt; alle betroffenen Individuen sind homozygot für dieses Allel. Entsprechend einem autosomal-rezessiven Erbgang sind Anlageträger gesund. In diesem Fall repräsentiert Allel 1 das Chromosom, welches die Mutation trägt, während sich Allel 2 auf dem ‚gesunden‘ Chromosom befindet.

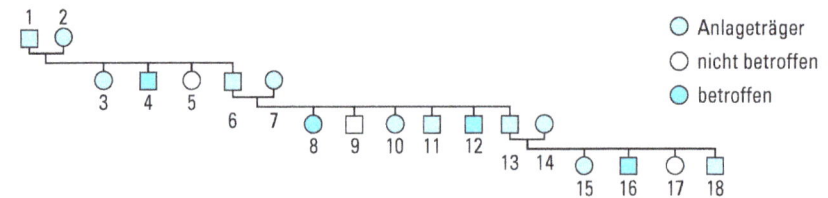

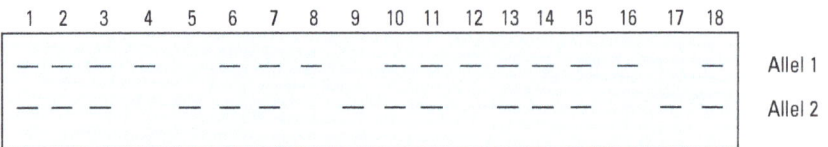

phänotypisch unauffälligen Merkmalsträger heterozygot für die hier verwendeten Marker. Ist die Lokalisation des genetischen Markers im Genom bekannt, so läßt sich die Wahrscheinlichkeit bestimmen, mit der der Gendefekt auf dem entsprechenden Chromosomenabschnitt lokalisiert ist. Die Analyse zusätzlicher Marker in dieser Region kann im Anschluß die Lokalisation präzisieren. Als Maß für die statistische Wahrscheinlichkeit der genetischen Kopplung wird der LOD-Score (logarithm of the odd) verwendet, der den Logarithmus der Wahrscheinlichkeit widergibt, daß ein bestimmter genetischer Marker mit dem Gendefekt gekoppelt ist. Ein LOD-Score von 3,0 bedeutet also, daß es 1000mal wahrscheinlicher ist, daß das Merkmal mit diesem Marker gekoppelt ist, als daß es unabhängig davon vererbt wird. Zur Berechnung der LOD-Scores stehen Computerprogramme zur Verfügung, die eine umfassende Analyse von mehreren Hundert genetischen Markern in sehr großen Stammbäumen ermöglichen. Der Anzahl der betroffenen Individuen in einer Familie kommt dabei eine entscheidende Bedeutung zu. Für einen autosomal-rezessiven Erbgang müssen 10 betroffene Patienten in einem Stammbaum zur Verfügung stehen, um einen signifikanten LOD-Score von > 3,0 zu erreichen.

Als zusätzlichen Parameter ergibt eine Kopplungsanalyse nicht nur die Wahrscheinlichkeit der Kopplung selbst sondern auch eine Schätzung des Abstandes zwischen gesuchtem Gen und polymorphem Markerlocus. Je größer nämlich der Abstand der beiden Loci wird, desto wahrscheinlicher kommt es während der Meiose zur Rekombination und dadurch zur Trennung von vorher gekoppelten Allelen. Der Abstand zwischen den Loci kann somit indirekt über die sogenannte Rekombinationsfraktion definiert werden. Eine Rekombinationsfraktion von 0,01 gibt also an, daß es in 1% der Meiosen zur Rekombination kommt (1 centi-Morgan, cM). Die maximale Rekombinationsfraktion, etwa von zwei auf unterschiedlichen Chromosomen lokalisierten Loci, beträgt 0,5. Die Bestimmung der Rekombinationsfraktion läßt sich wegen der sehr unterschiedlichen Rekombinationsneigung verschiedener Sequenzabschnitte nur bedingt in einen tatsächlichen physikalischen Abstand der Loci auf der DNA umrechnen. Als Faustregel gilt jedoch, daß 1 cM in etwa einem Abstand von 1000 kb entspricht.

Das praktische Vorgehen einer genetischen Kopplungsanalyse erfordert zunächst ein sogenanntes „genome scanning", bei dem etwa 400–500 genetische Marker eingesetzt werden. Dieses „genome scanning" ermöglicht die Identifizierung einer bestimmten Chromosomenregion, die in den meisten Fällen ein Intervall von 10–15 cM umfaßt. In einem zweiten Schritt, der sogenannten Feinkartierung, werden zusätzliche Marker aus dieser Region untersucht, so daß sich das genetische Intervall auf weniger als 5 cM eingrenzen läßt. Dies umfaßt allerdings noch immer eine DNA-Region von ca. 5.000 kb. Die genaue Eingrenzung des Kopplungsintervalls ist eine wesentliche Voraussetzung zur Isolierung des gesuchten Gens. Je nach Größe dieses Intervalls kann dies und der anschließende Nachweis von Mutationen bei betroffenen Patienten mehrere Jahre in Anspruch nehmen. Bei der Mukoviszidose lagen zwischen der genetischen Kartierung im Jahre 1985 und der Isolierung des Gens 1989 vier Jahre, bei der Muskeldystrophie vom Typ Duchenne ebenfalls vier Jahre (1982–1986) und beim Gen für die Chorea Huntington sogar zehn Jahre (1983–1993). Allerdings wird die Zeitspanne zwischen genetischer Kartierung und Genidentifikation mit zunehmender Dichte der Marker und zunehmenden Kenntnissen über exprimierte Abschnitte der DNA (siehe Kap. 4.8) immer kürzer.

4.7.2 Analyse multifaktorieller Erkrankungen

Während die Strategien und Techniken zur Kartierung und Aufklärung monogener Defekte recht gut etabliert sind, steht die Untersuchung komplexer Vererbungsmuster erst am Anfang. Insbesondere vermutet man bei verschiedenen Autoimmun- und cardiovaskulären Erkrankungen die Beteiligung mehrerer genetischer Faktoren. Ein möglicher Weg, der Genetik dieser häufigen Erkrankungen näherzukommen, ist die Identifikation von Genen, die in dem komplexen Netzwerk einer polygenen Erkrankung eine besonders wichtige Rolle spielen und dann in größeren Stammbäumen modifizierende Gene zu suchen. Eine besondere Schwierigkeit ergibt sich daraus, daß bei den häufigen Krankheiten oft auch nicht-genetische Einflußfaktoren eine große Rolle spielen. Außerdem müssen hier nicht nur solche Loci berücksichtigt werden, die qualitative Unterschiede im Phänotyp bedingen sondern auch solche, die einen relevanten Parameter quantitativ beeinflussen (sogenannte quantitative trait loci, QTLs). Der klaren Definition des Phänotyps kommt somit eine entscheidende Bedeutung zu. Die Assoziation des untersuchten Merkmals mit einer genetischen Konstellation kann daher statistisch schwierig zu fassen sein. Es ist jedoch zu erwarten, daß die zunehmende Aufklärung der Funktion einzelner Gene und der pathogenetischen Zusammenhänge von Einzelgendefekten auch bei den komplexen Erkrankungen weiterhelfen wird.

4.7.3 Identifizierung von Genen durch funktionelle Klonierung

Die funktionelle Klonierung von Genen setzt die Kenntnis über den primären biochemischen Defekt voraus. Mit Hilfe molekulargenetischer Methoden kann dann das korrespondierende Gen isoliert werden. Diese Strategie wurde etwa zur Identifizierung der Gene für die Hämophilien oder der Phenylketonurie angewandt und soll hier anhand dieser Beispiele erläutert werden.

Die Hämophilie A ist eine X-chromosomal rezessiv vererbte Erkrankung, die durch Mutationen im Gen für den Blutgerinnungsfaktor VIII (FVIII) verursacht wird. Ein entscheidender Schritt für die Isolierung des FVIII-Gens war die Isolierung und Reinigung des Proteins aus dem Plasma von gesunden Personen. Mit biochemischen Methoden konnte die Aminosäuresequenz eines Teils dieses großen Proteins bestimmt werden. Auf der Basis des genetischen Codes (siehe Kap. 3.4.2) konnten daraufhin Gensonden synthetisiert werden, mit denen die Isolierung der cDNA aus einer entsprechenden Genbank (siehe Kap. 4.6.1) und später der genomischen DNA gelang. Im Anschluß konnte bei Patienten mit einer Hämophilie A systematisch nach Mutationen im FVIII-Gen gesucht werden. Neben einer Vielzahl von missense-Mutationen konnte eine besonders häufige partielle Geninversion festgestellt werden, die durch homologe DNA-Abschnitte innerhalb der Promotorregion und im Intron 22 verursacht wird. Diese Geninversion wurde bei mehr als 40% der besonders schwer betroffenen Patienten nachgewiesen. Neben der Kenntnis über die Mutationen mit den daraus resultierenden diagnostischen Möglichkeiten, zum Beispiel zur Identifizierung von Konduktorinnen, war die Klonierung des FVIII-Gens eine entscheidende Voraussetzung für die gentechnische Herstellung dieses Proteins (siehe Kap. 8.1). Die katastrophalen Folgen der Applikation HIV- und Hepatitisinfizierter konventionell hergestellter Präparate verdeutlichen die ganz praktischen Implikationen dieser Strategie.

Die Phenylketonurie (PKU) ist eine autosomal-rezessiv vererbte Erkrankung, die durch eine stark reduzierte oder fehlende Aktivität der Phenylalaninhydroxylase in der Leber verursacht wird. Dieses Enzym konnte aus dem Organ von Ratten isoliert und zur Herstellung von Antikörpern verwendet werden. Mittels dieser Antikörper gelang die Präzipitation von Polysomen, die neben den gerade synthetisierten Polypeptidketten auch die mRNA für die Phenylalaninhydroxylase enthielten. Die Reinigung dieser mRNA bildete die Grundlage für die cDNA-Klonierung dieses Gens der Ratte und über die starke Homologie sekundär auch der des Menschen. Auch hier konnten im Anschluß an die Isolierung des Gens zahlreiche Mutationen bei Patienten mit einer PKU nachgewiesen werden. Diese Kenntnisse erlaubten ein weitgehendes Verständnis der ausgeprägten klinischen Variabilität dieses Krankheitsbildes (siehe Kap. 5.1.1), eine detaillierte biochemische Analyse des Enzyms und eine spezifische Erkennung von heterozygoten Überträgern in betroffenen Familien.

Eine Sonderform der funktionellen Klonierung ist die Komplementationsanalyse (s. Kap. 3.7). Hierbei werden cDNA-Moleküle in Expressionsvektoren in Zellen mit einer definierten Fehlfunktion transfiziert (siehe Kap. 4.4). Erfolgt so die Korrektur der Fehlfunktion, so kodieren die transfizierten cDNAs ein Gen, das die Funktion des angenommenen Gendefektes übernehmen kann. Auf diesem Wege sind verschiedene Gene identifiziert worden, deren Defekt zu einer angeborenen aplastischen Anämie, der Fanconi Anämie führt.

4.7.4 Die Kandidatengen-Strategie

Bei dieser Strategie liegen bereits relevante Informationen vor, die eine gewisse Vorstellung von dem gesuchten Gen und eine gezielte Suche zulassen. Hinsichtlich des Auswahlkriteriums lassen sich zwei Gruppen unterteilen, die als funktionelle und positionelle Kandidatengene bezeichnet werden. Die erste Gruppe wird wegen der bereits bekannten Genfunktion als Ziel für Mutationen in Betracht gezogen, während die zweite aufgrund der Colokalisation mit einem bereits kartierten genetischen Defekt in Frage kommt. Mit dem rasanten Fortschreiten des Humangenomprojekts (siehe Kap. 4.8) kommt dieser Strategie vor allem für die zweite Gruppe eine immer größere Bedeutung zu.

Für die Identifizierung von Kandidatengenen gibt es zahlreiche Beispiele. Eines der ersten Gene, das auf diesem Weg identifiziert wurde, kodiert für das Rhodopsin, das Sehpigment der Stäbchen der Netzhaut. Bei der erblichen Netzhautdegeneration (*Retinitis pigmentosa*; RP) kommt es bei den betroffenen Patienten zum vorzeitigen Absterben der Photorezeptorzellen in der Netzhaut und schließlich zur völligen Erblindung des Patienten in der 3. bis 4. Lebensdekade. Die genetische Kopplungsanalyse ergab eine Lokalisation des Gendefektes auf dem langen Arm des Chromosoms 3. Unabhängig davon war das Rhodopsingen in derselben Region (3q21-q24) kartiert worden. Rhodopsin gehört zu der Klasse von Transmembran-Rezeptoren und steht in der Netzhaut am Anfang einer Signaltransduktionskaskade, die Licht- in chemische Reize umwandelt. Grundsätzlich war ein Rhodopsindefekt bei der RP also gut vorstellbar, und das Rhodopsingen repräsentierte daher ein typisches funktionelles Kandidatengen. Darüber hinaus ist es auch noch in der erwarteten Chromosomenregion lokalisiert und stellte daher auch ein positionelles Kandidatengen dar. Die Identifikation von Mutationen des Rhodopsingens bei Patienten mit RP bestätigte das Kandidatengen.

4.7.5 Positionsklonierung

Ausgangspunkt dieser früher als „Reverse Genetik" bezeichneten Strategie ist die Kenntnis über die Lokalisation des genetischen Defektes. Die Funktion des Gens spielt hier zunächst keine Rolle. Die Positionsklonierung wurde erstmals erfolgreich 1986 bei der Chronischen Granulomatose angewandt, die erst so als Gendefekt des Cytochrom B-Komplexes identifiziert werden konnte. Seither ist diese Strategie bei etwa 100 Krankheiten erfolgreich eingesetzt worden. In vielen Fällen konnten dadurch entscheidende Kenntnisse über die Biochemie und die Pathogenese gewonnen werden.

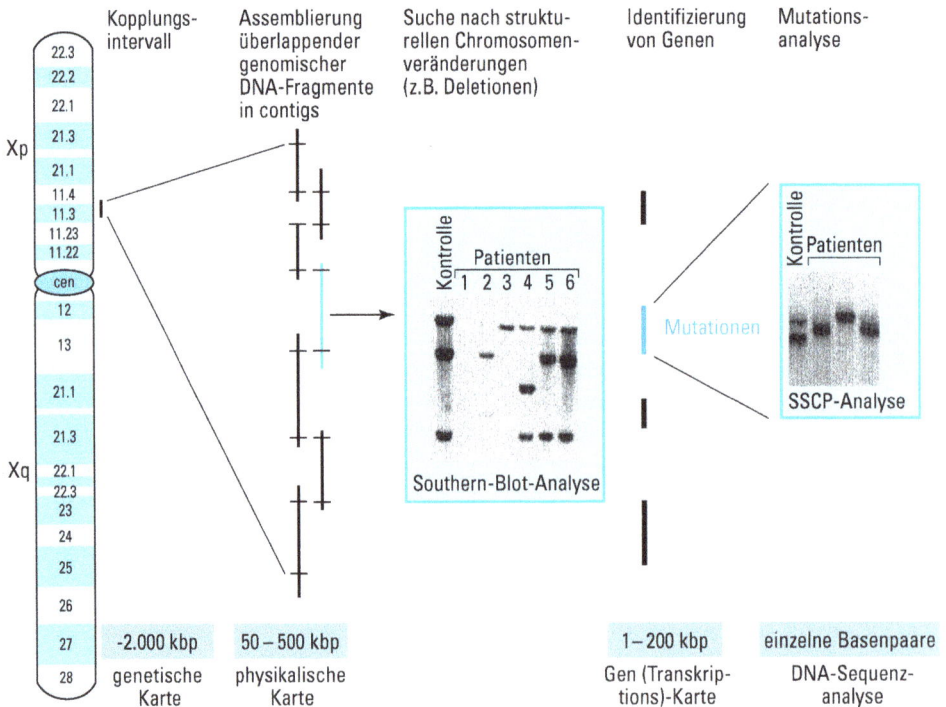

Abb. 4.39 Schematische Darstellung der verschiedenen Teilschritte der Positionsklonierung am Beispiel eines X-chromosomalen Gens. Ausgangspunkt ist die Definition des Kopplungsintervals mit Hilfe genetischer Marker. Anschliessend erfolgt die Assemblierung einzelner DNA-Fragmente in einem Contig. Eines dieser Fragmente detektiert Deletionen (Verlust von genetischem Material) bei einem Teil der Patienten. Die anschliessende Mutationsanalyse zum Beispiel mittels SSCP-Technik (single strand conformation polymorphism, s. Kap. 4.2.3.1) ermöglicht die Identifizierung weiterer Mutationen, die sich in einem veränderten Laufverhalten äussern.

Ein erster Schritt bei der Positionsklonierung ist die Kartierung des Genlocus im Genom (Abb. 4.39; siehe Kap. 4.7.1). Dies kann entweder durch eine Kopplungsanalyse erfolgen oder durch die Identifizierung von strukturellen Chromosomenveränderungen, die mit der Erkrankung zusammen vererbt werden oder im Falle von erworbenen Krankheiten mit dem Phänotyp assoziiert sind. Das Auflösungsvermögen der genetischen Kartierung ist derzeit jedoch noch recht gering (siehe Kap. 4.7.1), so daß meist ein großes Intervall definiert wird, das einige tausend kb umfassen kann. Der nächste Schritt ist die Assemblierung von sich überlappenden klonierten DNA-Fragmenten, die diesen chromosomalen Abschnitt möglichst lükkenlos umfassen. Eine solche Gruppe von DNA-Klonen wird als contig (contiguous DNA fragments) bezeichnet. Für größere Abschnitte der DNA sind für diesen Zweck neue Vektorsysteme mit einer hohen Kapazität für exogene DNA von bis zu 1000 kb entwickelt worden (siehe Kap. 4.1.1). Die einzelnen Klone des contigs können für die Suche nach den Bruchpunkten von cytogenetisch sichtbaren oder auch von diskreten strukturellen Chromosomenaberrationen sowie zur Suche nach exprimierten Sequenzen, d. h. nach Genen eingesetzt werden.

Die Bruchpunkte chromosomaler Translokationen weisen oftmals auf pathogenetisch relevante Gene hin (siehe Kap. 6.4.2) und können etwa durch eine FISH-Analyse (siehe Kap. 2.3.2) mit Anteilen des Contigs als Sonde identifiziert werden. Die weitere Suche kann sich dann auf den Bruchpunktbereich beschränken. Kann eine strukturelle Veränderung nicht nachgewiesen werden, dann müssen zunächst die im Kopplungsintervall gelegenen Gene identifiziert und bezüglich ihrer pathogenetischen Relevanz untersucht werden. Für diese Identifizierung von kodierenden DNA-Sequenzen und die Aufklärung der Genstruktur ist eine Kombination verschiedener Verfahren erforderlich. Dazu gehören die Isolierung von cDNAs, das „exon trapping", die Suche nach phylogenetisch konservierten Sequenzen sowie die Sequenzierung großer DNA-Abschnitte mit nachfolgender Auswertung mit verschiedenen bioinformatischen Methoden.

Eine Möglichkeit ist die Isolierung von cDNAs mit Hilfe der Hybridisierung genomischer DNA-Fragmente (z. B. einzelner Contig-Bausteine) mit Genbanken, die nur die exprimierten Teile des Genoms eines bestimmten Zelltyps enthalten (siehe Kap. 4.6.1). Zur Herstellung dieser Genbanken ist der Zugang zur mRNA der betroffenen Gewebe und Organe, ggf. zum relevanten Zeitpunkt in der Entwicklung, von entscheidender Bedeutung. Die Identifizierung von cDNAs kann sich darüber hinaus als schwierig erweisen, wenn das Gen nur geringfügig transkribiert wird, so daß die Anzahl der spezifischen cDNA-Klone in der Genbank nur gering ist.

Unabhängig von der Verfügbarkeit der mRNAs ist das exon trapping. Dabei handelt es sich um ein *in vitro* System zur Erkennung von Exons, die von Spleißdonor- und von Spleißakzeptor-Sequenzen flankiert sind (siehe Kap. 3.2.3). Die Identifizierung der Exonsequenzen erfolgt über die Klonierung genomischer Fragmente in Vektoren, die eine mRNA-Expression in eukaryonten Zellen erlauben (siehe Kap. 4.4). Die Expression dieser Fragmente erlaubt eine spezifische Erkennung von gespleißten und daher wahrscheinlich auch natürlicherweise kodierenden Transkripten. Bei solchen DNA-Fragmenten handelt es sich mit einer hohen Wahrscheinlichkeit um Anteile von Genen.

Auch die phylogenetische Konservierung von DNA-Sequenzen kann einen Hinweis auf biologisch wichtige und oftmals kodierende DNA-Abschnitte liefern. Zur

Erkennung solcher Bereiche wird eine sogenannte Zoo-Blot Hybridisierung angewandt. Ein solcher Southern Blot enthält restriktionsverdaute DNA verschiedener
Spezies. Ergibt die Hybridisierung mit einem Abschnitt des Contigs als Sonde ein
Signal mit der DNA mehrerer Spezies, so enthält die Sonde in der Evolution konservierte DNA-Sequenzen, die möglicherweise Anteile eines Gens repräsentieren.

Ein weiteres und heute oft eingesetztes Verfahren ist die Sequenzierung größerer
DNA-Abschnitte und die computergestützte Auswertung der Sequenzdaten. Die
Bioinformatik hat hierfür Algorithmen entwickelt, die die Vorhersage kodierender
Bereiche ermöglicht. Darüber hinaus können die genomischen Sequenzdaten zur
Analyse einer Datenbank eingesetzt werden, die die Identifizierung exprimierter Sequenzen über Homologiesuchen ermöglicht. Dazu stehen Datenbanken von mehr
als 1 Million sogenannter „expressed sequence tags" (ESTs) zur Verfügung. Dabei
handelt es sich um sequenzierte, 200–300 Nukleotide lange Bruchstücke von cDNAs.
Findet sich in der analysierten genomischen DNA eine Homologie zu einem EST,
so ist dies ein wichtiger Hinweis auf eine kodierende Sequenz, die dann mittels
cDNA-Klonierung vollständig isoliert werden kann (siehe Kap. 4.6.1).

Von vielen mittels Positionsklonierung identifizierten Genen ist die Funktion zunächst unbekannt. Meist kodieren sie für Proteine, die in den verfügbaren Datenbanken keine homologen Sequenzen oder bekannte funktionelle Domänen erkennen
lassen. Somit ist die Aufklärung der Funktion der Genprodukte der nächste wichtige
Schritt zum Verständnis der Pathogenese der untersuchten Erkrankung.

4.7.6 Methoden in der Entwicklungsphase

In Zusammenhang mit dem Humangenomprojekt (siehe Kap. 4.8) hat die Kartierung
und Identifizierung von Genen einen beträchtlichen Informationszuwachs nicht nur
bezüglich der generierten Sequenzdaten erbracht, sondern auch die Entwicklung
von neuen Methoden gefördert, die das pathogenetische Verständnis vieler Erkrankungen und die diagnostische Praxis revolutionieren werden. Zum einen wird die
Entwicklung von DNA-Chips die Mutationserkennung wesentlich vereinfachen
(Abb. 4.40). Mit dieser Methode können mehrere zehntausend Sequenzvarianten in
einem einzigen Ansatz untersucht werden, so daß zeitaufwendige Screeningverfahren
abgelöst werden können. Auch erhofft man sich von dieser Technologie eine höhere
diagnostische Sicherheit.

Auch die genetische Kopplungsanalyse wird sich in Zukunft mittels Chiptechno-
logie durchführen lassen. Dazu wird zur Zeit eine neue Generation von genetischen
Markern etabliert, die als „single nucleotide polymorphisms" (SNPs) bezeichnet
werden. Diese Marker erkennen Unterschiede einzelner Nukleotide, von denen mehrere Tausend gleichzeitig mittels Oligonukleotid-Hybridisierung auf einem Chip
identifiziert werden können. Das Auflösungsvermögen einer entsprechenden Karte
des menschlichen Genoms soll dabei unter 1 cM liegen.

Eine ähnliche Technologie wird die gleichzeitige Expressionsanalyse von mehreren
Tausend Genen ermöglichen. Beispielhaft ist dies für die ca. 6200 Gene von *Saccharomyces cerevisiae* gezeigt. Die Expression jedes dieser Gene kann mit sogenannten cDNA-Arrays in einem einzigen Ansatz untersucht werden. Die Möglichkeiten,
die sich aus dieser Technologie für die Analyse der differentiellen Genexpression

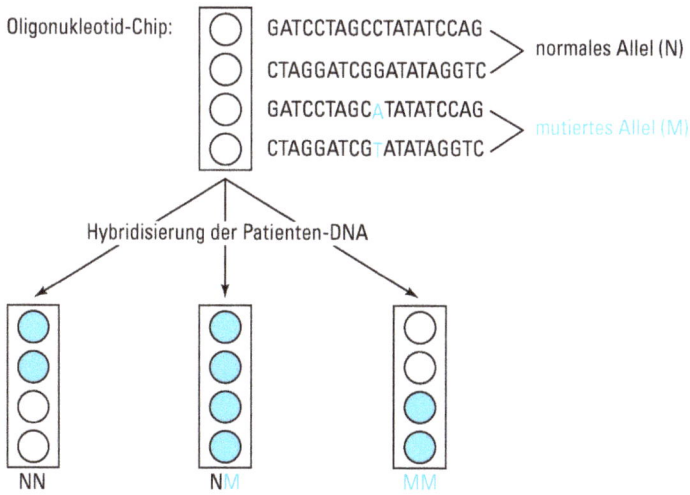

Abb. 4.40 Mutationserkennung mittels DNA-Chip. Synthetisch hergestellte DNA-Stücke (Oligonukleotide) werden an einen Träger gekoppelt (Glas) oder direkt am Träger synthetisiert und danach mit der zu testenden Patienten-DNA hybridisiert. Das Hybridisierungssignal mit entweder nur dem normalen Oligonukleotid, nur dem mutierten oder beiden Oligonukleotiden gestattet die Genotypisierung der Patienten als homozygot für das normale Allel (NN), Anlageträger (NM) oder homozygot für die Mutation (MM). An einem solchen Chip lassen sich tausende von Oligonukleotiden binden, so daß praktisch alle Sequenzvarianten an jeder Stelle des zu untersuchenden Gens erfasst werden können.

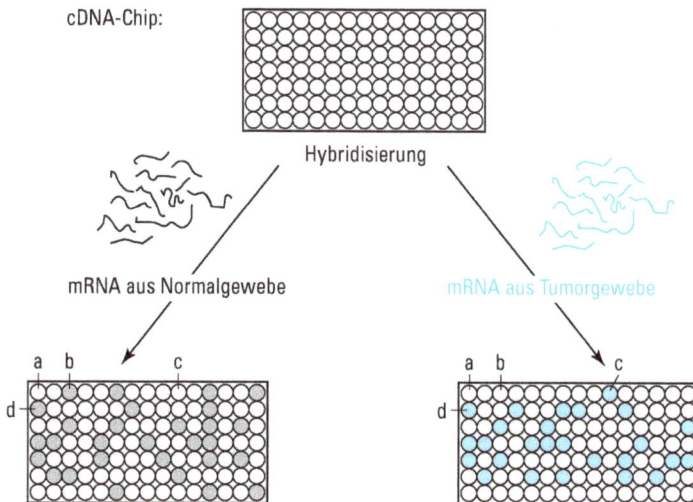

Abb. 4.41 Analyse differentieller Genexpression mit einem cDNA-Chip. Ein Chip kann mehrere Tausend cDNA-Fragmente enthalten, deren Expression mittels Hybridisierung von mRNA-Molekülen analysiert werden kann. Im hier gezeigten Beispiel wird die Genexpression in Tumorgewebe mit Normalgewebe verglichen. Dabei lassen sich Gene identifizieren, die weder im Normalgewebe noch im Tumor (a), im Normalgewebe, nicht aber im Tumor (b), im Tumor, nicht aber im Normalgewebe (c) oder sowohl im Tumor als auch im Normalgewebe exprimiert werden (d).

auch beim Menschen ergeben, ist beispielhaft und schematisch an einem cDNA-Array aus Tumor- und Normalgewebe gezeigt (Abb. 4.41). Es ist zu erwarten, daß derartige Untersuchungen das Verständnis der Interaktionen verschiedener Genprodukte und den Einfluß von genetischen und nicht-genetischen Einflußfaktoren auf die Genexpression und auf die Entwicklung von Erkrankungen des Menschen erheblich fördern werden.

4.8 Das Humangenomprojekt

Das Humangenomprojekt (Human Genome Project, HGP) wird von vielen als das bislang wichtigste Einzelprojekt der biologischen und medizinischen Forschung angesehen. Seine Auswirkungen werden die Humanmedizin nachhaltig beeinflussen. Im Kern geht es zunächst darum, die genaue Sequenz der ca. 3 Milliarden Nukleotide des haploiden menschlichen Genoms zu bestimmen und damit den genetischen Bauplan des Menschen vollständig zu entschlüsseln.

Bislang war es üblich, die für bestimmte Proteine kodierenden Gene zu klonieren und dann zunächst die Funktion und Regulation des einzelnen Gens genauer zu untersuchen. Das HGP wählt einen gegenläufigen Ansatz: Durch Bestimmung der kompletten Sequenz des menschlichen Genoms werden zwangsläufig die Sequenzen aller Gene (sowie natürlich auch nicht funktioneller Bereiche des Genoms) determiniert. Aus der genomischen Sequenzinformation sollen dann die aktiven Gene herausgefiltert und anschließend funktionell untersucht werden. Wenngleich bei diesem Ansatz große logistische Anforderungen zu meistern sind und obwohl ca. 90 % des menschlichen Genoms als nicht funktionell angesehen werden, ist das HGP inzwischen wissenschaftlich kaum umstritten. Die entscheidenden Vorteile werden darin gesehen, daß sowohl große Lücken als auch unproduktive Redundanzen weitgehend vermieden werden, und daß die Kenntnis der gesamten Erbinformation des Menschen die biologische und medizinische Forschung auf ein neues Fundament stellen wird. Außerdem bringt das HGP weitreichende technologische Fortschritte auf den Gebieten der Sequenzierungstechnologien und der Bioinformatik mit sich. Ein wichtiger Aspekt, der von den Trägern und Organisatoren des HGP betont und berücksichtigt wird, leitet sich aus den ethischen, gesellschaftspolitischen und juristischen Implikationen ab, die es bereits im Vorfeld sorgsam zu erwägen gilt.

4.8.1 Ziele und Logistik des HGP

Anfänglich wurde ein HGP vor allem in den USA befürwortet und dort im Jahre 1990 begonnen. Inzwischen hat es sich zu einem globalen Gemeinschaftsprojekt entwickelt, an dem sich Deutschland erst relativ spät (1996) beteiligt hat. Das HGP wird von der Human Genome Organization (HUGO) organisatorisch unterstützt und weitgehend aus öffentlichen Mitteln finanziert. Es erscheint wahrscheinlich, daß die vollständige Sequenzierung des menschlichen Genoms bis zum Ende des Jahres 2003 erfolgreich abgeschlossen sein wird. Die Sequenz wird öffentlich verfügbar sein. Sequenziert wird ein Gemisch von DNA verschiedener, anonymisierter Spender, und nicht das Genom eines einzelnen Individuums.

Derzeit werden pro Monat weltweit etwa 23 MB neue Sequenzdaten generiert. Ende 1999 wurde die nahezu komplette Sequenz des Chromosom 22 (53MB) und die Identifikation seiner 545 Gene sowie 134 Pseudogene veröffentlicht. Sollte das HGP gelingen, läge die Sequenz des menschlichen Genoms zum 50. Jahrestag der Entschlüsselung der doppelhelikalen Struktur der DNA vor. Der projektierte zeitliche Ablauf verdeutlicht auch, in welch hohem Maße Fortschritte auf den Gebieten der automatisierten Sequenzierungstechnologien und der Bioinformatik erforderlich sein werden (und bislang auch schon stattgefunden haben). Die angestrebte Fehlerquote von weniger als 1 Fehler/10.000 Nukleotide liegt dabei deutlich unter der Häufigkeit von interindividuellen Sequenzvariabilitäten von ca. 1/1.000 Nukleotide.

Die Logistik des HGP basiert auf einem Dreischrittverfahren. Zuerst galt es, das menschliche Genom möglichst genau zu kartieren. Dazu dienen einerseits Untersuchungen über genetische Rekombinationshäufigkeiten als Meßgröße für die Nähe zweier Genregionen (genetische Kartierung), als auch das Aufspüren konkreter Sequenzpolymorphismen, die quasi als Markierungspfeiler im Genom dienen (physikalische Kartierung). Bislang sind über 50.000 solcher Markierungen im Genom genau kartiert (das heißt statistisch eine Markierung pro 60.000 Nukleotide), und es wird angestrebt, diese Dichte in etwa zu verdoppeln. Besondere Bedeutung haben die stabilen, häufigen und im Genom weit verbreiteten polymorphen Variabilitäten einzelner Nukleotide, die sogenannten „single nucleotide polymorphisms" (SNPs). Auf der Basis der Kartierungsinformation werden dann Einzelklone überlappender Abschnitte des Genoms in ihrer Reihenfolge angeordnet, so daß größere Bereiche kontinuierlich abgedeckt werden. Diese geordnete Abfolge von Klonen bezeichnet man auch als Contigs. Schließlich werden im dritten Schritt die einzelnen Klone sequenziert und aus den Einzeldaten die Sequenz des Gesamtbereichs assembliert. Die vollständige Sequenzierung ist also dann erreicht, wenn alle sequenzierten Contigs sich ebenfalls überlappen und daher keine Lücken mehr erkennbar sind.

4.8.2 Nutzung und Ausbau des Informationsgehaltes des HGP

4.8.2.1 Identifizierung aktiver Gene

Mit einem angenommenen Anteil von ca. 90% „junk DNA" wird es eine der wichtigsten und zugleich schwierigsten Aufgaben sein, aktive Gene zu identifizieren. Dafür stehen komplementär experimentelle und bioinformatische Ansätze zur Verfügung. Abschnitte des Genoms, die in mRNA umgesetzt werden, sind „aktiv". Durch Isolierung von mRNA und partielle Sequenzierung der cDNA-Klone werden gegenwärtig Datenbanken angelegt, die das Muster exprimierter Gene in verschiedenen Zellen und Geweben und Entwicklungsstadien widerspiegeln. Diese Datenbanken nennt man EST (für „expressed sequence tags") Banken. Durch Vergleiche der in EST-Banken gesammelten Informationen mit den genomischen des HGP können somit zumindest die in EST-Banken repräsentierten Gene identifiziert werden. Schwieriger ist diese Vorgehensweise für Gene, die nur schwach und/oder in wenigen

Geweben exprimiert werden, da hier die Wahrscheinlichkeit der Repräsentation in einer EST-Bank geringer ist.

Neben ihrer Bedeutung im Kontext des HGP sind EST-Datenbanken auch für die Klonierung neuer cDNAs sehr wichtig. Selbst wenn nur wenige Aminosäuren eines bislang nicht sequenzierten Proteins bekannt sind, kann diese Information zum Auffinden des entsprechenden cDNA-Klons ausreichen, wenn dieser Klon in einer EST-Bank vorhanden ist. Die Kombination aus neuartigen, hochsensiblen Methoden der Proteinanalyse und Proteinsequenzierung wie der Massenspektrometrie einerseits und der Computer-gestützten Suche in EST-Banken andererseits hat den Aufwand für die Klonierung neuer cDNAs immens verringert.

Zusätzlich zu Informationen aus EST-Banken können aktive Bereiche des Genoms auch mittels bioinformatischer Methoden ausfindig gemacht werden. Bioinformatische Ansätze basieren unter anderem auf der Suche nach Konsensusmotiven für Spleißsignale sowie nach längeren ununterbrochenen offenen Leserastern, die für Proteine von signifikanter Länge kodieren könnten.

4.8.2.2 Untersuchungen zur natürlichen genetischen Variabilität des menschlichen Genoms

Das Vorliegen der gesamten genomischen Sequenz des Menschen wird es ermöglichen, vergleichende Untersuchungen über die genetische interindividuelle Variabilität durchzuführen. In Verbindung mit komplexen biomathematischen Verfahren könnte es gelingen, bestimmte Konstellationen zu identifizieren, die in ihrer Kombination mit Prädispositionen zu bestimmten multifaktoriellen Erkrankungen assoziiert sind, oder die eine Individualisierung bestimmter Therapieformen ermöglichen könnten. Solche Fortschritte müssen auch hinsichtlich ihrer gesellschaftlichen Implikationen vorab diskutiert werden (s. Kap. 9). Außerdem werden sich die Grenzen zwischen „Wildtypsequenz" und „mutierter Sequenz" bzw. „gesund" und „krank" nicht mehr scharf ziehen lassen.

4.8.2.3 Funktionelle Analyse des menschlichen Genoms (functional genomics)

Eine der wichtigsten weiterführenden Fragen betrifft die nach der Funktion jedes einzelnen der vermutlich ca. 140.000 menschlichen Gene. Es ist leicht ersichtlich, daß diese Frage noch erheblich schwieriger zu untersuchen ist als die eigentliche Bestimmung der Nukleotidsequenz. Da Funktionsuntersuchungen sich oftmals auf die Analyse gestörter bzw. fehlender Funktionen stützen, wird die Identifikation von Mutationen bei bestimmten Erkrankungen eine wichtige Rolle spielen. Der Untersuchung von Modellorganismen kommt für systematische Funktionsuntersuchungen die zentrale Bedeutung zu. Aus diesem Grunde ist die Sequenzierung der Genome der in Frage kommenden Modellorganismen ebenfalls ein Bestandteil des HGP. Die Genome zweier wichtiger eukaryonter Modellorganismen, des Fadenwurms *Caenorhabditis elegans* und der Bierhefe *Saccharomyces cerevisiae* sind bereits vollständig sequenziert (Tab. 4.3). Modellhaft lassen diese beiden Genomprojekte

Tab. 4.3   Auswahl verschiedener Genomprojekte

Organismus	Größe des haploiden Genoms (Mb)	Zahl der Gene	Vollständige Sequenzierung
Prokaryont			
Haemophilus influenzae	1,83	~ 1750	1995
Mycoplasma pneumoniae	0,81	679	1996
Escherichia coli	4,63	~ 4300	1997
Mycobacterium tuberculosis	4,41	~ 3900	1998
Eukaryont			
Saccharomyces cerevisiae	12,06	~ 6200	1996
Canenorhabditis elegans	97,00	~ 19000	1998
Arabidopsis thaliana	~ 120,00	~ 21000	~ 2000
Drosophila melanogaster	~ 165,00	~ 15000	bislang 10 %
Mus musculus	3000,00	~ 70000	~ 2005
Homo sapiens	3000,00	~ 140000	vor 2003

auch bereits erkennen, wie weitreichend der Stimulus vollständiger Sequenzinformation auf die Forschung ist. Als weitere Modellorganismen werden die Genome der Taufliege *Drosophila melanogaster* und der Maus sequenziert. Untersuchungen zur Funktion bestimmter Gene können dann durch experimentelle Mutagenese der entsprechend homologen Gene bei den verschiedenen Modellorganismen durchgeführt werden (siehe Kap. 4.10).

4.8.2.4 Ethische Aspekte des HGP

Eine ausführliche Diskussion dieses Themas liegt außerhalb des Fokus eines „Methodenkapitels". Auf die Bedeutung einer frühzeitigen Diskussion von Implikationen, Möglichkeiten und Konsequenzen des HGP in Expertengremien ebenso wie in der Gesellschaft sei hingewiesen (siehe auch Kap. 9).

4.8.2.5 Genomwissenschaft als neuer Wissenschaftszweig

Eine adäquate Nutzung und Erweiterung der Informationen des HGP erfordert, wie bereits angesprochen, die interdisziplinäre Zusammenarbeit verschiedener Fachrichtungen. Hier eingeschlossen sind neben der Humanmedizin und Biologie vor allem die Bioinformatik, aber auch Juristen, Ethiker und Soziologen. Mittelfristig wird es wichtig sein, gezielt Fachleute für den Bereich der Genomwissenschaften auszubilden.

4.9 Tiermodelle

Analysen und Experimente mit Tiermodellen menschlicher Erkrankungen leisten wichtige Beiträge zum Verständnis der molekularen Pathogenese menschlicher Erkrankungen und erlauben es ferner, neue Therapieansätze zu erproben. Im Folgenden werden die technischen Wege zur gezielten Erzeugung von Mausmutanten beschrieben und anhand von einigen Beispielen deren Bedeutung für die Medizin illustriert.

4.9.1 Die Maus als Modellsystem für menschliche Erkrankungen

Bei Tieren wurden einige natürlich vorkommende, genetisch bedingte Krankheiten identifiziert, die Parallelen zu menschlichen Krankheitsbildern aufweisen. So wurden Mutationen im Gen für den Gerinnungsfaktor IX bei Hunden entdeckt, die an Hämophilie leiden. Solche Mutanten sind zufällig, entstehen daher selten, sind oft schwer zu identifizieren und beschränken sich auf das Spektrum von Veränderungen, die äußerlich sichtbar oder meßbar sind und bei denen die Individuen fertil sind. Größere Spezies wie Hunde sind außerdem in der artgerechten Haltung sehr teuer und erfordern aufwendige spezialisierte Einrichtungen. Diese Probleme können minimiert werden durch die Verwendung der Maus als Tiermodell. Die Maus ist das kleinste Säugetier und bietet daher die Möglichkeit, in ausreichend großer Zahl auf vergleichsweise wenig Raum artgerecht gehalten zu werden. Mit einer Generationszeit von nur drei Monaten läßt sich in kurzer Zeit die Kolonie einer Mutante etablieren. Außerdem sind während der letzten 20 Jahre die Bedingungen für die Kultivierung, Handhabung und Weiterentwicklung von Präimplantationsembryonen der Maus *in vitro* gut ausgearbeitet worden und ermöglichen externe experimentelle Eingriffe.

Für eine Reihe von Fragestellungen wie z. B. physiologischer Studien zur Regeneration von Nervenzellen, pharmakologischer Untersuchungen deren Auswertung auf Verhaltensstudien basieren oder für Analysen, die auf das Verstehen der Zusammenhänge von Lernen und Gedächtnis abzielen, ist die Maus als experimentelles Modellsystem weniger geeignet und man würde Ratten bevorzugen. Die Herstellung transgener Ratten ist heute möglich, wohingegen in Ermangelung von embryonalen Stammzellen (ES-Zellen) der Ratte mit Keimbahnbeteiligung (siehe unten) die gezielte Mutagenese derzeit nur bei Mäusen verwirklicht werden kann.

4.9.1.1 Natürliche Mutanten (Zufallsentdeckung)

Vor etwa 150 Jahren begann in Europa und Nordamerika die gezielte Zucht von Mausvarianten. Heutzutage werden bei großen Züchtern wie den Jackson Laboratorien jährlich etwa 70–80 neue Spontanmutanten identifiziert. Bei der Verwendung von natürlichen Mutanten als Krankheitsmodelle besteht der erste Schritt zur Aufklärung der Pathogenese in der molekularen Analyse des mutanten Locus.

Häufig beruht der Phänotyp natürlicher Mutanten auf Gendefekten in Loci, die molekular nicht genau charakterisiert sind. Im Endeffekt ist es deshalb oft einfacher, eine definierte Mutante herzustellen, als die natürliche genau zu charakterisieren. Jedoch dienen die natürlich entstandenen Mutanten häufig als Ausgangspunkt für eine präzise *in vivo* Analyse eines Genlocus mit Hilfe von zielgerichteten genetischen Veränderungen (siehe unten).

4.9.1.2 Klassische Mutagenese

Chemische Agenzien wie Ethylnitrosoharnstoff (ENU) oder Chlorambuzil (CHL) induzieren Mutationen mit einer wesentlich höheren Rate als jede Art von Bestrahlung. Sie liegt für ENU bei 150×10^{-5} pro Genlocus. Röntgenstrahlung induziert Mutationen mit einer Rate von $13-50 \times 10^{-5}$ pro Genlocus, was einer $20-100$ fachen Erhöhung der spontanen Mutationsrate entspricht. Der Charakter der Mutation ist abhängig von der verwendeten Chemikalie. ENU bewirkt diskrete Läsionen und Punktmutationen. Für die Wirkungsunterschiede der verschiedenen Agenzien ist nicht die chemische Struktur des Mutagens selbst verantwortlich, sondern die Tatsache, daß sie zu unterschiedlichen Stufen der Spermatogenese aktiv sind.

ENU ist eine der stärksten mutagenen Substanzen und daher eine Schlüsselsubstanz für die effiziente Produktion von chemisch induzierten Mutanten in der Maus. Da die reine Sequenzinformation keine Antworten zur Genfunktion liefert, erlebt die ENU Mutagenese gerade im Zusammenhang mit dem Humangenomprojekt (siehe Kap. 4.8) eine neue Ära. Aufgrund ihrer Vorteile als Modellsystem ist es eigentlich nur bei der Maus möglich, eine großangelegte Mutagenese bei Säugetieren vorzunehmen.

4.9.2 Transgene Mäuse

Genetische Veränderungen bei Mäusen können durch eine ungerichtete Integration exogener DNA, eines sogenannten Transgens, vorgenommen werden. Diese Mäuse werden entsprechend als transgene Mäuse bezeichnet. Außerdem können auch zielgerichtete Mutationen spezifischer Gene generiert werden, die je nach Mutationstyp als „knock-out" (Funktionsverlust des Gens, loss of function) oder als „knock-in" (neue Funktion des Gens, gain of function) Mäuse bezeichnet werden. Auf diese verschiedenen Mutanten wird im Folgenden genauer eingegangen. Als Sammelbegriff verwenden wir im Folgenden genetisch veränderte Mäuse.

Transgene Mäuse im engeren Sinne werden durch Vorkerninjektion von linearen DNA-Konstrukten in befruchtete Eizellen erzeugt, die aus dem Eileiter von wenige Stunden schwangeren Spendertieren präpariert werden. Das DNA-Konstrukt enthält im allgemeinen das Transgen, bestehend aus einer kodierenden Sequenz für ein Protein und die zu seiner Expression nötigen regulatorischen Elemente (Abb. 4.42a). Letztere können endogene Sequenzen oder Elemente anderer Gene sein.

Das Transgen inseriert in aller Regel stabil an mindestens einem Ort im Genom (Genlocus), häufig mit mehreren Kopien (1−100). Mit diesem Ansatz kann die Expression endogener Gene in Abhängigkeit der verwendeten Promotoren quantitativ, ontogenetisch oder gewebespezifisch reguliert werden. Ebenso können Varianten endogener Gene oder Gene anderer Spezies exprimiert werden. Für „gene repair"

Untersuchungen (Komplementationsansatz) können intakte Gene in einem mutanten Mausstamm exprimiert werden. Ein Vorteil dieser Methode gegenüber der unter knock-in Mutanten (siehe unten) beschriebenen Methode ist, daß keine Zellkultur benötigt wird und daher auf ein Selektionsmarkergen verzichtet werden kann.

Das DNA-Fragment, welches das Transgen trägt, wird unter Verwendung eines hochauflösenden Mikroskops direkt mit Hilfe fein ausgezogener Glaskapillaren in den Vorkern befruchteter Eizellen injiziert (Abb. 4.42 b). 75 % der Embryonen überleben die Injektion und werden nach einer kurzen Inkubation in scheinschwangere Empfängertiere transferiert. Scheinschwangere Ammentiere erzeugt man durch gezielte Verpaarung weiblicher Tiere mit sterilisierten männlichen Tieren. Nach einer Tragzeit von etwa 20 Tagen werden die Nachkommen geboren. Etwa 20–30 % der Nachkommen tragen das Transgen in ihrem Genom.

Jedes Transgen-positive Tier dieser Generation repräsentiert mindestens ein unabhängiges Integrationsereignis, d. h. das Transgen integriert zufällig und ungerichtet auf einem Chromosom. Daher sind die Tiere genetisch nicht identisch. Jedes ist vielmehr der Begründer (founder) eines neuen Mausstammes. Manchmal kommt es vor, daß ein Teil der Transgenkopien in einen zweiten Genlocus inseriert und daher beim nächsten Kreuzungsschritt unabhängig vererbt wird (Segregation). So entstehen dann ausgehend von einem transgenen Founder zwei transgene Sublinien.

Transgenkonstrukt

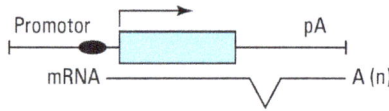

(a)

Herstellung transgener Mäuse

Injektion von DNA in den Vorkern befruchteter Oozyten

Übertragung injizierter Oozyten in scheinschwangere Empfängertiere

Züchtung transgener „founder"

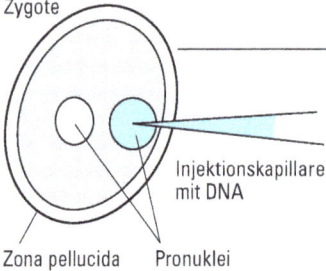
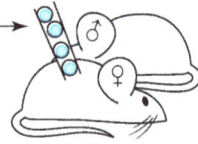

Zona pellucida   Pronuklei

50 % der Nachkommen tragen das Transgen

(b)

Abb. 4.42 Transgene Mäuse. (a) Schematische Darstellung eines typischen Transgenfragmentes aus einem Expressionsvektor für die Herstellung transgener Mäuse. pA: Poly A-Signal; A(n): PolyA-Schwanz (b) Schematische Darstellung des experimentellen Ablaufs zur Herstellung transgener Mäuse mittels Vorkerninjektion befruchteter Eizellen. Die DNA wird in einen der beiden Pronuklei injiziert. Die injizierten Zygoten werden anschließend in den Eileiter scheinschwangerer Empfängertiere übertragen.

4.9.2.1 Beispiele

Die Beschreibung einer für das Wachstumshormon transgenen Maus sorgte anfänglich für Aufsehen und ebnete den Weg für die rasante Entwicklung im Bereich der Gentransfertechnologie. Dieser Mausstamm enthält ein Transgen für die kodierende Sequenz des Wachstumshormons der Ratte, das durch den Promotor des Metallothionin I Gens der Maus (mMT-I) kontrolliert wird. Mäuse, die das Transgen tragen, werden etwa 2–4 mal so groß wie Ihre Geschwister ohne Transgen.

Einen weiteren Schub erhielt diese Forschungsrichtung als Mitte der achtziger Jahre die Relevanz der Ergebnisse von *in vitro* Analysen zur Rolle von Onkogenen bei der Krebsentstehung und beim Tumorwachstum in einem kompletten Organismus überprüft wurde. Dieser Ansatz zeigte, daß Onkogene jeweils zelltypspezifisch wirken und ein Tumorwachstum nur in einem bestimmten Gewebe induzieren. Onkogene sind notwendig aber nicht hinreichend für die Krebsentstehung im Tiermodell, sogenannte Tumorprogressionsfaktoren haben zusätzliche essentielle Funktionen. Mit Hilfe transgener Mäuse kann das spezifische Zusammenspiel von Onkogenen mit Tumorprogressionsfaktoren *in vivo* mit neuer Präzision untersucht werden.

Die genetische Veränderung eines natürlich (spontan) entstandenen mutanten Mausstammes der *hpg* Maus (Hypogonadismus) ist ein gutes Beispiel für die Anwendung der Gentransfertechnik zur Korrektur eines Gendefekts bei einem Versuchstier. Der Hypogonadismus der *hpg* Maus ist durch eine Deletion im Genlocus des Gonadotropin-releasing Hormons (GnRH) verursacht. GnRH spielt eine bedeutende Rolle bei der Entwicklung der Geschlechtsorgane und deren Funktion. Bei *hpg* Mäusen ist die postnatale Entwicklung der Gonaden blockiert, was die Unfruchtbarkeit der Mutanten hervorruft. Die Einkreuzung des GnRH Wildtypgens als definiertes Transgen führte zu einer kompletten Reversion des mutanten Phänotyps mit fertilen männlichen und weiblichen Tieren.

4.9.3 Knock-out und knock-in Mäuse

Die Erzeugung von Mutanten mit einer zielgerichteten genetischen Veränderung in einem bestimmten Genlocus basiert auf deren Einführung durch homologe Rekombination in embryonale Stammzellen (ES-Zellen) im Sinne eines „gene-targeting". Diese Methode beruht auf zwei grundlegenden technischen Voraussetzungen.

Zum einen gelang die Kultivierung embryonaler Stammzellen (ES) und deren Etablierung als stabile Zellinien. ES-Zellen stammen ursprünglich aus der inneren Zellmasse von 3,5 Tage alten Mausembryonen („Blastozysten"), sind vollständig undifferenziert und können daher den Aufbau aller Gewebe eines sich entwickelnden Organismus vermitteln („Omnipotenz"), auch nachdem sie in Kultur gehalten wurden. Weltweit werden nur wenige ES-Zellinien verwendet, da qualitativ hochwertige ES-Zellen, die ihren undifferenzierten Status erhalten haben und gute Beteiligung am Keimbahngewebe zeigen, selten sind. Die andere technische Voraussetzung für die Generierung von knock-out und knock-in Mäusen ist die Möglichkeit der homologen Rekombination der genomischen Sequenzen mit exogener DNA unter geeigneten Bedingungen. Mittels Elektrotransfektion gelang 1987 die erste gezielte Einführung einer Mutation durch homologe Rekombination in ES-Zellen *in vitro*.

Die erste gezielt in der Keimbahn mutierte Maus unter der Verwendung homolog rekombinierter ES-Zellen wurde 1989 beschrieben.

Der erste Schritt bei dieser Technik ist die Elektrotransfektion (Elektroporation) exogener DNA in ES-Zellen. Die exogene DNA enthält die beabsichtigte Mutation und jeweils benachbarte homologe (genomische) Sequenzen zum relevanten Genlocus (targeting Vektor) (Abb. 4.43). Durch den Prozess der homologen Rekombination wird die mutierte exogene Sequenz an der beabsichtigten Stelle im Genlocus gegen die genomische Sequenz ausgetauscht. Die Fähigkeit zur homologen Rekombination ist hierbei eine natürliche Eigenschaft auch von ES-Zellen, die durch Enzyme des DNA-Reparatursystems vermittelt wird. Typischerweise wird zur Generierung einer knock-out Maus ein wichtiger Bestandteil des endogenen Gens durch ein Antibiotika-Resistenzgen ersetzt. Dadurch geht die Funktion des endogenen Gens verloren und die Zelle gewinnt die Antibiotikaresistenz. Kommt es zu einer unspezifischen, nicht-homologen Integration der exogenen DNA, so wird auch der außerhalb der Homologiearme liegende negative Selektionsmarker des Konstrukts mitübertragen (*tk* in Abb. 4.43), so daß diese unerwünschten Klone grundsätzlich von denen mit einem homologen Rekombinationsereignis gewonnenen unterschieden werden können. Mit diesem Trick gelingt es also, die relativ seltenen homologen Integrationsereignisse aus der Masse der ungerichteten Integrationen herauszufischen. Als positive Selektionsmarkergene verwendet man solche, deren Anwesenheit unter bestimmten Kulturbedingungen essentiell für das Überleben der Zelle ist (z. B. das *neo* Gen, das für ein Enzym kodiert, welches das Überleben der Zellen in Anwesenheit eines Antibiotikums der Neomycin-Klasse ermöglicht).

Für die gezielte Einführung von Mutationen sind verschiedene Strategien möglich: Einen kompletten Funktionsverlust eines Genes bezeichnet man als knock-out oder Nullallel. Hierbei wird meistens das Exon, das das Startsignal für die Translation enthält durch ein Selektionsmarkergen ersetzt (replacement type Vektor, Abb. 4.43).

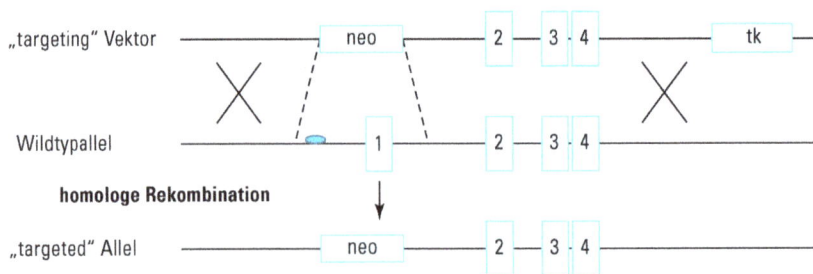

Abb. 4.43 Gene Targeting. Gezielte Geninaktivierung durch eine „replacement" Strategie. Der Promotor und das erste Exon im genomischen Locus werden nach homologer Rekombination durch das positive Selektionsmarkergen (*neo*) des targeting-Vektors ersetzt. Durchgehende Linien repräsentieren homologe Sequenzen im Vektor, Wildtypallel und rekombiniertem Allel. Exons sind als hohe offene Rechtecke dargestellt und numeriert, die Selektionsmarkergene als flache Rechtecke mit einer Abkürzung für das betreffende Gen (*neo* = Neomyzinresistenz; *tk* = Thymidinkinase, negatives Selektionsgen). Die Bruchstellen für die homologe Rekombination sind als schwarze Kreuze dargestellt, dünne gestrichelte Linien zwischen Vektor und Wildtypallel (genomischer Locus) repräsentieren die Insertionsstellen des Selektionsmarkergens und anderer heterologer Sequenzen.

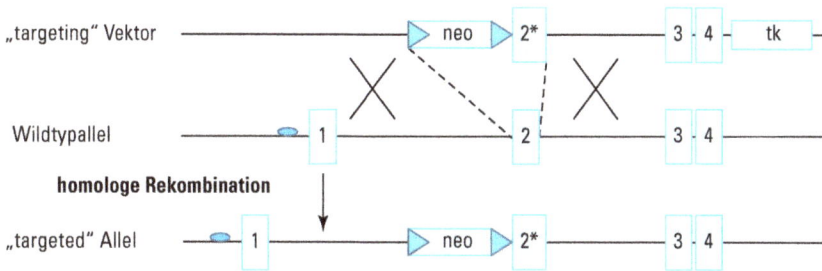

Abb.4.44 Zielgerichtetes Einführen einer Punktmutation. Mit vergleichbarer Strategie wie in Abbildung 4.43 wird hier das *neo*-Gen im Intron inseriert und auf eine Co-Konversion einer Punktmutation in Exon 2 selektioniert. Die Punktmutation wird mit einem Stern neben der Nummer des Exons angedeutet. Die anderen Symbole sind identisch mit denen in Abbildung 4.43. Hier ist das *neo*-Gen von loxP-Elementen (dunkelblaue Dreiecke) flankiert, was eine spätere Entfernung des *neo*-Gens mit Hilfe der Cre Rekombinase erlaubt. Das Entfernen des *neo*-Gens ist immer dann sinnvoll, wenn man die Expression eines mutierten Allels beabsichtigt, um negative Interferenz zu vermeiden.

Mutationen, bei denen ein Teil der Genfunktionen erhalten bleibt, z. B. wenn eine Punktmutation den Austausch einer einzelnen Aminosäure im Genprodukt bewirkt, werden als „partial loss of function" oder hypomorphe Allele bezeichnet (Abb. 4.44). Bisweilen können Mutationen auch Genprodukte mit neuen Funktionen ausstatten, z. B. wenn die Bindung regulatorischer Faktoren verändert wird. Solche Mutationen werden dann als „gain of function" Mutationen bezeichnet.

Nach der Transfektion der DNA in die ES-Zellen und antibiotischer Selektion werden die Klone der überlebenden Zellen mit molekularbiologischen Methoden (PCR: siehe Kap. 4.2.2; Southern Blot-Analyse: siehe Kap. 4.2.1) auf die Anwesenheit der Mutation am gewünschten Genort hin untersucht. Das Verhältnis homologer zu zufälliger (nicht-homologer) Rekombination liegt bei den meisten Experimenten im Bereich von 1:3 bis 1:500 resistenter Klone. Hat man einen homolog rekombinierten ES-Zellklon identifiziert, werden diese Zellen in Kultur vermehrt und in Embryonen mittels Mikroinjektion zurückverpflanzt. Hierbei wählt man das Stadium der Blastozyste, aus dem die ES-Zellen ursprünglich prepariert wurden. 18 bis 25 ES-Zellen werden mit Hilfe feiner Glaskapillaren unter nicht unerheblichem technischen Aufwand in den Hohlraum einer Blastozyste, das Blastozoel, mikroinjiziert (Abb. 4.45). Nach der Injektion kollabiert die Blastozyste und die injizierten ES-Zellen bilden mit den Zellen der inneren Zellmasse eine gemeinsame Struktur. Nach kurzer Inkubation reexpandiert der Embryo und wird in scheinschwangere Empfängertiere übertragen. Die Übertragung der Embryonen erfolgt in den Uterus, da Blastozysten auch während der natürlichen Entwicklung im Uterus zu finden sind. Etwa zwei Drittel der Spendertiere werden schwanger und tragen einen Wurf aus. Die Embryonen implantieren üblicherweise mit einer Rate von 50%.

Wie erkennt man nun die chimären Nachkommen, deren Gewebe viele Zellen mit dem transgenen ES-Zell-Genotyp enthalten? Dies wird ermöglicht durch die Verwendung von ES-Zellinien und Blastozysten aus verschiedenen Mausstämmen, die sich in ihrer Fellfarbe unterscheiden. Die Nachkommen, die einen großen Anteil von Zellen des ES-Zell-Genotyps im Fell und in der Haut tragen, haben je nach

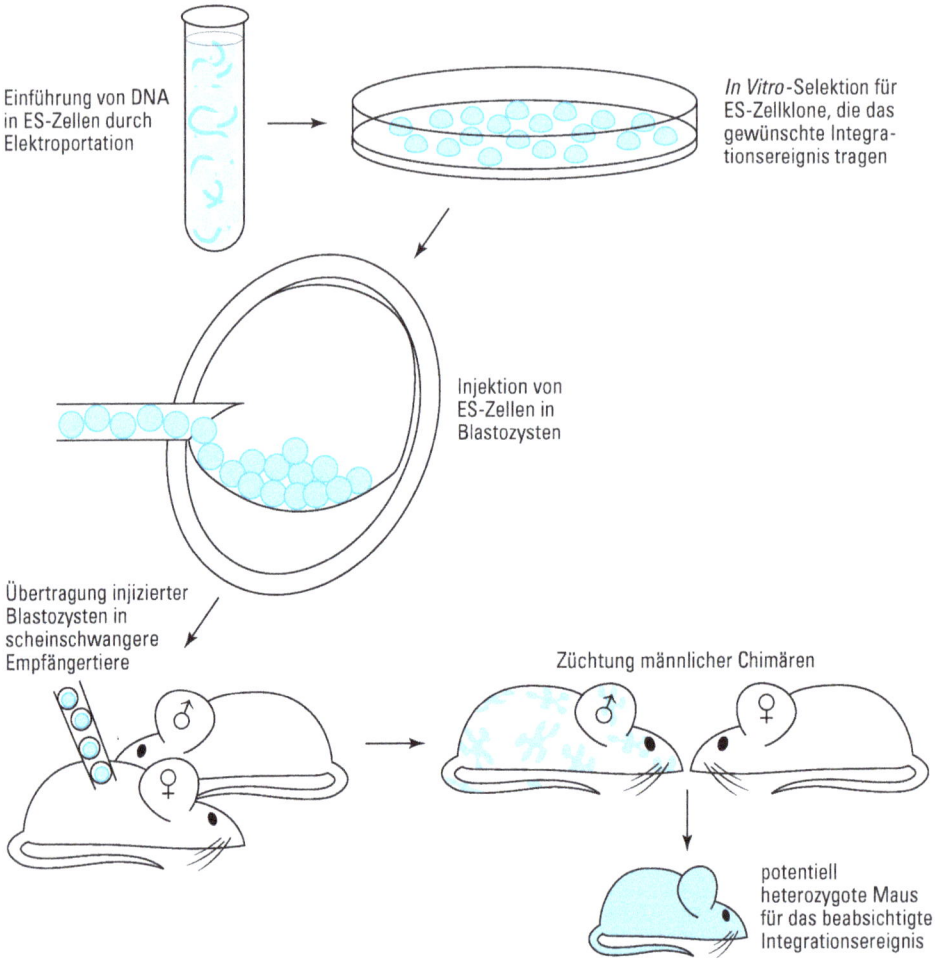

Abb. 4.45 Schematische Darstellung des experimentellen Ablaufs zur Herstellung chimärer Mäuse durch Mikroinjektion von gezielt veränderten ES-Zellen in Blastozysten. Die DNA (graue Symbole) wird durch Transfektion in den Kern von ES-Zellen eingeführt. Zellklone, die das Selektionsmarkergen *neo* tragen und in der anschließenden molekularbiologischen Analyse das gewünschte Rekombinationsmuster zeigen, werden in Zellkultur vermehrt und in Blastozysten injiziert. Die injizierten Blastozysten werden in den Uterus scheinschwangerer Empfängertiere übertragen und chimäre Mäuse, deren Gewebe sich aus Zellen der Blastozyste und der veränderten ES-Zellen zusammensetzt, werden geboren.

Ausprägung des Chimärismus mehr oder weniger stark geflecktes oder gestreiftes Fell. Nun schließt man von der Beteiligung der ES-Zellen am Aufbau von Haut und Fell auf deren Beteiligung am Keimbahngewebe. Kreuzt man chimäre männliche Tiere mit Wildtypweibchen des Genotyps der Blastozyste, so erhält man in der nächsten Generation entweder Tiere mit der Fellfarbe des Muttertiers (keine Transmission des ES-Zell-Genotyps) oder Tiere mit der Fellfarbe des Mausstammes, von dem die ES-Zellen stammen. Im letzteren Fall spricht man von Keimbahntransmission.

Hat man unter diesen Nachkommen mit Hilfe molekularbiologischer Methoden (PCR) diejenigen Tiere identifiziert, die die gewünschte Mutation tragen, so werden diese Heterozygoten zur Erzeugung homozygoter Mutanten miteinander verpaart.

Grundsätzlich können die so erzeugten knock-out oder knock-in Mäuse unterschiedliche Phänotypen entwickeln. Im günstigen Fall spiegelt die Maus z. B. das Krankheitsbild des Menschen wider, für das ein Tiermodell entwickelt werden sollte. Es kann sich jedoch auch ein gänzlich unverwandter Phänotyp entwickeln, oder homozygot mutante Tiere sind *in utero* nicht überlebensfähig (Letalmutante). Auch können erzeugte Mutationen phänotypisch stumm bleiben, etwa weil andere Prozesse den entstandenen Gendefekt kompensieren (Redundanz). Letztlich kann der Phänotyp mutanter Tiere auch davon abhängen, in welchem Mausstamm sie erzeugt wurden. In diesen Fällen führen dieselben Mutationen zu unterschiedlichen Phänotypen. Solche Fälle deuten auf die Existenz von stammabhängig unterschiedlich ausgeprägten Faktoren hin, die eine Auswirkung auf die phänotypische Ausprägung des untersuchten Gens haben können („strain-specific modifiers").

4.9.3.1 Beispiel: Tiermodelle für Cystische Fibrose

Die Cystische Fibrose (CF), auch Mukoviszidose genannt, ist eine der häufigsten letalen hereditären Krankheiten in Deutschland. Das betroffene Gen wurde 1989 kloniert. Bei dem Genprodukt handelt es sich um einen Chlorid-Ionenkanal, den „cystic fibrosis transmembrane conductance regulator" (CFTR) (siehe Kap. 5.1.1). Durch die Erzeugung eines entsprechenden Mausmodells soll die Pathogenese der Erkrankung besser als beim Menschen möglich analysiert werden. Außerdem erhofft man sich ein präklinisches Testsystem für neue konventionelle Therapiestrategien oder für die Gentherapie (siehe Kap. 8.2).

Knock-out Mäuse, bei denen das CFTR-Gen durch homologe Rekombination in ES-Zellen inaktiviert wurde, zeigen die charakteristischen Defekte in Chloridsekretion und in der Pathologie des Verdauungstrakts, z. B. die erhöhte Akkumulation zähen Schleims. Diese Tiere sind bei der Entwicklung gentherapeutischer Ansätze von großem Nutzen. So konnte beispielsweise gezeigt werden, daß transgene Mäuse, die den kompletten CFTR-Genlocus als yeast artificial chromosome (YAC) tragen (siehe Kap. 4.1.1), den Gendefekt von CFTR knock-out Mäusen reparieren können. Diese Studien tragen mit dazu bei, die regulatorischen Elemente zu identifizieren, die für die normale Expression des CFTR und ggf. für die Gentherapie wichtig sind.

Allerdings zeigen die meisten CF Patienten keine CFTR Gendeletion, sondern meist Punktmutationen, die zur Expression eines in seiner Synthese oder Funktion gestörten Kanals führen (siehe Kap. 5.1.1). Die Defekte sind dann weit weniger dramatisch als in den $CFTR^{null}$ Mäusen, die zum Großteil bereits wenige Tage nach der Geburt an Verstopfungen des Verdauungstrakts sterben. Mit Hilfe der in Abbildung 4.44 beschriebenen Methode wurden neue Varianten von CF Mäusen hergestellt, die Punktmutationen im CFTR-Gen tragen. Dadurch konnten Tiermodelle entwickelt werden, deren Krankheitsverlauf dem der meisten CF Patienten ähnlicher ist. Besonders die intestinalen Verstopfungen sind gegenüber den Nullmutanten deutlich vermindert und die Überlebensrate erhöht. Dadurch stellen sie exzellente Modelle dar, bei denen die CF Pathogenese der Lungen untersucht werden kann.

4.9.3.2 Tiermodelle führen zur Identifizierung menschlicher Gendefekte

Die inzwischen weitverbreitete Nutzung der knock-out Technik in der Grundlagenforschung hat zu einem für die Medizin wichtigen Zusatzaspekt geführt: Zuweilen entstehen mehr oder weniger zufällig Tiermutanten, deren Phänotyp Aspekte menschlicher Syndrome widerspiegelt, deren Gendefekt bislang unbekannt war. Die DNA solcher Patienten kann dann auf Defekte in dem bei der Maus untersuchten homologen Genlocus analysiert werden. Der knock-out des Rezeptors (TRKA) des Nervenwachstumsfaktors (nerve growth factor, NGF) führt zum Verlust spezifischer Neuronen, die exokrine Drüsen und sensorische Funktionen wie Temperatur- und Schmerzempfindung kontrollieren bzw. vermitteln. Diese Symptome sind auch Teil einer menschlichen Erbkrankheit, des sogenannten CIPA Syndroms (congenital insensitivity to pain with anhydrosis), auch bekannt als sensorische und autonome Neuropathie Typ IV. Diese autosomal-rezessive Erbkrankheit ist charakterisiert durch wiederkehrende Fälle von unerklärlichem Fieber, Anhydrose (Verlust der Schweißbildung), Verlust der Schmerzempfindung, Selbstverstümmelung und mentaler Retardierung. Ähnlich wie bei NGF und TRKA knock-out Mäusen kommt es bei CIPA Patienten zum Verlust der sympathischen Neuronen, die z. B. exokrine Schweißdrüsen innervieren und zum Verlust solcher sensorischer Neuronen der Hinterwurzelganglien, die für die Temperatur- und Schmerzempfindung verantwortlich sind. Die molekulargenetische Analyse von unabhängigen CIPA Familien ergab, daß in allen bisher untersuchten Fällen Mutationen im *trkA* Gen vorlagen. Somit war nicht nur der Gendefekt des CIPA Syndroms aufgeklärt, sondern auch gleichzeitig ein wichtiges Tiermodell entstanden.

4.9.4 Konditionale Mutagenese

Das Problem embryonal-letaler Mutationen kann man heute mit einer neuen Strategie zur gezielten Mutagenese umgehen. Diese Methode verwendet Genschalter, die es ermöglichen, Mutationen gewebe- oder entwicklungsspezifisch einzuführen (Abb. 4.45, Abb. 4.47); sie basiert auf der Kombination der schon beschriebenen homologen Rekombination in ES-Zellen mit einem ortsspezifischen Rekombinationsereignis. Ein Beispiel für einen solchen Genschalter, das Cre-loxP System, soll hier beschrieben werden. Dieses Rekombinase-System entstammt dem Bakteriophagen P1. Locusspezifische Rekombinasen sind Enzyme, die spezifische Zielsequenzen erkennen, an denen sie die DNA schneiden und religieren und somit eine Rekombination verursachen. Das Enzym Cre (*c*auses *re*combination) katalysiert die ortspezifische Rekombination zwischen DNA-Zielsequenzen von jeweils 34 bp, den loxP-Elementen (locus of crossing over). Cre allein reicht aus, um die Rekombination zwischen loxP-Elementen zu katalysieren, zusätzliche Kofaktoren werden nicht benötigt. Diese Eigenschaft erlaubt die Anwendung des Cre-loxP Systems in anderen Spezies. Um ein Zielgen mit Hilfe des Cre-loxP Systems auszuschalten, müssen zunächst loxP-Elemente durch „gene targeting" so in das Zielgen eingebracht werden, daß ein essentielles Exon von zwei loxP-Elementen flankiert wird („gefloxtes" Allel) (Abb. 4.46). In Abwesenheit von Cre wird das gefloxte Allel normal exprimiert und die so veränderten Mäuse (gefloxte Maus) sollten keine phänotypischen Defekte

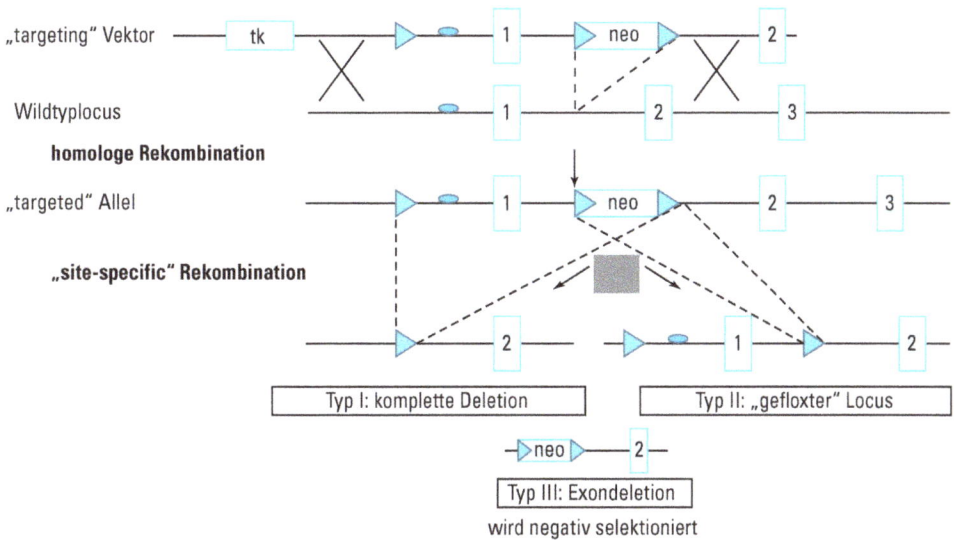

Abb. 4.46 „Flox" und „delete" Strategie. Die „flox" und „delete" Strategie zur gezielten Genmodifikation erlaubt die gleichzeitige Herstellung eines mit loxP-Elementen flankierten, jedoch funktional intakten Allels (Typ II „gefloxtes" Allel) und eines kompletten Nullallels (Typ I). Hierfür sind zwei aufeinanderfolgende Rekombinationsschritte notwendig: Die homologe Rekombination und die „site-specific" Rekombination mit Hilfe der Rekombinase Cre (z. B. in einer transienten Transfektion mit einem Cre-kodierenden Plasmid). Alle loxP-Elemente haben bei dieser Strategie die gleiche Orientierung. Die Symbole sind identisch mit denen in Abbildung 4.43.

aufweisen. Die Rekombinase wird in einer zweiten transgenen Mauslinie exprimiert (Cre-Maus). Zur konditionalen Ausschaltung des „gefloxten" Allels (ortsspezifische Rekombination) kommt es dann, wenn die gefloxte Maus und die Cre-Maus miteinander gekreuzt werden (Abb. 4.47). Dabei kann die Expression von Cre durch entsprechende regulatorische Sequenzen so gesteuert werden, daß es entweder zu einem definierten Entwicklungsstadium, in einem spezifischen Gewebe oder nach exogener Stimulation aktiv wird.

Kennt man den Grund für die frühe Letalität einer Nullmutante, z. B. einen Herzdefekt, kann mit dieser Technik durch Verwendung spezifischer Regulationselemente die Rekombination im Herz verhindert und damit die Letalität der Mutante umgangen werden. Spätere Funktionen eines Zielgens in anderen Geweben können somit analysiert werden. Diese Methode ist auch in solchen Fällen sehr nützlich, in denen die Entwicklung zweier Strukturen eng miteinander gekoppelt ist, wie z. B. die Entwicklung von Muskeln und ihre Innervierung durch Motorneurone. Ohne Muskeln verkümmern die Nerven, und ohne Innervierung degenerieren die Muskeln. Ist nun ein Genprodukt für die Entwicklung beider Strukturen essentiell, kann die Genfunktion in einer Struktur ausgeschaltet werden (z. B. Motorneurone) und ihre Auswirkungen auf die andere Struktur (Muskel) untersucht werden.

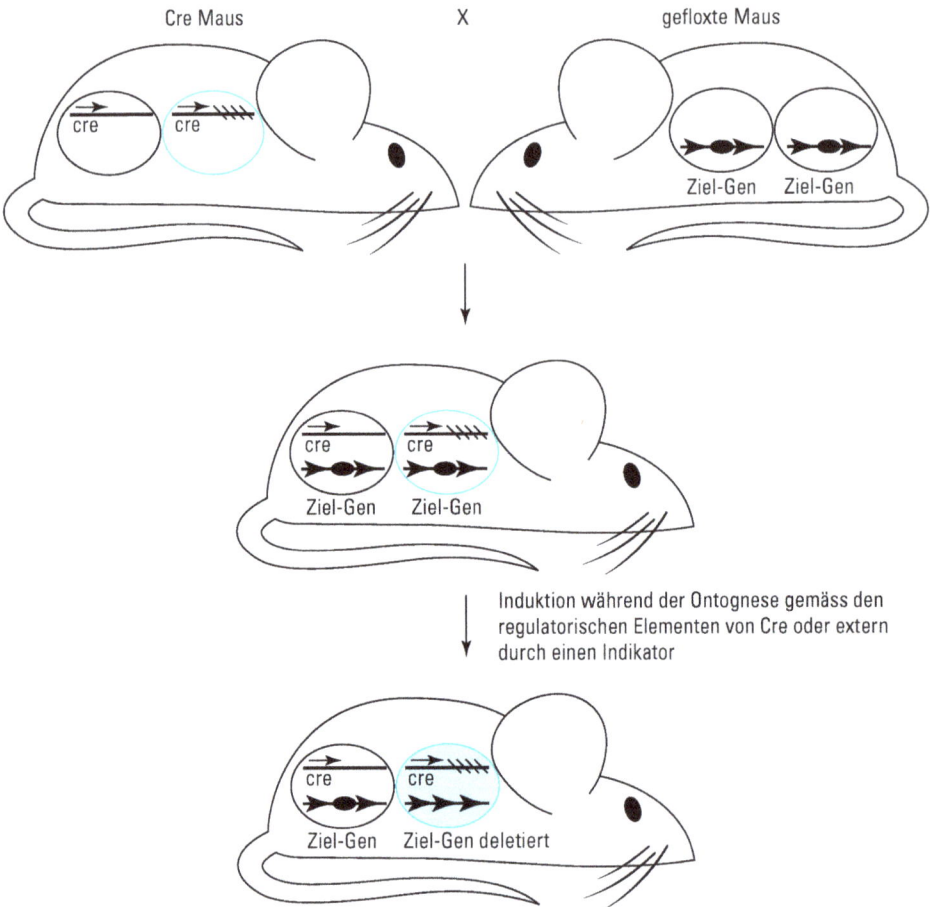

Abb. 4.47 Zuchtschema für die konditionale Mutagenese in Mäusen durch homologe und „site-specific" Rekombination. Nur ein Allel des Zielgens ist dargestellt. Zwei unabhängige Mausstämme sind hierfür nötig. Ein Stamm exprimiert die Cre-Rekombinase induzierbar oder in gewebespezifischer Form. Zellen die Cre nicht exprimieren sind mit schwarzem Rand dargestellt, diejenigen, die exprimieren mit blauem Rand. Der andere Mausstamm trägt den „gefloxten" Locus des Zielgens, welches in allen Zellen exprimiert wird. Nach Kreuzung enthält jede Zelle das Cre-Gen und das „gefloxte" Gen. Zu einem bestimmten Zeitpunkt der Entwicklung wird Cre gewebespezifisch exprimiert (blau umrandete Zelle) oder nach Zugabe eines Induktors von außen aktiviert (nicht gezeigt). In den relevanten Geweben findet Rekombination statt, die zur Einführung der beabsichtigten Mutation führt (blau umrandete Zelle mit hellblauem Hintergrund).

4.9.4.1 Gewebespezifische Mutagenese

Die sogenannte „flox-and-delete" Strategie (Abb. 4.46) wurde zuerst für die *in vivo* Analyse der Funktion eines an der DNA-Reparatur beteiligten Enzyms angewendet, der DNA-Polymerase β. Die Deletion des Promotors und ersten Exons in der Keimbahn der Maus hat einen letalen Phänotyp. In der „gefloxten" Maus wurde der Promotor und das erste Exon des Gens durch loxP Elemente flankiert. Mäuse, die zwei solche Allele tragen, zeigen keinerlei pathologischen Phänotyp. Gekreuzt wurde mit einer transgenen Maus, die Cre unter Kontrolle eines T-Zell-spezifischen Promotors (*lck*) exprimiert. Auf diesem Weg konnte untersucht werden, ob die DNA-Polymerase bei dem Rearrangement der T-Zellrezeptorgene während der Entwicklung von T-Lymphozyten eine Rolle spielt. Die Ergebnisse haben gezeigt, daß der DNA-Polymerase β keine essentielle Bedeutung für die normale Entwicklung der T-Zellen zukommt, sie wohl aber *in vivo* eine Rolle bei dem Vorgang des „base excision repair" spielt (siehe Kap. 3.7.2.2).

4.9.4.2 Induzierbare Mutagenese

Bei der Analyse des Phänotyps einer Genmutation können während der Ontogenese kompensatorische Effekte des Organismus auf die eingeführte Mutation auftreten und den Phänotyp so beeinflussen. Da zunehmend komplexere Vorgänge untersucht werden sollen, möchte man idealerweise mit Systemen arbeiten, bei denen man zu jedem Zeitpunkt der Entwicklung eines Organismus die Mutation induzieren kann; so etwa bei Analysen zur genetischen Grundlage von Lernen und Gedächtnis, bei dem das Verhalten einer individuellen Maus vor und nach Einführung einer Mutation analysiert werden soll. Zu diesem Zweck möchte man die Rekombinase in der Cre-Maus von außen regulierbar exprimieren. Eine Kontrolle ihrer Aktivität wäre auf transkriptionaler und posttranskriptionaler Ebene denkbar.

Die Auswahl an brauchbaren induzierbaren Promotoren bei Säugetieren ist bisher noch sehr beschränkt. Da Cre eine sehr hohe Aktivität besitzt, kommt es darauf an, daß im nicht-induzierten Status der Cre-Locus keinerlei Expression zeigt. Die meisten Promotoren besitzen eine zu hohe Basisaktivität. Darüber hinaus besitzt jeder Promotor ein beschränktes gewebespezifisches Expressionsmuster, so daß dieser Ansatz für eine globale *in vivo* Anwendung nicht brauchbar ist. Andererseits soll Cre effizient in allen Zellen eines Gewebes oder in einem bestimmten Zelltyp innerhalb eines Gewebes effizient schneiden und religieren. Daher zeigt ein ideales System eine hohe Induzierbarkeit bei fehlender Basisaktivität.

Eine Alternative zur Regulation von Cre auf der Ebene der Transkription stellt die Regulation auf der Ebene der Enzymaktivität dar. Bei einem solchen Ansatz wird die Rekombinase als Fusionsprotein mit einer Ligandenbindungsstelle eines Hormonrezeptors exprimiert. In Abwesenheit des Liganden ist das Fusionsprotein inaktiv.

Denkbar ist auch eine Kombination der Kontrolle von Cre auf verschiedenen Ebenen, solange man die Kombination geringer Basisaktivität mit einer hohen Aktivität nach Induktion erreichen kann. Nachteilig ist hierbei nur der erhöhte Kreuzungsaufwand bei unabhängig im Genom positionierten regulatorischen Elementen. Derzeit befinden sich solche Konzepte in der Phase der technischen Entwicklung und Optimierung, erste Experimente wurden in Mäusen unternommen. Anwendungen im biomedizinischen Bereich zur Erstellung von Mausmodellen für menschliche Krankheiten basierend auf einer induzierbaren Einführung der Mutation werden vielleicht bald möglich sein.

5 Hereditäre Erkrankungen

5.1 Krankheiten mit Mendelschem Vererbungsmodus

Das Konzept des Gens als Einheit der genetischen Information geht auf die 1866 veröffentlichten Versuche von Gregor Mendel an Erbsen zurück. Die Bedeutung dieses Konzeptes für Erkrankungen des Menschen wurde erst sehr viel später erkannt. Zwei grundsätzliche Vererbungsmodi können unterschieden werden (Abb. 5.1). Beim dominanten Erbgang erkranken statistisch gesehen 50 % der Nachkommen des erkrankten Merkmalsträgers. Dies kann daran liegen, daß (1) die Ak-

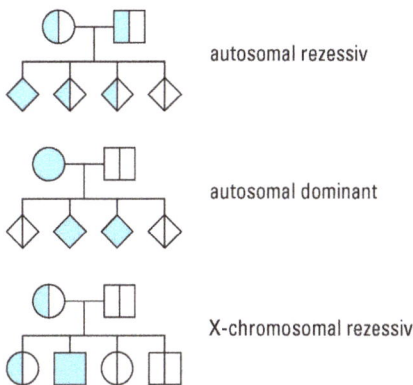

autosomal rezessiv

autosomal dominant

X-chromosomal rezessiv

Abb. 5.1 Stammbäume Mendelscher Vererbungsmuster. Vollständig gefüllte Symbole entsprechen phänotypisch auffälligen Personen. Halb gefüllte Symbole entsprechen phänotypisch unauffälligen Personen, die genotypisch jedoch Überträger der jeweiligen Erkrankung sind (Heterozygote). Die hellen Symbole stehen für phänotypisch und genotypisch unauffällige Personen.
Beim autosomal rezessiven Erbgang tragen die phänotypisch unauffälligen Eltern als Überträger ein 25%iges Risiko, ein phänotypisch auffälliges, genotypisch homozygotes Kind zu bekommen. Mit einer 75%igen Chance werden die Kinder jedoch phänotypisch unauffällig sein.
Beim autosomal dominanten Erbgang sind bei einem phänotypisch betroffenen, genotypisch heterozygoten Elternteil statistisch 50 % der Kinder phänotypisch auffällig und genotypisch wiederum heterozygot. Das Geschlecht des übertragenden Elternteils oder der Kinder spielt bei diesem Erbgang, wie auch beim autosomal rezessiven Erbgang keine Rolle (Raute).
Beim X-chromosomal rezessiven Erbgang überträgt die phänotypisch gesunde, heterozygote Mutter das betroffene Gen an 50 % ihrer Kinder. Statistisch sind 50 % ihrer Söhne genotypisch hemizygot und phänotypisch betroffen, während 50 % ihrer Töchter wiederum heterozygote, phänotypisch gesunde Konduktorinnen sind.

tivität des normalen Allels quantitativ nicht ausreicht, den Ausfall des mutierten Allels zu kompensieren (Haploinsuffizienz), (2) das mutierte Genprodukt die Wirkung des normalen, etwa durch eine pathologische Interaktion, aufhebt (dominant negativer Mechanismus) oder (3) das veränderte Gen eine neue qualitative Wirkung entfaltet (aktivierende Mutation).

Beim rezessiven Vererbungsmodus sind die heterozygoten Eltern gesund. Die Aktivität eines Allels stellt somit die ausreichende Gesamtaktivität des Locus sicher. Wenn jedoch beide Eltern ihr mutiertes Allel an die Nachkommen weitergeben, durchschnittlich bei 25% der Kinder, so kommt es zur klinischen Manifestation des Leidens. 75% der Kinder sind phänotypisch nicht betroffen, wobei jedoch 50% wie ihre Eltern Überträger für das rezessive Erbleiden sind.

Je nach chromosomaler Lokalisation unterscheidet man darüber hinaus zwischen autosomalen und X-chromosomalen Vererbungsmustern. Bei den X-chromosomal-rezessiv vererbten Krankheiten geben die heterozygoten Konduktorinnen die mutierte Genkopie an 50% ihrer Nachkommen weiter. Die betroffenen Mädchen sind dann wie die Mutter Konduktorinnen, wohingegen die Krankheit sich bei den betroffenen Jungen manifestiert, da sie kein weiteres X-Chromosom zur Kompensation besitzen (Hemizygotie). Variationen im phänotypischen Ausprägungsgrad und der Wahrscheinlichkeit einer Krankheitsmanifestation werden unter den Begriffen der Expressivität (graduell unterschiedliche Ausprägung eines Merkmals oder des Schweregrades einer Krankheit) bzw. der Penetranz (Wahrscheinlichkeit des Auftretens mindestens eines Symptoms dieser Krankheit) erfaßt. In manchen Fällen sind die molekularen Mechanismen für die unterschiedlichen Vererbungsmodi und für die Variationen im klinischen Ausprägungsgrad bekannt. Zum einen können unterschiedliche Mutationen des Locus selbst oder die Aktivität von weiteren genetischen oder exogenen Faktoren den Krankheitsverlauf modifizieren (modifying factors). Einige modellhafte Beispiele sollen hier erläutert werden.

In der wohl vollständigsten Sammlung hereditärer Krankheiten des Menschen, dem von McKusick herausgegebenen Katalog Mendelian Inheritance in Man sind die etwa 3.000 bekannten monogonen Erkrankungen zusammengefaßt und fast 10.000 Genloci mit mehr als 600 assoziierten monogenen Krankheiten registriert. Neben den weltweit sehr verbreiteten Hämoglobinopathien sind in Nordwest-Europa unter den monogenen Erbkrankheiten die Familiäre Hypercholesterinämie, die Hämochromatose und die Mukoviszidose besonders häufig. Monogene Erbleiden machen insgesamt aber weniger als 5% aller Krankheiten aus. Für den Arzt spielen diese Krankheiten meist als seltene Differentialdiagnosen häufiger Symptome eine Rolle. Praktisch wichtig sind vor allem die behandelbaren Krankheiten dieser Gruppe, insbesondere wenn bei verspäteter Diagnose und Therapie irreversible Schäden zu befürchten sind. Darüber hinaus ist das Verständnis der monogenen Erkrankungen natürlich ein erster Schritt für die Erfassung der vielschichtigeren Zusammenhänge bei den häufigen polygenen bzw. komplexen Krankheitsbildern auf der Basis von Umweltfaktoren und mehreren Gendefekten.

5.1.1 Autosomal rezessiver Erbgang

Bei den rezessiv vererbten Erkrankungen treten relevante Symptome erst dann auf, wenn beide Allele des betroffenen Locus mutiert sind. Die Aktivität eines normalen Allels kann die fehlende Funktion des mutierten Allels kompensieren.

5.1.1.1 Mukoviszidose

Bei der Mukoviszidose („CF" für engl. Cystic Fibrosis) handelt es sich um eine der häufigsten angeborenen Erkrankungen mit einer Prävalenz bei Menschen nordwesteuropäischer Herkunft von etwa 1 auf 1.500–2.000; jeder Zwanzigste in unserer Bevölkerung (5 %) ist Überträger dieser Krankheit. Pathogenetisch zeichnet sich die CF durch eine erhöhte Viskosität exokriner Drüsensekrete und daraus folgender Obstruktion der Ausführungsgänge mit zystisch fibrösen Umwandlungen aus. Bei den meisten Patienten stehen rezidivierende Bronchitiden bzw. Pneumonien mit zunehmendem Emphysem, chronische Sinusitiden und eine ausgeprägte Gedeihstörung durch Malabsorption im Vordergrund. Auch kann es zur Obstruktion der Gallenwege und zur biliären Zirrhose kommen. Der prognostisch limitierende Faktor ist in der Regel die Destruktion des Lungenparenchyms und die damit einhergehende cardio-pulmonale Symptomatik. Das klinische Erscheinungsbild ist jedoch variabel. Die Erkrankung manifestiert sich bei etwa 10 % der Patienten bereits im Neugeborenenalter in Form eines Mekoniumileus. Später leiden etwa 5–10 % der Patienten ganz überwiegend an pulmonalen oder nur an gastrointestinalen Symptomen. Bei einigen mild betroffenen Patienten wird die Diagnose erst im mittleren Lebensalter gestellt. Weitere CF-Varianten werden durch rezidivierende Pankreatitiden oder eine durch die congenitale Aplasie des Vas deferens (CAVD) bedingte männliche Infertilität repräsentiert.

Es gibt zur Zeit keine kausale Therapie. Die symptomatischen Maßnahmen haben jedoch zu einer beachtlichen Verbesserung der Prognose geführt und umfassen eine sorgfältige Physiotherapie, die Substitution mit Verdauungsenzymen und Vitaminen, die Mukolyse und die antiobiotische Prophylaxe. Bei einigen Patienten ist als *ultima ratio* eine (Herz)-Lungentransplantation erfolgreich. Die mittlere Lebenserwartung beträgt derzeit etwa 30 Jahre.

Der gebräuchlichste diagnostische Test beruht auf der bei Patienten mit CF stark reduzierten Permeabilität des Schweißdrüsenepithels für Chloridionen bzw. auf der Unfähigkeit, in den Ausführungsgängen NaCl zu reabsorbieren. Nach epikutaner Pilocarpinstimulation wird die bei Patienten mit CF erhöhte Chloridionenkonzentration im gebildeten Schweiß gemessen (Schweißtest). Einen klinischen oder biochemischen Überträgertest gibt es für diesen Prototyp einer rezessiv vererbten Erkrankung nicht. In betroffenen Familien kann seit der Identifikation des CFTR-Gens jedoch die molekulargenetische Diagnostik eingesetzt werden. Außer den stark verbesserten diagnostischen Möglichkeiten hat die molekulargenetische Analyse dieser Krankheit in Zusammenarbeit mit klassischen pathophysiologischen Methoden zu einem erheblich verbesserten pathogenetischen Verständnis, zur Etablierung von Tiermodellen und damit der Perspektive einer Entwicklung neuer Therapiemöglichkeiten geführt.

Molekulare Physiologie und Pathogenese

Das CF-Gen war eines der ersten durch „positional cloning" identifizierten Gene
(siehe Kap. 4.8.3 und Tab. 5.1). Es wurde entsprechend der Funktion seines Produktes als cystic fibrosis transmembrane conductance regulato*r* (CFTR) bezeichnet.
Ganz praktisch ergab sich durch die Identifikation des Gens und seiner Mutationen
im Rahmen der genetischen Beratung die Möglichkeit einer gezielten molekularen
Diagnostik zur Identifizierung von Überträgern in betroffenen Familien sowie einer
pränatalen Analyse.

Außer dem praktischen Nutzen erlaubte die Identifikation des CFTR-Gens eine
differenzierte Analyse des Expressionsweges und der Funktionsweise des reifen Proteins (Abb. 5.2). CFTR repräsentiert einen cAMP-abhängigen Chloridkanal in der
apikalen Membran sekretorischer Epithelzellen. Außerdem scheint CFTR eine Reihe anderer Ionenkanäle in ihrer Aktivität zu beeinflussen. Nach der Translation
wird das Protein gefaltet, an ein Chaperon gebunden und an die Zellmembran transportiert. Dort wird es durch einen Zwei-Schritt Mechanismus aktiviert. Während
des ersten dieser beiden Schritte wird ATP gebunden, und beim zweiten erfolgt die
Phosphorylierung durch eine cAMP-abhängige Kinase.

Tab. 5.1 Identifikation des CFTR-Gens

Eingesetzte Methode	Gewonnene Erkenntnis	Entdeckungs-jahr
Stammbaumanalyse	Autosomal rezessiver Erbgang	1949
Molekulare Kopplungsanalyse	Lokalisation auf dem langen Arm des Chromosoms 7 (7q22–7q31.1)	1985/1986
Erstellung einer Genbank in Cosmiden	Kartierung des Locus	1986
Methylierungsstatus (HTF-islands) und phylogenetische Konservierung (Zoo-Blots)	Identifikation von Kandidatengenen	1988
mRNA Expressionsanalyse von Kandidatengenen in Geweben	Identifikation von Kandidatengenen mit CF-relevantem Expressionsmuster	1989
Mutationsanalyse bei Patienten mit CF	Nachweis relevanter molekularer Pathologie	1989
Korrektur des Chloridionen transportdefektes in einer CF-Zellinie durch retroviralen Gentransfer	Bestätigung der Funktion des CFTR-Gens	1990
Mutagenese des murinen CFTR-Gens durch „gene targeting" in murinen embryonalen Stammzellen	Etablierung eines Tiermodells	1992

Derzeit sind mehr als 700 verschiedene Mutationen des CFTR-Gens bekannt. Die häufigste Mutation ist eine Deletion von den drei Nukleotiden des Phenylalanin-Codons an Position 508 (ΔF508) des Leserasters; sie kommt bei ca. 75% aller CF-Allele in Nordwest-Europa vor. In anderen Regionen ist diese Mutation entsprechend einem Nord-Süd Gefälle häufiger (z. B. fast 90% in Dänemark) oder seltener (z. B. 30% in Israel). Diese Mutation behindert die co-translationale Prozessierung des Proteins, das dadurch nicht an die Zellmembran transportiert werden kann. Andere Mutationen betreffen die Transkriptions- bzw. die Spleißeffizienz, oder auch die Translation und führen somit zu einer verminderten bzw. völlig aufgehobenen Expression des Gens. Weitere missense Mutationen beeinträchtigen die Funktion von CFTR als Chloridkanal oder als Regulator anderer Ionenkanäle.

Diese hier nur kurz skizzierten Grundlagen (Abb. 5.2) haben zu einer Reihe von neuen Therapieansätzen geführt, die darüber hinaus in jetzt verfügbaren Tiermodellen (siehe Kap. 4.10) präklinisch getestet werden können (Tab. 5.2). Es gibt auch klinische Versuche einer somatischen Gentherapie, die bislang jedoch noch nicht den Erwartungen entsprechen (siehe Kap. 8.2).

Klinische Variabilität

Durch die molekulare Analyse von Patienten mit CF konnten eine Reihe von Erkenntnissen für die Ursachen der klinischen Variabilität gewonnen werden. Ganz allgemein kann man feststellen, daß der klinische Phänotyp umso schwerer ausge-

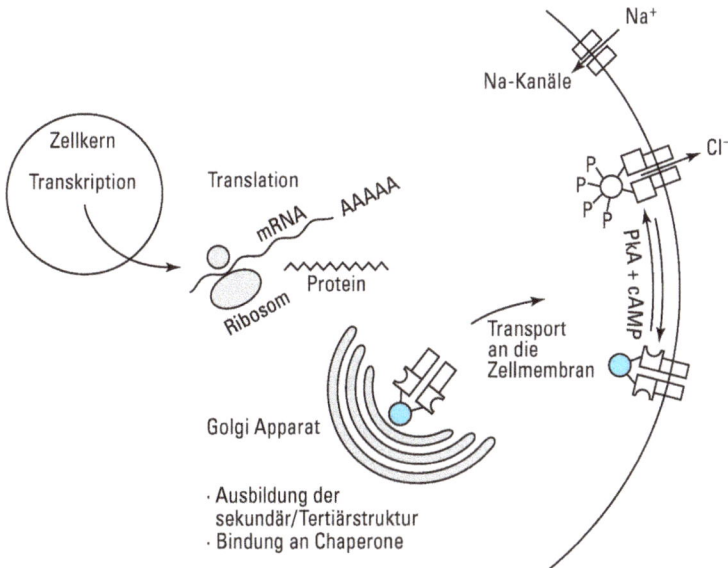

Abb. 5.2 Expressionsweg des CFTR. Nach Transkription, RNA-Prozessierung und Translation bindet sich zum Transport an die Zellmembran ein Chaperon an das reife CFTR Molekül. Dieses wird in der Membran durch ATP-Bindung und Phosphorylierung für den Chloridtransport aktiviert.

Tab. 5.2   Neue pharmakologische Therapieansätze bei der Mukoviszidose

Stoffgruppe	Pathogenetischer Ansatzpunkt
Synthetische Chaperone	Korrekte Faltung und effizienter Transport ΔF508-mutierten CFTRs in die Zellmembran
Aminoglykoside	Unterdrückung des Translationsabbruchs bei nonsense Mutationen im CFTR-Gen
Phosphodiesterase Inhibitoren	Erhöhung der cAMP-Konzentration führt zu verbesserter Phosphorylierung von z. B. G551D-mutierten CFTRs
Na-Kanal Blockierung	Verminderung der Na-Absorption im Bronchialeptithel
Purintriphosphate	Aktivierung purinerger Chlorid-Kanäle

prägt ist, je mehr die Aktivität des CFTR reduziert ist. Die Vollausprägung mit Lungenerkrankung, Pankreasinsuffizienz und Infertilität ergibt sich aus der Vererbung von zwei „schweren" Mutationen. Patienten mit Pankreassuffizienz, sonst aber schwerer Manifestation der CF, sind oft gemischt heterozygot für eine schwere und eine „milde" Mutation oder homozygot für „milde" Mutationen. Eine überraschende weitere Manifestation der CF ist die congenitale Aplasie des Vas deferens (CAVD) ohne sonstige pulmonale oder gastrointestinale Symptome. Aus der Infertilitätsdiagnostik ergibt sich daher heute ein ganz neuer Zugang zur Identifikation von Patienten mit einer CF. Hier findet sich meist ein heterozygoter Genotyp für eine „schwere" oder eine „milde" Mutation. Auf dem anderen CF-Allel findet sich oft eine Verkürzung eines Thymidinnonamers (9T) auf ein 5T im Intron 8 des CFTR-Gens. Das 5T Allel ist mit einem alternativen Spleißverhalten mit Verlust von Exon 9 und einer auf etwa 10% reduzierten Expression der CFTR mRNA assoziiert.

Die Korrelation von Genotyp und Phänotyp der CF zeigt somit erhebliche Unterschiede in der für eine normale Funktion minimal nötigen CFTR-Aktivität in verschiedenen Geweben. Allerdings gibt es gut dokumentierte Berichte über Unterschiede des Phänotyps in derselben Familie, was auf genetische oder epigenetische modifizierende Faktoren hinweist. Bei den Thalassämien liegen hinsichtlich des hier angedeuteten molekularen Verständnisses der klinischen Variabilität hereditärer Erkrankungen sehr viel umfassendere Erkenntnisse vor, die im nächsten Abschnitt erläutert werden.

5.1.1.2 Die β-Thalassämie als Modell für Genotyp-Phänotypbeziehungen bei rezessiven Erkrankungen

Das Beispiel der β-Thalassämie wurde hier als Modell zur Erläuterung von Genotyp-Phänotypbeziehungen ausgewählt, weil es sich dabei um eine der weltweit häufigsten monogenen Krankheiten überhaupt handelt. Außerdem ist die molekulare Pathophysiologie in diesem System weitgehend verstanden und exemplarisch illustrativ. Für eine sinnvolle Darstellung der modellhaften Zusammenhänge ist die folgende Erläuterung einiger biochemischer und klinischer Details erforderlich.

Struktur und Funktion des Hämoglobins

Das Hämoglobin ist ein tetramerer Proteinkomplex, der aus zwei Paaren verschiedener Globinketten besteht. Ein Globintyp wird an der Spitze des kurzen Arms von Chromosom 16 kodiert, wo der α-Globingenkomplex mit dem embryonalen ζ und den adulten α2- und α1-Genen lokalisiert ist. Der andere Typ wird auf dem kurzen Arm des Chromosoms 11 im β-Globingenkomplex mit dem embryonalen ε, den fetalen $^G\gamma$ und $^A\gamma$ und den adulten δ und β-Genen kodiert (Abb. 5.3). Jede der vier Untereinheiten ist kovalent an das Ferroprotoporphyrin Häm als Ligand gebunden. Die Struktur und die Funktion des Hämoglobins bedingen seine sehr gute Löslichkeit und Stabilität im Erythrocyten und erlauben die Aufnahme, den Transport und die Abgabe von großen Sauerstoffmengen bei physiologischen Bedingungen.

Die ζ- und α-Globinketten bestehen aus 141 und die ε-, γ-, δ- und β-Ketten aus 146 Aminosäuren. Die Sekundärstruktur beider Globinkettentypen ist stark α-helikal. In ihrer Tertiärstruktur bilden die Globinketten kompakte, rundliche Strukturen, bei denen die nach außen gerichteten Aminosäuren meist polar und die nach innen gerichteten hydrophob sind. Diese Anordnung ist für die sehr gute Wasserlöslichkeit und auch für die hohe Stabilität des tetrameren Moleküls verantwortlich. Der Porphyrinring des Häm wird in einer hydrophoben Tasche an der Außenseite des Moleküls durch zahlreiche van der Waalssche Kräfte stabil gehalten.

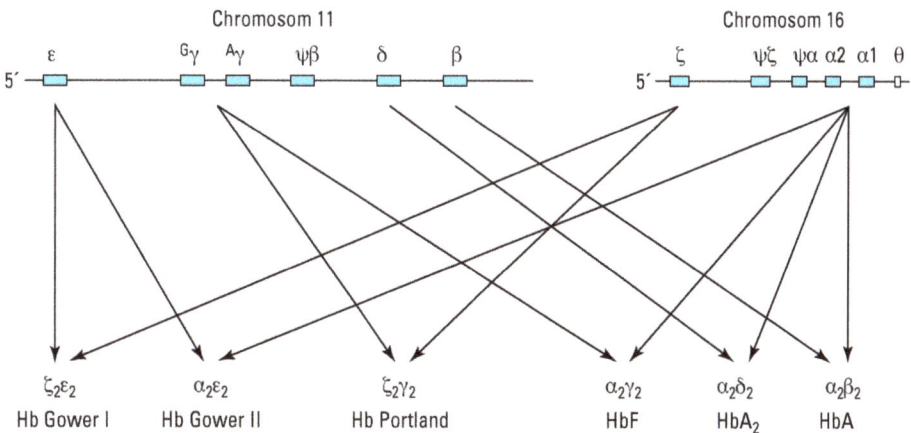

Abb. 5.3 Molekulare Struktur der α- und β-Globingenkomplexe auf den Chromosomen 16 und 11. Die menschlichen Hämoglobine sind heterotetramere Proteinkomplexe aus je 2α- oder ζ-Globinketten und 2β- oder β-ähnlichen im β-Globingenkomplex kodierten fetalen oder embryonalen Globinketten.

Ontogenese

Die individuellen Globingene werden in den erythroiden Zellen zu einer sehr starken Expression selektiv aktiviert und so programmiert, daß sie vornehmlich während spezifischer Stadien der Entwicklung aktiv sind. Sowohl im α- als auch im β-Globingenkomplex auf den Chromosomen 11 und 16 sind die Globingene von 5′ nach 3′ in ihrer Reihenfolge der Expression im Laufe der Entwicklung angeordnet. Ungefähr 14 Tage nach der Konzeption werden die Hämoglobine Gower I und II und Hb Portland sowie wenig später das HbF im Dottersack synthetisiert. Nach etwa 8 Wochen werden die embryonalen Gene inaktiviert und HbF wird das dominante Hämoglobin der Intrauterinperiode. Das adulte HbA wird in dieser Phase nur in kleinen Mengen gebildet. Etwa zum Geburtstermin jedoch wird die γ- durch die β-Globinsynthese abgelöst (Abb. 5.4).

Im α-Globingenkomplex gibt es somit ein genetisches Umschalten von der embryonalen ζ- zur fetalen/adulten α-Globinsynthese, wohingegen es im β-Globingenkomplex einen Umschaltvorgang von der embryonalen (ε) zur fetalen (γ) und einen Umschaltvorgang von der fetalen zur adulten (β) Genexpression kommt. Neben ihrer paradigmatischen Bedeutung für die Genregulation im Laufe der Ontogenese ist das Umschalten von der fetalen zur adulten Globingenexpression von medizinischer Bedeutung, da eine partielle Reaktivierung der fetalen Globingene pharmakologisch möglich und von klarem therapeutischen Nutzen bei den β-Globinopathien sein kann.

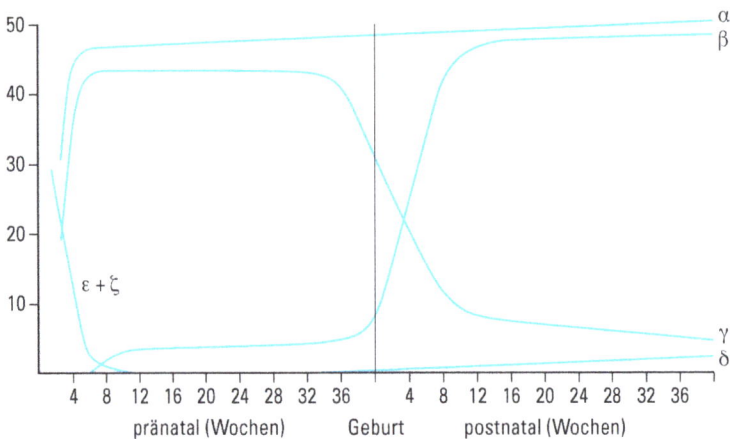

Abb. 5.4 Ontogenese der Hämoglobinsynthese. Kurz nach der Konzeption beginnt im Dottersack die Synthese der embryonalen ε- und ζ-Globinketten. Danach setzt noch in der Embryonalzeit die Synthese von α- und γ-Globinketten ein. Während der Fetalzeit werden vornehmlich α- und γ-Globinketten bzw. HbF gebildet. Etwa zum Geburtstermin erfolgt ein Umschalten von der fetalen γ- zur adulten β-Globinkettensynthese. Jenseits der Säuglingszeit ist fetales Hämoglobin nur noch in Spuren nachweisbar.

Pathophysiologie

Bei der β-Thalassämie ist die Synthese der β-Globinketten vermindert oder aufgehoben. Dadurch kommt es einerseits zum Substratmangel bei der Hämoglobinsynthese, andererseits aber auch zum pathophysiologisch besonders bedeutsamen relativen Überschuß an α-Globinketten. Diese sind ohne ihren Bindungspartner schlecht wasserlöslich, präzipitieren bereits in den erythroiden Vorläufern im Knochenmark und führen bei homozygoten Patienten zur ineffektiven Erythropoese, d. h. zu einer intramedullären Hämolyse und schwersten Anämie. Diese Anämie führt zu einer Erythropoietin-vermittelten erythroiden Hyperplasie des Knochenmarks, dadurch zu Skelettdeformationen (*Facies thalassaemica*) und zu einem erhöhten Folat- und Energiebedarf. Dieser Mechanismus führt jedoch nur bei besonderen genetischen Konstellationen (s. u.) zur funktionell ausreichenden Kompensation der Anämie. In der Regel besteht lebenslanger und regelmäßiger Transfusionsbedarf. Dadurch und durch eine erhöhte intestinale Eisenresorption entsteht eine Siderose, die zur Kardiomyopathie, zur Leberfibrose und zu multiplen endokrinen Ausfällen führt (Abb. 5.5).

Klinisches Erscheinungsbild

Heterozygote Überträger sind in den allermeisten Fällen klinisch gesund. Hämatologisch sind Heterozygote allerdings auffällig: Als Ausdruck des Substratmangels und einer partiellen Haploinsuffizienz (s. u.) für die Hämoglobinsynthese ist der Hämoglobingehalt des Einzelerythrocyten (MCH) und auch das Volumen des Einzelerythrocyten (MCV) deutlich erniedrigt. Eine ausreichende Kompensation erfolgt in aller Regel jedoch durch eine Steigerung der Gesamterythropoiese und somit der

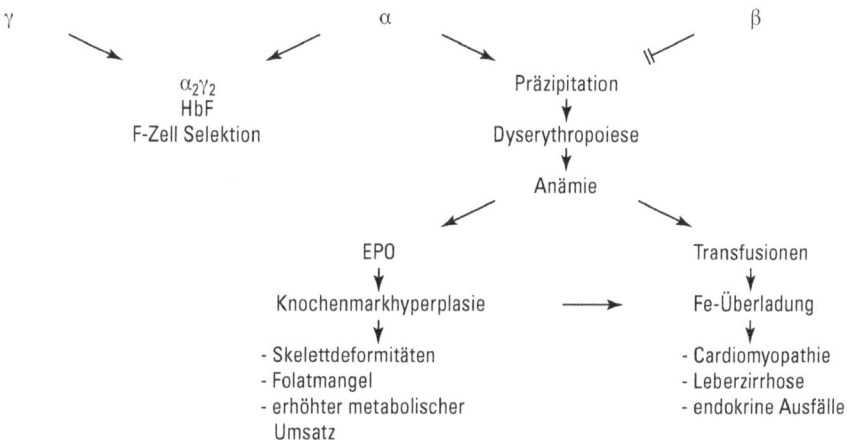

Abb. 5.5. Pathophysiologie der homozygoten β-Thalassämie. Durch Inaktivierung der β-Globingene kommt es zum relativen Überschuß der α-Globinketten, die ohne ihren physiologischen Bindungspartner schlecht wasserlöslich sind und in den erythroiden Vorläuferzellen präzipitieren. Dies führt zur ineffektiven Erythropoiese, die morphologisch dysplastisch erscheint (Dyserythropoiese) und eine transfusionsbedürftige Anämie mit den sekundären Folgen der Eisenüberladung bedingt.

Erythrocytenzahl, so daß die Gesamthämoglobinkonzentration meist im unteren Normalbereich oder nur knapp darunter liegt (*Thalassaemia minor*). Bei etwa 90% aller homozygoten Patienten prägt sich der klinische Phänotyp einer vom 1. oder 2. Lebensjahr an transfusionsbedürftigen dyserythropoietischen Anämie mit den oben beschriebenen sekundären Manifestationen aus (*Thalassaemia major*).

Bei etwa 10–15% der Homozygoten liegt der Schweregrad der klinisch-hämatologischen Manifestation zwischen der *Thalassaemia minor* und *major*. Auch gibt es gut dokumentierte Berichte von Heterozygoten mit klinisch relevanten Manifestationen der Erkrankung. Das klinische Bild dieser sehr variablen Gruppe von Patienten wird unter dem Begriff der *Thalassaemia intermedia* zusammengefaßt.

Molekulargenetik

Das β-Globingen ist ein strukturell einfaches Gen mit 3 Exons und 2 Introns. Es enthält die genetische Information für die 146 Aminosäuren lange β-Globinkette auf etwa 1,5 kb DNA. Das β-Globingen befindet sich zusammen mit dem fetalen γ- und dem embryonalen ε- und dem δ-Globingen im sogenannten β-Globingenkomplex auf dem kurzen Arm des Chromosoms 11 in der cytogenetisch definierten Bande 11p15. Auf der 5'-Seite des β-Globingenkomplexes, 6–18 kb vom ε-Globingen entfernt, findet sich ein übergeordnetes Steuerelement, die sogenannte Locuskontrollregion, das für die hohe spezifische Aktivität der Globingene in erythroiden Zellen verantwortlich ist (Abb. 5.6). Die Expression des β-Globingens kann an jedem Schritt der Genexpression von der Transkription bis zur posttranslationalen Modifikation gestört sein. Aus klinischen Gesichtspunkten ist es sinnvoll, die sehr unübersichtliche Zahl verschiedener Mutationen nach ihrer Auswirkung auf die Genexpression zu klassifizieren (Tab. 5.3). Die β⁰ und β⁻ Mutationen unterscheiden

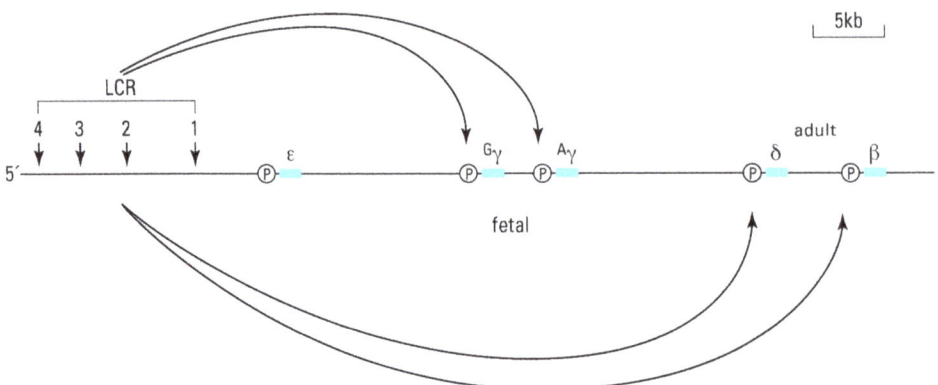

Abb. 5.6 β-Globingenkomplex mit Locuskontrollregion (LCR). Die Globingene dieses Komplexes sind in 5' → 3' Richtung in ihrer Reihenfolge der Expression während der Ontogenese angeordnet. Die LCR repräsentiert ein übergeordnetes regulatives Element, das in erythroiden Zellen das Chromatin des gesamten Genkomplexes für die Transkription zugänglich macht und während der Embryonalzeit das ε-Globingen, in der Fetalzeit die γ-Globingenene und danach die adulten δ- und β-Globingenene aktiviert.

Tab. 5.3 Verschiedene Mutationen bedingen einen unterschiedlichen Grad der Geninaktivierung und einen unterschiedlichen Phänotyp

Restaktivität	Mutationstyp (Beispiele)	Phänotyp bei homozygotem Genotyp
β^0	• nonsense • frameshift • Spleißsignale • Deletionen	*Thalassaemia major*
β^-	• Aktivierung kryptischer Spleiß-Signalsequencen • Spleißkonsensus	*Thalassaemia major*
β^+	• Promotor • Speißkonsensus • Cap-Stelle • Poly(A)-Signal	*Thalassaemia intermedia*

sich klinisch praktisch nicht. Ohne den Einfluß anderer günstiger modulierender Einflußfaktoren (s. unten) führen sie bei homozygoten Patienten zur *Thalassaemia major*. Die β^+ Mutationen führen bei homozygoten Patienten in den meisten Fällen zur *Thalassaemia intermedia* und haben oft auch bei $\beta^{0/-}/\beta^+$ gemischt heterozygoten Patienten einen signifikanten mildernden Einfluß.

β^0 Mutationen. Unter den β^0 Thalassämiemutationen sind vorzeitig auftretende translationale Stopmutationen häufig. Im genetischen Code signalisieren die Tripletts UAA, UGA und UAG den Abbruch der Proteinbiosynthese (siehe Kap. 3.4.2). Vorzeitige translationale Stopmutationen können entweder direkt durch Punktmutationen, sogenannte nonsense Mutationen, oder indirekt durch Insertion oder Deletion von einem oder zwei Nukleotiden durch Verschiebung des Leserasters entstehen, sogenannte frameshift Mutationen. Häufig sind darüber hinaus auch Mutationen der GU-Donor- und AG-Akzeptorsignalsequenzen für den Spleißmechanismus, die ebenso zum vollständigen Erliegen der normalen Genexpression führen. Deletionen sind bei der ß-Thalassämie selten, bei anderen Erkrankungen jedoch häufig und natürlich ein offensichtlicher Mechanismus für die vollständige Inaktivierung eines betroffenen Gens.

β^- Mutationen. Diese sind häufig Mutationen der Spleißkonsensussequenzen. Ein weiterer häufiger Mechanismus ist die Veränderung einer DNA-Sequenz, die vorher nicht als Spleißsignal erkannt wurde, bei der die Mutation jedoch eine Spleißsignalsequenz entstehen läßt und damit ein sogenanntes kryptisches Spleißsignal aktiviert.

β^+ Mutationen. Hier finden sich häufig Veränderungen der regulativen Elemente im Promotor, die eine effiziente Bindung von Transkriptionsfaktoren hemmen. Eine andere bei der β-Thalassämie häufige β^+-Thalassämie-Mutation betrifft die Position 6 des ersten Introns, die zu einer Restaktivität der normalen Expression von etwa

10–20% führt. Andere, seltene β^+-Mutationen betreffen die Cap-Stelle oder das Poly(A)-Signal (siehe Kap. 3.2.1 und 3.2.2). Diese Mutationen führen zur verminderten Translationseffizienz und RNA-Stabilität.

Die Heterogenität der β-Globingenmutationen führt somit zur unterschiedlichen Expressivität und stellt einen wichtigen Faktor für die klinische Variabilität der β-Thalassämie dar. Dieses Phänomen ist heute bei vielen monogenen Erbkrankheiten wie etwa der Mukoviszidose (s. o.) bekannt.

Interaktion mit modifizierenden genetischen Einflußfaktoren

Der zentrale pathophysiologische Faktor bei der homozygoten β-Thalassämie ist der relative α-Globinkettenüberschuß (s. o.) (Abb. 5.5). Der günstige Einfluß von β-Globingenmutanten mit einer hohen Restaktivität des Gens (s. o.) liegt auf der Hand. Die α-Thalassämie und die postnatal-persistierende HbF-Synthese sind nichtallele genetisch determinierte Faktoren mit einem gut dokumentierten günstigen Einfluß auf den Verlauf der β-Thalassämie.

α-Thalassämie. Die α-Thalassämie führt, ähnlich wie die β-Thalassämie, zu einem Überlebensvorteil in Regionen mit endemischer Malaria. Dadurch ist die häufige Koinzidenz hoher Genfrequenzen für beide Formen der Thalassämie erklärlich.

Eine besondere klinische Bedeutung kommt der α-Thalassämie dann zu, wenn bei einem Patienten mit homozygoter β-Thalassämie ein gemischt heterozygoter β^0/β^+ Genotyp vorliegt. Bei manchen β^+-Mutationen, ein häufiges Beispiel ist die Mutation an Position 6 des ersten Introns, reicht die Restaktivität des β^+-Globingens bei gemischt heterozygoten Patienten nicht ganz aus, um Transfusionsfreiheit zu gewährleisten. Die Patienten leiden an einer *Thalassaemia major*. Kommt bei dieser genetischen Konstellation jedoch eine α-Thalassämie hinzu, so kann der α-Globinkettenüberschuß so weit gesenkt werden, daß eine *Thalassaemia intermedia* mit nur minimalen Beschwerden resultiert. Die Expressivität der β-Thalassämie kann somit von einem Genlocus entscheidend beeinflußt werden, der auf einem anderen Chromosom lokalisiert ist. Für die Beratung der Familien ist dies deswegen von allergrößter Bedeutung, da diese beiden Genloci bei weiteren Kindern natürlich unabhängig voneinander weitergegeben und ein erheblich unterschiedliches klinisches Erscheinungsbild bedingen können. Das Kind mit dem β^0/β^+-Genotyp ohne α-Thalassämie ist regelmäßig transfusionsbedürftig und leidet an einer *Thalassaemia major*, wohingegen Geschwister mit einer α-Thalassämie nur von einer milden *Thalassaemia intermedia* betroffen sein können. Die genetische Interaktion zwischen der α- und der β-Thalassämie ist insofern ein Modell für die unterschiedliche Expressivität einer „monogenen" Erkrankung in derselben Familie.

Hereditäre Persistenz fetalen Hämoglobins. Auch bei vollständig erloschener β-Globingenexpression kann der resultierende α-Globinkettenüberschuß durch eine vermehrte postnatale Synthese von γ-Globinketten als HbF gebunden werden. Außerdem ist HbF auch postnatal ein in praktisch vollem Umfang funktionierendes Hämoglobin.

Als molekularer Defekt findet sich in diesen Fällen häufig eine Deletion der adulten δ- und β-Globingene. Dadurch wirkt die über die Locuskontrollregion vermittelte transkriptionale Aktivität des β-Globingenkomplexes auch postnatal auf die fetalen Gene (Abb. 5.6).

Alternativ kann die perinatale Abschaltung der γ-Globingenaktivität durch Punktmutationen im Promotor dieser Gene behindert werden. Durch diese Mutationen bleibt die Interaktion zwischen der Locuskontrollregion und den γ-Globingenpromotoren bestehen, so daß auch postnatal HbF synthetisiert wird.

Die postnatal persistierende HbF Synthese ist somit ein weiteres Beispiel für einen vom primären Gendefekt unabhängigen genetischen Einflußfaktor auf die Expressivität der β-Thalassämie. Neben dem modellhaften Charakter für klinisch wirksame genetische Interaktionen ist eine direkte therapeutische Option absehbar bzw. realisiert.

Beeinflussung eines „modifying factors" als therapeutische Option. Die Aktivität der γ-Globingene kann pharmakologisch postnatal re-induziert werden. Bei schwer betroffenen Patienten mit einer Sichelzellerkrankung ist die HbF-Induktion durch Hydroxycarbamid (Hydroxyurea) inzwischen therapeutischer Standard mit eindeutig nachgewiesenem Nutzen. Bei der β-Thalassämie gibt es erste experimentelle Ansätze mit der Behandlung mit kurzkettigen Fettsäuren, etwa dem Butyrat. Diese Substanzen verändern die Aktivität der γ-Globingenpromotoren durch DNA-Methylierung bzw. Histondeacetylierung. Das detaillierte molekularbiologische Verständnis hat hier somit zur Entwicklung einer neuen „konventionellen" Standardtherapie geführt.

Symptomatische heterozygote β-Thalassämie als Ausdruck dominant negativer Effekte

Aufgrund der genomischen Organisation der α-Globingene als dicht benachbarte Gene mit sehr starker Homologie kann es bei der Meiose zu homologen Rekombinationsereignissen kommen, die zur Triplizierung oder auch zur Quadruplizierung des normalerweise paarig vorliegenden α-Globingens führen können (Abb. 5.7). Diese zusätzlichen α-Globingene sind aktiv und führen zu einer zusätzlichen α-Globinkettensynthese. Bei Personen mit einer heterozygoten β-Thalassämie und 5 oder 6 statt der normalen 4 α-Globingene kann es dadurch zu einem klinisch relevanten α-Globinkettenüberschuß kommen, der zum Beschwerdebild einer leichten Thalassaemia intermedia führen kann. Außerdem gibt es Aminosäuresubstitutionen der β-Globinkette, die zu einer erheblichen Instabilität bereits des Monomers oder auch des Heterotetramers führen. Funktionelles Hämoglobin entsteht nicht. Das proteolytische System der erythroiden Vorläuferzelle muß bei dieser Form der Thalassämie also nicht nur die im relativen Überschuß befindlichen α-Globinketten sondern auch die nicht funktionalen β-Globinketten abbauen. Die dadurch bedingte Überlastung des Systems führt zur morphologisch auffälligen und funktionell ineffektiven Erythropoese und letztlich zur dominant vererbten β-Thalassämie.

Insgesamt gesehen kann die variable Expressivität der β-Thalassämie also durch die Heterogenität der ß-Globinmutationen und die unterschiedliche Restaktivität des betroffenen Gens durch Interaktionen mit nicht allelen Genloci erklärt werden (Tab. 5.4).

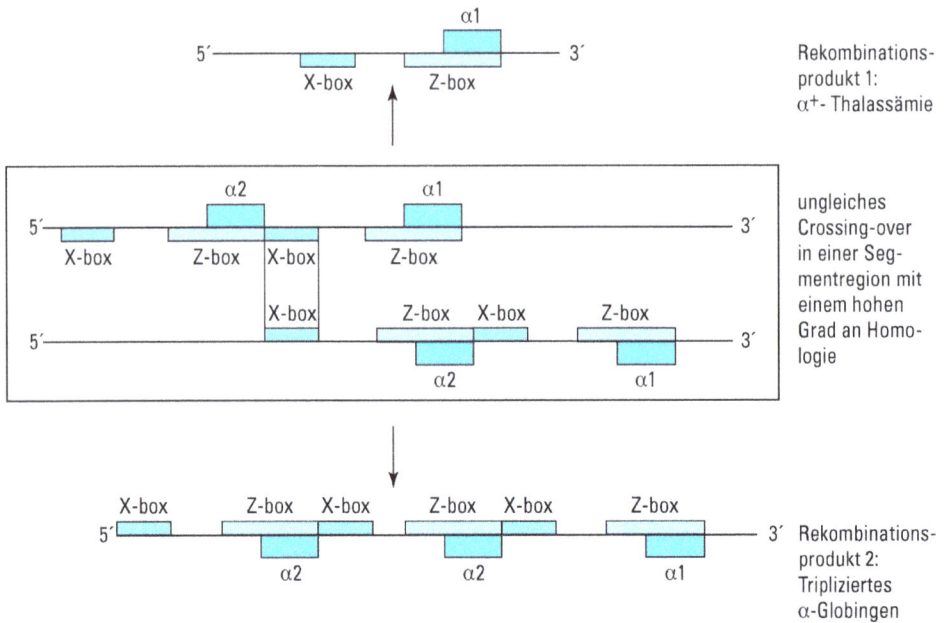

Abb. 5.7   Homologe Rekombinationsereignisse im α-Globingenkomplex (ungleiches Crossing-over). Während der Meiose kann es zur Paarung eng benachbarter Sequenzen mit einem hohen Grad an Homologie (sog. X- und Z-boxes) kommen. Ein Crossing-over zwischen falsch aneinander liegenden Sequenzen führt dann zur ungleichen Rekombination, die auf dem einen Chromosom zur α⁺-Thalassämie und auf dem anderen zur Triplikation des α-Globingens führt.

Tab. 5.4   Molekulargenetik der β-Thalassaemia intermedia

„Milde" homozygote β-Thalassämie
- β-Globingenmutationen mit hoher Restaktivität des betroffenen Gens
- Interaktion mit α-Thalassämiemutationen
- Interaktion mit Mutationen einer hereditären Persistenz fetaler Globinsynthese

„Schwere" heterozygote β-Thalassämie
- Dominante Mutationen mit extrem instabilen β-Globinketten
- Interaktion mit triplizierten α-Globingenen

5.1.2 X-chromosomal rezessiver Erbgang

5.1.2.1 Dystrophinopathien

Der geschlechtsgebundene Erbgang soll am Beispiel der Dystrophinopathien erläutert werden. Es handelt sich dabei um klinisch unterschiedlich schwer verlaufende Formen einer Muskeldystrophie, die bei ca. 1 auf 3.500 lebendgeborener Knaben vorkommt, wobei die Rate der Neumutationen mit 30 % relativ hoch liegt. Die häufigste Variante dieser Erkrankungsgruppe repräsentiert die Muskeldystrophie vom Typ Duchenne (DMD für Duchenne muscular dystrophy). Sie ist fünfmal häufiger als die klinisch mildere Variante vom Typ Becker (BMD). Sehr seltene Formen sind die X-chromosomale Myalgie und die X-chromosomale dilatative Cardiomyopathie. Seit Aufklärung des molekularen Pathomechanismus ist klar, daß es sich um allele Varianten von Defekten in einem Gen, dem Dystrophingen, handelt.

Klinisches Erscheinungsbild

Bei der DMD sind die Skelettmuskeln mit Ausnahme der äußeren Augenmuskeln, das Herz und bei $\sim 20\%$ der Patienten auch die glatte Muskulatur (verzögerte Magenentleerung) betroffen. Dazu werden auch kognitive Defizite beobachtet, deren Ursache nicht bekannt ist. Betroffene Jungen werden in den ersten fünf Lebensjahren symptomatisch. Ein frühes Zeichen ist die Pseudohypertrophie der Wadenmuskulatur. Die Patienten entwickeln Gangunsicherheiten und Muskelschwäche, die sie im Alter von etwa zehn Jahren an den Rollstuhl bindet. Im jungen Erwachsenenalter versterben die Patienten an cardiopulmonalen Komplikationen. Die Diagnose wird durch die stark erhöhte Kreatin-Phosphokinase (CK) im Serum, durch elektromyographisch nachweisbare myopathische Veränderungen sowie durch charakteristische, histologisch erkennbare Degenerations/Regenerations-Veränderungen des Muskels gestellt.

Der seltenere Typ Becker verläuft milder, so daß es hier zu einer fast normalen Lebenserwartung mit relativ geringer Beeinträchtigung kommen kann, falls sich nicht cardiale Probleme entwickeln.

Weibliche Überträger sind meist asymptomatisch. Als pathologischer Laborbefund kann jedoch eine CK im Serum nachgewiesen werden. Selten ($\sim 2,5\%$) kann es z. B. durch Abweichung vom normalen Inaktivierungsmuster des X-Chromosoms (skewed inactivation; siehe Kap. 2.3.3) auch bei Überträgerinnen zu Symptomen einer Muskeldystrophie kommen.

Molekulare Struktur des Dystrophingens und des Dystrophins

Das Dystrophingen war das zweite durch *Positionsklonierung* identifizierte Gen (siehe Kap. 4.8.3), dessen Größe etwa 2300 kb beträgt und 79 Exons umfaßt. Das Dystrophingen nimmt somit knapp 0,1 % des gesamten menschlichen Genoms ein. Das Transkript ist etwa 16 kb lang und kodiert ein 400 kD großes Protein mit 3685 Aminosäuren, das wegen der pathophysiologischen Beziehung zur Muskeldystrophie vom Typ Duchenne als Dystrophin bezeichnet wird. Dieses Protein wird in normalem Skelett- und Herzmuskel exprimiert, wo es jedoch nur $\sim 0,002\%$ des

Gesamtproteins ausmacht. In noch geringeren Mengen findet es sich in glatter Muskulatur und im Gehirn. Es fehlt im Muskel von Patienten mit DMD.

Bemerkenswert ist die unterschiedliche Struktur von Dystrophin in Muskelgewebe und Gehirn. Das Dystrophingen wird im Gehirn von einem weiter 5' gelegenen Promotor aus transkribiert und schließt ein im Muskeltranskript fehlendes, nicht translatiertes Exon mit ein. Die 5' nicht-translatierte Region des Gehirn-, nicht aber des Muskeltranskriptes ist phylogenetisch streng konserviert, was auf eine wichtige physiologische Funktion des Gehirntranskriptes hinweist. Außerdem wird das 3'-Ende der Dystrophin prä-mRNA alternativ gespleißt, was in diesen Fällen jedoch auch zu Änderungen in der Proteinstruktur führt. Drei dieser alternativen Spleißprodukte (Apo-Dystrophin 1-3) sind erheblich kleiner als Dystrophin und nicht muskel- oder gehirnspezifisch exprimiert. Die Funktion der kodierten Proteine ist unbekannt.

Dystrophin ist ein stabförmiges Strukturprotein, das fest an die Innenseite des Sarkolemma und an die sog. T-Tubuli gebunden ist. Letztere sind tunnelähnliche Ausstülpungen der Zellmembran, die die kontraktilen Muskelfibrillen umgeben. Mit seinem aminoterminalen Ende ist Dystrophin an Aktinfilamente im Cytoplasma und mit seinem carboxyterminalen Ende an sog. Dystrophin-assoziierte Proteine (DAPs) und Glykoproteine (DAGs) im Sarkolemma gebunden. Der Mangel an Dystrophin führt zur Instabilität der Membran, zum Einstrom von Ca^{++} Ionen in die Zelle und letztlich zur Nekrose.

Eine potentielle therapeutische Bedeutung (s. u.) kommt einem dem Dystrophin sehr ähnlichen Protein, dem Utrophin zu. Dabei handelt es sich um ein 400 kD großes Protein, das insbesondere während der Fetalzeit in der Plazenta, aber auch danach in vielen anderen Geweben exprimiert wird. Im Muskel findet sich Utrophin an den gleichen Stellen wie Dystrophin und bindet ähnliche Proteine und Glykoproteine. Eine erhöhte Expression von Utrophin scheint zu einer partiellen Kompensation des DMD-Phänotyps zu führen.

Molekulare Diagnostik und Genotyp-Phänotyp-Beziehungen

Nachdem die komplette cDNA als Gensonde für genomische Southern Blot-Analysen verfügbar war, wurde schnell klar, daß etwa zwei Drittel aller Patienten mit DMD oder BMD Deletionen des Dystrophingens tragen. Diese Deletionen kommen im 5'- und im 3'-Bereich des Gens gehäuft vor und können heute mit einer recht hohen Sensitivität durch den kombinierten Einsatz des Southern Blottings (siehe Kap. 4.2.1), der Multiplex-PCR (siehe Kap. 4.2.2) und der FISH-Analyse (siehe Kap. 2.3.2) identifiziert werden. Bei etwa einem Drittel der Patienten liegen kleine Deletionen und Punktmutationen vor, die allerdings auch mit dieser differenzierten diagnostischen Strategie schwierig zu erkennen sind. Bei diesen Familien kann die indirekte genetische Diagnostik durch Kopplungsanalyse angewendet werden (siehe Kap. 4.2.5).

Die Größe der Deletion korreliert nicht mit dem klinischen Schweregrad der Erkrankung. Entscheidend ist hier, ob das Leseraster der mRNA gestört und die Dystrophinexpression vollständig zum Erliegen kommt. In diesen Fällen entwickelt sich in aller Regel die schwere DMD. Wenn das Leseraster durch die Deletion (oder durch eine Duplikation) erhalten bleibt, so wird ein verkürztes (oder verlängertes) Protein in verminderter oder auch in normaler Menge gebildet. In diesen Fällen prägt sich meist die mildere BMD aus. Prognostisch wichtig ist weniger die Länge des Proteins als seine produzierte Menge. Bei Patienten mit DMD findet sich in Muskelbiopsien mit den heute verfügbaren Antikörpern kein Dystrophin, bei Patienten mit klinisch relativ schwer verlaufender BMD findet sich im Vergleich zum normalen Muskel etwa 3–10 % Dystrophin, und bei mild verlaufenden Becker-Formen mehr als 20 %. Immunologische Messungen des Dystrophins erlauben somit eine prognostische Aussage, ohne daß betroffene Familienmitglieder zum Vergleich herangezogen werden müssen. Dies ist vor allem bei den 30 % aller Patienten mit Neumutationen von Bedeutung. Darüber hinaus erlaubt ein Dystrophinassay den eindeutigen Ausschluß der Diagnose einer DMD oder einer BMD sowie in unklaren Fällen die eindeutige Zuordnung in diese Erkrankungsgruppe.

Bei der pränatalen Diagnose wird eine DNA-Analyse durchgeführt. Bei ca. zwei Dritteln aller männlichen Feten lassen sich über eine FISH-Analyse oder Multiplex-PCR Deletionen nachweisen. Bei den übrigen Fällen muß die Mutation in der individuellen Familie indirekt durch Kopplung an RFLPs innerhalb des Dystrophingens identifiziert werden. Nicht alle Familien zeigen jedoch eine informative Konstellation im Stammbaum. Außerdem kann es zu Rekombinationen zwischen Markerallel und Mutation kommen, so daß diese Strategie nicht in allen Fällen anwendbar ist und nicht die gleiche diagnostische Sicherheit wie die direkte Erkennung von Deletionen bietet.

Keimzellmosaik

Von besonderem klinisch-genetischem Interesse waren die Ergebnisse der molekulargenetischen Analyse von Familien, bei denen scheinbar mehrmals Neumutationen aufgetreten waren. Beide Eltern waren hier weder klinisch noch biochemisch auffällig. Auch waren keine Deletionen des Dystrophingens nachweisbar. Dennoch fand sich bei mindestens zwei Kindern eine identische Deletion des Dystrophingens. Es ist extrem unwahrscheinlich, daß bei beiden Kindern zufällig dieselbe Deletion *de novo* entstanden sein könnte. Wahrscheinlicher ist, daß während der Entwicklung der Keimzellen eine Deletion entstanden ist, die an die Kinder weitergegeben werden kann, ohne daß sie sich bei den betroffenen Eltern phänotypisch ausprägt oder bei einer Untersuchung von Körperzellen, z. B. Lymphocyten, gefunden werden kann. Es liegt somit ein sog. Keimzellmosaik vor. Molekulargenetische Analysen deuteten bei diesen Familien darauf hin, daß ein asymptomatischer Vater dieselbe Dystrophingendeletion an mehrere seiner Kinder vererbt, bzw. bei denen eine Mutter mit zwei nachweisbar normalen X-Chromosomen identische Deletionen an ihre zwei Töchter weitergegeben hat. Das empirisch erhöhte Wiederholungsrisiko bei Familien mit einmaligen Neumutationen hängt z. T. mit dem Vorkommen nicht erkannter Keimzellmosaike zusammen. Bei den Dystrophinopathien sind Keimzellmosaike recht häufig und kommen bei ~ 10 % aller Familien vor. Ein solcher Mechanismus für die Entstehung von Neumutationen ist nicht auf das Dystrophingen beschränkt, sondern kann prinzipiell alle Gene betreffen.

Tiermodelle

Therapeutische Möglichkeiten werden derzeit an Tiermodellen überprüft. Es gibt einen Mausstamm mit X-chromosomal vererbter Muskeldystrophie, die sog. mdx

Maus, bei der das murine Homolog des Dystrophingens von einer nonsense Mutation betroffen ist. Diese Mäuse bilden eine der DMD genetisch und biochemisch vergleichbare Erkrankung aus. Obwohl sich histologisch die Bilder zunächst ähneln, ist später die Muskelnekrose viel schwächer ausgeprägt als beim Menschen. „Klinisch" zeigen mdx Mäuse trotz fehlenden Dystrophins aus bislang unbekanntem Grund keine Muskelschwäche. Genutzt wird das mdx Tiermodell bei der Untersuchung des therapeutischen Effektes einer erhöhten Utrophinexpression.

5.1.3 Autosomal dominanter Erbgang

Im Gegensatz zu den rezessiven Erkrankungen führt bei dominant vererbten Krankheiten bereits die Mutation eines Allels zur Entstehung eines pathologischen Phänotyps. Die Aktivität des normalen Allels kann demnach den pathologischen Einfluß des veränderten Allels nicht kompensieren. Dies wird durch verschiedene Mechanismen erklärt, die im folgenden modellhaft ausgeführt sind.

5.1.3.1 Haploinsuffizienz am Beispiel der Familiären Hypercholesterinämie (FHC)

Bei einer Haploinsuffizienz reicht die Aktivität eines normalen Allels beim Heterozygoten für eine ausreichende Gesamtfunktion des Genproduktes nicht aus. Im Unterschied zu dem unten beschriebenen dominant negativen Effekt bzw. dem Verlust einer regulierten Aktivität eines Genproduktes kodiert das mutierte Allel hier selbst kein Produkt, das eine pathologische Aktivität gewinnt oder das die Funktion des vom normalen Allel kodierten Produktes beeinträchtigt.

Die FHC ist eine der häufigsten genetisch bedingten Erkrankungen überhaupt und kommt in Nordwesteuropa mit einer Häufigkeit von $\sim 1:500$ vor. Sie ist durch eine Erhöhung der low-density-lipoprotein-(LDL-)Cholesterin Konzentration im Plasma, durch Atherome und Xanthome charakterisiert. Der Phänotyp entwickelt sich bereits bei Heterozygoten, ist bei Homozygoten jedoch erheblich stärker ausgeprägt.

Klinisches Erscheinungsbild und biochemische Befunde

Bei Heterozygoten ist eine variable Erhöhung der Cholesterin-Plasmakonzentration auf einen Mittelwert von ~ 350 mg/dl die während der ersten ~ 10 Lebensjahre einzige, jedoch bereits bei der Geburt nachweisbare Anomalie. Ein *Arcus corneae* und Xanthome können bereits in der zweiten Lebensdekade auftreten. Eine koronare Herzkrankheit manifestiert sich meist im vierten Lebensjahrzehnt. Nur wenige Patienten werden unbehandelt 60 Jahre alt.

Bei Homozygoten liegt die Cholesterinkonzentration im Plasma typischerweise bei Werten zwischen 600–1200 mg/dl; die beschriebenen Symptome entwickeln sich bereits im Kindesalter. In der Regel versterben die Patienten vor dem 30. Lebensjahr.

Die Erhöhung der Cholesterinkonzentration im Plasma ist praktisch ausschließlich auf eine Erhöhung des LDL-Cholesterins und in geringerem Umfang auf die intermediate-density-lipoprotein(IDL-)Fraktion beschränkt. Die anderen Lipide im Blut sind im wesentlichen normal.

Pathophysiologie

Cholesterin ist ein notwendiger Bestandteil vieler Strukturelemente (z. B. Zellmembranen) und Funktionsträger (z. B. Steroidhormone) der Zelle. Cholesterin kann sowohl enteral aufgenommen als auch *de novo* synthetisiert werden. Die im Darm aufgenommenen Lipide werden zunächst in den Chylomikronen in Richtung Leber transportiert. Dort werden die Fette mit einer Lipoproteinschicht umgeben, so daß die very-low-density-lipoproteins (VLDL) entstehen. In den Kapillaren wird den VLDLs durch die Lipoproteinlipase Triglycerid entzogen und es entstehen die IDLs und LDLs. Diese werden durch den LDL-Rezeptor auf der Leberzelloberfläche gebunden, und aus sog. „coated pits" internalisiert. Im Lysosom wird das LDL in seine Protein- und Fettbestandteile zerlegt und das so freiwerdende Cholesterin entweder für Synthesezwecke weiter verstoffwechselt oder nach Reaktion mit Acyl-CoA-Cholesterin-Acyltransferase (ACAT) als Cholesterinestertröpfchen abgelagert (Abb. 5.8).

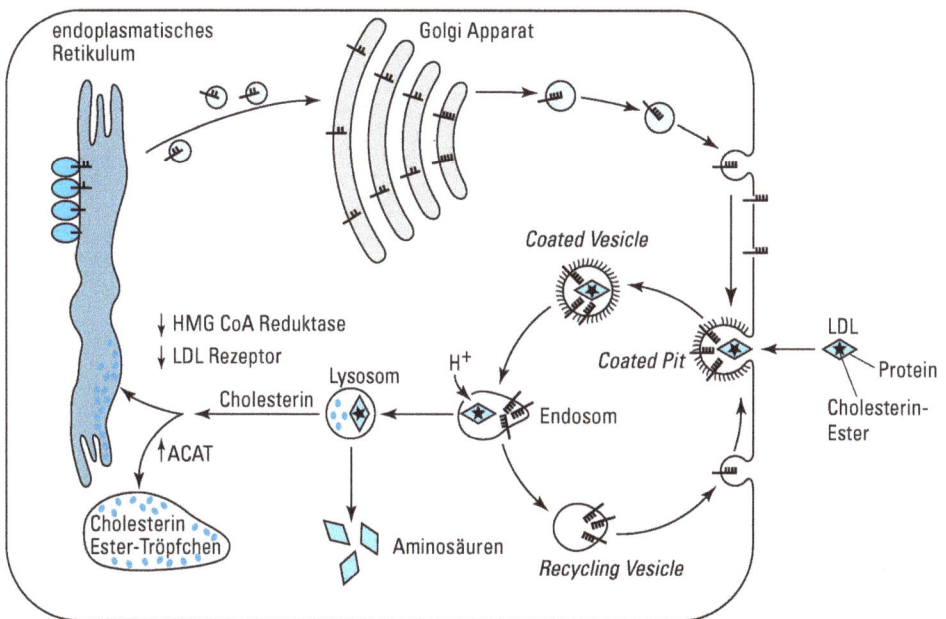

Abb. 5.8 Metabolismus des LDL-Rezeptors in der Leberzelle. Nach Freisetzung vom endoplasmatischen Retikulum wird der Rezeptor zum Golgi-Apparat und dann an die Zellmembran transportiert. Dort wird er mit LDL beladen und über „coated pits" und Endosomen zur erneuten Nutzung freigegeben. Das LDL wird in den Lysosomen in seine Aminosäure- und Fettbestandteile gespalten. Das Cholesterin wird entweder für Synthesezwecke verstoffwechselt oder durch Acyl-CoA-Cholesterin-Acyltransferase (ACAT) gespeichert. Durch erhöhte Konzentrationen von Cholesterin wird (1) die HMG-CoA Reduktase-Aktivität reduziert und somit weniger Cholesterin endogen synthetisiert, (2) die LDL-Rezeptor Synthese reduziert und damit weniger Cholesterin in die Zelle aufgenommen. Bei unverändertem Angebot steigt dadurch die Cholesterinkonzentration im Blut und wird (3) die ACAT-Aktivität und damit die Speicherfähigkeit erhöht.

Das intrazelluläre Cholesterin bewirkt über Rückkopplungsmechanismen eine Erhöhung der ACAT-Aktivität sowie eine Verminderung der HMG-CoA Reduktase-Aktivität. Die Aktivität dieses Enzyms bestimmt die Geschwindigkeit der *de novo* Cholesterinbiosynthese im Sinne eines sog. „rate-limiting-step". Außerdem wird die Synthese der LDL-Rezeptoren reduziert. Somit ergibt sich auf zellulärer Ebene eine sinnvolle Abgleichung von *de novo* Synthese, rezeptorvermittelter Aufnahme und Speicherung (Abb. 5.8).

Bei der FHC ist die Synthese des LDL-Rezeptors vermindert, bzw. beim Homozygoten vollständig inaktiviert. Dadurch kommt es zu einer Akkumulation des IDL- und insbesondere des LDL-Cholesterins im Plasma, zu einer verminderten zellulären IDL- und LDL-Aufnahme und durch den Ausfall des negativen Rückkopplungsmechanismus auf die HMG-CoA Reduktase zu einer verstärkten *de novo* Cholesterinbiosynthese.

Molekulargenetik des LDL-Rezeptors und der FHC

Das LDL-Rezeptorgen ist auf dem kurzen Arm des Chromosoms 19 in der Bande 19p13 lokalisiert. Das Gen umfaßt genomisch 45 kb und gliedert sich in 18 Exons. Die mRNA ist 5,3 kb lang und kodiert ein 860 Aminosäure langes Protein. Die Exons repräsentieren in diesem Gen unterschiedliche funktionelle Domänen (Bindung des Liganden, EGF-Homologie, Membranverankerung, cytoplasmatische Domäne). Die Aktivität des Gens wird transkriptional über Sterole reguliert.

Tab. 5.5   Klassifikation von FHC Mutationen

Mutations-klasse	Pathophysiologisch beeinträchtigte Funktion	Mutationstyp	Prävalenz
1	„Null-Allele", keine LDL-Rezeptorsynthese	Deletionen	∼15–20%
2	Verminderte Transportgeschwindigkeit des LDL-Rezeptors vom ER zum Golgiapparat und sekundär gesteigerter intrazellulärer Abbau	missense Mutationen oder kleine Deletionen bzw. Insertionen meist in der Ligandenbindungsdomäne oder der EGF-Homologie	∼50%
3	Gestörte Ligandenbindung	missense Mutationen in der Ligandenbindungsdomäne	∼10–15%
4	Gestörte Internalisierung des Rezeptor-Ligand-Komplexes	Deletionen oder vorzeitige Stopcodons mit C-terminaler Verkürzung, d.h. Fehlen der cytoplasmatischen und/oder Membrandomäne	selten
5	Gestörtes Recycling des Rezeptors	Mutationen der EGF-Domäne	∼20%

Insgesamt sind bei der FHC weit über 100 Mutationen des LDL-Rezeptorgens bekannt, die zum Funktionsverlust des betroffenen Allels führen. Die Mutationen können die Rezeptorsynthese oder verschiedene Aspekte von dessen Funktion betreffen. Die meisten Mutationen werden nur in einzelnen Familien gefunden. Jedoch gibt es auch Mutationen, die durch einen Founder Effekt in bestimmten Populationen aus den Niederlanden stammender Südafrikaner relativ häufig sind. Die Mutationen werden nach ihrem pathophysiologischen Effekt klassifiziert (Tab. 5.5).

5.1.3.2 Dominant negative Effekte des mutierten Allels am Beispiel der instabilen Hämoglobinopathien

Bei dominant negativen Effekten stört das Produkt des anomalen Allels aktiv die Struktur und/oder die Funktion des normalen Genproduktes, so daß die Gesamtfunktion beider Allele beeinträchtigt ist. Ohne den negativen Einfluß des pathologischen Genproduktes würde das normale Allel durchaus eine ausreichende Gesamtfunktion vermitteln können. Am Beispiel der Hämoglobinerkrankungen läßt sich dieses Konzept eindrücklich an dem unterschiedlichen Vererbungsmodus der rezessiven β-Thalassämie und den dominanten instabilen Hämoglobinopathien erkennen. Bei den Thalassämien kodiert das anomale Allel überhaupt kein, also auch kein störendes Produkt.

Bei den instabilen Hämoglobinopathien handelt es sich um insgesamt seltene Hämoglobinopathien, die durch eine chronische hämolytische Anämie mit erythrocytären Einschlußkörpern gekennzeichnet ist. Der Einbau nur einer pathologischen Kette in das Heterotetramer bedingt die Instabilität des Gesamtmoleküls.

Pathophysiologie

Adultes Hämoglobin ist ein Heterotetramer aus 2α- und 2β-Globinketten, dessen Stabilität von dem subtilen Arrangement der verschiedenen strukturellen Charakteristika abhängt (s. o.). Es gibt eine Vielzahl von Aminosäuresubstitutionen die die strenge Organisation des Moleküls stören. Veränderungen einer der vier Globinketten können zur Instabilität des gesamten Heterotetramers führen, obwohl die anderen drei Ketten normal sind. Aus diesem Umstand leitet sich der dominant negative Charakter dieser Erkrankungsgruppe ab.

Die gemeinsame pathogenetische Endstrecke aller dieser Mutationen führt zur Denaturierung und letztlich zur Präzipitation des Hämoglobins, was mikroskopisch als Einschlüsse, den sogenannten Heinz-Körperchen, sichtbar ist (Abb. 5.9). Diese binden sich an die Innenseite der Erythrocytenmembran und führen zum K^+- und H_2O-Verlust der Zelle. *In vivo* werden die so veränderten Zellen in der Milz erkannt, wo es entweder zur Entfernung zellulärer Einschlüsse durch Abschnürung oder zur Hämolyse kommt. Außerdem gibt es autologe Antikörper gegen die veränderten Membranbestandteile, so daß die Erythrocyten nicht nur mechanisch sondern auch immunologisch zerstört werden.

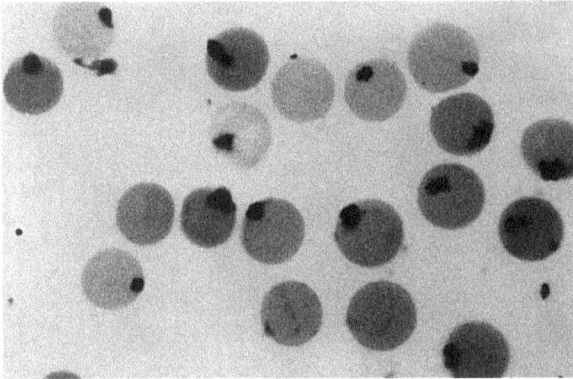

Abb. 5.9 Brilliantcresylblau-gefärbter Blutausstrich eines Patienten mit einer congenitalen Heinz-Körper-Anämie.

Klinisches Erscheinungsbild

Bei der schweren Form dieser Erkrankungsgruppe, der congenitalen Heinz-Körper-Anämie, kann es bereits im frühen Kindesalter zu einer chronisch hämolytischen Anämie kommen, die sich bei fieberhaften Begleiterkrankungen oder auch durch manche oxidativ wirkende Medikamente krisenhaft verschlechtern kann. Ikterus, Splenomegalie, Cholelithiasis und eine Dunkelfärbung des Urins sind häufige Befunde.

Molekulare Mechanismen der Instabilität

Bei den instabilen Hämoglobinopathien ist ein weit verbreitetes Prinzip deutlich zu erkennen: Eine Vielzahl von verschiedenen Mutationen startet den pathogenetischen Prozeß an sehr unterschiedlichen Ausgangspunkten. Die gemeinsame Endstrecke mündet jedoch in einem recht einheitlichen, wenn auch je nach Grad der vermittelten Instabilität quantitativ unterschiedlich stark ausgeprägtem Krankheitsbild (Tab. 5.6).

Tab. 5.6 Dominant negative Einflüsse bei den instabilen Hämoglobinopathien

---

- Destabilisierung der Häm-Globin Interaktion

- Unterbrechung der α-helikalen Struktur durch Insertion von Prolinresten

- Insertion von hydrophilen Aminosäuren in den hydrophoben Kern des Heterotetramers

- Konformationsänderung des Moleküls durch Deletionen oder Insertionen von Aminosäuren an kritischen Positionen

---

Unterschiede von Mutationen der α- oder der β-Kette. Die instabilen Hämoglobinopathien werden autosomal-dominant vererbt. Dabei sind die α-Globinopathien in der Regel sehr viel milder als die β-Globinopathien. Die Ursache dafür liegt in der unterschiedlichen molekularen Organisation des α- bzw. des β-Globingenkomplexes. Auf jedem der beiden homologen Chromosomen 11 gibt es jeweils ein β-Globingen, so daß jedes Allel die Expression von 50 % der Gesamt-β-Globinkettensynthese kontrolliert. Auf jedem der beiden homologen Chromosomen 16 gibt es jedoch 2 α-Globingene, von denen eines, das α2-Gen, etwa doppelt so stark exprimiert wird wie das andere, das α1-Gen (Tab. 5.7). Dadurch kontrolliert jedes der beiden α2-Globingene etwa 1/3 und die α1-Globingene jeweils nur etwa 15–20 % der α-Kettensynthese. Diese Unterschiede in der molekularen Struktur bzw. Physiologie erklären den grundsätzlich milderen klinischen Phänotyp der α- und insbesondere der α1-instabilen Varianten im Vergleich mit den β-Kettenvarianten.

Tab. 5.7 Anteilige Codierung der Globinketten des adulten HbA ($\alpha_2\beta_2$)

	α-Globinkettensynthese	β-Globinkettensynthese
Paternales Allel	α2-Globingen: 35% α1-Globingen: 15%	β-Globingen: 50%
Maternales Allel	α2-Globingen: 35% α1-Globingen: 15%	β-Globingen: 50%

5.1.3.3 Pathologische Aktivierung eines Genproduktes am Beispiel des Fibroblasten Wachstumsfaktor (FGF) Rezeptors bei angeborenen Skeletterkrankungen

Die Funktion vieler Proteine und ihr Einfluß auf den Metabolismus der Zelle hängen entscheidend davon ab, ob sich ihre Aktivität durch exogene Stimuli modifizieren läßt. So nehmen Rezeptoren typischerweise ein äußeres Signal in Form eines spezifischen Liganden auf und vermitteln eine Reaktion der Zelle, zum Beispiel durch Aktivierung einer Signalkaskade (siehe Kap. 3.9). Geht diese Regulationsmöglichkeit durch Mutation eines Allels verloren, dann kann es auch bei erhaltener Regulation des vom normalen Allel kodierten Genproduktes zu einer unkontrollierten Aktivität mit pathologischen Auswirkungen kommen. Dieser Mechanismus einer dominanten Vererbung soll hier an Fehlbildungen des Skelettsystems durch Mutationen der FGF (fibroblast growth factor)-Rezeptoren (FGFR) verdeutlicht werden.

Wirkungsweise von FGFRs

Derzeit sind vier strukturell ähnliche menschliche FGF-Rezeptoren (FGFR) bekannt, die charakteristische und überlappende Muster der Expression im Verlauf der Ontogenese zeigen. Die Grundstruktur aller FGFRs besteht aus drei extrazellulären Immunglobulin (Ig)-ähnlichen Schleifen, einem transmembranösen Anteil und einer intrazellulär lokalisierten Tyrosinkinase (Abb. 5.10). Die dritte Ig-Schleife wird von einem gemeinsamen Exon (IIIa) kodiert, das alternativ an eines von zwei verschiedenen Exons (IIIb oder IIIc) gespleißt wird (siehe Kap. 3.2.3). Der extra-

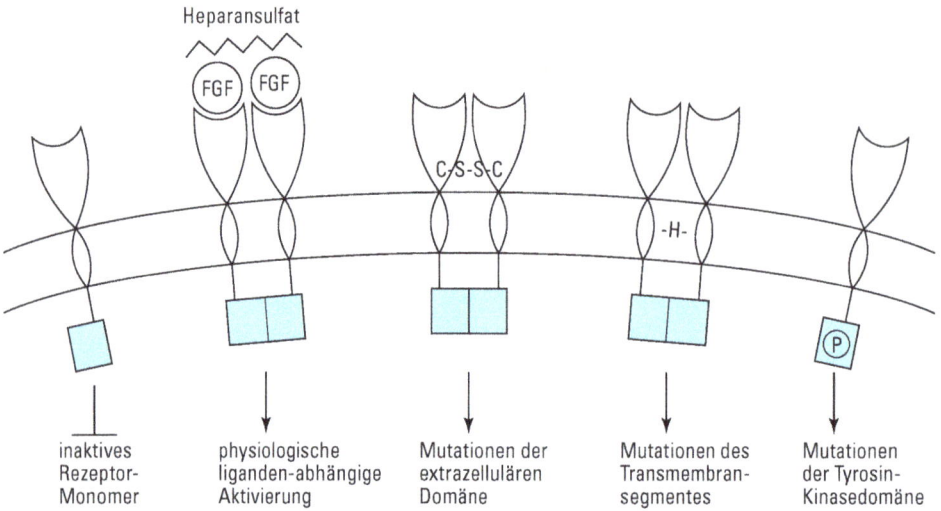

Abb. 5.10 Mechanismus der physiologischen und pathologischen Aktivierung des FGF-Rezeptors. Das inaktive Monomer wird nach Bindung des Liganden unter Mitwirkung von Heparansulfat dimerisiert und dadurch aktiviert. Mutationen der extrazellulären Domäne des Rezeptors, insbesondere die Einfügung neuer Cysteinreste (CS-SC) kann das Dimer ligandenunabhängig stabilisieren. Ebenso kann es zur Stabilisierung des Dimers kommen, wenn im Transmembransegment hydrophobe durch hydrophile Aminosäuren ausgetauscht werden und dadurch neue Wasserstoffbrückenbindungen(-H-) entstehen. Letztlich kann durch Mutation der intrazellulären enzymatisch aktiven Domäne eine konstitutive Kinaseaktivität entstehen (P).

zellulärer Anteil des Rezeptors bindet unter Mitwirkung von Heparansulfat den Liganden, ein Familienmitglied der 12 bisher bekannten „fibroblast growth factor" Peptide (FGF). Die Spezifität des Rezeptors für den Liganden hängt von dem alternativen Spleißereignis von Exon IIIa an Exon IIIb oder IIIc ab. Die Bindung des Liganden bewirkt eine Homo- oder Heterodimerisierung des Rezeptors, was zu einer Aktivierung der intrazellulär gelegenen Tyrosinkinaseaktivität und damit verbundener Signalvermittlung führt. Löst sich der Ligand, wird die Tyrosinkinase inaktiviert.

Klinisches Erscheinungsbild von FGFR Mutationen

FGFR Mutationen bilden die molekulare Basis von Craniosynostosen (z. B. Apert Syndrom, Crouzon Syndrom u. a.) und Formen der Skelettdysplasie (Achondroplasie, Hypochondroplasie, thanatophorer Kleinwuchs). Das gemeinsame Charakteristikum dieser Erkrankungen ist ein pathologisches Wachstum der Schädelknochen und/oder der Röhrenknochen. Bei den Craniosynostosen kommt es zu einem vorzeitigen Verschluß der Schädelnähte mit charakteristischen Veränderungen der Gesichtsform und Symptomen des erhöhten Hirndruckes. Es gibt eine Reihe von Unterformen in dieser Gruppe, die sich durch eine unterschiedliche Beteiligung der Röhrenknochen auszeichnen.

Die Skelettdysplasien zeichnen sich durch eine stärkere Beeinträchtigung des Längenwachstums der Röhrenknochen als der des Rumpfskeletts und einer zusätzlich bestehenden Makrozephalie aus. Durch die Beteiligung der Rippen kommt es beim thanatophoren Kleinwuchs zu einer postnatalen Asphyxie, so daß Kinder mit dieser schweren Erkrankung nicht überlebensfähig sind.

Molekulare Mechanismen der unkontrollierten Rezeptoraktivität

FGFRs können durch verschiedene Mutationen betroffen sein, die die physiologische Regulation aufheben und zu einer konstitutiven Tyrosinkinaseaktivität führen (Abb. 5.10). Bei den Craniosynostosen finden sich oft missense Mutationen im extrazellulären, FGF-bindenden Anteil der Rezeptoren, die entweder zur Substitution stark konservierter Cysteine, zur Einführung neuer Cysteine oder zu Störungen der Sekundärstruktur durch Substitution von Prolin durch andere, nicht helixbrechende Aminosäuren führen. Durch diese Substitutionen kommt es zur FGF-unabhängigen Dimerisierung des Rezeptors und damit zur unkontrollierten Aktivität der Tyrosinkinase. Ähnlich verhält es sich bei Mutationen des transmembranösen Anteils des Rezeptors. Hier wird eine hydrophobe durch eine hydrophile Aminosäure ersetzt, was vermutlich zu einer Stabilisierung des Dimers durch Wasserstoffbrückenbindungen führt. Eine solche Mutation des FGFR3 charakterisiert die Achondroplasie. Bei Mutationen der Tyrosinkinasedomäne kann es zu einer starken, konstitutiven Aktivität des Rezeptors und zum schweren Phänotyp des thanatophoren Kleinwuchses kommen.

5.2 Der mitochondriale Erbgang

Die Mitochondrien stellen die zentralen Organellen für die Energiegewinnung einer Zelle dar. Erst seit 1967 weiß man, daß die Mitochondrien ein eigenes, sehr kleines Genom mit insgesamt 37 Genen enthalten, die sich in einer Reihe von Charakteristika der Transkription, Prozessierung und Replikation von den nukleären Genen unterscheiden. Eine Mutation mitochondrialer DNA (mtDNA) wurde erstmals 1988 als Ursache einer menschlichen Erkrankung beschrieben. Seither konnte durch molekulargenetische Analysen eine Gruppe von Erkrankungen definiert werden, deren Vererbungsmuster und klinische Charakteristika durch die Besonderheiten des Mitochondriums und der mtDNA geprägt sind und sich grundlegend von den nukleär determinierten Erkrankungen unterscheiden. Darüber hinaus werden erworbene Mutationen der mtDNA mit degenerativen neurologischen Erkrankungen und mit den Mechanismen des physiologischen Alterns in Verbindung gebracht.

Mitochondriopathien sind pathogenetisch durch ein Energiegewinnungsdefizit gekennzeichnet, das entweder durch Mutationen nukleärer oder mitochondrialer Gene entstehen kann. Die Symptomatik ist ausgesprochen variabel, in den meisten Fällen jedoch durch oft schwierig zu deutende neuromuskuläre Beschwerden geprägt. Die nukleär bedingten Mitochondriopathien sind meist autosomal rezessiv vererbt, wohingegen die Mutationen der mtDNA entsprechend dem sehr charakteristischen mitochondrialen Erbgang ausschließlich durch die Mutter weitergegeben werden.

Die Expressivität und Penetranz hängt dabei zum einen davon ab, ob alle oder nur ein Teil der Mitochondrien von der Mutation betroffen sind (Homoplasmie vs. Heteroplasmie) und zum anderen auf welche Gewebe die betroffenen Mitochondrien verteilt sind. Durch die Entdeckung von mtDNA-Mutationen beim Menschen konnte eine ganze Gruppe bis dahin nur schwer verständlicher Erkrankungen ätiologisch geklärt und eine zielgerichtete Diagnostik entwickelt werden.

5.2.1 Physiologie und Biochemie des Mitochondriums

Mitochondrien sind ovaläre Organellen, deren Matrix von einer äußeren und einer inneren Membran umschlossen ist. Die innere Membran ist in die sogenannten *Cristae* gefaltet, ist proteinreicher als jede andere Membran und maßgeblich an der Energiegewinnung im Mitochondrium beteiligt.

Das im Cytoplasma durch Glykolyse enstandene Pyruvat und die Fettsäuren werden durch beide Membranen in die Matrix transportiert. Beide münden als Acetyl-CoA in den Citratzyklus, wo es unter NADH- und $FADH_2$- Gewinnung zu CO_2 oxidiert wird. Die Enzyme für den Citratzyklus werden sämtlich im nukleären Genom kodiert und nach ihrer Synthese im Cytoplasma in die mitochondriale Matrix transportiert.

An der inneren Membran erfolgt die oxidative Phosphorylierung und der Aufbau des O_2^-/H^+-Gradienten, der letztlich unter Gewinnung von ATP und Bildung von H_2O wieder ausgeglichen wird. Die Enzyme für die oxidative Phosphorylierung sind in 5 Komplexen (I-V) organisiert. Insgesamt enthalten sie etwa 90 Untereinheiten, von denen 13 von der mtDNA und die übrigen vom nukleären Genom kodiert werden. Die Komplexe I, III und IV bauen den O_2^-/H^+-Gradienten über der inneren Membran auf, der durch den Komplex V zur ATP-Synthese genutzt wird. Insgesamt gesehen sind die Mitochondrien somit der zentrale Ort für die Energiegewinnung der Zellen.

Eine zellbiologische Besonderheit des Mitochondriums besteht darin, daß die Enzymkomplexe der oxidativen Phosphorylierung sowohl aus nukleär- als auch mitochondrial-kodierten Untereinheiten bestehen. Der Transport der im Nukleus kodierten und im Cytoplasma gebildeten Proteine des Mitochondriums wird durch N-terminale Aminosäuresequenzen vermittelt, die als Zielsteuerungs- oder Targetsequenz an spezifische Rezeptoren in der äußeren Membran binden, energieabhängig internalisiert und an den endgültigen Bestimmungsort gebracht werden. Bis dahin binden sich sog. Chaperone an die importierten Proteine, die eine vorzeitige Ausbildung der zur Funktion notwendigen Sekundärstruktur verhindern. Am Ziel angekommen lösen sich die Chaperone, und die Zielsteuerungssequenz wird proteolytisch abgespalten. Die von der mtDNA kodierten Proteine werden in der Matrix des Mitochondriums selbst unter Verwendung der mt-tRNAs und mt-rRNAs synthetisiert (s. u.).

5.2.2 Das mitochondriale Genom

5.2.2.1 Struktur und kodierende Sequenzen

Die mtDNA ist ein doppelsträngiges zirkuläres Molekül mit 16.563 bp (Abb. 5.11), das in jedem Mitochondrium 2–10 mal und in jeder Zelle etwa 10^3 bis 10^4 mal vorliegt. Die mtDNA ist außerordentlich kompakt organisiert und enthält insgesamt 37 Gene für die 22 mitochondrialen tRNAs, die 16S und 12S rRNAs und 13 Untereinheiten der Enzyme zur oxidativen Phosphorylierung. Die Transkription, Prozessierung und Translation dieser Gene erfolgt in der mitochondrialen Matrix.

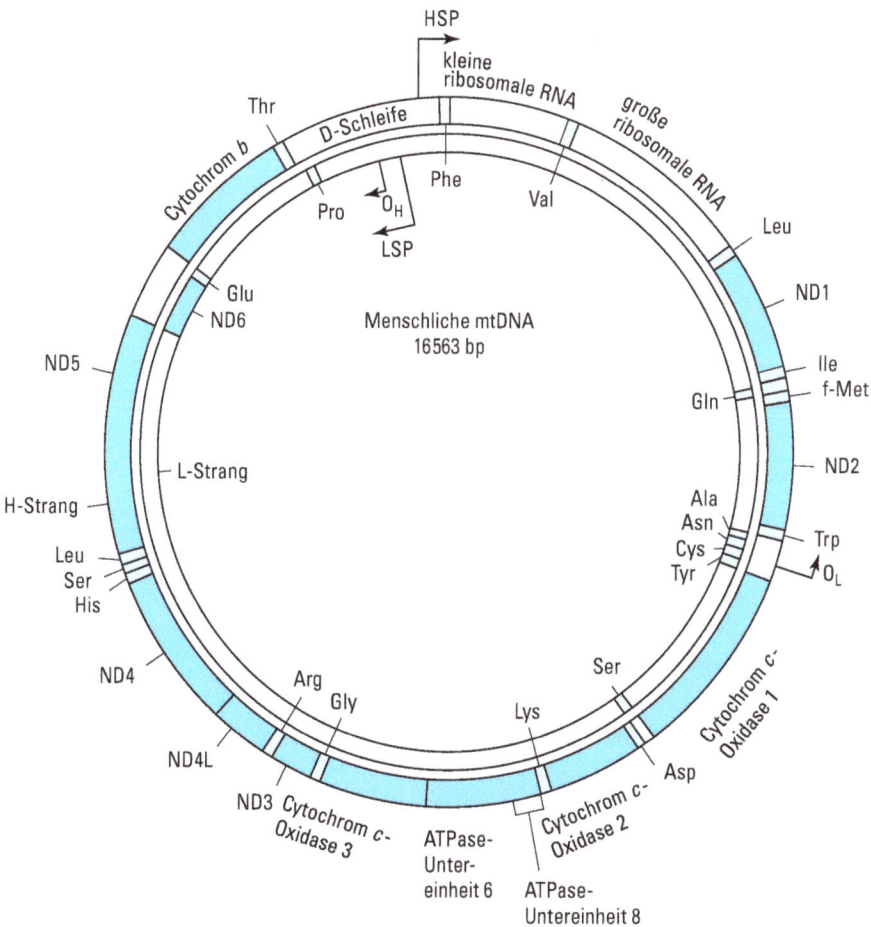

Abb. 5.11 Organisation der menschlichen mtDNA. Der äußere Ring repräsentiert den H-Strang und der innere Ring den L-Strang. Die von den beiden Strängen kodierten Gene und regulativen Elemente sind einzeln aufgeführt. Die tRNA-Gene sind durch die spezifischen Aminosäuren und die Untereinheiten des NADH-CoQ Reduktasekomplexes numerisch (ND1-6) gekennzeichnet. O_H = Replikationsursprung des H-Stranges; O_L = Replikationsursprung des L-Stranges; LSP = L-Strang Promotor; HSP = H-Strang Promotor.

Die beiden Einzelstränge des zirkulären Doppelstranggenoms lassen sich durch Ultrazentrifugation in einen schwereren H-Strang und einen leichteren L-Strang trennen. In der konventionellen Darstellung des Moleküls wird der H-Strang in Uhrzeigerrichtung und der L-Strang entgegen dem Uhrzeigersinn dargestellt. Vom H-Strang werden 28 und vom L-Strang 9 Gene des mitochondrialen Genoms transkribiert.

Die Promotoren und der Replikationsursprung sind in der kurzen D-Schleife (displacement) lokalisiert (Abb. 5.11). Introns kommen nicht vor. Die 5 untranslatierten Regionen sind kurz, so daß nur insgesamt 87 bp der mtDNA keine kodierende Funktion besitzen. In einigen Fällen gibt es sogar eine 1 bp Überlappung der kodierenden Sequenzen zweier Gene. Außerdem haben fünf Gene kein translationales Terminationscodon (Ter). Dies entsteht erst bei der Polyadenylierung, indem ein U oder UA des Primärtranskriptes posttranskriptional zum UAA und somit zum Ter wird. Darüber hinaus gibt es einige Besonderheiten des genetischen Codes, die auf einen sehr weit zurückliegenden evolutionären Ursprung der mtDNA schließen lassen (Tab. 5.8).

Tab. 5.8 Unterschiede im genetischen Code zwischen nukleärem und mitochondrialen Genom

Codon	nukleäres Genom	menschliche mtDNA
UGA	Ter	Trp
AGA und AGG	Arg	Ter
AUA und AUU	Ile	Met

5.2.2.2 Regulation der Transkription und der Prozessierung

Die mtDNA wird von 2 Promotoren in der D-Schleife kontrolliert (Abb. 5.11). Die Transkription des H-Stranges erfolgt vom H-Strang Promotor (HSP) aus und wird entweder hinter den rRNA Genen oder erst nach fast vollständiger Kopie des Ringmoleküls in der D-Schleife terminiert. Das kürzere Transkript entsteht etwa zehnfach häufiger als das längere, so daß die rRNAs, aber auch die in diesem kurzen Transkript liegenden tRNA^{Val} und tRNA^{Phe} in größerer Menge gebildet werden als die anderen auf dem H-Strang kodierten tRNAs und mRNAs. Die Transkription des L-Stranges ausgehend vom L-Strang Promotor (LSP) liefert nur 9 der 37 Transkripte, ist jedoch für die Regulation der Replikation von großer Bedeutung (s. u.). Insgesamt ist die Aktivität des HSP durch eine höhere Affinität zu den mitochondrialen Transkriptionsfaktoren höher als die des LSP. Die weitere Prozessierung erfolgt durch eine RNaseP-ähnliche Aktivität, die das Primärtranskript spaltet und die einzelnen RNAs entläßt. Abschließend werden die mRNAs mit kurzen Poly(A)-Schwänzen versehen und an den mitochondrialen Ribosomen translatiert.

5.2.2.3 Regulation der Replikation

Auch die Replikation wird von der D-Schleife aus kontrolliert, die damit die entscheidende regulative Sequenz für die mtDNA darstellt. Hier findet sich der Replikationsursprung des H-Strangs (Abb. 5.11), an dem sich nach Transkription vom LSP ein DNA-RNA Hybrid als Primer für die DNA-Synthese bildet. Der Replikationsursprung des L-Stranges innerhalb einer Gruppe von tRNA Genen wird sekundär aktiviert, so daß die Replikation der mtDNA von der LSP-kontrollierten Transkription abhängt. Im Gegensatz zur nukleären DNA ist die mtDNA Replikation damit nicht zellzyklusabhängig und insgesamt weniger stringent reguliert.

5.2.3 Mitochondriale Vererbung

Aufgrund der sowohl nukleären als auch mitochondrialen Kodierung mitochondrialer Enzymbestandteile können Mitochondriopathien sowohl nach den Mendelschen Regeln oder nach den Regeln der mitochondrialen Vererbung weitergegeben werden. Letztere ist aufgrund der oben beschriebenen Besonderheiten des mitochondrialen Genoms allerdings fundamental unterschiedlich zur nukleären Mendelschen Vererbung (Tab. 5.9).

Eine Besonderheit liegt in der ausschließlichen Weitergabe über die mütterliche Linie. Dies kommt dadurch zustande, daß Mitochondrien der Samenzelle bei der Befruchtung nicht mit in die Eizelle gelangen. Eine Mutation der mtDNA kann homogen in jedem mitochondrialen Genom jeder Zelle oder nur in einem Teil der mtDNA-Moleküle vorkommen. In Analogie zu den Begriffen der Mendelschen Genetik spricht man hier von Homoplasmie bzw. Heteroplasmie (Abb. 5.12). Bei der Heteroplasmie variiert der Anteil mutierter mtDNA oftmals erheblich zwischen den verschiedenen Geweben eines Individuums oder sogar zwischen verschiedenen Zellen desselben Gewebes. Wann sich eine Mutation phänotypisch bemerkbar macht, hängt vom Typ der Mutation ab. Für Deletionen liegt dieser Schwellenwert bei etwa 60%. Da verschiedene Gewebe in unterschiedlichem Ausmaß von einer effizienten Energiegewinnung durch die oxidative Phosphorylierung abhängen, erklärt die Heterogenität der Verteilung mutierter mtDNA in verschiedenen Geweben die oftmals erhebliche Variabilität im klinischen Phänotyp bei derselben mtDNA-Mutation (Tab. 5.11).

Eine Mutter mit einer homoplasmischen mtDNA-Mutation vererbt ausschließlich mutierte mtDNA an ihre Kinder. Im Gegensatz dazu gibt eine Mutter mit einer heteroplasmischen mtDNA-Mutation an verschiedene Kinder ggf. einen sehr unterschiedlichen Anteil von mutierten Mitochondrien weiter. Die Quantität mutierter mtDNA kann in solchen Familien dann ebenso wie der klinische Phänotyp stark variieren. Es kann sogar vorkommen, daß eine heteroplasmische Mutter ausschließlich nicht mutierte oder ausschließlich mutierte mtDNA an ihr Kind weitergibt. Insgesamt gesehen ist das Risiko für eine Weitergabe aber um so höher, je größer der Anteil mutierter mtDNA-Moleküle bei der Mutter ist. Der mitochondriale Erbgang ähnelt somit auf den ersten Blick einem X-chromosomal rezessiven Erbgang. Allerdings sind hier auch weibliche Nachkommen betroffen.

Tab. 5.9   Unterschiede nukleärer und mitochondrialer DNA/Vererbung

	mtDNA	nukleäre DNA
Struktur		
• Größe	16 kb mit 37 Genen	3×10^6 kb mit $\sim 1{,}4 \times 10^5$ Genen
• Kopien/Zelle	10^3–10^4	2
• Organisation	Ringmolekül ohne Histone	Chromosomen mit hoch organisierter Verpackung durch Histone und andere DNA-bindende Proteine
• Nicht-codierende Sequenzen	minimal	$> 90\%$
Regulation		
• Transkription	2 Promotoren für 2 Primärtranskripte	meist ein Transkript für ein Genprodukt
• Prozessierung	RNase vermittelte Spaltung der Primärtranskripte; kein Spleißen; kurze Poly (A)-Schwänze	Prozessierung durch Speißen codierender Bestandteile; lange Poly-(A) Schwänze
• Translation	in der mt-Matrix entsprechend einem eigenen genetischen Code und mit eigenen rRNAs und tRNAs	im Cytoplasma entsprechend dem „allgemein gültigen" genetischen Code
• Replikation	transkriptionsabhängig; zellzyklusunabhängig	zellzyklusabhängig
Genetik		
• Vererbung	ausschließlich maternal; homo- oder heteroplasmisch	entsprechend den Mendelschen Regeln; Dynamische Mutationen; Genomisches Imprinting
• Somatische Mutationen	häufig	selten

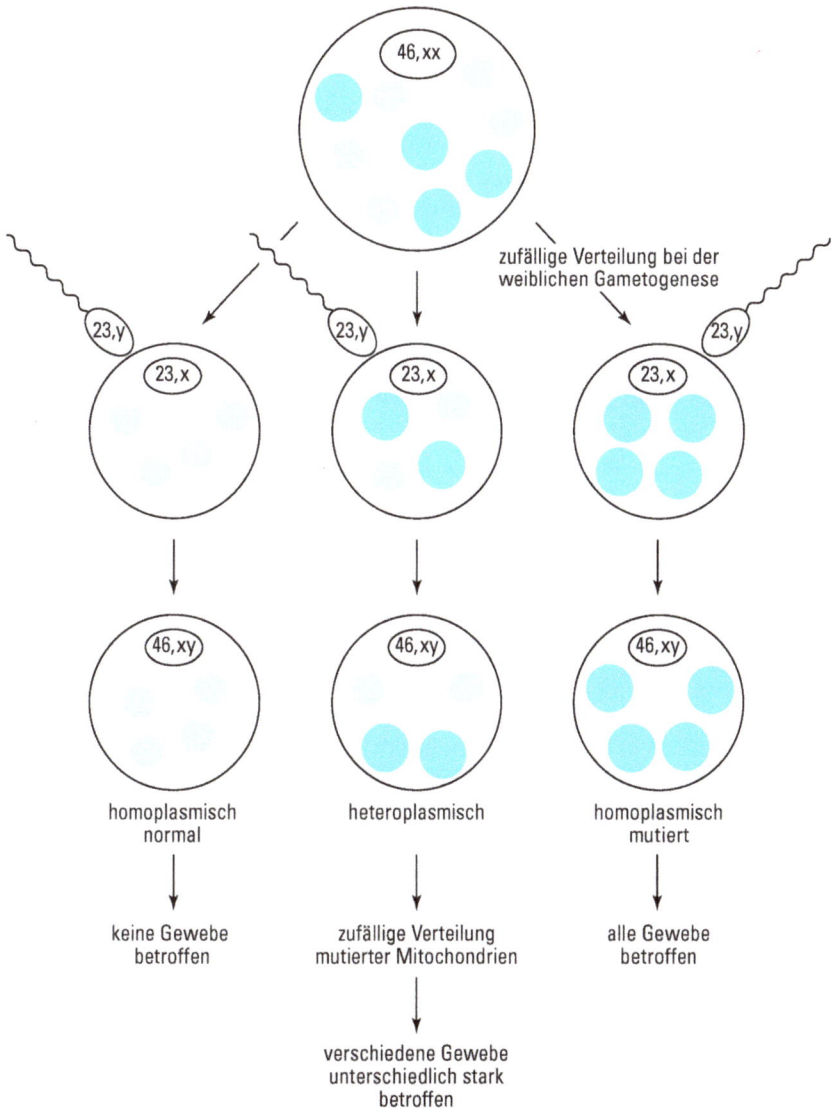

Abb. 5.12 Schematische Darstellung der hetero- bzw. homoplasmischen Vererbung mtDNA-Mutationen. Oozyten enthalten eine Vielzahl von Mitochondrien, die jeweils mutiert oder genotypisch unauffällig sein können und per Zufall auf die Zygoten verteilt werden. Dadurch kann eine genotypisch auffällige bzw. unauffällige Mitochondrienpopulation homoplasmisch oder eine heteroplasmische Mischpopulation entstehen. Das Mitochondrium der Samenzelle gelangt nicht mit in die Zygote, so daß mtDNA-Mutationen ausschließlich über die mütterliche Linie vererbt werden.

5.2.3.1 Mutationen der mtDNA

Die Mutationsrate der mitochondrialen DNA ist im Vergleich zur nukleären DNA etwa 10-fach erhöht. Dies ist dadurch bedingt, daß das Mitochondrium über kein effektives DNA-Reparatursystem verfügt, die DNA nicht in Histone verpackt ist und in der unmittelbaren Umgebung der oxidativen Phosphorylierung ständig Sauerstoffradikalen ausgesetzt ist. Darüber hinaus trifft praktisch jede Mutation des Mitochondriums kodierende DNA. Diese hohe Mutationsrate führt zu einem, am nukleären Genom gemessen, hohen Maß an Polymorphismus, wobei in der Regel bereits beim Übergang von der einen in die nächste Generation Sequenzunterschiede der mtDNA nachweisbar sind. Bei der Diagnostik erschwert diese Instabilität der mtDNA die Interpretation von Sequenzabweichungen. Die pathogenetische Relevanz einer Mutation muß daher anhand valider Kriterien geprüft werden (Tab. 5.10).

Tab. 5.10   Kriterien für eine pathogene Rolle einer mtDNA-Mutation

---

- Mutation betrifft ein(e) hoch konservierte(s) Nukleotid (Struktur)
- Mutation kommt bei Gesunden nicht vor
- Mutation findet sich bei verschiedenen betroffenen Familien mit ähnlichem Phänotyp
- Korrelation zwischen dem Schweregrad der Symptome und dem Grad der Heteroplasmie
- Mutation führt in Zellinien zum Energiegewinnungsdefizit

Aus der kritischen Rolle des Mitochondriums und der im mitochondrialen Genom kodierten notwendigen Bestandteile für den in diesen Organellen ablaufenden Stoffwechsel sind Mutationen, die zum vollständigen Funktionsverlust führen, nur heteroplasmisch denkbar. Dies trifft etwa auf Deletionen zu. Mutationen mit weniger dramatischen Auswirkungen, wie etwa einer Verminderung der Translationseffizienz, sind allerdings auch homoplasmisch möglich. Dies trifft für viele der Punktmutationen zu (Tab. 5.11).

Aufgrund der erhöhten Spontanmutationsrate des mitochondrialen Genoms ist die Beobachtung von heteroplasmischen mtDNA-Mutationen im höheren Alter nicht überraschend. Bislang ist nicht geklärt, inwieweit diese somatischen Mutationen bei der Pathogenese häufiger Alterserkrankungen bzw. beim physiologischen Alterungsprozeß eine Rolle spielen.

5.2.4 Mitochondriale Stoffwechselstörungen

Bei den Mitochondriopathien handelt es sich um eine ausgesprochen heterogene Gruppe von Erkrankungen, deren gemeinsame ätiologische Basis erst in den letzten Jahren deutlich geworden ist. Die genetische Grundlage ist dabei durchaus variabel. Außer Mutationen der mtDNA können auch die nukleär kodierten Untereinheiten der Komplexe zur oxidativen Phosphorylierung oder des Citratzyklus defekt sein.

Stoffwechselstörungen des Mitochondriums äußern sich durch ein Energiegewinnungsdefizit. Grundsätzlich kann eine Mitochondriopathie sich daher je nach Lokalisation des genetischen Defekts (nukleär oder mtDNA), Verteilung der betrof-

Tab. 5.11   Mutationen der mtDNA und klinisches Erscheinungsbild

Mutationstyp	Verteilung	Klinisches Beispiel
Einfache Deletion (häufig 4,9 kb)	meist hetero-plasmisch	Pearson/Kearns Sayre-Syndrom: Gedeihstörung mit kongenitaler Panzytopenie, Pankreasinsuffizienz und Laktatazidose; später Ophthalmoplegie, Ptosis, Retinadegeneration, Ataxie und Cardiomyopathie
Multiple Deletionen	meist hetero-plasmisch	Einschlußkörper Myositis, physiologisches Altern
Vollständige Duplikationen	meist hetero-plasmisch	somatische Mutationen bei Leukämien und anderen neoplastischen Erkrankungen
Partielle Duplikationen	heteroplasmisch	selten; mit verschiedenen Symptomen assoziiert (Ataxie, Taubheit, *Diabetes mellitus*, Ophthalmoplegie, Tubulopathie)
Komplex I Punktmuta-tionen (z. B. G3460A, G11778A, T14484C)	meist homoplasmisch	Lebers hereditäre optische Neuropathie (LHON): meist junge Männer mit Amaurose, fakultativ mit Herzrhythmusstörungen und neurologischen Auffälligkeiten
Komplex V Punktmuta-tionen (z. B. T8993G)	heteroplasmisch	Leigh Syndrom: schwere Enzephalomyopathie mit Laktatazidose bei hochgradiger Heteroplasmie; Muskelschwäche, Ataxie, *Retinits pigmentosa* bei geringer ausgeprägter Heteroplasmie
tRNA Punktmuta-tionen (z. B. A8344G, A3243G)	hochprozentual heteroplasmisch	Myoklonus Epilepsie und „ragged red fibers" Syndrom (MERRF); Myopathie, Enzephalopathie, „stroke-like episodes" (MELAS)
rRNA Punktmuta-tionen (z. B. A1555G)	homoplasmisch	selten; kongenitale Taubheit, Aminoglykosid-induzierte Taubheit

fenen Organellen auf unterschiedliche Gewebe und dem Grad der Beeinträchtigung des Energiegewinnungsstoffwechsels in jedem Organ, zu jedem Alter und mit unterschiedlichen Symptomen manifestieren (Tab. 5.11). Insbesondere bei heteroplasmischer Vererbung kann sich dieselbe Mutation bei verschiedenen Patienten, aber auch bei einem Patienten zu unterschiedlichen Zeiten gänzlich unterschiedlich manifestieren. Allerdings ist die Abhängigkeit unterschiedlicher Gewebe von der oxidativen Phosphorylierung verschieden, so daß fast die Hälfte aller Patienten mit neuromuskulären Symptomen im Sinne einer Enzephalomyopathie auffällig wird

(Muskelschwäche, Apoplex-ähnliche Symptome, externe Ophthalmoplegie, Epilepsie, *Retinitis pigmentosa*, Optikusatrophie, progrediente cerebelläre Ataxie, Leukodystrophie, periphere Neuropathie). Etwa 25 % aller neurometabolischen Erkrankungen können heute auf einen mitochondrialen Defekt zurückgeführt werden.

Nicht selten sind jedoch auch Funktionsstörungen des Herzens (Cardiomyopathie, Rhythmusstörungen und plötzlicher Herztod), der Leber (hepatozelluläre Dysfunktion), des Pankreas (exokrine Insuffizienz, *Diabetes mellitus*), der Niere (Tubulopathie), des Intestinums (chronische Diarrhoe, Zottenatrophie, Pseudoobstruktion), des Endokriniums (Hypoparathyreoidismus, Hypothyreoidismus) oder der Hämatopoiese (Panzytopenie). Diskutiert wird darüberhinaus eine Rolle erworbener Mitochondriopathien in der Pathogenese des M. Parkinson oder beim physiologischen Alterungsprozeß.

Einige der Besonderheiten mitochondrialer Stoffwechselstörungen sollen an den folgenden Beispielen erläutert werden.

5.2.4.1 Pearson Syndrom und Kearns-Sayre Syndrom

Bei diesen Erkrankungen findet sich häufig eine 4,9 kb große Deletion der mtDNA, die mehrere tRNA und proteinkodierende Gene betrifft. Diese Mutation kommt ausschließlich heteroplasmisch vor, ist meist somatisch entstanden und wird in der Regel nicht an die Kinder weitergegeben. Der Anteil deletierter mtDNA in den verschiedenen Geweben ist ausgesprochen unterschiedlich, so daß eine Vielfalt von klinischen Erscheinungsbildern entstehen kann.

Eine klinisch definierte Variante dieser mtDNA Deletion ist das Pearson Syndrom, das durch eine schwere sideroblastische Anämie, Thrombozytopenie und Neutropenie gekennzeichnet ist. Morphologisch erkennt man eine ausgeprägte Vakuolisierung der betroffenen Zellreihen im Knochenmark. Häufig ist diese vornehmlich hämatologische Manifestation mit einer exokrinen Pankreasinsuffizienz assoziiert. Viele Patienten mit einem Pearson Syndrom versterben während des ersten Lebensjahres. Oft kommt es jedoch auch zu Spontanheilungen dieser sich typischerweise in der Neonatalperiode oder in der Säuglingszeit manifestierenden Symptome. Eine mtDNA-Deletion ist in Blut- oder Knochenmarkzellen nach einer Spontanheilung nicht mehr nachweisbar. Man erklärt sich das durch eine negative Selektion der betroffenen Zellklone im mitotisch und metabolisch sehr aktiven Knochenmark.

Bei überlebenden Kindern entwickelt sich im zweiten Lebensdezennium jedoch ein Kearns-Sayre Syndrom, das durch eine Ophthalmoplegie, Ptosis, Retinadegeneration, Ataxie und durch die letztlich meist fatale Cardiomyopathie mit Herzrhythmusstörungen gekennzeichnet ist. Dies deutet daraufhin, daß die deletierte mtDNA in den sich langsam teilenden Geweben des Gehirns und der Muskeln persistiert und sich das Energiegewinnungsdefizit erst später und mit völlig anderen Symptomen manifestiert.

Bei geringer ausgeprägter Heteroplasmie kann sich diese mtDNA-Deletion auch erst bei Erwachsenen manifestieren, die fast immer an einer progredienten externen Ophthalmoplegie, entweder isoliert oder als Teil des Kearns-Sayre-Syndroms leiden.

5.2.4.2 MELAS (Myopathie, Enzephalopathie, Laktatazidose und „stroke-like episodes")

Diese Erkrankung repräsentiert ein ganz charakteristisches mitochondriales Syndrom, das bei den meisten Patienten durch eine heteroplasmische A3243G Mutation im tRNA^{Leu} Gen hervorgerufen wird. Diese Mutation führt zu einer Reduktion der mitochondrialen Translationseffizienz. Bezüglich des Manifestationszeitpunktes und des Manifestationsortes verläuft diese Erkrankung klinisch ausgesprochen variabel. Ganz charakteristisch ist der episodische Verlauf, bei dem sehr heterogene Belastungsfaktoren als Auslöser von zunächst meist vorübergehenden klinischen Symptomen wirken. Dramatisch können die Apoplex-ähnlichen Ereignisse verlaufen, bei denen sich jedoch sowohl die klinischen Symptome als auch die radiologisch oder MR-tomographisch faßbaren Veränderungen vollständig zurückbilden können. Differentialdiagnostisch kommt während des akuten Ereignisses oft auch eine akute ZNS-Infektion oder auch eine Multiple Sklerose in Frage. Im freien Intervall kann der klinische Befund unauffällig sein. Auch die für diese Erkrankung charakteristische Laktatazidose ist dann meist nicht nachweisbar. Langfristig manifestiert sich jedoch bei den meisten Patienten eine progrediente Enzephalomyopathie.

Abhängig vom Grad der Heteroplasmie und der Gewebeverteilung kann die A3243G Mutation des mitochondrialen tRNA^{Leu} Gens auch zu anderen klinischen Manifestationen führen. So kommt sie bei etwa 20% der Patienten mit einer progredienten externen Ophthalmoplegie und bei einigen Patienten mit *Diabetes mellitus* vor.

5.3 Dynamische Mutationen

Die genetische Identität eines Organismus, so auch die des Menschen, wird durch die ausgesprochene Stabilität des Genoms gewährleistet. Die semikonservative Replikation und komplexe DNA-Reparatursysteme sind die Garanten dieser Stabilität. Dennoch kommt es, wenn auch insgesamt selten, zu Veränderungen der DNA-Sequenz, die entweder bei der Meiose oder bei der Mitose entstehen und dann an nachfolgende Generationen weitergegeben werden bzw. in den betroffenen Geweben als sogenannte somatische Mutationen nachweisbar sind. Als Prinzip ist diese geringe Variabilität des Genoms die Basis für die evolutionäre Entwicklung des Organismus, denn Unterschiede in der DNA-Sequenz müssen natürlich nicht funktionell neutral bleiben, sondern können auch von nachteiliger oder vorteilhafter Wirkung sein.

Innerhalb des Gesamtgenoms gibt es zahlreiche Stellen mit modulären Aneinanderreihungen von Oligonukleotidsequenzen in sogenannten Mikrosatelliten. Diese Stellen sind für die Entstehung von Mutationen besonders prädisponiert, da es bei der Zellteilung zum „Verrutschen" und zur Fehlpaarung solcher DNA-Regionen der homologen Chromosomen kommen kann (Abb. 5.13). Da dieses Verrutschen im Raster des Einzelmoduls erfolgt, kommt es bei diesen Mutationen zur Verkleinerung oder Vergrößerung der Modulzahl und damit zur Verkürzung oder Verlängerung der betroffenen DNA-Region. Mikrosatelliten sind dadurch oftmals hochpolymorph und können zum einen diagnostisch als Marker für Kopplungsanalysen,

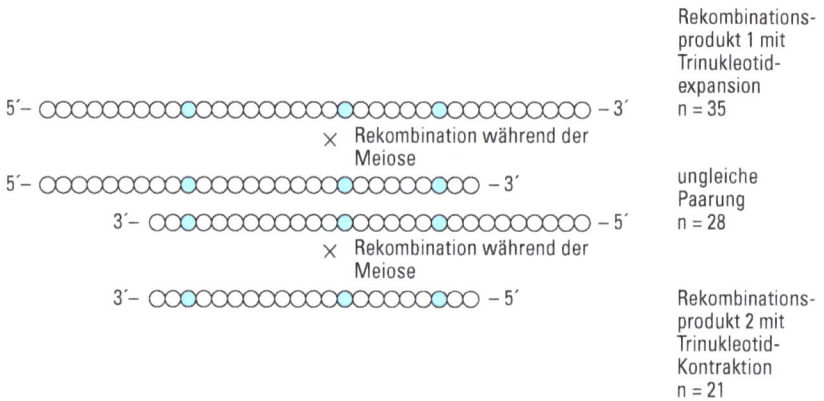

Rekombinations-
produkt 1 mit
Trinukleotid-
expansion
n = 35

5'– ⨂⨂⨂⨂⨂⨂⨂⨂⨂●⨂⨂⨂⨂⨂⨂⨂⨂⨂●⨂⨂⨂⨂●⨂⨂⨂⨂⨂⨂⨂⨂ – 3'

× Rekombination während der Meiose

5'– ⨂⨂⨂⨂⨂⨂⨂⨂⨂●⨂⨂⨂⨂⨂⨂⨂⨂⨂●⨂⨂⨂⨂⨂⨂⨂ – 3'   ungleiche Paarung

3'– ⨂⨂●⨂⨂⨂⨂⨂⨂⨂⨂⨂●⨂⨂⨂⨂⨂●⨂⨂⨂⨂⨂⨂⨂⨂ – 5'   n = 28

× Rekombination während der Meiose

3'– ⨂⨂⨂⨂⨂⨂⨂⨂⨂●⨂⨂⨂⨂⨂●⨂⨂⨂⨂⨂⨂ – 5'

Rekombinations-
produkt 2 mit
Trinukleotid-
Kontraktion
n = 21

Abb. 5.13 Mechansimus der Trinukleotidexpansion bei Dynamischen Mutationen. Während der Paarung homologer Chromosomen bei der Meiose kommt es im Bereich von Mikrosatelliten zum „Verrutschen" der Einzelmodule und durch Rekombination entweder zur Trinukleotidexpansion oder zur Trinukleotidkontraktion.

in der Gerichtsmedizin (siehe Kap. 4.2.5) aber auch bei der Kartierung des Genoms und für Verfahren des „positional cloning" genutzt werden (siehe Kap. 4.7 und 4.8.3). Sie erlangen somit als chromosomale Marker eine große Bedeutung beim Genomprojekt (siehe Kap. 4.9).

Ein besonderer Typ von Mikrosatelliten enthält Trinukleotide als Einzelmodul, sogenannte „trinukleotide repeats". Diese kommen an vielen Stellen des Genoms vor und haben meist 5–30 Einzelmodule, sind innerhalb dieser polymorphen Grenzen normalerweise aber stabil. Unter besonderen Umständen kann es nach Überschreitung eines kritischen Schwellenwertes von etwa 40–50 Einzelmodulen des Mikrosatelliten bei der Replikation zur Amplifikation bis in die Größenordnung von mehreren Hundert oder einigen Tausend kommen. Dabei kann die Zahl der Module von einer Generation zur nächsten ansteigen, woraus sich der Begriff der Dynamischen Mutation ableitet. Es entsteht dadurch ein Erbgang, der mit den konventionellen Vorstellungen der Mendelschen Genetik nicht vollständig zu fassen ist. Das ganz wesentliche und bis 1991 nicht erklärbare Charakteristikum dieser Erkrankungen ist die sogenannte Antizipation, d. h. eine von Generation zu Generation zunehmende Schwere des klinischen Erscheinungsbildes oder ein über die Generationen zunehmend früheres Auftreten von Symptomen.

Durch die Expansion von Trinukleotiden kann es entweder zu einer neuen, pathologischen Funktion (gain of function) oder zum Funktionsverlust (loss of function) des Gens bzw. des Genproduktes kommen. Typisch für die gain of function Mutationen ist die Aggravation des Phänotyps, d. h. die Zunahme der Expressivität von einer Generation zur nächsten. Bei den „loss of function" Mutationen ist eine im Stammbaum sichtbare zunehmende Penetranz von einer Generation zur nächsten typisch. Charakteristisch ist außerdem der Einfluß des Geschlechts des übertragenden Elternteils. Je nach Locus kommt es zur Expansion des Mikrosatelliten entweder bei der Weitergabe durch die Mutter oder durch den Vater.

Insgesamt gesehen handelt es sich hier somit um eine Gruppe von Erkrankungen, die auf einer strukturellen Instabilität des Genoms basiert.

5.3.1 Mechanismen der Entstehung

Die genauen Mechanismen für die exponentielle Dynamik der Trinukleotidexpansion sind nicht bekannt. In experimentellen Systemen ist jedoch belegt, daß die Replikation an Trinukleotid- und insbesondere an CGG- oder CCG-Mikrosatelliten pausiert oder gar abbricht. Auch ist bekannt, daß diese Schwierigkeiten mit steigender Modulzahl exponentiell zunehmen, was den in betroffenen Familien beobachteten Schwellenwert erklären kann. Die Reparatur des so unterbrochenen replizierten Stranges ist nicht immer perfekt, so daß es zur Verlängerung oder gelegentlich auch zur Kondensation des Mikrosatelliten kommen kann.

Außerdem ist bekannt, daß die Inaktivierung eines X-Chromosoms bei der Frau und das Imprinting von autosomalen Regionen des Genoms einen Einfluß auf die Genauigkeit der Replikation ausüben können. Ein Beispiel ist das X-chromosomale *fmr1*-Gen (s. u.), dessen CGG-Trinukleotidsequenz in der 5'-UTR vor allem dann amplifiziert wird, wenn es von der Mutter stammt. Das Gen eines nicht inaktivierten männlichen X-Chromosoms wird von einer Generation zur nächsten in der Regel nicht expandiert.

Abgesehen von der Analyse von *in vitro* Phänomenen und einiger klinischer Assoziationen war ein experimenteller Zugang zur Bearbeitung der hier zugrunde liegenden Mechanismen bislang sehr schwierig. Seit kurzem sind jedoch Tiermodelle verfügbar, so daß detaillierte mechanistische Studien jetzt prinzipiell möglich sind.

5.3.2 Erkrankungen durch Dynamische Mutationen

Die durch Trinukleotidexpansion hervorgerufenen Störungen betreffen bislang neurodegenerative oder neuromuskuläre Erkrankungen (Tab. 5.12). Außerdem gibt es zunehmende Hinweise dafür, daß Trinukleotidexpansionen auch bei der Aktivierung von Onkogenen oder bei der Inaktivierung von Tumorsuppressorgenen eine Rolle spielen könnten. Inwieweit es sich hier um kausale Mechanismen oder um Epiphänomene der Tumorigenese handelt, ist derzeit jedoch noch offen.

Als sinnvolle Klassifikation der durch Trinukleotidexpansion hervorgerufenen Krankheiten bietet sich die Wirkung der Mutation auf das betroffene Gen bzw. sein Produkt an. Dies kann entweder eine neue, pathologische Funktion annehmen (gain of function) oder seine normale Funktion verlieren (loss of function).

5.3.2.1 Chorea Huntington als Beispiel für eine „gain of function" Mutation

Für diesen Mutationstyp sind derzeit einige seltene neurodegenerative Erkrankungen bekannt, bei denen in der kodierenden Sequenz des betroffenen Gens ein Mikrosatellit mit einem CAG-Trinukleotidmodul vorkommt (Tab. 5.12). CAG kodiert

Tab. 5.12   Erkrankungen durch Dynamische Mutationen

Krankheit	Name, chromoso-amale Loka-lisation und Funktion des Gens	Erbgang	Triplett und Position	Modulzahl	Funktion der Mutante
Fra-X-Syndrom	• *fmr1* (Xq27.3) • RNA bindendes Protein	• XR (oder partiell XD) mit ausgepräg-ter Antizi-pation der Penetranz • Expansion bei Vererbung durch die Mutter • „non-trans-mitting-males" mit der Prä-mutation	CGG in der 5'-UTR	• 5–59 bei Gesunden • 43–200 als insta-bile Prä-mutation • 200–>2000 Vollmuta-tion	• „loss of function" durch Me-thylierung und Inakti-vierung von *fmr*1 • Chromo-somen-brüchigkeit
FRAXE	Gen unbekannt (Xq28)	• XR (aber auch Frauen können mild be-troffen sein) • Expansion und Kontraktion sowohl bei weiblicher als auch bei männlicher Gameto-genese	GCC Expansion in der Region Xq28	• 6–25 bei Gesunden • 116–133 als insta-bile Prä-mutation • 200–>850 Voll-mutation	Chromo-somen-brüchig-keit
Friedreich'-sche Ataxie	• Frataxin (9q13) • Mitochon-driales Protein mit Funk-tion in der Eisen-homöostase	AR	GAA in Intron 1	• 6–42 bei Gesunden • 120–>1000 bei Er-krankten	„loss of function" durch Störung des Spleißme-chanismus

Tab. 5.12 (Fortsetzung)

Krankheit	Name, chromoso-amale Loka-lisation und Funktion des Gens	Erbgang	Triplett und Position	Modulzahl	Funktion der Mutante
Myotone Dystrophie (DM)	• DMPK (19q13.2) • Ser-Thr Protein Kinase	• AD mit ausgeprägter Antizipation der Ex-pressivität • meist Ex-pansion bei weiblicher und gelegent-lich Kontrak-tion bei männ-licher Gameto-genese	CTG in der 3′-UTR	• 5–37 bei Gesunden • 50–>2000 bei Er-krankten	„gain of function" möglicher-weise durch nukleäre Retention der mRNA
Spino-bulbäre Muskel-atrophie (M. Kennedy)	• SBMA (Xq12) • Transkrip-tionsfaktor (Androgen-rezeptor)	XR	CAG in Exon 1	• 7–33 bei Gesunden • 40–62 bei Erkrankten	• partielle „loss of function" als inkom-plette An-drogen-resistenz • postulierte neurotoxi-sche „gain of func-tion"
Chorea Hunting-ton	• Huntingtin (4p16.3) • Funktion unbekannt	• AD • Expansion bei pater-naler Trans-mission	CAG in 5′-kodierender Sequenz	• 11–35 bei Gesunden • 36–39 „Grauzone" • 40–250 bei Er-krankten	• beschleu-nigte Apo-ptose • Störung der Ener-giegewin-nung
Spinocere-belläre Ataxie Typ 1 (SCA1)	• Ataxin-1 (6p22–23) • Funktion unbekannt	• AD • Expansion bei pater-naler Trans-mission	CAG in 5′-kodierender Sequenz	• 6–39 bei Gesunden • 43–82 bei Er-krankten	„gain of function" ohne bekannten Mechanis-mus
Spinocere-belläre Ataxie Typ 2 (SCA2)	• Ataxin-2 (12q24.1) • Funktion unbekannt	AD	CAG in 5′-kodierender Sequenz	• 14–31 bei Gesunden • 35–59 bei Er-krankten	„gain of function" ohne bekannten Mechanis-mus

Tab. 5.12   (Fortsetzung)

Krankheit	Name, chromoso- amale Loka- lisation und Funktion des Gens	Erbgang	Triplett und Position	Modulzahl	Funktion der Mutante
Spinocere- belläre Ata- xie Typ 3 (SCA3; Machado- Joseph)	• MJD (14q32.1) • Funktion bekannt	AD	CAG in 5′- kodierender Sequenz	• 13–44 bei Gesunden • 65–84 bei Er- krankten	„gain of function" ohne bekannten Mechanis- mus
Spinocere- belläre Ataxie Typ 6 (SCA6)	• Ataxin-6 (19p13) • α_{1a} Unter- einheit des Voltage abhängigen Ca-Kanals auf 19p13	AD	CAG in 5′- kodierender Sequenz	• 14–16 bei Gesunden • 21–27 bei Er- krankten	„gain of function" ohne bekannten Mechanis- mus
Spinocere- belläre Ataxie Typ 7 (SCA7)	• Ataxin-7 auf 3p12–13	• AD • Expansion bei pater- naler Trans- mission	CAG in kodierender Sequenz	• 7–17 bei Gesunden • 38–130 bei Er- krankten	„gain of function" ohne bekannten Mechanis- mus
Spinoare- belläre Ataxie Typ 8 (SCA8)	• 13q21	• AD • Expansion bei mater- naler Trans- mission	CTG in der 3′-UTR	• < 91 bei Gesunden • 107–>500 bei Er- krankten	
Dentato- rubropalli- doluysian Atrophie (DRLPA)	• DRPLA (12p12-ter) • Funktion unekannt	• AD • juveniler Typ und Expansion nach pater- naler Trans- mission • bei pater- naler Trans- mission meist Kontraktion	CAG in 5′- kodierender Sequenz	• 5–35 bei Gesunden • 49–85 bei Er- krankten	beschleunig- te Apoptose

für die Aminosäure Glutamin (Gln), so daß im Protein ein Poly-Gln-Trakt entsteht.

Die Chorea Huntington (HD) ist eine autosomal dominant vererbte Erkrankung, die mit einer Häufigkeit von etwa 1 : 10.000 vorkommt. Der klinische Verlauf ist durch eine Bewegungsunruhe („Veitstanz"), den Verlust intellektueller Fähigkeiten sowie vielfältige andere neurologische und psychiatrische Auffälligkeiten charakterisiert, die sich typischerweise im mittleren Lebensalter zu manifestieren beginnen und bei langsam progredientem Verlauf nach etwa 10–20 Jahren zum Tode führen.

In seltenen Fällen kann der Manifestationszeitpunkt jedoch bereits im Kindes- oder erst im Greisenalter liegen. Pathohistologisch findet sich ein lokalisierter Verlust von Neuronen im Gehirn, vor allem in den Basalganglien und im Striatum.

Das betroffene Gen wurde 1993 identifiziert, ist etwa 180 bis 200 kb groß und besteht aus 67 Exons. Das 348 kD Protein wurde Huntingtin genannt und kommt hauptsächlich im Gehirn aber auch in anderen Geweben vor. Die Funktion des Huntingtins ist nicht bekannt. Die Zellzerstörung wird bei der HD jedoch auf eine Apoptose von Neuronen im N. caudatus und im Putamen zurückgeführt.

Im 5'-kodierenden Bereich des Huntingtingens findet sich ein CAG-Mikrosatellit, der bei Normalpersonen aus 10 bis 35 Modulen besteht. Bei 98 % aller Normal-personen beträgt die Modulzahl < 30. Bei Patienten mit HD ist der CAG-Mikro-satellit mit einer Modulzahl von 40 bis 250 expandiert (Abb. 5.14). Bei den seltenen Modulzahlen von 36–39 läßt sich wegen der unvollständigen Penetranz keine sichere Aussage zur Krankheitsmanifestation machen („Grauzone"). Ab einer Modulzahl

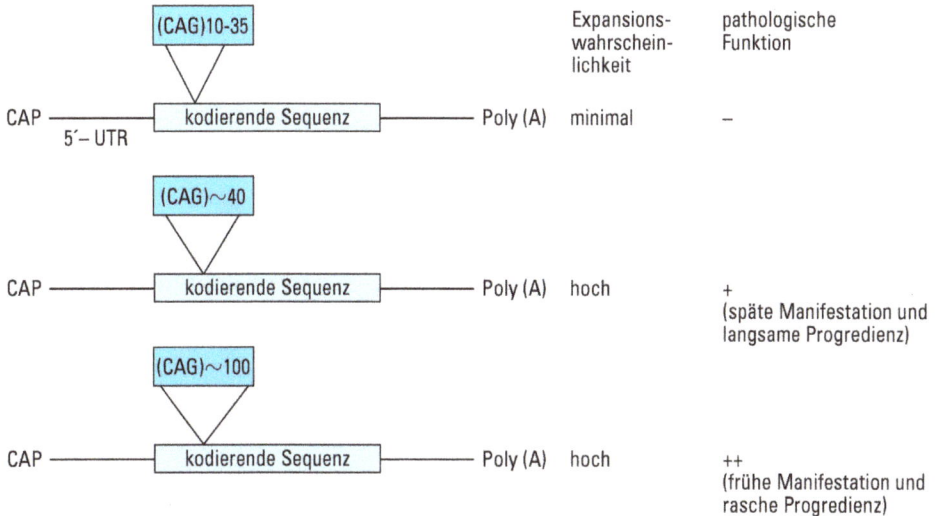

Abb. 5.14 Struktur des Huntingtingens mit einem aus (CAG)n Trinukleotidmodulen beste-henden Mikrosatelliten in der kodierenden Region, der für einen unterschiedlich langen Poly-Glutamintrakt an dieser Stelle des Proteins kodiert. Normalerweise ist die Expansionswahr-scheinlichkeit bei einer Modulzahl von 11–35 minimal (oben). Bei einer höheren Modulzahl steigt das Risiko einer Expansion (Mitte und unten). Bei der Chorea Huntington korreliert das Ausmaß der Expansion recht gut mit dem klinischen Phänotyp (Mitte vs. unten).

von 42 manifestiert sich die Erkrankung mit 100%iger Penetranz innerhalb der normalen Lebensspanne (Abb. 5.14). Die Länge dieses Mikrosatelliten kann im Rahmen der Meiose sowohl expandieren als auch kontrahieren, wobei Expansionen bei der Weitergabe durch den Vater erheblich häufiger als bei der durch die Mutter sind. Neumutationen entstehen ausschließlich über die väterliche Linie, was die besondere Instabilität dieses DNA-Segments beim Mann belegt. Die Ursache für diese Beobachtung ist unbekannt, korreliert jedoch mit der meist paternalen Vererbung der HD bei juvenilen Patienten. Darüber hinaus besteht eine starke Korrelation zwischen dem Manifestationsalter bzw. der Geschwindigkeit der Krankheitsprogredienz und der Länge des Mikrosatelliten.

Mögliche Pathogenese

Es ist nicht sicher bekannt wie der verlängerte Polyglutamintrakt im N-terminalen Bereich des Huntingtins zur pathologischen Funktion führt. Experimentelle Hinweise gibt es für eine Beschleunigung der Apoptose neuronaler Zellen, eine Verminderung des Energiestoffwechsels durch Beeinträchtigung der Funktion von Enzymen der Glykolyse und für die Bildung von Amyloid durch Aggregierung der Polyglutamintrakte.

Prädiktive Diagnostik

Als unmittelbare praktische Folge der Identifikation des Huntingtingens und seiner Mutationen bei der HD ergab sich die bis dahin nicht verfügbare Möglichkeit einer präsymptomatischen Diagnostik. Aus diesem technischen Fortschritt ergab sich modellhaft ein zwar für die Molekularmedizin nicht spezifisches, aber akuter als bei konventionellen Methoden wahrgenommenes diagnostisches Dilemma. Bei entsprechender Risikosituation hat der Proband *a priori* ein 50%iges Risiko, im mittleren Lebensalter an der HD zu erkranken. Durch die molekulargenetische Diagnostik kann er eine so gut wie 100%ige Sicherheit in die eine oder andere Richtung erlangen. Nur ergibt sich auch bei einer prädiktiven Diagnostik derzeit keine therapeutische Option. Die Diagnostik wurde daher von Anfang an in ein interdisziplinäres Konzept mit eingehender humangenetischer, neurologischer und psychotherapeutischer Beratung durch speziell geschulte Ärzte eingebunden und erst nach Einwilligung des umfassend informierten Probanden durchgeführt. Die psychologischen Folgen einer prädiktiven Diagnostik sind im Einzelfall dennoch schwer vorherzusehen. Auch nach Ausschluß einer Disposition zur HD können beispielsweise paradox erscheinende Depressionen beobachtet werden, die einer therapeutischen Intervention bedürfen.

5.3.2.2 Fragiles-X-(Fra-X) Syndrom als Beispiel für eine „loss of function" Mutation

Es gibt neurodegenerative und neuromuskuläre Erkrankungen, bei denen expandierte Trinukleotidmikrosatelliten in den nicht-kodierenden Sequenzen der betroffenen Gene vorkommen und den betroffenen Genlokus inaktivieren (Abb. 5.15 und

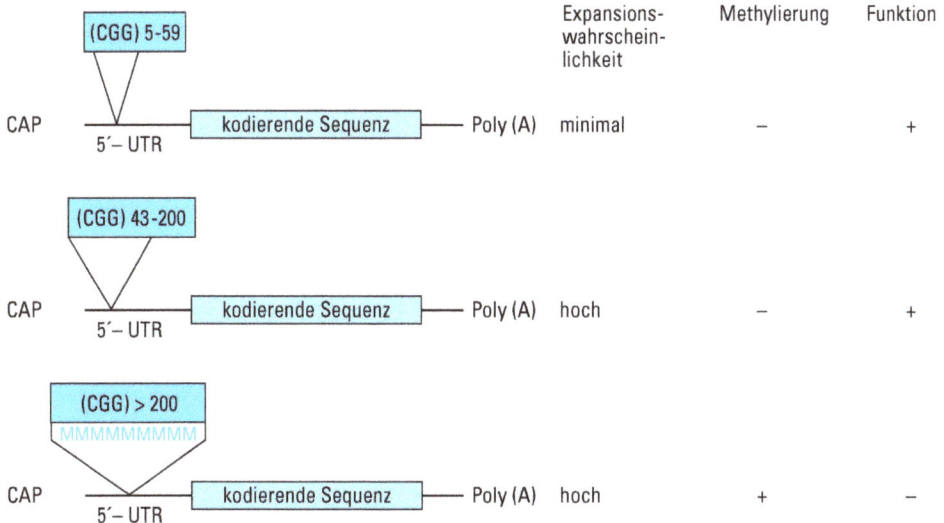

Abb. 5.15 Struktur des *fmr1*-Gens mit einem aus (CGG)n Trinukleotidmodulen bestehenden Mikrosatelliten in der 5'-nicht-kodierenden Region (5'-UTR). Bei einer Modulzahl von 5–59 ist die Expansionswahrscheinlichkeit minimal, die CCG-Trinukleotide sind nicht methyliert und die Funktion des Gens normal. Bei (meist) höheren Modulzahlen bis zu etwa 200 steigt die Expansionswahrscheinlichkeit im Sinne einer Prämutation. Das Methylierungsmuster und die Funktion des Gens sind jedoch noch normal. Bei darüber hinaus gehenden Expansionen des Mikrosatelliten bis zu Modulzahlen von mehr als 2.000 kommt es dann zur Hypermethylierung und zur Inaktivierung des betroffenen Gens.

Tab. 5.12). Typischerweise handelt es sich hier um CG-reiche Trinukleotide wie CGG oder GCC. Das Fra-X Syndrom ist ein Beispiel für diesen Mutationstyp Es kommt mit einer Häufigkeit von ungefähr 1 : 2.000 männlichen und ungefähr 1 : 4.000 weiblichen Individuen vor. Cytogenetisch ist diese Erkrankung mit einer Brüchigkeit des Chromosoms in der Region Xq27.3 assoziiert. Die Symptome bei Knaben und Männern bestehen aus einer variablen Ausprägung mentaler Retardierung, verschiedenen Dysmorphien und in einer Vergrößerung der Testes nach der Pubertät. Ein Anteil weiblicher Genträger zeigt eine klinische Teilmanifestation. Das Fra-X Syndrom ist nach der Trisomie 21 die häufigste Ursache für eine genetisch bedingte geistige Retardierung.

Bei Analysen von Stammbäumen fällt eine Neigung dieser Erkrankung zur Antizipation insofern auf, als daß die Wahrscheinlichkeit der Ausprägung des Phänotyps von Generation zu Generation zunimmt. Außerdem kommt es zur ausgeprägten Manifestation nur bei Übertragung durch die Mutter. Das 1991 erstmals beschriebene *fmr1*-Gen („fragile-X-mental-retardation") enthält in seiner nicht translatierten Region am 5'-Ende des Transkriptes (5'-UTR) einen CGG-Trinukleotidmikrosatelliten, der bei Gesunden aus 5 bis 59 Modulen besteht (Abb. 5.15). Ab einer Modulzahl von 43 bis 54 wird der Mikrosatellit instabil, so daß vor allem bei der Weitergabe über die mütterliche Linie eine erhebliche Expansion der Trinukleotidmodule erfolgen kann. Phänotypisch unauffällige Überträger des Fra-X Syndroms weisen eine CGG-Modulzahl von 43–200 auf. Man spricht dabei von einer Prämutation. In der nächsten Generation kann es zu einer explosionsartigen Expansion des Mikrosatelliten bis zu mehreren tausend Modulen kommen. Interessant ist, daß die Länge des Mikrosatelliten, wie bei allen anderen Erkrankungen mit Dynamischen Mutationen, sehr gut mit dem klinischen Schweregrad korreliert. Der in Abbildung 5.16 gezeigten molekularen Diagnostik kommt deshalb eine entscheidende Bedeutung zu, da die cytogenetische Diagnostik nicht ausreichend zuverlässig ist und klinisch eine Reihe von Differentialdiagnosen zu berücksichtigen sind.

Der Mechanismus der Inaktivierung des *fmr1*-Gens besteht in der Hypermethylierung des expandierten CGG-Mikrosatelliten. Der Fra-X Phänotyp kann in Einzelfällen auch durch Punktmutationen des *fmr1*-Gens zustande kommen, die zu keiner Brüchigkeit des X-Chromosoms führen. Dies belegt eindeutig, daß die Inaktivierung des *fmr1*-Gens selbst und nicht die Brüchigkeit im Bereich Xq27.3 die entscheidende pathogenetische Rolle spielt. Dies spiegelt sich auch in der Art der Antizipation im Stammbaum wieder. Die Expressivität der Erkrankung unterscheidet sich in den Generationen nicht, da die Inaktivierung des *fmr1*-Gens ein „Alles-oder-Nichts" Effekt zu sein scheint. Wohl aber steigt mit der Generationszahl die Wahrscheinlichkeit der Inaktivierung und damit die Penetranz. Dies unterscheidet die „loss of function" von den „gain of function" Mutationen, bei denen mit der Generationszahl die Expressivität, d. h. der Schweregrad der Erkrankung, zunimmt.

Ähnlich wie bei der Chorea Huntington spielt es beim Fra-X Syndrom eine große Rolle, ob die Mutation von der Mutter oder vom Vater weitergegeben wird. Bei der Weitergabe durch die Mutter kann eine Prämutation des *fmr1*-Gens bei der Meiose explosionsartig expandieren, so daß sich die Erkrankung bei den Kindern und insbesondere bei den Söhnen manifestiert. Bei der Weitergabe einer Prämutation durch den Vater an seine Töchter expandiert der CGG- Mikrosatellit in der Regel nicht weiter (sogenannte „non-transmitting males", NTM). Ist der Vater klinisch

Abb 5.16 Molekulargenetische Diagnostik des Fra-X Syndroms. Das Schema zeigt die ▶ Grundlage einer Southern Blot-Analyse mittels methylierungsabhängiger *EagI* DNA-Spaltung und Hybridisierung mit der *fmr1*-Sonde pP2. Normalerweise findet sich bei einem Mann ein 2,8 kb großes *EagI-HindIII* Fragment. Bei Trägern einer Prämutation (PM) der CGG Mikrosatelliten ist dieses Fragment um 50–500 Basenpaare vergrößert. Bei Frauen findet sich infolge der X-Inaktivierung eine 1:1 Verteilung methylierter (5,2 kb) und unmethylierter (2,8 kb) *EagI-HindIII* Fragmente. Vollmutationen sind stets durch eine Methylierung gekennzeichnet. Bei der im Stammbaum skizzierten Familie läßt sich über 3 Generationen eine Zunahme der Fragmentgrößen aufgrund der CGG Trinukleotidexpansion erkennen. Die Großmutter (1) zeigt die beiden Normalfragmente, während sich beim Großvater (2) ein Schmier leicht vergrößerter Fragmente im Prämutationsbereich (PM) nachweisen läßt. Bei der Tochter (3) hat der Umfang der Prämutation noch leicht zugenommen, ohne daß dies Auswirkungen auf den Phänotyp hätte. Der Enkelsohn (5) zeigt eine Vollmutation mit mehreren über 5,5 kb vergrößerten Fragmenten und ist klinisch betroffen. Auch seine Schwester (4) zeigt Fragmente im Vollmutationsbereich. Abhängig vom X-Inaktivierungsbereich kann dies auch bei einem Mädchen phänotypische Konsequenzen zeigen; in diesem Fall war die Schwester eine klinisch gesunde Überträgerin des Fra-X Syndroms. Fast alle Patienten mit Fra-X Syndrom oder Überträger im Vollmutationsbereich zeigen ein somatisches Mosaik bestehend aus Zellen mit unterschiedlich expandierten Trinukleotidrepeats (4, 5).

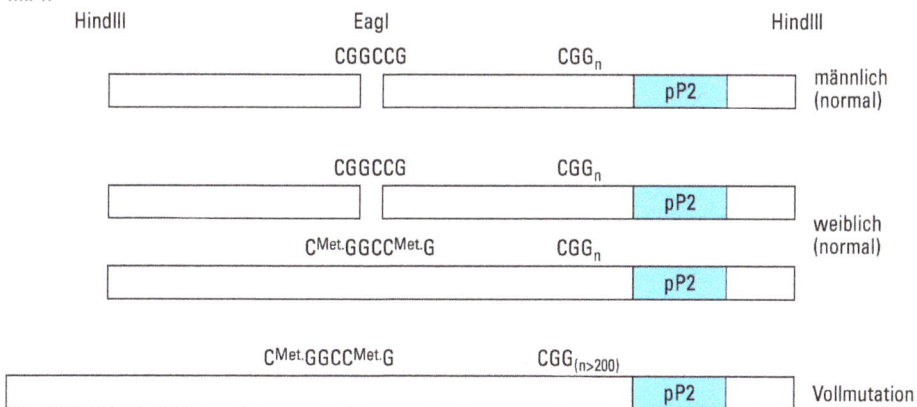

*fmr*1:

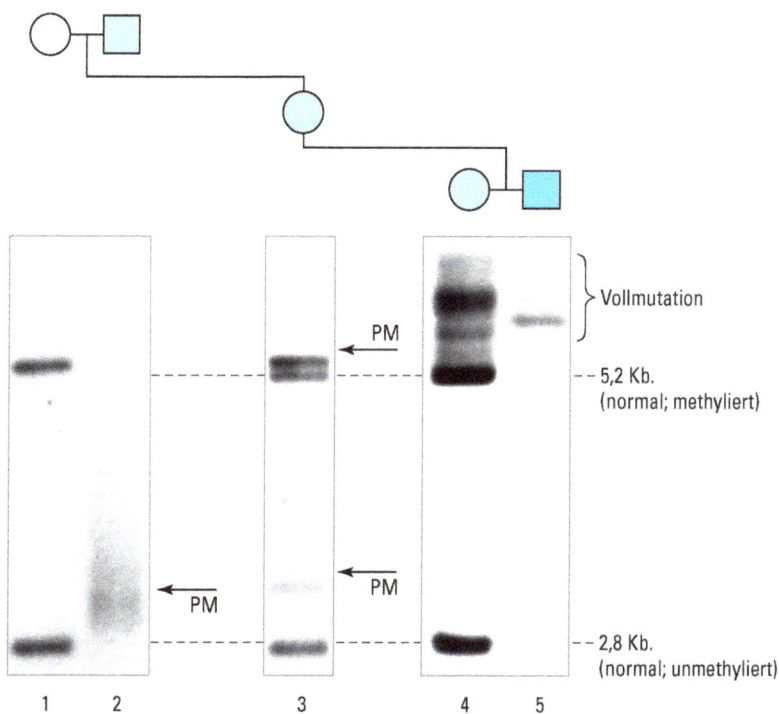

betroffen, kommt es in den Spermien offenbar zu einer Selektion von CGG-Modulen im Prämutationsbereich. Bei den Kindern dieser Töchter ist das Risiko für ein Fra-X Syndrom allerdings wiederum hoch. Söhne von Patienten mit Fra-X Syndrom sind klinisch unauffällig, da sie von ihrem Vater das Y-Chromosom vererbt bekommen. Diese Geschlechtsunterschiede werden mit der Inaktivierung eines der beiden X-Chromosomen bei der Mutter in Verbindung gebracht.

Bei den anderen Erkrankungen (Tab. 5.12) kann die „loss of function" auch durch andere und teils noch nicht bekannte Mechanismen erfolgen. So führt ein expandierter GAA-Trinukleotidmikrosatellit im Intron 1 des Frataxingens bei der Friedreich'schen Ataxie zu einer defekten RNA-Prozessierung. Ein RNA-Prozessierungsdefekt wird auch bei der Myotonen Dystrophie (DM) diskutiert, bei der ein expandierter CTG-Mikrosatellit in der 3-UTR des DM-Gens zu einem abnormen RNA-Metabolismus des betroffenen Gens selbst und sekundär auch von benachbarten Genen führen soll.

5.4 Genomisches Imprinting

Im Gegensatz zu den klassischen Mendelschen Vererbungsregeln hängt die Aktivität mancher Gene wesentlich davon ab, ob sie über die mütterliche oder über die väterliche Keimzelle in die Zygote und in den sich entwickelnden Embryo gelangt sind. Dieses Phänomen wird als Prägung oder auch in der deutschen Literatur als

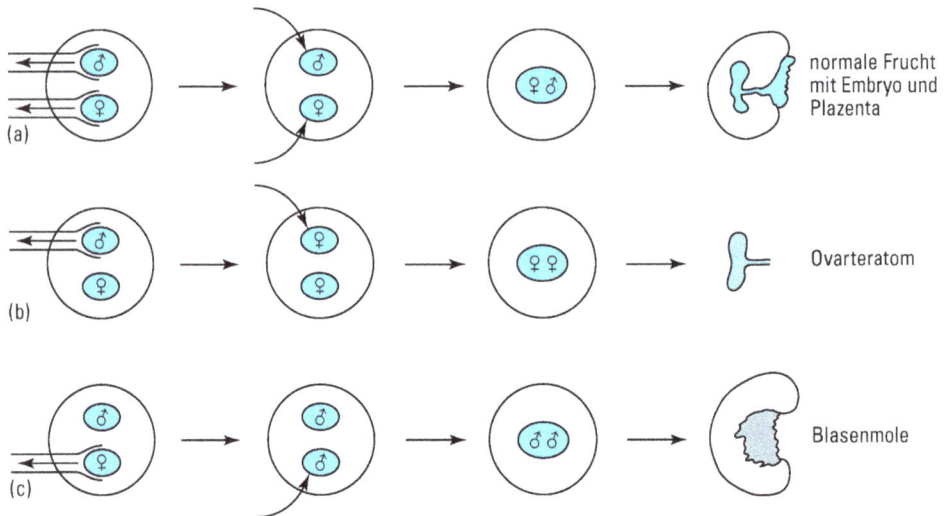

Abb. 5.17 Transplantationsexperimente mit murinen Pronuklei. Eine Zygote mit einem männlichen und einem weiblichen Pronukleus entwickelt sich zu einer normalen Frucht (a). Eine Zygote mit zwei weiblichen Pronuklei entwickelt sich zur Gynägenote bzw. zum Ovarteratom (b). Eine Zygote mit zwei männlichen Pronuklei entwickelt sich zur Androgenote bzw. zur Blasenmole (c).

„Genomisches Imprinting" bezeichnet. Die DNA-Sequenz wird in diesen Fällen somit epigenetisch modifiziert und repräsentiert damit nicht die einzige Determinante der genetischen Information. Diese überraschende Erkenntnis ergab sich zunächst aus Experimenten der Entwicklungsbiologie: Transplantationen von murinen Pronuklei einer gerade befruchteten Zygote zeigten, daß ein rein von der Mutter stammender diploider Chromosomensatz in der sog. Gynägenote zur fehlenden Entwicklung der Eihäute und ein rein vom Vater stammender diploider Chromosomensatz in der sog. Androgenote zur fehlenden Entwicklung des Embryos führt (Abb. 5.17). Das pathologische Korrelat der Gynägenote beim Menschen ist eine Form des Ovarteratoms, in dem sich eine embryonale Anlage ohne Amnion mit ausschließlich mütterlichen Chromosomen findet. Die Blasenmole mit pathologischer Plazenta- und Amnionentwicklung ohne Embryo ist dagegen das Korrelat der Androgenote.

Zunächst wurde angenommen, daß sich die Auswirkungen des Genomischen Imprinting auf die frühe embryonale Entwicklung beschränken. Die Befunde bei den im folgenden beschriebenen angeborenen Krankheiten widerlegen diese Sichtweise jedoch. Darüber hinaus spielen Fehler im Genomischen Imprinting auch bei der Krebsentstehung, insbesondere bei Tumoren des Kindesalters eine wesentliche Rolle.

5.4.1 Das Prader-Willi Syndrom (PWS) und das Angelman Syndrom (AS)

Diese beiden Syndrome kommen mit einer Häufigkeit von etwa 1/10.000 Geburten vor und zeichnen sich insbesondere durch neurologische Symptome und ausgeprägte Verhaltensauffälligkeiten aus. Die Erkenntnisse über die Mechanismen des Genomischen Imprintings sind bei diesen beiden Erkrankungen am weitesten fortgeschritten, so daß sie hier modellhaft in einigen Details beschrieben werden.

5.4.1.1 Klinik des PWS

Bereits pränatal ist eine Verminderung der Kindsbewegungen, eine hohe Frequenz von Steißlagen und Übertragungen charakteristisch. Postnatal fällt eine profunde Muskelhypotonie und Trinkschwäche sowie ein vermehrtes Schlafbedürfnis auf. Die Hypotonie bessert sich in den ersten Lebensjahren. Die geistige Entwicklung verläuft jedoch retardiert. Ganz typisch ist ein hypothalamisch bedingter, unstillbarer Appetit, der sich im Kleinkindesalter manifestiert und oftmals zu einer exzessiven Adipositas führt. Hinzu treten Verhaltensauffälligkeiten mit Perseverationen, mangelhafter Toleranz von sich ändernden Umständen, geringer sozialer Kontaktaufnahme und zwanghaften Verhaltensmustern. Auch faciale Dysmorphien mit mandelförmigen Augen, dreieckförmigem Mund, hohem Gaumen sowie kleinen Händen und Füßen werden beobachtet. Die Kinder sind kleinwüchsig und zeigen einen hypogonadotrophen Hypogonadismus.

5.4.1.2 Klinik des AS

Dieses Syndrom ist durch eine schwerste psychomotorische Retardierung, fehlende Sprachentwicklung, cerebrale Krämpfe, Gangataxie, choreiforme Bewegungsstörungen, Hyperaktivität und unwillkürliches, inadäquates Lachen gekennzeichnet.

5.4.1.3 Molekulargenetik und uniparentale Disomie (UPD)

Beide Syndrome beruhen auf Mutationen in einem Bereich von ~ 400 kb auf dem langen Arm von Chromosom 15 (PWS/AS Region). Normalerweise werden die beim PWS betroffenen Gene nur vom väterlichen Allel und das beim AS betroffene Gen nur vom mütterlichen Allel aus exprimiert.

Grundsätzlich gibt es verschiedene Möglichkeiten, wie die Expression dieser Loci gestört werden kann (Abb. 5.18). Am häufigsten sind große Deletionen im Bereich 15q11-q13, die bei beiden Erkrankungen bei $\sim 70\%$ aller Patienten meist schon cytogenetisch identifiziert werden können. Beim PWS betreffen diese Deletionen das väterliche und beim AS das mütterliche Chromosom 15.

Bei anderen Patienten ohne erkennbare Deletionen zeigte sich durch die Analyse von Polymorphismen, daß beide Chromosomen entweder von der Mutter (beim PWS) oder vom Vater (beim AS) stammten. Zu solchen Veränderungen der Herkunft genetischen Materials kann es kommen, wenn eine chromosomale Trisomie während der frühen Entwicklung durch Verlust eines Chromosoms zur Disomie korrigiert wird. Entsprechend bezeichnet man diese Konstellation als uniparentale Disomie (UPD).

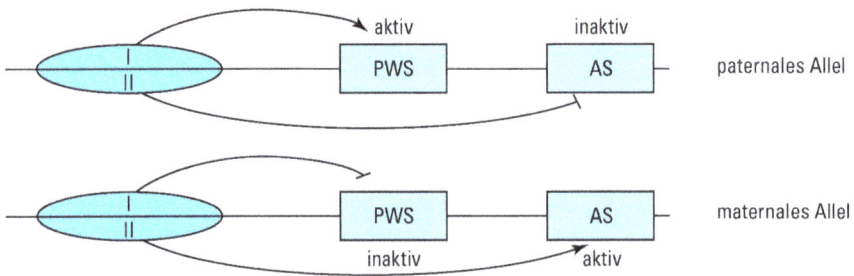

Prader-Willi-Syndrom		Angelman-Syndrom	
Deletion der PWS-Region	$\sim 75\%$	Deletion der AS-Region	60%-70%
maternale UPD	$\sim 20\%$	paternale UPD	$\sim 2\%$
Imprinting Zentrum II Aktivitätsverlust	$\sim 3\%$	Imprinting Zentrum I Aktivitätsverlust	$\sim 6\%$
		UBE 3 A Mutationen	$\sim 10\%$
		unbekannter Pathomechanismus	$\sim 15\%$

Abb. 5.18 Genkarte des Prader-Willi (PWS)/Angelman (AS) Locus. Das Imprinting-Zentrum aktiviert die PWS-Region auf dem paternalen Allel und die AS-Region bzw. das *UBE3A*-Gen auf dem maternalen Allel. Umgekehrt inaktiviert es die AS-Region auf dem paternalen Allel und die PWS-Region auf dem maternalen Allel. Die unterschiedlichen Mechanismen der Störungen des Genomischen Imprintings und die Häufigkeit ihres Auftretens beim PWS und beim AS sind tabellarisch gegenübergestellt.

Nach einer solchen Korrektur der Trisomie unterscheiden sich die verbleibenden, von einem Elternteil stammenden Chromosomen, was als uniparentale Heterodisomie bezeichnet wird. Ein alternativer Entstehungsmechanismus ist die Korrektur einer Monosomie durch Duplikation des einzelnen Chromosoms. Die homologen Chromosomen sind danach identisch, so daß eine uniparentale Isodisomie entsteht.

Beim PWS ist eine maternale UPD recht häufig und findet sich bei $\sim 20\,\%$ der Patienten. Beim AS ist eine paternale UPD seltener und kommt nur bei $\sim 2\,\%$ der Patienten vor. Das PWS ist somit durch das Fehlen der Expression väterlicher und das AS durch das Fehlen der Expression mütterlicher genetischer Information auf dem Chromosom 15 verursacht (Abb. 5.18).

Die dritte Möglichkeit der Störung der Genexpression in diesem Bereich ist die Inaktivierung des Imprinting Zentrums, d. h. der Sequenzen, die das Imprinting dieses Locus regulieren (s. u.).

Letztlich kann auch das dem Imprinting unterliegende Effektorgen mutiert sein. Im Gegensatz zum PWS ist dieser Mechanismus beim AS häufiger anzutreffen ($\sim 10\,\%$) und wird auf den Verlust des in einigen Bereichen des Gehirns und im Kleinhirn maternal exprimierten sogenannten *UBE3A*-Gens zurückgeführt. Das Produkt dieses Gens ist am Ubiquitin-vermittelten Abbau von Proteinen beteiligt (siehe Kap. 3.4.2).

Für die genetische Beratung einer betroffenen Familie ist der genaue Pathomechanismus der genetischen Störung von großer praktischer Bedeutung. Dies soll an folgendem Beispiel erläutert werden: In einer Familie mit einer in aller Regel sporadisch entstandenen Deletion oder UPD ist das Wiederholungsrisiko für ein Kind mit AS nicht wesentlich höher als bei anderen Paaren. Die seltene Ausnahme stellt hier das Vorliegen eines Keimzellmosaiks dar. Ist die Mutter eines Kindes mit AS jedoch Überträgerin einer *UBE3A*-Mutation, so ergibt sich ein Wiederholungsrisiko von 50%. Dagegen sind die Kinder von Männern mit einer *UBE3A*-Mutation gesund, die Hälfte seiner Töchter jedoch wieder Überträgerinnen mit einem 50%igen Risiko für ihre Kinder, so daß statistisch 25% dieser Enkel an einem AS erkranken.

5.4.2 Regulation des Genomischen Imprintings

Dem Imprinting unterliegende Gene sind regional auf verschiedenen Chromosomen zusammengefaßt. Alle bisher bekannten Genregionen, die einem Imprinting unterliegen, enthalten (GC)-reiche Mikrosatelliten, die in besonderem Maße Zielsequenzen für Methylierungen am Cytosin sind. Es ist gut belegt daß Methylierungen zu einer Inaktivierung von nahe gelegenen Genen führen oder auch durch Inaktivierung von negativen Regulatoren aktivieren können (siehe Kap. 3.1.4). Außerdem werden Methylierungen mit ihren funktionellen Effekten bei der Mitose an die Tochterzellen weitergegeben. Darüber hinaus bedingt die Methylierung einer DNA-Region eine Veränderung der Chromatinstruktur, die zu einer späteren Replikation des betroffenen Allels führt. Es ist außerdem gut belegt, daß die elterlichen Allele einer Imprinting-Region sich sowohl in den Keimzellen als auch in allen Körperzellen unterscheiden. Die Methylierung ist somit ein wahrscheinlicher Mechanismus, durch den die Inaktivierung der Zielgene und die mitotische Propagierung der epigenetischen Information erfolgt.

Bei der Gametogenese stellt sich jedoch ein Problem, das durch eine unterschiedliche Methylierung und Replikation der beiden Allele nicht gelöst wird: Zu Beginn der Keimzellentwicklung der Frau sind die Allele der Imprinting-Region zunächst von Vater und Mutter männlich bzw. weiblich geprägt. Am Ende der Gametogenese müssen beide Allele aber die weibliche Prägung tragen. Umgekehrt stellt sich dieses Problem bei der männlichen Gametogenese. Das ursprüngliche Imprinting muß somit zunächst gelöscht werden. Danach erfolgt die neue, geschlechtsspezifische Prägung beider Allele der Keimzellen.

Die derzeitige Vorstellung zur Regulation des Imprinting geht dahin, daß ein Imprintingzentrum bei der Keimzellentwicklung das Imprinting initiiert und reguliert. Im Falle der PWS/AS Region auf dem Chromosom 15 handelt es sich möglicherweise um ein im Gehirn ausschließlich vom paternalen Chromosom aus exprimiertes Gen, das des Polypeptids N, eines kleinen nukleären Ribonukleoproteinkomplexes (*small nuclear ribonucleoprotein complex*, SNRPN). Die epigenetische Modifikation selbst besteht wohl aus der Methylierung von (GC)-reichen Mikrosatelliten, die zu einer in der Mitose weitergegebenen Änderung der Chromatinstruktur und zur Modulation der Aktivität der in der Nähe gelegenen Gene führt.

5.4.3 Molekulargenetische Diagnostik des Prader-Willi Syndroms und des Angelman Syndroms

Auf der Grundlage des unterschiedlichen Methylierungsmusters der maternalen bzw. paternalen PWS-Region konnte ein spezifischer und sensitiver diagnostischer Test entwickelt werden. Das maternale Allel ist methyliert und das paternale unmethyliert. Diese Unterschiede lassen sich durch das methylierungsempfindliche Restriktionsenzym CfoI nachweisen. Für die in Abb. 5.19 gezeigte Analytik wird die genomische DNA mit dem Enzym *HindIII* und zusätzlich mit CfoI verdaut und ein Southern Blot angefertigt. Die Hybridisierung erfolgt mit einer geeigneten Gensonde für diese DNA-Region (D15S63). Ist sowohl die methylierte mütterliche, von CfoI nicht verdaute, als auch die nicht methylierte väterliche, von CfoI verdaute DNA vorhanden, so erkennt man in diesem Ansatz sowohl das väterliche als auch das mütterliche DNA-Fragment. Beim PWS fehlt das väterliche Fragment gänzlich oder es ist fehlerhaft methyliert. Somit ist stets nur eine Bande an der Position des mütterlichen Allels zu erkennen. Umgekehrt stellt sich dies für das AS dar. Für diese Diagnostik ist es unerheblich, ob die parentale DNA deletiert ist, eine UPD oder eine Mutation des Imprintingzentrums vorliegt. Beim AS kommt der Diagnostik des *UBE3A*-Gens allerdings eine große Bedeutung zu (siehe oben). Beim PWS wurde die Erkrankung dagegen stets durch eine Deletion, eine maternale UPD oder einen Verlust der Imprintingaktivität erklärt; Mutationen eines dem Imprinting unterliegenden Effektorgens sind beim PWS nicht bekannt.

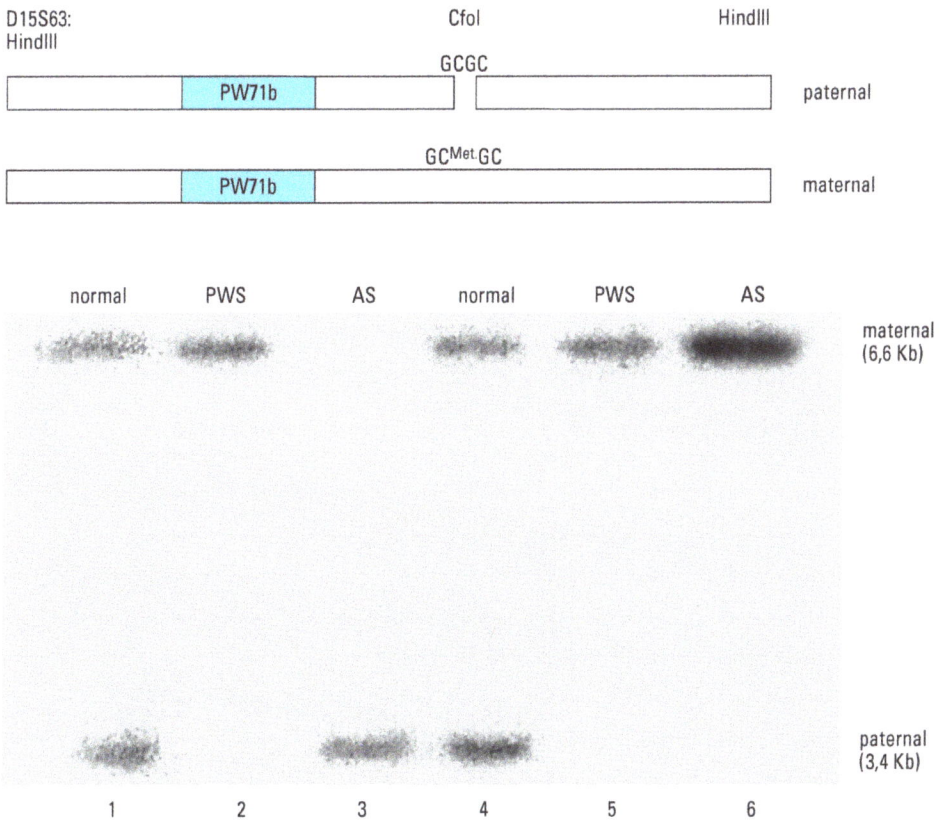

Abb. 5.19 Molekulargenetische Diagnostik des Prader-Willi Syndroms (PWS) bzw. des Angelman Syndroms (AS). Die Southern Blot-Analyse erfolgt mittels *HindIII/CfoI* Verdau genomischer DNA der Patienten und Hybridisierung mit der Sonde PW71b vom D15S63 Locus auf Chromosom 15. Das Schema zeigt die Cfo1 Schnittstelle innerhalb des *HindIII* Fragments, die in der maternalen DNA methyliert und in der paternalen DNA unmethyliert vorliegt. Normalerweise lassen sich zwei Fragmente von 6,6 kb bzw. 3,4 kb nachweisen, welche die maternalen und paternalen Allele repräsentieren (1, 4). Bei uniparentaler Disomie des mütterlichen Allels (6) zeigt sich lediglich das 6,6 kb große Fragment (stärkere Signalintensität infolge der doppelten Dosis dieses Allels). Diese Konstellation erlaubt die Diagnose eines PWS. Diese Verdachtsdiagnose wird auch in zwei Fällen mit einer Deletion des väterlichen Allels bestätigt (2, 5). Hingegen findet sich beim AS (3) nur das paternale, 3,4 kb große Fragment infolge einer Deletion des maternalen Locus.

6 Onkologische Krankheiten

6.1 Tumorgene

Eine Reihe von Beobachtungen stützt die Erkenntnis, daß die Entwicklung eines Tumors auf genetischen Defekten basiert: a) Beim Menschen sind Tumorformen bekannt, die nach den Mendelschen Gesetzen vererbt werden; b) viele Neoplasien weisen ganz spezifische Veränderungen ihres Chromosomensatzes auf; c) Patienten mit einem gestörten DNA-Reparatursystem sind zur Tumorentwicklung prädisponiert; und schließlich d) induzieren die meisten Karzinogene als Mutagene auch Veränderungen der DNA. Ende der 70er Jahre gelang dann die Klonierung der ersten Gene des Menschen, die im komplexen Prozeß der Karzinogenese eine wesentliche Rolle spielen. Mehr als 200 solcher Tumorgene wurden seither identifiziert. Sie werden meist in zwei Klassen unterteilt. Bei den Onkogenen kommt es zur Synthese strukturell veränderter oder fehlregulierter Proteine, während Tumorsuppressorgene dann die Entwicklung von Neoplasien begünstigen, wenn von ihnen in einem kritischen Moment kein funktionstüchtiges Protein zur Verfügung steht und damit Produkte anderer Gene abgekoppelt von ihren physiologischen Regulatoren in den Zellmetabolismus eingreifen. Sie werden auch als rezessive Tumorgene bezeichnet, da erst der Verlust der von beiden Allelen kodierten Proteine biologisch relevante Folgen zeigen, im Gegensatz zu den dominanten Onkogenen, bei denen es bereits zur Fehlregulation kommt, wenn nur ein Allel ein tumorigenes Protein kodiert. Die plakativen Bezeichnungen Onkogen und Tumorgen sind aus heutiger Sicht unglücklich gewählt; Flugzeuge werden ja auch nicht „Abstürzer" genannt und damit über die schlimmstmögliche Komplikation definiert. So sind Tumorgene Mitglieder einer heterogenen Gruppe von positiven und negativen Regulatoren der normalen Zellproliferation, Gewebedifferenzierung sowie Apoptose und repräsentieren ein komplexes Netzwerk inter- und intrazellulärer Kommunikationsprozesse. Sie kodieren beispielsweise Hormone, Wachstumsfaktoren, deren Rezeptoren, Zelladhäsionsmoleküle, intracytoplasmatische Signalmediatoren und intranukleäre Transkriptionsfaktoren. Es läßt sich leicht vorstellen, daß die Akkumulation von Störungen solcher Gene, seien sie vererbt oder während des Lebens erworben, schließlich im Kontext einer Zelle nicht mehr kompensiert werden kann und zur malignen Transformation führt.

Als exogene Noxen die eine Tumorentwicklung induzieren, sind seit langem Chemikalien, Viren und Strahlen bekannt. Nur welche Tumorgene hiervon betroffen sind und welche Defekte durch derartige Kanzerogene im konkreten Einzelfall molekularpathologisch in den Vordergrund treten, kann derzeit nur in wenigen Fällen gesagt werden. Beispiele hierfür sind 1) die beim Reaktorunfall in Tschernobyl freigesetzten radioaktiven Jodisotope, welche zur Entwicklung von papillären Schilddrüsenkarzinomen führen und durch strukturelle Defekte im *ret*- Gen charakterisiert sind, 2) die durch Aflatoxine bedingten spezifischen Mutationen im *p53*-Gen, welche mit der Entstehung von Leberkarzinomen verbunden sind oder 3) die durch human-pathogene Papillomviren (HPV Typ 16 und 18) verursachten Zervixkarzinome, die auf eine Inaktivierung und Degradierung der zellulären Tumorsuppressoren P53 und RB nach Interaktion mit den viralen Proteinen E6 bzw. E7 zurückzuführen sind.

6.2 Identifikation von Onkogenen

6.2.1 Zelluläre Äquivalente viraler Onkogene

Onkogene können über verschiedene molekulargenetische Strategien isoliert werden, die nachfolgend kurz skizziert werden sollen (Tab. 6.1). Auf die Existenz von On-kogenen wurde man erstmals durch Befunde der Tumorvirologie aufmerksam. Es fanden sich Retroviren, die in bestimmten Tierspezies Tumore erzeugten (Tab. 6.2). Diese Viren weisen neben Genen zur eigenen Replikation noch weitere Sequenzen auf, die ihnen tumorigene Potenz verleihen und deshalb virale Onkogene (v-onc) genannt wurden. Das erste auf diese Weise identifizierte Onkogen war das *v-src*-Gen des Rous Sarcoma Virus, welches in Hühnern Sarkome induziert. Die Kurzbezeich-nung der etwa 30 viralen Onkogene leitet sich vom betroffenen Virusstamm ab. Später stellte sich heraus, daß diese Gene gar nicht viralen Ursprungs sind, sondern zellulären Sequenzen (c-onc) entsprechen, die über einen als Transduktion bezeich-neten Mechanismus aus dem jeweiligen Wirtsgenom entnommen und strukturell verändert in ein ursprünglich nicht tumorigenes Retrovirus eingebaut wurden. Pro-

Tab. 6.1 Identifikation von Onkogenen beim Menschen

Strategie	Beispiele
1. Klonierung von zellulären Äquivalenten retroviraler Onkogene	*abl, src*
2. Klonierung von Genen, die durch Insertionsmutagenese aktiviert wurden	*wnt1, lck*
3. Identifikation von transformierenden Genen in DNA-Transfektionsassays	*hst, trk*
4. Klonierung von Bruchpunkten tumorspezifischer Chromosomenanomalien	*bcr, bcl2*
5. Charakterisierung amplifizierter DNA-Sequenzen in Tumorzellen	*n-myc*

Tab. 6.2 Beispiele für retrovirale Onkogene

Kurzform	Virusstamm	Isolationsquelle
v-abl	*Abel*son Murine Leukemia V.	Maus
v-myc	Avian *My*elocytomatosis V.	Huhn
v-k-ras	*K*irsten Murine *S*arcoma V.	*Ra*tte
v-sis	*Si*mian *S*arcoma V.	Affe
v-src	Rous *Sarc*oma V.	Huhn

totypen (Proto-Onkogene) viraler Onkogene finden sich im Genom aller Wirbel-
tierspezies einschließlich des Menschen und lassen sich auf Vorläufersequenzen in
einfachen Organismen wie Hefen, Nematoden oder *Drosophila* zurückverfolgen. Die
Beteiligung einiger dieser Gene wie *abl*, *myc* oder *ras* bei der Entstehung menschlicher
Tumore konnte in der Folgezeit belegt werden (Kap. 6.4).

6.2.2 Insertionsmutagenese

Die meisten Retroviren enthalten keine Onkogensequenzen. Auch diese Viren können jedoch bei Tieren Tumore erzeugen, wenn provirale DNA zufällig in die unmittelbare Nachbarschaft eines Wirtsgens integriert und es dadurch aktiviert. Dieser
Prozeß wird als Insertionsmutagenese bezeichnet. Zu derart definierten Onkogenen
zählt beispielsweise das *wnt1*-Gen, dessen Aktivierung durch Integration des mouse
mammary tumor virus in Mäusen Mammakarzinome induziert. Homologe Sequenzen zu diesen Genen sind auch im menschlichen Genom nachweisbar.

6.2.3 DNA-Transfektionsassays

Einen anderen experimentellen Ansatz zur Identifikation von Tumorgenen stellen
DNA-Transfektionsassays dar (Abb. 6.1). Hierbei geht man von der Überlegung
aus, daß die für eine Tumorentwicklung relevanten Gene nach Einschleusung in
geeignete Zellkulturen in der Lage sein könnten, diese Zellen hinsichtlich ihrer biologischen und morphologischen Eigenschaften zu verändern. Zunächst isoliert man
DNA aus einem Tumor und bringt sie in Form von Kalziumphosphatpräzipitaten
in die Testzellen ein; häufig werden hierfür immortalisierte Mausfibroblasten (NIH/
3T3-Linie) benutzt. Da diese Zellen jeweils nur einen Bruchteil ($< 0,5\%$) des
menschlichen Genoms aufnehmen können, wird auch das betreffende Tumorgen
nur in wenige Fibroblasten gelangen. Befinden sich unter den von einer Zelle aufgenommenen DNA-Molekülen jedoch Sequenzen eines aktivierten Onkogens, wird
diese Zelle transformiert und bildet mit ihren Nachkommen einen morphologisch
veränderten Zellverband (Focus). Die DNA solcher Foci wird wiederum isoliert
und erneut transfiziert. Hierbei entstehen sekundäre, bei einem weiteren Zyklus ter-
tiäre Foci. Während dieser Transfektionsrunden gehen humane DNA-Sequenzen
verloren, die nicht für die Zelltransformation bedeutsam sind; dies erleichtert die
Klonierung des betreffenden menschlichen Onkogens aus dem Kontext des Maus-
genoms unter Nutzung repetitiver Alu-Sequenzen (siehe Kap. 2.2) als mensch-spe-
zifische Gensonden.

Da aber viele aktivierte Onkogene gar keine drastischen morphologischen Veränderungen in rezipienten Zellkulturen induzieren, wurde ein analoger *in vivo*-Assay
entwickelt. Hierbei transfektiert man Tumor-DNA zusammen mit einem Selektionsmarker in Mausfibroblasten; ein häufig verwendeter Marker ist das Neomycin-Ace-
tyltransferase-Gen, welches eukaryonten Zellen eine Resistenz gegen Neomycin verleiht. Bei einer Selektion mit dem Neomycin-Analogon G418 überleben dann nur
solche Zellen, die das Resistenzgen zusammen mit Molekülen der zu analysierenden
Tumor-DNA aufgenommen haben. Anschließend werden diese Zellen in immun-

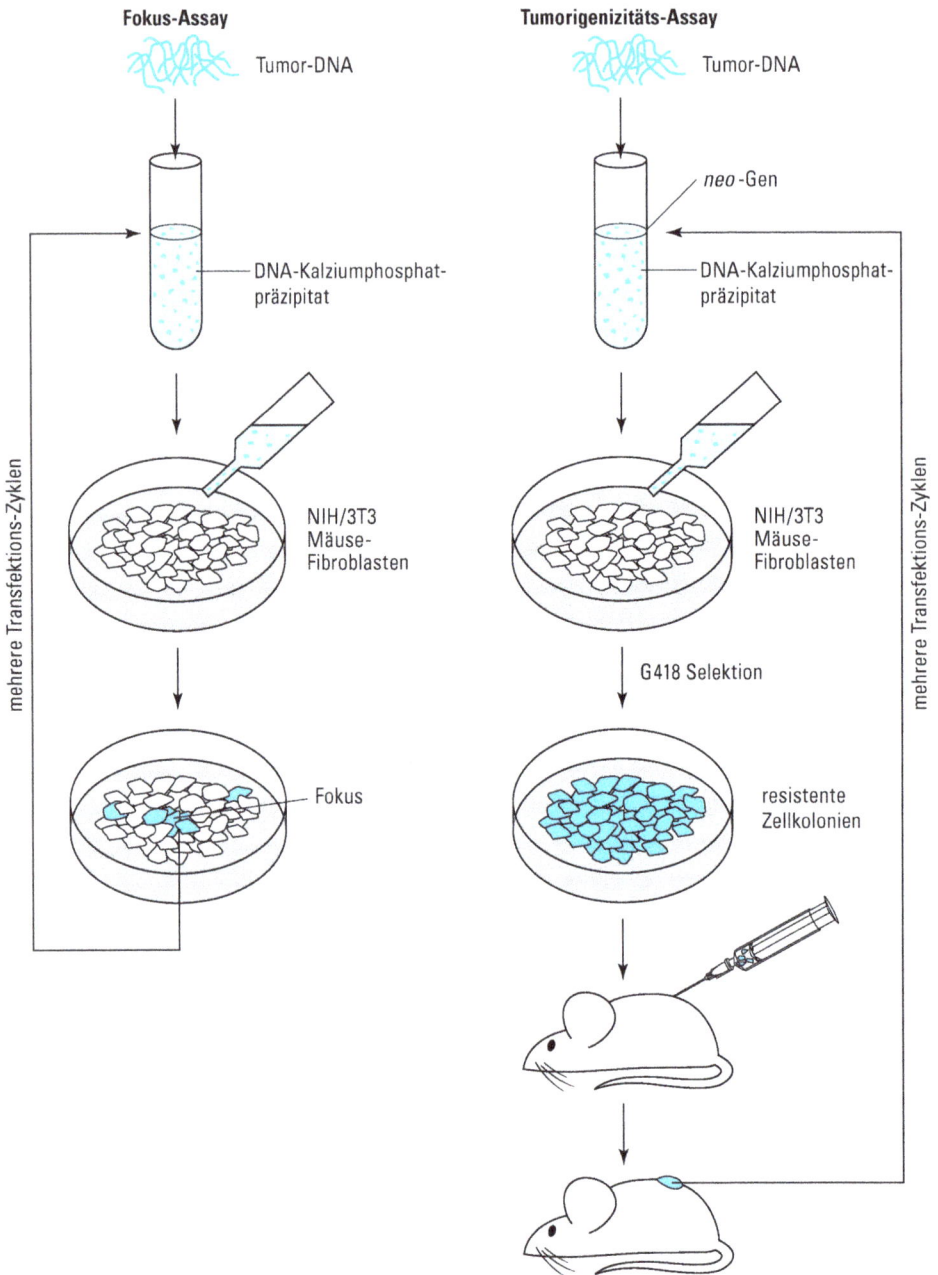

Abb. 6.1 Identifikation von Onkogenen durch DNA-Transfektion *in vitro* (Fokus-Assay) oder *in vivo* (Tumorigenizitäts-Assay).

defiziente Mäuse (nude mice) injiziert, die nicht in der Lage sind, die menschlichen Zellen abzustoßen. Befinden sich unter den eingespritzten Zellen auch solche, die durch Aufnahme eines aktivierten Onkogens tumorigene Potenz vermittelt bekommen haben, können diese Zellen den Ausgangspunkt einer Malignomentwicklung bilden. Der Vorteil einer *in vivo*-Analyse liegt also in der Möglichkeit, Onkogene zu identifizieren, die den rezipienten Zellen neoplastische Eigenschaften verleihen, ohne daß dieses Ereignis an einem veränderten morphologischen Phänotyp *in vitro* ablesbar wäre, oder deren neoplastisches Potential sich erst in Gegenwart physiologischer Wachstumsfaktoren manifestiert, die in Zellkulturen nicht enthalten sind.

Einige der über diese Strategien isolierten Gene, wie etwa *h-ras*, waren bereits aus der Tumorvirologie bekannt. Darüber hinaus konnten aber etwa 40 weitere Gene kloniert werden, die keine Homologie zu bekannten viralen Onkogenen zeigen. Die Bezeichnung dieser Gene erfolgt nach mehr oder minder willkürlichen Gesichtspunkten; so kennzeichnet das Akronym *hst* ein aus einem menschlichen Magenkarzinom (*h*uman *st*omach) isoliertes Gen, *trk* bezieht sich auf die Funktion des Genproduktes (*t*ropomyosin-*r*eceptor-*k*inase), und *vav* ist der sechste Buchstabe des hebräischen Alphabets und bezeichnet das sechste im Labor der Autoren entdeckte Onkogen. Es sei darauf hingewiesen, daß einige dieser Gene erst während der DNA-Transfektion strukturell so verändert wurden, daß sie transformierende Eigenschaften erhielten. Solche „Transfektionsunfälle" identifizieren demnach Gene, die potentielle Onkogene darstellen, auch wenn sie für die Entwicklung des eigentlich getesteten Tumors keine Relevanz besitzen.

6.2.4 Klonierung von Bruchpunktregionen chromosomaler Translokationen und Amplifikationen

Eine weitere Strategie geht von cytogenetischen Vorbefunden aus. Zahlreiche Krebsformen des Menschen weisen charakteristische Veränderungen des Chromosomensatzes auf. Bekannte Beispiele sind die Philadelphia-Translokation, t(9;22), bei chronischer myeloischer Leukämie (CML) oder der Austausch von Regionen der Chromosomen 8 und 14, t(8;14), bei Burkitt Lymphomen. Über die Klonierung von Bruchpunkten derartiger tumorspezifischer Chromosomenanomalien gelingt die Isolation von Genen, die im Rahmen der chromosomalen Rekombination strukturell verändert oder fehlreguliert werden und dadurch tumorigene Eigenschaften erhalten. Bisher konnten die Bruchpunkte von etwa 130 Chromosomenanomalien kloniert werden. Den Ausgangspunkt solcher Analysen bilden im Bereiche der jeweiligen Bruchpunkte gelegene DNA-Sonden. So erlaubte die Lokalisation des *abl* Onkogens auf Chromosom 9q34 die Klonierung der Translokationsregion t(9;22)(q34;q11) bei CML und der Einsatz von Immunglobulin – bzw. T-Zell-Rezeptor-Sequenzen die Charakterisierung einer großen Zahl von Translokationen bei Neoplasien der Lymphopoese (Kap. 6.9). Chromosomale Aberrationen dieser Art basieren auf einer Rekombination von zwei Genloci. Bei der Philadelphia-Translokation kommt es zur Fusion des *abl*- Gens von Chromosom 9 mit dem *bcr*-Gen auf Chromosom 22, bei den follikulären Lymphomen mit t(14;18) zur Deregulation der *bcl2*-Expression von Chromosom 18 durch Immunglobulin-Sequenzen (Chromosom 14). Auch die Kurzbezeichnung dieser mit Chromosomenanomalien assoziierten Onkogene folgt keinen einheitlichen Kriterien. So meint *bcr* (*b*reakpoint *c*luster *r*egion) das Gen auf Chromosom 22, in dem die Bruchpunkte der CML Patienten auftreten und *bcl2* (*B-c*ell-*l*ymphoma) bezeichnet ein in der Bruchpunktregion von Chromosom 18 gelegenes Gen, das in Lymphomen dereguliert wird.

Eine andere Art von Chromosomenaberration findet sich in fortgeschrittenen Tumorstadien. Dabei kommt es zur vielfachen Vermehrung einer begrenzten Chromosomenregion, ein Prozeß der als Amplifikation bezeichnet wird. Das zusätzliche genetische Material läßt sich cytogenetisch sichtbar machen. Die molekulargenetische Analyse amplifizierter chromosomaler Bereiche hat die Identifikation von Genen ermöglicht, die durch eine Vermehrung der Kopiezahl und einer damit verbundenen unphysiologisch hohen Expression zur Tumorprogression beitragen. Ein klinisch relevantes Beispiel stellt die *n-myc* Amplifikation in Neuroblastomen dar (Kap. 6.4.3). Die aus einer Sequenzhomologie ableitbare Verwandtschaft zum *myc*-Gen erklärt die Namensgebung dieses Onkogens.

6.3 Physiologische Bedeutung von Proto-Onkogenen

Jedes Onkogen kodiert ein Protein, das im komplexen Netzwerk der Signaltransduktion von extrazellulären Faktoren über cytoplasmatische Relaisstationen bis hin zu den nukleären Kontrollinstanzen von Transkription und Zellzyklusregulation eine Rolle spielt. Bei einigen Onkogenen stellte sich heraus, daß sie für bereits bekannte und in ihrer biologischen Bedeutung ausführlich studierte Signalmediatoren kodieren, beispielsweise *sis* für die β-Kette des thrombozytären Wachstumsfaktors (PDGF), *fms* für den Rezeptor des Makrophagen-Koloniestimulierenden Faktors (M-CSF) oder *mas* für den Angiotensin-Rezeptor. Allerdings steht eine präzise Funktionsbeschreibung für die Mehrzahl der Onkogenprodukte noch aus.

Die physiologische Bedeutung vieler Onkogene kann man jedoch über strukturelle bzw. funktionelle Teilkomponenten ihrer Proteine abschätzen. Eine zentrale Rolle kommt hierbei der Proteinphosphorylierung zu. Man geht davon aus, daß bei der Signalvermittlung mehr als 2000 Proteinkinasen beteiligt sind, die Phosphatgruppen von ATP auf die Aminosäuren Tyrosin oder Serin und Threonin übertragen. Eine solche Phosphorylierungsreaktion kann einerseits die enzymatische Aktivität des betreffenden Proteins induzieren und eine Kaskade nachgeschalteter Signalmediatoren aktivieren. Andererseits werden durch die Phosphorylierung von Tyrosin auch Konformationsänderungen im Protein selbst herbeigeführt, das damit Andockstellen für andere Proteine schafft. Auf diese Weise kann es zur passageren Rekrutierung von Proteinkomplexen kommen, die Strukturen wie das Cytoskelett oder die Innenseite der Zellmembran in ihrer Funktion modulieren. Die Gegenregulation dieser Prozesse im Sinne einer Dephosphorylierung wird durch Proteinphosphatasen gewährleistet, die in einem Signalübertragungskomplex mit den Proteinkinasen den Informationsfluß steuern. Eine andere Gruppe von Onkoproteinen ist im Zellkern lokalisiert, bindet an spezifische DNA-Sequenzen und fungiert als Transkriptionsfaktoren (siehe Kap. 3.1). So bilden etwa FOS und JUN untereinander oder mit anderen Kernproteinen Dimere und modulieren, abhängig vom jeweiligen Partnermolekül, die Aktivität von Genen. Einige Signalkaskaden sind bereits detaillierter charakterisiert. Ein Beispiel hierfür ist die im Kapitel 3.9.2 besprochene RAS-RAF1 vermittelte Informationsübertragung. Die Aufklärung des gewebs- und entwicklungsspezifischen Wechselspiels verschiedener Signalkaskaden im physiologischen Stoffwechsel und ihrer Störungen im Rahmen der Krebsentstehung steht derzeit jedoch noch am Anfang.

6.4 Aktivierung von Onkogenen

Der Begriff Onkogen-Aktivierung ist mißverständlich. Er bezeichnet die Freisetzung von tumorigenen Eigenschaften dieser Gene und bezieht sich nicht auf deren physiologischen Aktivitätszustand. Die Umwandlung eines Proto-Onkogens in ein Tumorgen *sensu stricto* kann über verschiedene Mechanismen erfolgen (Tab. 6.3). Strukturelle Defekte reichen dabei von Punktmutationen bis hin zu Genrekombinationen im Rahmen chromosomaler Translokationen. In all diesen Fällen entsteht ein qualitativ verändertes Genprodukt mit einer eigenständigen biologischen Eigenschaft. Andererseits kann auch die zu hohe oder unzeitgemäße Synthese eines normalen Onkogenproduktes zur Störung des Zellmetabolismus führen. Solche quantitativen Veränderungen treten etwa im Rahmen von Genamplifikationen auf, wobei bis zu Tausende von Genkopien in einer Zelle entstehen und exprimiert werden. Ein anderer Mechanismus ist die Entkopplung eines Gens von seinen eigenen Regulatorsequenzen. Ein Beispiel hierfür ist die unphysiologische Expression von *myc* unter dem Einfluß von Regulatorsequenzen der Immunglobulin-Loci infolge chromosomaler Translokationen beim Burkitt Lymphom. Auch die Fehlregulation eines epigenetischen Prozesses wäre zu nennen. So kann die Reduktion des Methylierungsgrades eines Onkogenpromotors zur Expression dieses normalerweise inaktiven Tumorgens führen (Kap. 6.6).

Die Entwicklung eines Tumors vollzieht sich (wie in Kap. 6.8.4 am Kolonkarzinom dargestellt) in mehreren Schritten. Insofern kann auch die pathologische Aktivierung

Tab. 6.3 Mechanismen der Onkogen-Aktivierung

Qualitative Veränderungen		
Punktmutation	*k-ras*	Pankreaskarzinom
Rekombination von Genen		
t(9; 22)	*bcr-abl*	CML
t(11; 22)	*ews-fli1*	Ewing Sarkom
Quantitative Veränderungen		
Genamplifikation	*n-myc*	Neuroblastom
	erbb2	Mammakarzinom
Austausch von Regulatorsequenzen		
t(8; 14)	*myc*	Burkitt Lymphom
Störungen der epigenetischen		
Modifikationen (Demethylierung)	*bcl2*	B-CLL

eines Onkogens nur einen Teilschritt in diesem komplexen Prozeß repräsentieren. Den verschiedenen Onkogenen kommt dabei eine sehr unterschiedliche Wertigkeit bei der Entstehung einzelner Tumorformen zu. So ist die *bcr-abl* Rekombination das molekulargenetische Charakteristikum von mehr als 95% der Patienten mit CML. *ras*-Mutationen finden sich hingegen mit unterschiedlicher Frequenz bei einem breiten Spektrum von Malignomen; sie verschaffen einer Zelle generelle Wachstumsvorteile, ohne eine spezifische Tumorform zu determinieren. Einige Onkogene werden erst im Gefolge einer Tumormanifestation aktiviert und tragen dann zur Progression und Aggressivität bei, wie etwa die *n-myc* Amplifikation beim Neuroblastom. Auf einige Beispiele für unterschiedliche Formen der Onkogenaktivierung und ihre klinische Relevanz möchten wir näher eingehen.

6.4.1 *ras*-Mutationen

Zur *ras* Familie gehören die Gene *h-ras*, *k-ras* und *n-ras*. Sie kodieren funktionell und strukturell sehr ähnliche Proteine, die an der Innenseite der Zellmembran verankert sind. Die Assoziation mit der Zellmembran erfolgt über eine Farnesylgruppe, die kovalent mit RAS verbunden ist. Ohne diese post-translationale Modifikation, die das Enzym Farnesyl-Transferase katalysiert, verbleibt RAS funktionslos im Cytoplasma. Da RAS-Proteine Guanin-Nukleotide binden und GTPase-Aktivität besitzen, werden sie zur Gruppe der regulativen G-Proteine gerechnet. RAS vermittelte Signalkaskaden wurden bereits oben vorgestellt (Kap. 3.9.2).

Spezifische Punktmutationen bzw. die daraus resultierenden Aminosäuresubstitutionen sind mit Konformationsänderungen der RAS-Proteine verbunden, die insbesondere die interne GTPase-Aktivität und deren GAP-vermittelte Regulation betreffen. Zu nennen sind in diesem Kontext Mutationen in Codon 12, 13 und 61. Solche *ras*-Mutanten können nicht mehr abgeschaltet werden und senden ein anhaltendes Proliferationssignal. *ras*-Mutationen stellen die häufigste Onkogenveränderung überhaupt dar. Sie finden sich in zahlreichen Tumorformen, allerdings mit recht unterschiedlicher Frequenz; Neoplasien mit einem hohen Anteil von *ras*-Mutationen sind in Tabelle 6.4 zusammengestellt. In einigen Tumorformen wird vorwiegend ein bestimmtes Mitglied der *ras* Familie von den Veränderungen betroffen, während eine solche Präferenz in anderen Fällen nicht beobachtet wird.

Tab. 6.4   Tumore des Menschen mit hohem Prozentsatz an *ras*-Mutationen

Maligne		
Pankreaskarzinom	*k-ras 12*	90%
Kolonkarzinom	*k-ras*	50%
Schilddrüsenkarzinom	*k-, h-, n-ras*	50%
Lungenkarzinom	*k-ras*	45%
AML	*k-ras*	25%
Benigne		
Keratoakanthom	*h-ras*	30%

Das Pankreaskarzinom nimmt eine Sonderstellung ein, da es der Tumor mit der weitaus höchsten Frequenz (90 %) von *ras*-Mutationen ist und diese Veränderungen zudem ausschließlich in Codon 12 von *k-ras* beobachtet werden. Dieser Befund erinnert an Tiermodelle der Krebsforschung (siehe Kap. 4.10), bei denen die Behandlung mit chemischen Mutagenen Tumore entstehen läßt, die durch ganz spezifische *ras*-Mutationen gekennzeichnet sind. So induziert Methylnitrosoharnstoff (MNU) in Ratten Mammakarzinome, die durch eine G → A-Substitution in Codon 12 von *h-ras* charakterisiert sind, während in Mäusen nach MNU Behandlung Lungentumore entstehen, die stets eine *k-ras* Codon 12 Mutation (G → A) zeigen. Auch Äthylcarbonat induziert in Mäusen Lungentumore, die dann aber eine *k-ras* Codon 61 Mutation (A → T) aufweisen. Im Gegensatz zu diesen Tiermodellen findet sich im Pankreaskarzinom des Menschen jedoch keine spezifische Nukleotid- bzw. Aminosäuresubstitution und es fehlen auch überzeugende epidemiologische Daten, die auf eine bestimmte mutagene Noxe als Auslösefaktor hinweisen.

ras-Mutationen können in unterschiedlichen Erkrankungsstadien einer bestimmten Tumorform auftreten. Ein gutes Beispiel hierfür sind Erkrankungen der Myelopoese, bei denen überwiegend *n-ras* Mutationen beobachtet werden. Ungefähr 25 % aller Patienten mit AML weisen diese Form der Onkogenaktivierung auf. *ras*-Mutationen können aber auch beim Übergang von der chronischen Phase in die äußerst aggressive Blastenkrise bei Patienten mit CML, also einem fortgeschrittenen Krankheitsstadium, nachgewiesen werden. Andererseits finden sich bereits bei etwa 10 % der Patienten mit myelodysplastischen Syndromen (MDS) *ras*-Mutationen; dies sind prämaligne Krankheitsbilder, die in bis zu 40 % der Fälle in eine AML übergehen. Ebenso finden sich *k-ras*-Mutationen nicht nur in Kolonkarzinomen, sondern auch in Adenomen, also prämalignen Gewebeveränderungen des Kolon. In diesem Zusammenhang ist die hohe Frequenz (30 %) von *h-ras*-Mutationen in Keratoakanthomen bemerkenswert. Dabei handelt es sich um rasch wachsende, aber gutartige Hauttumore, die sich spontan zurückbilden. Somit erbringt die Aktivierung von *ras*-Genen zwar Wachstumsvorteile für die betreffenden Zellen, zur Manifestation eines Malignoms müssen jedoch weitere Störungen des Zellmetabolismus hinzukommen.

Der Nachweis einer *ras*-Mutation ist bei Adenokarzinomen der Lunge mit einer verkürzten Überlebensdauer verbunden. Bei den meisten anderen Tumoren ergaben sich jedoch bisher keine überzeugenden Belege für eine prognostische Relevanz. Allerdings eröffnet dieser molekulargenetische Marker etwa bei AML oder MDS Patienten die Möglichkeit, therapeutische Interventionen zu überprüfen (Abb. 6.2). *ras*-Analysen können auch herangezogen werden um aus Sputum, Pankreassaft oder Stuhlproben, d. h. durch ein nicht-invasives Vorgehen, den Verdacht auf einen Primärtumor oder ein Rezidiv abzuklären. Darüber hinaus geben im Rahmen der Zellalterung Tumorzellen auch DNA in die Blutzirkulation ab, so daß metastasierende Zellen über den Nachweis von *ras*-Mutationen in Serum- oder Plasmaproben erfaßbar sind. Die Wertigkeit von Therapieverfahren, die sich gezielt gegen mutierte *ras*-Sequenzen richten, sei es in Form von Antisense- bzw. Ribozym-Strategien (siehe Kap. 8.2) oder durch die Induktion einer Immunreaktion wird derzeit evaluiert. Ein interessanter weiterer Ansatz liegt in der Unterbrechung pathologischer RAS Aktivität durch Farnesyl-Transferase-Inhibitoren, welche die post-translationale Modifikation von RAS blockieren bzw. im Einsatz von Inhibitoren der RAS nachgeschaltete MEK/ERK Signalkaskade.

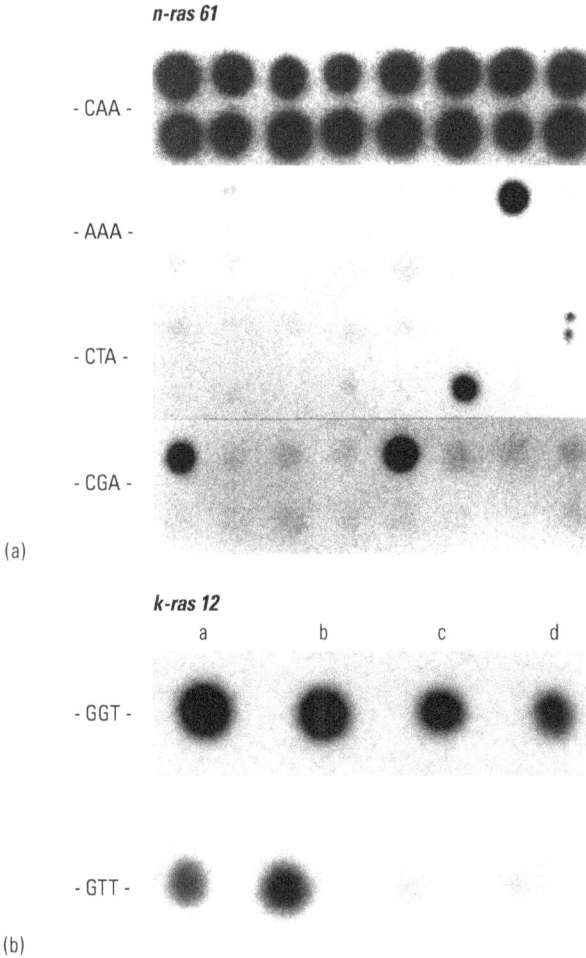

Abb. 6.2 (a) Nachweis von Mutationen im Codon 61 des *n-ras*-Gens bei 16 Patienten mit AML. PCR-amplifizierte DNA-Fragmente aus der Codon 61 umfassenden Region von *n-ras* wurden auf einen Nitrozellulosefilter aufgetragen (Dot-Blot) und mit Oligonukleotid-Sonden hybridisiert, welche die normale Sequenz des Codons (CAA) sowie Mutationen in der 1. oder 2. Position repräsentieren. Bei vier Patienten lassen sich Punktmutationen nachweisen. b) Bei einem MDS Patienten findet sich eine *k-ras* Codon 12 Mutation in Zellen des Knochenmarks (a) und des peripheren Blutes (b). Valin (GTT) ersetzt hier die normale Aminosäure Glycin (GGT). Die Behandlung mit Cytosinarabinosid führte zur Elimination des durch die Mutation markierten, defekten Zellklons aus Knochenmark (c) und Blut (d).

6.4.2 Onkogene Fusionsproteine

6.4.2.1 Die *bcr-abl* Rekombination

Als Prototyp der pathologischen Aktivierung eines Onkogens über eine Genfusion gilt die *bcr-abl* Rekombination, die nachfolgend ausführlicher dargestellt wird. Die chronisch myeloische Leukämie (CML) war die erste maligne Erkrankung des Menschen, bei der ein spezifischer Chromosomendefekt nachgewiesen werden konnte. Unter dem Mikroskop erkennt man, daß ein Teil des langen Arms von Chromosom 22 zum Chromosom 9 übergewechselt ist; diese Rekombination nennt man nach ihrem Entdeckungsort Philadelphia (Ph)-Translokation. Molekulargenetische Analysen zeigten, daß es sich um eine reziproke Translokation handelt, da im Gegenzug ein Teil von Chromosom 9 zum verkürzten Chromosom 22, dem Ph-Chromosom, transferiert wird. Die Ph-Translokation entspricht auf molekularem Niveau einer Rekombination des *abl* Gens von Chromosom 9q34 mit dem *bcr* Gen von Chromosom 22q11, wobei die relevante *bcr-abl* Fusion auf dem Ph-Chromosom stattfindet, während die reziproke *abl-bcr* Rekombination auf Chromosom 9q+ keine funktionelle Bedeutung besitzt (Abb. 6.3). Eine Ph-Translokation findet sich bei 95% aller Patienten mit CML, meistens als typische t(9;22). Ungefähr 10% der Patienten weisen cytogenetische Sonderformen auf, wobei weitere Chromosomen am Rekombinationsprozeß beteiligt sein können (komplexe Translokation) oder am Chromosom 9 bzw. Chromosom 22 keine mikroskopisch sichtbaren Veränderungen auffallen (variante oder maskierte Translokation). Alle Formen der Ph-Translokation sind

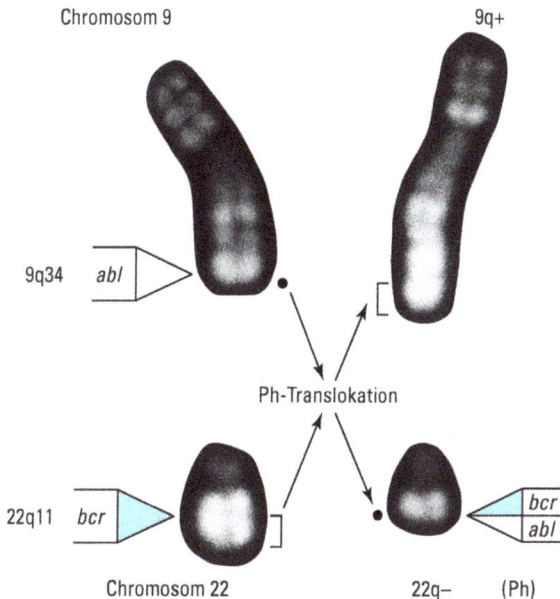

Abb. 6.3   Im Rahmen der reziproken Ph-Translokation, t(9;22)(q34;q11), entsteht das *bcr-abl* Onkogen auf dem Ph-Chromosom.

aber durch die *bcr-abl* Rekombination charakterisiert und unterscheiden sich nicht im Krankheitsverlauf. Etwa 5% der CML Patienten weisen keine Ph-Translokation auf. Die Ph-negative CML umfaßt eine heterogene Krankheitsgruppe; bei etwa 40% der Patienten findet sich molekulargenetisch eine *bcr-abl* Rekombination, und diese Fälle unterscheiden sich klinisch nicht von einer Ph-positiven CML. Die übrigen Fälle repräsentieren verschiedene Formen myeloproliferativer Erkrankungen mit einer insgesamt schlechteren Prognose.

Die Ph-Translokation bzw. *bcr-abl* Rekombination findet sich nicht nur bei der CML, sondern auch bei 35% der akuten lymphatischen Leukämien (ALL) im Erwachsenenalter. Es besteht eine beinahe lineare Altersabhängigkeit. Kinder mit ALL zeigen nur zu 4% diesen genetischen Defekt, während bei mehr als der Hälfte der über 60jährigen ALL Patienten eine *bcr-abl* Rekombination vorliegt. Der Nachweis einer *bcr-abl* Fusion ist von großer klinischer Bedeutung, weil es sich um die bösartigste ALL-Form handelt, die trotz intensiver Chemotherapie und Einsatz der Knochenmarkstransplantation eine sehr schlechte Prognose aufweist. Die unterschiedliche Frequenz der Ph-positiven ALL in verschiedenen Altersstufen erklärt somit auch zu einem Teil die besseren Heilungschancen von Kindern mit ALL (70–80%) im Vergleich zu Erwachsenen (30–40%).

Die exakte Lage der Bruchpunkte variiert von Patient zu Patient (Abb.6.4). Im *abl*-Gen streuen die Brüche über eine große Distanz von 200 kb im ersten Intron. Dagegen konzentrieren sich die Bruchereignisse im *bcr*-Gen in 2 Regionen, die als M-bcr (major-breakpoint cluster region) und m-bcr (minor-bcr) bezeichnet werden.

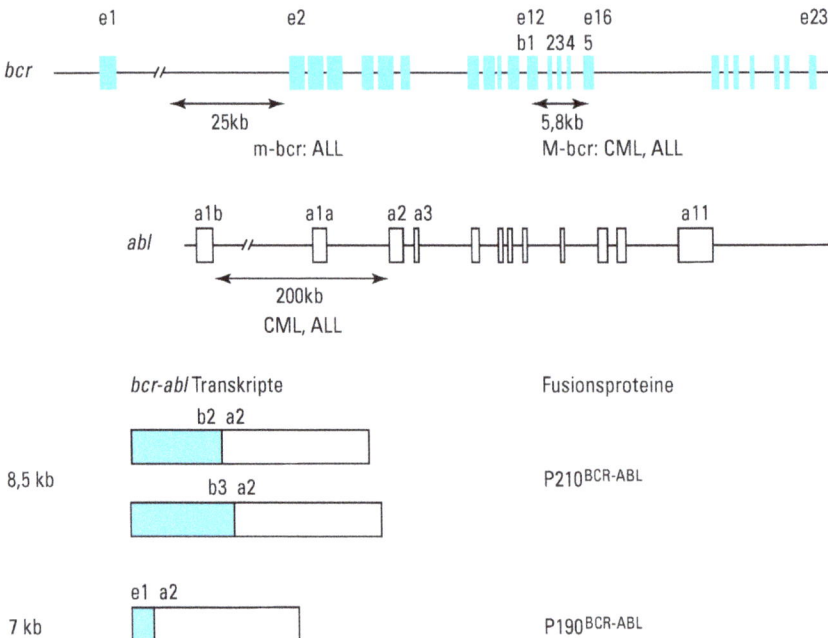

Abb.6.4   Das Rearrangement zwischen *bcr* und *abl* führt in Abhängigkeit von der Bruchpunktlage zu unterschiedlich großen Fusionsprodukten bei Patienten mit CML und ALL.

Hier besteht ein Unterschied zwischen CML und ALL. Bei nahezu allen CML Patienten treten die Brüche in der 5,8 kb großen M-bcr auf, die 5 kleine Exons umfaßt,
während bei etwa 70 % der Patienten mit Ph-positiver ALL die Brüche im 3'-Bereich
des ersten *bcr* Introns liegen, der m-bcr. Abhängig von der Bruchpunktlokalisation
im *bcr*-Gen entstehen *bcr-abl* Transkripte von 8,5 kb oder 7 kb und Fusionsproteine
von 210 kDa oder 190 kDa. Auch alternative Spleißprodukte werden beobachtet.
So kann ein DNA-Rearrangement im Intronbereich zwischen M-bcr Exon b3 und
b4 auf RNA-Ebene zu einer Verknüpfung von b3 mit *abl* Exon a2 führen, aber
alternativ können die *bcr* Exons b2 oder sogar e1 auch direkt an Exon a2 gespleißt
werden. Eine klinische Relevanz der unterschiedlichen *bcr-abl* Rekombinationen
und ihre Spleißvarianten konnte bisher nicht überzeugend belegt werden.

Am Beispiel der *bcr-abl* Rekombination läßt sich gut das Ausmaß der durch eine
Onkogenaktivierung induzierten Störungen der Signaltransduktion illustrieren. Unterschiedliche Regionen beider Fusionspartner tragen zur malignen Transformation
bei (Abb. 6.5). Eine wesentliche Komponente bilden aminoterminale BCR-Domänen. Eine von ihnen induziert die Bildung von BCR-ABL Tetrameren. Hierbei
kommt es zur Bindung von BCR-Sequenzen an die sogenannte SH2 (SRC-homo-
logy)-Domäne von ABL, gefolgt von einer drastischen Steigerung der Tyrosinkinaseaktivität von ABL. Die SH2/SH3-Domänen spielen auch eine wichtige Rolle
bei der Erkennung und Rekrutierung der großen Zahl von zellulären Substraten
der BCR-ABL Proteinkinase. Außerdem aktiviert eine N-terminale BCR-Region
eine C-terminale ABL-Domäne, welche für eine Bindung an F-Aktin sorgt; die Konsequenz hieraus ist eine Kopplung an das Cytoskelett, so daß der Übertritt von
BCR-ABL in den Zellkern blockiert wird, während ABL normalerweise eine Rolle
bei der Zellzykluskontrolle spielt. Die aminoterminale BCR-Region ermöglicht aber
nicht nur eine Bindung an ABL sondern auch die Interaktion mit einer ganzen
Reihe weiterer Proteine die eine SH2-Domäne besitzen. Von besonderem Interesse
ist hier das Adapterprotein GRB2, welches BCR-ABL über SOS mit der RAS-RAF1
vermittelten Signalkette verknüpft und damit einen der prominentesten Signaltransduktionswege dereguliert (siehe 3.9.2); eine Verbindung zur RAS-RAF1 Kaskade
wird zudem über die ABL-SH2 Domäne und die BCR Serin-Threoninkinase hergestellt. Darüberhinaus werden durch BCR-ABL zwei essentielle Regulatoren des
Zellzyklus, Cyclin D1 und MYC, pathologisch aktiviert (siehe Kap. 3.6), während
die ebenfalls zu verzeichnende Induktion von BCL2 eine Apoptose der betreffenden
Leukämiezellen verhindert (siehe Kap. 3.8). Insgesamt aktiviert die *bcr-abl* Rekombination also Gene, welche die Zellproliferation stimulieren und den Zelltod inhibieren.

Noch gilt es aber, die vielen Einzelbefunde zu einem einheitlichen Bild zusam-
menzusetzen und die Schlüsseldefekte zu identifizieren, die dann auch Ziel neuer
therapeutischer Strategien sein könnten. Experimentelle Behandlungsansätze umfassen derzeit Antisense-Oligonukleotide bzw. Ribozyme gegen *bcr-abl* Sequenzen oder
auch nachgeschaltete Effektoren wie *myc* (siehe Kap. 8.2). Auch an der Entwicklung
einer gegen das BCR-ABL Fusionsprotein gerichteten Immuntherapie wird gearbeitet. Ebenso wird die Wirksamkeit von selektiven Inhibitoren der BCR-ABL-Ty-
rosinkinase oder eine Blockade der BCR-SH2-Bindungsdomäne überprüft.

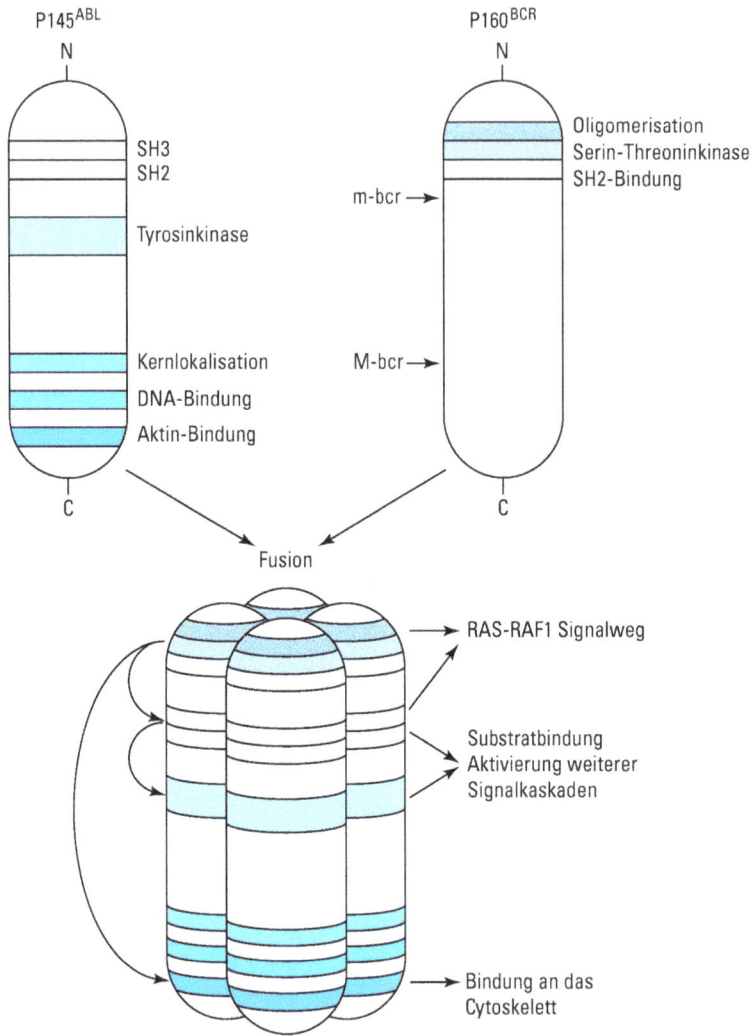

Abb. 6.5   Die normalen ABL und BCR Proteine enthalten verschiedene Funktionsdomänen, die an der Deregulation von Signaltransduktionswegen durch das *bcr-abl* Onkogen beteiligt sind. Die N-terminale Region von BCR umfaßt ein Oligomerisationsmotiv, eine Serin-Threoninkinase sowie eine SH2-Bindungsdomäne. Normale ABL-Funktionen im Zellkern werden durch ein nukleäres Lokalisationssignal und eine DNA-Bindungsdomäne vermittelt. Infolge der BCR-ABL Rekombination kommt es zur Bildung von BCR-ABL Tetrameren; BCR Sequenzen aktivieren die F-Aktin Bindungsdomäne sowie die Tyrosinkinase von ABL und führen so zu einer Fixierung von BCR-ABL am Cytoskelett und zur Induktion einer Vielzahl von Signalkaskaden. Weitere BCR-Domänen, deren Bedeutung für die Leukämieentstehung unbekannt ist, wurden im Schema nicht aufgeführt. Die Pfeile markieren die Lage der Bruchpunktregionen.

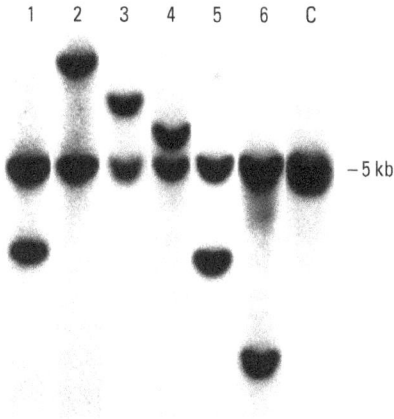

Abb. 6.6   Southern Blot-Analyse von sechs Patienten mit CML und einem gesunden Probanden (C). Bei den Patienten 5 und 6 war cytogenetisch kein Ph-Chromosom nachweisbar. Die aus den Leukämiezellen isolierte DNA wurde mit dem Enzym *BglII* verdaut und mit einer Sonde aus der M-bcr Region hybridisiert. Neben dem Keimbahnfragment von 5 kb des normalen Chromosoms 22 findet sich in allen Patienten ein individuelles Muster des rearrangierten *bcr*-Allels.

Diagnostische Aspekte

Die *bcr-abl* Rekombination kann durch verschiedene Techniken auf DNA-, RNA- und Proteinebene nachgewiesen werden. Hierzu gehören insbesondere die FISH Diagnostik an Interphasekernen und die Southern Blot-Analyse (Abb. 6.6). Bei der heute häufig benutzten RT-PCR Diagnostik amplifiziert man nach Synthese einer cDNA die jeweiligen Fusionstranskripte, da auf genomischer Ebene die Bruchpunkte zu weit streuen (Abb. 6.7). Diese Methode ist zudem sehr sensitiv und eignet sich zur Überprüfung des Erfolges einer Chemotherapie, Knochenmarkstransplantation oder Interferonbehandlung; sie setzt allerdings auch strikte Qualitätsstandards zur Vermeidung kontaminationsbedingter falsch-positiver Ergebnisse voraus (Kap. 6.10).

6.4.2.2 *all1*-Translokationen bei der Säuglingsleukämie

Auf einige weitere Aspekte von Onkogenfusionen sei noch mit drei Beispielen hingewiesen. Im Gegensatz zur exklusiven Rekombination von *bcr* mit *abl* ergibt sich für das *all1*- Gen (auch *mll* genannt) auf Chromosom 11q23 eine Vielzahl von Fusionspartnern. *all1* kodiert ein Kernprotein, das an DNA bindet, ihre Struktur moduliert und das im Zusammenspiel mit anderen nukleären Faktoren als Transkriptionsregulator fungiert. Über 30 *all1*-Translokationen sind bekannt und die häufigsten wurden bereits kloniert. Die meisten Fusionspartner sind untereinander nicht verwandt. *all1*-Rearrangements finden sich bei Patienten mit akuter lymphatischer und akuter myeloischer Leukämie (AML) und sind mit einer schlechten Prognose

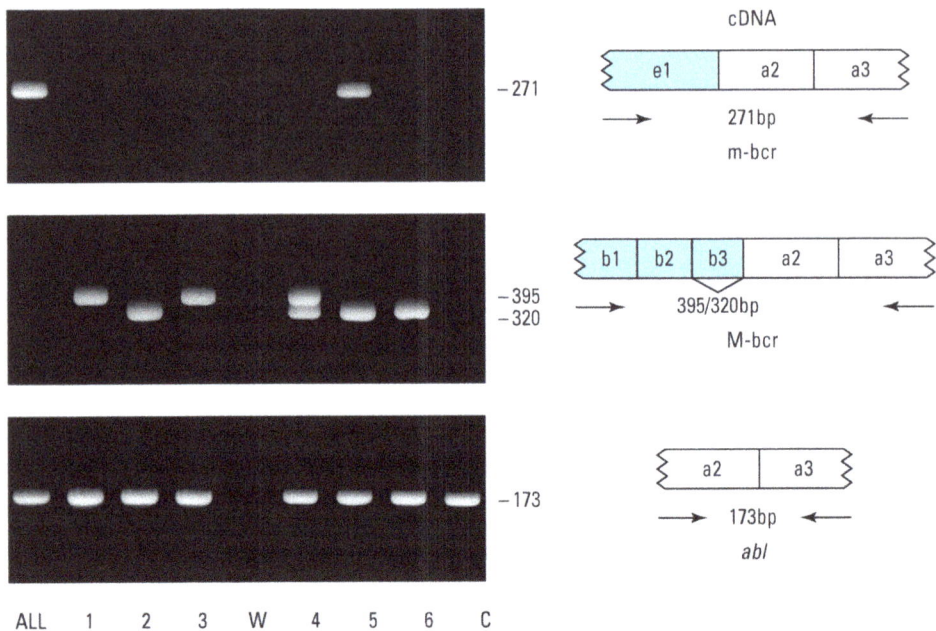

Abb. 6.7 PCR-Diagnostik bei Ph-positiver CML und ALL. Im Schema ist die Lage der Primer durch Pfeile markiert. Liegt der Bruch in M-bcr, so entsteht je nachdem ob Exon b2 oder b3 an *abl* Exon a2 gespleißt wird, ein 320 bp oder 395 bp großes Fragment. Für jeden Patienten wurden drei Reaktionen angesetzt, wobei die Analyse normaler Transkripte (173 bp) vom nicht-betroffenen *abl* Allel zur Qualitätskontrolle der RNA diente. Die amplifizierte cDNA wurde in einem Agarosegel elektrophoretisch aufgetrennt und mit Ethidiumbromid angefärbt. Sechs Patienten mit CML (1–6), 1 ALL Patient (ALL) sowie ein gesunder Proband (C) wurden untersucht. Als Negativkontrolle diente eine Reaktion, die keine cDNA enthielt (W). Alternative Spleißprodukte werden bei den CML Patienten 4 (320, 395 bp) und 5 (271, 320 bp) beobachtet.

verbunden. Die *all1*-Rekombination stellt die mit Abstand häufigste Art der Onkogenaktivierung im Säuglingsalter dar; sie läßt sich bei etwa 85 % der Leukämien dieser Altersstufe nachweisen. Der Transformationsprozeß ereignet sich bereits *in utero*, so daß bei einer Zwillingsschwangerschaft ein großes Risiko dafür besteht, daß über eine intraplazentare Metastasierung Leukämiezellen von einem Kind auf das andere übertreten. Eine weitere Besonderheit der *all1*-Rekombination besteht darin, daß sie besonders häufig in sekundären Leukämien beobachtet wird, die nach Behandlung mit den in der Onkologie vielfach eingesetzten DNA-Topoisomerase II-Inhibitoren wie Etoposid (VP16) oder Anthrazyklinen ausgelöst werden. Diese Chemotherapeutika induzieren DNA-Doppelstrangbrüche in bestimmten Domänen des *all1*-Gens, so auch in der Nachbarschaft von Topoisomerase II-Bindungsstellen. Anders als die chromosomalen Translokationen infolge aberranter V(D)J Rekombinationen der Ig und TCR Loci (6.4.4., 6.9) beruhen Fusionen vom Typ der *af4-all1* oder auch *tel-aml1* Rekombination (Tabelle 6.8) auf einer unpräzisen Reparatur von DNA-Doppelstrangbrüchen (3.7.4.).

6.4.2.3 Retinsäurerezeptor α Rekombinationen bei der Promyelocyten-leukämie

Eine klinisch wie wissenschaftlich besonders interessante Onkogenfusion charakterisiert die akute Promyelocytenleukämie (APL). Bei Patienten mit dieser AML-Subform (M3-Morphologie) findet sich ganz überwiegend eine t(15;17), selten eine t(11;17) oder eine andere chromosomale Aberration. Betroffen ist in jedem Fall das Gen für den Retinsäurerezeptor α (RARα) auf Chromosom 17; Fusionspartner sind die Transkriptionsfaktoren PML (Chromosom 15) bzw. PLZF (Chromosom 11). Eine Sonderstellung nimmt die APL unter therapeutischem Blickwinkel insofern ein, als die Behandlung mit einem Vitamin A-Derivat, der All-*trans*-Retinsäure (ATRA), die Ausdifferenzierung der Leukämiezellen induziert und in Kombination mit einer Chemotherapie die meisten Patienten heilen kann.

Es existieren zwei Familien von Retinsäurerezeptoren, RAR und RXR, die als RAR-RXR Heterodimere die Aktivität nachgeschalteter Gene regulieren. In Abwesenheit des natürlichen Liganden Retinsäure (RA) interagieren RAR-RXR Heterodimere über eine RAR-Domäne mit einem nukleären Proteinkomplex, der in Verbindung mit weiteren Proteinen wie einer Histon-Deacetylase die Chromatinstruktur kondensiert und damit die Transkription von Genen reprimiert. Retinsäure konvertiert RAR-RXR Heterodimere unter Dissoziation des Corepressor-Komplexes von einem transkriptionalen Repressor zu einem Aktivator (Abb. 6.8). PML-RARα Fusionsproteine kompetieren mit RARα um die RXR Bindung und verhindern die Bildung von RAR-RXR Heterodimeren. Ebenso wie RARα vermag auch PLZF, nicht aber PML, den Corepressor-Komplex zu binden. Die Behandlung mit hohen Dosen von ATRA ermöglicht bei PML-RARα Fusionsproteinen die Entkopplung des nukleären Corepressors aus der RARα-vermittelten Bindung. Hingegen ist die Assoziation des Repressor-Komplexes an PLZF nicht durch Retinsäure zu beeinflussen. Dies erklärt, weshalb Patienten mit t(15;17) auf eine ATRA Therapie ansprechen, während Patienten mit der varianten PLZF-RARα Fusion resistent gegen diese Behandlungsform sind. Diese Patienten könnten von einer zusätzlichen Therapie mit Histon-Deacytelase-Inhibitoren profitieren, die bereits bei anderen Krankheiten wie Malaria oder β-Thalassämie eingesetzt werden. Die durch RARα-Fusionsproteine verursachte Störung der physiologischen Chromatin-Acetylierung repräsentiert einen neuen Pathomechanismus der malignen Transformation (Kap. 6.6).

PML-RARα-Fusionsproteine können auch Heterodimere mit PML bilden und die physiologische Rolle dieses Proteins im Zellkern damit im Sinne einer dominant-negativen Wirkung unterbinden. PML fungiert normalerweise als ein wichtiger Mediator apoptotischer Signale (Kap. 3.8). Der Ausfall von PML bei Patienten mit t(15;17) hat somit einen anti-apoptotischen Effekt. Interessanterweise ergibt sich hieraus bei diesen Leukämiepatienten ein weiterer therapeutischer Ansatz. Die Gabe von Arsen führt nicht wie die ATRA-Behandlung zu einer Differenzierungsinduktion der Promyelocyten sondern über die Aktivierung der Caspase 3-Kaskade zur Apoptose der Leukämiezellen. Auf diese Weise kann selbst bei ATRA-Resistenz noch eine komplette Remission bei APL Patienten erzielt werden.

normal

Transkription reprimiert   Transkription aktiviert

PML-RAR$_\alpha$ Fusion

PLZF-RAR$_\alpha$ Fusion

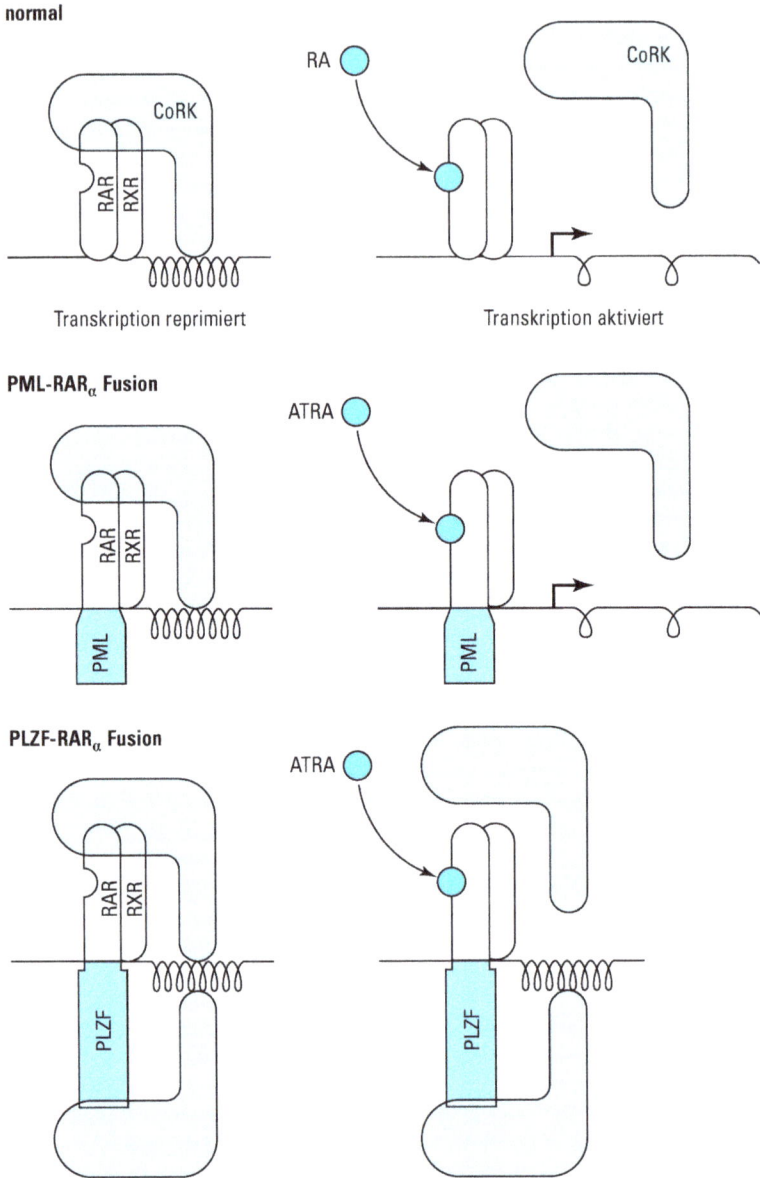

Abb. 6.8   Die Retinsäurerezeptoren RAR und RXR bilden mit weiteren nukleären Proteinen
einen Transkriptionsrepressor-Komplex. Der physiologische Ligand (RA) verursacht eine Dissoziation des Corepressor-Komplexes und nachfolgende Gentranskription. Bei APL Patienten
erlauben therapeutische Dosen von ATRA ebenfalls eine Entkopplung des Corepressors vom
PAL-RARα Fusionsprotein. Da der Transkriptionsfaktor PLZF über eine eigene Bindungsstelle für den Corepressor, nicht aber für RA verfügt, sind Patienten mit einer PLZF-RARα
Fusion resistent gegenüber einer Behandlung mit Vitamin A-Derivaten.

6.4.2.4 *ews* Fusion bei Ewing Tumoren

Eine ähnliche Entwicklung wie bei den hier ausführlicher dargestellten hämatopoetischen Neoplasien zeichnet sich in jüngster Zeit auch für die soliden Tumore ab. Als Beispiel soll die Gruppe klein-rundzelliger Tumore des Kindesalters dienen, die Pathologen und Kliniker häufig vor erhebliche differentialdiagnostische Probleme stellen hinsichtlich der Abgrenzung der unter diesem morphologischen Bild subsumierten, sehr heterogenen Krankheitsbilder wie ossäre und extra-ossäre Ewing Sarkome, die verwandten peripheren primitiven neuroektodermalen Tumore (PNET), Neuroblastome, Rhabdomyosarkome oder auch Non-Hodgkin Lymphome. Diese Tumorentitäten benötigen ganz unterschiedliche Formen der Behandlung, so daß sich aus einer fehlerhaften Zuordnung gravierende Konsequenzen für die Prognose ergeben. Dieses diagnostische Dilemma kann heute weitgehend gelöst werden. Es stellte sich heraus, daß die zur Gruppe der Ewing Tumore zusammengefaßten Ewing Sarkome und PNET durch eine spezifische genetische Veränderung charakterisiert sind, eine Rekombination des *ews*-Gens auf Chromosom 22q12. In 90% der Fälle läßt sich eine *ews-fli1* Fusion auf der Basis einer t(11;22) nachweisen, seltener finden sich andere *ews* Rekombinationen wie *ews-erg* bei t(21;22), die jeweils für einen chimären Transkriptionsfaktor kodieren. Die molekulargenetische Analyse kann hier also entscheidende diagnostische Weichenstellungen vornehmen. Hinzu kommt, daß auch bei den anderen differentialdiagnostisch relevanten Tumoren molekulare Marker identifiziert wurden, so z. B. die t(2;13) bzw. t(1;13) bei aleveolären Rhabdomyosarkomen, die zu einer Rekombination des *fkhr*-Gens (Chromosom 13) mit den Loci der Transkriptionsfaktoren PAX3 bzw. PAX7 führen. Beim Neuroblastom ist eine *n-myc* Amplifikation anzutreffen, und Rearrangements der Immunglobulin bzw. T-Zell-Rezeptor Loci finden sich bei Lymphomen. Neben dem Einsatz dieser molekularen Parameter bei der initialen Diagnosestellung ergibt sich über die PCR-Analyse der jeweiligen Fusionstranskripte auch die Möglichkeit, im Blut oder Knochenmark nach Mikrometastasen dieser soliden Tumore zu fahnden und den Therapieerfolg sehr sensitiv zu überprüfen (Kap. 6.10). Zudem wird diskutiert, ob Unterschieden in der genauen Zusammensetzung der *ews-fli1* Hybride in Abhängigkeit von der jeweiligen Bruchpunktlokalisation eine prognostische Aussagekraft bei Ewing Sarkomen zukommt. Ein unter pathogenetischen Gesichtspunkten interessanter Befund, dessen klinische Relevanz einer weiteren Überprüfung bedarf, ist die kürzlich gemachte Entdeckung, daß das E1A Genprodukt von Adenoviren die Fusion von *ews* und *fli1* induzieren kann – eine überraschende Assoziation von viraler Karzinogenese und chromosomaler Aberration.

6.4.3 Genamplifikationen

Tumorzellen können sich über einen als Genamplifikation bezeichneten Prozeß Wachstumsvorteile gegenüber anderen Zellpopulationen verschaffen. Dabei kommt es durch einen noch nicht genau verstandenen Pathomechanismus zu einer Vermehrung von normalerweise zwei auf bis zu einige Tausend Kopien eines Gens pro Zelle. Dieses zusätzliche genetische Material weist bei cytogenetischer Betrachtung im Mikroskop nicht das typische chromosomale Bandierungsmuster auf, sondern

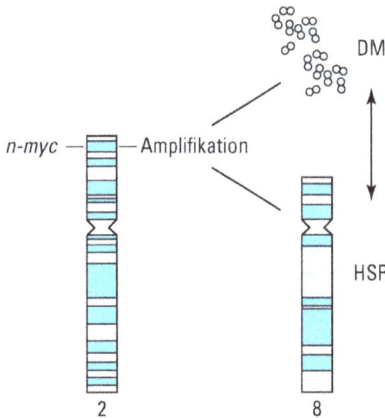

Abb.6.9   Eine Amplifikation des normalerweise auf Chromosom 2 gelegenen *n-myc*-Gens kann zu cytogenetisch sichtbaren Veränderungen führen. Amplifizierte Sequenzen können sich als homogen gefärbte Strukturen (HSR) in andere Chromosomen integrieren (hier beispielsweise Chromosom 8) oder sich extrachromosomal als „double minutes" (DM) manifestieren.

stellt sich als homogene Struktur dar (HSR, homogeneously staining region). Amplifizierte Sequenzen verbleiben jedoch häufig nicht am normalen Genort, sondern besitzen eine gewisse Mobilität; sie integrieren sich als HSR in andere Chromosomen oder bilden paarige, extrachromosomale Genpakete (double minutes, DM). Beide Amplifikationsformen können ineinander übergehen (Abb. 6.9). Ein gut untersuchtes Modell für Genamplifikationen ist die Entwicklung von Cytostatikaresistenz in Tumorzellen. So tritt eine Methotrexat-Resistenz nach Amplifikation des Dihydrofolatreduktasegens auf. Ein anderes Beispiel ist die erhöhte Expression eines membranständigen Glykoproteins mit Pumpenfunktion, welches für die physiologische Entgiftung bestimmter Zellpopulationen sorgt, aber auch unterschiedliche Chemotherapeutika aus Zellen herausschleusen kann. Eine Amplifikation dieses Gens (*mdr1*; *m*ulti *d*rug *r*esistance) führt zur Resistenz gegen eine Reihe von Cytostatika.

6.4.3.1 Neuroblastom

Genamplifikationen stellen meist Adaptationsvorgänge maligner Zellpopulationen dar und werden vorwiegend in fortgeschrittenen Tumorstadien beobachtet. Auch die Amplifikation von Onkogenen kann als Zeichen einer Tumorprogression gewertet werden. Von großer klinischer Relevanz ist in diesem Zusammenhang die Bedeutung von Onkogenamplifikationen als unabhängige Prognoseparameter. Erstmals konnte eine solche Korrelation zum Krankheitsverlauf bei Neuroblastomen aufgedeckt werden.

Neuroblastome gehören zu den häufigsten soliden Tumoren des Kindesalters. Sie leiten sich vom peripheren Nervengewebe ab. Man unterscheidet 4 Stadien, ausgehend von einem lokal begrenzten, *in toto* resezierbaren Tumor mit guter Prognose bis hin zu einem meist therapieresistenten disseminierten Krankheitsbild mit Fernmetastasen. Dazu kommt im Säuglingsalter ein eigenständiges Stadium IV-S, das trotz ausgedehnten Krankheitsbefalls durch eine spontane Regressionsneigung charakterisiert ist.

In Neuroblastomen beobachtete man die Amplifikation eines Gens, das wegen einer Sequenzhomologie zum *myc*-Gen als *n-myc* bezeichnet wurde. Amplifizierte *n-myc*-Sequenzen finden sich in etwa 30% aller Neuroblastome, wobei nur 5–10% der Tumore des Stadiums II, aber 40% der fortgeschrittenen Stadien III und IV diese genetische Veränderung aufweisen. Im Stadium I, aber auch in IV-S wird eine *n-myc*-Amplifikation hingegen sehr selten beobachtet. Besonders wichtig ist nun, daß der Befund einer *n-myc*-Amplifikation unabhängig vom jeweiligen Tumorstadium eine schlechte Prognose signalisiert. So sind Tumore des eigentlich günstigen Stadiums II, die eine *n-myc*-Amplifikation aufweisen, meistens therapierefraktär, während umgekehrt Tumore, die im Stadium IV einen günstigen Krankheitsverlauf nehmen, keine amplifizierten *n-myc*-Sequenzen enthalten. Die prognostische Aussagekraft einer *n-myc*-Amplifikation konnte in mehreren Studien eindeutig belegt werden. Es sollte nicht übersehen werden, daß die Genamplifikation nur einen Mechanismus darstellt, über den es zur vermehrten Expression des eigentlich relevanten Onkoproteins kommen kann. Tumore, bei denen eine deutlich erhöhte *n-myc* Expression nicht auf eine Genamplifikation zurückzuführen ist, werden – wenngleich selten – beobachtet und weisen ebenfalls eine schlechtere Prognose auf (Abb. 6.10).

Die Frage nach den molekularen Mechanismen, welche die besondere Tumoraggressivität von Neuroblastomen mit gesteigerter *n-myc* Expression erklären könnten, läßt sich erst ansatzweise beantworten. So führt eine erhöhte N-MYC Produktion in den betreffenden Tumorzellen zu einer verminderten Expression von MHC (major histocompatibility complex) Klasse I Molekülen, die ihrerseits für die Erkennung

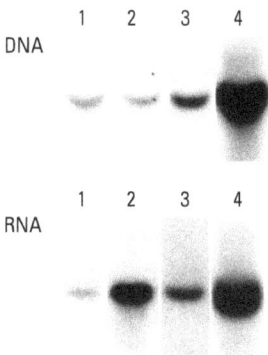

Abb. 6.10 Southern und Northern Blot-Analyse von 4 Neuroblastomen des Stadiums IV. Eine Ampflikation des *n-myc*-Gens um das ca. 5- bzw. 30-fache, kenntlich am intensiveren Hybridisierungssignal, läßt sich in den Tumoren 3 und 4 nachweisen. Während zwischen Anzahl der Genkopien (DNA) und der Expression des *n-myc*-Gens (RNA) bei den Neuroblastomen 1, 3 und 4 eine gute Übereinstimmung besteht, findet sich im Tumor 2 eine erhöhte *n-myc*-Expression, die nicht auf einer Genamplifikation beruht. Kontrollhybridisierungen der beiden Filter mit anderen Gensonden belegten, daß in allen Spuren jeweils die gleichen DNA- bzw. RNA-Mengen aufgetragen wurden (nicht abgebildet).

und Elimination von Tumorzellen durch cytotoxische T-Zellen des Immunsystems unabdingbar sind. Die reduzierte Transkription von MHC Klasse I-Sequenzen wird durch ein nukleäres Protein vermittelt, das sich an den Enhancer des MHC Klasse I-Locus bindet und dessen aktivierenden Einfluß auf die MHC Klasse I Transkription aufhebt. Darüber hinaus supprimiert eine gesteigerte *n-myc* Synthese auch die Expression von Zelladhäsions-Proteinen (NCAM) an der Oberfläche von Neuroblastomzellen, ein Befund, der zumindest teilweise die erhöhte Metastasierungspotenz der betreffenden Tumore erklären könnte.

Der Amplifikation bzw. erhöhten Expression von Onkogenen kommt auch bei Mammakarzinomen eine klinische Bedeutung zu. Etwa 25 % der Patientinnen zeigen eine entsprechende genetische Veränderung des *erbb2* (auch *neu* bzw. *her2* genannt) und/oder *int2*-Gens. Gegenwärtig wird noch kontrovers diskutiert, inwieweit diese Befunde eine unabhängige prognostische Aussagekraft besitzen oder im Kontext anderer Parameter wie Lymphknotenbefall, Östrogenrezeptorstatus bzw. histologischem Subtyp interpretiert werden müssen.

6.4.4 Austausch von Regulatorsequenzen am Beispiel des Burkitt Lymphoms

Zu den bekanntesten Onkogenaktivierungen im Rahmen einer chromosomalen Translokation gehört die Deregulation des Transkriptionsfaktors MYC bei Burkitt Lymphomen. MYC spielt eine zentrale Rolle bei der Regulation der Zellproliferation. Es kann wachstumsstimulierende Signale vermitteln aber auch genetische Programme abrufen, die zu Wachstumsstillstand oder Apoptose führen. Die molekulare Basis für diese unterschiedlichen Funktionen ist derzeit noch weitgehend ungeklärt. Abhängig vom jeweiligen Signal- und Gewebekontext aktiviert oder supprimiert MYC nachgeschaltete Gene. Der Aminoterminus von MYC enthält eine Transaktivierungsdomäne mit zwei konservierten Motiven (Box 1 und 2), die Interaktionen mit Regulatorproteinen vermitteln (Abb. 6.11). In der carboxyterminalen Effektordomäne ermöglicht eine Kombination von basic Helix-Loop-Helix und Leucine-

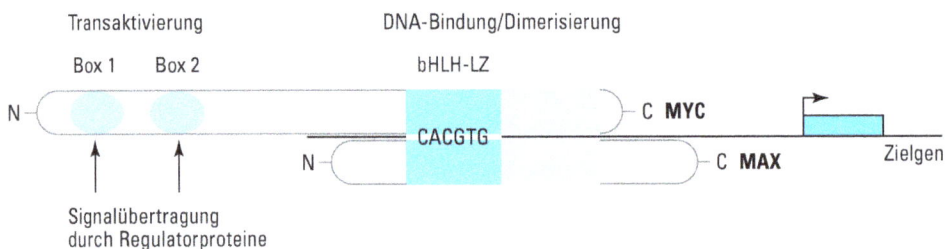

Abb. 6.11 MYC-vermittelte Signalwege erfordern die Bindung von MYC-MAX Heterodimeren an das CACGTG-Element MYC-regulierbarer Promotoren. Die Effektordomäne wird durch basic Helix-Loop-Helix (bHLH) und Leucin-Zipper (LZ)-Motive charakterisiert. MAX besitzt keine Transaktivierungsdomäne, so daß die Regulation dieses Komplexes von MYC abhängt. MYC kann über die Box 1 und 2 Sequenzmotive im Rahmen einer Signaltransduktionskaskade transaktiviert werden.

Zipper Motiven die Bindung an Promotoren mit der Erkennungssequenz CACGTG sowie eine Proteindimerisierung (siehe Kap. 3.1). Voraussetzung für sämtliche MYC-Funktionen ist die Bildung eines MYC-MAX Heterodimers (Abb. 6.5). Dessen Antagonisten stellen MAX Homodimere oder Heterodimere zwischen MAX und den verwandten Proteinen MAD bzw. MXI dar. Eine erhöhte MYC-Synthese führt zu einer Verschiebung des Gleichgewichts in Richtung MYC-MAX Interaktion und damit zur Übertragung MYC-vermittelter Signale.

Die meisten Burkitt Lymphome sind cytogenetisch durch eine Translokation zwischen Chromosom 8 und 14, t(8;14), charakterisiert; in etwa 10% der Patienten durch die Varianten t(2;8) oder t(8;22). In jedem Fall kommt es zur Rekombination des *myc*-Locus auf Chromosom 8 mit einem Immunglobulin-Gen: für die schwere Kette (Chromosom 14), die leichte κ- (Chromosom 2) oder die leichte λ-Kette (Chromosom 22). Man unterscheidet eine endemische, in Zentralafrika vorkommende Form des Burkitt Lymphoms, die mit einer Epstein-Barr Virus Infektion assoziiert ist, von einer in Europa typischen, sporadischen Subform. Beide Formen zeigen Unterschiede in der Bruchpunktlokalisation der t(8;14). Während bei der sporadischen Form die Bruchpunkte auf Chromosom 8 im *myc*-Gen selber liegen, typischerweise im ersten Exon oder Intron, liegen bei der endemischen Subform die Brüche mehrere hundert kb 5' vom *myc*-Gen, das somit selbst strukturell nicht verändert wird. Auch bei den Varianten t(2;8) und t(8;22) bleibt das Onkogen strukturell intakt; hier treten die Brüche 3' vom *myc*-Locus auf. Unabhängig vom präzisen Rekombinationsmodus wird in allen Burkitt Lymphomen eine Überexpression des an der Translokation beteiligten *myc*-Gens beobachtet, während das normale Allel abgeschaltet ist. In den allermeisten Fällen bedingen translozierte Enhancer-Sequenzen der Ig Loci die erhöhte *myc*-Expression. Allerdings wurden auch Translokationen beschrieben, bei denen *myc* und Ig Enhancer auf verschiedenen Chromosomen liegen; hier muß ein anderer Pathomechanismus zur *myc*-Aktivierung führen. Interessanterweise finden sich unabhängig vom Translokationstyp in der Mehrzahl aller Burkitt Lymphome auch *myc*-Mutationen, welche die aminoterminale Transaktivierungsdomäne betreffen. Dies führt dazu, daß mutierte *myc*-Versionen nicht mehr auf physiologische Regulatorproteine reagieren können und konstitutiv exprimiert werden.

6.5 Fehlregulation der Apoptose

Der Zelltod kann in einem Organismus nach einem definierten Programm ablaufen, das sich auch in spezifischen morphologischen Veränderungen widerspiegelt; man bezeichnet diesen Prozeß als Apoptose (Kap. 3.8). Als erste Komponente der komplexen apoptotischen Regelkreise wurde BCL2 molekular charakterisiert. *bcl2* kodiert einen Apoptose-Inhibitor. Eine Überexpression des *bcl2*-Onkogens verhindert die physiologische Elimination von Zellpopulationen und stellt einen wichtigen Pathomechanismus der Krebsentstehung dar. So führt die in 85% der Patienten mit follikulären Lymphomen und 20% der diffusen B-Zell Lymphomen beobachtete t(14;18) dazu, daß Enhancer-Sequenzen des Immunglobulin (IgH) Locus auf Chromosom 14 das *bcl2*-Gen deregulieren (Abb. 6.12). Dies bedingt ein verlängertes Über-

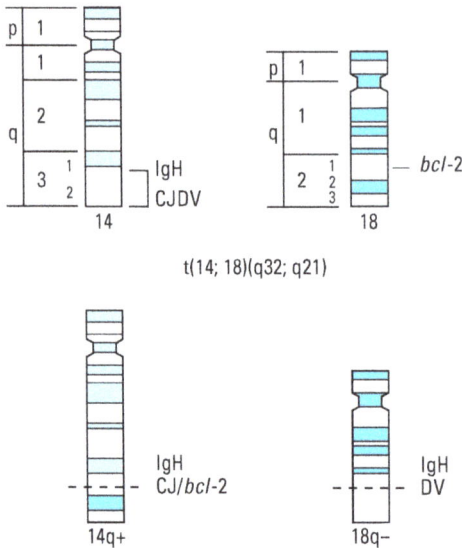

t(14; 18)(q32; q21)

Abb. 6.12 Das molekulare Äquivalent der t(14;18) ist eine Rekombination der IgH- und *bcl2*-Loci. Unabhängig von der genauen Bruchpunktlage auf Chromosom 18 wird der gesamte kodierende Bereich von *bcl2* stets zum Chromosom 14q + transferiert, so daß *bcl2* jetzt von Enhancersequenzen der JH Region (de)reguliert wird.

leben der betreffenden Lymphocyten durch eine Verzögerung des programmierten Zelltodes. Eine vermehrte Expression von *bcl2* korreliert nicht nur bei Non-Hodgkin Lymphomen sondern auch bei der akuten myeloischen Leukämie und dem Prostatakarzinom mit einer schlechten Prognose. Mit Hilfe der sensitiven PCR-Technik kann man die *bcl2*-IgH Rekombination auch in Speicheldrüsen von Patienten mit Sjögren-Syndrom nachweisen; dabei handelt es sich um eine Autoimmunerkrankung mit Lymphocyteninfiltraten in Speichel- und Tränendrüse. Findet man beim Sjögren-Syndrom eine *bcl2*-Deregulation, so entwickelt sich bei diesen Patienten häufig ein Lymphom. Auch bei gesunden Menschen lassen sich auf PCR-Niveau gelegentlich t(14;18) Äquivalente nachweisen, wobei der Prozentsatz dieser Fälle mit zunehmendem Alter steigt. Insgesamt scheint BCL2 über eine Verlängerung der Lebenszeit das Risiko in den betreffenden Lymphocyten zu erhöhen, weitere genetische Läsionen zu akkumulieren, die dann zur malignen Transformation führen.

Neben der Überexpression anti-apoptotischer Faktoren wie BCL2, kann natürlich auch der Ausfall pro-apoptotischer Komponenten in einer verlängerten Überlebenszeit der betroffenen Zelle resultieren. So wurden bei verschiedenen Leukämien und beim Kolonkarzinom Mutationen im *bax*-Gen nachgewiesen, die zu einem Funktionsausfall des Proteins führten. Auf den Verlust der pro-apoptotischen PML-Funktion durch die Bildung von Heterodimeren mit PML-RARα bei Patienten mit akuter Promyelocytenleukämie wurde schon hingewiesen (Kap. 6.4.2).

Aus den Regelkreisen apoptotischer Prozesse ergeben sich auch Perspektiven für neue Therapieansätze. Eine Suppression von *bcl2* über Antisense-Konstrukte ist bereits bei einigen Tumorformen in der klinischen Prüfung; der Gentransfer von *bax* in Tumorgewebe wird in Tiermodellen analysiert. Auch der Einsatz von Caspase-Inhibitoren (z. B. IAP, Survivin) ist in der vorklinischen Erprobung.

6.6 Störungen epigenetischer Modifikationen

Die Transkriptionskompetenz eines Genortes wird auch durch Faktoren beeinflußt, die nicht durch die primäre DNA-Sequenz vorgegeben sind (epigenetische Modifikation). So katalysiert das Enzym DNA-Methyltransferase die Methylierung von Cytosin in CpG (Cytosin-Guanin)-Dinukleotiden, die sich in der Promotorregion vieler Gene befinden. Methylierte „CpG-Inseln" interferieren mit der Bindung von Transkriptionsfaktoren und RNA-Polymerase II (siehe Kap. 3.1). Epigenetische Prozesse können nicht nur über die Modifikation von DNA-Sequenzen sondern auch von Proteinen vermittelt werden. Hierzu zählt die Deacetylierung von Histonen, die zur Chromatinkondensation führt, so daß betroffene Genorte unzugänglich für Transkriptionsregulatoren werden. Diese Prozesse sind reversibel. Eine Öffnung der Chromatinstruktur und Aktivierung von Promotorbereichen wird durch Histon-Acetyltransferasen bzw. die Demethylierung von 5-Methylcytosinen ermöglicht. Ein Bindeglied zwischen diesen DNA- und Proteinmodifikationen bilden nukleäre Faktoren, die methylierte DNA-Sequenzen erkennen, Histon-Deacetylasen rekrutieren und damit eine Kondensation entsprechender Chromatindomänen einleiten. Eine Sonderform stellt das Imprinting dar (siehe Kap. 5.4). In diesem Fall ist der Aktivitätszustand eines Genortes davon abhängig, ob er von Vater oder Mutter ererbt wurde. So ist bei einigen Genen jeweils nur das vom Vater vererbte Allel aktiv und das mütterliche Allel durch epigenetische Modifikation inaktiviert, während andere Loci das gegensinnige Aktivitätsmuster zeigen.

Für die Onkologie sind diese Prozesse in mehrfacher Hinsicht relevant. So kann in Tumorzellen ein im normalen Gewebekontext inaktiviertes Gen durch eine fehlgesteuerte Demethylierung oder Histon-Acetylierung exprimiert werden und damit onkogene Potenz entfalten. Häufiger noch wurde in Neoplasien des Menschen die pathologische Inaktivierung eines Tumorsuppressorgens durch DNA-Methylierung bzw. Histon-Deacetylierung beobachtet. Ist das zweite Allel bereits durch eine Deletion oder Mutation außer Funktion gesetzt, so kann der Gesamtausfall eines solchen Regulatorproteins zur malignen Transformation führen. Dieser Pathomechanismus ist in verschiedenen Tumorentitäten insbesondere für die Gene *p16*, *rb*, *vhl* und *mlh1* gezeigt worden (Kap. 6.7.2., 6.8.3). Auch therapeutische Ansätze zur Reversion einer gestörten epigenetischen Modifikation von Genaktivitäten zeichnen sich ab, etwa durch Inhibitoren der Histon-Acetylase wie n-Butyrat oder die Hemmung von Hypermethylierungsreaktionen durch 5-Azacytidin. Die Überprüfung der klinischen Relevanz solcher Therapieformen bei der Tumorbehandlung steht allerdings noch aus.

6.7 Tumorsuppressorgene

Beim Menschen wurde das Phänomen der Tumorsuppression zunächst in Zellkulturexperimenten analysiert. Eine Fusion von malignen und normalen Zellen ergab Zellhybride, die ihrerseits keine tumorigenen Eigenschaften mehr besaßen. Cytogenetische Analysen dieser hybriden Zellen zeigten, daß bestimmte Chromosomen der normalen Zellen für diese Korrektur verantwortlich waren; gingen diese Chromosomen den Hybridzellen während weiterer Kulturpassagen verloren, kam es zur Re-Expression des malignen Phänotyps. Folgerichtig führte das gezielte Einschleusen der jeweils relevanten Chromosomen in eine tumorigene Zellinie ebenfalls zum Verlust ihrer neoplastischen Eigenschaften. Ein Beispiel ist die Korrektur von Wilms-Tumor-Zellen durch Einführung eines normalen Chromosoms 11, was darauf hinwies, daß Wilms-Tumore durch das Fehlen eines normalerweise auf Chromosom 11 lokalisierten Tumorsuppressorgens charakterisiert sind, eine Interpretation die mit der Klonierung des *wt1*-Gens bestätigt wurde.

Bei der Identifizierung von potentiellen Tumorsuppressorgenloci kommt der Kombination cytogenetischer und molekulargenetischer Analysen von Tumoren eine große Bedeutung zu. Es zeigte sich, daß einige Tumore durch spezifische chromosomale Deletionen charakterisiert sind. Diese Beobachtung führte zur Hypothese, daß in den deletierten Bereichen Gene lokalisiert sind, deren Verlust einen wesentlichen Schritt auf dem Weg zur Entstehung des jeweiligen Tumors darstellt. Das Ausmaß solcher mikroskopisch sichtbaren Deletionen kann von Patient zu Patient sehr variieren. Ein Vergleich verschiedener Fälle eines Tumortyps grenzt diese Verluste jedoch auf kritische chromosomale Subregionen ein. Eine wesentliche Ergänzung dieser Strategie ergibt sich aus der molekularen Analyse der zahlreichen, über das gesamte Genom verteilten polymorphen DNA-Sequenzen, insbesondere vom Typ der hochinformativen Mikrosatelliten. Findet sich im Normalgewebe eines Menschen auf beiden Allelen eines Locus ein unterschiedliches Muster, d. h. eine heterozygote Konstellation, so kann die Analyse vom Tumorgewebe des betroffenen Patienten Aufschluß darüber geben, ob es zu einer Deletion eines Allels gekommen ist, kenntlich am Verlust der Heterozygotie (loss of heterozygosity, LOH), da jetzt ja nur noch ein Allel repräsentiert wird.

LOH-Analysen mit einem Satz eng benachbart liegender polymorpher DNA-Marker erkennen submikroskopische Deletionen, die der cytogenetischen Betrachtung entgehen und können zudem den kritischen DNA-Bereich soweit eingrenzen, daß sich der Versuch einer Positionsklonierung des in dieser Region vermuteten Tumorsuppressorgens lohnt (siehe Kap. 4.8.3). Ebenso können in diesem Bereich gelegene, bereits bekannte Kandidatengene auf ihre Relevanz für den Entstehungsprozeß des jeweiligen Tumors überprüft werden. So gelang auch die Klonierung des ersten Tumorsuppressorgens beim Menschen, *rb*, über die Assoziation von Retinoblastomen mit Deletionen der Chromosomenregion 13q14. Zwischenzeitlich wurden für nahezu alle Malignome des Menschen mehrere kritische Deletionsintervalle identifiziert; insbesondere infolge des Humangenomprojektes wächst die Zahl isolierter Tumorsuppressorgene schnell an.

Tumorsuppressorgene werden in der Krebsforschung über den Verlust ihrer Funktion (loss of function) definiert. Ein solcher Verlust kann wie erwähnt auf einer Deletion beruhen; aber auch Mutationen innerhalb des Gens oder vorgeschalteter

Regulatorsequenzen können seine Expression oder physiologische Interaktion unterbinden. Schließlich führen auch Störungen epigenetischer Prozesse über eine Histon-Deacetylierung oder eine Methylierung von Promotersequenzen zu einem Aktivitätsverlust des Gens (Kap. 6.6). Häufig hat der Funktionsverlust auf beiden Allelen eine unterschiedliche Basis.

Ähnlich wie die Onkogene als positive Signalmediatoren (gain of function), so greifen auch Tumorsuppressorgene als Gegenregulatoren auf verschiedenen Ebenen in die komplexen Signalübertragungswege einer Zelle ein. Als Beispiele seien genannt:

1. GTPase-stimulierende Proteine wie NF1, die RAS inaktivieren,
2. Proteinphosphatasen (wie PTEN) als Gegenspieler der zahlreichen Proteinkinasen,
3. Inhibitoren von Kinasen, die den Zellzyklus vorantreiben wie P16,
4. Gene wie *rb* oder *apc*, die die Bereitstellung von Transkriptionsfaktoren blockieren oder wie P53 selber als Transkriptionsfaktor fungieren sowie
5. Gegenregulatoren der RNA-Synthese wie VHL, welches die Transkript-Elongation einer Reihe von Zielgenen unterbindet. Im folgenden möchten wir drei für die Onkologie besonders wichtige Vertreter der Tumorsuppressorgene etwas näher besprechen.

6.7.1 *p53*

p53 ist das wohl bekannteste Tumorsuppressorgen. Dies erklärt sich daraus, daß es eine wesentliche physiologische Rolle als „Wächter über die Genomintegrität" innehat (Kap. 3.6.4) und Mutationen dieses Gens zu den häufigsten genetischen Läsionen in Tumoren des Menschen zählen. *p53* ist auf Chromosom 17p13 lokalisiert und kodiert einen Transkriptionsfaktor mit drei Funktionsdomänen: eine N-terminale Transaktivierungsdomäne, eine sequenzspezifische DNA-Bindungsdomäne, sowie eine komplexe C-terminale Regulatordomäne, die ein Kernlokalisationssignal, eine Oligomerisierungsregion sowie Sequenzen zur Feinregulation der DNA-Bindungsdomäne enthält (Abb. 6.13).

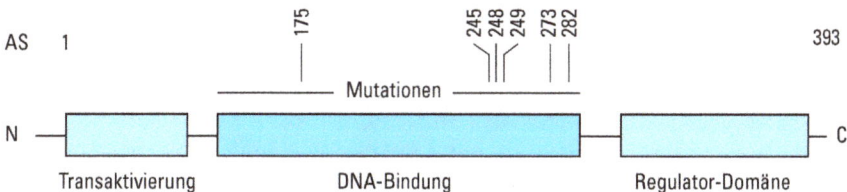

Abb. 6.13 Der Transkriptionsfaktor P53 besteht aus 393 Aminosäuren und kann in drei funktionelle Domänen (Transaktivierung, DNA-Bindung, Regulation) aufgeteilt werden. Mutationen in diesem Gen finden sich fast ausschließlich in der DNA-Bindungsdomäne und betreffen besonders häufig 6 Codons.

Formen von p53-Mutationen

Die Funktionen von P53 können auf ganz unterschiedliche Weise unterbunden werden. Hierzu gehört in verschiedenen Tumoren die Deletion des *p53*-Locus. Auch die pathologische Interaktion mit anderen Proteinen kann zu einem P53-Verlust führen. Ein Beispiel ist der gesteigerte Abbau von P53 nach Kopplung an MDM2 (siehe Kap. 3.6.4), etwa auf der Basis einer *mdm2*-Amplifikation in einem Drittel der Weichteilsarkome. Ein klinisch relevanter Pathomechanismus ergibt sich aus der Bindung von P53 an virale Onkoproteine wie beispielsweise E6 von humanpathogenen Papillomviren des Typs HPV16, die bei Frauen die Entwicklung von Zervixkarzinomen induzieren.

Die größte Bedeutung für die Onkologie besitzen jedoch Punktmutationen des *p53*-Gens, die in etwa 50 % aller Tumore des Menschen anzutreffen sind und nahezu alle Formen einschließen. In 90 % der Fälle handelt es sich um missense Mutationen, die die Aktivität von P53 nicht völlig unterbinden und zur Akkumulation des mutierten Proteins führen. In den meisten Fällen wird das zweite *p53*-Allel infolge einer Deletion ausgeschaltet, so daß der für Tumorsuppressorgene typische Pathomechanismus eines Funktionsverlustes (loss of function) eintritt. Zum selben Endergebnis führen auch solche *p53*-Mutationen, die ein Protein generieren, das mit dem normalen P53 Produkt des zweiten Allels interagiert und dieses in seiner Funktion beeinträchtigt; man spricht von einer dominant negativen Wirkung solcher nur auf ein Allel beschränkten *p53*-Mutationen. In seltenen Fällen wurden sogar *p53*-Mutationen beschrieben, die nicht zu einem Funktionsverlust führten sondern dem Protein eine neue, transformierende Qualität verliehen. Diese Situation ist vergleichbar mit der Aktivierung eines Onkogens und verdeutlicht, daß eine klare Grenzziehung zwischen beiden Klassen von Tumorgenen nicht immer möglich ist.

p53-Mutationen können in unterschiedlichen Stadien einer Tumorentwicklung auftreten. Sie lassen sich aber auch in Synovialgewebe von Patienten mit rheumatoider Arthritis nachweisen; dies ist ein Hinweis darauf, daß solche Veränderungen Zellen einen Wachstumsvorteil verschaffen, zur Tumormanifestation jedoch noch weitere genetische Läsionen hinzukommen müssen.

Pathogenese der p53-Mutationen

Über 90 % aller *p53*-Mutationen treten in der DNA-Bindungsdomäne auf (siehe Abb. 6.13). Auch wenn die Mutationen von verschiedenen Tumoren über die ganze Domäne verteilt sind, so ergeben sich doch einige hot-spots, insbesondere in Codon 175, 245, 248, 249, 273 und 282. Von großem Interesse ist die genaue Art der *p53*-Mutation, weil sie Rückschlüsse über den Entstehungsprozeß zuläßt und die Basis für eine molekulare Epidemiologie von Krebserkrankungen bildet. Die meisten *p53*-Mutationen repräsentieren G → A Transitionen (Austausch eines Purins oder Pyrimidins gegen das jeweils andere Purin bzw. Pyrimidin) insbesondere im Kontext von CpG Dinukleotiden. Dieser Mutationstyp basiert auf einer spontanen Deaminierung von 5-Methylcytosin und verweist auf einen endogenen Pathomechanismus. Diese Art der *p53*-Mutation findet sich in den meisten Tumorentitäten wie etwa Kolonkarzinomen oder Leukämien. Ganz anders ist die Situation bei hepatozellulären Karzinomen, die auf eine Lebensmittelkontamination mit dem Pilzgift Aflatoxin B1 zurückzuführen sind. Das Aflatoxin induziert eine hochspezifische AGG → AGT Transversion (Austausch eines Purins gegen ein Pyrimidin oder umgekehrt) in Codon 249 von *p53* verbunden mit einer Arginin → Serin-Substitution. In anderen Formen von Leberkarzinomen wird diese Art der Mutation nicht gefunden. Auch ultraviolette Strahlen führen zu einer besonderen Form von *p53*-Mutation, CC → TT Transitionen von Dipyrimidinen, vorzugsweise in den Codons 245 und 247/248. Folgerichtig dominiert dieser Mutationstyp auch in UV-induzierten Hauttumoren. Ebenso findet sich diese genetische Läsion in sonnenexponierten normalen Hautregionen als Zeichen einer prämalignen Veränderung. Auf eine exogen induzierte *p53*-Mutation deuten auch die Befunde bei bronchopulmonalen Karzinomen. Metabolite des Benzo(a)pyrens, einer hochkanzerogenen Komponente des Zigarettenrauches, binden an DNA, formen Guaninaddukte und induzieren G → T Transversionen; besonders die *p53* Codons 157, 248 und 273 sind hiervon betroffen. Genau diese Art der genetischen Veränderung stellt auch die häufigste Form der *p53*-Mutation bei Lungenkarzinomen, insbesondere den kleinzelligen Plattenepithelkarzinomen dar, deren Auftreten zudem mit dem Ausmaß des Zigarettenkonsums des jeweiligen Patienten korreliert. Analysen dieser Art werden künftig dazu beitragen können, die Bedeutung exogener Noxen für die Entstehung von Tumoren des Menschen näher zu definieren und präventive Strategien zu entwickeln.

Hereditäre p53-Mutationen

Eine besondere klinische Situation ergibt sich aus der Keimbahnmutation von *p53* beim Li-Fraumeni Syndrom. Dabei handelt es sich um ein autosomal-dominant vererbtes Krankheitsbild mit Disposition für ein breites Spektrum unterschiedlicher Malignome, vorzugsweise Sarkome, Mammakarzinom, Leukämien und Tumore der Nebennierenrinde. Bereits im Alter von 30 Jahren sind 50% der Mutationsträger an einem Tumor erkrankt, 90% bis zum Alter von 65 Jahren. Bei der Betreuung von Familien mit Li-Fraumeni Syndrom ergeben sich aus der Vielzahl möglicher Tumore und der damit verbundenen eingeschränkten Möglichkeit für gezielte Vorsorgeprogramme fundamentale Probleme, die insbesondere im Kontext einer prädiktiven Diagnostik (noch) nicht-erkrankter Familienangehöriger ein interdisziplinäres Betreuungskonzept voraussetzen (Kap. 6.8).

6.7.1.4 Therapiestrategien

Ähnlich wie bei Tumoren mit mutierten *ras*-Genen können auch *p53*-Mutationen als molekulargenetische Marker zur nicht-invasiven Diagnostik von malignen Zellen im Sputum, Urin oder in Stuhlproben herangezogen werden. Angesichts der Häufigkeit von *p53*-Mutationen und der mit diesem genetischen Defekt assoziierten Resistenz gegen Chemo- und Strahlentherapie wird derzeit intensiv nach neuen Behandlungskonzepten gesucht. Ein besonders interessanter gentherapeutischer Ansatz nutzt Adenovirusmutanten, die sich nur in P53 defizienten Tumorzellen vermehren und diese lysieren. Diese Strategie wurde bisher nur in präklinischen Untersuchungen erfolgreich angewandt. In klinischer Erprobung sind bereits Protokolle, bei denen durch Injektion von retroviral verpackten *p53*-Normalsequenzen direkt ins Tumorgewebe der Verlust der P53-Funktion kompensiert werden soll, so daß entsprechende Tumorzellen zur Einleitung der Apoptose befähigt werden. Vielversprechend sind auch Strategien der molekularen Pharmakologie und Bioinformatik, aus der großen Fülle bekannter Verbindungen solche Chemotherapeutika zu identifizieren, die unabhängig von P53-vermittelten Funktionen cytotoxisch wirken; das Anti-Östrogen Tamoxifen (Kap. 6.8.2) etwa erfüllt dieses Kriterium. Andere Substanzen stellen eine Art molekularer Prothese dar, die es mutierten P53 Proteinen gestattet, eine physiologische Konfiguration einzunehmen und Normalfunktionen zu erfüllen.

6.7.2 Die Zellzyklusinhibitoren P16 und RB

Eine mit *p53* vergleichbar hohe Frequenz von genetischen Veränderungen in Tumoren des Menschen zeigt das *p16*-Gen. Dabei überwiegen homozygote Deletionen sowie eine Inaktivierung des *p16* Promotors durch Hypermethylierung. Besonders zahlreich ($> 75\%$ der Fälle) finden sich *p16*-Läsionen in Pankreaskarzinomen, T-Zell Leukämien des Kindesalters sowie Glioblastomen. Keimbahnmutationen von *p16* prädisponieren für die Entwicklung familiärer Melanome, wobei entsprechende Anlageträger auch ein deutlich erhöhtes Risiko für Pankreaskarzinome aufweisen.

P16 spielt eine wichtige Rolle bei der Regulation der Zellteilung (Kap. 3.6). Der Zellzyklus wird von Cyclinen vorangetrieben, die ihre Wirkung über spezifische Proteinkinasen (CDK) vermitteln. Die Gegenregulation erfolgt über Inhibitoren der CDKs (INK). Cycline vom Typ D aktivieren CDK4 und CDK6 und steuern so den Übergang von der G1 in die S Phase. P16 (auch CDKN2A genannt) inhibiert die Cyclin D-assoziierten Proteinkinasen, unterbindet so die Phosphorylierung und Inaktivierung von RB und blockiert den durch den Transkriptionsfaktor E2F vermittelten Eintritt in die S Phase des Zellzyklus. Die positiven (RAS, Cyclin D) und

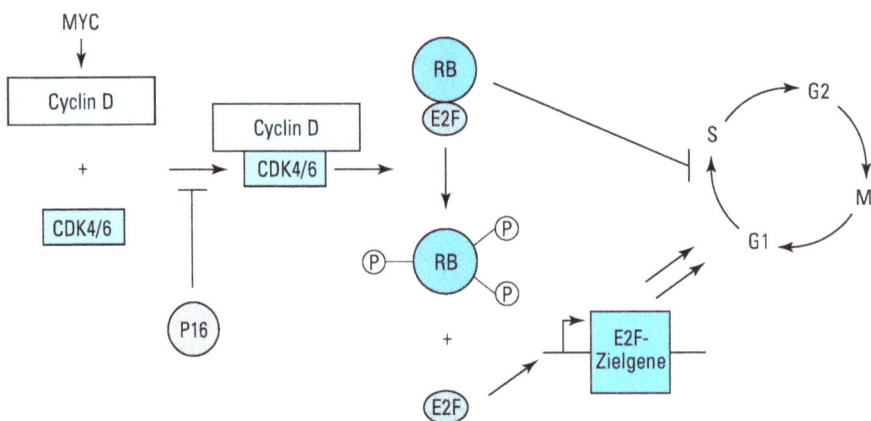

Abb. 6.14   RB bindet Transkriptionsfaktoren der E2F Familie und blockiert damit die Transaktivierung von E2F-Zielgenen und den Übergang von der G1 in die S Phase des Zellzyklus. Die Cyclin D-abhängigen Proteinkinasen CDK4 und CDK6 phosphorylieren RB und setzen damit E2F-Aktivität frei. Beispiele für positive und negative Modulatoren dieser Reaktion sind der Transkriptionsfaktor MYC bzw. P16.

negativen (P16, RB) Signalmodulatoren sind in dem Netzwerk der Zellzyklusregulation miteinander verflochten (Abb. 6.14).

Die Mechanismen einer pathologischen Inaktivierung des *rb*-Gens in Tumoren des Menschen weisen Gemeinsamkeiten mit *p53* auf. So kann die Funktion von RB durch Bindung an das zelluläre Onkoprotein MDM2 oder die viralen Onkogenprodukte E1A (Adenoviren) bzw. E7 (Papillomviren Typ 18) blockiert werden. Neben Deletionen des *rb*-Locus finden sich auch Mutationen, die sich allerdings im Gegensatz zur Situation bei *p53* über die Gesamtlänge des 200 kb großen *rb*-Gens verteilen. *rb*-Defekte finden sich in unterschiedlichen soliden Tumoren (besonders häufig bei Osteosarkomen) und Neoplasien der Hämatopoese. Das Akronym *rb* leitet sich vom Retinoblastom ab, zu dessen Entstehung Mutationen in diesem Gen eine Voraussetzung sind. Dieser Tumor besitzt eine grundsätzliche Bedeutung als Modell der Tumorentwicklung beim Menschen und soll deshalb ausführlicher dargestellt werden.

6.7.2.1 Retinoblastom

Retinoblastome sind bösartige Augentumore des Kindesalters, die mit einer Frequenz von 1 auf 20000 Neugeborene relativ selten sind. Sie treten in 60% der Fälle sporadisch auf und sind dann in der Regel auf ein Auge beschränkt, während bei den übrigen 40% eine erbliche Form vorliegt, bei der die Tumore meist bilateral und multifokal entstehen. Allerdings weisen nur 10% der Kinder eine positive Familienanamnese auf; bei den anderen Patienten mit hereditärem Retinoblastom sind die Mutationen spontan in den Keimzellen meist des Vaters entstanden. Statistische Analysen führten A.G. Knudson 1971 dazu, eine Zwei-Schritt-Hypothese der Retinoblastomentstehung zu formulieren (Abb. 6.15). Demnach gelangt bei der erblichen Form ein defektes Allel bereits über die Keimbahn in alle Körperzellen, also auch alle Retinoblasten eines Patienten; ein Augentumor entwickelt sich in dieser prädisponierten Retina dann, wenn durch ein weiteres Ereignis auch das zweite Allel in einem Retinoblasten seine Funktion verliert. Bei der sporadischen Form des Retinoblastoms führen hingegen erst zwei unabhängige somatische Ereignisse zum Verlust beider *rb*-Allele in einem Retinoblasten und damit zur Tumorentwicklung. Da es statistisch gesehen höchst unwahrscheinlich ist, daß diese seltenen Ereignisse in mehreren Zellen zweimal hintereinander auftreten, entwickeln sich sporadische Retinoblastome meist unifokal und später als hereditäre Retinoblastome. Dieses Konzept von Knudson wurde durch molekulargenetische Analysen bestätigt.

Bei einer Keimbahnmutation des *rb*-Gens besteht eine Wahrscheinlichkeit von über 95%, daß auch das zweite Allel in einem Retinoblasten seine Funktion verliert und es somit zur Tumormanifestation kommt. Obwohl also nur ein defektes Allel des rezessiven Tumorsuppressorgens vererbt wird, kommt es nahezu immer zu klinischen Manifestationen. Dies erklärt den autosomal dominanten Erbgang hereditärer Retinoblastome. Die Kenntnis des *rb*-Status eines Kindes ist beim familiären Retinoblastom von großer klinischer Bedeutung (Kap. 6.8). Findet sich bei einer unmittelbar postnatal durchgeführten Analyse kein Hinweis auf eine Keimbahnmutation, so können dem Kind in der Folgezeit wiederholte ophthalmologische Untersuchungen, die bei Säuglingen in Vollnarkose erfolgen, erspart werden. Ande-

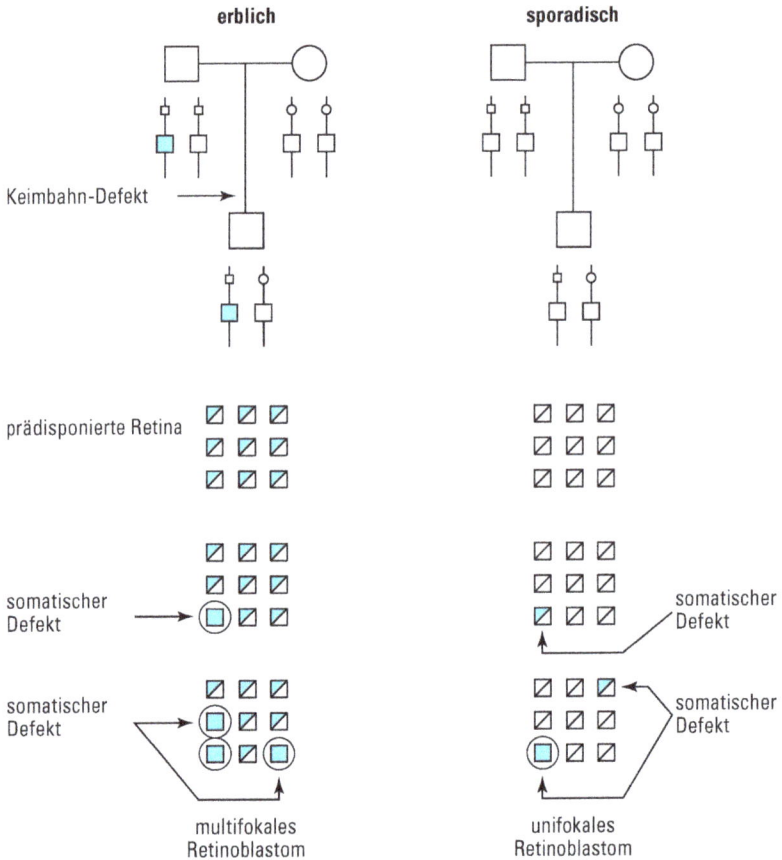

Abb. 6.15 Bei der erblichen Form des Retinoblastoms wird ein defektes *rb*-Allel über die Keimbahn weitergegeben; alle Zellen der Retina sind somit für eine Tumorentwicklung prädisponiert; jede weitere, somatische Mutation des zweiten *rb*-Allels einer Retinazelle läßt einen Tumorfocus entstehen. Bei der sporadischen Form kommt es nur dann zur Ausbildung eines Retinoblastoms, wenn zwei unabhängige somatische Mutationen beide *rb*-Allele derselben Retinazelle treffen.

rerseits können Anlageträger so engmaschig kontrolliert werden, daß ein Tumor rechtzeitig erkannt wird und eine Therapie (etwa in Form einer Laserkoagulation) unter Erhalt des Sehvermögens durchgeführt werden kann. Bei *rb*-Keimbahnmutationen beschränkt sich das Risiko für die Entstehung von Retinoblastomen (im Durchschnitt entwickeln sich drei Tumore) auf die ersten vier Lebensjahre, für die sich das angeführte Vorsorgeprogramm bewährt hat. Allerdings findet sich der ererbte *rb*-Defekt in allen Körperzellen. So besteht für Anlageträger ein zusätzliches Risiko von etwa 35 % bis zum dritten Lebensjahrzehnt an einem weiteren Malignom, insbesondere einem Osteosarkom oder Weichteilsarkom, zu erkranken.

6.8 Familiäre Tumorerkrankungen

Epidemiologische Daten weisen darauf hin, daß etwa 10 % aller Krebserkrankungen auf eine erbliche Tumordisposition zurückzuführen sind. Je nach Tumorart schwankt der Anteil dieser hereditären Komponente; so liegt beim Retinoblastom in 40 % der Fälle eine erbliche Form vor, während Keimbahnmutationen bei Leukämien kaum eine Rolle spielen. Seit vielen Jahren sind einige seltene autosomal-rezessiv vererbte Krankheiten wie *Ataxia teleangiectasia*, Fanconi Anämie, Bloom Syndrom und *Xeroderma pigmentosum* bekannt, die mit einem erblichen Krebsrisiko verbunden sind (siehe Kap. 3.7). Die jeweiligen Gene kodieren für wichtige Komponenten der DNA-Reparatur und Transkription. Auch bei einigen konstitutiven Chromosomenanomalien kommt es zu einem häufigeren Auftreten von Neoplasien; bei Patienten mit Trisomie 21 (Down Syndrom) besteht etwa ein deutlich erhöhtes Risiko für die Entwicklung einer akuten myeloischen Leukämie.

In letzter Zeit konnte die molekulare Basis einer Reihe autosomal-dominant vererbter Tumordispositionen aufgeklärt werden (Tab. 6.5). Darunter befinden sich auch häufige Malignome wie Brust- und Darmkrebs. Wenn das klinische Bild oder die Familienanamnese eine dominant erbliche Tumordisposition nahelegt, dann sind die Nachkommen eines Patienten als Personen mit erhöhtem Risiko anzusehen. Wird bei einem Patienten mit Hilfe molekulargenetischer Methoden eine Mutation im entsprechenden Gen identifiziert, so ergibt sich hieraus die Möglichkeit einer prädiktiven (präsymptomatischen) genetischen Diagnostik bei gesunden Verwandten. Der Ausschluß der in einer Familie nachgewiesenen und für eine Krebsdisposition verantwortlichen Mutation kann für viele Angehörige eine große Entlastung bedeuten. Wird die betreffende Keimbahnmutation bei einem Patienten oder gesunden Verwandten entdeckt, dann können sich diese Personen einem gezielten Vor-

Tab. 6.5 Erkrankungen mit autosomal-dominant vererbter Tumordisposition

Erkrankung	Gen	Chromosom
Familiäres Retinoblastom	*rb*	13q14
Familiäre adenomatöse Polyposis (FAP)	*apc*	5q21
Hereditäre kolorektale Karzinome ohne Polyposis	*mlh1*	3p21
(HNPCC, Lynch Syndrom)	*msh2*	2p16
Familiärer Brust-/Ovarialkrebs	*brca1*	17q21
Familiärer Brustkrebs	*brca2*	13q12
Li Fraumeni Syndrom	*p53*	17p13
Multiple endokrine Neoplasie (MEN) Typ 1	*men1*	11q13
Familiäres medulläres Schilddrüsenkarzinom,		
MEN Typ 2A und 2B	*ret*	10q11
Familiäres Melanom	*p16*	9p21
Neurofibromatose Typ 1	*nf1*	17q11
Neurofibromatose Typ 2	*nf2*	22q12
Gorlin Syndrom, Basalzellkarzinom	*ptch*	9q22
von Hippel-Lindau Syndrom	*vhl*	3p26
Familiärer Wilms-Tumor	*wt1*	11p13

sorgeprogramm unterziehen. Die Aufklärung einer genetisch bedingten Krebsdisposition eröffnet der Medizin eine neue Dimension der Krankheitsprävention. Im Unterschied zu den Vorsorgeprogrammen der Krebsfrüherkennung in der Allgemeinbevölkerung können hier gezielt Menschen mit einem besonderen Krebsrisiko identifiziert werden. Für einige hereditäre Krebserkrankungen existieren nach prädiktiver Genanalyse bereits überzeugende diagnostische bzw. therapeutische Konzepte. Dies gilt wie oben dargestellt für das Retinoblastom oder die adenomatöse Polyposis (FAP) sowie familiäre Formen medullärer Schilddrüsenkarzinome (s. u.). In anderen Fällen wie dem hereditären Mammakarzinom werden entsprechende Betreuungsangebote derzeit erst entwickelt. Multiple Tumordispositionen wie etwa beim Li-Fraumeni Syndrom stellen ein ungelöstes Problem dar. Die Kenntnis der genetischen Disposition für eine Krebserkrankung kann eine große seelische Belastung darstellen und auch eine psychotherapeutische Begleitung erforderlich machen. Wegen der zahlreichen, vielschichtigen mit einer prädiktiven Diagnostik verbundenen Probleme hat die Bundesärztekammer „Richtlinien zur Diagnostik der genetischen Disposition für Krebserkrankungen" erlassen, die alle Ärzte in Deutschland auf ein interdisziplinäres Vorgehen festlegt. Insbesondere muß jeder molekulargenetischen Diagnostik in diesem Kontext eine umfassende Beratung vorangehen. Einige paradigmatische Krankheitsbilder werden nachfolgend besprochen.

6.8.1 Familiäre medulläre Schilddrüsenkarzinome

Die Mehrzahl der Schilddrüsenkarzinome entwickelt sich spontan. Bei etwa 25 % der Patienten mit medullärem Schilddrüsenkarzinom besteht aber eine erbliche Disposition, die sich aus Keimbahnmutationen des _ret_-Gens auf Chromosom 10q11 ergeben. _ret_ kodiert einen Tyrosinkinase-Rezeptor. Normalerweise bindet der neurotrophe Wachstumsfaktor GDNF an den membranständigen Co-Rezeptor GDNF-Rα und RET (Abb. 6.16). Hierdurch wird die Tyrosinkinase-Domäne von RET aktiviert und eine intrazelluläre Signaltransduktion eingeleitet. Mutationen des RET Rezeptors können zu einer Liganden-unabhängigen, konstitutiven Aktivierung der Tyrosinkinase führen, wobei die Art der Mutation unterschiedliche klinische Manifestationen bedingt. So liegen bei Patienten mit familiärem medullärem Schilddrüsenkarzinom (FMTC) die Mutationen in extra- und intrazellulären RET-Domänen; besonders häufig ist Codon 620 betroffen. Andere Mutationen sind mit dem zusätzlichen Risiko für Endokrinopathien verbunden. Bei Patienten mit multipler endokriner Neoplasie (MEN) vom Typ 2A kann sich neben einem Schilddrüsenkarzinom auch ein Phäochromozytom (50 % der Fälle) bzw. ein Hyperparathyreoidismus auf der Basis einer Hyperplasie der Nebenschilddrüsen (20 %) entwickeln. In diesen Fällen liegen die Mutationen in der extrazellulären, Cystein-reichen RET-Domäne, meistens im Codon 634. Mutationen im Codon 918 begründen ein eigenständiges Krankheitsbild, die MEN vom Typ 2B. Hierbei führt die Substitution von Methionin durch Threonin nicht nur zu einer konstitutiven Kinaseaktivität sondern auch zu einer veränderten Substrataffinität des Rezeptors. Schilddrüsenkarzinome bei MEN 2B sind besonders aggressiv. Auch hier entwickelt sich in 50 % der Fälle ein Phäochromocytom, jedoch kein Hyperparathyreoidismus. Als Spezifikum zeigen diese Patienten Schleimhautneurome bzw. eine intestinale Ganglioneuromatose sowie vielfach einen marfanoiden Habitus.

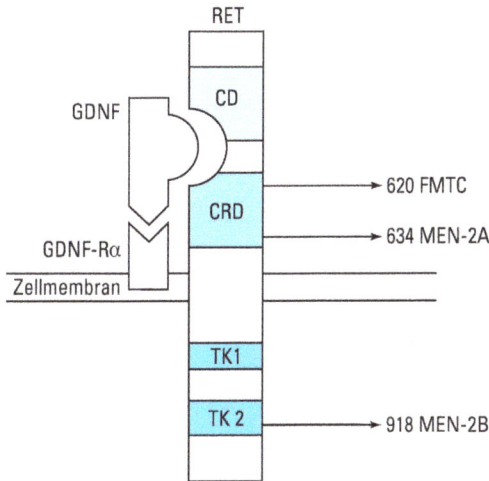

Abb. 6.16   *ret* kodiert einen membranständigen Tyrosinkinase-Rezeptor, der physiologisch durch eine Interaktion mit seinem Liganden GDNF und dem membranständigen Co-Rezeptor GDNF-Rα aktiviert wird. Keimbahnmutationen in verschiedenen RET-Domänen führen zu einer konstitutiven Aktivierung und disponieren für die Entwicklung eines medullären Schilddrüsenkarzinoms. Der Rezeptor enthält eine extrazelluläre Cadherin-ähnliche (CD) und Cystein-reiche Domäne (CDR) sowie zwei intrazelluläre Tyrosinkinase-Domänen (TK).

Etwa 70 % der Anlageträger entwickeln beim MEN Typ 2 im Laufe ihres Lebens ein klinisch manifestes Schilddrüsenkarzinom, zumeist im zweiten Lebensjahrzehnt. Aber bereits im Kleinkindalter können insbesondere beim Typ 2B metastasierende Karzinome auftreten. Eine prädiktive *ret*-Analyse eröffnet für Anlageträger die Möglichkeit zur prophylaktischen Thyreoidektomie, die sicherheitshalber bereits im Vorschulalter erfolgen sollte. Das Risiko für die assoziierten Endokrinopathien wird hierdurch natürlich nicht gesenkt und erfordert ebenso wie die Substitution mit Schilddrüsenhormonen eine endokrinologische Betreuung. Umgekehrt brauchen sich nicht betroffene Familienangehörige keinen Kontrolluntersuchungen mehr zu unterziehen.

Durch den Reaktorunfall in Tschernobyl wurden radioaktive Jodisotope freigesetzt, die zur Entstehung von Schilddrüsenkarzinomen führten. Diese exogen induzierten Tumore basieren ebenfalls auf *ret*-Mutationen, allerdings nicht auf Punktmutationen, sondern auf Fusionen mit einer Reihe unterschiedlicher Gene. Interessanterweise führt diese Form der *ret*-Mutation zu einem anderen morphologischen Subtyp, dem papillären Schilddrüsenkarzinom.

Die konstitutive Aktivierung des RET Rezeptors durch Mutationen eines Allels im Sinne einer Onkogenaktivierung unterscheidet sich von anderen Formen erblicher Tumordisposition, bei denen es zum Funktionsverlust eines von einem Tumorsuppressorgen kodierten Proteins kommt. Hereditäre *ret*-Mutationen, die zu einem Ausfall dieses Rezeptors führen, sind ebenfalls bekannt, allerdings bedingen sie ein gänzlich anderes Krankheitsbild, nämlich eine autosomal-dominant vererbte Form des *Megacolon congenitum* (Morbus Hirschsprung). Hierbei kommt es zu einer Aplasie des Auerbachschen und Meißnerschen Plexus (Parasympathikus) im Übergang vom

Dickdarm zum Enddarm, so daß der Enddarm permanent enggestellt ist und der Kot sich im davorgelegenen Kolon aufstaut. Nur eine operative Entfernung des enggestellten Darmsegmentes kann betroffene Säuglinge heilen. *ret*-Mutationen zeigen, wie sich verschiedene Fachdisziplinen im Zeitalter der molekularen Medizin mit den Konsequenzen aus Störungen eines Gens auseinanderzusetzen haben. Kinderarzt, Chirurg, Internist, Endokrinologe, Onkologe, Pathologe, Strahlenmediziner und Humangenetiker befassen sich aus jeweils unterschiedlichem Blickwinkel mit dem RET Rezeptor. Hieraus ergibt sich eine zukunftsweisende Perspektive der molekularen Medizin, die zur interdisziplinären Diskussion und Kooperation anregt.

6.8.2 Erbliches Mammakarzinom

Das Mammakarzinom ist die häufigste Krebserkrankung und Todesursache durch eine maligne Erkrankung bei Frauen. In Deutschland erkranken etwa 43 000 Frauen jährlich; anders ausgedrückt besteht für jede Frau ein nahezu 10%iges Risiko im Laufe ihres Lebens an Brustkrebs zu erkranken. Nur ein kleiner Teil dieser Fälle ist auf einen Defekt in einem autosomal-dominant erblichen Gen zurückzuführen. Epidemiologische Daten sprechen für eine Größenordnung von etwa 5% aller Brustkrebserkrankungen; dies entspricht in Deutschland jährlich etwa 2000 erblich bedingten Neuerkrankungen an einem Brustkrebs, die durch ein relativ frühes Erkrankungsalter (vor der Menopause) und ein häufigeres Auftreten bilateraler Karzinome charakterisiert sind. Für das erbliche Mammakarzinom sind zwei disponierende Gene bekannt, *brca1* auf Chromosom 17q21 und *brca2* auf Chromosom 13q12. Die Funktion dieser beiden Tumorsuppressorgene ist erst ansatzweise verstanden. Sie kodieren Transkriptionsfaktoren, die bei der Zellzykluskontrolle beteiligt sind. Hierfür spricht die Phosphorylierung von BRCA1 durch Cyclin-abhängige Proteinkinasen analog zu RB und die Bindung an den RNA-Polymerase II Komplex. Außerdem kooperieren BRCA1 und BRCA2 mit RAD 51 bei der Reparatur von DNA-Doppelstrangbrüchen (siehe Kap. 3.7.4).

Frauen mit einer Keimbahnmutation in *brca1* besitzen ein hohes Risiko, im Laufe ihres Lebens an Brustkrebs zu erkranken. Aus der Untersuchung von Familien mit vielen Erkrankten leitete man zunächst ein Risiko von etwa 80% ab, bis zum Alter von 70 Jahren einen Tumor zu entwickeln. Für diese Frauen ergibt sich zudem ein Risiko von 50% an Ovarialkrebs zu erkranken. Mutationen in *brca2* sind mit einem ähnlich hohen Risiko für Brustkrebs verbunden; das Risiko für Eierstockkrebs wird mit 10–20% niedriger angesetzt. Auch männliche Träger einer *brca2* Mutation zeigen ein deutlich erhöhtes Risiko, Brustkrebs zu entwickeln: etwa 5% bis zum 70. Lebensjahr. Mutationen in *brca1* und *brca2* sind außerdem mit erhöhten Risiken für Malignome anderer Organe wie Kolon, Pankreas und Prostata verbunden. Das tatsächliche Risiko für Krebserkrankungen bei Trägern von *brca1*- und *brca2*-Mutationen muß jedoch erst noch ermittelt werden. Beide Gene sind sehr groß und die Mutationen verteilen sich über die Gesamtlänge, so daß Angaben zur klinisch-prognostischen Relevanz einer spezifischen Keimbahnmutation (Genotyp-Phänotyp-Korrelation) derzeit nur eingeschränkt möglich sind. In einigen Populationen treten bestimmte Keimbahnmutationen jedoch besonders häufig auf, so daß an einer größeren Zahl von Betroffenen genauere prognostische Aussagen erstellt werden können. Beispielsweise finden sich drei Mutationen im *brca1*- bzw. *brca2*-Gen bei 2 % aller Aschkenasim. Für Trägerinnen dieser Mutationen ergibt sich ein Risiko von etwa 55 % bis zum Alter von 70 Jahren an Brustkrebs zu erkranken. In Island dominiert die *brca2*-Mutation 999del5; sie ist mit einem Risiko von 35 % für Brustkrebs verbunden. Schon heute deuten sich also große Unterschiede im klinischen Verlauf in Abhängigkeit vom individuellen Mutationsstatus ab. Es muß zudem betont werden, daß präventive diagnostische und therapeutische Optionen für familiäre Formen von Brust- und Ovarialkrebs erst noch durch interdisziplinäre Studienkonzepte auf ihren Stellenwert hin überprüft werden müssen. Hierzu könnte neben den üblichen Vorsorgeprogrammen auch eine Ernährungsberatung, Anleitung zur Selbstuntersuchung der Brüste, der Einsatz bildgebender Verfahren wie Ultraschall, Mammographie oder Kernspin-Tomographie, eine Chemoprävention mit selektiven Östrogen-Rezeptor Modulatoren wie Tamoxifen, oder auch unterschiedlich ausgedehnte chirurgische Maßnahmen gehören.

6.8.3 Erbliche kolorektale Karzinome

Das kolorektale Karzinom ist eine der häufigsten Krebsformen in Deutschland. Jährlich erkranken etwa 50 000 Personen an diesem Tumor, d. h. etwa 5 % unserer Bevölkerung sind im Laufe des Lebens hiervon betroffen. Man geht davon aus, daß 10−15 % der Erkrankungen auf einer genetischen Disposition beruhen.

Die familiäre adenomatöse Polyposis *(FAP)* tritt mit einer Frequenz von 1 auf 10.000 Einwohner relativ selten auf und wird für etwa 1 % aller kolorektalen Karzinome verantwortlich gemacht. Diese Erkrankung ist durch das Auftreten tausender Polypen im gesamten Dickdarmbereich gekennzeichnet und führt ohne chirurgische Intervention in nahezu 100 % der Fälle meist im vierten Lebensjahrzehnt zu einem Kolonkarzinom. Die FAP beruht auf einem Defekt des *apc*-Gens auf Chromosom 5q21. APC sorgt in Kooperation mit der Proteinkinase Glykogensynthasekinase 3β in verschiedenen Geweben für den Abbau von β-Catenin. *apc*-Mutationen verhindern die Bindung an β-Catenin und resultieren so in der β-Catenin-vermittelten Aktivierung der Transkriptionsfaktoren TCF-LEF, die über Zielgene wie *myc* und *cyc D1* die Zellproliferation stimulieren. Abhängig von der spezifischen *apc*-Mutation bilden sich nur wenige oder mehrere tausend Polypen, wobei das Risiko zur malignen Entartung direkt mit der Polypenzahl korreliert. Ein relativ milder Krankheitsverlauf ergibt sich für Mutationen im äußersten 5′-Bereich von *apc* (< Codon 157) und bei wenigen 3′ von Codon 1590 beobachteten Mutationen. Hingegen werden besonders schwere Krankheitsbilder bei Patienten mit Mutationen in Codon 1250−1464 (insbesondere Codon 1309) beobachtet (Abb. 6.17). Etwa 35 % der FAP Patienten zeigen Keimbahnmutationen in Codon 1061 oder Codon 1309. Im Gegensatz zu den Genen *brca1* und *brca2*, die ausschließlich bei hereditären Mammakarzinomen mutiert sind, spielen *apc*-Mutationen auch eine wesentliche Rolle bei der Entwicklung sporadischer Kolonkarzinome; neben Mutationen in Codon 1309 treten hier gehäuft Läsionen in Codon 1450 auf. Eine bei Aschkenasim häufige (6 % dieser Population) T → A Transversion in Codon 1307, $(A)_3T(A)_4$ → $(A)_8$ generiert eine Mikrosatellitensequenz von 8 Adeninen, die anfällig für Lesefehler der RNA-Polymerase während der Transkription ist. Die durch diese Mono-

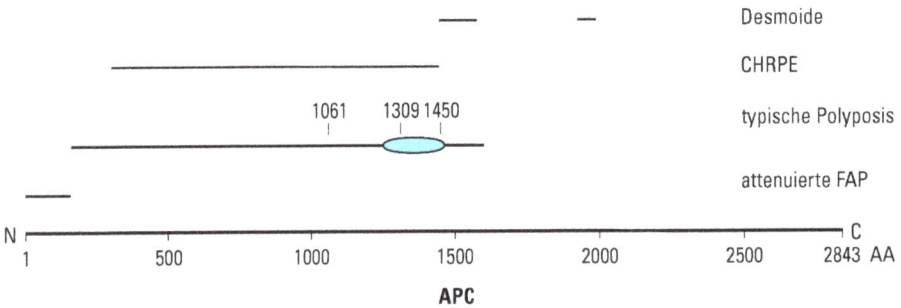

Abb. 6.17 Genotyp-Phänotyp-Korrelation bei FAP. Ein relativ milder Krankheitsverlauf findet sich bei Mutationen im äußersten 5'-Bereich des *apc*-Gens, während aggressive Krankheitsbilder mit Mutationen in Codon 1250–1464 verbunden sind. Auch extrakolonische Manifestationen wie CHRPE oder Desmoide korrelieren mit Mutationen in charakteristischen *apc*-Regionen.

nukleotidfolge ausgelösten Lesefehler begründen ein etwa zweifach erhöhtes Risiko für kolorektale Tumore, meist ohne eine klassische Polyposis.

Auch bei der FAP ergeben sich Probleme jenseits der führenden Organmanifestation. Harmlos sind dabei Pigmentflecken der Netzhaut (congenital hypertrophic retinal pigment-epithelial lesions, CHRPE), die bei 85 % der FAP Patienten bereits im Kleinkindalter auftreten. CHRPEs haben keinen Einfluß auf die Sehschärfe, stellen aber einen diagnostischen Leitbefund dar. Interessant im Sinne einer Genotyp-Phänotyp-Korrelation ist, daß diese okuläre Manifestation auf Mutationen im Bereich der *apc*-Exons 9–15 beschränkt ist. Klinisch sehr viel gravierender ist die Entwicklung von Desmoiden. Dabei handelt es sich um einen infiltrierenden Bindegewebstumor im Bereich der Bauchwand oder des Mesenteriums, der zwar *per se* kein Malignom darstellt, aber durch seine lokal destruierenden Eigenschaften tödliche Komplikationen nach sich ziehen kann. Diese bei etwa 10 % der Patienten beobachtete Komplikation ergibt sich präferentiell bei Mutationen im Codon 1445–1578. In wenigen Familien treten Desmoide als führende klinische Manifestation bei fehlender oder nur geringer Beteiligung des Kolons auf. In diesen Fällen liegen 3' *apc*-Mutationen vor (Codon 1924–1987). Andere extrakolonische Manifestationen der FAP umfassen die Entwicklung von Polypen, Adenomen und Karzinomen des oberen Magen-Darmtraktes, ein erhöhtes Risiko für Tumore anderer Organe wie Schilddrüse, Leber und Gehirn, gutartige Gewebeproliferationen wie Osteome, Fibrome und Epidermoid-Cysten sowie Anomalien der Form und Zahl von Zähnen.

Bei Patienten mit FAP zeigen sich die ersten Polypen durchschnittlich mit 16 Jahren (Spannbreite 5–38 Jahre), wobei sich in diesem Alter auch bereits die ersten Karzinome manifestieren können. Dies bedeutet, daß die Diagnose einer Anlage für FAP bereits bei Jugendlichen erfolgen sollte, um rechtzeitig Präventionsmaßnahmen einleiten zu können. Im Vordergrund steht hierbei die kontinenzerhaltende totale Kolektomie mit Anlage eines Ersatzreservoirs in Form eines Beutels (pouch) aus Anteilen des terminalen Ileums. Vielversprechend sind Ansätze einer Chemoprävention von Kolonkarzinomen durch Cyclooxygenase-Inhibitoren wie Aspirin oder Sulindac aus der Gruppe nicht-steroidaler Antiphlogistika. Cyclooxygenasen (COX1 and COX2) katalysieren die Umwandlung von Arachidonsäure in Prostaglandine und andere bioaktive Lipide. In Mausmodellen der FAP (spontane oder transgene *apc*-Mutanten) kann die Gabe von COX-Inhibitoren die Adenomentwicklung verhindern; über eine Reduktion der Zahl und Größe von Kolonpolypen wurde auch nach Behandlung von FAP Patienten berichtet. Epidemiologische Studien zeigen zudem eine drastische Reduktion der Mortalität an Kolonkarzinomen nach Einnahme von COX-Inhibitoren. Da die Inhibierung von COX1 mit den Nebenwirkungen von nicht-steroidalen Antiphlogistika am Gastrointestinaltrakt und der Niere verbunden ist, konzentriert man sich derzeit auf die Synthese COX2-spezifischer Inhibitoren. Ein besseres Verständnis der molekularen Grundlagen dieser Effekte wird künftig der Entwicklung spezifischerer Pharmaka zur Chemoprävention den Weg ebnen.

Der erbliche Dickdarmkrebs ohne Polyposis (HNPCC) ist die häufigste Erkrankungsform unter den erblichen kolorektalen Karzinomen. Man geht davon aus, daß etwa 4 % aller Kolonkarzinome auf Mutationen in HNPCC-assoziierten Genen basieren, was in Deutschland etwa 2000 Neuerkrankungen jährlich und somit der Inzidenz des erblichen Mammakarzinoms entspricht. Diese Gene kodieren für verschiedene Komponenten des DNA-Reparatursystems, das während der DNA-Replikation entstehende fehlerhafte Basenpaarungen (mismatch), Deletionen oder Insertionen erkennt und korrigiert (siehe Kap. 3.7). Beim Menschen sind 6 an diesem Prozeß beteiligte Gene bekannt: *msh2*, *msh3*, *msh6*, *mlh1*, *pms1* und *pms2*. Der zentrale Faktor bei der Fehlererkennung ist das Protein MSH2, welches abhängig von der spezifischen Art des Defektes mit MSH6 oder MSH3 interagiert (Abb. 6.18). Fehlpaarungen oder Deletionen/Insertionen einzelner Nukleotide werden durch den MSH2-MSH6 Komplex erkannt, während mehrere ungepaarte Basen zur Bindung des MSH2-MSH3 Komplexes führen. Nach der Rekrutierung eines weiteren Hete-

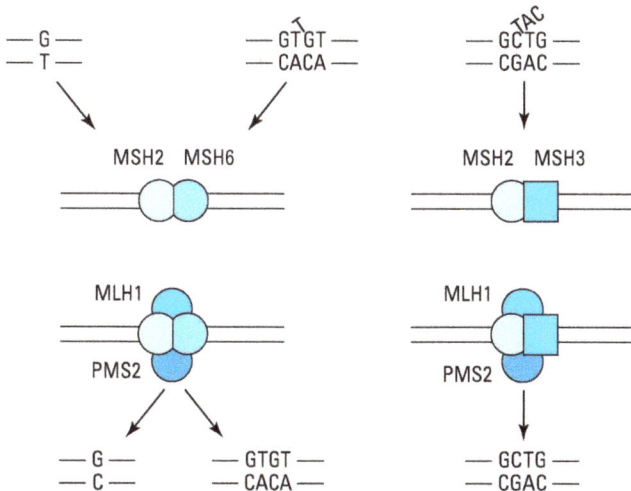

Abb. 6.18 Ein besonderes DNA-Reparatursystem korrigiert fehlerhafte Paarungen bzw. Deletionen oder Insertionen von Nukleotiden. Hierzu gehören die Proteinkomplexe MSH2-MSH6 und MSH2-MSH3, welche unterschiedliche Fehlertypen erkennen und durch Rekrutierung des Heterodimers MLH1-PMS2 den Reparaturvorgang einleiten.

rodimers aus MLH1 und PMS2 beginnt der Reparaturkomplex mit der Fehlerbeseitigung, die durch eine DNA-Synthese und Ligierung abgeschlossen wird.

Patienten mit HNPCC sind durch Keimbahnmutationen in einem dieser DNA-Mismatch Reparatur-Gene charakterisiert. Ganz überwiegend (70%) betreffen sie *mlh1* und *msh2*; Mutationen in *msh6*, *pms1* und *pms2* wurden bisher nur in einzelnen Familien beobachtet. Zum Ausfall dieser Tumorsuppressorgene kommt es durch Deletionen oder Mutationen, aber auch epigenetische Pathomechanismen wie die Hypermethylierung des *mlh1* Promotors. Der Funktionsverlust einer Komponente dieses DNA-Reparatursystems führt zur Anhäufung von Fehlern während der DNA-Replikation, ein Prozeß, der sich im Auftreten einer Mikrosatelliteninstabilität (MSI; auch replication error, RER, genannt) widerspiegelt.

Die Zahl der einzelnen Moduleinheiten variiert für jeden Mikrosatellitenlocus erheblich zwischen einzelnen Personen, das individuelle Muster bleibt aber normalerweise in allen Zellen eines Menschen stabil. Infolge der fehlerhaften DNA-Replikation kommt es bei HNPCC Patienten zu Verkürzungen oder einer Verlängerung der Mikrosatellitensequenzen im Tumorgewebe (Abb. 6.19). Durch eine PCR-Analyse unter Verwendung von Primern, die den jeweiligen Mikrosatellitenlocus flankieren, läßt sich dieser Unterschied zwischen DNA aus Tumor- und Normalgewebe (z. B. Lymphocyten) eines Patienten leicht nachweisen. Die MSI-Analyse kann somit als ein Suchtest fungieren, bevor mit der sehr viel aufwendigeren Mutationssuche in einem der HNPCC-assoziierten Reparaturgene begonnen wird. Während dem Phänotyp einer Mikrosatelliteninstabilität eine Indikatorrolle zukommt, sind unter pathogenetischen Gesichtspunkten die durch den Fehler im Reparatursystem bedingten Genmutationen, vorzugsweise in repetitiven Mononukleotidmotiven, bedeutungsvoll. Hierdurch werden beispielsweise das *bax*-Gen (ein Mitglied der *bcl2*-Familie) sowie das Gen für den Rezeptor Typ II des Wachstumsinhibitors TGF-β

DNA aus Normalgewebe (N)

Allel 1 ——— CACACACACACA(CA)$_n$CACACA ———

Allel 2 ——— CACACACA(CA$_n$)CA ———

Elektrophoretische Auftrennung der PCR Produkte

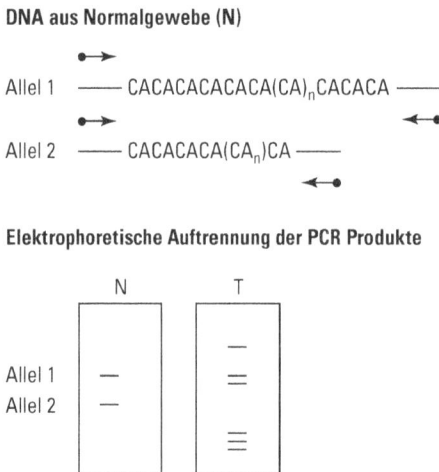

Abb. 6.19 Schema einer Mikrosatellitenanalyse vom Normalgewebe (N) und einem Tumor (T) bei einem HNPCC Patienten. Durch Deletionen und Insertionen von CA-Einheiten während der DNA-Replikation entsteht ein komplexes Muster unterschiedlich großer Mikrosatellitensequenzen in der Tumor-DNA.

(transforming growth factor β) inaktiviert. Der Ausfall in einem der HNPCC-as-soziierten Gene ist also mit einer erhöhten Frequenz von Mutationen in einer Reihe weiterer Gene verbunden (Mutator Phänotyp) und führt hierdurch zur malignen Transformation. Dies ist ein grundsätzlich anderer Pathomechanismus als bei Patienten mit FAP, bei denen sich aus der sehr großen Zahl von Polypen ein nahezu 100 %iges Risiko ableitet, daß einer dieser Polypen in ein Karzinom übergeht. Interessanterweise ist die bei HNPCC Patienten beobachtete genomische Instabilität nicht mit Veränderungen der Chromosomenzahl (Aneuploidie) verbunden, die Tumore ohne Mikrosatelliteninstabilität meist begleiten.

Man rechnet damit, daß etwa 75 % der Träger einer HNPCC-relevanten Genmutation im Laufe ihres Lebens ein kolorektales Karzinom entwickeln. Auch bei diesem Krankheitsbild besteht aber eine Disposition für weitere Malignome wie Karzinome von Magen, Gallengang, Ovarien, ableitenden Harnwegen und insbesondere des Endometriums (30 %). Eine spezifische Therapie für Patienten mit HNPCC gibt es derzeit nicht. Konzepte für eine erweiterte Tumorvorsorge und Nachbetreuung werden ähnlich wie für das hereditäre Mammakarzinom gegenwärtig in multizentrischen Studien erarbeitet. In diesem Zusammenhang ist von Interesse, daß nicht-steroidale Antiphlogistika wie Aspirin den Mutator-Phänotyp von HNPCC-Zellinien supprimieren können und somit potentiell als Medikamente zur Prophylaxe bei HNPCC-Anlageträgern und Patienten in Betracht kommen.

6.8.4 Akkumulation genetischer Läsionen beim Kolonkarzinom

Am Modell des Kolonkarzinoms hat B. Vogelstein exemplarisch die Bedeutung einer Abfolge verschiedener Gendefekte für die Tumorentwicklung dargelegt (Abb. 6.20). Keimbahnmutationen bei Patienten mit FAP oder HNPCC repräsentieren die frühstmögliche genetische Läsion auf dem Weg zur malignen Transformation. Aber auch im Falle einer hereditären Tumordisposition führen wie bei den überwiegend sporadischen Kolonkarzinomen erst weitere somatische Mutationen zur klinischen Manifestation. Die Akkumulation genetischer Defekte in Onkogenen oder Tumorsuppressorgenen korreliert dabei mit morphologischen Parametern. Aus der Fülle

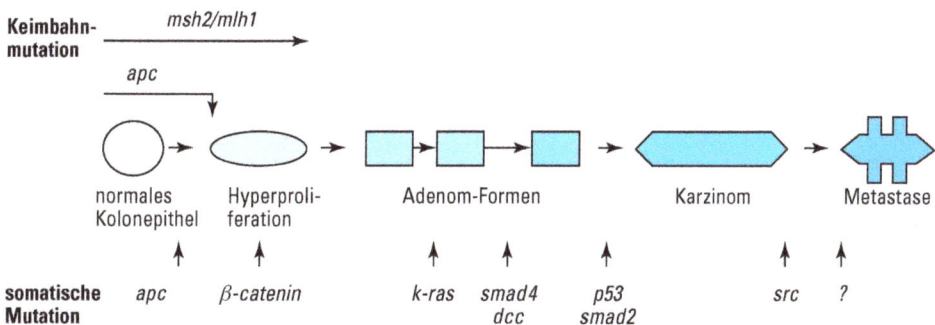

Abb. 6.20 Akkumulation von hereditären und sporadischen genetischen Läsionen beim Kolonkarzinom.

der bisher beim Kolonkarzinom identifizierten genetischen Veränderungen seien hier einige konstante Befunde genannt. So induzieren *apc*-Mutationen die Hyperplasie der Krypten des Kolonepithels. Eine ähnliche Form der Hyperproliferation wird durch Mutationen des durch APC regulierten β-Catenin hervorgerufen. Beide Mutationstypen sind wiederum mit einer Überexpression von MYC verbunden. Den Übergang in zunehmend dysplastische Adenomformen markieren *ras*-Mutationen bzw. die Inaktivierung der auf Chromosom 18q21 gelegenen Tumorsuppressorgene *smad4* (ein Signalmediator von TGFβ, dessen Typ II Rezeptor bei HNPCC Patienten häufig mutiert ist) und *dcc* (ein Netrin-Rezeptor, der normalerweise an der Axonentwicklung und Apoptoseinduktion beteiligt ist). Mutationen in den DNA-Mismatch Reparaturgenen lassen diesen Prozeß zunehmender genetischer Instabilität wie im Zeitraffertempo ablaufen. Somatische Mutationen der Gene *smad2* und *p53* finden sich beim Übergang in Karzinome. Sehr wenig ist bisher noch über solche Gene bekannt, die den klinisch wichtigen Schritt von einem lokal begrenzten Malignom zu einem metastasierenden Tumor charakterisieren. Mutationen im Onkogen *src* zählen hierzu. Die derzeitige Entwicklung der DNA- und cDNA-Chiptechnologie wird in wenigen Jahren ein noch sehr viel detaillierteres Bild von der komplexen Abfolge spezifischer genetischer Defekte im Verlauf einer Tumorentwicklung gestatten (siehe Kap. 4.7).

6.9 Klonale Rearrangements der Immunglobulin und T-Zell-Rezeptor Gene

Wie in Kapitel 3.5 erläutert, führen Lymphocyten im Rahmen ihrer normalen Entwicklung eine Rekombination von Immunglobulin (Ig) bzw. T-Zell-Rezeptor (TCR) Genen durch. Da jeder Lymphocyt und seine Nachkommen ein individuelles Ig- und TCR-Rearrangement aufweisen, kann das Muster rearrangierter Genprodukte in einer Southern Blot-Analyse als spezifischer Marker von klonalen Zellpopulationen dienen. Der Nachweis eines solchen klonalen Genrearrangements hat eine große praktische Bedeutung für die Diagnostik maligner hämatopoetischer Erkrankungen erlangt (Tab. 6.6). So kann die Kenntnis, welche Genloci des Immunsystems rekombiniert wurden, bei der Einordnung eines Krankheitsbildes in eine Zellreihe bzw. eine Differenzierungsstufe hilfreich sein.

Tab. 6.6 Diagnostische Relevanz von Ig- und TCR-Genanalysen bei lymphoproliferativen Erkrankungen

---

Einordnung in einer Zellreihe, insbesondere bei unklarem Phänotyp
Differenzierung zwischen mono-, oligo- und polyklonalen Erkrankungen
Erkennung mehrerer Subklone einer malignen Zellpopulation
Klonspezifischer Marker zur individuellen Verlaufsbeobachtung
Erkennung von Unterschieden zwischen einer neoplastischen Zellpopulation bei Diagnosestellung und im Rezidiv
Nachweis sehr kleiner Mengen an malignen Zellen mittels PCR
Charakterisierung chromosomaler Translokationen

Neoplasien des Blutsystems werden nach verschiedenen Kriterien unterteilt. So unterscheidet man klinisch zwischen akuten und chronischen Verläufen, morphologische und cytochemische Parameter bestimmen die Zellreihe, in der sich die Erkrankung manifestiert, und schließlich erlauben immunologische Techniken mittels monoklonaler Antikörper eine Subklassifikation entsprechend den Differenzierungsstadien der transformierten Zellen. In Abbildung 6.21 ist dies in vereinfachter Form für die B-Zell-Reihe illustriert. So tritt z. B. das differentialdiagnostisch wichtige CD10-Antigen erstmals in Prä-Prä-B-Zellen auf, wird in frühen B-Zellen kaum noch und reifen B-Zellen gar nicht mehr exprimiert. Leukämien, deren Zellen CD10, aber noch keine IgHμ-Ketten im Cytoplasma exprimieren, werden als cALL bezeichnet und haben eine bessere Prognose als unreife oder weiter differenzierte B-Zell Neoplasien. Die akute lymphatische Leukämie (ALL) stellt die häufigste maligne Erkrankung im Kindesalter dar. Mit einem Anteil von 65 % rangiert dabei die cALL deutlich vor anderen Subformen wie etwa der B-ALL (3 %) oder T-ALL (10 %); bei Erwachsenen liegt der Anteil der T-ALL mit 25 % etwas höher.

Neben die immunologische Phänotypisierung ist in den letzten Jahren die Immunogenotypisierung getreten, die Analyse der Ig- und TCR-Genloci. So gehört zu den ersten Charakteristika der Entwicklung einer lymphatischen Stammzelle zu einer Pro-B-Zelle die Rekombination des IgH-Locus auf Chromosom 14, während IgLκ und anschließend IgLλ-Rearrangements auf Prä-Prä-B- und Prä-B-Zell-Niveau durchgeführt werden. Ähnlich kommt es in Prothymocyten zunächst zur Rekombination des TCRδ-, später des TCRγ- und TCRβ-Komplexes; Zellen, die keine funktionstüchtige γ/δ Rekombination durchgeführt haben, leiten schließlich mit einer Deletion des TCRδ Locus eine TCRα Rekombination ein.

Die Immunogenotypisierung vermag somit ergänzende Hinweise für die unter therapeutischen Aspekten wesentliche Einordnung eines Krankheitsbildes in eine Zellreihe bzw. ein Differenzierungstadium zu geben, insbesondere dann, wenn die morphologische bzw. immunologische Phänotypisierung keine eindeutige Zuordnung erlaubt. So würde bei einer unreifen Leukämie, deren Zellen keine aussagekräftigen B- oder T-Zell-Marker exprimieren und die zudem nicht sicher von der myeloischen Reihe abgegrenzt werden kann, der Nachweis eines IgH-Rearrangements eine Klassifikation als sehr frühe B-Zell-Neoplasie, AUL, nahelegen. Auch stützt bei einer Leukämie mit Co-Expression von myeloischen und B-Zell-Markern der Befund eines gleichzeitigen IgH- und IgL-Rearrangements die Zuordnung zur B-Zell-Reihe. Andererseits spricht bei einer Leukämie mit B- und T-Zell-Markern sowie Keimbahnkonfiguration der Ig-Loci ein Rearrangement der TCRβ- und TCRγ-Gene für eine T-Zell-Neoplasie. Es muß jedoch betont werden, daß Ig- und TCR-Rearrangements keine linienspezifischen Charakteristika sind. Wohl weisen nahezu alle Neoplasien der B-Reihe IgH-Rearrangements auf, diese Leukämien zeigen aber auch zu 35 % TCRβ, 55 % TCRγ und 90 % TCRδ Deletionen bzw. Rekombinationen. Umgekehrt findet sich bei etwa 20 % der T-Zell Leukämien auch ein IgH Rearrangement und sogar bei AML Patienten läßt sich in 10–15 % der Fälle ein IgH- bzw. TCR-Rearrangement nachweisen. Eine IgL-Rekombination ist hingegen fast ausschließlich auf die B-Reihe beschränkt. Ähnlich atypische Konstellationen sind, wie bereits angedeutet, auch von der immunologischen Phänotypisierung bekannt (z. B. Expression von myeloischen Markern auf cALL-Zellen). Diese Befunde deuten darauf hin, daß sich entsprechende Neoplasien entweder von

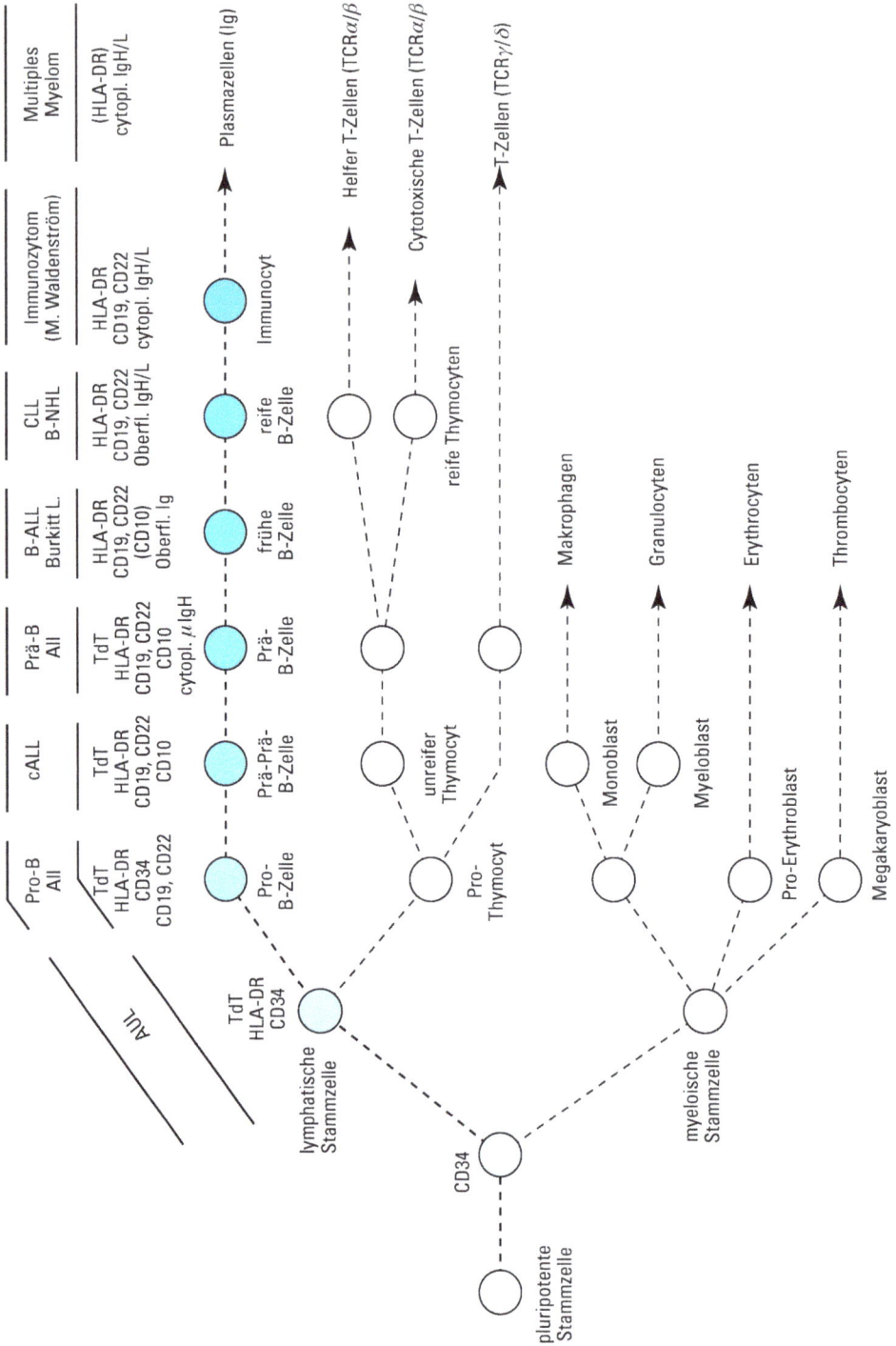

AUL

Pro-B All	cALL	Prä-B All	B-ALL Burkitt L.	CLL B-NHL	Immunozytom (M. Waldenström)	Multiples Myelom
TdT HLA-DR CD34 CD19, CD22	TdT HLA-DR CD19, CD22 CD10	TdT HLA-DR CD19, CD22 CD10 cytopl. μ IgH	HLA-DR CD19, CD22 (CD10) Oberfl. Ig	HLA-DR CD19, CD22 Oberfl. IgH/L	HLA-DR CD19, CD22 cytopl. IgH/L	(HLA-DR) cytopl. IgH/L

Plasmazellen (Ig)

Immunocyt

reife B-Zelle

frühe B-Zelle

Prä-B-Zelle

Prä-Prä-B-Zelle

Pro-B-Zelle

lymphatische Stammzelle — TdT HLA-DR CD34

Helfer T-Zellen (TCRα/β)

Cytotoxische T-Zellen (TCRα/β)

T-Zellen (TCRγ/δ)

reife Thymocyten

unreifer Thymocyt

Pro-Thymocyt

Makrophagen

Monoblast

Granulocyten

Myeloblast

Erythrocyten

Pro-Erythroblast

Thrombocyten

Megakaryoblast

myeloische Stammzelle

CD34

pluripotente Stammzelle

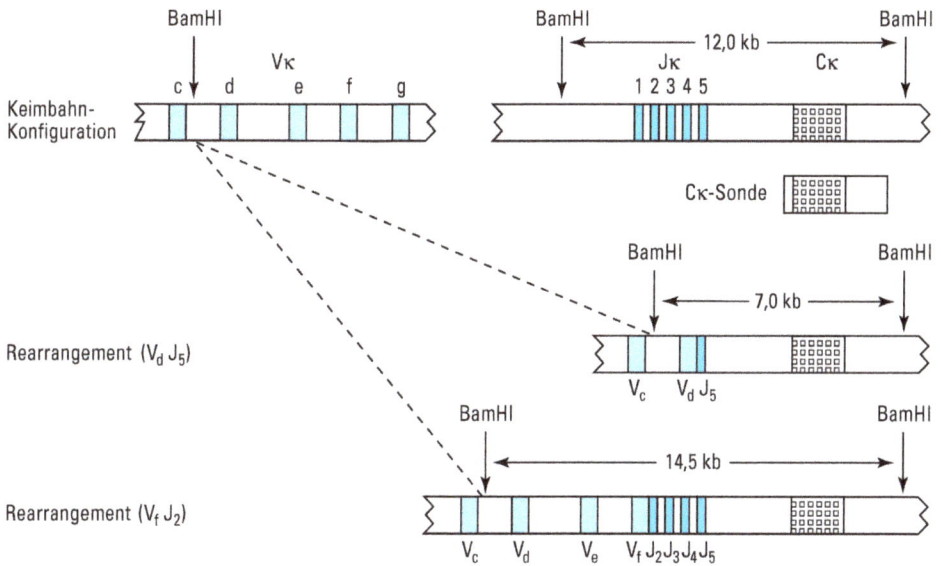

Abb. 6.22 Rekombinationen des IgLκ-Locus werden nach Verdau mit Restriktionsenzymen durch unterschiedlich große DNA-Fragmente repräsentiert. Zwei hypothetische Rearrangements zwischen V- und J-Elementen der variablen Kettenregion sind zur Illustration des Nachweisprinzips abgebildet. So weist die Cκ-Sonde nach Rekombination von V_d und J_5 ein im Vergleich zum Keimbahnfragment (12 kb) verkürztes *Bam*HI-Fragment nach, während ein fiktives $V_f J_2$ Rearrangement einem relativ verlängerten Fragment (z. B. 14,5 kb) entspräche.

einer unreifen Stammzelle mit primärem Differenzierungspotential für verschiedene Zellreihen ableiten, oder aber, daß das fehlgesteuerte genetische Programm einer transformierten Zelle aberrante Genexpressionen bzw. -rekombinationen zuläßt. In jedem Fall folgt hieraus, daß nur die Gesamtanalyse verschiedener morphologischer, cytochemischer, immunologischer und genetischer Parameter eine zuverlässige Subklassifikation hämatopoetischer Neoplasien gewährleistet.

Eine eigenständige Bedeutung kommt dem Nachweis eines Ig- oder TCR-Rearrangements aber als Marker einzelner Zellklone zu. Abb. 6.22 zeigt das Prinzip einer entsprechenden Southern Blot-Analyse am Beispiel des IgLκ-Locus. Die Gensonde

◄ *Abb. 6.21* Differenzierungsschema der Hämatopoese. Aus einer weitgehend hypothetischen pluripotenten Stammzelle bzw. den schon determinierten Vorläuferzellen der Myelopoese und Lymphopoese entwickeln sich die hämatopoetischen Effektorzellen. Beispielhaft sind zur B-Zell Reihe einige Details wiedergegeben. So definiert der immunologische Phänotyp, kenntlich am Expressionsmuster von Markern wie den CD (cluster of differentiation) Molekülen CD10, CD19, HLA-DR, TdT oder den Ig-Ketten, spezifische Reifungsstadien, denen wiederum bestimmte Neoplasieformen wie die akute undifferenzierte Leukämie (AUL), die common (cALL), Prä-B- oder B-ALL bzw. die chronisch lymphatische Leukämie (CLL) und das Non-Hodgkin Lymphom der B-Reihe (B-NHL) zugeordnet werden können. Die AUL, Pro-B, cALL und Prä-B ALL werden auch zur Gruppe der B-Vorläufer (precursor) ALL zusammengefaßt.

aus dem konstanten Kettenteil (Cκ) hybridisiert nach Verdau der DNA durch das Enzym *Bam*HI mit einem 12 kb großen Fragment, welches der Keimbahnkonfiguration des Gens entspricht. Im Falle eines Rearrangements des Igκ Locus wird eines der zahlreichen V-Elemente mit einem J-Element verknüpft, wobei es zur Deletion der dazwischenliegenden Sequenzen einschließlich der den J-Elementen ursprünglich benachbarten *Bam*HI-Schnittstelle kommt. Abhängig davon, welche V- und J-Elemente jeweils rekombinieren, entstehen somit nach *Bam*HI-Verdau unterschiedlich große DNA-Fragmente.

Jeder Lymphocyt und seine Nachkommen sind durch ein individuelles Ig- bzw. TCR-Rearrangement charakterisiert (Kap. 3.5). Bei einer Southern Blot-Analyse von Blutzellen eines Gesunden wird diese Vielzahl rearrangierter Genfragmente aber gar nicht sichtbar, weil einzelne Lymphocytenpopulationen zahlenmäßig viel zu gering repräsentiert sind; die Nachweisgrenze der Southern Blot-Analyse liegt bei 1–5% klonal verwandter Zellen. Nur die Keimbahnfragmente aller nicht-rearrangierten Allele addieren sich zu einem Signal im Autoradiogramm. Hingegen stammen die neoplastischen Zellen einer Leukämie oder eines Lymphoms jeweils von einer einzigen transformierten Vorläuferzelle ab, deren individuelles Genrearrangement allen malignen Zellen eines Patienten gemeinsam ist und deshalb nachgewiesen werden kann. Abb. 6.23 zeigt eine DNA-Analyse des peripheren Blutes von einem Gesunden und von sieben Leukämiepatienten mit einer Sonde aus dem konstanten Bereich (Cμ) des IgH Locus. Während sich in der DNA des Gesunden ausschließlich die Keimbahnkonfiguration zeigt, findet sich bei allen Patienten ein individuelles Muster rearrangierter Fragmente (Pfeile). Dabei ist in den Leukämiezellen von Patient 1 nur ein IgH-Allel rearrangiert, bei den Patienten 2, 3 und 4 sind beide Allele betroffen. In den malignen Zellen der Patienten 5 und 6 ist es zur Deletion des Cμ-Locus auf einem Chromosom und zum Rearrangement auf dem anderen gekommen. Schwache Keimbahn-Hybridisierungssignale in den Fällen 2–6 können auf die Anwesenheit weniger Zellen normaler Resthämatopoese zurückgeführt werden. Während das Hybridisierungsmuster dieser sechs Patienten die gemeinsame

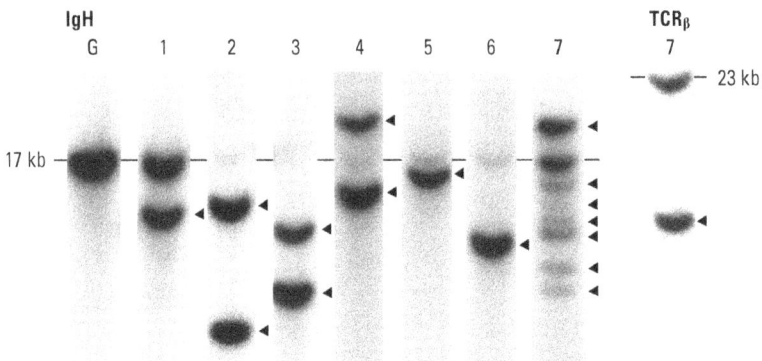

Abb. 6.23 Southern Blot-Analyse des IgH-Genlocus von sieben Leukämiepatienten (cALL) und einem Gesunden (G). Die DNA wurde mit dem Enzym *Bam*HI geschnitten und mit einer Cμ-Sonde hybridisiert, die ein Keimbahnfragment von 17 kb nachweist. Die *Bam*HI-verdaute DNA des Patienten 7 wurde zusätzlich mit einer TCRβ-Sonde untersucht; die Größe des Keimbahnfragments beträgt hierbei 23 kb.

Herkunft aller Leukämiezellen widerspiegelt, also einer monoklonalen Zellpopulation entspricht, repräsentieren die zahlreichen Fragmente bei Patient 7 ein oligoklonales Muster. Untersucht man jedoch die DNA dieses Patienten mit einer TCRβ-Sonde, findet sich eine monoklonale Konstellation. Zusammengenommen handelt es sich in diesem Fall um Leukämiezellen, welche zwar von einer gemeinsamen Vorläuferzelle abstammen (kenntlich am einheitlichen Rearrangement des TCRβ-Locus), jedoch im Laufe der Erkrankung Subklone gebildet haben, die ihrerseits durch individuelle Rekombinationen des IgH-Locus charakterisiert sind. Etwa bei einem Drittel der ALL Patienten finden im Bereich der Ig und TCR Loci von Leukämiezellen sekundäre Rearrangements statt, die mit einer Änderung des entsprechenden Rekombinationsmusters verbunden sind.

Der Hinweis auf leukämische Subpopulationen bei Patient 7 überrascht insofern, als nach morphologischen und immunologischen Kriterien ein einheitlicher Phänotyp der Leukämie vorlag. Derartige Subklone können durchaus unterschiedlich auf die Chemotherapie ansprechen; bei einer Analyse entsprechender Patienten findet sich im Rezidiv häufig nur ein einziger Zellklon, welcher eine Therapieresistenz entwickelt hat und somit das erneute Auftreten der Krankheit verursacht. Die Immunogenotypisierung ist demnach geeignet, ganz individuell therapeutische Maßnahmen zu überwachen. So werden beispielsweise im Rahmen chemotherapeutischer Behandlungen manchmal auffällige Zellpopulationen beobachtet, von denen weder anhand morphologischer noch immunologischer Parameter sicher gesagt werden kann, ob es sich um persistierende bzw. rezidivierende Leukämiezellen oder reaktiv veränderte normale Zellen handelt. In solchen Fällen liefert eine Ig- oder TCR-Analyse, insbesondere bei Vorkenntnis des Genstatus zum Zeitpunkt der Diagnosestellung, häufig entscheidende Hinweise.

Bei der Analyse des Ig- und TCR-Genotyps sollten einige kritische Punkte berücksichtigt werden. So schützt die Verwendung mehrerer Enzyme davor, einen DNA-Polymorphismus oder eine partielle Verdauung fälschlicherweise als Ausdruck eines Genrearrangements zu interpretieren oder umgekehrt eine Keimbahnkonfiguration zu konstatieren, weil durch eine Comigration das rearrangierte Fragment nicht vom Keimbahnallel unterschieden werden kann. Auch hat die Untersuchung der verschiedenen Genloci nicht für alle hier angesprochenen Fragestellungen gleiche Relevanz. So lassen sich etwa TCRα-Rearrangements meist nicht über eine Southern Blot-Analyse nachweisen, da sich die Jα-Region über mehr als 100 kb erstreckt und ca. 50 Jα-Elemente enthält. Das schmale Keimbahnrepertoire der TCRγ- und TCRδ-Loci schränkt wiederum die Bedeutung dieser Gene als individuelle Klonalitätsmarker bei Southern Blot-Analysen ein, weil die Leukämiezellen verschiedener Patienten gleichartig rearrangierte DNA-Fragmente zeigen. Schließlich darf nicht außer acht gelassen werden, daß der Nachweis eines klonalen Ig- oder TCR-Rearrangements nicht *per se* der Diagnose eines Malignoms gleichzusetzen ist. Klonale Zellproliferationen finden sich passager etwa auch in Gelenkpunktaten bei rheumatoider Arthritis, in lymphozytären Speicheldrüseninfiltraten von Patienten mit Sjögren-Syndrom oder bei immunsupprimierten Patienten infolge von Knochenmarks- oder Organtransplantation.

Eine große Relevanz haben Ig- und TCR-Sequenzen für die molekulare Definition von spezifischen chromosomalen Translokationen bei hämatopoetischen Neoplasien erhalten (Tab. 6.7). Das bekannteste Beispiel ist wohl das Burkitt-Lymphom, welches cytogenetisch durch eine t(8;14), seltener durch die Varianten t(2;8) oder t(8;22) charakterisiert ist. In diesen Fällen kommt es zu einer Rekombination der auf den Chromosomen 2, 14 bzw. 22 gelegenen Ig-Loci mit dem *myc*-Onkogen auf Chromosom 8. Die damit assoziierte Deregulation des *myc*-Gens ist für die Entstehung von Burkitt-Lymphomen wesentlich (Kap. 6.4.4). Mehrere Dutzend derartiger Rekombinationen sind bisher molekular charakterisiert worden. Sie betreffen insbesondere den TCRδ/α und IgH-Komplex auf dem langen Arm von Chromosom 14, während eine Beteiligung von TCRγ-Sequenzen bisher nicht beschrieben wurde. Das pathogenetische Prinzip besteht jeweils darin, daß Regulatorsequenzen (z. B. Enhancer) des Ig bzw. TCR-Locus im Bruchpunktbereich des chromosomalen Translokationspartners gelegene Gene quantitativ zu stark oder in einem falschen Gewebekontext zur Expression bringen. Aus Tab. 6.7 wird ersichtlich, daß hierbei die Ig bzw. TCR-Sequenzen den Zelltyp der Neoplasie (B-Zelle *versus* T-Zelle) festlegen, während der Rekombinationspartner die präzise Läsion einer Signalkaskade und die klinische Manifestationsform innerhalb der Lymphopoese definiert. So ist die *myc*-Deregulation durch Ig-Sequenzen mit dem schon erwähnten Burkitt Lymphom verbunden, durch TCRα-Sequenzen jedoch mit einer T-ALL; umgekehrt führt die Rekombination des IgH-Locus mit verschiedenen Partnergenen zu unterschiedlichen Neoplasien der B-Zell Reihe. Neben der grundsätzlichen Bedeutung für das

Tab. 6.7 Rekombination von Ig- bzw. TCR-Genen mit anderen Genen bei einigen chromosomalen Translokationen

Ig/TCR	Translokation	Partner	Neoplasie
IgH	t(4;14)(p16;q32)	*fgfr3*	Multiples Myelom
	t(5;14)(q13;q32)	*il3*	B-Vorläufer ALL
	t(8;14)(q24;q32)	*myc*	Burkitt Lymphom
	t(9;14)(p13;q32)	*pax5*	B-NHL
	t(11;14)(q13;q32)	*bcl1*	B-CLL
	t(14;18)(q32;q21)	*bcl2*	Follikuläres Lymphom
IgLκ	t(2;8)(p12;q24)	*myc*	Burkitt Lymphom
	t(2;3)(p12;q27)	*laz3*	B-NHL
IgLλ	t(8;22)(q24;q11)	*myc*	Burkitt Lymphom
	t(11;22)(q13;q11)	*bcl1*	B-NHL
TCRα	t(8;14)(q24;q11)	*myc*	T-ALL
	t(14;14)(q11;q32)	*tcl1*	T-ALL
TCRβ	t(1;7)(p32;q34)	*tal1*	T-ALL
	t(1;7)(p34;q34)	*lck*	T-ALL
	t(7;9)(q34;q34)	*lyl*	T-ALL
TCRδ	t(1;14)(p32;q11)	*tal1*	T-ALL
	t(10;14)(q24;q11)	*hox11*	T-ALL
	t(11;14)(p15;q11)	*ttg1*	T-ALL
	t(X;14)(q28;q11)	*mtcp1*	T-ALL

ALL: akute lymphatische Leukämie; CLL: chronische lymphatische Leukämie; NHL: Non-Hodgkin Lymphom.

Verständnis molekularer Mechanismen der Krebsentstehung sind diese Ergebnisse auch von diagnostischer Relevanz. Der kombinierte Einsatz von Ig/TCR- und entsprechender Partnergen-Sonden ermöglicht so die Identifikation chromosomaler Translokationen auch ohne cytogenetische Untersuchung. Diese Methode wird heute vielfach genutzt.

Da Rezidive meist durch Tumorzellen hervorgerufen werden, die aus unterschiedlichen Gründen einer Therapie entgangen sind, kommt dem Nachweis restlicher neoplastischer Zellen eine große klinische Bedeutung zu. Allerdings unterscheidet sich die Empfindlichkeit einer Southern-Blot-Analyse (1–5%) nicht prinzipiell von der morphologischer, immunologischer oder cytogenetischer Methoden. Der Einsatz von PCR-Techniken (Kap. 4.3.2, 4.4.2) hat kürzlich jedoch eine neue Dimension im Aufspüren minimaler residueller Tumorzellen eröffnet und gestattet den Nachweis von 1 Leukämie- oder Lymphomzelle unter 1 Million Normalzellen (Kap. 6.10).

6.10 Nachweis sehr kleiner Mengen maligner Zellen

Die PCR-Analytik hat der klinischen Onkologie mit der Möglichkeit zum Nachweis sehr kleiner Mengen maligner Zellen (minimal residual disease, MRD) eine neue Dimension eröffnet. Beispielhaft sei dies an der häufigsten Neoplasie des Kindesalters, der akuten lymphatischen Leukämie (ALL) verdeutlicht. Hier erzielt die Chemotherapie eine Heilung von nahezu 80% der Patienten. Trotz dieses beeindruckenden Erfolges ergeben sich aber zwei Probleme. Zum einen rezidiviert eben doch noch ein erheblicher Teil der Patienten und verstirbt an der Leukämie; hier wäre es wünschenswert, den Wiederanstieg der Zahl maligner Zellen noch vor der klinischen Manifestation zu erkennen, um den Patienten bei so wenig Tumorzellmasse wie möglich auf ein geeigneteres Therapieprotokoll umzusetzen. Andererseits muß man davon ausgehen, daß ein Teil der Patienten gegenwärtig eine Übertherapie erfährt und langfristige Nebenwirkungen bis hin zur Induktion von Zweitmalignomen die initialen Behandlungserfolge beeinträchtigen können. Demnach ist es wichtig, das Ansprechen eines Patienten auf die Therapie sehr sensitiv zu überwachen und Adaptationen an die individuellen Bedürfnisse eines Patienten vorzunehmen.

Das Knochenmark eines Leukämiepatienten ist zum Zeitpunkt der Diagnose typischerweise mit etwa 10^{12} malignen Zellen besiedelt (Abb. 6.24). Klassische Nachweisverfahren von der morphologischen Auswertung bis hin zur Southern Blot-Analyse erkennen aber nur 1–5 Leukämiezellen unter 100 Normalzellen. Hieraus ergibt sich die völlig unbefriedigende Situation, daß die Chemotherapie zwar bei nahezu allen Kindern mit ALL eine komplette Remission erzielt (d. h. man erkennt mit Standardverfahren keine Leukämiezellen mehr, obwohl noch bis zu 10^{10} dieser Zellen vorhanden sein mögen), die Therapie aber nach empirischen Erfahrungen noch Jahre fortgesetzt werden muß, ohne individuelle Effekte auf die Zielzellen abschätzen zu können. Bei etwa der Hälfte aller akuten Leukämien erreicht der kombinierte Nachweis mehrerer immunologischer Marker, die sich in dieser Form und Komposition nicht auf Normalzellen finden, eine erhebliche Sensitivitätssteigerung. Erst die Einführung von PCR-Strategien erbrachte dann aber einen diagnostischen Quantensprung mit der Möglichkeit zur Identifikation von einer Leukämiezelle unter

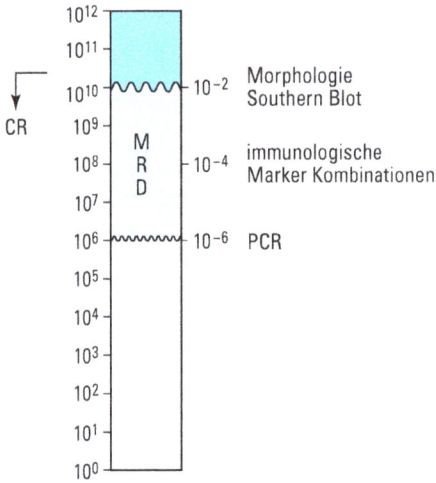

Abb. 6.24   Das Knochenmark eines Leukämiepatienten enthält etwa 10^{12} maligne Zellen. Die Nachweisgrenze morphologischer Parameter liegt bei 1–5 % Leukämiezellen. Ein Abfall unter diese Schwelle definiert eine komplette Remission (CR). PCR-Verfahren gestatten die Erfassung sehr viel kleinerer Leukämiezellmengen (MRD, minimal residual disease).

10^6 Normalzellen (Kap. 4.3.2). Abb. 6.25 zeigt in einem Schema Kinetiken von Leukämiezellen während einer Chemotherapie und danach. Bei nahezu allen Kindern mit ALL gelingt schon während der ersten vier Wochen der Remissionsinduktion ein Absenken der Leukämiezellenzahl unter die Nachweisgrenze konventioneller Techniken. Das 10.000-fach erhöhte Auflösungsvermögen der PCR-Verfahren gestattet, individuelle Unterschiede in der Eliminierung maligner Zellen ebenso zu erfassen wie den Nachweis rezidivierender Leukämien Monate vor einer klinischen Manifestation.

Für die PCR-Diagnostik kommen bei Leukämien vor allem zwei Kategorien von Zielsequenzen in Frage: die molekularen Äquivalente chromosomaler Aberrationen und die somatischen Rekombinationen von Ig- und TCR-Genen. Wie im Kap. 3.5 dargestellt, werden die variablen Regionen der Ig- und TCR-Ketten aus verschiedenen DNA-Elementen zusammengesetzt und individuell modifiziert, so daß den Verknüpfungsstellen ein klonspezifischer Charakter zukommt. Diese klonspezifischen Sequenzen können bestimmt und als individuelle Gensonden zur Überprüfung des Remissionsstatus herangezogen werden. Bei etwa 95 % aller Patienten mit Neoplasien des lymphatischen Systems findet sich ein geeignetes Rekombinationsmuster; auch bei 10–15 % der Patienten mit AML werden diagnostisch relevante Ig- bzw. TCR-Rekombinationen nachgewiesen.

Aus prospektiven Untersuchungen bei Kindern mit ALL ergibt sich, daß der Abfall der Leukämiezellen unter die Nachweisgrenze der PCR einer individuellen Kinetik folgt, der eine eigenständige prognostische Aussagekraft zukommt (Abb. 6.26). Interessanterweise sind bereits vier Wochen nach Einleitung der Therapie etwa 45 % der Patienten auch nach PCR-Kriterien leukämiezellfrei; diese Kinder haben eine ausgezeichnete Prognose. In anderen Fällen persistieren Leukämie-

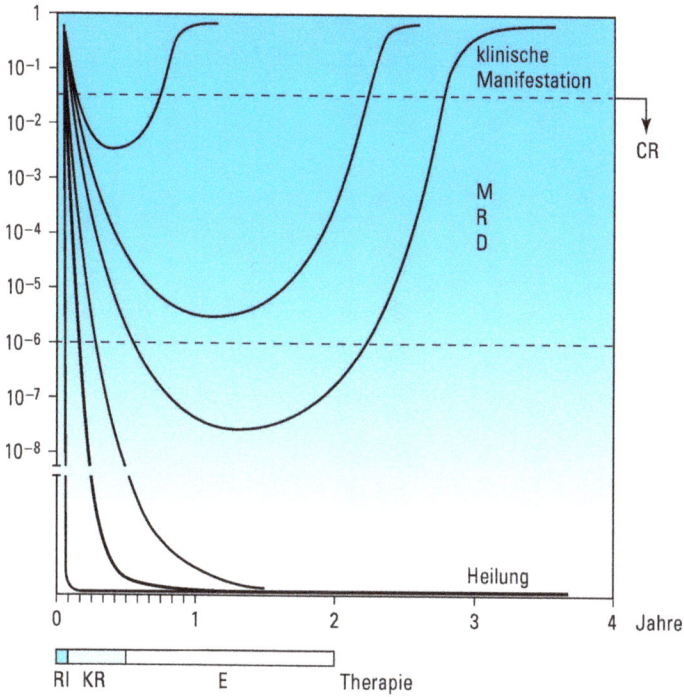

Abb. 6.25 Schematische Darstellung unterschiedlicher Kinetiken von malignen Zellen bei ALL Patienten während einer Chemotherapie und nach Abschluß der Behandlung. Therapiephasen: Remissionsinduktion (RI), Konsolidierung/Reintensivierung (KR), Erhaltung (E). Patienten in sogenannter kompletter Remission (CR) können auf PCR-Niveau noch Hinweise für minimale Leukämiezellpopulationen (MRD) zeigen.

zellen noch mehrere Monate bis sie dann ganz verschwinden. Schließlich existiert eine Hochrisikogruppe von etwa 15% der Kinder mit ALL, bei denen die Leukämiezellenzahl nur knapp unter die Nachweisgrenze von Standardverfahren abgesenkt wird und auf hohem Niveau persistiert oder über mehrere Monate einen stetigen Wiederanstieg zeigt; in diesen Fällen kommt es fast immer zum klinischen Rezidiv. Diese neuen Erkenntnisse werden derzeit für den Entwurf individualisierter Therapiekonzepte nutzbar gemacht.

Ein weiteres Markersystem bilden die Onkogenrekombinationen im Rahmen chromosomaler Defekte; Tab. 6.8 zeigt häufige Rekombinationen, welche bei etwa 40% der Patienten mit ALL, 30% mit AML und 95% mit CML nachweisbar sind. Da sich dieses Markersystem auf biologisch-genetisch definierte Leukämiesubformen bezieht, wird auch verständlich, daß sich hier die Daten zum Remissionsstatus auf PCR-Niveau je nach Krankheitsbild deutlich unterscheiden. Bei Patienten mit Ph-positiver ALL finden sich selbst nach Erreichen einer kompletten hämatologischen Remission entsprechend der sehr hohen Rezidivrate meist noch Leukämiezellen, während die intensivierten Therapiestrategien bei Patienten mit *af4-all1* Rekombination Heilungen erzielen können, die dann mit einem negativen PCR-Befund einhergehen. Auch bei der AML zeichnet sich ein differenziertes Bild ab. So kommt

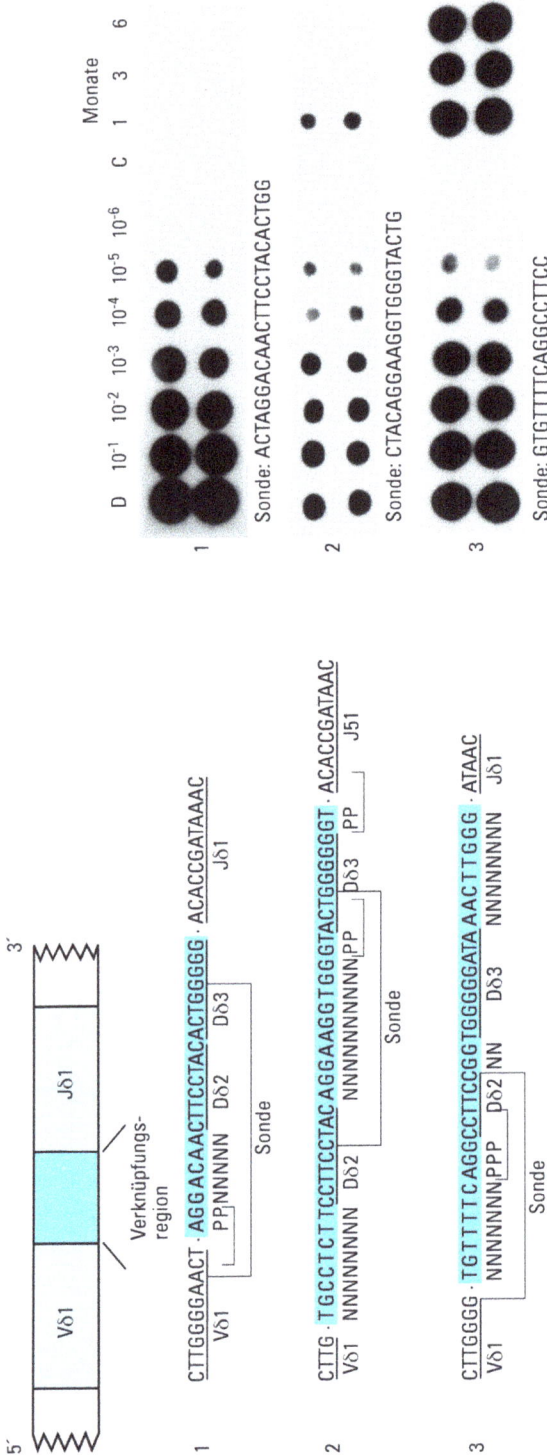

Abb. 6.26 PCR-Analyse zum Nachweis residualer Leukämiezellen mit klonspezifischen TCRδ-Sonden. Die drei T-ALL Patienten zeigten alle eine Vδ1DJδ Rekombination, jedoch sind die Verknüpfungsregionen durch spezifische Sequenzen charakterisiert, die auf einer individuellen Komposition aus P, N und D-Elementen sowie unterschiedlichen Deletionen der Vδ1- und Jδ1-Segmente basieren. Ein die jeweilige Verknüpfungsregion repräsentierendes synthetisches Oligonukleotid dient als Sonde, deren Sensitivität in einer Verdünnungsreihe des jeweiligen Patienten bei Diagnosestellung (D) und in normalen Lymphocyten-Populationen von gesunden Probanden (C) bestimmt wird. In diesem Fall liegt die Empfindlichkeit der drei Sonden bei jeweils einer Leukämiezelle unter 100000 normalen Lymphocyten (10^{-5}). Man erkennt die unterschiedlichen Mengen residualer Blasten im Knochenmark der drei Patienten in den Monaten nach Einleitung der Chemotherapie: Während sich bei Patient 1 schon nach vier Wochen keine Leukämiezellen mehr nachweisen lassen, findet sich bei Patient 3 zu allen Untersuchungszeitpunkten noch eine beträchtliche Menge residualer Blasten; bei diesem Patienten kam es zwei Monate später zu einem klinischen Rezidiv.

Tab. 6.8   Onkogenrekombination zum Nachweis residualer Leukämiezellen

Leukämie	Onkogene	Chromosomale Aberration	Häufigkeit (insgesamt bei ALL/AML)	
ALL	*bcr-abl*	t(9;22)	Erwachsene 40% B-Reihe	(30%)
			Kinder 5% B-Reihe	(4%)
	tel-aml1	t(12;21)	Erwachsene 3% B-Reihe	(2%)
			Kinder 25% B-Reihe	(20%)
	pbx1-e2a	t(1;19)	25% Prä-B	(5%)
	af4-all1	t(4;11)	30% Prä-Prä-B	(4%)
			Säuglinge 70%	
	sil-tal1	del(1p32)	10–20% T-ALL	(2%)
AML	*eto-aml1*	t(8;21)	20% M2	(8%)
	pml-rara	t(15;17)	95% M3	(7%)
	myh1-cbfb	inv(16)	10% M4	(7%)
			100% M4EO	
	af9-all1	t(9;11)	15% M4/M5	(5%)
CML	*bcr-abl*	t(9;22)	95%	

Mit Ausnahme der *sil-tal1* Rekombination erfolgt der Nachweis der Onkogenfusionen über eine RT-PCR.

der PCR-Diagnostik zum Nachweis von *pml-rara* Transkripten beim M3-Subtyp eine prädiktive Aussagekraft zu, d. h. Patienten in Langzeitremission sind PCR-negativ, während ein Anstieg residueller Blasten auf PCR-Niveau ein drohendes klinisches Rezidiv signalisiert. Anders ist die Situation bei Patienten mit t(8;21); hier konnten in der Mehrzahl der Fälle selbst bei mehrjähriger kompletter Remission noch *eto-aml1* Transkripte nachgewiesen werden. Die Interpretation dieses überraschenden Befundes ist nicht ganz einfach. Es könnte sein, daß bei diesen Patienten die eigentlichen Leukämiezellen durch Chemotherapie vernichtet wurden, präleukämische, durch eine t(8;21) charakterisierte Vorstufen dieser Zellklone aber noch im Patienten persistieren.

PCR-Analysen haben auch bei der CML zu neuen Einblicken in die Effektivität unterschiedlicher Behandlungsstrategien geführt. So können gelegentlich noch Jahre nach einer Knochenmarktransplantation residuelle Blasten nachgewiesen werden, wobei aber eine langfristige Heilung an die Elimination der Leukämiezellen geknüpft ist. Der Kompetenz des Immunsystems kommt hierbei eine wichtige Rolle zu. CML Patienten, die nach einer Interferon-α Behandlung in eine komplette Remission kommen, verbleiben hingegen generell PCR-positiv. Trotzdem ergibt sich auch für diese Patienten eine verbesserte Überlebenschance; man vermutet, daß Interferon-α einige der komplexen Störungen der Signaltransduktion ausgleicht, die vom BCR-ABL Fusionsprotein verursacht werden. Molekulare Analysen verdeutlichen also den fundamentalen Unterschied im therapeutischen Ansprechen auf diese beiden Behandlungskonzepte. Insgesamt unterstreichen die bisher genannten Beispiele, daß Befunde, die bei einer Leukämieentität bzw. einem bestimmten Therapieverfahren erhoben werden, nicht ohne weiteres auf andere Krankheitsbilder übertragbar sind.

Ähnliche Entwicklungen zeichnen sich auch für solide Tumore ab. Ein Beispiel ist der Nachweis weniger metastasierender Zellen im Blut von Patienten mit Ewing Sarkom, das durch die *fli1-ews* Fusion, dem Pendant der t(11;22) gekennzeichnet ist. In dieselbe Richtung zielt die PCR-vermittelte Identifikation von Transkripten, welche sich normalerweise nicht im hämatopoetischen Gewebe finden wie die Expression von Keratin 19, carcinoembryonalem (CEA) oder prostataspezifischem Antigen (PSA) zum Nachweis von Mikrometastasen bei Brustkrebs, Kolon- bzw. Prostatakarzinom.

Neben den genannten Vorzügen der PCR-Diagnostik sollte auch auf mögliche Fehlbestimmungen hingewiesen werden. Die Hauptursache für falsch-positive Befunde liegt in der Kontaminationsgefahr, insbesondere wenn als Zielstrukturen nicht patientenspezifische (Ig/TCR-Rearrangements) sondern krankheits-spezifische Sequenzen (z. B. *bcr-abl* Transkripte) fungieren. Für falsch-negative Ergebnisse kommt eine Reihe von Erklärungsmöglichkeiten in Betracht, die je nach Markersystem und Krankheitsbild unterschiedliches Gewicht besitzen. Neben einer technisch mangelhaften PCR kann degradiertes Untersuchungsmaterial gerade den Nachweis von Fusionstranskripten gefährden. Klonspezifische Ig- oder TCR-Sonden können ihre diagnostische Qualität verlieren, wenn es in den Leukämiezellen zu sekundären Rearrangements der betreffenden Verknüpfungsregionen kommt oder die initiale Leukämiezellpopulation bereits aus mehreren Subklonen besteht, von denen einer bei Diagnosestellung, ein anderer im Rezidiv dominiert. Zudem können Neoplasien zunächst fokal expandieren, ohne daß dieser Prozeß über eine aus einer anderen Körperregion gewonnenen Zellprobe ersichtlich wäre. Aus all diesen Gründen sollte ein kombinierter Einsatz verschiedener Markersysteme angestrebt werden.

6.11 Antiangiogenetische Tumortherapie

Das Wachstum eines Tumors ist wesentlich von einer adäquaten Blutzufuhr abhängig. Tumorzellen sezernieren Angiogenesefaktoren, die das Wachstum von Blutgefäßen, präziser von Endothelzellen, stimulieren; Beispiele sind VEGF, und die Gruppe der Id Proteine FGFα (Tab. 6.9). Diese Neovaskularisierung wird durch antiangiogenetische Faktoren verhindert. Die Identifikation von Inhibitoren der Endothelzellproliferation eröffnet der klinischen Onkologie neue therapeutische Optionen (Tab. 6.9). In Tiermodellen konnte die antiangiogenetische Wirkung von Angiostatin (einem proteolytischen Fragment des Plasminogens) und Endostatin (einem Kollagen XVIII-Derivat) überzeugend belegt werden. Die systemische Gabe von rekombinantem Endostatin blockiert das Wachstum von Primärtumoren und Metastasen, ohne daß sich eine Resistenz gegenüber diesen Faktoren entwickelt. Eine derzeit für den Einsatz bei Patienten überprüfte gentherapeutische Variante stellt die Einbringung von Angiostatinkonstrukten in das Endothel von Tumorgefäßen dar. Auch die Kopplung eines Chemotherapeutikums (z. B. Doxorubicin) an Peptide, die spezifisch von Tumorendothelien exprimierte Proteine erkennen (z. B. Integrin LVβ3, Rezeptoren von angiogenetischen Wachstumsfaktoren) haben sich in Tiermodellen als effektiv erwiesen. Diesen vielversprechenden Alternativen zu klassischen Formen der Tumortherapie steht die klinische Bewährungsprobe aber noch bevor.

Tab. 6.9   Angiogenetische und antiangiogenetische Faktoren

Angiogenesefaktoren	Anti-Angiogenesefaktoren
Angiogenin	Angiostatin
Angiopoetin	Endostatin
Epidermal growth factor (EGF)α/β	Fumagillin
Fibroblast growth factor (FGF)α/β	Genistein
Hepatocyte growth factor (HGF)	Interferon α/β
Inhibitor of differentiation (Jd) 1/3	
Interleukin 8	Platelet factor 4
Platelet-derived endothelial cell growth factor	Thalidomid
Transforming growth factor (TGF)α/β	Thrombospondin
Tumor necrosis factor (TNF)α	
Vascular endothelial growth factor	

6.12 Telomeraseaktivität in Tumorzellen

Telomerverkürzungen charakterisieren eine wichtige Komponente des Alterungs-prozesses von Zellen und Individuen. Keimzellen oder auch Stammzellen der Hä-matopoese dürfen in ihrem Bestand aber nicht vorzeitig gefährdet werden. In diesen Zellpopulationen wirkt das Enzym Telomerase dem Verlust terminaler DNA-Se-quenzen bei der DNA Replikation entgegen, in dem es an das 3'-Ende des Eltern-stranges zusätzliche TTAGGG-Motive ankoppelt, so daß die nachfolgenden DNA-Verluste im Tochterstrang nicht die Primärbestandteile der Chromosomenenden er-fassen (Kap. 3.6.1). Somatische Zellen besitzen im Gegensatz zu Keimzellen norma-lerweise keine Telomeraseaktivität; ihre Teilungskapazität ist demnach begrenzt. Eine gewisse Expression, die den Alterungsprozeß prolongiert, findet sich aber in spezifischen Zellpopulationen mit Stammzellcharakter wie etwa hämatopoetischen Vorläuferzellen, Basalzellen der Epidermis oder Zellen der proliferativen Zone in intestinalen Krypten (Abb. 6.27).

Tumorzellen, die als sehr rasch proliferiendes Gewebe ja in besonderem Maße von Telomerverkürzungen und dem daraus resultierenden Zelltod bedroht wären, zeigen ebenfalls eine hohe Telomeraseaktivität. Dieser Pathomechanismus spielt in der Krebsentwicklung eine wesentliche Rolle und wird in 85% aller Malignome angetroffen. Meist weisen Tumorzellen in der Initialphase eine gewisse Verkürzung der Telomere auf, bis die Telomerase volle Aktivität entfaltet und die Enden auffüllt (Abb. 6.27). Zu den Induktoren der Telomerase zählt etwa das Onkogen *myc*. Bei 5% der Tumore hat man eine konstante Telomerlänge ohne begleitende Telomera-seaktivität beobachtet; dies weist auf einen Telomerase-unabhängigen Mechanismus der Telomerverlängerung hin.

Diese Erkenntnisse könnten über die Entwicklung von Telomerase-Inhibitoren auch therapeutische Implikationen haben. Die systemische Gabe derartiger Phar-maka würde aber eventuell über die Elimination Telomerase-positiver Stammzellen auch zu drastischen Nebenwirkungen führen. In diesem Zusammenhang sind erste

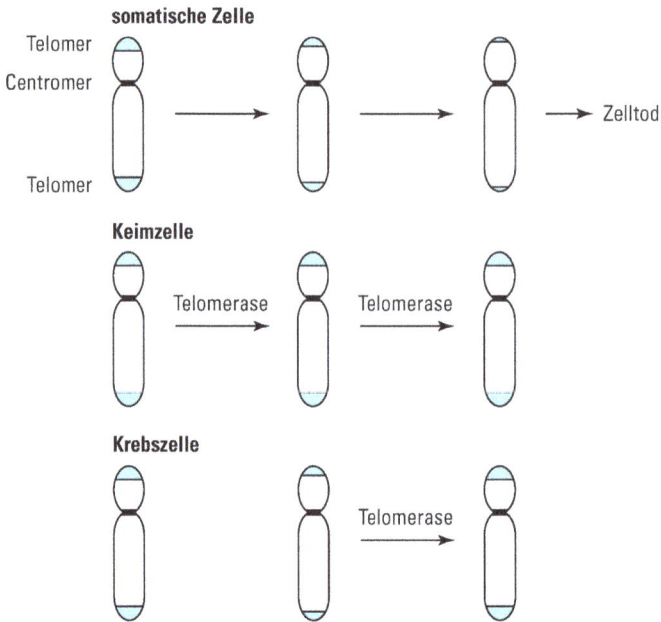

Abb. 6.27 In somatischen Zellen führt der stetige Verlust von Telomersequenzen während der DNA-Replikation zur Genominstabilität und zum Zelltod. In Keimzellen sorgt die Telomerase für eine konstante Länge des Telomerbereiches. In den meisten Tumorzellen kommt es über eine pathologische Aktivierung der Telomerase zur Telomerverlängerung.

Beobachtungen an Mäusen interessant, deren katalytische Telomerasedomäne durch knock-out des *tert*-Gens gezielt ausgeschaltet wurde. Diese Mäuse sind zunächst lebensfähig und fertil. Auch Tumore können entstehen; dies zeigt, daß die Telomeraseaktivität keine *conditio sine qua non* der Krebsentwicklung darstellt. Erst spätere Nachkommen (6. Generation) dieser Mäuse zeigen dann Defekte in der Spermatogenese sowie Hämatopoese und entwickeln zunehmend Chromosomenanomalien, so daß sich der immer stärkere Telomerverlust in weiteren Generationen als Letalfaktor erweisen dürfte. Dennoch lassen sich diese Daten nicht unmittelbar auf den Menschen übertragen. So besitzen Mäuse etwa zehnmal längere Telomere als Menschen, ihre physiologische Pufferkapazität bis zum Auftreten von Funktionsverlusten ist also größer. Auch könnte die sehr viel längere Lebenszeit des Menschen mit klinischen Manifestationen verbunden sein, die bei Mäusen nicht beobachtet werden. Es kommt hinzu, daß der Ausfall der Telomerase in den knock-out-Mäusen durch noch unzureichend charakterisierte, alternative Schutzmechanismen gegen Telomerverkürzungen kompensiert werden könnte. Andererseits wäre es vorstellbar, daß der Einsatz von Telomerase-Inhibitoren ein breiteres Nebenwirkungsspektrum zeigt als die gezielte Ausschaltung des Enzyms. Der Stellenwert dieser neuen Gruppe von Chemotherapeutika bleibt somit noch abzuklären.

7 Infektionskrankheiten

7.1 Molekulare Bakteriologie

7.1.1 Genetik von Bakterien

Als Bakterien bezeichnet man einzellige Mikroorganismen, die sich in mehrfacher Hinsicht von den Zellen höherer Organismen unterscheiden (Tab. 7.1), beispielsweise durch eine komplex aufgebaute Zellwand, das Fehlen von Zellorganellen, und die Vermehrung durch Zweiteilung.

Tab. 7.1 Eigenschaften von Eukaryonten und Prokaryonten (Bakterien)

Eigenschaft	Prokaryont	Eukaryont
Kernmembran	−	+
Cytoplasmamembran	+	+
Zellwand mit Peptidoglykan	+	−
Zellorganellen	−	+
Vermehrung	durch Zweiteilung	geschlechtlich
Plasmide	+	−
Zellgröße	1–5 μm	20–100 μm
Genomgröße	1×10^6–10^7 bp	1×10^9–10^{10} bp

7.1.1.1 Genom- und Genregulation bei Bakterien

Das Genom von Bakterien (Prokaryonten) ist nicht, wie bei der eukaryonten Zelle, in Form eines membranumschlossenen Zellkerns organisiert, sondern liegt frei im Zellplasma vor. Das Genom der Bakterien wird als Kernäquivalent bezeichnet. Zusätzlich zum Kernäquivalent tragen viele Bakterien extrachromosomale DNA in Form ringförmiger, doppelsträngiger DNA-Moleküle, die als Plasmide bezeichnet werden. Ein Großteil des bakteriellen Genoms besteht aus kodierenden Sequenzen. Die molekularen Mechanismen der Genregulation bei Bakterien können folgendermaßen zusammengefaßt werden:

– Strukturgene, die für die Synthese von Enzymen eines bestimmten Stoffwechselschrittes kodieren, sind hintereinander angeordnet. Beginn und Ende eines der-

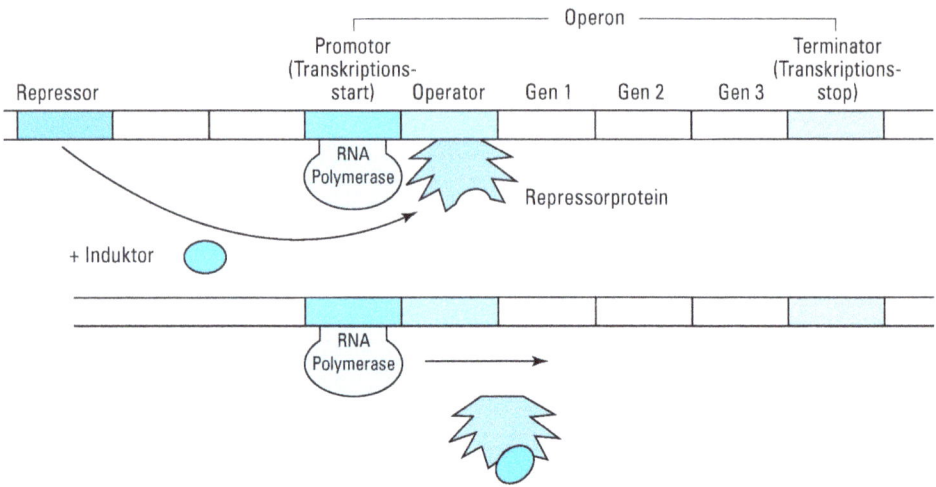

Abb. 7.1 Darstellung der Genregulation am Beispiel eines durch ein Repressorprotein kontrollierten Operons.

artigen DNA-Abschnittes werden durch cis-regulatorische Kontrollsequenzen begrenzt, die die Transkription kontrollieren. Diese werden als Operator und Terminator bezeichnet. Die gesamte Funktionseinheit wird Operon genannt (Abb. 7.1).

– Die Aktivität eines Operons wird von einem Regulatorgen gesteuert. Dieses kodiert für ein Aktivator- oder Repressorprotein. Repressor bzw. Aktivator sind in der Lage, sich an den Operator anzuheften. Dadurch wird die RNA-Polymerase blockiert bzw. aktiviert.

– Ausgangsprodukte eines Stoffwechselweges aktivieren den Aktivator bzw. inaktivieren das Repressorprotein. Beispielsweise unterliegt das Laktoseoperon der Kontrolle durch ein Repressorprotein. Das Substrat inaktiviert den Repressor, wodurch das Laktoseoperon, welches für substratabbauende Enzyme kodiert, angeschaltet wird. Enzymsubstrate, die ein Repressorprotein inaktivieren, werden Induktoren genannt. Endprodukte eines Stoffwechselweges aktivieren den Repressor bzw. inaktivieren das Aktivatorprotein.

7.1.1.2 Unterschiede zwischen Eukaryonten und Prokaryonten

Hinsichtlich der Umsetzung genetischer Information ergeben sich wesentliche Unterschiede zwischen Eukaryonten und Prokaryonten:

1. Aufgrund fehlender Kompartimentalisierung können bei Bakterien Transkription und Translation eines Gens gleichzeitig ablaufen; die mRNA-Synthese beginnt am 5'-Ende, das Initiationscodon befindet sich ebenfalls am 5'-Ende; Transkription und Translation verlaufen in die gleiche Richtung.

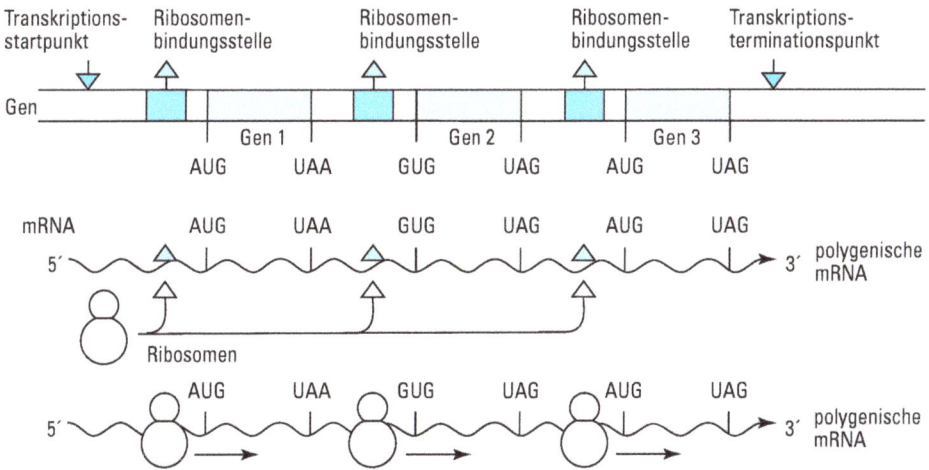

Abb. 7.2 Aufbau einer prokaryotischen mRNA. AUG oder GUG repäsentieren eines der beiden Initiationskodons, UAG, UGA und UAA die möglichen Translationsstopkodons.

2. Prokaryonte mRNAs haben fast immer mehrere Kodierungsregionen (polygenische oder polycistronische mRNA). Sie tragen also meistens die Information zur Herstellung mehrerer Proteine. Jede einzelne Kodierungsregion ist auf der 5′-Seite eingerahmt von einer Ribosomenbindungsstelle sowie dem Translationsinitiationscodon, auf der 3′-Seite von einem Translationsterminationscodon (Abb. 7.2). Die polycistronische Natur bedingt eine Besonderheit bakterieller Molekulargenetik, sogenannte polare Effekte. Darunter versteht man die Auswirkung einer Mutation im Promoter-nahen Teil des Operons auf die Expression der Gene im Promoter-fernen Teil des Operons. Derartige Mutationen haben oft nicht nur den Funktionsverlust des betroffenen Gens zur Folge, sondern auch den der nachfolgend, auf dem Operon angeordneten Gene. Es ist leicht verständlich, daß Mutationen im Promoter die Expression des gesamten Operons betreffen, während Mutationen in Strukturgenen kaum polare Effekte zeigen.
3. RNA-Spleißprozesse werden bei Bakterien nicht beobachtet.

7.1.1.3 Plasmide, Insertionselemente und Transposons

Plasmide sind zirkuläre, sich autonom vermehrende, extrachromosomale, doppelsträngige DNA-Moleküle, deren Größe und Anzahl sehr unterschiedlich sein kann (1×10^3 bis 2×10^6 Basenpaare, 2 bis 100 Kopien pro Bakterienzelle). Die größeren Plasmide tragen Gene, die ihre Übertragung auf andere Bakterien ermöglichen. Ein weiteres Charakteristikum ist das Wirtsspektrum: Manche Plasmide können nur zwischen Bakterien derselben oder einer nahe verwandten Art übertragen werden, andere können zwischen so unterschiedlichen Arten wie Staphylokokken, Streptokokken und Laktobazillen ausgetauscht werden. Die Replikation der Plasmide ist unabhängig von der der chromosomalen DNA; bei der Zellteilung werden die vorhandenen Plasmide mehr oder weniger zufällig auf die Tochterzellen verteilt.

Eine weitere Gruppe von beweglichen genetischen Elementen wird als Insertionselemente bzw. Transposons bezeichnet (Abb. 7.3). Insertionselemente sind mobile genetische Elemente, die ihren Platz im Genom ändern können. Im Rahmen der Transposition wird entweder eine Kopie des Insertionselementes an einer neuen Stelle in die chromosomale oder Plasmid-DNA inseriert, wobei das ursprüngliche Insertionselement an seinem Platz bleibt, oder das Insertionselement selbst wechselt den Platz und hinterläßt eine Deletion an der alten Stelle. Insertionselemente werden an den Enden häufig durch identische, in der Sequenz gegenläufige Nukleotidfolgen begrenzt, die sogenannten „inverted repeats". Diese rahmen Sequenzen ein, die für Proteine kodieren, die für den Prozeß der Transposition erforderlich sind (Transposase, Resolvase). Bei der Transposition handelt es sich um eine nicht-homologe Rekombination, so daß identische Insertionselemente an völlig unterschiedlichen Stellen des bakteriellen Genoms integrieren können. Transposons sind prinzipiell gleichartig aufgebaut wie Insertionselemente; zusätzlich zu den Genen für Transpositionsfunktionen tragen Transposons jedoch noch andere Gene, beispielsweise

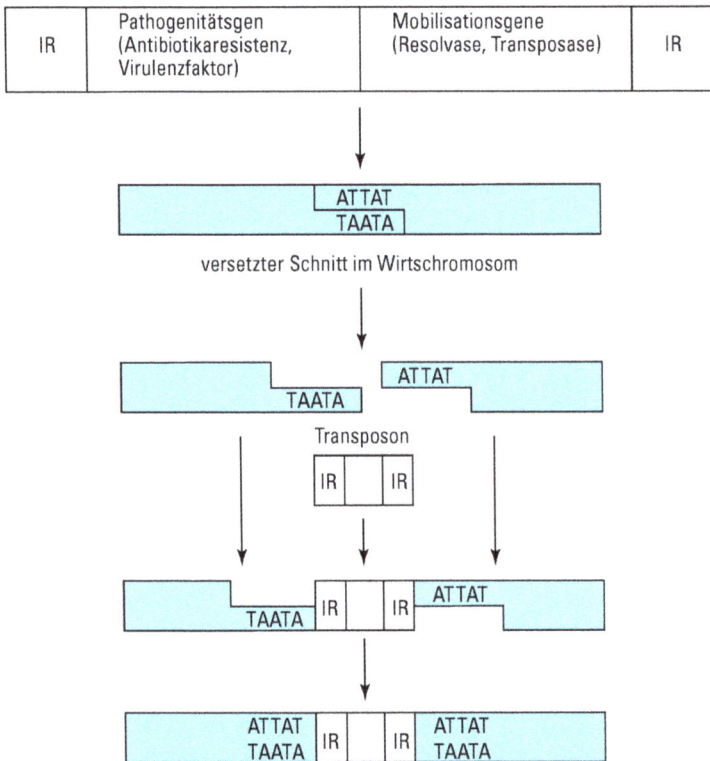

| IR | Pathogenitätsgen (Antibiotikaresistenz, Virulenzfaktor) | Mobilisationsgene (Resolvase, Transposase) | IR |

ATTAT
TAATA

versetzter Schnitt im Wirtschromosom

ATTAT
TAATA

Transposon

IR   IR

TAATA IR   IR ATTAT

ATTAT   ATTAT
TAATA IR IR TAATA

Abb. 7.3   Schematischer Aufbau eines Transposons und Modell für die Insertion eines Transposons. Gewöhnlich sind die das Transposon flankierenen Sequenzen in dem Wirtschromosom identisch. IR, inverted repeat.

Antibiotikaresistenzen oder Virulenzfaktoren. Etwa einmal unter 10^3-10^8 Zellen einer Generation wird das Element an eine andere, nahezu beliebige Stelle des Genoms übertragen.

Plasmide oder Transposons sind für das Überleben der Bakterienzelle nicht unbedingt erforderlich, verleihen ihr jedoch Eigenschaften, die unter bestimmten Bedingungen einen Selektionsvorteil darstellen, z. B. die Fähigkeit, ungewöhnliche chemische Verbindungen als Nahrungsquelle zu verwenden, Toxine oder Virulenzfaktoren zu synthetisieren oder auch Resistenzen gegenüber Antibiotika zu entwickeln (Tab. 7.2). Neben der genetischen Variabilität beruht die Bedeutung der Transposons auf zwei Faktoren: 1. im Vergleich zu Plasmiden zeigen Transposons ein erweitertes Wirtsspektrum und 2. der Akkumulation mehrerer Resistenz- oder Virulenzgene an einem genetischen Locus.

Tab. 7.2 Medizinisch bedeutsame Eigenschaften, die durch Plasmide und Transposons übertragen werden

---

* Konjugation
* Antibiotikaresistenz
* Pathogenitäts- und Virulenzfaktoren
    1. Adhäsine und Invasine
    2. Toxine

7.1.1.4 Genetische Variabilität der Bakterien

Für die genetische Variabilität der Bakterien sind mehrere Vorgänge maßgeblich: 1. Mutation, 2. Rekombination und 3. Austausch von Erbmaterial. Das evolutionär äußerst erfolgreiche Konzept der bakteriellen Welt besteht in einer kurzen Generationszeit und damit verbunden der Möglichkeit, sich mittels Mutation, Rekombination und Genaustausch schnell an veränderte Umweltbedingungen anzupassen. Die meisten Mutationen werden durch Reparaturenzyme korrigiert. Mutationen, die nicht repariert werden, können von Nachteil für die betroffene Zelle sein, keinen Einfluß auf den Zellmetabolismus nehmen oder der Zelle einen Vorteil im Vergleich zur nichtmutierten Zelle verschaffen – beispielsweise eine Resistenz gegenüber Antibiotika. Mutationen in der Erbinformation treten spontan in jeder Zelle auf und stellen einen wesentlichen Motor der Evolution dar. Neben Mutationen bedingen Rekombinationsereignisse eine weitere Möglichkeit der Veränderung von genetischem Material von Bakterien. Rekombinationen beruhen auf der Übertragung von Nukleinsäurebereichen, wobei DNA von einem Donor auf einen Akzeptor transferiert wird. Donor und Akzeptor können sich innerhalb einer Bakterienzelle befinden; bei Genübertragungen zwischen unterschiedlichen Zellen spricht man von parasexuellen Mechanismen.

Drei Arten der Parasexualität sind bekannt: Transformation, Transduktion und Konjugation (Abb. 7.4). Charakteristisch für diese Mechanismen ist, daß immer nur Teile des Genmaterials einer Donorzelle undirektional in eine Rezeptorzelle transferiert werden:

Transformation

freie DNA   Bakterienzelle

rekombinierte
Bakterienzelle nach
Transformation

Transduktion

DNA-Aufnahme

Rekombination

Bakteriophagen Bakterienzelle

Aufnahme der
Phagen-DNA

Rekombination

rekombinierte
Bakterienzelle nach
Transduktion

Konjugation

Kontakt
über F⁺
Pili

Donorzelle   Akzeptorzelle
(Plasmidhaltig)

konjugative
Plasmid-Übertragung

Bakterienzelle nach
Konjugation

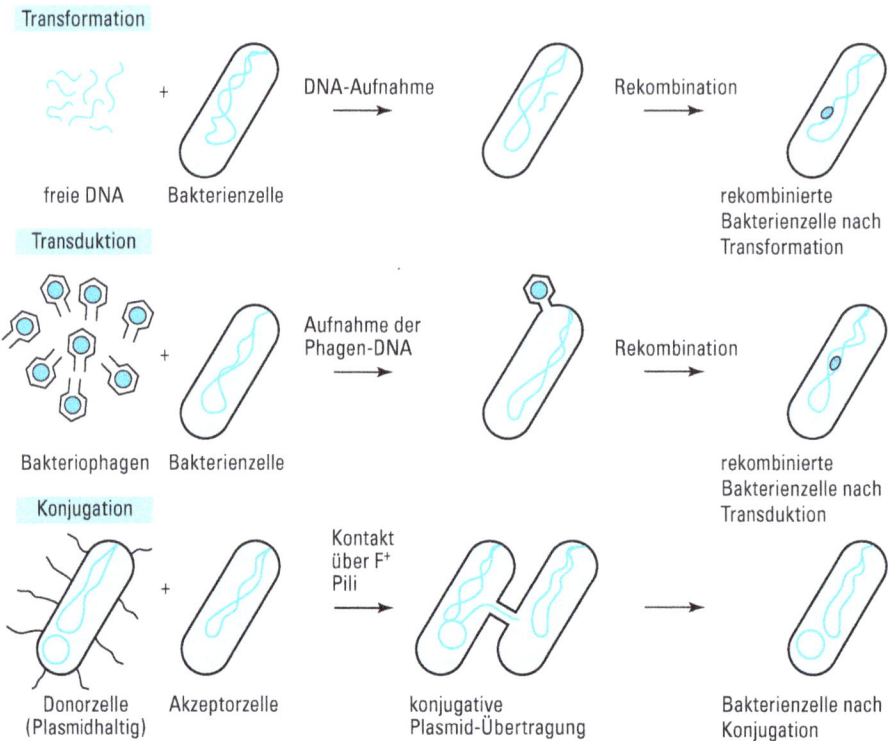

Abb. 7.4 Die verschiedenen Möglichkeiten des Gentransfers bei Bakterien.

– Unter Transformation wird die Übertragung von einem Spender auf eine Empfängerzelle in Form von weitgehend „nackter" DNA verstanden. Für den erfolgreichen Ablauf einer Transformation ist es notwendig, daß die Zellwand des Rezipienten permeabel für DNA ist. Einige Bakterien besitzen besondere Membranproteine, die für die Aufnahme von DNA eine Rolle spielen. Die Möglichkeit der Genübertragung mittels Transformation findet sich natürlichweise nur bei wenigen Bakterien wie Pneumokokken oder Streptokokken.
Mit Hilfe von Methoden der molekularen *in vitro* Manipulation wurde die Möglichkeit geschaffen, Bakterien mittels verschiedener Verfahren in einen transformierbaren Zustand zu bringen, was eine Voraussetzung für das Klonieren von DNA darstellt (Kap. 4.1.1 und 4.6).
– Die Transduktion stellt den Prozeß eines Gentransfers dar, der durch Bakteriophagen vorgenommen wird. Bakteriophagen sind Viren, deren Wirtszellen Bakterien sind.
– Unter Konjugation wird bei Bakterien die Übertragung von Erbmaterial von einer Donor- auf eine Rezeptorzelle verstanden, welche durch einen Paarungsprozeß mittels direktem Zell-zu-Zell Kontakt zustande kommt. Zur Konjugation sind nur Bakterien befähigt, die transferierbare oder mobilisierbare Plasmide tragen. Derartige konjugative Plasmide besitzen Gene, die für den Transfer essentiell sind

und die für F-Pili kodieren. F-Pili stellen dünne, röhrenartige, aus Proteinen aufgebaute Zellwandanhängsel dar. Mittels dieser Pili kann eine F^+-Zelle in Kontakt mit einer F^--Zelle treten.

7.1.1.5 Restriktions- und Modifikationsprozesse

Im Zusammenhang von Gentransfer und Rekombinationsereignissen bei Bakterien spielen auch Restriktions- und Modifikationsprozesse eine Rolle. Bakterien synthetisieren Enzyme, die als Restriktionsendonukleasen bezeichnet werden (Kap. 4.1.2). Häufig zeigt die DNA des betreffenden Mikroorganismus an den DNA-Sequenzen, die von dem Restriktionsenzym erkannt werden, Modifikationen in Form von Methylierungen einzelner Nukleotide. Derartige Methylierungen schützen die zelleigene DNA vor dem Abbau durch die eigene Restriktionsendonuklease. Fremde DNA, die beispielsweise über Bakteriophagen, Konjugation oder Transformation eingeführt wird, ist an den entsprechenden DNA-Sequenzen meist nicht methyliert und wird somit abgebaut. Derartige Restriktionssysteme sind häufig artenspezifisch und schränken somit die Möglichkeit eines Gentransfers auf verwandte Arten ein.

7.1.2 Der Mikroorganismus als Krankheitserreger: Prinzipien der molekularen Pathogenitätsforschung

Unter Pathogenität bzw. Virulenz wird die Eigenschaft eines Mikroorganismus verstanden, Krankheiten auslösen zu können. Demgegenüber wird unter Kolonisierung oder Besiedlung die bloße Anwesenheit von Mikroorganismen verstanden. Schematisch können Mikroorganismen aufgrund ihrer Fähigkeit, Infektionskrankheiten auslösen zu können, unterteilt werden in 1. obligat pathogene Mikroorganismen, 2. fakultativ pathogene Mikroorganismen und 3. saprophytäre Mikroorganismen. Obligat pathogene Mikroorganismen stellen in menschlichem Untersuchungsmaterial immer einen krankhaften und damit behandlungswürdigen Befund dar. Nur wenige Mikroorganismen können zu dieser Gruppe gerechnet werden, beispielsweise *Mycobacterium tuberculosis*. Saprophytäre Mikroorganismen sind Mikroorganismen mit so geringer Pathogenität, daß sie unter normalen Bedingungen praktisch nie eine Infektionskrankheit auslösen. Solche Mikroorganismen finden sich vielfach als Teil der Normalflora des Menschen, beispielsweise Laktobazillen im weiblichen Genitaltrakt. Die Begriffsdefinition des fakultativ pathogenen Mikroorganismus ist schwieriger. Hierunter werden Mikroorganismen verstanden, die häufig Teil der Normalflora des Menschen sind, unter entsprechenden Umständen aber Infektionskrankheiten auslösen können. Viele Krankheitserreger zählen zu dieser Gruppe; Beispiele sind *Staphylococcus aureus* oder *Escherichia coli*. Der Begriff des fakultativ pathogenen Mikroorganismus bedeutet gleichzeitig, daß die Isolierung eines entsprechenden Keimes nicht von vornherein als krankhafter und damit behandlungswürdiger Befund anzusehen ist. Vielmehr muß hier die Bedeutung des diagnostischen Nachweises vor dem Hintergrund des Krankheitsbildes gesehen werden. Die Gruppe der fakultativ pathogenen Mikroorganismen gibt häufig Anlaß zu Schwierigkeiten bei der Interpretation eines diagnostischen Befundes.

7.1.2.1 Pathogenitätsfaktoren und Virulenzmechanismen

Mehrere Eigenschaften erklären die Pathogenität eines Mikroorganismus (Tab. 7.3). Bakterielle Pathogenitätsfaktoren können in zellständige und nichtzellständige Mechanismen unterteilt werden. Die zellständigen Mechanismen dienen häufig der Infektion (Invasion) sowie der Interferenz mit den Abwehrvorgängen des Wirtes, die nichtzellständigen Mechanismen übernehmen häufig wichtige Aufgaben bei der Ausbreitung im Gewebe des Wirtsorganismus.

Nur ein verschwindend geringer Teil der Bakterien ist als Krankheitserreger anzusehen, die meisten Bakterien sind als natürlicher Bestandteil unserer Umwelt nicht nur völlig harmlose Mikroorganismen, sondern nehmen hier häufig wichtige biologische Funktionen wahr. Die Entwicklung unseres Planeten wäre ohne Bakterien nicht möglich gewesen. Die medizinische Mikrobiologie behandelt gewissermaßen den „Betriebsunfall"; das seltene Ereignis, daß sich ein Mikroorganismus als ökologische Nische den menschlichen Wirt gewählt hat. Die Vorstellung einer dauerhaften keimfreien Umgebung zur Vermeidung von Infektionskrankheiten ist eine biologische Fiktion, die auf einer falschen Wahrnehmung der Welt der Mikroorganismen beruht.

Die Wirt-Pathogen-Beziehung ist ein zentraler Gesichtspunkt der Pathogenitätsforschung. Im Laufe der Evolution hat sich in dem komplexen Gleichgewicht zwischen Wirt und Pathogen auf jede denkbare Abwehrreaktion des Wirtes eine entsprechende Überlebensstrategie eines Krankheitserregers herausgebildet; darüber hinaus gibt es vielfältige Beispiele, wie Mikroorganismen sich Eigenschaften der Wirtszelle zunutze machen. Die Virulenz eines Mikroorganismus ist ein vielschichtiger Vorgang, der praktisch sämtliche Determinanten der Pathogenität betrifft. In dieser häufig undurchsichtigen Komplexität einen „entscheidenden" Pathogenitätsfaktor zu postulieren, ist bisher nur in wenigen Fällen möglich gewesen (Tab. 7.4). In vielen Fällen muß davon ausgegangen werden, daß die Virulenz eines Mikroorganismus auf einer Summierung zahlreicher Pathogenitätsfaktoren beruht.

Tab. 7.3 Pathogenität von Mikroorganismen

Determinanten der Pathogenität
- Infektion (Adhärenz und Kolonisierung von Schleimhautoberflächen)
- Invasion des Gewebes
- Adaptation und Vermehrung im Wirtsorganismus
- Interferenz mit den Abwehrvorgängen des Wirtes
- Schädigung des Wirtes

Mechanismen der Pathogenität
- Zellständige Mechanismen
  1. Kapsel
  2. Oberflächenstrukturen (z. B. Adhäsine, Antigenvariation)
  3. Adaptation des Stoffwechsels
- Toxine und sezernierte Faktoren
  1. lokale, am Infektionsort wirksame Toxine (z. B. Kollagenasen, Hyaluronidasen, Leukozidine, Hämolysine, Streptolysine, Streptokinasen)
  2. fernab vom Infektionsort wirkende Toxine (z. B. Tetanustoxin)

Tab. 7.4 Beispiele monokausaler Infektionskrankheiten

Mikroorganismus	verantwortlicher Pathogenitätsfaktor
C. diphteriae	Diphterietoxin
C. botulinum	Botulinustoxin
C. tetani	Tetanustoxin
S. pneumoniae	Kapsel
N. meningitidis	Kapsel

Tab. 7.5 Beispiele für Virulenzmechanismen von Bakterien

Adhärenz und Kolonisierung	
Toxine	Beeinträchtigung der Ziliarbewegung respiratorischer Epithelien
Pili	Adhärenz an Schleimhautepithelien
Adhäsine	Haftung an spezifischen Rezeptortragenden Wirtszellen
Matrixbildung	Adhäsion an leblosen Oberflächen (z. B. Kunststoff)

Invasion	
Toxine	Auflösung der schützenden Mucinschicht bei Schleimhäuten
	Schädigung des umgebenden Gewebes
Endocytose	Invasion der Wirtszelle

Adaptation und Vermehrung in Wirtsorganismen	
Siderophore	Eisenaufnahme
Stoffwechsel	Adaptation des Stoffwechsels
Aktinpolymerisation	Ausbreitung des Erregers

Interferenz mit den Abwehrvorgängen des Wirtes	
Kapsel	Vermeidung der Phagocytose
Antigenvariation	Ausschaltung antigenspezifischer Antikörper
Toxin-vermittelt	Lyse von Phagocyten
	Lyse der phagolysosomalen Membran und Austritt in das Cytoplasma
Immunglobulinproteasen	Zerstörung von Antikörpern
Antigenverwandtschaft	Immuntoleranz

Schädigung des Wirtes	
Lipopolysaccharide	Aktivierung des Komplementsystems
Peptidoglykane	Aktivierung von Phagozyten
Toxine, Enzyme	Zellschädigung
Endotoxin (Lipid A)	Endotoxinschock

Tab. 7.6   Genetische Grundlagen der Pathogenität

• Plasmid bzw. Transposonkodiert
  – u.a. enteropathogene Toxine (*E. coli*), Adhäsine
• Phagenkodiert
  – u.a. Diphterietoxin, Scharlachtoxin
• Chromsomale Kodierung
  – u.a. Kapsel, Adhäsine

Beispiele für Virulenzmechanismen von Bakterien sind in Tabelle 7.5 aufgeführt. Genetisch ist ein Pathogenitätsfaktor entweder 1. Plasmid bzw. Transposon kodiert, 2. Phagen oder 3. chromosomal kodiert (Tab. 7.6).

Angriffspunkte von Toxinen (Abb. 7.5) sind Wirtszellen oder extrazelluläre Substanzen (z. B. Kollagenasen, Hyaluronidasen). Bei Toxinen, die die Funktion von Wirtszellen beeinträchtigen, kann diese Zellschädigung direkt an der Zellmembran ansetzen (Phospholipasen, Porinbildung) oder die Toxine entfalten ihre Wirkung erst innerhalb der Zelle (Diphterietoxin, Choleratoxin, Neurotoxine). Eine Membranschädigung der Wirtszelle führt letztendlich zum Untergang der Zelle. Für intrazellulär wirkende Toxine ist erforderlich, daß diese mit einem Rezeptor auf der Wirtszelle interagieren. Toxine werden meist am Ort der Infektion produziert und entfalten dort lokale oder systemische Wirkungen.

Die klinischen Symptome einer Infektionskrankheit (z. B. Fieber, Rötung und Schwellung am Infektionsort) beruhen häufig auf der Freisetzung körpereigener Mediatoren des Wirtes, die der Abwehr der Krankheitserreger dienen (Anaphylatoxine, Chemokine, Lymphokine). In Ausnahmefällen wird die klinische Symptomatik ausschließlich durch Eigenschaften des Mikroorganismus ausgelöst, ohne nennenswerten Beitrag seitens der Abwehrmechanismen des Wirtes. Bei diesen Ausnahmen handelt es sich um toxinvermittelte Erkrankungen, z. B. Botulismus, Tetanus, Gasbrand, Cholera oder Durchfallerkrankungen wie durch das Enterotoxin der Staphylokokken.

Der Kausalzusammenhang zwischen Mikroorganismus und Infektionskrankheit wird durch die sogenannten Koch'schen Postulate beschrieben:

1. Der betreffende Erreger muß beim Erkrankten regelmäßig nachweisbar sein, dagegen beim Gesunden stets fehlen.
2. Die unter Laborbedingungen gezüchteten Mikroorganismen müssen bei einem geeigneten Versuchstier eine charakteristische Krankheit erzeugen.
3. Aus dem infizierten Tier muß sich derselbe Erreger isolieren lassen, der für die Infektion eingesetzt wurde.

Obwohl die Formulierung dieser Postulate historisch als ein Meilenstein im Verständnis von Infektionskrankheiten angesehen werden muß, können sie für viele etablierte Krankheitserreger nicht erbracht werden. So schränkt das Vorhandensein klinisch gesunder Träger bzw. Ausscheider die Gültigkeit des ersten Postulats ein. Darüberhinaus ist für fakultativ pathogene Krankheitserreger, die physiologischer-

Extrazellularsubstanzen

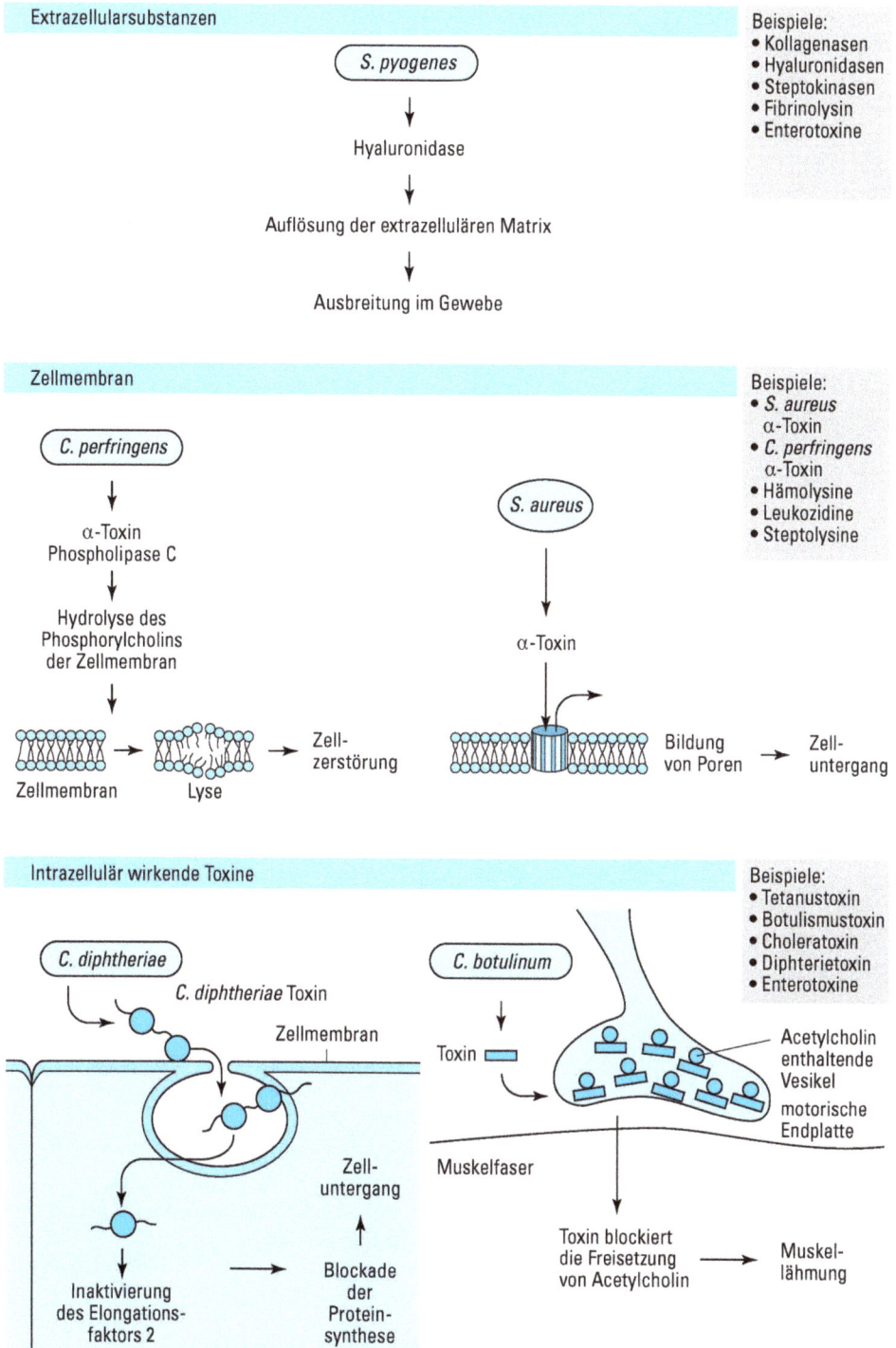

$S.\ pyogenes$

↓

Hyaluronidase

↓

Auflösung der extrazellulären Matrix

↓

Ausbreitung im Gewebe

Beispiele:
- Kollagenasen
- Hyaluronidasen
- Steptokinasen
- Fibrinolysin
- Enterotoxine

Zellmembran

$C.\ perfringens$

↓

α-Toxin
Phospholipase C

↓

Hydrolyse des
Phosphorylcholins
der Zellmembran

↓

Zellmembran → Lyse → Zell-zerstörung

$S.\ aureus$

↓

α-Toxin

Bildung von Poren → Zell-untergang

Beispiele:
- $S.\ aureus$
  α-Toxin
- $C.\ perfringens$
  α-Toxin
- Hämolysine
- Leukozidine
- Steptolysine

Intrazellulär wirkende Toxine

$C.\ diphtheriae$

$C.\ diphtheriae$ Toxin

Zellmembran

Zell-untergang

↑

Inaktivierung
des Elongations-
faktors 2
→ Blockade
der
Protein-synthese

$C.\ botulinum$

Toxin

Acetylcholin
enthaltende
Vesikel

motorische
Endplatte

Muskelfaser

Toxin blockiert
die Freisetzung
von Acetylcholin → Muskel-lähmung

Beispiele:
- Tetanustoxin
- Botulismustoxin
- Choleratoxin
- Diphterietoxin
- Enterotoxine

Abb. 7.5 Schematische Wirkmechanismen von Toxinen.

weise die Haut oder Schleimhaut des Menschen besiedeln, dieses Postulat ebenfalls nicht zu erfüllen. Das zweite Postulat hat zur Voraussetzung, daß sich der Krankheitserreger unter Laborbedingungen kultivieren läßt sowie ein geeignetes Tiermodell zur Verfügung steht. Krankheitserreger wie *Mycobacterium leprae*, *Treponema pallidum* oder *Tropheryma whipelii* (der Erreger der Whipple'schen Krankheit) lassen sich unter Laborbedingungen nicht züchten; für eine Reihe von Infektionserregern gibt es keine geeigneten Tiermodelle, da diese Erreger hochgradig an den Menschen als Wirt adaptiert sind, beispielsweise Gonokokken und Meningokokken.

Im Zeitalter der Molekulargenetik und der Erkenntnis, daß Pathogenität das Ergebnis genetisch determinierter Pathogenitätsfaktoren ist, kann zum Beweis des Kausalzusammenhangs eine molekulare Abwandlung der Koch'schen Postulate aufgestellt werden:

1. Der entsprechende Pathogenitätsfaktor sollte bei dem in Frage kommenden Krankheitserreger immer anzutreffen sein.
2. Die Ausschaltung des entsprechenden Pathogenitätsfaktors sollte einen merklichen Einfluß auf die Virulenz des Mikroorganismus haben. Eine weitere Möglichkeit, Pathogenitäts-assoziierte Gene zu charakterisieren, besteht in der Einbringung derartiger Gene in einen nicht-virulenten Bakterienstamm, um den spezifischen Beitrag des Pathogenitätsfaktors in entsprechenden Funktionsuntersuchungen studieren zu können.
3. Eine Komplementation der über Geninaktivierung erhaltenen Defektstämme mit dem Wildtyp-Gen sollte die ursprüngliche Virulenz wieder herstellen.

Pathogenität resultiert aus einem komplexen Zusammenspiel verschiedenster Faktoren. Unter Umständen kann es erforderlich sein, mehrere derartige Pathogenitätsfaktoren auszuschalten, bevor im entsprechenden Tiermodell eine Einschränkung der Virulenz beobachtet werden kann. Obwohl Mikroorganismen aufgrund ihrer geringeren Genomgröße, *in vitro* Kultivierbarkeit und kürzeren Generationszeit prinzipiell genetisch wesentlich leichter zu manipulieren sind als Säugetierzellen, gibt es eine Reihe wichtiger Krankheitserreger, die sich bis heute einer molekularen Analyse ihrer Pathogenität entziehen, weil keine geeigneten Tiermodelle zur Verfügung stehen, der entsprechende Krankheitserreger nicht oder nur mit Einschränkungen genetisch manipuliert werden kann oder beispielsweise die üblichen Verfahren zum gezielten Genaustausch mittels homologer Rekombination versagen.

In den letzten Jahren hat sich ein neuer Zweig der Pathogenitätsforschung etabliert, der als zellbiologische Mikrobiologie bezeichnet werden kann. Ähnlich wie angeborene Gendefekte wichtige Aufschlüsse über die Bedeutung eines Gens geben können, kann das Studium einer infizierten Wirtszelle mit den durch den Mikroorganismus ausgelösten Veränderungen wichtige Erkenntnisse über grundlegende zellbiologische Vorgänge liefern. Beispiele hierfür sind die Hemmung der Fusion Neurotransmitterhaltiger Vakuolen mit der Cytoplasmamembran durch Neurotoxine (Tetanustoxin, Botulinustoxin) und die Blockade von G-Proteinen (Choleratoxin, Pertussistoxin) .

7.1.3 Molekulare Diagnostik und Epidemiologie

Die traditionellen Verfahren zum Nachweis eines Infektionserregers beruhen auf mikroskopischen (Lichtmikroskop), kulturellen (Nähragar, Gewebekultur) oder serologischen Verfahren. Der Nachweis von Antikörpern ist nur in wenigen Fällen für die akute Infektionsdiagnostik geeignet, in vielen Fällen gibt er nur indirekte und retrospektive Hinweise.

Die rasche Entwicklung molekularbiologischer Arbeitsverfahren in den letzten Jahren, insbesondere von Genamplifikationsverfahren wie der Polymerase Kettenreaktion, hat die Möglichkeit eröffnet derartige Methoden in der Infektionsdiagnostik einzusetzen. Bei den hochsensitiven Methoden der Genamplifikation müssen zahlreiche Vorsichtsmaßnahmen im Labor beachtet werden, um falsch positive Resultate durch Kontamination zu vermeiden. Genamplifikationsmethoden sind enzymatische Verfahren, so daß darüber hinaus falsch negative Reaktionsausfälle ausgeschlossen werden müssen, die beispielsweise auf der Anwesenheit von Enzyminhibitoren in der zu untersuchenden Probe beruhen. Genetische Untersuchungen eignen sich für eine Vielzahl von Fragestellungen:

1. Nachweis von Mikroorganismen
   (z. B. Chlamydien, Legionellen, Mykobakterien, Mycoplasmen, Bartonellen)
2. Nachweis von Virulenzfaktoren
   (z. B. Toxinnachweis bei darmpathogenen *Escherichia coli, Clostridium difficile* oder *Corynebacterium diphteriae*)
3. Nachweis von Resistenzgenen
   (z. B. Methicillin-Resistenz bei Staphylococcus aureus, Rifampicin-Resistenz bei Mykobakterien, Vancomycin-Resistenz bei Enterokokken)
4. Epidemiologische Untersuchungen

7.1.3.1 Molekulare Nachweis- und Identifizierungsverfahren

Der molekularbiologische Nachweis von Infektionserregern basiert auf der Kenntnis erregerspezifischer Nukleinsäuresequenzen. Prinzipiell eignen sich bei nachgewiesener Spezifität der untersuchten Struktur eine ganze Reihe von Genen für einen derartigen Nachweis. Für den Nachweis von Krankheitserregern bieten sich besonders ribosomale Nukleinsäuren an (16S und 23S rRNA). Ribosomale Nukleinsäuren finden sich in sämtlichen Lebewesen mit Ausnahme der Viren. Verschiedene Regionen innerhalb des 16S/23S rRNA-Moleküls ändern sich mit unterschiedlichen Mutationsraten, so daß hochkonservierte und variable Bereiche unterschieden werden können. Diese eigentümliche Struktur der ribosomalen Nukleinsäuren führt dazu, daß jeder Mikroorganismus speziesspezifische Nukleinsäuresequenzen innerhalb der 16S/23S rRNA aufweist. Darüber hinaus können Nukleinsäuresequenzen definiert werden, die praktisch jedwede gewünschte taxonomische Spezifität aufweisen, sei es Ordnung, Familie, Gattung oder Art. Diese Eigenschaften machen die ribosomalen Nukleinsäuren zu einer vielseitig einsetzbaren diagnostischen Zielstruktur.

Neben dem direkten Nachweis eines Krankheitserregers aus klinischen Untersuchungsmaterialien ermöglicht das Vorhandensein einer universellen Struktur wie der 16S/23S rRNA mit speziesspezifischen Nukleinsäuresequenzen einen prinzipiell neuartigen und gleichermaßen allgemein gültigen Zugang zur Identifizierung von Mikroorganismen. Hierbei werden zunächst mittels konservierter Oligonukleotide entsprechende rRNA-Genfragmente in vitro amplifiziert, um anschließend über eine Sequenzanalyse der amplifizierten variablen DNA-Bereiche die Natur des Mikroorganismus zu entschlüsseln (Abb. 7.6). Die Datenbanken enthalten zur Zeit über 5000 bakterielle 16S rRNA-Gensequenzen und werden laufend erweitert, so daß davon ausgegangen werden kann, daß in naher Zukunft die entsprechenden Gensequenzen sämtlicher bekannter Mikroorganismen verfügbar sind. PCR-gestützte 16S rDNA Sequenzanalysen werden in Zukunft verstärkt für solche Mikroorganismen zum Einsatz kommen, die mittels klassischer, biochemischer Methoden nur schwer zu identifizieren sind.

Die molekulare Diagnostik stellt keinen Selbstzweck dar, sondern hat sich an den Erfordernissen der klinischen Praxis auszurichten. Für die meisten bakteriellen Krankheitserreger bieten die kulturellen Methoden rasche und zuverlässige Nachweisverfahren. Molekulare Methoden sind dort indiziert, wo entsprechende Krankheitserreger nur schwer oder überhaupt nicht mit den traditionellen bakteriologischen Untersuchungsverfahren nachweisbar sind.

Die Indikation für eine molekulare Diagnostik sei am Beispiel der Tuberkulose etwas ausführlicher erläutert. Der kulturelle Nachweis von Tuberkulosebakterien

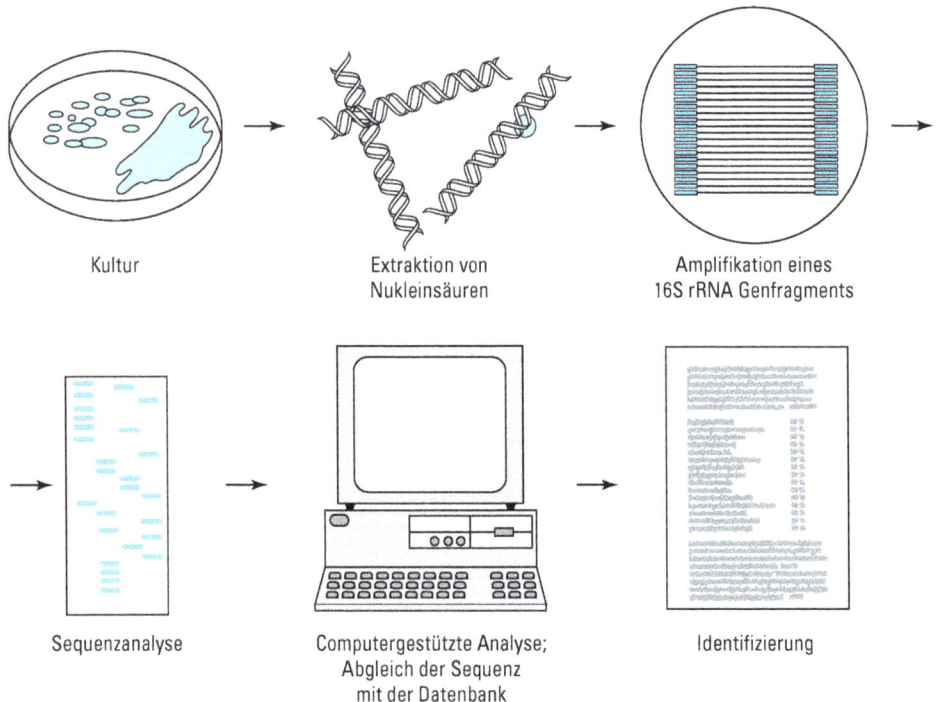

| Kultur | Extraktion von Nukleinsäuren | Amplifikation eines 16S rRNA Genfragments |

| Sequenzanalyse | Computergestützte Analyse; Abgleich der Sequenz mit der Datenbank | Identifizierung |

Abb. 7.6   Schema der Sequenzierung PCR-amplifizierter 16S rRNA Genfragmente zur Identifizierung von Mikroorganismen.

beansprucht aufgrund der langen Generationszeit dieser Mikroorganismen mehrere Wochen. In der Vergangenheit war der Beitrag der mikrobiologischen Diagnostik bei der Differentialdiagnose dieses Krankheitsbildes unbefriedigend, da aufgrund der langen Nachweisdauer die Entscheidung über eine Therapie nicht vom Kulturergebnis abhängig gemacht werden konnte. Vielmehr galt das Postulat, daß bei klinischem Verdacht eine entsprechende Chemotherapie eingeleitet werden muß.

Mit molekulargenetischen Methoden können Tuberkulosebakterien innerhalb weniger Stunden rasch und sicher aus klinischen Untersuchungsmaterialien nachgewiesen werden.

Die Problematik bezüglich der Differentialdiagnose der Tuberkulose sei kurz zusammengefaßt:

1. In den meisten Fällen entspringt die Untersuchung auf Tuberkulosebakterien keinem klinischen Verdacht, sondern entspricht einer Ausschlußdiagnostik. Für den ungerichteten Ausschluß einer Tuberkuloseerkrankung sollten die traditionellen kulturellen Nachweisverfahren eingesetzt werden. Der Einsatz molekulargenetischer Methoden hat bei dieser Fragestellung in der Regel keine Berechtigung.
2. Die Infektiösität eines Ausscheiders mit offener Tuberkulose ist abhängig von der Menge der in die Umgebung abgegebenen Tuberkulosebakterien. Im epidemiologischen Sinn relevant infektiös sind hauptsächlich die multibazillären Ausscheider, die meist rasch mittels eines mikroskopischen Direktpräparats erkannt werden können. Die schwierig zu diagnostizierenden Fälle mit geringer Bakterienzahl sind als Infektionsquelle nur von untergeordneter Bedeutung. Aus den dargelegten Gründen ergibt sich, daß zur Beurteilung der Infektiösität eines Patienten die mikroskopische Untersuchung auf säurefeste Stäbchenbakterien den wichtigsten Beitrag liefert.
3. Mögliche Indikationen für molekulargenetische Nachweisverfahren sind:
   - begründeter klinischer Verdacht (z. B. typische klinische Zeichen, Rundherde oder Kavernen im Röntgenbild, Hämoptysen, Anbehandlung einer fraglichen Tuberkulose)
   - besondere Disposition (z. B. HIV-Infektion, Immunsuppression)
   - Risikokollektive (z. B. hohes Alter, Einwanderer aus Endemiegebieten, Obdachlose, Alkoholiker, Drogenabhängigkeit)
   - Art des Materials (z. B. sollten schwierig zu gewinnende Materialien, wie Biopsien oder intraoperativ gewonnene Proben, einer möglichst umfassenden Diagnostik unterzogen werden; Proben, deren Begleitflora erfahrungsgemäß schwierig zu eliminieren ist, so daß die Kulturen häufig verunreinigt sind (z. B. Sputum von Mukoviszidosepatienten)
   - mikroskopisch positive Proben, um eine rasche Bestätigung zu ermöglichen bzw. zur Erkennung falsch positiver Befunde und Mikroskopieartefakte

7.1.3.2 Nicht kultivierbare Krankheitserreger

Die wohl faszinierendsten Möglichkeiten molekularer Arbeitsmethoden zeigen sich an dem Paradigma der *in vitro* Kultivierung. Das Verständnis von der Welt der Bakterien wird beherrscht durch die Fähigkeit, derartige Organismen kultivieren zu können. Die Amplifikation ribosomaler RNA-Gensequenzen mit Hilfe der Polymerase Kettenreaktion ermöglicht einen neuen Zugang zu der bislang verschlossenen Welt nicht kultivierbarer Mikroorganismen insbesondere zur Aufklärung der infektiösen Ätiologie von Erkrankungen, die durch noch unbekannte oder nicht kultivierbare Mikroorganismen ausgelöst werden. Hierbei werden mit Hilfe von Oligonukleotiden, die an hochkonservierte Regionen innerhalb des 16 rRNA-Moleküls binden, zunächst entsprechende 16S rRNA Genfragmente amplifiziert. Anschließend wird das amplifizierte Genfragment einer Sequenzanalyse zur Identifizierung unterzogen.

Diese Strategie wurde erfolgreich zur Lösung eines alten Rätsels eingesetzt: der Ursache des Morbus Whipple. Bei diesem Krankheitsbild lassen sich mikroskopisch große Mengen an Bakterien in den befallenen Organen nachweisen. Eine kulturelle Anzüchtung gelang jedoch über viele Jahrzehnte nicht, so daß die Natur dieses Krankheitserregers unklar blieb. Mittels der oben dargestellten Strategie ist es gelungen, dieses Rätsel zu lösen und den Erreger auf molekularer Ebene zu identifizieren, sowie molekulare Nachweismethoden für eine entsprechende Erregerdiagnostik zu entwickeln.

Die Amplifikationsvermittelte Analyse von 16S rRNA-Gensequenzen hat nicht nur das Rätsel um den Erreger der Whipple'schen Krankheit gelüftet, sondern darüber hinaus die Natur zahlreicher neuer, nicht oder nur sehr schwer kultivierbarer Krankheitserreger entschlüsselt, beispielsweise von *Mycobacterium genavense*, einem Erreger von Septikämien bei AIDS Patienten.

Molekulare Amplifikationsmethoden zur Charakterisierung unbekannter und schwer kultivierbarer Krankheitserreger bedürfen besonders sorgfältiger Vorsichtsmaßnahmen, um Artefakten vorzubeugen. Darüber hinaus ist es zwingend notwendig zu beweisen, daß die gefundene Nukleinsäuresequenz regelmäßig bei dem entsprechenden klinischen Krankheitsbild anzutreffen ist. Es muß betont werden, daß selbst unter diesen Bedingungen der kausale Zusammenhang zwischen ermittelter Nukleinsäuresequenz und klinischem Krankheitsbild offenbleibt, da die bloße Assoziation zweier Beobachtungen (klinisches Krankheitsbild einerseits und Anwesenheit einer bestimmten Nukleinsäure andererseits) nicht notwendigerweise einen kausalen Zusammenhang beweist.

7.1.3.3 Aufklärung von Infektketten

Zur Aufklärung von Infektketten ist es notwendig, Merkmale zu kennen, die ein Isolat nicht auf artenspezifischer, sondern auf stammspezifischer (klonaler) Ebene charakterisieren. Die Technik der genetischen Typisierung (,,Fingerabdruck'') hat hier erstmals die Möglichkeit einer objektivierbaren Beweisführung eröffnet. Die als Restriktionslängenpolymorphismus bezeichnete Genanalyse beruht darauf, daß das bakterielle Genom an vielen Stellen Polymorphismen bzw. Insertionen aufweist, die keinen Einfluß auf den Phänotyp haben. Diese Technik kann zum Nachweis von Infektketten eingesetzt werden (Abb. 7.7).

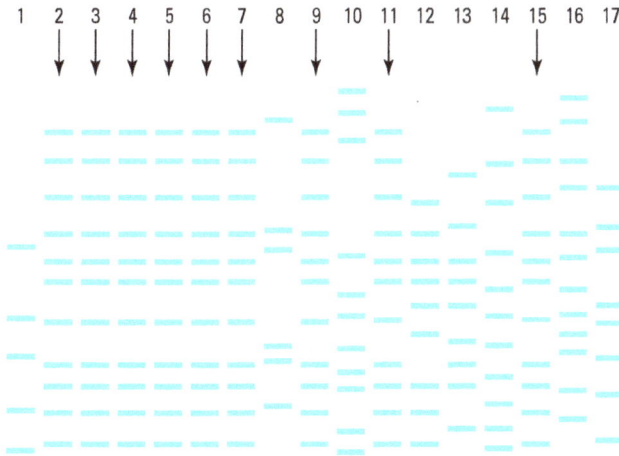

Abb.7.7 RFLP-Analyse von *M.tuberculosis* Stämmen mittels des Insertionselementes IS 6110 nach Hybridisierung mit einer entsprechenden Sonde. Die Nummern entsprechen unterschiedlichen Patientenisolaten. Die Stämme 2, 3, 4, 5, 6, 7, 9, 11 und 15 weisen ein identisches Bandenmuster als Ausdruck einer Infektkette zwischen den betroffenen Patienten auf.

7.1.4 Resistenzmechanismen

Die Gesetze der Evolution bestimmen, daß Mikroorganismen letztendlich gegen jedes Chemotherapeutikum resistent werden können. Ein wesentlicher Motor dieser Entwicklung stellt der durch Chemotherapeutika ausgeübte Selektionsdruck dar.
  Zwei Arten der Resistenz werden unterschieden:

– die natürliche Resistenz, die eine artenspezifische Eigenschaft darstellt, da praktisch sämtliche Isolate einer Art diese Resistenz zeigen (beispielsweise die Resistenz Gram-negativer Bakterien gegenüber Vancomycin);
– die erworbene Resistenz, die durch das Auftreten resistenter Stämme bei an sich empfindlichen Mikroorganismen gekennzeichnet ist (beispielsweise die Resistenz von *Staphylococcus aureus* gegenüber Methicillin; die Resistenz von *Escherichia coli* gegenüber Trimethoprim, Ampicillin oder Aminoglycosiden; die Resistenz von *Mycobacterium tuberculosis* gegenüber Rifampicin). Natürliche Sensitivität ist seit Beginn der antimikrobiellen Therapie immer seltener geworden. Noch heute gültige Beispiele sind die zuverlässige Empfindlichkeit von *Streptococcus pyogenes* und *Treponema pallidum* gegenüber Penicillin und die von *Staphylococcus aureus* gegenüber Vancomycin.

Prinzipiell gibt es nur zwei genetische Mechanismen der erworbenen Antibiotikaresistenz: Mutationen in bereits vorhandener Erbinformation oder Aufnahme neuer Nukleinsäuren. Während die durch chromosomale Mutationen entstandene Resistenz auf die betroffene Zelle und ihre nachfolgenden Generationen beschränkt bleibt (vertikale Transmission), kommt es durch Aufnahme fremder DNA in Form von Plasmiden oder Transposons zu einer horizontalen Ausbreitung der Resistenz.

7.1.4.1 Resistenz durch Mutation

Mutationen, die zur Antibiotikaresistenz führen, können nach einem Einschrittmuster oder nach einem Vielschrittmuster erfolgen. Beim Einschrittmuster genügt eine einzelne Mutation, um eine Antibiotikaresistenz auszulösen. Beim Vielschrittmuster müssen sich mehrere Mutationen ereignen, bevor eine Mutante entsteht, die eine klinisch relevante Antibiotikaresistenz zeigt. Jede der einzelnen Mutationen hat zwar einen Effekt auf die antibiotische Empfindlichkeit des Erregers, aber erst die Addition der einzelnen Effekte führt zur klinisch wirksamen Antibiotikaresistenz. Die erworbene Antibiotikaresistenz nach dem Einschrittmuster stellt ein häufiges Ereignis dar und findet sich bei vielen Antibiotika; demgegenüber ist eine Antibiotikaresistenz nach dem Vielschrittmuster selten.

Mutationen in übertragbaren Resistenzgenen, die auf Plasmiden oder Transposons lokalisiert sind, können neue Antibiotikaresistenzen verursachen. Beispielsweise beruht die Plasmid-kodierte Resistenz gegenüber Cephalosporinen auf Veränderungen der β-Lactamase: Der Austausch von zwei Aminosäuren in der TEM-1 β-Lactamase führt zu einem Enzym (TEM-26), welches diese Antibiotika hydrolysieren kann.

Die Häufigkeit von Mutationsereignissen wird durch Antibiotika nicht beeinflußt, vielmehr kommt dem Antibiotikum durch Selektion resistenter Stämme bei der Entstehung und Verbreitung der Antibiotikaresistenz eine entscheidende Bedeutung zu. Maßgeblich für die über Mutationsereignisse erworbene Resistenz ist die natürliche Mutationsfrequenz, die meist bei 10^{-6} bis 10^{-8} liegt, so daß eine über Mutationsereignisse erworbene sekundäre Resistenz klinisch immer dann bedeutsam ist, wenn am Infektionsort große Erregermengen vorliegen, die sich auch unter Therapie nur langsam reduzieren lassen. Mutationen im bakteriellen Chromosom führen im allgemeinen zur Resistenz gegenüber einem einzelnen Antibiotikum („Monoresistenz"). Eine Kombination von Mutationen, die zur Resistenz gegenüber zwei Antibiotika mit verschiedenen Wirkmechanismen führt („Doppelresistenz"), ist statistisch gesehen ein ausgesprochen seltenes Ereignis. Bei einer Mutationsfrequenz von beispielsweise 10^{-7} für eine Monoresistenz gegenüber einem einzelnen Antibiotikum, ist die Wahrscheinlichkeit einer Doppelresistenz gleich der Multiplikation beider Mutationsereignisse, d.h. 10^{-14} (gleiche statistische Verhältnisse gelten für die Resistenz vom Vielschrittmuster). Durch eine adäquate Kombinationstherapie (z. B. der Tuberkulose) kann die Entwicklung von Resistenzen verhindert werden.

Strenggenommen konnte erst kürzlich der molekulare Nachweis erbracht werden, daß sich dieser Prozeß stochastischer, resistenzvermittelnder Mutationen und nachfolgender Selektion tatsächlich *in vivo* unter den Bedingungen einer Infektionskrankheit im Menschen vollzieht. Ausgangspunkt war die Beobachtung, daß Populationen Makrolid-resistenter Mykobakterien, die von AIDS Patienten unter Clarithromycin-Therapie einer disseminierten *M. avium* Infektion isoliert wurden, gleichzeitig mehrere, verschiedene resistenzvermittelnde Punktmutationen zeigten (Abb. 7.8). Die beobachteten Punktmutationen betrafen dasselbe Nukleotid an der 23S rRNA Position 2058 (A → C,G). Die molekulare Analyse zeigte, 1. daß die Population resistenter Mykobakterien eine – in bezug auf die Resistenzmutation – genetisch heterogene Population darstellt, 2. daß sich die verschiedenen Mutationen jeweils einem Subklon zuordnen ließen und 3. daß die Subklone von einer monoklonalen

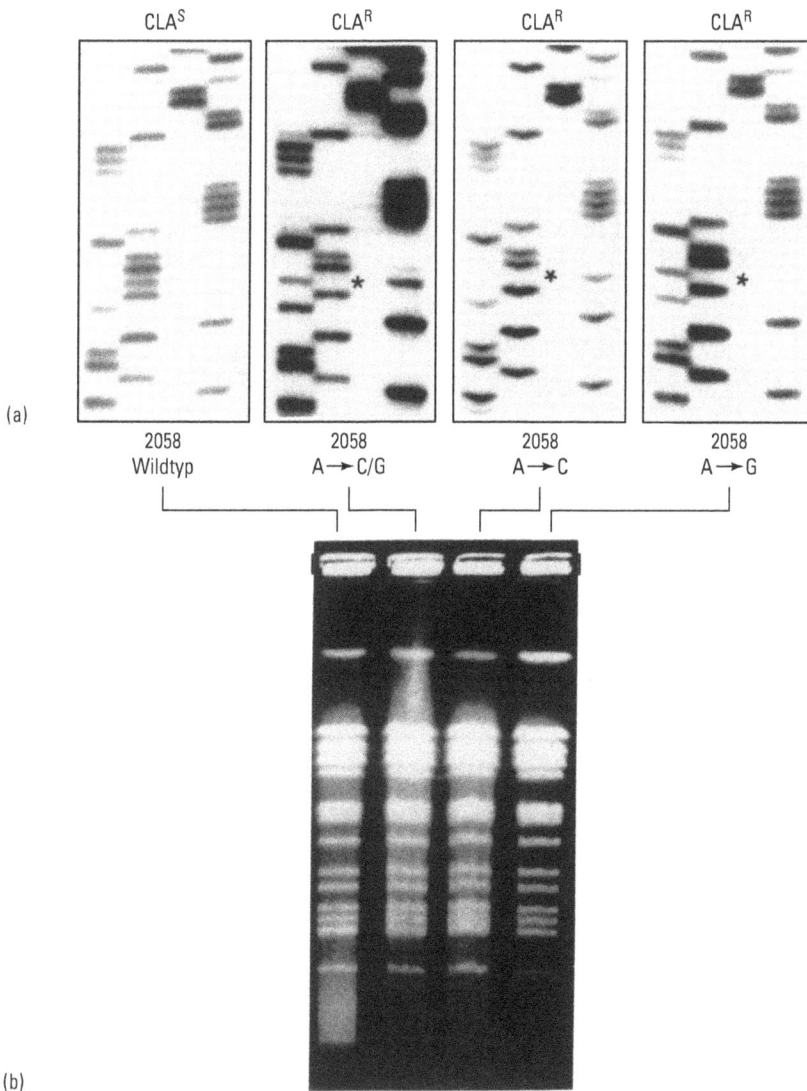

(a)

(b)

Abb. 7.8   Resistenzvermittelnde Mutationen sind stochastischer Natur: eine in-vivo Beweis-führung. Makrolidresistenz in *M. avium* beruht auf einer Punktmutation an Position 2058 der 23S rRNA (A → C oder G). *M. avium* verfügt über ein singuläres rRNA Gen; im Vergleich zum Wildtyp zeigt die Sequenzanalyse (A) der resistenten Population eine Punktmutation des Adenins zu Cytosin wie auch Guanin. Über klonale Isolierung konnte diese gemischte Resistenz verschiedenen Subklonen zugeordnet werden (2058 A → C und 2058 A → G). Mittels RFLP Analyse (B) wurde die klonale Natur der Isolate bestätigt.

Bakterienpopulation abstammten. Die einzig mögliche Erklärung für diese Beobachtungen war, daß bereits zum Zeitpunkt der Antibiotikatherapie mehrere zufällige und unabhängig voneinander entstandene resistente Mutanten in der Bakterienpopulation vorhanden waren, für die durch eine inadäquate Monotherapie mit Clarithromycin selektioniert wurde. Drei einzigartige Umstände erlaubten diese *in vivo* Beweisführung: I) Makrolidresistenz in Mykobakterien beruht ausschließlich auf chromosomalen Mutationen in der 23S rRNA; II) verschiedene Resistenzmutationen sind bezüglich der vermittelten Antibiotikaresistenz funktionell gleichwertig; III) AIDS-Patienten zeigen bereits bei Diagnosestellung einer disseminierten *M. avium* Infektion außerordentlich hohen Mengen ($>10^9$) an Mykobakterien.

7.1.4.2 Resistenz durch Aufnahme neuer Nukleinsäuren

Eine Aufnahme fremder DNA kann über Transformation, Transduktion oder Konjugation erfolgen (Kap. 7.1.1.4). Der Fähigkeit zur Transformation wird eine entscheidende Rolle bei der Penicillinresistenz von Neisserien und Pneumokokken zugeschrieben. So beruht die Penicillinresistenz der Pneumokokken auf der Bildung eines veränderten Penicillin-bindenden Proteins, welches als PBP 2B bezeichnet wird. Man geht davon aus, daß Penicillin-bindende Proteine vom 2B Typ über interspezifische Rekombinationsereignisse entstanden sind, wobei ganze Genabschnitte durch entsprechende PBP Segmente oraler Streptokokkenarten ersetzt wurden, die resistent gegen Penicillin sind (Abb. 7.9). Grundlage dieses interspezifischen Genaustausches ist die natürliche Transformationsbereitschaft von Pneumokokken. Wenige so entstandene Penicillin-resistente Klone haben sich innerhalb kürzester Zeit um die ganze Welt verbreitet.

Den wichtigsten Mechanismus für die horizontale Verbreitung von Resistenzgenen stellt die Konjugation dar, bei der Plasmide oder Transposons übertragen werden. Resistenzplasmide haben zwei wichtige Eigenschaften: Erstens verleihen sie ihrem

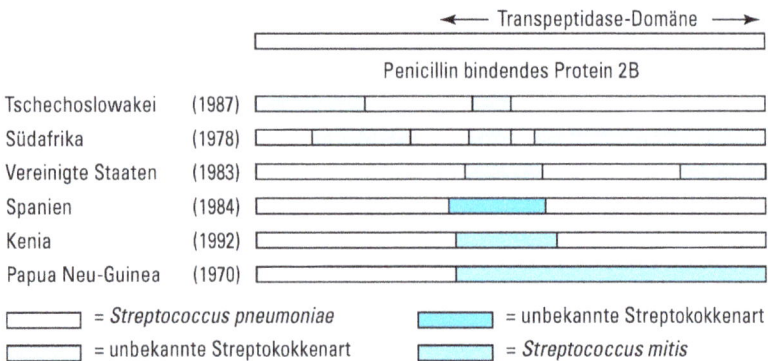

Abb. 7.9 Aufbau des PBP 2B Gens in Penicillin-resistenten Pneumokokken. Als Beispiel sind resistente Isolate aus verschiedenen Ländern dargestellt. Mindestens drei verschiedene Streptokokkenarten, darunter *Streptococcus mitis*, waren an dem Aufbau der durch Genrekombinationsereignisse entstandenen Genstrukturen beteiligt.

Wirt Resistenz gegen ein oder mehrere Antibiotika und zweitens befähigen sie diesen, die Resistenzplasmide über Konjugation an andere Bakterien weiterzugeben. Die Empfänger werden dadurch gegen die gleichen Antibiotika resistent und werden ihrerseits zum Donor des Resistenzplasmids für andere Bakterien. Derartige konjugative Resistenzplasmide bestehen aus zwei Abschnitten, dem Transferfaktor und der Resistenzdeterminante. Der Transferfaktor umfaßt die Gene, die für die Konjugation und den Transfer auf eine andere Zelle nötig sind; die Resistenzdeterminante umfaßt ein oder mehrere Gene, welche die Antibiotikaresistenz bedingen.

Viele Resistenzplasmide tragen mehrere Resistenzgene und verursachen damit eine Mehrfachresistenz. Die Ansammlung mehrerer Resistenzgene auf derartigen Plasmiden wird durch das Phänomen der Transposition erklärt. Mehrfachresistenzplasmide beruhen auf sukzessiv erfolgten Transpositionsereignissen. So kann ein Resistenzfaktor gleichzeitig Resistenz gegenüber β-Lactamen, Aminoglykosiden, Chloramphenicol, Tetrazyklinen, Sulfonamiden und Trimethoprim vermitteln. Da alle Resistenzdeterminanten auf einem genetischen Locus liegen, selektioniert jedes der einzelnen Antibiotika gleichzeitig für eine Mehrfachresistenz. Aufgrund der genetischen Kopplung mit Resistenzgenen für andere Antibiotika (z. B. Sulfonamide) finden sich auch heute noch Chloramphenicol-resistente *Escherichia coli* Stämme, obwohl mit diesem Antibiotikum kaum mehr therapiert wird.

7.1.4.3 Evolution und Epidemiologie der Resistenz

Plasmide und Transposons haben in der Evolution der mikrobiellen Welt eine wesentliche Rolle gespielt. Viele Resistenzgene haben sich schon vor langer Zeit bei antibiotikaproduzierenden Mikroganismen entwickelt. Diese Resistenzgene wurden mittels transponierbarer DNA mobilisiert und fanden so Eingang in das Erbgut von Krankheitserregern. Bei der weiteren Verbreitung spielten dann konjugative Mehrfachplasmide, die durch eine sukzessive Abfolge von Transpositionsprozessen entstanden, eine entscheidende Rolle.

Plasmid-vermittelte Antibiotikaresistenzen verleihen dem Mikroorganismus in Anwesenheit des Antibiotikums einen Selektionsvorteil, stellen in Abwesenheit des Antibiotikums aber häufig einen Selektionsnachteil dar. Eine der wichtigsten Strategien zur Verhinderung der weiteren Ausbreitung von Antibiotikaresistenzen ist daher ein restriktiver Gebrauch von Antibiotika unter der Vorstellung, daß unter diesen Bedingungen resistenzplasmidtragende Mikroorganismen aufgrund des Selektionsnachteils im Laufe der Zeit verschwinden werden.

Viele Untersuchungen bestätigen diese Strategie, deren Allgemeingültigkeit aber durch zwei Sachverhalte eingeschränkt wird. Zum einen gibt es Plasmid-kodierte Antibiotikaresistenzen, die sich ohne Selektionsdruck durch das Antibiotikum ausbreiten können. Hier muß davon ausgegangen werden, daß entweder der Resistenzfaktor eine weitere, noch unbekannte Funktion mit Selektionsvorteil einschließt, beispielsweise ein Transposon, das gleichzeitig Gene für Virulenzfaktoren oder Stoffwechselfunktionen trägt, oder daß der sich als Selektionsnachteil auswirkende Besitz von Resistenzplasmiden durch weitere, noch unbekannte Mutationen im bakteriellen Genom kompensiert wird. Zum anderen zeigen jüngste Ergebnisse, daß im Gegensatz zu Plasmid-kodierten Resistenzmechanismen chromosomale Resistenzmutationen häufig keinen Selektionsnachteil, d. h. eine Virulenzminderung des Erregers, mitsich bringen.

Aus dem oben Gesagten wird deutlich, daß so wichtig ein restriktiver Gebrauch von Antibiotika zur Verhinderung der Ausbreitung von Antibiotikaresistenzen auch ist, diese Strategie alleine nicht ausreichend sein wird, um bereits vorhandene Resistenzen zum Verschwinden zu bringen, sondern begleitet werden muß von etablierten Instrumenten der Infektionskontrolle.

7.1.4.4 Biochemische Mechanismen der Antibiotikaresistenz

Biochemisch beruht eine Antibiotikaresistenz auf einem der folgenden Mechanismen (Tab. 7.7).

Tab. 7.7 Beispiele verschiedener Resistenzmechanismen und ihrer Genetik

Antibiotikum	Mechanismus	Genetik	Mikroorganismen
Betalaktame – Penicilline – Cephalosporine – Monobactame – Carbapeneme	veränderte Penicillin bindende Proteine	Chromosomal (Transposon) Chromosomal (Rekombination)	*S. aureus* *S. epidermidis* *S. pneumoniae* *H. influenzae* *N. gonorrheae* *N. meningitidis*
	Betalaktamasen	Chromosomal und Plasmid	Staphylokokken Enterokokken Enterobacteriaceae *N. gonorrhea* *N. meningitidis* Moraxella *P. aeruginosa* Stenotrophomonas Acinetobacter *H. influenzae* Bacteroides
Makrokide	rRNA Methylasen	Plasmid	Streptokokken Enterokokken Staphylokokken
	Veränderung des Ribosomes (23S rRNA) Effluxproteine	Chromosomal Plasmid	Mykobakterien *Helicobacter pylori* Mykoplasmen Staphylokokken
Tetrazykline	Effluxproteine	Plasmid	Staphylokokken Streptokokken Enterokokken

Tab. 7.7 (Fortsetzung)

Antibiotikum	Mechanismus	Genetik	Mikroorganismen
	verändertes Ribosom (Synthese eines Elongationsfaktor-ähnlichen Proteins)	Plasmid	Staphylokokken Streptokokken Enterobacteriaceae Pseudomonaden Mykobakterien
	Permeabilität	Chromosomal	*P. aeruginosa* Enterobacteriaceae
Chinolone	veränderte DNA Gyrase	Chromosomal	Pseudomonaden *Enterobacteriaceae* Mykobakterien
	veränderte DNA Topoisomerase	Chromosomal	Staphylokokken Streptokokken
	Permeabilität	Chromosomal	Pseudomonaden Enterobacteriaceae
Aminoglycoside	Aminoglycosid-modifizierende Enzyme	Plasmid	Staphylokokken Enterokokken Streptokokken Enterobacteriaceae Pseudomonaden
	Permeabilität	Chromosomal	Pseudomonaden Enterobacteriaceae Bacteroides Mykobakterien
	Veränderung des Ribosoms (ribosomale Proteine, 16S rRNA)	Chromosomal	Streptokokken Mykobakterien
Trimethoprim, Sulfonamide	verändertes Enzym	Plasmid und Chromosomal	Staphylokokken Streptokokken Enterobacteriaceae Neisserien
	Permeabilität	Chromosomal	Pseudomonaden
Glycopeptide	veränderter Aufbau des Peptidoglykans	Chromosomal	Enterokokken Leuconostoc Lactococcus Pediococcus Lactobacillus

1. *Enzymatische Inaktivierung des Antibiotikums durch Enzyme*. Beispiele hierfür sind β-Lactamasen oder Aminoglykosid-modifizierende Enzyme.
2. *Veränderung der Zielstruktur*. Eine Veränderung der Zielstruktur des Antibiotikums kann durch Mutation, Modifikation oder Synthese einer neuen Zielstruktur erfolgen. Beispiele hierfür sind die Methicillinresistenz bei *Staphylococcus aureus*, die Streptomycinresistenz bei Enterokokken und *Mycobacterium tuberculosis*, die Penicillinresistenz bei Neisseria und *Streptococcus pneumoniae,* die Makrolidresistenz, die Chinolonresistenz, die Resistenz gegen Rifampicin, die Resistenz gegen Sulfonamide und Trimethoprim, die Vancomycinresistenz.
3. *Verhinderung der Aufnahme des Antibiotikums*. Der Zugang des Antibiotikums zum Zielort kann durch Permeabilitätsschranken und aktiven Transport versperrt werden. Eine Verhinderung der Aufnahme beruht entweder auf Influxmechanismen (Permeabilitätsschranke der Zellwand, Struktur der Porinkanäle) oder auf Effluxmechanismen. Beispiele für eine Permeabilitätsschranke sind: der Aufbau der Zellwand Gram-negativer Bakterien mit der als Permeabilitätsbarriere wirkenden äußeren Membran, die zu einer natürlichen Resistenz gegenüber Penicillin G führt; die natürliche Resistenz von Anaerobiern gegenüber Aminoglykosiden, die auf der Abwesenheit eines Cytochrom-vermittelten Elektronentransports beruht, der für die Aufnahme dieser Antibiotika notwendig ist; die natürliche Resistenz von Mykobakterien gegenüber den meisten antibiotisch wirksamen Substanzklassen, die auf den besonderen Aufbau der lipidreichen Zellwand zurückgeführt wird.

Als Beispiel von Effluxmechanismen mittels aktivem Transport sei die erworbene Resistenz gegenüber Tetrazyklinen bei Enterobakterien angeführt. Ein Zusammenspiel von Permeabilitätsschranke und Efflux ist ein besonders effizienter Mechanismus, um dem Antibiotikum den Zugang zum Zielort zu versperren und ist für die natürliche Resistenz von *Pseudomonas aeruginosa* gegenüber zahlreichen Antibiotika verantwortlich.

Häufig beruht eine Antibiotikaresistenz auf einer Kombination mehrerer der oben angeführten Mechanismen, die sich in ihrer Wirkung gegenseitig verstärken. Bei Gram-negativen Bakterien findet sich eine synergistische Kombination von β-Lactamasen, die im periplasmatischen Raum lokalisiert sind, mit der geringen Permeabilität der äußeren Membran für β-Lactam-Antibiotika. Die begrenzte Permeabilität der äußeren Membran für β-Lactame ermöglicht, daß bereits geringe Mengen von β-Lactamasen ausreichen, um das in den periplasmatischen Raum eingedrungene Antibiotikum durch Hydrolyse zu inaktivieren.

Eine Antibiotikaresistenz, die auf chromosomal fixierten Mutationen der Zielstruktur beruht, ist konstitutiv wirksam (z. B. Rifampicinresistenz, Makrolidresistenz bei nichttuberkulösen Mykobakterien). Demgegenüber sind Antibiotikaresistenzen aufgrund enzymatischer Inaktivierung des Antibiotikums, enzymatischer Modifikation der Zielstruktur, *de novo* Synthese einer primär resistenten Zielstruktur oder Effluxmechanismen häufig induzierbar und damit reguliert (z. B. β-Lactamasen, Makrolidresistenz bei Enterobakterien und Gram-positiven Kokken, Methicillin-Resistenz bei *Staphylococcus aureus*, Vancomycinresistenz bei Enterokokken). Die Induzierbarkeit von Antibiotikaresistenzen bereitet häufig Schwierigkeiten bei in-vitro Empfindlichkeitsprüfungen und resultiert nicht selten in falschen Testergebnissen.

7.1.5 Perspektiven und Paradigmenwechsel

Mit Hilfe der Molekulargenetik hat sich in den letzten Jahren ein Wandel in dem Verständnis der Infektionskrankheiten und ihrer Diagnostik vollzogen. Für zahlreiche Krankheitserreger wie auch epidemiologische Untersuchungen stellen molekulargestützte Nachweismethoden das diagnostische Verfahren der Wahl dar. Es kann kein Zweifel bestehen, daß die Molekulargenetik einen immer bedeutenderen Platz in der Infektiologie einnehmen wird. Ohne ein zugrundeliegendes Verständnis der molekularen Resistenzmechanismen ist jede Antibiotikatherapie zum Scheitern verurteilt.

Mikroorganismen haben bisher immer einen Ausweg gefunden, um sich einer wirksamen Antibiotikatherapie zu entziehen. Grundlage dieser Entwicklung ist die kurze Generationszeit der Mikroorganismen und damit verbunden die Möglichkeit, sich mittels Mutationen und Genaustausch schnell an veränderte Umweltbedingungen anzupassen. Wird es jemals möglich sein, Antibiotika zu entwickeln, gegen die eine Resistenzentwicklung nicht möglich ist? Die Erfahrung lehrt, daß dieses Unterfangen einem Gordischen Knoten gleichkommt. Trotzdem gibt es Hoffnung. Zum einen stellen die meisten Resistenzprobleme das Ergebnis menschlichen Fehlverhaltens dar, sind also keineswegs zwingende Folge menschlichen Eingreifens, sondern hätten durch richtiges Handeln vermieden werden können (beispielsweise eine nicht konsequent durchgeführte Kombinationstherapie der Tuberkulose mit der Folge der Entwicklung multiresistenter Stämme oder antibiotikaresistente Salmonellen als Ergebnis des Einsatzes von Antibiotika als Leistungsförderer in der Massentierhaltung). Zum anderen führen molekulare Untersuchungen der Antibiotikaresistenz zu einem tiefergehenden kausalen Verständnis der Resistenzmechanismen. Aus diesem Wissen entwickeln sich neue Konzepte zur Antibiotikatherapie. So ist es beispielsweise möglich, bakterielle Lebendimpfstoffe, wie *M. bovis* BCG, genetisch so zu modifizieren, daß diese keine Resistenz mehr gegenüber bestimmten Antibiotika entwickeln können.

Neben diagnostischen Problemstellungen und Fragestellungen aus der Resistenzforschung wird auch die Pathogenitätsforschung vor neue Aufgaben gestellt werden, nicht zuletzt aufgrund der Möglichkeit über Genomanalysen das komplette Genom von Infektionserregern zu entschlüsseln. Vor kurzem wurde mit *Haemophilus influenzae* erstmals das komplette Genom eines bakteriellen Krankheitserregers entschlüsselt. In den nächsten Jahren werden zahlreiche derartige Genomanalysen für eine Reihe von Krankheitserregern (u. a. *N. gonorrhoeae, M. tuberculosis, H. pylori)* abgeschlossen sein. Die so erhaltenen Informationen werden zur Aufklärung bakterieller Stoffwechselwege, Adaptationsvorgänge und Pathogenitätsmechanismen wichtige Beiträge leisten.

Die Vielzahl der bekannten Krankheitserreger darf nicht darüber hinweg täuschen, daß es noch zahlreiche Erkrankungen unklarer Ätiologie gibt, bei denen auch eine infektiologische Genese in Erwägung gezogen werden muß; genannt seien beispielsweise die Rheumatoide Arthritis, Infarktleiden, Colitis ulcerosa oder der Morbus Crohn. Als exemplarisches Beispiel einer unerwartet infektiologischen Ätiologie kann das Magengeschwür angeführt werden. Über Jahrzehnte wurden verschiedenste Hypothesen zur Genese dieser Erkrankung entwickelt – Hypothesen, die wie in der Medizin häufig, bei mangelndem Wissen allzuoft den Charakter von unumstößlichen Lehrmeinungen annehmen. Mitte der achtziger Jahre wurde über das Auftreten spiralförmiger Bakterien (*Helicobacter pylori*) in Magenbiopsien von Patienten mit einem entsprechenden Geschwürleiden berichtet. Nach jahrelangen Diskussionen über die Bedeutung der Assoziation von *H. pylori* mit Magen- oder Duodenalulcera – aufgrund der hohen Durchseuchung der Bevölkerung (ungefähr 50 % der 50jährigen) – kann mittlerweile eine Kausalbeziehung als gesichert angenommen werden. Auch wenn die einzelnen Schritte der Pathogenese der Ulcuskrankheit immer noch ungeklärt sind, ergaben klinische Studien zur Rezidivprophylaxe ein eindeutiges Bild: Die Behandlung mit Säureblockern alleine führte zwar zu einer raschen Abheilung des Geschwürs, ein Großteil der Patienten erlitt jedoch innerhalb kurzer Zeit ein Rezidiv; wurde demgegenüber mittels einer antibiotischen Therapie eine Keimelimination erreicht, war nur in wenigen Fällen ein Rezidiv zu beobachten. Mittlerweile werden erhebliche Anstrengungen unternommen, um einen Impfstoff gegen *H. pylori* zu entwickeln, in der Hoffnung, so zuverlässig der Geschwürskrankheit vorzubeugen.

7.2 Molekulare Virologie

7.2.1 Grundlagen

Die Suche nach den ätiologischen Agentien von Infektionskrankheiten hat zur Entdeckung von Hunderten verschiedener Viren geführt. Viren unterscheiden sich grundsätzlich von eukaryonten und prokaryonten Zellen und von anderen Infektionserregern, da sie keinen eigenständigen Stoffwechsel haben und als obligate Zellparasiten den Stoffwechsel der Wirtszelle für ihre Vermehrung nutzen. Viren sind somit biologische Funktions- und Informationsträger, die in besonderem Ausmaß an den Metabolismus der infizierten Zelle und des Wirtsorganismus angepaßt sind und für viele Schritte während ihrer Replikation auf zelluläre Funktionen zurückgreifen und diese modulieren. Dementsprechend schwierig ist die therapeutische Intervention bei Virusinfektionen, da sich nur wenige Schritte für eine Hemmung des Virus eignen, ohne gleichzeitig die Wirtszelle negativ zu beeinflussen. Die pathologischen Effekte bei Viruskrankheiten beruhen in der Regel auf dem Zusammenwirken unterschiedlicher Faktoren: 1. Toxische Effekte viraler Genprodukte auf den zellulären Metabolismus; 2. Wirtsreaktionen (z. B. des Immunsystems) auf infizierte Zellen, die virale Genprodukte exprimieren; 3. Veränderungen der Genexpression des Wirtes durch Einwirkungen des Virus. In den meisten Fällen können die Symptome akuter Viruskrankheiten direkt auf die Zerstörung infizierter Zellen durch das Virus selbst oder durch das Immunsystem zurückgeführt werden. Im Gegensatz dazu treten bei chronischen Virusinfektionen oder bei Virus-bedingten Sekundärkrankheiten (z. B. Tumoren) die Wirtsreaktionen auf die Expression viraler Genprodukte in den Vordergrund.

7.2.1.1 Taxonomie

Der Zusammenhang zwischen bestimmten Infektionskrankheiten und filtrierbaren Agentien, den Viren, wurde Ende des 19. Jahrhunderts erstmals beschrieben. In den 30er Jahren des vorigen Jahrhunderts wurde es möglich, auf der Basis von Größe, Morphologie und Stabilität sowie auf Grund serologischer Unterscheidbarkeit Virusarten in Familien, Genera und Spezies einzuteilen. Heute erfolgt die taxonomische Zuordnung eines Virus im wesentlichen durch Bestimmung der Genomsequenz. Neben der Zuordnung zu bestimmten Virusfamilien können Viren nach der Art ihres Genoms in RNA- und DNA-Viren gruppiert werden, wobei das virale Genom jeweils einzelsträngig oder doppelsträngig vorliegen kann (Tabelle 7.8). Je nach Orientierung des Genoms können die einzelsträngigen RNA-Viren weiter unterteilt werden. Das Genom der Plus-Strang Viren hat die Polarität einer mRNA, das der Minus-Strang Viren die umgekehrte Polarität und bei den Ambisense-Viren kann es in beiden Orientierungen abgelesen werden. Daneben gibt es auch Viren mit segmentiertem Genom, bei denen mehrere RNAs mit unterschiedlicher kodierender Information in ein Virion verpackt werden (z. B. neun RNAs im Falle der Influenzaviren). Zu jeder der aufgezählten Gruppen gehört eine Vielzahl human- und tierpathogener Virusarten (Tabelle 7.8), die sich in ihren Replikationsstrategien zum Teil erheblich unterscheiden.

Tab. 7.8 Taxonomische Einteilung human- und tierpathogener Viren

DNA	Einzelstrang	nicht umhüllt	*Circoviridae, Parvoviridae*
	Doppelstrang	nicht umhüllt	*Papovaviridae, Adenoviridae*
	Einzelstrang/	umhüllt	*Herpesviridae, Poxviridae, Iridoviridae*
	Doppelstrang	umhüllt	*Hepadnaviridae*
RNA	Einzelstrang	+ nicht umhüllt	*Picornaviridae, Astroviridae, Caliciviridae*
		umhüllt	*Togaviridae, Flaviviridae, Coronaviridae, Retroviridae*
		− umhüllt	*Paramyxoviridae, Rhabdoviridae, Filoviridae, Orthomyxoviridae*
		ambisense umhüllt	*Bunyaviridae, Arenaviridae*
	Doppelstrang	nicht umhüllt	*Reoviridae, Birnaviridae*

7.2.1.2 Tropismus

Viren sind obligate Zellparasiten. Dies bedeutet, daß ein Virus außerhalb der Zelle nur begrenzt überlebensfähig ist und für seine Vermehrung eine suszeptible Zelle infizieren muß. Dabei definiert der Tropismus des Virus sowohl die Zielzellen im Organismus (z. B. Hepatozyten im Falle des Hepatitis B Virus) als auch die Spezies, die durch dieses Virus infiziert werden kann. Manche Viren können nur einen oder wenige Zelltypen nahe verwandter Spezies infizieren. So infiziert z. B. das humane Immundefizienzvirus (HIV) vor allem T Lymphozyten und Makrophagen von Mensch und Schimpanse, nicht jedoch die anderer Affenarten. Andere Viren, wie z.B manche Rhabdo- und Flaviviren infizieren dagegen eine Vielzahl verschiedener Zellen bei Mensch und Tier. Initial werden suszeptible Zellen an der Eintrittspforte des jeweiligen Virus infiziert. Dies ist bei Enteroviren (z. B. Poliovirus) der Gastrointestinaltrakt, bei Rhinoviren oder Influenzaviren der Respirationstrakt. Bei parenteraler Infektion (z. B. HIV) stellen Zellen des Blutsystems häufig die Eintrittspforte für das Virus dar. Infektion der Zellen am Eintrittsort und lokale Virusvermehrung sind jedoch nicht immer direkt verantwortlich für die virale Pathogenese. Häufig führt erst die sekundäre Infektion weiterer Zielzellen (z. B. des Zentralnervensystems bei Poliovirus) nach hämatogener Streuung zur klinisch manifesten Erkrankung.

7.2.1.3 Replikation

Nicht jede Infektion suszeptibler Zellen führt unweigerlich zur Virusvermehrung. Eine abortive Infektion erfolgt, wenn eine Zelle durch das Virus infiziert werden kann, aber für virale Replikation nicht permissiv ist, und das eingedrungene Virus daher nicht vermehrt werden kann. Ebenfalls abortiv verläuft die Infektion mit viralen Defektmutanten, die bei vielen Virusarten vorkommen. Bei der latenten Infektion, die besonders häufig bei Herpesviren gefunden wird, persistiert das virale Genom, ohne daß Viruspartikel produziert werden und die Zelle beeinträchtigt ist. In der Regel werden in der Latenzphase nur wenige virale Gene exprimiert, die zur Persistenz benötigt werden. Latenz kann jederzeit, z. B. bei Aktivierung der infizierten Zelle, in eine produktive oder lytische Infektion übergehen und zur Freisetzung neuer Viruspartikel und zum Zelltod führen. Im Falle der Retroviren (z. B. HIV) ist zur Erhaltung der viralen Latenz keine virale Genexpression erforderlich, da das virale Genom integriert in einem Wirtszellchromosom vorliegt und wie ein zelluläres Gen bei der Zellteilung weitergegeben wird.

Bei allen Unterschieden im Detail können doch einige generelle Replikationsschritte benannt werden, die von allen Virusarten durchlaufen werden (Abb. 7.10). Zu Beginn der Infektion bringt das Virus seine genetische Information, zumeist gemeinsam mit viralen Proteinen, in die Zielzelle ein. Dies geschieht durch spezifische Interaktion von Oberflächenproteinen des Virus mit Komponenten der Zelloberfläche, den Virusrezeptoren, und anschließender Aufnahme durch direkte Fusion oder durch Endozytose. Danach wird das virale Genom von seiner protektiven Verpackung (dem Viruscapsid) befreit und entweder direkt zur Proteinsynthese genutzt, oder durch ein komplexes Zusammenspiel viraler und zellulärer Proteine repliziert. Verschiedene Viren sind sehr unterschiedlich in der Zahl und Funktion ihrer Proteine, doch alle Virusarten kodieren im wesentlichen für drei Proteinklassen: 1. Replikationsenzyme zur Vermehrung des viralen Genoms; 2. Strukturproteine zur Verpackung und Ausschleusung des Genoms in Form von Viruspartikeln; 3. Regulatorproteine, die die Struktur und Funktion der infizierten Zelle verändern. Dabei nutzen alle Viren ausschließlich den zellulären Apparat für ihre Proteinsynthese.

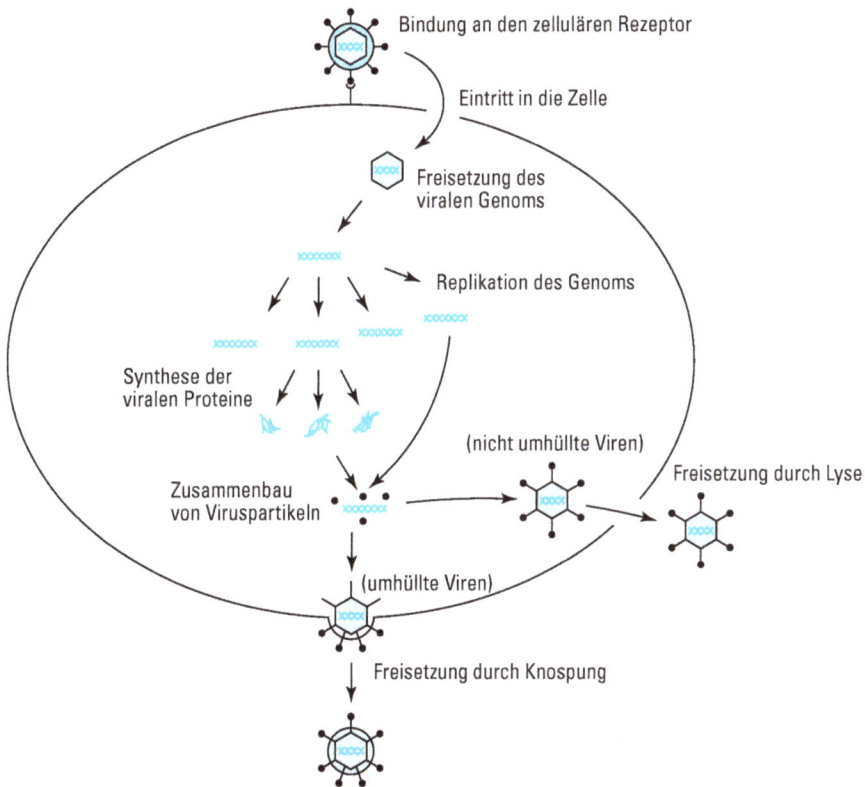

Abb. 7.10   Generelle Schritte der Virusreplikation.

Demzufolge müssen virale RNAs für den zellulären Translationsapparat als mRNA erkennbar sein. Nur im Falle der Plus-Strang RNA-Viren (z. B. Poliovirus) können die viralen Proteine direkt von der genomischen Nukleinsäure des infizierenden Virus abgelesen werden. Dementsprechend verpacken diese Viren keine Replikationsproteine in das Virion, sondern diese werden durch Translation der genomischen RNA neu produziert. Anders ist die Situation bei Minus-Strang RNA Viren und bei DNA-Viren, bei denen das virale Genom zunächst durch eine virale Polymerase in mRNA umgeschrieben werden muß. Nach der Replikation und gegebenenfalls Transkription des Genoms werden die resultierenden mRNAs zur Synthese der Replikations-, Struktur- und Regulatorproteine genutzt. Bei Akkumulation ausreichender Mengen viraler Strukturproteine wird die genomische Nukleinsäure verpackt und die Produktion infektiöser Viren beginnt. Umhüllte Viren werden durch Ausknospen an zellulären Membransystemen unter Mitnahme einer Membranhülle mit Virus-spezifischen Oberflächenproteinen freigesetzt. Nicht umhüllte Viren sammeln sich in der Regel im Zytoplasma der infizierten Zelle an und kommen erst bei deren Lyse frei. Ein kompletter Replikationszyklus kann wenige Stunden (7 Stunden bei Poliovirus) bis mehrere Tage (> 40 Stunden bei bestimmten Herpesviren) dauern. Auch die Zahl der freigesetzten Partikel ist je nach Virusart sehr unterschiedlich und kann bis zu 100.000 infektiöse Viren pro Zelle (z. B. bei Poliovirus) betragen.

Die Notwendigkeit zur Herstellung von mRNAs, die der zelluläre Proteinsynthe-seapparat translatieren kann, bedingt spezifische Erfordernisse für das Virus. Da die zelluläre mRNA-Synthese durch Transkription und anschließende Modifikation im Zellkern stattfindet, hat die Zelle keine Enzyme zur Transkription von viralen RNA- oder DNA-Genomen im Zytoplasma. Dementsprechend können nur DNA-Viren, die im Zellkern replizieren und geeignete Transkriptionssignale tragen, den zellulären Transkriptionsapparat ausnutzen; alle anderen Viren mußten eigene Enzyme zur Herstellung von mRNA entwickeln. Außerdem ist die eukaryonte Protein-synthese auf die Translation monocistronischer RNA beschränkt, was angesichts der geringen Genomgröße bei gleichzeitigem Bedarf für zahlreiche unterschiedliche virale Proteine ein Problem für die Virusreplikation darstellt. Viren haben deshalb besondere Strategien entwickelt, um unterschiedliche mRNAs von einem Genom zu synthetisieren, oder durch differentielles und teilweise ineffizientes Spleißen bzw. durch Editieren eines Primärtranskriptes unterschiedliche mRNAs herzustellen. Manche mRNAs können durch Wechsel des translationalen Leserahmens oder durch interne Initiation oder Reinitiation der Translation unterschiedlich genutzt werden. Außerdem wird eine Vielzahl viraler Proteine von einer mRNA als soge-nanntes Polyprotein synthetisiert und später durch virale und zelluläre Proteasen in die funktionellen Bestandteile gespalten. Die Bedeutung der Herstellung funk-tionell monocistronischer mRNAs mit erweiterter kodierender Kapazität kann leicht an der Tatsache abgelesen werden, daß alle Viren mit kleiner Genomgröße eine oder mehrere der genannten Strategien für ihre Genexpression nutzen.

Effiziente Virusvermehrung erfordert die rasche Produktion großer Mengen der viralen Proteine. Daher haben viele Viren Strategien entwickelt, die die bevorzugte Translation viraler mRNA oder das komplette oder teilweise Abschalten der Trans-lation oder Produktion zellulärer mRNA bewirken. Die beeindruckende Vielfalt der gewählten Strategien hat viele wichtige Beiträge zum Verständnis der zellulären Mechanismen von mRNA-Transkription, Prozessierung, Transport und Translation geliefert. Auf Grund ihrer Effizienz bilden virale Elemente die Grundlage und Vor-aussetzung aller in der Biotechnologie verwendeten Expressionssysteme, und es be-steht kein Zweifel, daß die Adaptation verschiedener Virusarten an ihre parasitäre Überlebensform und der Erfolg der dabei evolvierten Strategien das Fundament der biotechnologischen Entwicklung darstellt.

Nach dieser Einführung in allgemeine Aspekte der molekularen Virologie soll im folgenden die medizinisch und biotechnologisch besonders wichtige Familie der Re-troviren und dabei insbesondere das humane Immundefizienzvirus, der Erreger von AIDS, ausführlicher beschrieben werden. An diesem Beispiel soll erklärt werden, wie Methoden der molekularen Medizin zum Verständnis des Infektionsablaufs, zur Diagnosestellung und zur Entwicklung von Therapeutika beigetragen haben und welche Ansätze und Probleme für die Impfstoffentwicklung sich daraus ergeben.

7.2.2 Retroviren

Die Familie der Retroviren umfaßt eine große Gruppe umhüllter RNA-Viren. Der fundamentale Unterschied zwischen Retroviren und anderen Virusfamilien und das definierende Charakteristikum dieser Familie besteht in der Replikationsweise ihres

Genoms: Diese erfolgt über reverse Transkription des RNA-Genoms in eine lineare doppelsträngige DNA, welche anschließend in das zelluläre Genom integriert wird. Damit ist bei den Retroviren der ursprünglich als zentrales Dogma der Genexpression angesehene Informationsfluß von DNA zu RNA zu Protein partiell umgekehrt. Die Entdeckung dieser Umkehrung und des für diesen Schritt verantwortlichen Enzyms, der Reversen Transkriptase bedeutete eine Revolution der molekularbiologischen Vorstellungen. Reverse Transkription kommt auch bei einer Reihe anderer Viren und nicht viraler Elemente vor. Neben ihrer Bedeutung für die Virologie ist die reverse Transkriptase auch ein wichtiges Werkzeug der molekularbiologischen Forschung und der biotechnologischen Anwendung, da sie die Herstellung von cDNA aus zellulärer mRNA ermöglicht (siehe Kapitel 4.3.2).

Retroviren als Erreger von Tumoren und Leukämien bei verschiedenen Tierspezies wurden bereits zu Beginn des 20. Jahrhunderts beschrieben, und das vom Rous Sarkom Virus des Huhnes übertragene Onkogen (*src*) spielte eine grundlegende Rolle bei der Entwicklung des Onkogen-Konzeptes (siehe Kapitel 6.2.1). Retroviren wurden auch bei vielen anderen Tierarten als Erreger von Leukämien und Tumoren gefunden, jedoch trotz intensiver Suche zunächst nicht beim Menschen. Erst Ende der 70er Jahre wurde das erste menschliche Leukämievirus, das humane T-Zell-Leukämievirus Typ 1 (HTLV-I), beschrieben, das eine in bestimmten Regionen Japans endemische Leukämieform und außerdem eine neurologische Krankheit, die tropische spastische Paraparese, verursacht. Im Gegensatz zu verschiedenen Tierarten sind Leukämieviren beim Menschen jedoch anscheinend selten und für die Entstehung und Verbreitung von Leukämien von geringerer Bedeutung. Mit dem Auftreten einer neuen Form einer erworbenen Immunschwächekrankheit, dem Acquired Immunodeficiency Syndrome (AIDS), Anfang der 80er Jahre und der Beschreibung des verursachenden Erregers, des Retrovirus HIV im Jahr 1983, bekam das Studium der Retroviren auch für die Humanmedizin eine große Bedeutung. In den 15 Jahren seit seiner Entdeckung ist HIV zu einem der am besten untersuchten Viren überhaupt geworden.

7.2.3 Replikationszyklus von Retroviren

Der Replikationszyklus von Retroviren folgt dem generellen Muster einer Infektion mit umhüllten Viren, enthält jedoch eine Reihe ungewöhnlicher Aspekte (Abb. 7.11 a). Infektiöse retrovirale Partikel haben einen Durchmesser von gut 100 nm und enthalten eine innere Capsidstruktur, die das virale Genom (zwei Kopien einer Plus-Strang RNA von 7–12 kb) umschließt, sowie eine Membranhülle, in die virale Glykoproteine eingelagert sind.

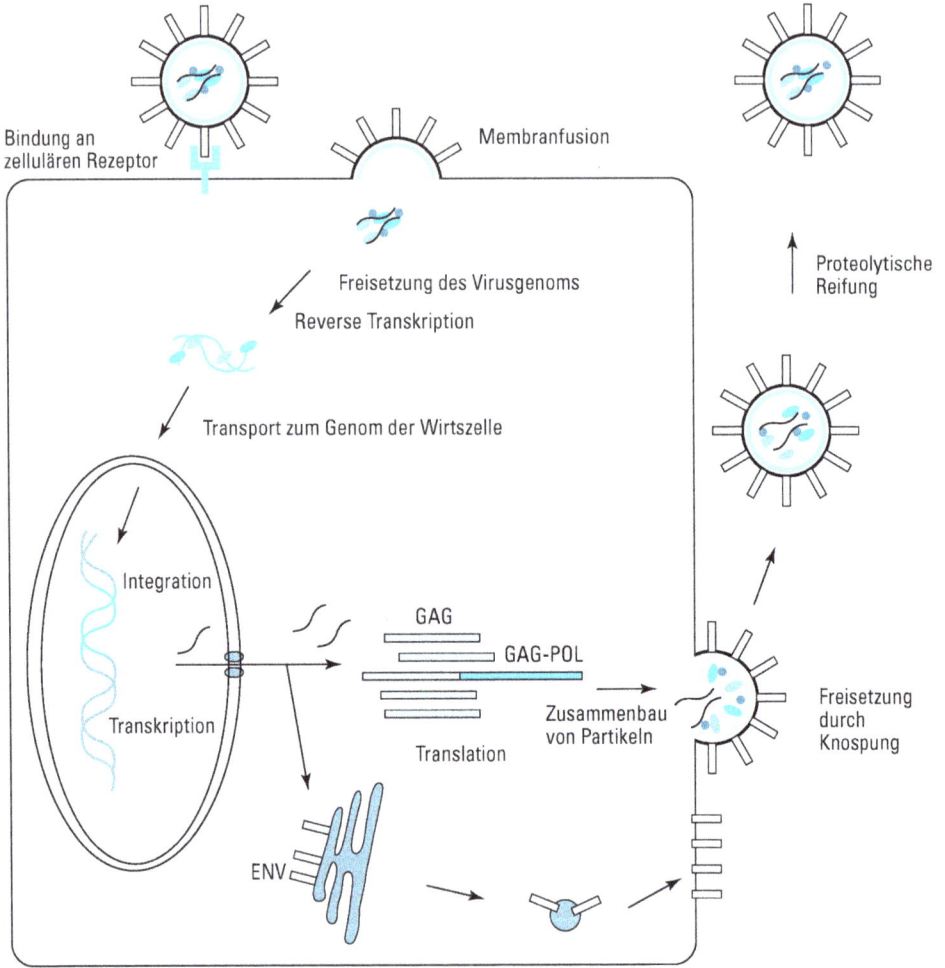

Bindung an zellulären Rezeptor

Membranfusion

Freisetzung des Virusgenoms

Reverse Transkription

Transport zum Genom der Wirtszelle

Integration

Transkription

GAG

GAG-POL

Translation

Zusammenbau von Partikeln

ENV

Proteolytische Reifung

Freisetzung durch Knospung

(a)

Einfaches Retrovirus (Mason-Pfizer Monkey Virus)

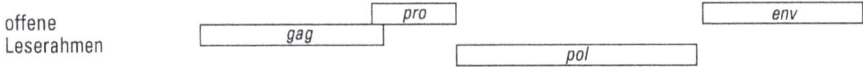

provirale DNA

LTR
U3 R U5

LTR
U3 R U5

offene Leserahmen

pro

env

gag

pol

Komplexes Retrovirus (HIV-1)

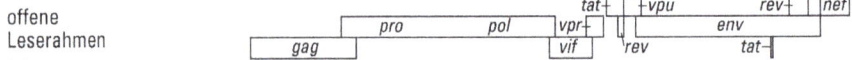

provirale DNA

LTR
U3 R U5

RRE

LTR
U3 R U5

offene Leserahmen

tat

vpu

rev

nef

pro

pol

vpr

env

gag

vif

rev

tat

(b)

7.2.3.1 Infektion

Retroviren binden über ihre Glykoproteine an spezifische Rezeptoren an der Plasmamembran der Zielzelle (Anheftung) und dringen durch Verschmelzen von viraler und zellulärer Membran (Fusion) in die Zelle ein. Die Rezeptoren für verschiedene Retroviren wurden in den vergangenen Jahren identifiziert, und die Verfügbarkeit des entsprechenden Rezeptors ist die hauptsächliche Determinante des retroviralen Tropismus. Durch die Fusion verliert das Virus seine Membranumhüllung und der innere Ribonukleoprotein (RNP)-Komplex, der die genomische RNA, die Replikationsproteine sowie weitere virale und möglicherweise auch zelluläre Faktoren enthält, wird ins Zytoplasma eingeschleust.

7.2.3.2 Reverse Transkription und Integration

Obwohl die retrovirale genomische RNA einer mRNA entspricht, wird sie nach Eintritt nicht translatiert, vermutlich da die RNA im RNP Komplex für das Ribosom nicht zugänglich ist. Stattdessen erfolgt die reverse Transkription der genomischen RNA in eine lineare doppelsträngige cDNA, wobei reverse Transkription als diskontinuierlicher Vorgang mit mehrfachem Wechsel des RNA-Substrates erfolgt. Reverse Transkription findet im Zytoplasma der infizierten Zelle statt und die cDNA muß anschließend – immer noch komplexiert mit viralen und zellulären Proteinen – in den Zellkern gelangen, wo sie in die chromosomale DNA der Wirtszelle integriert wird. Das integrierte retrovirale Genom wird als Provirus bezeichnet. Retrovirale Integration ist ein sehr präziser Vorgang, der mit hoher Effizienz abläuft und die kodierenden Regionen und flankierenden untranslatierten Sequenzen nicht verändert. Dabei entfernt das virale Enzym Integrase zwei Nukleotide vom Ende der viralen cDNA, öffnet die Wirts-DNA durch einen versetzten Schnitt, und verknüpft

◄ *Abb. 7.11* Replikationszyklus und Genomstruktur von Retroviren. (a) Darstellung des retroviralen Replikationszyklus. Das RNA-Genom wird als Ribonukleoproteinkomplex nach Verschmelzen der Virushülle mit der Plasmamembran der Zielzelle in das Zytoplasma freigesetz und durch die Reserve Transkriptase in eine lineare, doppelsträngige cDNA umgeschrieben. Diese wird, immer noch komplexiert mit viralen Proteinen, durch die Integrase in die chromosomale DNA der Wirtszelle integriert, wo sie als Provirus persistiert. Das RNA-Transkript dient als mRNA für die Struktur- (GAG) und Replikationsproteine (POL) des Virus, sowie als virales Genom. Die Oberflächen-Glykoproteine (ENV) werden von einer gespleißten RNA translatiert. Unreife Viruspartikel werden an der Plasmamembran gebildet und freigesetzt, erreichen ihre Infektiosität aber erst nach extrazellulärer, proteolytischer Spaltung der Struktur-Polyproteine und dadurch bedingter Umlagerung des Capsides. (b) Struktur der proviralen DNA eines einfachen und eines komplexen Retrovirus. Alle Proviren zeichnen sich duch terminale sequenzidentische Abschnitte (LTR) aus, die transkriptionelle Kontrollelemente tragen. Transkription beginnt in der „repeat" (R) Region der 5'-LTR und wird durch Promotor- und Enhancer-Sequenzen in der U3-Region gesteuert. Das Polyadenylierungssignal liegt in der U5Region der 3'-LTR. Einfache Retroviren enthalten nur die essentiellen Gene *gag, pol, pro* und *env*. Komplexe Retroviren wie z. B. HIV-1 zeichnen sich durch zusätzliche Gene aus, die für Proteine mit regulatorischer Funktion kodieren.

die beiden DNA-Moleküle kovalent miteinander. Während die Prozessierung der viralen DNA-Sequenz spezifisch erfolgt, ist die Auswahl der Integrationsstellen in der chromosomalen DNA der Wirtszelle weitgehend zufällig. Mit der Integration erreicht das Provirus den Status eines zellulären Gens und bedingt somit eine persistierende Infektion dieser Zelle und aller davon abstammender Tochterzellen.

7.2.3.3 Expression viraler Genprodukte

Das integrierte Provirus kann über längere Zeiträume untranskribiert (stumm) verbleiben oder nach Transkription durch zelluläre Polymerase II Komplexe zur Synthese viraler Proteine und neuer infektiöser Viruspartikel führen. Die Kontrolle der Genexpression wird durch nicht kodierende Sequenzen am 5'-Ende des Provirus` vermittelt, wobei Promotoraktivität vor allem vom Aktivierungszustand der Zelle und bei manchen Retroviren zusätzlich von der Synthese viraler Transkriptionsfaktoren abhängt. Latente Infektion kann gegebenenfalls über Jahre andauern und sich so der körpereigenen Immunabwehr entziehen.

Bei den meisten Retroviren wird vom proviralen Genom nur ein einziges Primärtranskript synthetisiert, das zum einen als genomische RNA fungiert und zum anderen – entweder unverändert oder nach posttranskriptioneller Modifikation – als mRNA für die viralen Proteine dient. Dabei wird die Transkription durch virale Promotor- und Enhancer-Sequenzen in der 5'-Region des Provirus gesteuert. Bei der Replikation des retroviralen Genoms entstehen an beiden Enden sequenzidentische Abschnitte, die sogenannten LTR-Regionen (long terminal repeat; Abb. 7.11 b). Die 5'-LTR enthält alle für die retrovirale Genexpression erforderlichen Kontrollelemente, wohingegen die Polyadenylierung der Transkripte von der 3'-LTR gesteuert wird. Da die 3'-LTR die gleichen Promotor- und Enhancerelemente wie die 5'-LTR enthält, kann von dort die Transkription zellulärer Sequenzen in der Nähe der Integrationsstelle bewirkt werden. Wenn also ein Retrovirus zufällig in der Nähe eines zellulären Proto-Onkogens integriert, kann dies zur malignen Transformation der entsprechenden Zelle führen. Dieser Vorgang stellt eine wichtige Form der retroviralen Tumorigenese bei verschiedenen Tierarten dar.

Allen replikationskompetenten Retroviren gemeinsam sind drei kodierende Regionen für die Synthese essentieller viraler Proteine: Die *gag*-Region (group specific *a*ntigens) kodiert für die inneren Strukturproteine des Virus, *pol* (*pol*ymerase) für virale Replikationsenzyme und *env* (*env*elope) für die Glykoproteine der Virushülle. Die kodierende Region für die virale Protease (*pro*) wird je nach Retrovirus als Teil des *gag* oder *pol* Leserahmens oder in einem separaten Leserahmen exprimiert. Das Vorhandensein oder Fehlen von zusätzlichen Leserahmen, die in der Regel für Proteine mit regulatorischer Funktion kodieren, führt zur Einteilung der Viren in komplexe (z. B. HIV) und einfache (z. B. Leukämieviren der Maus oder das Mason-Pfizer monkey virus; Abb. 7.11 b) Retroviren. Die Produkte der *gag*-, *pol*- und *env* Leserahmen werden jeweils als Polyproteine synthetisiert. Dies bedeutet, daß die Translationsprodukte im Verlauf der Virus-Morphogenese und Reifung durch virale bzw. zelluläre Proteasen in die funktionellen Endprodukte gespalten werden. Die Synthese von Polyproteinen sowie die Tatsache, daß die POL-Proteine nicht als separater Leserahmen, sondern durch Durchlesen eines Stop-Kodons bzw. durch Wechsel des translationalen Leserahmens als Teil eines GAG-POL Polyproteins translatiert werden, erlaubt es den Retroviren, eine Vielzahl von Genprodukten unter Verwendung einer funktionell monocistronischen mRNA zu synthetisieren. Gleichzeitig ermöglicht die Polyproteinsynthese die Nutzung eines gemeinsamen Transportsignales für den gerichteten Transport zahlreicher verschiedener Proteindomänen zu einer definierten intrazellulären Region, in der Virusbildung stattfindet.

7.2.3.4 Zusammenbau („Assembly") und Reifung von Viruspartikeln

Retroviren werden zunächst als unreife, nicht infektiöse Partikel gebildet und durch Knospung von der Plasmamembran der infizierten Zelle ausgeschleust. Anschließend durchlaufen sie einen extrazellulären Reifungsschritt, der von der proteolytischen Spaltung der GAG- und GAG-POL Polyproteine durch die virale Protease abhängt und zur morphologischen Umlagerung der inneren Struktur führt. Da diese Reifung für die Infektiosität unbedingt erforderlich ist, stellt die virale Protease ein besonders attraktives Zielmolekül für die Entwicklung antiviraler Substanzen dar (siehe unten). Das unreife Capsid ist eine an die Virusmembran angelagerte sphärische Struktur mit einem Durchmesser von 80–100 nm. Es besteht aus ca 2.000 GAG-Polyproteinen, die durch die virale Protease in die funktionellen Strukturproteine Matrix, Capsid und Nukleocapsid, sowie weitere Peptide gespalten werden. Dabei kondensiert das unreife sphärische Capsid zu einer reifen Form, deren Morphologie für das jeweilige Virus typisch ist. Das reife Capsid entspricht einem Homomultimer des Capsid-Proteins, in dessen Inneren ein kondensierter RNP-Kern aus der genomischen RNA komplexiert mit Nucleocapsid-Proteinen liegt. Die Replikationsenzyme RT und Integrase sowie weitere virale und zelluläre Faktoren sind ebenfalls Teil des inneren Kerns. Virusreifung führt zur Umwandlung des stabilen unreifen Capsids in eine metastabile Struktur, die durch die Membranhülle stabilisiert wird. Beim Viruseintritt und nach Abstreifen der Hülle zerfällt das Capsid, und der RNP-Kern wird für die Replikation des Genoms freigesetzt.

7.2.4 Das Humane Immundefizienzvirus (HIV)

Die Bedeutung der molekularbiologischen Forschung für das Verständnis einer wichtigen Infektionskrankheit sowie für die Entwicklung einer spezifischen Diagnostik, Therapie und Impfung wird bei HIV besonders deutlich. Experimentelle Ansätze und Methoden analog zu den hier für das Beispiel HIV beschriebenen sind jedoch bei einer Vielzahl anderer Viren ebenfalls erfolgreich eingesetzt worden. Im folgenden Abschnitt sollen für die Molekulare Medizin besonders wichtige Aspekte der HIV-Infektion dargestellt werden. Eine umfassende Abhandlung klinischer, epidemiologischer und zellbiologischer Erkenntnisse, und molekularbiologischer Details wird dagegen nicht angestrebt.

AIDS ist eine relativ neu aufgetretene Krankheit. Das Krankheitsbild fiel erstmals 1981 auf, wobei retrospektive Untersuchungen zeigen, daß HIV-Infektionen bereits in Blutproben aus den 50er Jahren nachweisbar sind. 1983 wurde HIV erstmals aus dem Blut eines AIDS-Patienten isoliert und 1984 wurde ein serologischer Test ent-

wickelt, wodurch in der Folge die Übertragung des Virus durch Blut und Blutpro-
dukte unterbunden werden konnte. Ungeschützter Geschlechtsverkehr und die Verwendung kontaminierter Spritzen und Kanülen stellen heute die wesentlichen Über-
tragungswege dar. Da weder eine wirksame Schutzimpfung, noch Medikamente,
die eine Heilung bewirken können, zur Verfügung stehen, sind die Aufklärung über
Infektionswege und Risiken sowie die Prävention auch heute noch die wichtigsten
Maßnahmen gegen AIDS.

Die HIV-Infektion ist zweifelsfrei die Ursache der AIDS-Krankheit. Die meisten
Infizierten erkranken an AIDS, in der Regel allerdings erst nach einer langen La-
tenzzeit. Die humanen Immundefizienzviren werden in die Typen HIV-1 und HIV-2
eingeteilt, wobei HIV-1 in die häufigen M- (main) Gruppe Viren und die seltenen
O- (outlier) Gruppe Viren weiter unterteilt wird (Abb. 7.12). Die Viren der M-Gruppe werden in die Subtypen A bis H eingeteilt, wobei in Deutschland und anderen
westlichen Ländern hauptsächlich B-Typ Isolate gefunden werden, wohingegen in
Südostasien E-Typ Isolate sehr viel häufiger vorkommen. In Afrika treten alle Subtypen nebeneinander auf. Die Zuordnung eines Isolates erfolgt auf der Basis seiner
Sequenzhomologie zu bekannten Isolaten und die relative Ähnlichkeit bzw. Entfernung der verschiedenen Gruppen kann in Stammbaum-Diagrammen anschaulich
dargestellt werden (Abb 7.12). Hier zeigt sich auch, daß HIV-2 dem Immundefizienzvirus einer bestimmten Affenart, des Mohrenmangaben (SIV$_{sooty\ mangabey}$), sehr
viel ähnlicher ist als allen HIV-1 Isolaten. Die Isolate sowohl der M-Gruppe als

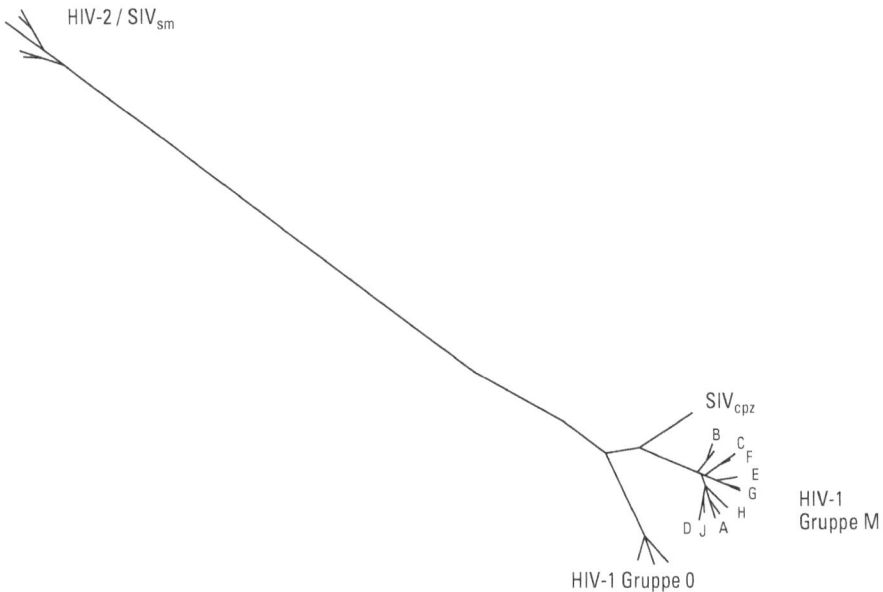

Abb. 7.12 Phylogenetische Verwandtschaft verschiedener Primaten-Lentiviren. Der Abbildung liegt ein Vergleich der Nukleinsäuresequenzen im *env*-Gen verschiedener HIV-1 Isolate
der Gruppen M und O, sowie von HIV-2 Isolaten und SIV Isolaten des Mohrenmangaben
(SIV$_{sm}$) bzw. des Schimpansen (SIV$_{cpz}$) zugrunde. Die Entfernung der Virusisolate voneinander
in der graphischen Darstellung ist direkt proportional ihrer Sequenzähnlichkeit.

auch der O-Gruppe von HIV-1 zeigen dagegen eine nähere Verwandtschaft zu Immundefizienzviren, die aus Schimpansen isoliert wurden (Abb. 7.12). Es wird daher angenommen, daß sowohl HIV-1 und HIV-2, als auch die O-Gruppe Viren jeweils durch komplett unabhängige Interspezies-Transmissionen vom Affen auf den Menschen übertragen wurden.

HIV infiziert Zellen des menschlichen Organismus, die an ihrer Oberfläche den Rezeptor CD4 tragen. Dies sind vor allem T-Helfer-Lymphozyten, Monozyten und Makrophagen, sowie Zellen der Mikroglia im Zentralnervensystem. In den ersten Wochen nach der initialen Infektion tritt eine hochtitrige Virämie auf, die mit dem Einsetzen der Immunantwort stark abnimmt. In diesem Stadium stellt sich vermutlich ein Gleichgewicht zwischen viraler Replikation und Immunkontrolle ein. Dies führt zu einer residuellen Virusmenge im Blut (Viruslast), die bei jedem Infizierten unterschiedlich ist, aber im longitudinalen Verlauf längerfristig relativ stabil bleibt. Die Viruslast in diesem Stadium („Setpoint") stellt ein wichtiges prognostisches Kriterium dar und korreliert direkt mit der Wahrscheinlichkeit des Auftretens von AIDS in den nächsten 5 Jahren. Klinisch ist die HIV-Infektion nach der initialen Virämie in der Regel für Jahre oder sogar mehr als ein Jahrzehnt asymptomatisch. Dieser Zeitraum wird als klinische Latenz bezeichnet. Dabei geht klinische Latenz nicht mit viraler Latenz einher, sondern HIV repliziert auch in der asymptomatischen Phase aktiv. Während der Latenzphase geht die Zahl der CD4-positiven ($CD4^+$) Zellen durch HIV-vermittelte zytopathische Effekte langsam zurück. $CD4^+$-Zellen sind eine notwendige Komponente des Immunsystems, wobei normalerweise etwa 1.000 CD^+-Zellen pro Mikroliter Blut in der Peripherie zirkulieren und eine sehr viel größere Zahl $CD4^+$-Zellen in den lymphatischen Organen vorliegt. Mathematische Modelle auf der Grundlage der Regeneration von $CD4^+$-Zellen unter Therapie haben ergeben, daß bei Patienten im AIDS-Stadium pro Tag etwa 10^9 $CD4^+$-Zellen zerstört werden und aus entsprechenden Vorläuferzellen nachgebildet werden müssen. Angesichts dieses enormen Umsatzes und der Tatsache, daß HIV zu allen Zeiten in CD^+ Zellen repliziert und diese zerstört, wird vermutlich mit der Zeit die Fähigkeit zur Regeneration erschöpft, wodurch die Zahl der $CD4^+$-Zellen langsam abnimmt und schließlich unter die für das Krankheitsbild AIDS charakteristische Grenze von 200 Zellen pro Mikroliter fällt. Damit einhergehend beginnt das Immunsystem zu versagen, was zusätzlich zu einem deutlichen Anstieg der HI-Viruslast im Blut des Patienten führt. Dabei geht der Anstieg der Viruslast in der Regel den AIDS-Symptomen voraus. Die Bestimmung der Viruslast als Verlaufsparameter bei HIV-Infizierten ist daher von wichtiger prognostischer Bedeutung. Die durch den Verlust der $CD4^+$-Zellen bedingte Immunschwäche führt letztlich zum Auftreten von schweren opportunistischen Infektionen mit Erregern, die normalerweise apathogen sind. Opportunistische Infektionen oder andere HIV-bedingte pathogene Effekte führen dann zum Tod des Patienten.

7.2.5 Replikationszyklus von HIV

Der Replikationszyklus von HIV entspricht im wesentlichen demjenigen anderer Retroviren (siehe oben). Im folgenden wird daher nur auf einige Besonderheiten der HIV-Infektion näher eingegangen (Abb. 7.13).

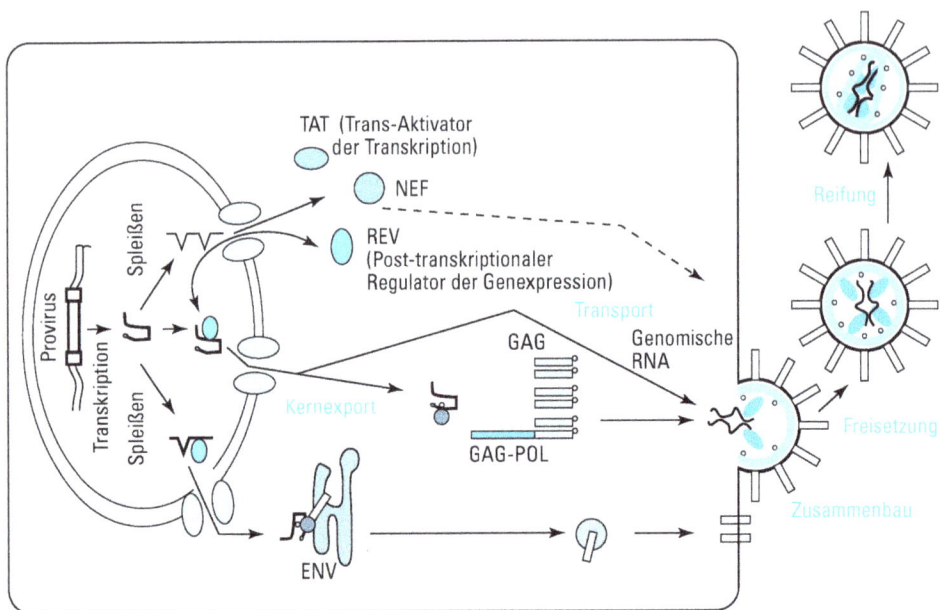

Abb. 7.13 Schematische Darstellung der HIV-Replikation nach Integration des Provirus. Das Primärtranskript dient entweder ungespleißt als mRNA für die GAG- und GAG-POL Polyproteine bzw. als virales Genom, einfach gespleißt als mRNA für die Glykoproteine (ENV) oder mehrfach gespleißt als mRNA für die Regulatorproteine TAT, REV und NEF. TAT aktiviert die Transkription, wohingegen REV den Export der ungespleißten und einfach gespleißten RNAs vermittelt und NEF vermutlich den Aktivierungszustand der infizierten Zelle beeinflußt.

7.2.5.1 Infektion

Für die Anheftung an die Zielzelle und den Eintritt in das Zytoplasma benötigt HIV neben dem Rezeptor CD4 weitere Oberflächenmoleküle der Zelle. In den letzten Jahren wurden mehrere Chemokin-Rezeptoren als Korezeptoren für unterschiedliche HIV-Isolate identifiziert. Diese Moleküle vermitteln normalerweise das Signal extrazellulärer Botenstoffe (Chemokine) in das Zellinnere. Bei der Bindung des HIV Oberflächen-Glykoproteins an CD4 wird vermutlich durch konformationelle Umlagerung eine Bindestelle für den jeweiligen Corezeptor freigelegt. CD4$^+$-Zellen, die den passenden Corezeptor nicht tragen, sind gegen das jeweilige Isolat resistent. Die meisten HIV-Isolate nutzen entweder das CCR5 Molekül oder das CXCR4 Molekül als Corezeptor. Dabei infizieren die im asymptomatischen Stadium der Infektion üblicherweise vorkommenden Viren mit Tropismus für Makrophagen meistens über CCr5, und auch die initiale Infektion erfolgt in aller Regel durch CCR5-nutzende Viren. Im Gegensatz dazu werden im AIDS-Stadium sehr viel häufiger Viren gefunden, die den Corezeptor CXCR4 nutzen. Die CXCR4-nutzenden Viren zeichnen sich zusätzlich dadurch aus, daß sie nicht nur primäre Lymphozyten, sondern auch T-Zellinien in Kultur infizieren können und in diesen Riesenzellen (sogenannte Synzytien) bilden. Der beschriebene Wechsel des Corezeptors vor dem Übergang in das symptomatische Stadium ist zwar häufig, aber nicht obligatorisch für die virale Pathogenese und seine Bedeutung für den Infektionsverlauf ist gegenwärtig unzureichend verstanden. Interessanterweise tritt bei etwa 1% der kaukasischen Bevölkerung in Europa und Nordamerika eine homozygote Deletion von 32 Nukleotiden im ccr5-Gen (ccr5-Δ32) und damit ein Verlust der ccr5-Expression auf. Diese Deletion scheint per se keine pathogenetische Bedeutung für die betreffenden Menschen zu haben, führt jedoch zur Resistenz gegen eine Infektion mit CCR5-nutzenden HIV-Isolaten. Entsprechend finden sich in der Gruppe der Personen mit homozygoter ccr5-Δ32 Deletion fast keine HIV-Infizierten. Allerdings bietet die Deletion keinen absoluten Schutz. Auch die heterozygote ccr5-Δ32 Deletion (etwa 20% der kaukasischen Bevölkerung) hat anscheinend einen verzögernden Einfluß auf den Verlauf der HIV-Infektion, der jedoch nicht sehr ausgeprägt ist. Bei anderen Rassen ist die ccr5-Δ32 Deletion sehr viel seltener, und es wurden z. B. in der schwarzen Bevölkerung Afrikas bisher keine Personen mit homozygoter Deletion gefunden. Die Tatsache, daß CCR5 für die HIV-Infektion sehr wichtig ist, jedoch der Verlust der ccr5 Expression anscheinend ohne Konsequenzen toleriert werden kann, macht dieses Molekül zu einem besonders attraktiven Ziel für antivirale Therapieansätze (siehe unten).

7.2.5.2 Replikation und Integration

Alle Retroviren replizieren ihr Genom im Zytoplasma und integrieren anschließend die cDNA im Zellkern in die zelluläre DNA. Im Gegensatz zu den meisten anderen Retroviren ist bei HIV und anderen Lentiviren hierfür keine Zellteilung und damit keine Auflösung der Kernmembran erforderlich. Der virale Präintegrationskomplex wird über die Kernporen durch die intakte Kernmembran transportiert. Dies geschieht vermutlich über Interaktionen der viralen Integrase und des Regulatorproteins VPR (virion protein R) mit Komponenten der zellulären Kernimport-Maschinerie. Der genaue Mechanismus des Kernimportes ist allerdings gegenwärtig noch nicht aufgeklärt.

Die Fähigkeit zur Infektion nicht proliferierender Zellen, macht HIV und verwandte nicht humanpathogene Lentiviren besonders interessant für die Entwicklung neuer retroviraler Vektoren für die somatische Gentherapie. Dabei ist von Bedeutung, daß zahlreiche für die Gentherapie wesentliche Zielzellen sich zwar teilen können, aber in der Regel in vivo nicht proliferieren. Damit sind retrovirale Vektoren, die keinen aktiven Kernimport des Präintegrationskomplexes vermitteln können, für derartige Zellen weniger geeignet, und es ist zu erwarten, daß die Anwendung lentiviraler Vektoren oder der Einsatz lentiviraler Elemente in retroviralen Vektoren auf anderer Grundlage in Zukunft stark zunehmen wird.

7.2.5.3 Expression und Regulation HI-viraler Gene

Die Transkription der integrierten proviralen DNA unterliegt zunächst der zellulären Transkriptionskontrolle und hängt dementsprechend vor allem vom Integrationsort (Nähe zu aktiv transkribierten Genen und Enhancer-Regionen) sowie vom zellulären Aktivierungszustand ab. Helfer T-Lymphozyten, die Hauptzielzellen von HIV, sind bei fehlender antigener Stimulation ruhend und transkriptionell weitgehend inaktiv. In diesen Zellen kann das integrierte Provirus daher über längere Zeiträume stumm verbleiben und erst bei antigener Stimulierung der entsprechenden Zelle zur Produktion neuer infektiöser Viren führen. Dies und die Tatsache, daß bei antigener Stimulierung die Zahl aktivierter $CD4^+$-Zellen und damit der Zielzellen für HIV erhöht wird, erklärt warum die Viruslast bei interkurrenten Infekten oder bei Impfung HIV-infizierter Personen oft signifikant ansteigt.

In der frühen Phase der HIV-Genexpression werden alle Transkripte komplett gepleißt und dienen als mRNAs für die drei essentiellen Regulatorproteine TAT, REV und NEF (Abb. 7.13). TAT (für *trans-activator of transcription*) ist ein viraler Trans-Aktivator, der die ungewöhnliche Eigenschaft besitzt, durch Bindung an ein definiertes Element am neu entstehenden RNA-Strang („TAT-responsive element"; TAR) die Prozessivität der RNA-Polymerase Komplexe und damit die Elongation der RNA zu stimulieren. Damit unterscheidet sich TAT in seiner Funktion von anderen Trans-Aktivatoren der Transkription, die ihre Wirkung durch Bindung an die chromosomale DNA entfalten und die Initiation der Transkription stimulieren. Seine Wirkung vermittelt TAT durch Bildung eines ternären Komplexes mit Cyklin-T1 und der Cyklin-abhängigen Kinase CDK9 an der TAR RNA. Dieser Komplex bewirkt die Phosphorylierung der C-terminalen Domäne von RNA Polymerase II und erhöht dadurch die Prozessivität des Transkriptionskomplexes (siehe Kapitel 3.1.2.1). Das zweite virale Regulatorprotein REV (für *regulator of expression of viral genes*) beeinflußt die virale Genexpression auf post-transkriptioneller Ebene. In Abwesenheit von REV werden nur komplett gespleißte HIV RNAs aus dem Zellkern exportiert, wohingegen ungespleißte und partiell gespleißte RNAs im Zellkern zurückgehalten werden. REV bindet an ein komplexes RNA-Strukturelement („*REV responsive element*"; RRE), welches als Intron aus den komplett gespleißten RNAs entfernt wird, aber in allen inkomplett gespleißten RNAs vorhanden ist. Der entstehende Ribonukleoproteinkomplex bindet anschließend an einen Kernexportfaktor (CRM-1), der normalerweise für den Export zellulärer Proteine und kleiner zellulärer RNAs verantwortlich ist (siehe Kapitel 3.3.2). HIV besitzt also ein Regulatorprotein, das den Transport der viralen RNA vom normalen mRNA-Export entkoppelt. Dies ermöglicht dem Virus eine biphasische Genexpression mit sehr effizienter Regulation: In der frühen Phase werden nur die Regulatorproteine TAT, REV und NEF produziert, wobei durch die TAT-vermittelte Transkriptionssteigerung die Konzentration der viralen RNA in der Zelle erhöht wird. Bei Überschreiten einer kritischen REV-Konzentration erfolgt das Umschalten in die späte Phase mit Produktion der viralen Strukturproteine und anderer Regulatorproteine bei gleichzeitiger Reduktion der frühen mRNAs. Da REV die viralen RNAs in einen sehr effizienten Exportweg kanalisiert, kann ein rascher Anstieg der späten mRNAs und damit eine schnelle und hochtitrige Virusproduktion erfolgen, bevor die produzierende Zelle durch das Immunsystem eliminiert wird.

Die Funktion des dritten Regulatorproteins (NEF) ist bisher weniger gut verstanden. NEF wurde ursprünglich als Antagonist von TAT beschrieben, der die virale Genexpression reduziert (*negative factor*). NEF scheint jedoch im Gegenteil ebenfalls positiv zur viralen Genexpression beizutragen, möglicherweise durch Modulation zellulärer Signaltransduktionswege. Die besondere Bedeutung von NEF für den Verlauf der Infektion mit Immundefizienzviren wurde erstmals bei der experimentellen Infektion von Affen mit *nef*-deletierten SIV- (simian immunodeficiency virus) Stämmen deutlich. Zwar führten auch diese Viren zur produktiven Infektion der Tiere, jedoch lag die Viruslast nach der akuten Phase sehr viel niedriger als bei Infektion mit Wildtyp Viren, und es wurde kein Auftreten von AIDS beobachtet. Inzwischen wurde berichtet, daß NEF bei HIV wohl eine ähnliche Bedeutung hat: Bei mehreren Personen, die bereits sehr lange mit HIV infiziert sind, aber bisher keine Symptome zeigen, wurden ausschließlich *nef*-defekte Virusgenome gefunden. Besonders interessant ist eine Gruppe von Patienten des australischen Blutspendedienstes, in der ein Blutspender und die sechs durch dessen Blut infizierten Empfänger alle ausschließlich *nef*-defekte Viren tragen. Weit über 10 Jahre nach Infektion hat keine einzige dieser Personen AIDS-spezifische Symptome entwickelt, was die Bedeutung von NEF für die virale Pathogenese eindrucksvoll unterstreicht. Allerdings wurde in jüngster Zeit bei einigen dieser Personen eine Reduktion der T-Zellen und das Auftreten erster Symptome beobachtet.

7.2.6 Diagnostik und Therapie der HIV-Infektion

Die Heterogenität der HIV-Stämme und deren antigene Vielfalt hat auch für die Diagnostik erhebliche Bedeutung, da die verschiedenen HIV-Typen und Subtypen nicht mit allen Testverfahren sicher erfaßt werden können. Üblicherweise erfolgt die Diagnose einer HIV-Infektion zunächst über den Nachweis Virus-spezifischer Antikörper im Blut des Infizierten mittels Antikörper-ELISA und anschließendem Western Blot als Bestätigungs-Test (siehe Kapitel 4.5.1). Inzwischen stehen kommerzielle ELISA-Tests zur Verfügung, die den sicheren Nachweis von Infektionen sowohl mit HIV-1 (M-Typ und O-Typ) als auch mit HIV-2 erlauben. Eine Subtypisierung kann dann mittels anderer ELISA-Tests oder durch Vergleich der Nukleinsäuresequenz erfolgen. Nach dem initialen Nachweis einer HIV-Infektion mittels ELISA und Western Blot wird die Viruslast im Blut durch quantitative Bestimmung der RNA-Kopienzahl gemessen. Dies geschieht mittels verschiedener Methoden zur Nukleinsäure-Amplifikation (quantitative RT-PCR; isotherme Nukleinsäure-Amplifikation; branched DNA-Assay).

Die antiretrovirale Therapie gegen HIV hatte bis vor wenigen Jahren lediglich geringe Erfolge, da nur eine begrenzte Zahl von wirksamen Medikamenten verfügbar war, gegen die sehr schnell nach Therapiebeginn resistente Viren auftraten. Das rasche Auftreten einer Resistenz wird vor allem durch die außerordentliche Dynamik der HIV-Infektion mit massiver Virusreplikation auch in der klinischen Latenzphase, sowie durch die hohe Fehlerrate bei der Genomreplikation verursacht. Die Vermehrung des viralen Genoms erfolgt durch die virale RT und die zelluläre RNA-Polymerase. Beide Enzyme besitzen keine Korrekturfunktion und verursachen daher im Vergleich zu Enzymen der zellulären DNA-Replikation eine sehr hohe Fehlerrate

(1 Fehler pro 10^4 Basen). Angesichts der Produktion von bis zu 10^{10} Viruspartikeln pro Tag ist es nicht überraschend, daß bereits bei unbehandelten Patienten Punktmutationen in proviralen Sequenzen gefunden werden, die zum Auftreten einer Resistenz gegen bestimmte antivirale Agentien führen können. In Abwesenheit der entsprechenden Substanz haben diese Varianten jedoch keinen Wachstumsvorteil und werden deshalb bei unbehandelten Patienten nicht angereichert. Werden Patienten mit dem entsprechenden Medikament behandelt, ergibt sich ein massiver Selektionsvorteil für eine resistente Virusvariante, die in kurzer Zeit zum dominanten Genotyp auswächst und bereits zwei Wochen nach Therapiebeginn die Hauptvariante im Blut des Patienten darstellen kann. Dies bedeutet, daß das Problem der Resistenzentwicklung am besten durch Kombination verschiedener Medikamente überwunden werden kann, da in diesem Fall das Auftreten von Varianten, die gegen einzelne Substanzen ganz oder teilweise resistent sind, von geringerer Bedeutung ist. Resistenzentwicklung unter Kombinationstherapie erfordert die Akkumulation mehrerer Mutationen innerhalb eines Genoms, was häufig zu verminderter Repli-

Tab. 7.9 Therapeutische Konzepte bei HIV-Infektion

Replikations schritt	Strategie	Inhibitoren	Medikamente in der Anwendung (1998)
I. Bindung und Eintritt in die Zelle	Hemmung der CD4/GP120 Wechselwirkung	lösliches CD4	–
	Hemmung der Korezeptor-Bindung	Chemokin-Derivate	–
	Hemmung der für die Fusion wichtigen Konformations-änderung in ENV	Peptide die spezifisch an GP41 binden	–
II. Replikation des Genoms	Hemmung der reversen Transkription	RT-Inhibitoren: Nukleosidanaloga Nichtnukleosid. Inhibitoren anti-RT-Anti-körperfragmente	AZT, ddl, ddC,3TC, d4T Nevirapin, Delaviridin –
	Verhinderung der Integration	Integrase-Inhibitoren	–
III. Gen-expression	Degradation der viralen RNA	Antisense-RNA Ribozyme	– –
	Hemmung des RNA-Kernexports	Trans-dominante REV M10 Mutante	–
IV. Virusreifung	Hemmung der Polyprotein-Prozessierung	PR-Inhibitoren	Indinavir, Ritonavir, Saquinavir, Nelfinavir

kationsfähigkeit führt. Die Kombination verschiedener Pharmaka ist umso erfolgreicher, je größer die Zahl der erforderlichen Mutationen ist, die zur Resistenz gegen alle eingesetzten Substanzen führt. Eine Übersicht über verschiedene therapeutische Konzepte, die gegenwärtig in der klinischen Prüfung oder bereits in der Anwendung sind, ist in Tabelle 7.9 dargestellt.

7.2.6.1 Inhibitoren der Reversen Transkriptase

Die HIV RT ist das am besten studierte Zielmolekül für antivirale Therapie. RT wird früh in der Replikation benötigt, so daß RT-Inhibitoren die Infektion schon vor Integration der proviralen DNA blockieren können. Andererseits weist RT Ähnlichkeiten mit zellulären Polymerasen auf, und viele Substanzen, die RT inhibieren können, wurden ursprünglich als Inhibitoren zellulärer DNA-Polymerasen entwickelt. Dadurch bedingt sind RT-Inhibitoren häufig toxisch und können nicht ausreichend hoch dosiert werden. Die gegenwärtig eingesetzten RT-Inhibitoren werden in zwei Gruppen unterteilt: 1. Nukleosidanaloga, die nach intrazellulärer Phosphorylierung mit den Nukleotid-Triphosphaten um den Einbau in die wachsende Kette konkurrieren und bei Inkorporation zum Abbruch der Kette führen (siehe unten). 2. Nicht nukleosidische Inhibitoren (allosterische Inhibitoren), die an RT binden und diese in nicht kompetitiver Weise hemmen (z. B. Nevirapin, Delavirdin).

Die meisten in der AIDS Therapie eingesetzten RT-Inhibitoren gehören zur Gruppe der Nukleosidanaloga. Dies sind insbesondere das 3'-Azido-3'-Deoxythymidin (AZT), das 2', 3'-Dideoxyinosin (ddI), das 2', 3'-Dideoxycytidin (ddC) und das 2', 3'-Didehydro-3'-Deoxythymidin (d4T). Diesen Substanzen ist gemeinsam, daß sie keine Hydroxylgruppe in der 3'-Position tragen. Sie können damit nach intrazellulärer Phosphorylierung an ihrer 5'-Position noch in die wachsende cDNA Kette eingebaut werden, jedoch ist keine Verlängerung am neuen 3'-Ende mehr möglich und die cDNA-Synthese bricht ab. Dabei genügt der Einbau eines einzigen Inhibitormoleküls während der insgesamt ca 20.000 Reaktionsschritte umfassenden reversen Transkription des HIV-Genoms, um die Nutzung dieses Genommoleküls für die Infektion zu verhindern. Allerdings sind in der Regel bereits wenige Mutationen ausreichend, um eine teilweise Resistenz des Virus gegen den jeweiligen Inhibitor zu erzielen. Monotherapie mit AZT zeigte daher nur geringe Erfolge und führte rasch zum Auftreten hochgradig resistenter Varianten, die weitgehend unverändert pathogen sind und auch Neuinfektionen verursachen können. Dagegen liefern manche Kombinationen von Nukleosidanaloga deutlich bessere klinische Resultate. Insbesondere AZT kombiniert mit 2'-Deoxy-3'-Thiacytidin (3TC) ergab eine signifikante Reduktion der Viruslast und einen Anstieg der CD4$^+$-Zellzahlen, der längerfristig erhalten blieb. Dies ist vermutlich darauf zurückzuführen, daß 3TC Resistenzmutationen die Sensitivität für AZT erhöhen, wodurch die Wahrscheinlichkeit für doppelt resistente Viren deutlich reduziert wird.

7.2.6.2 Proteaseinhibitoren

Inhibitoren der viralen Protease (PR) stellen die zweite Klasse antiviral wirksamer Moleküle in der gegenwärtigen AIDS Therapie dar. Wie beschrieben spaltet die virale PR die Polyproteine im entstehenden Virion zu funktionellen Einheiten. Diese Spaltung ist notwendig für die Infektiosität der freigesetzten Viruspartikel. Wie HIV PR gehört auch das in der Blutdruckregulation wirksame Enzym Renin zur Familie der Aspartyl-Proteasen, und die Entwicklung von PR-Inhibitoren wurde durch frühere Arbeiten an Renin-Inhibitoren stark beeinflußt. Daneben konnte die ungewöhnliche Spaltung der HIV PR vor Prolin-Resten für die Inhibitorentwicklung ausgenutzt werden, da diese von zellulären Proteasen in der Regel nicht ausgeführt wird. Dieser Unterschied ist zum großen Teil für die relativ hohe Spezifität der HIV-gerichteten PR-Inhibitoren und damit für deren große therapeutische Breite verantwortlich. Sehr wichtig für die Entwicklung von PR-Inhibitoren war ferner, daß frühzeitig eine hochauflösende 3D-Struktur von PR – mit und ohne Inhibitor – verfügbar war, so daß die Paßgenauigkeit eines Inhibitors in die Substratbindetasche am Computer modellhaft dargestellt, und Optimierungsmöglichkeiten theoretisch analysiert werden konnten. Verbesserte Wirksamkeit wurde durch Bestimmung der Struktur des PR-Inhibitor-Komplexes und anschließende Synthese neuer Moleküle mit optimierter Paßform, gefolgt von erneuter Strukturbestimmung, erreicht. Insofern stellen PR-Inhibitoren die erste erfolgreiche Umsetzung des Konzeptes einer rationalen Entwicklung von Medikamenten unter Ausnutzung der durch Strukturanalysen gewonnenen Erkenntnisse über das Zielmolekül dar („structure-based drug design").

In der AIDS-Therapie werden derzeit vor allem die drei zuerst entwickelten PR-Inhibitoren Saquinavir, Indinavir und Ritonavir eingesetzt. Eine Reihe weiterer PR-Inhibitoren wird folgen, die sich jedoch in ihren Wirkeigenschaften nicht dramatisch unterscheiden und anscheinend auch in ihrem Resistenzprofil deutliche Überschneidungen zeigen. Verbesserungen sind insbesondere in der Galenik zu erwarten, da die bisherigen PR-Inhibitoren nach oraler Gabe relativ schlecht resorbiert und rasch eliminiert werden, und deshalb in hoher Dosis und in kurzen Intervallen gegeben werden müssen. Klinische Studien mit PR-Inhibitoren haben gezeigt, daß bereits eine Monotherapie zu einer erheblichen Verminderung der Viruslast führen kann. Dieser Effekt ist jedoch transient, da schon bald Resistenzvarianten auftreten. PR-Inhibitoren zeigen generell eine niedrigere Toxizität als RT-Inhibitoren und können daher höher dosiert werden. Außerdem erfordert die Entwicklung einer Resistenz in der Regel die Akkumulation einer größeren Zahl von Mutationen als im Falle der RT-Inhibitoren. Allerdings können bei initial zu niedriger Dosis wenige Mutationen zu einer Teilresistenz führen, die in der Folge bei Dosiserhöhung eine verringerte „genetische Hürde" für komplett resistente Viren ergibt. Deswegen ist es generell bei der Therapie von HIV-Infizierten außerordentlich wichtig, von Anfang an mit der voll wirksamen Dosis zu behandeln. Jede Unterdosierung und jede Dosisreduktion, die zum Unterschreiten der für Replikationshemmung erforderlichen Konzentration im Körper des Infizierten führt, erhöht dramatisch das Risiko einer Resistenzentwicklung und gefährdet damit den Therapieerfolg. Wie bei den RT-Inhibitoren wird auch bei den PR-Inhibitoren eine gewisse Kreuzresistenz beobachtet, d. h. Varianten, die gegen eine Substanz resistent sind, zeigen auch gegen andere

Substanzen eine verminderte Suszeptibilität. Insofern kann bei Unwirksamkeit einer Substanz nicht immer durch einfachen Ersatz die therapeutische Wirksamkeit wiederhergestellt werden. Die richtige Steuerung der Therapie ist deshalb von besonderer Bedeutung.

7.2.6.3 Kombinationstherapie

Das Ziel jeder HIV-Therapie ist die komplette Unterdrückung der viralen Replikation. Dies kann derzeit am besten durch eine Dreifach-Kombination unter Einschluß von Protease-Inhibitoren erreicht werden. Die gegenwärtige Therapie besteht in der Regel aus einer Kombination von zwei Hemmstoffen der RT und einem Protease-Inhibitor („highly active antiretroviral therapy"; HAART). Mit dieser Therapie kann bei der überwiegenden Zahl der Patienten (> 80%) eine signifikante Absenkung der Viruslast um mehr als zwei Größenordnungen erreicht und auch über längere Zeiträume erhalten werden. Bei zahlreichen Patienten sinkt die Viruslast im Blut sogar unter die Nachweisgrenze, was gelegentlich fälschlicherweise als Heilung interpretiert wird. Die Kombinationstherapie führt aber lediglich zur Unterdrückung der HIV-Replikation, nicht jedoch zur Eliminierung der proviralen DNA aus bereits infizierten Zellen. Wie weiter oben gesagt, können derartige Zellen im Ruhezustand über lange Zeiträume persistieren und bei Aktivierung zur Produktion neuer infektiöser HIV-Partikel führen. Entsprechend findet sich bei Patienten, die eine wirksame Kombinationstherapie absetzen oder unterhalb der wirksamen Konzentration weiterführen, ein rascher Anstieg des Virustiters im peripheren Blut, wobei die Viruslast häufig über den vor Therapie gemessenen Wert ansteigt. Insofern muß man davon ausgehen, daß eine Kombinationstherapie nur als Dauertherapie wirksam ist und eine komplette Viruselimination aus dem Organismus (Heilung) auf diesem Weg vermutlich nicht möglich sein wird. Der minimal erforderliche Zeitraum bis zur Eliminierung sämtlicher potentiell infektiöser integrierter Proviren wird dabei in erster Linie durch die Lebenszeit der am längsten überlebenden infizierbaren Zellen definiert, die vermutlich Jahre oder sogar Jahrzehnte beträgt. Hierbei muß jedoch berücksichtigt werden, daß auch nach diesem Zeitraum eine Heilung nur dann möglich wäre, wenn tatsächlich gar keine HIV-Replikation während der gesamten Zeit stattgefunden hätte. Das Virus repliziert jedoch zumindest im lymphatischen Gewebe weiter, wenn auch auf äußerst niedrigem Niveau. Da die HAART erst vor wenigen Jahren auf breiter Basis eingeführt wurde, kann man über die Dauer ihrer Wirksamkeit derzeit noch keine endgültige Aussage machen. Zumindest über einen Zeitraum von drei Jahren kann aber bei den meisten Patienten die HIV-Replikation weitgehend oder vollständig unterdrückt werden. Ermutigend ist in dieser Hinsicht, daß bei Patienten, die eine längerfristig wirksame Therapie unterbrachen, nach Wiederanstieg des Virustiters in der Regel das Wildtyp-Virus und nicht Resistenzvarianten gefunden wurden. Dies bedeutet, daß durch die Kombinationstherapie vermutlich die Replikation unter das für Entstehen und Selektion multipel resistenter Varianten erforderliche Maß gedrückt werden kann.

7.2.6.4 Resistenzprüfung

Wie weiter oben angesprochen, können AZT-resistente und vermutlich auch gegen andere Medikamente resistente HIV-Varianten zu Neuinfektionen führen. Es wird geschätzt, daß die meisten amerikanischen HIV-Infizierten gegen RT-Inhibitoren partiell resistente Viren tragen und etwa 30–40 % auch gegen PR-Inhibitoren partiell resistente Viren. Wie im Fall der Antibiotika-Therapie bakterieller Infektionen wäre daher für die Steuerung der AIDS-Therapie die Erstellung eines individuellen Resistenzprofils für den jeweiligen Patienten von großem Nutzen. Dies ist jedoch infolge der Abhängigkeit viraler Replikation vom Metabolismus der Wirtszelle schwierig und erfordert einen aufwendigen molekularbiologischen Ansatz. Dabei wird die kodierende Region für RT bzw. PR aus den im Plasma des Infizierten zirkulierenden Viren mittels RT-PCR amplifiziert und in einen molekularen Klon von HIV-1 eingeführt. Nach Transfektion in eine CD4$^+$ T-Zellinie erfolgt die Bildung von infektiösen Viruspartikeln, welche die RT- bzw. PR-Region des Patientenvirus tragen. Diese werden anschließend auf Inhibition durch verschiedene antivirale Substanzen getestet. Auf diesem Weg wird ein Resistenzprofil für die im Blut des Patienten vorhandenen Hauptvarianten erstellt. Dabei gewährleistet die Verwendung des molekularen Klons eines Zellkultur-adaptierten Virus die weitgehende Unabhängigkeit von den individuellen Replikationseigenschaften des jeweiligen Patientenvirus. Allerdings ist dieser Test aufwendig und teuer, kann erst nach ca. drei Wochen ausgewertet werden und wird derzeit nur von wenigen Labors durchgeführt.

7.2.6.5 Neue pharmakologische Therapieansätze

Das Verständnis der Grundlagen der Resistenzentwicklung von HIV und die daraus abgeleiteten Konsequenzen sind von großer klinischer Bedeutung, da nur eine begrenzte Zahl von wirksamen Medikamenten gegen HIV zur Verfügung steht. Eine weite Verbreitung von Varianten, die gegen einzelne oder mehrere dieser Substanzen resistent sind, stellt den gesamten Therapieansatz in Frage. Dies und die Tatsache, daß die gegenwärtig verfügbaren Medikamente in ihrer Herstellung für einen weltweiten Einsatz zu teuer sind und eine wirksame Therapie daher nur in den Ländern der westlichen Welt durchgeführt werden kann, verleiht der Suche nach weiteren gegen HIV wirksamen Substanzen eine hohe Priorität. Ein besonders geeignetes Zielmolekül für eine antivirale Therapie ist der Corezeptor CCR5. Ein genetischer Defekt hat keine negativen Auswirkungen auf den Träger, so daß eine pharmakologische Blockade des Viruseintritts nur wenige oder gar keine Nebenwirkungen verursachen sollte. Untersuchungen mit Chemokin-Derivaten haben in Zellkultur zu vielversprechenden Ergebnissen geführt. Derartige Moleküle können als Leitsubstanzen für die pharmakologische Entwicklung dienen. Ebenfalls gegen den Viruseintritt gerichtet sind Peptide, die das HIV Glykoprotein GP41 binden und für die Membranfusion notwendige konformationelle Umlagerungen blockieren. In einer ersten klinischen Studie führte die Gabe eines solchen Peptides (Peptid T-20) zu einer Reduktion der Viruslast um zwei Größenordnungen, ungefähr vergleichbar mit der Wirkung der besten RT- und Proteaseinhibitoren. Ein weiteres attraktives Zielmolekül ist die virale Integrase, da sie spezifisch für das Virus ist und nur begrenzte Homologie zu zellulären Enzymen aufweist. Allerdings erwies es sich in diesem Fall als außerordentlich schwierig, ein für hohen Probendurchsatz geeignetes Testsystem zu etablieren. Außerdem stehen bisher keine vielversprechenden Leitsubstanzen zur Verfügung. Auch die viralen Regulatorproteine sowie die Zusammenlagerung der viralen Strukturproteine bei der Bildung von Viruspartikeln stellen mögliche Ziele für die Entwicklung antiviral wirksamer Moleküle dar, die von verschiedenen Labors aufgegriffen wurden, aber derzeit noch weit von einer klinischen Anwendung entfernt sind.

7.2.6.6 Gentherapie

Neben der Entwicklung kleinmolekularer Inhibitoren hat in den letzten Jahren die somatische Gentherapie als neues Therapiekonzept einen großen Aufschwung erfahren (siehe Kapitel 8.2). Die HIV-Infektion bietet (neben malignen Tumoren und monogenen hereditären Krankheiten) relativ gute Voraussetzungen für eine erfolgreiche Gentherapie. Daher bezieht sich ein Großteil der derzeit durchgeführten Gentherapie-Studien auf HIV-infizierte Personen. Bei der Gentherapie werden neue oder veränderte Gene in Zellen des Patienten eingebracht, wobei der Gentransfer in der Regel ex vivo erfolgt und die genetisch modifizierten Zellen anschließend zurückgegeben werden. Insofern eignen sich Blut- und Knochenmarkszellen wegen ihrer leichten Zugänglichkeit und Reinfundierbarkeit besonders als Zielzellen für die Gentherapie. Im Falle viraler Infektion verfolgt die Gentherapie das Ziel einer „intrazellulären Immunisierung". Dabei sollen von dem therapeutisch eingebrachten Gen Moleküle produziert werden, die mit der Replikation von HIV interferieren und damit die Produktion neuer infektiöser Viren blockieren. Die meisten gegenwärtig verfolgten Ansätze beschäftigen sich mit der intrazellulären Expression von transdominant wirksamen Proteinen, von Antikörperfragmenten, sowie von Antisense-RNAs bzw. Ribozymen. Die therapeutisch wirksamen Gene werden durch virale und nicht virale Vektoren ex vivo entweder in periphere T-Zellen oder in Vorläufer- bzw. Stammzellen des Knochenmarks eingebracht. Ein wesentliches Problem aller gentherapeutischen Ansätze ist die geringe Transduktionseffizienz verfügbarer Vektoren, so daß nur eine geringe Zahl primärer Zellen genetisch verändert wird. Derzeitige Studien versuchen daher vor allem die Frage zu beantworten, ob diese Zellen eine selektiv längere Überlebenszeit und niedrigere Infektionsrate haben, also einen relativen Schutz vor HIV-Infektion aufweisen. Ein signifikanter therapeutischer Nutzen der Gentherapie ist jedoch erst bei verbesserter Transduktionseffizienz oder erfolgreicher Transduktion hämatopoetischer Stammzellen zu erwarten. Da im letzteren Falle eine zur Selbsterneuerung befähigte Population genetisch modifizierter Zellen entstehen würde, von denen stetig neue und potentiell vor HIV-Infektion geschützte T-Zellen in das periphere Kompartiment abgegeben würden, könnte man einen direkten Effekt auf die Zahl der $CD4^+$-Zellen, auf die Viruslast und somit auf den klinischen Verlauf erwarten.

Wie weiter oben beschrieben, bindet REV an die virale RNA und vermittelt deren Kernexport über ein Exportsignal. Die REV M10-Mutante ist ein gentechnisch hergestelltes Analogon und trägt einen Defekt in diesem Exportsignal. Das entsprechende Protein kann noch in den Ribonukleoprotein-Komplex eingebaut werden und interferiert dort mit dem REV-vermittelten Kernexport der genomischen RNA. Zellinien, die die REV M10-Mutante stabil exprimieren, sind daher erheblich schlechter durch HIV infizierbar. Bei einer klinischen Anwendung muß berücksichtigt werden, daß die konstitutive REV M10-Expression möglicherweise zur immunologischen Eliminierung der genetisch modifizierten Zellen führen kann, da diese ein für den Organismus „fremdes" Protein tragen. Das gleiche Problem kann sich auch bei der intrazellulären Expression spezifischer Antikörperfragmente ergeben. Bei diesem Ansatz wird aus der genomischen DNA von Hybridomzellen, die gegen spezifische HIV Proteine gerichtete monoklonale Antikörper produzieren, die für die variable Region des Antikörpers kodierende Region mittels PCR amplifiziert und als „single-chain variable" (SCFV) Fragment in geeignete Expressionsvektoren kloniert. Bei intrazellulärer Expression eines hochaffinen SCFV, das z. B. gegen HIV RT oder Integrase gerichtet ist, wird durch die Antikörperbindung die enzymatische Aktivität des entsprechenden Proteins blockiert, wodurch die SCFV exprimierenden Zellen vor Infektion geschützt sind.

Im Gegensatz zur Expression fremder Proteine erfolgt bei einer intrazellulären Immunisierung durch Antisense-RNA oder Ribozyme keine Produktion neuer Antigene und es kann daher keine immunologische Eliminierung erfolgen. Antisense-RNAs sind komplementär zu den vom proviralen Genom abgelesenen viralen mRNAs und können zur Bildung von partiell doppelsträngigen RNAs führen, die vermutlich nicht mehr translatierbar sind und rasch abgebaut werden. Stabil transfizierte Zellinien, die gegen verschiedene Regionen des HIV Genoms gerichtete Antisense-RNAs exprimieren, zeigten eine deutliche reduzierte Infizierbarkeit. Eine weitere Verbesserung der antiviralen Wirksamkeit kann durch Einbau der katalytischen Domäne eines Ribozyms in eine HIV-gerichtete Antisense-RNA erreicht werden (siehe Kapitel 3.2.3.5). Ribozyme sind RNA-spaltende RNA-Moleküle, die z. B. bei selbst spleißenden Introns und bei Viroiden gefunden wurden und deren katalytisches Zentrum auf eine andere RNA übertragen werden kann. Dabei kann die Spezifität des Ribozyms durch Auswahl flankierender Regionen, die zur Zielregion komplementär sind, vermittelt werden. Zusätzlich zum Antisense-Effekt führen Ribozyme zur aktiven Spaltung und damit zum Abbau der HIV-RNA. Dementsprechend ergab die stabile Expression von Ribozymen eine um mehrere Größenordnungen reduzierte Infizierbarkeit der entsprechenden T-Zellinien.

7.2.7 Entwicklung einer HIV-Vakzine

Obwohl die antivirale Therapie HIV-Infizierter in den letzten Jahren deutliche Fortschritte gemacht hat, ist eine Heilung weiterhin nicht möglich; erreichbar ist lediglich ein Aufhalten der klinischen Symptomatik über einen begrenzten Zeitraum, und dies nur in den Ländern der westlichen Welt. Es ist daher unmittelbar einleuchtend, daß der Bedarf für eine wirksame, sichere und kostengünstige Vakzine zum Schutz vor HIV-Infektion größer denn je ist. Das Ziel einer Schutzimpfung ist üblicherweise sterile Immunität, also die Verhinderung der Primärinfektion oder die Limitierung der Infektion auf die Zellen an der Eintrittspforte ohne Sekundärstreuung im Organismus. Je nach Infektionserreger und Infektionsroute trägt die humorale (neutralisierende Antikörper) und zelluläre Immunantwort (zytotoxische T-Zellen; CTL)

in unterschiedlichem Umfang hierzu bei. Im Fall des HIV wird neben der prophylaktischen Vakzinierung auch eine therapeutische Vakzinierung, also eine Impfung
bereits infizierter Personen diskutiert, da hier trotz nachweisbarer Immunantwort
nur eine Reduktion der Viruslast aber keine Elimination des Virus und der infizierten
Zellen erfolgt. Es wird daher spekuliert, daß durch eine zusätzliche Stimulierung
der antiviralen Immunantwort eine Verbesserung des klinischen Verlaufs erreicht
werden könnte.

7.2.7.1 Immunreaktionen auf die Wildtyp HIV-Infektion

Die akute HIV-Infektion führt in der Regel zu einer starken humoralen und zellulären
Immunantwort, die wenige Wochen später eine drastische Abnahme der Viruslast
bewirkt. Insofern ist die Immunantwort auf eine HIV-Infektion durchaus effektiv,
kann jedoch das Virus nicht eliminieren. Dies wird zum Teil dadurch verursacht, daß
das provirale Genom stumm und damit immunologisch nicht erkennbar verbleiben
und zu beliebigen späteren Zeitpunkten aktiviert werden kann. Daneben trägt die
extreme genetische Variabilität von HIV und das dadurch bedingte rasche Auftreten
von Resistenzmutanten („Escape"-Mutanten) zur Persistenz des Virus trotz effektiver
Immunantwort bei. Es wird angenommen, daß sowohl neutralisierende Antikörper
als auch CTL für die initiale Kontrolle der Virämie von Bedeutung sind. Schimpansen
konnten durch passiven Transfer neutralisierender Antikörper vor Infektion mit dem
homologen Isolat, nicht jedoch mit heterologen Viren, geschützt werden. Daneben
wurde eine Selektion von Virusvarianten beobachtet, die gegen neutralisierende Antikörper in einem früheren Serum desselben Patienten resistent waren. Neutralisierende
Antikörper sind also bei der HIV-Infektion prinzipiell effektiv, aber infolge frühzeitig
auftretender Resistenzvarianten unzureichend wirksam.

Im Blut infizierter Personen findet sich in der Regel eine deutliche, gegen HIV-
gerichtete zelluläre Immunantwort, wobei CTL nahezu gegen alle viralen Proteine
nachgewiesen wurden. Auch hier wurde die Selektion resistenter Varianten mit einem
veränderten CTL-Epitop beobachtet. Zusätzlich zeigte sich eine Persistenz suszeptibler Varianten trotz nachweisbarer gegen die entsprechenden Epitope gerichteter
CTL. In diesem Fall muß von einer inadäquaten CTL-Antwort ausgegangen werden,
wobei das zugrundeliegende Prinzip bisher nicht verstanden ist. In diesem Zusammenhang ist es von Interesse, daß das HIV NEF Protein eine Reduktion der Ober-
flächenexpression von MHC-I Molekülen bewirkt und damit eine verminderte Suszeptibilität infizierter Zellen gegen CTL-vermittelte Lyse verursachen könnte. Trotzdem sind CTL für den klinischen Verlauf der HIV-Infektion anscheinend von erheblicher Bedeutung, da das Vorhandensein einer möglichst breiten Palette von CTL
gegen unterschiedliche Epitope mit dem langjährigen symptomfreien Überleben des
Patienten und mit einer vergleichsweise effektiven Kontrolle der Virusreplikation
korreliert werden kann. Daher konzentrieren sich gegenwärtige Vakzineprojekte insbesondere auf solche Ansätze, die eine effektive und möglichst polyklonale T-Zellantwort induzieren. Angesichts der genetischen Vielfalt der gegenwärtig in der Weltbevölkerung zirkulierenden Virusvarianten und dem Fehlen absolut konservierter
Epitope muß ein erfolgversprechender Impfstoff vermutlich eine große Zahl unterschiedlicher Epitope enthalten.

7.2.7.2 Impfstoffe auf der Basis der HIV Glykoproteine

Eine Zusammenstellung konventioneller und einiger neuartiger Ansätze zur Entwicklung einer HIV-Vakzine ist in Tabelle 7.10 dargestellt. Die Immunisierung mit inaktiviertem Virus, mit synthetischen Peptiden oder mit isolierten Komponenten des Virus induziert vor allem eine humorale Immunantwort, wohingegen die anderen Ansätze zusätzlich die zelluläre Antwort stimulieren. Die weit überwiegende Zahl gegenwärtig durchgeführter Impfstoffuntersuchungen verfolgt die Immunisierung mit rekombinant hergestellten gereinigten Glykoproteinen von HIV. Die entsprechenden Proteine wurden entweder durch Baculovirus-Expression in Insektenzellen oder mittels Plasmidvektoren in Säugetier-Zellinien hergestellt. Seren immunisierter Personen ergaben eine Neutralisierung des jeweils homologen Isolates und verwandter Laborstämme, schützten jedoch nicht vor Infektion mit Primärisolaten. Darüber hinaus haben sich in der Zwischenzeit mehrere Personen mit HIV infiziert, die an den Impfstofftests mit rekombinant exprimierten Glykoproteinen teilgenommen hatten. Neben der großen Sequenzvariabilität der viralen Glykoproteine stellen die inadäquate Glykosylierung in Insektenzellen und die fehlende Oligomerisierung der Glykoproteine weitere Probleme dar. Neuere Ansätze konzentrieren sich daher auf

Tab. 7.10   Strategien zur Entwicklung einer Vakzine gegen HIV-1

Vakzinenkonzept	Vorteile	Probleme
I. Subvirale Vakzine Rekombinant hergestellte HIV-Proteine; Peptide	Sicher und relativ einfach herstellbar	Keine Neutralisation von Primärsolaten; fehlende oder schwache CTL-Antwort
GAG-ENV-Partikel	Bessere Immunogenität und CTL-Antwort bei partikulärem Antigen	Bisher wenig Erfahrungen
II. Rekombinant hergestellte Vektorpartikel viral (z. B. Vaccinia, Influenza) oder bakteriell (z. B. BCG, Salmonella)	Effektive humorale und zelluläre Immunantwort; mukosale Immunität erreichbar	Vorbestehende Immunität; relativ aufwendige Herstellung; in der Regel monovalent
III. DNA-Injektion	Billig und leicht herstellbar; haltbar (keine Kühlkette erforderlich); multivalente Vakzine durch Mischung verschiedener Plasmide	Effektivität bei Primaten bisher unzureichend untersucht
IV. Attenuierte Lebendvakzine	Protektion im Tiermodell (SIV) gezeigt, vermutlich der wirksamste Ansatz	Immunogenität korreliert mit der Replikationsfähigkeit des Virus; fehlende Pathogenität sehr schwer nachweisbar; lebenslange Integration in das Genom des Geimpften

Expression korrekt glykosylierter, gefalteter und oligomerisierter HIV Glykoproteine, wodurch möglicherweise eine breitere Neutralisation unter Einschluß primärer Virusisolate erreicht werden kann. Ein besonders vielversprechender Ansatz ist die Immunisierung mit Proteinkomplexen, die intermediären Strukturen beim Viruseintritt entsprechen. Hierbei wird davon ausgegangen, daß konformationelle Umlagerungen bei Rezeptor- und Corezeptorbindung weitgehend konserviert sind. Dementsprechend zeigten entsprechende Antiseren eine breite Kreuzneutralisation unter Einschluß primärer HIV-Isolate.

7.2.7.3 Komplexe Impfstoffe

Neben den klassischen Ansätzen zur Impfstoffentwicklung werden für HIV eine Reihe neuer Konzepte auf molekularbiologischer Grundlage verfolgt. Von besonderem Interesse sind dabei die Herstellung partikulärer Antigene für die Vakzinierung, die Verwendung rekombinant hergestellter viraler Vektoren sowie die Immunisierung mit DNA-Plasmiden. Die Expression der HIV GAG Proteine führt zur Bildung und Freisetzung virusähnlicher Partikel, die bei Koexpression der viralen Glykoproteine diese einbauen können. Zahlreiche Studien haben gezeigt, daß derartige Partikel im Vergleich zu monomeren Proteinen eine deutlich verbesserte Antigenität aufweisen und in manchen Fällen zusätzlich eine T-Zellantwort auslösen. In einem anderen Ansatz wird die kodierende Region für HIV Antigene in das Genom eines replikationskompetenten viralen Vektors eingesetzt. Nach Infektion mit diesem Virus erfolgt die intrazelluläre Expression der HIV Proteine, so daß sowohl eine humorale als auch eine zelluläre Immunantwort induziert werden. Als Trägervirus wurde bisher vor allem das Vacciniavirus verwendet. Allerdings besteht infolge der Pockenimpfung bei einem erheblichen Anteil der Bevölkerung Immunität gegen dieses Virus. Ein weiterer interessanter Ansatz ist die Herstellung rekombinanter Influenzaviren, die HIV Proteine exprimieren. Da Influenzavirus eine mukosale Infektion verursacht, können in diesem Fall neutralisierende IgA Antikörper induziert werden, die möglicherweise für den Schutz bei sexueller Übertragung von HIV über die vaginale oder rektale Mukosa von Bedeutung sind. Auch zur Vakzinierung mit rekombinant hergestellten Bakterien, die HIV Proteine konstitutiv exprimieren, gibt es Voruntersuchungen, wobei auch in diesem Fall sowohl der humorale als auch der zelluläre Arm des Immunsystems stimuliert wird und z. B. im Falle von Salmonella-abgeleiteten Vektoren mukosale Immunität erreichbar ist. Bei allen Ansätzen wurde die Induktion neutralisierender Antikörper (zum Teil auch vom IgA-Typ) und in vielen Fällen eine signifikante CTL-Antwort beobachtet. Diese Ansätze befinden sich jedoch zur Zeit noch in einem sehr frühen Entwicklungsstadium, so daß über ihre relativen Erfolgsaussichten keine sichere Prognose abgegeben werden kann.

7.2.7.4 DNA-Vakzine

Ein völlig neuer Weg der Impfstoffentwicklung wurde mit der Verwendung von Segmenten viraler Nukleinsäuren als sogenannte DNA-Vakzine vor wenigen Jahren eingeleitet. Bei der DNA-Vakzinierung werden nicht mehr komplette Viren oder virale Proteine inokuliert, sondern ein Teil der genetischen Information des Virus wird als nackte, unbehüllte Nukleinsäure intramuskulär oder subkutan injiziert. Im Gewebe wird ein geringer Teil der DNA in RNA und Protein übersetzt, und antivirale Antikörper sowie zytotoxische T-Zellen werden durch endogen synthetisierte virale Proteine induziert. Versuche an der Maus zeigten längerfristige Expression der injizierten Gene und zumindest im Fall des Influenzavirus eine teilweise Protektion gegen spätere Infektion mit dem virulenten Erreger. Allerdings konnten die Ergebnisse an der Maus nicht generell auf Primaten übertragen werden, so daß der tatsächliche Nutzen der DNA-Vakzinierung bei Viruskrankheiten des Menschen derzeit nicht abschließend beurteilt werden kann. Entscheidender Vorteil der DNA-Vakzine ist die einfache und schnelle Herstellung jeder benötigten DNA-Sequenz in ausreichender Menge mit molekularbiologischen Methoden. Dies kann die Impfstoffherstellung beschleunigen, zu erheblicher Kostensenkung führen und die (gerade im Fall von HIV wichtige) Herstellung von polyvalenten Cocktails mit multiplen antigenetisch unterschiedlichen Sequenzen ermöglichen. Infolge der Stabilität von DNA ist Lagerung und Transport der entsprechenden Impfstoffe auch bei Unterbrechung der Kühlkette möglich. Bei all diesen Vorteilen sollte allerdings betont werden, daß Vakzinierung mit DNA keine grundsätzlich andere oder bessere Immunantwort induziert als andere Verfahren. Zukünftige Untersuchungen müssen zeigen, ob mit dieser Methode Impfstoffe für solche Viren entwickelt werden können, bei denen mit konventionellen Methoden keine erfolgreiche Immunisierung gelang.

7.2.7.5 Lebendvakzine mit attenuierten Viren

Viele der erfolgreichsten Impfstoffe gegen virale Infektionen sind attenuierte Derivate des Infektionserregers, die noch zur Infektion und Replikation befähigt sind, aber keine pathogenen Eigenschaften mehr aufweisen. Attenuierte Lebendviren scheinen auch im Falle der Lentiviren eine protektive Immunität vermitteln zu können: Infektion von adulten Affen mit einem im *nef* Gen deletierten replikationskompetenten SIV führte zu einer sehr geringen Viruslast und ergab auch nach einem längeren Beobachtungszeitraum keine pathogenen Effekte. Wurden die infizierten Affen später mit einer hohen Dosis des pathogenen Wildtyp Virus inokuliert, waren sie vor Infektion geschützt. Insofern stellt das *nef*-minus SIV eine attenuierte Vakzine gegen SIV dar und beweist, daß eine erfolgreiche prophylaktische Impfung gegen Immundefizienzviren möglich ist. Allerdings ist dieser Ansatz wegen verschiedener Sicherheitsprobleme nicht direkt auf den Menschen übertragbar. Dabei ist insbesondere von Bedeutung, daß Infektion neugeborener Affen mit dem *nef*-minus SIV zu einer Immundefizienz führen kann, der attenuierte Phänotyp also möglicherweise nur für immunkompetente Individuen gilt. Außerdem wurde bei einigen Patienten, die über lange Zeiträume mit *nef*-Defektvarianten infiziert sind, zwischenzeitlich das Auftreten von Krankheitssymptomen beobachtet. Darüber hinaus ist bei der hohen Mutations- und Rekombinationsrate des Virus eine Wiederherstellung des *nef*-Leserahmens in vivo nicht völlig ausgeschlossen. Um diesen Problemen zu begegnen, wurden stärker attenuierte Viren mit Deletionen und Mutationen in mehreren nicht essentiellen SIV Genen hergestellt und anschließend auf ihr pathogenes Potential und die Induktion einer protektiven Immunität getestet. Hierbei zeigte sich, daß bei stärkerer Attenuierung eine deutlich schwächere Immunantwort auftrat, der Immunschutz also von der relativen Replikationskompetenz des Virus abhing. Generell muß bei der Diskussion von replikationskompetenten Retroviren als attenuierte Lebendimpfstoffe berücksichtigt werden, daß diese Viren ihr Genom in das Chromosom der Wirtszelle integrieren und dort über die Lebenszeit dieser Zelle und aller davon abgeleiteter Tochterzellen persistieren. Wenn man bedenkt, daß die Infektion mit dem pathogenen Lentivirus HIV erst nach zehn und mehr Jahren zum Auftreten von AIDS führt, muß man sich fragen, wie lange nach der Inokulation mit einem attenuierten Lebendimpfstoff abgewartet werden müßte, bevor dieser als sicher bezeichnet werden kann. Trotz der dringenden Erfordernis für eine Schutzimpfung gegen HIV muß daher der Nutzen möglicher Lebendimpfstoffe ganz besonders sorgfältig und kritisch gegen alle Gefahren abgewogen werden.

7.3 Prionen

Die hier beschriebenen ungewöhnlichen Krankheitserreger stellten lange Zeit eher ein Randgebiet der Infektionsforschung dar. Heute ist jedoch bekannt, daß sie transmissible spongiforme Enzephalopathien, wie beispielsweise die Scrapie, BSE oder Creutzfeldt-Jakob-Krankheit verursachen.

Bakterien, Pilze, Viren oder Parasiten schienen früher alle bekannten Arten von Infektionskrankheiten erklären zu können. Es galt daher geradezu als wissenschaftliche Kuriosität, daß der Verursacher der Scrapie, einer bei Schafen und Ziegen auftretenden degenerativen Erkrankung des zentralen Nervensystems, jahrzehntelang keiner Erregerklasse zugeordnet werden konnte. Der unbekannte Erreger war gegenüber herkömmlichen Sterilisationsverfahren ungewöhnlich resistent und entzog sich hartnäckig einer genaueren Charakterisierung. Sichtbar war nur seine biologische Funktion, die krankheitsauslösende Wirkung. Sie äußerte sich im Tierversuch, wenn man erregerhaltige Proben verimpfte und die Empfänger nach langen Inkubationszeiten begannen, klinische Symptome zu entwickeln.

Für die zunächst herrschende Auffassung, daß der Scrapie langsam wirkende Viren zugrunde lägen, ließen sich trotz intensiver Bemühungen keine experimentellen Beweise erbringen. Bis heute ist es nicht gelungen, ein mit der Krankheit assoziiertes Virus zu isolieren oder auch nur erregerspezifische Erbsubstanz in Form von DNA oder RNA nachzuweisen. Im Gegenteil: Bei der Bestrahlung mit UV-Licht unter Bedingungen, die normalerweise eine Schädigung oder Zerstörung von Nukleinsäuren bewirken, blieb das ungewöhnliche Agens infektiös. Versuche, in denen der Scrapie-Erreger zur Größenbestimmung mit ionisierender Strahlung behandelt wurde, deuteten außerdem daraufhin, daß er deutlich kleiner als alle bekannten Viren sein könnte.

Diese und weitere Befunde bewirkten, daß schließlich eine regelrechte Flut unkonventioneller ätiologischer Erklärungsvorschläge publiziert wurde und zu verstärkten Bemühungen um die Aufklärung der Natur des Scrapie-Erregers führte. Als Ergebnis dieser Suche stellte sich der Prototyp einer Erregerfamilie heraus, die ursächlich für eine ganze Gruppe von Krankheiten ist – die übertragbaren (transmissiblen) spongiformen Enzephalopathien (TSE). Die Mehrzahl der Fachleute ist heute der Auffassung, daß solche Erkrankungen auf einem völlig neuartigen biologischen Prinzip der Infektion beruhen, sogenannten Prionen, nukleinsäurefreien Pathogenen, die ausschließlich aus Protein bestehen.

7.3.1 Transmissible spongiforme Enzephalopathien (TSE) bei Mensch und Tier

Neben der Scrapie bei Schaf und Ziege sind fünf weitere TSE in Säugetieren bekannt: Die bovine spongiforme Enzephalopathie (BSE) beim Rind, die chronische Auszehrung (CWD) bei bestimmten amerikanischen Hirscharten, die übertragbare Enzephalopathie bei Nerzen (TME), die feline spongiforme Enzephalopathie (FSE) bei Katzen und eine spongiforme Enzephalopathie bei Antilopen. Beim Menschen unterscheidet man vier TSE: Die Creutzfeldt-Jakob-Krankheit (CJK), das Gerstmann-Sträussler-Scheinker-Syndrom (GSS), die familiäre fatale Insomnie (FFI) und Kuru.

Alle TSE gehen mit der Entstehung feiner Löcher oder Lücken im Hirngewebe einher, das dadurch im Mikroskop ein schwammartiges Aussehen annimmt. Diese spongiforme Gewebeveränderung beruht auf einer cytoplasmatischen Vakuolisierung, der Degeneration und dem Untergang von Neuronen. Neben der typischen Neuropathologie weisen die TSE noch ein weiteres gemeinsames Merkmal auf, die durch ein charakteristisches infektiöses Agens vermittelte Übertragbarkeit zwischen Individuen gleicher oder unterschiedlicher Spezies.

Alle TSE verlaufen tödlich und sind bisher keiner Prophylaxe oder Therapie zugänglich. Ihre wichtigsten Vertreter werden im folgenden näher beschrieben:

7.3.1.1 Scrapie

Scrapie ist die älteste bekannte transmissible spongiforme Enzephalopathie. Sie äußert sich in ihren natürlichen Wirten, den Schafen und Ziegen, nach einer symptomlosen Inkubationzeit von wenigen Monaten bis mehreren Jahren zunächst durch Verhaltensstörungen, wie einer erhöhten Erregbarkeit und Nervosität. Befallene Tiere reiben aufgrund eines starken Juckreizes ihren Körper häufig an festen Gegenständen, wovon sich auch die Krankheitsbezeichnung ableitet („to scrape" [engl.] – „schaben, kratzen"). In fortgeschrittenen Stadien treten Zittern, Koordinationsschwierigkeiten und zunehmend schwerere Störungen der Bewegungsabläufe auf. Die klinische Phase kann mehrere Monate dauern.

Scrapie ist nur innerhalb seiner natürlichen Wirtsspezies hochkontagiös. Bei den übrigen tierischen TSE, die vermutlich durch Verfütterung von erregerhaltigen Schafsabfällen akzidentell als Scrapie-analoge Krankheiten in anderen Tierarten etabliert worden sind, ist das Risiko einer Übertragung durch Kontaktinfektion hingegen äußerst gering. Trotz der einheitlichen Ätiologie tierischer und menschli-

cher TSE konnte eine Übertragung der Scrapie auf den Menschen bisher nicht nachgewiesen werden.

7.3.1.2 Die bovine spongiforme Enzephalopathie (BSE)

Die bovine spongiforme Enzephalopathie wurde erstmals 1986 in Großbritannien
beschrieben. Inzwischen sind dort mehr als 175.000 Fälle aufgetreten. Epidemiologische Studien deuten stark daraufhin, daß die Verfütterung Scrapie-verseuchter
Tiermehle aus Schafskadavern zur Entstehung der BSE führte. Die Rezyklisierung
des BSE-Agens durch Verwertung infizierter Rinder bei der Futtermittelherstellung
führte dann zu einem explosionsartigen Anstieg der Krankheitsinzidenz. Inzwischen
steht fest, daß die orale Aufnahme von BSE-Erregern mit dem Futter der einzige
maßgebliche Weg für die Ausbreitung der BSE in der Rinderpopulation ist. Infolge
des strikten Verfütterungsverbots von Tiermehlen an Widerkäuer klingt die BSE-
Epidemie auf den britischen Inseln inzwischen deutlich ab.

Die BSE tritt hauptsächlich bei Milchkühen auf und hat eine Inkubationszeit
von ca. 4–5 Jahren. Sie äußert sich bei infizierten Tieren zunächst durch Unruhe,
Absonderung von der Herde und Ausschlagen beim Melken. Mit fortschreitender
Erkrankung treten motorische Störungen, insbesondere Tremor, Ataxie und Stürze
auf. Als weiteres neurologisches Symptom ist eine überempfindliche und heftige
Reaktionen auf äußere Reize wie Lärm und Berührung zu beobachten. Von den
frühesten klinischen Symptomen bis zum Tod des Tieres vergehen in der Regel einige
Wochen bis Monate.

7.3.1.3 Die Creutzfeldt-Jakob-Krankheit (CJK) und Kuru

Die Creutzfeldt-Jakob-Krankheit zeigt weltweit eine relativ kostante Inzidenz von
ca. 1 Fall je Million Einwohner und Jahr und manifestiert sich in verschiedenen
Erscheinungsformen. Die meisten Fälle, ca. 90%, treten spontan bei älteren Menschen auf (sporadische CJK). Ungefähr 10% der Patienten erkranken im Zusammenhang mit einer autosomal dominanten hereditären Veranlagung (familiäre CJK)
und in 1% der Fälle läßt sich die Krankheit auf Ansteckung zurückführen (iatrogene
CJK).

Definitiv läßt sich eine CJK bisher nur neuropathologisch nach Autopsie oder
ggf. Hirnbiopsie diagnostizieren. Das klinische Bild der CJK kann relativ mannig-
faltig sein und erlaubt lediglich eine Verdachtsdiagnose. Eine wahrscheinliche CJK
liegt vor, wenn der Patient eine progrediente Demenz, charakteristische Veränderungen im EEG sowie mindestens zwei der folgenden Symptome zeigt: 1) Myo-
klonien (rhythmische Zuckungen von Muskelgruppen), 2) visuelle oder zerebelläre
Ausfallerscheinungen (Seh-, Gangstörungen), 3) eine pyramidale / extrapyramidale
Dysfunktion (z. B. Spastizität, Hypo- oder Hyperkinesien, Rigor) oder 4) einen aki-
netischen Mutismus (*coma vigile*). Entwickelte sich die so diagnostizierte Krankheit
ohne familiäre oder iatrogene Risikofaktoren, liegt vermutlich eine sporadische CJK
vor. Trat die Creutzufeldt-Jakob-Krankheit zuvor aber schon einmal bei einem Verwandten ersten Grades auf, oder handelt es sich um eine neuropsychiatrische Störung

mit einer oder mehreren charakteristischen Mutationen im PRP-kodierenden Gen *prnp* (s. unten), ist von familiärer CJK auszugehen. Ein fortschreitendes zerebelläres Syndrom (z. B. Gleichgewichts- und Koordinationsstörungen) bei Empfängern von (Leichen-) Hypophysen-Hormon-Präparaten oder eine „sporadische" CJK bei Patienten mit bekanntem Übertragungsrisiko (z. B. Anamnese einer Hornhaut- oder *dura mater*-Implantation) weist auf einen iatrogenen Ursprung hin.

Nach Krankheitsbeginn versterben die meisten CJK-Patienten innerhalb von 6 Monaten. Dabei sind im wesentlichen drei Verlaufsformen bis zum Eintritt des Todes zu unterscheiden: eine kurze Krankheitsdauer von 1–3 Monaten, eine subakute Entwicklung von 5–6 Monaten und eine verlängerte klinischen Phase von 8 oder mehr Monaten.

Seit 1996 wird in Großbritannien eine in klinischer und neuropathologischer Hinsicht distinkte neue Variante der Creutzfeldt-Jakob-Krankheit (vCJK) beobachtet, die höchstwahrscheinlich auf BSE zurückzuführen ist. An dieser neuen Variante erkranken im Gegensatz zur klassischen CJK vor allem jüngere Patienten in der zweiten oder dritten Lebensdekade. Das klinische Bild ist zunächst von einer psychiatrischen Symptomatik, später auch von zerebellären Störungen geprägt. Die für andere CJK-Formen charakteristische Demenz tritt erst relativ spät auf, CJK-typische EEG-Veränderungen fehlen ganz. Der Krankheitsverlauf ist mit einer Dauer von bis zu mehreren Jahren ungewöhnlich lang. Die weitere Entwicklung der Fallzahlen von vCJK kann zur Zeit noch nicht sicher prognostiziert werden und unterliegt einer sorgfältigen epidemiologischen Überwachung.

Vieles spricht dafür, daß vCJK-Infektionen durch die Aufnahme von Erregern mit der Nahrung verursacht werden, also auf einer oralen Übertragung von BSE aus dem Tierreich auf den Menschen beruhen. Bis zum Auftreten der neuen CJK-Variante kannte man nur ein Beispiel für die nichtinvasive Infektion von Menschen mit TSE-Erregern – Kuru. Diese ausschließlich in bestimmten Gebieten Papua-Neuguineas endemische Krankheit wurde durch rituellen Kannibalismus auf oralem, möglicherweise aber auch auf transdermalem oder konjunktivalem Weg zwischen Angehörigen des Fore-Stammes übertragen. Seit die Fore ihre kannibalistischen Riten gegen Ende der fünfziger Jahre aufgegeben haben, sind keine Neuinfektionen mehr bekannt geworden. Vereinzelt allerdings immer noch auftretende Ausbrüche der Krankheit, die nach ca. 6–9 Monaten zum Tode führt, belegen eindrucksvoll die langen Inkubationszeiten menschlicher TSE.

7.3.1.4 Das Gerstmann-Sträussler-Scheinker-Syndrom (GSS) und die familiäre fatale Insomnie (FFI)

Beim GSS und der FFI handelt es sich um menschliche TSE mit autosomal dominantem Erbgang. Wie die familiäre CJK gehen beide Krankheiten mit spezifischen *prnp*-Mutationen (s. unten) einher.

Das klinische Bild der GSS ist von einer progredienten Ataxie und / oder Demenz geprägt. Der Krankheitsverlauf ist gegenüber den klassischen Varianten der CJK deutlich verlängert und beträgt mehrere Jahre. Als wesentliches klinisches Merkmal der sehr seltenen FFI sticht eine von fortschreitenden neurologischen Symptomen begleitete charakteristische Störung im Schlaf-Wach-Rhythmus hervor.

Bemerkenswerterweise gehen alle heriditären Formen menschlicher TSE mit dem Auftreten und der Vermehrung eines infektiösen Agens im Gehirn einher. Diese Verbindung von autosomaler genetischer Prädisposition und Übertragbarkeit stellt ein in der Medizin einmaliges Paradigma dar.

7.3.2 Die Prionen-Hypothese

Die Erforschung des ätiologischen Agens der TSE gewann beträchtlich an Dynamik, nachdem es gelungen war, den Scrapie-Erreger in verschiedene Tiermodelle zu übertragen und aus dem Gehirn experimentell infizierter Goldhamster anzureichern. Nun war es möglich, das infektiöse Agens genauer zu untersuchen. Wie sich dabei herausstellte, besaß der Scrapie-Erreger offenbar gänzlich andersartige molekulare Eigenschaften als beispielsweise Viren, Viroide oder Plasmide. Insbesondere war er gegen ein breites Spektrum nukleolytischer oder mutagener Agenzien resistent, reagierte aber sehr empfindlich auf Behandlungen, die Proteine entfalten oder abbauen. Proteine, nicht aber notwendigerweise Nukleinsäuren, schienen somit ein wesentlicher Erregerbestandteil zu sein.

Um dies zum Ausdruck zu bringen und das Scrapie-Agens unter Betonung seines proteinösen Charakters klar von konventionellen Pathogenen wie etwa Viren abzugrenzen, schlug der Neurologe Stanley B. Prusiner 1982 eine neue Bezeichnung vor: *pro*teinaceous *in*fectious particle, kurz „Prion". Nach dieser Definition konnte man sich unter Prionen sowohl Erreger vorstellen, in denen eine kleine Nukleinsäure von einer festgepackten Proteinhülle umschlossenen war, als auch ein nukleinsäurefreies, per se infektiöses Eiweiß. Mit der Option für ein „protein only"-Modell, d.h. der Vorstellung einer Übertragung von Infektiosität ausschließlich durch Eiweiß, postulierte dieses Konzept ein völlig neuartiges biologisches Prinzip der Infektion.

7.3.3 Das Prion-Protein

Tatsächlich ließ sich ein einzelnes Protein als Hauptkomponente in angereicherten Proben des Scrapie-Agens identifizieren. Es war gegenüber proteinabbauenden Enzymen, sog. Proteasen, bemerkenswert widerstandsfähig und hatte ein Molekulargewicht von 27–30 kDa. Die Konzentration dieses Protease-resistenten Proteins verhielt sich proportional zur Infektiosität. Dies legte den Schluß nahe, daß es ein struktureller Bestandteil des Erregers, also des Prions, sein müsse und führte zu der Bezeichnung „Prion-Protein" (PRP). Im Sprachgebrauch des „protein only"-Modells wurden Prion und Prion-Protein fortan gleichgesetzt.

Eine erfolgreiche Sequenzierung der Aminosäuren am NH_2-Terminus des Prion-Proteins eröffnete schließlich die Möglichkeit, molekulare Nukleinsäuresonden zu konstruieren, mit deren Hilfe nach der das Protein kodierenden Nukleinsäure gesucht werden konnte. Dabei ergab sich ein überraschender Befund: Der Bauplan für das pathologische PRP befand sich auf einem chromosomalen Gen. Somit war das Prion-Protein zellulären Ursprungs.

Nach der Identifizierung im Hamster und in der Maus wurde das PRP-kodierende Gen (*prnp*) inzwischen auch in vielen weiteren Säugetierspezies und beim Menschen gefunden. Wie sich herausstellte, ist es nicht nur in infizierten, sondern ebenso in gesunden Individuen aktiv, und zwar, ohne daß diese erkranken. Es mußte also zwei verschiedene Formen des Prion-Proteins geben – eine normale und eine pathologisch veränderte. Weitere Untersuchungen zeigten, daß die zelluläre Form, PRP^C, ein vorzugsweise an der Oberfläche von Nervenzellen lokalisiertes, 33–35 kDa schweres Glykoprotein ist. In infizierten Individuen geht dieses Protein in eine pathologische Isoform mit stark erhöhtem Anteil an β-Faltblattstruktur über; aus PRP^C wird PRP^{SC}, ein Molekül mit gänzlich anderen physiko-chemischen Eigenschaften.

Während beispielsweise Proteinase K das Normalprotein vollständig abbaut, wird PRP^{SC} von diesem Enzym nur partiell gespalten, und zwar unter Freisetzung eines Protease-resistenten Kerns, des PRP27–30, das sich weiterer Degradation widersetzt. PRP^{SC} und PRP27–30 sind im Gegensatz zu PRP^C in Wasser unlöslich, hoch aggregiert und extrem widerstandfähig gegen Hitze oder andere konventionelle Sterilisationsverfahren. Umfangreiche Untersuchungen ergaben, daß sich normales und pathologisches PRP nicht in ihrer kovalenten Struktur unterscheiden, sondern lediglich in der räumlichen Faltung des Polypeptidstrangs. Die unterschiedlichen Eigenschaften von PRP^C und PRP^{SC} beruhen demnach allein auf der Proteinkonformation.

7.3.4 Der Infektionsmechanismus nach dem „protein only"-Modell

Für einen Krankheitserreger, der nur aus Protein besteht und sich ohne eigene Nukleinsäure replizieren sollte, gab es keinen Präzedenzfall. Das Prionen-Konzept schien zunächst weder überzeugend darlegen zu können, wie die „infektiösen Proteinpartikel" einen Organismus infizieren und sich vermehren können, noch wie sie in der Lage sein sollten, die verschiedenen Formen der CJK zu verursachen. Erst nach Aufklärung der oben skizzierten Zusammenhänge war es möglich, ein plausibles mechanistisches Modell zu entwickeln, das erklärt, wie pathologisches PRP ohne Nukleinsäure zur Replikation fähig sein und eine transmissible spongiforme Enzephalopathie verursachen könnte (Abb. 7.14).

Die Vorstellung ist folgende: Gelangt abnormal gefaltetes PRP^{SC} (oder PRP27–30) ins Gehirn, so wirkt es wie ein Nukleationskeim (Abb. 7.15 a) oder Katalysator (Abb. 7.15 b) und induziert den Übergang von PRP^C-Molekülen in seine eigene pathologische Konformation – aus dem Normalprotein wird ein „infektiöses" Eiweiß. Da PRP^{SC} in physiologischem Milieu unlöslich ist und von der Zelle nicht abgebaut werden kann, akkumuliert es im befallenen Gewebe, und der anfangs nur langsam ablaufende Konversionsprozeß beschleunigt sich lawinenartig. Mit fortschreitender Infektion sterben mehr und mehr Neuronen. Es kommt zu einer spongiformen Degeneration des Hirns, die schließlich zum Tode führt.

Vor dem Hintergrund des autosomal dominanten Erbgangs der familiären CJK, der FFI und des GSS lag es nahe, das PRP-kodierende Gen bei Patienten mit diesen Erkrankungen genauer zu untersuchen. Dies führte zur Identifizierung einer Reihe von *prnp*-Mutationen, die Insertionen, Deletionen oder Substitutionen in der Aminosäurekette des Prion-Proteins bewirken. Durch die Entdeckung dieses Zusammen-

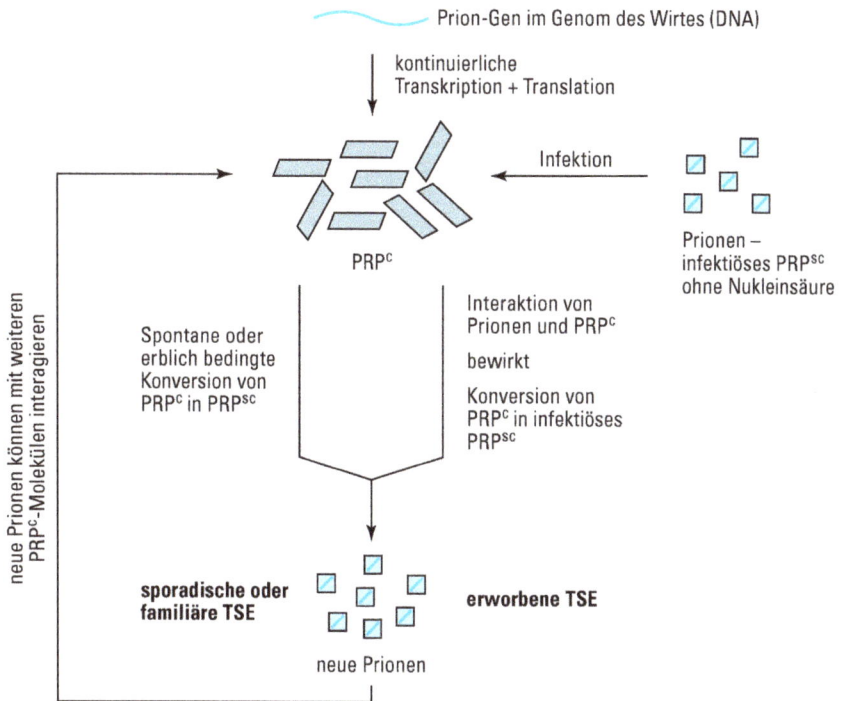

Prion-Gen im Genom des Wirtes (DNA)

kontinuierliche
Transkription + Translation

Infektion

Prionen –
infektiöses PRP^{SC}
ohne Nukleinsäure

PRP^C

neue Prionen können mit weiteren
PRP^C-Molekülen interagieren

Spontane oder
erblich bedingte
Konversion von
PRP^C in PRP^{SC}

Interaktion von
Prionen und PRP^C

bewirkt

Konversion von
PRP^C in infektiöses
PRP^{SC}

**sporadische oder
familiäre TSE**

erworbene TSE

neue Prionen

Abb. 7.14 Grundprinzipien der Prionen- oder „protein only"-Hypothese. Prionen, infektiöse Eiweißpartikel aus PRP^{SC}, bewirken eine pathologische Konversion von wirtscodiertem PRP^C und replizieren sich so vor allem in Neuronen des zentralen Nervensystems.

hangs ergab sich die Möglichkeit, auch die hereditären Formen der menschlichen TSE in den Rahmen des „protein only"-Modells einzuordnen.

Zur familiären CJK, zum GSS und zur FFI kommt es demnach, wenn vererbte PRNP-Mutationen die Aminosäuresequenz des PRP^C dafür anfällig machen, sich spontan in die krankheitsauslösende Isoform, d. h. in PRP^{CJK}, PRP^{GSS} oder PRP^{FFI} umzufalten. Endogen gebildetes PRP^{CJK} wäre auch für das Auftreten der sporadischen CJK verantwortlich. Anders als bei der familiären Variante würde das infektiöse pathologische Prion-Protein hier allerdings nicht infolge eines vererbten genetischen Defektes entstehen, sondern aufgrund spontaner somatischer Genmutationen oder durch spontane Konversion von nichtmutiertem PRP$^{C.}$. Die iatrogene CJK schließlich ließe sich dadurch erklären, daß infektiöses PRP^{CJK} von außen in den Organismus gelangt, beispielsweise durch Verabreichung kontaminierter Arzneimittel oder bei medizinischen Eingriffen mit unzureichend sterilisierten Instrumenten. Fälle der vCJK würden analog zu dieser Vorstellung auf einer Aufnahme von PRP^{BSE} mit der Nahrung beruhen.

Obwohl die Prionen-Hypothese durch zahlreiche experimentelle Befunde aus unterschiedlichen Richtungen gestützt wird und sich in den vergangenen Jahren als herrschende Modellvorstellung zur Ätiologie der TSE etablieren konnte, gibt es bisher keinen formellen Beweis für ihre Richtigkeit. Eine entscheidende Bewährungs-

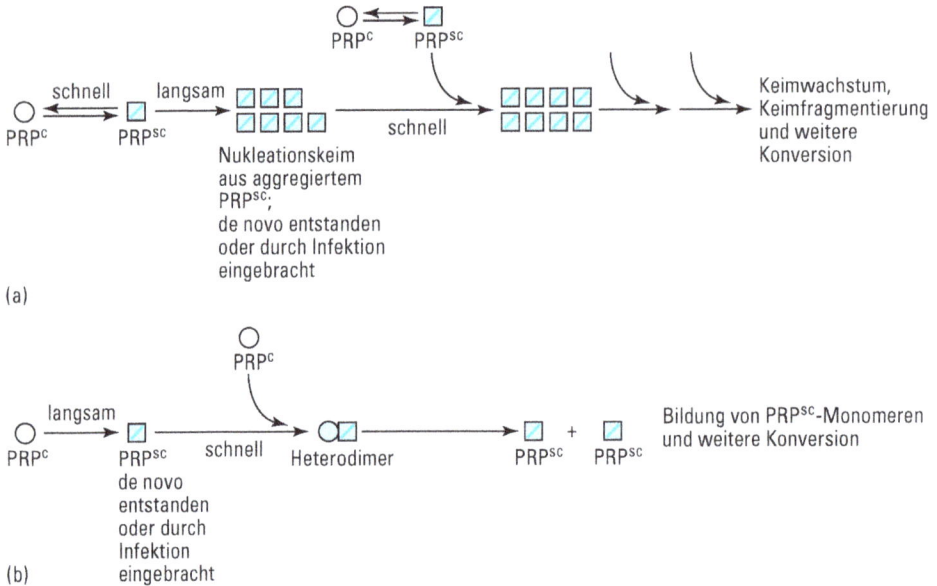

(a)

(b)

Abb. 7.15 Modellvorstellungen zur Konversion von PRP^C in PRP^SC. (a) Das Multimer- oder Nukleationskeim-Modell: PRP^C und PRP^SC stehen miteinander in einem Konversionsgleichgewicht. PRP^SC stellt die thermodynamisch ungünstigere Konformation dar, solange es sich nicht durch Bindung an einen Nukleationskeim aus aggregiertem Prion-Protein stabilisieren kann. Derartige Keime können durch Infektion in den Organismus eingebracht werden (erworbene TSE) oder de novo in einem langsamen endogenen Prozeß entstehen (sporadische und familiäre TSE). Keimwachstum, Keimfragmentierung und Akkumulation von infektiösen PRP^SC-Aggregaten sind die Folge. (b) Das Heterodimer- oder „refolding"-Modell. Bei Abwesenheit von pathologischem Prion-Protein steht die irreversible Konversion von PRP^C in PRP^SC unter einer strikten kinetischen Kontrolle. Diese bricht zusammen, wenn PRP^SC auf endogenem Wege de novo entsteht (sporadische und familiäre TSE) oder durch Infektion von außen in den Wirt gelangt (erworbene TSE). PRP^SC interagiert in einem Heterodimer mit PRP^C und katalysiert dessen schnellen Übergang in die TSE-Konformation; es entstehen neue infektiöse PRP^SC-Monomere.

probe für das „protein only"-Modell dürfte die in vivo- bzw. in vitro-Konversion von PRP^C in infektiöses PRP^SC, also die experimentelle de novo-Generation von Prionen sein. Solange sich auf diese oder andere Weise kein Durchbruch zum Beweis der Prionen-Hypothese erzielen läßt, erscheint es verfrüht, alternative ätiologische Modellvorstellungen wie die Virus- oder Virino-Hypothese schon ad acta zu legen und das Rätsel und die Natur der TSE-Erreger als gelöst zu betrachten.

Hinsichtlich der biologischen Eigenschaften des Scrapie-Agens weisen die genannten konservativen Konzepte durchaus Vorzüge im Vergleich zur Prionen-Hypothese auf. So kennt man zur Zeit etwa 20 Stämme des Scrapie-Agens allein in der Maus. Sie verursachen in Wirtsorganismen des gleichen *prnp*-Genotyps unterschiedliche Inkubationszeiten, verschiedenartige histopathologische Veränderungen und distinkte klinische Symptome. Bei der Passagierung innerhalb einer Wirtsspezies können die Stämme mutieren und untereinander interferieren. Nach der Übertragung in eine neue Spezies adaptieren sie sich an die veränderte Wirtssituation und erwerben dabei häufig neue charakteristische Merkmale. Diese Eigenschaften sprechen für die Existenz einer vom Wirtsgenom unabhängigen informationstragenden Erregerkomponente und ließen sich am ehesten durch eine Nukleinsäure, wie sie die Virus- oder Virino-Hypothese postuliert, erklären.

8 Therapeutische Entwicklungen

8.1 Rekombinante Proteine

Proteine sind in zahlreichen traditionellen Arzneimitteln, wie etwa in Schlangen- und Bienengiften sowie in Enzympräparaten, zumeist in Form wenig definierter Gemische enthalten. Schon seit vielen Jahren hat man darüber hinaus Proteine, die aus tierischen, pflanzlichen oder mikrobiellen Quellen oder aus dem menschlichen Körper (Blut, Urin, Placenta, Hypophyse) isoliert wurden, als pharmazeutische Wirkstoffe verwendet.

8.1.1 Vor- und Nachteile von Proteinen als Therapeutika

Auf Grund ihrer typischen Substanzeigenschaften sind Proteine eigentlich keineswegs als „ideale" therapeutische Wirkstoffe anzusprechen:

8.1.1.1 Stabilität

Proteine sind als Polypeptide labil gegen Wärme, extreme pH-Werte und biologischen Abbau. Dies führt zu begrenzter Stabilität bei der Lagerung wie auch häufig zu kurzer Halbwertszeit im Körper, so etwa in Magen und Darm durch Proteolyse sowie in der Blutbahn durch rezeptorvermittelte Clearance mit nachfolgendem Abbau in der Leber. Neben proteolytischer Spaltung der Peptidkette durch in Spuren anwesende, verunreinigende Proteasen können bei Lagerung von Proteinen auch Modifizierungen von Aminosäure-Seitenketten eintreten, wie etwa Oxidation oder Bildung von Isopeptidbindungen. Die Lagerstabilität kann im allgemeinen durch geeignete galenische Zusatzstoffe – meist Zucker oder Aminosäuren – verbessert werden. Bisher nur in wenigen Fällen Erfolg hatten demgegenüber Bemühungen, die biologische Halbwertszeit von Proteinwirkstoffen im Körper auf galenischem Wege zu erhöhen; man versucht dies etwa durch Mikro-Enkapsulierung in bioabbaubare Polymere, so zum Beispiel Polylactid-Polyglycolid-Copolymere.

8.1.1.2 Applikationswege

Die Moleküloberfläche löslicher Proteine hat in der Regel hydrophilen Charakter, so daß Eiweißstoffe nicht in der Lage sind, biologische Membranen zu durchqueren. Sie können daher weder durch die Darmwand in das Gewebe noch aus dem Blut in das Innere von Körperzellen eindringen. Orale Applikation von Proteinen führt daher – selbst wenn durch magensaftresistente Verkapselung ein Abbau im Magen durch den dortigen sauren pH-Wert und durch proteolytische Enzyme verhindert wird – nur zu sehr geringer und schlecht reproduzierbarer Bioverfügbarkeit und ist nur möglich, wenn das Protein in der Mundhöhle oder im Magen-Darm-Trakt wirksam werden soll. Dies ist zum Beispiel bei Lysozym zur Bekämpfung bakterieller Infektionen in Hals und Rachen und bei Verdauungsenzymen wie Lipase oder Amylase der Fall, die zur Unterstützung des Verdauungsprozesses eingesetzt werden. Die Entwicklung nicht-parenteraler Applikationsformen für Proteine (z. B. nasale, pulmonale, transdermale oder vaginale Applikation) ist ein aktives Feld gegenwärtiger Forschung, stößt jedoch auf große Schwierigkeiten. Bisher gelang es nicht, wirkungsvolle Produkte zu entwickeln. Abgesehen von den Fällen, bei denen das Protein direkt an den Wirkort appliziert werden kann (wie beim Einsatz zur Wundreinigung und zur Wundheilung), müssen therapeutische Proteine deshalb parenteral, also durch Injektion oder Infusion verabreicht werden. Dies erfordert einen höheren Aufwand und ist in vielen Fällen mit schlechterer Akzeptanz beim Patienten verbunden.

Die Unfähigkeit von Proteinen, Membranen zu passieren, bedingt auch, daß zumeist nur solche Proteine als pharmazeutische Wirkstoffe in Frage kommen, die extrazellulär – also entweder im Blut oder anderen Körperflüssigkeiten – wirken (wie z. B. Gerinnungsfaktoren oder Thrombolytica), oder deren Wirkung über Rezeptoren an Zell- bzw. Gewebeoberflächen vermittelt wird (wie dies etwa bei Hormonen, Cytokinen und Wachstumsfaktoren der Fall ist). Bis heute verfügt man nicht über Transportsysteme, die eine effiziente Passage von Proteinen über die Plasmamembran in das Zellinnere bewirken könnten; die Fülle der intrazellulären Proteine entzieht sich deshalb bisher einer Anwendung als therapeutische Wirkstoffe.

8.1.1.3 Immunogenität körperfremder Proteine

Fremde, z. B. aus Tieren oder Mikroorganismen stammende Proteine sind im Menschen immunogen und können nach Injektion in die Blutbahn Antikörperbildung und eine zelluläre Immunantwort hervorrufen. Zudem können aus natürlichen Quellen aufgereinigte Proteine immunogene Verunreinigungen enthalten. Dies kann eine längere, aber auch eine spätere nochmalige Anwendung des gleichen Proteinwirkstoffs unmöglich machen. Ein Weg zur Minderung der Immunogenität von Fremdproteinen ist die chemische Kopplung der Polypeptidkette an wasserlösliche Polymere, insbesondere an Polyethylenglykol (PEG). Solche „pegylierten" Proteine haben Anwendung als Arzneimittel gefunden; Beispiele sind PEG-Adenosin-Desaminase (PEG-ADA) zur Behandlung der ADA-Defizienz (SCID, severe combined immunodeficiency disease) durch Substitution des fehlenden Enzyms und PEG-Asparaginase in der Tumortherapie. Allerdings ist es nicht einfach, nach der chemischen Modifizierung ein völlig einheitliches Produkt zu gewährleisten. Auch sind die durch den zusätzlichen Prozeßschritt höheren Wirkstoffkosten zu bedenken. Eine Lösung der Immunogenitäts-Problematik ergab sich erst, als es möglich wurde, mit den Mitteln der Gentechnik humane, körperidentische Proteine in den erforderlichen Mengen herzustellen. Auch hier gilt jedoch, daß – abhängig von gewählter Wirtszelle und vom Expressionssystem – gentechnisch erzeugte Proteine in Details der posttranslationalen Modifizierung von den natürlichen humanen Proteinen differieren können; insbesondere gilt dies für die Glykosylierung und für die Prozessierung des Amino-Terminus.

8.1.1.4 Proteine als Impfstoffe

Gerade erwünscht ist andererseits die Immunogenität von körperfremden Proteinen, wenn sie als Impfstoffe benutzt werden sollen. Vakzinierung beruht auf der Aktivierung einer schützenden Immunantwort gegen einen Krankheitserreger durch ein immunogenes Antigen. Seit langem werden erfolgreich Impfungen mit abgeschwächten oder abgetöteten bzw. inaktivierten Krankheitserregern (Toxoiden, Bakterien oder Viren) oder isolierten Antigenen durchgeführt. Das Risiko einer Kontamination mit aktiven Erregern ist jedoch nicht immer vollständig zu vermeiden.

Die Verwendung rekombinanter, aus nichtpathogenen Wirtszellen gewonnener Antigene als Impfstoffe schließt hingegen das o. g. Risiko vollständig aus, da nicht mehr mit hochinfektiösem Material gearbeitet werden muß. Zudem kann auf zum Teil sehr aufwendige und teure Gewebekulturen verzichtet werden. Außerdem kann

Tab. 8.1 Rekombinant hergestellte Proteinwirkstoffe (Auswahl)

Protein	Indikation (Auswahl)	Erst-zulas-sung
Abciximab	Arterielle Verschlüsse	1994
DNase (Dornase alpha)	Cystische Fibrose	1993
Erythropoietin (Epoetin alpha und beta)	Renale Anämie	1989
Faktor VII a	Hämophilie	1995
Faktor VIII	Hämophilie A	1992
Faktor IX	Hämophilie B	1997
Follitropin	Sterilitätsbehandlung	1995
G-CSF (Filgrastim, Lenograstim)	Neutropenie	1991
Glukocerebrosidase	M. Gaucher	1994
GM-CSF	Autologe Knochenmarks-Transplantation	1991
Hepatitis B-Impfstoff	Schutz vor Hepatitis B	1986
Insulin	Diabetes	1982
Insulin-Mutein (Insulin lispro)	Diabetes	1996
alpha-Interferon	Haarzell-Leukämie, Kaposi-Sarkom	1986
beta-Interferon	Multiple Sklerose	1996
beta-Interferon-Mutein	Multiple Sklerose	1993
gamma-Interferon	Chronische Polyarthritis	1989
Interleukin-2	Metastasierendes Nierenkarzinom	1992
Muromonab-CD3	Transplantatabstoßung	1986
Somatotropin (hum. Wachstumshormon)	Wachstumsstörungen	1985
t-PA (Alteplase)	Akuter Herzinfarkt	1987
t-PA-Mutein (Reteplase)	Akuter Herzinfarkt	1996

bei toxischen Proteinen die Aminosäuresequenz gezielt verändert werden, so daß die Infektiosität verschwindet, ohne daß die Immunogenität beeinträchtigt wird. Bisher wurden rekombinante Proteine als Impfstoffe gegen Infektionen mit Hepatitis-A- und -B-Virus (Tab. 8.1), gegen Keuchhusten sowie gegen *Varicella zoster* erfolgreich eingeführt. Rekombinante Vakzine gegen etliche andere virale und parasitäre Krankheiten sind in der Entwicklung.

Trotz der aufgezählten Nachteile haben sich zahlreiche Proteine als pharmazeutische Wirkstoffe durchsetzen können. Derzeit werden bereits mehr als 45 rekombinante Proteine therapeutisch eingesetzt (eine Auswahl davon nennt Tab. 8.1) und mehr als 200 befinden sich in klinischer Entwicklung. Erythropoietin, Insulin, Somatotropin, G-CSF und Interferon-α gehören zu den in dieser Gruppe am häufigsten eingesetzten Arzneimitteln. Es wird erwartet, daß im Jahr 2000 bis zu 100 gentechnisch erzeugte Protein-Arzneimittel zugelassen sein werden. Dies ist darauf zurückzuführen, daß den genannten nachteiligen Proteineigenschaften eine ganze Reihe positiver Aspekte gegenüberstehen (s. u.).

8.1.1.5 Zugänglichkeit von humanen Proteinen

Die Konzentrationen physiologisch aktiver Proteine in Körperflüssigkeiten oder Organen sind in der Regel sehr gering. Eine chemische Synthese von Proteinen ist zwar prinzipiell möglich, stellt aber keine wirtschaftliche Methode zur Herstellung von Proteinwirkstoffen dar. Erst die Gentechnik ermöglichte es, menschliche Proteine in nahezu beliebigem Maßstab und in der erforderlichen Reinheit herzustellen. Rekombinante Humanproteine erlauben in vielen Fällen erstmals eine rationale, auf Kenntnis von Krankheitsursachen und biologischen Wirkprinzipien basierende Therapie mit den biologisch relevanten Eiweißstoffen des menschlichen Körpers, die als Signalstoffe (Hormone, Wachstums- und Differenzierungsfaktoren), Biokatalysatoren (Enzyme) oder Inhibitoren wirken und zur Substitution, Verstärkung oder Hemmung physiologischer Prozesse genutzt werden können.

8.1.1.6 Spezifität/Selektivität/Affinität

Die Interaktion zwischen Proteinen und ihren Rezeptoren, Liganden oder Substraten wird in aller Regel durch vielfältige Wechselwirkungen vermittelt, an denen mehrere oder zahlreiche Gruppen des Proteins beteiligt sind. Hierdurch sind einerseits extrem hohe Bindungsaffinitäten, andererseits außerordentliche Spezifität und Selektivität der Wechselwirkung möglich, wie sie von kleinen Molekülen üblicherweise nicht erreicht werden. Körpereigene Proteine hingegen wurden im Laufe der Evolution für ihre biologische Funktion selektioniert und optimiert. Daher wird das Ausmaß unspezifischer Interaktionen mit anderen Bindungspartnern, die zu unerwünschten Nebenwirkungen führen können, in vielen Fällen bei Proteinwirkstoffen geringer sein als bei niedermolekularen Substanzen.

8.1.1.7 Entwicklungsrisiko

Die Toxizität von Proteinen ist in der Regel geringer als bei niedermolekularen, chemisch-synthetisch hergestellten Wirkstoffen. Proteine sind natürlicherweise weder carcinogen noch teratogen. Die Entwicklung eines Proteins zum Arzneimittel ist daher – besonders wenn das Wirkprinzip identifiziert worden ist – mit weniger Risiko verbunden als die Suche nach neuen niedermolekularen Wirkstoffen; dies gilt vor allem für die späten, klinischen Entwicklungsphasen, in denen der Hauptteil der Entwicklungskosten anfällt. Auch können innovative Protein-Therapeutika nach Abschluß der klinischen Prüfungen aufgrund abgestimmter internationaler Anforderungen schneller zur Zulassung gebracht und damit zur Verfügung gestellt werden.

8.1.1.8 Sicherheit

Anders als bei der Isolierung von Proteinwirkstoffen aus menschlichem Material, aus tierischen Quellen (Schwein, Rind) oder aus Krankheitserregern (Impfstoffe aus Bakterien oder Viren) kann bei hochgereinigten rekombinanten Proteinen das Risiko allergen wirksamer Verunreinigungen wie auch viraler Kontamination ausgeschlossen werden. Aus diesem Grund werden heute Präparate von Gerinnungsfaktoren (wie Faktor VIII, IX und VIIa), die früher aus Humanblut bzw. -plasma gewonnen wurden, bevorzugt gentechnisch hergestellt. Das gleiche gilt für humanes Wachstumshormon (früher aus menschlichen Hypophysen gewonnen) und Hepatitis B-Impfstoffe.

Etwaige Risiken bei der Herstellung rekombinanter Produkte im Hinblick auf Umweltschutz und Arbeitssicherheit werden nach dem heutigen Stand der Technik sicher beherrscht. Gefahren für die mit der Entwicklung und Produktion gentechnischer Substanzen Beschäftigten, für die Umgebung sowie für die Anwender und Patienten sind nicht zu befürchten.

8.1.1.9 Herstellungsprinzipien und Wirkstoffkosten

Verglichen mit niedermolekularen, chemisch synthetisierten Wirkstoffen sind die Herstellkosten für gleiche Substanzmengen rekombinanter Proteine erheblich höher, insbesondere dann, wenn die Herstellung aus genetisch modifizierten Säugerzellen erfolgt. Zumindest in denjenigen Fällen, in denen relativ hohe Dosen des Proteins gegeben werden müssen – diese können in der Größenordnung von 100 mg bei Plasminogen-Aktivatoren und noch darüber bei Antikörpern und Immuntoxinen liegen – führt dies zu hohen Therapiekosten. Diese sind nur zu rechtfertigen, wenn entweder keine andere gleichwertige Therapie zur Verfügung steht oder wenn aus pharmakoökonomischer Sicht die Gesamtkosten der Krankheitsbehandlung trotzdem gesenkt werden.

Von erheblicher Bedeutung für die Wirkstoffkosten ist die Frage, in welcher Wirtszelle rekombinante Proteine exprimiert und im Produktionsmaßstab gewonnen werden. Gebräuchlich sind insbesondere:

- *Säugerzellen*, insbesondere eine Zellinie aus dem Ovar des chinesischen Hamsters (*chinese hamster ovary, CHO*), aber auch andere Nager- oder Maus-Zellinien. Das Zielprotein wird hierbei in das Kulturmedium sezerniert. Vorteil solcher eukaryonten Expressionssysteme ist, daß Proteine in aktiver, korrekt gefalteter Form gebildet werden und daß Glykoproteine dem menschlichen Glykosylierungsmuster sehr ähnliche Zuckerstrukturen aufweisen. Dem stehen als Nachteile eine sehr aufwendige und teure Kultur und relativ niedrige Ausbeuten (bezogen auf das Kulturvolumen) gegenüber;
- *Insektenzellen*, insbesondere kultivierte *Spodoptera frugiperda*-Zellen, die mit rekombinanten Baculoviren infiziert werden können. Dieses System erlaubt vergleichsweise kurze Entwicklungszeiten und ist deshalb vor allem zur schnellen Bereitstellung von kleinen Mengen (Milligram- bis Gramm-Bereich) auch komplexer, modifizierter Proteine geeignet. Für die routinemäßige Produktion von großen Proteinmengen hat es sich bisher nicht durchsetzen können;
- *Hefezellen*, insbesondere Bäckerhefe (*Saccharomyces cerevisiae*). Dieses genetisch gut charakterisierte Wirtssystem ermöglicht schnelles Zellwachstum bei einfacher, in der Lebensmitteltechnologie seit langer Zeit optimierter Kulturführung auch in großer Dimension. Allerdings werden Proteine, die von Hefezellen sekretiert werden, in anderer Weise glykosyliert als menschliche Proteine und können deshalb immunogen sein, also bei der Applikation am Menschen Abwehrreaktionen auslösen;
- *Bakterien*, vor allem *Escherichia coli*. Sie ermöglichen auf Grund kurzer Generationszeiten rasche Fermentation in relativ unkomplizierter Kultur. Verschiedene genetisch eingehend charakterisierte Sicherheitsstämme sind verfügbar, aus denen aufgrund der hohen erreichbaren intrazellulären Produktkonzentrationen rekombinante Proteine in sehr kostengünstiger Weise erhalten werden können. Allerdings erfolgt keine posttranslationale Modifikation der Polypeptidketten, insbesondere keine Glykosylierung. Sofern diese für die pharmakologische Wirkung des Proteins essentiell ist, scheiden bakterielle Systeme aus.

Ferner tritt in Bakterien das Problem auf, daß menschliche Proteine in den meisten Fällen nicht in aktiver, räumlich korrekt gefalteter Form gebildet werden, sondern fehlgefaltet als unlösliche und inaktive „inclusion bodies", die nachfolgend erst *in vitro* in die aktive Konformation überführt („naturiert") werden müssen (Abb. 8.1). Diese Naturierung vollzieht sich in einer Reihe von Einzelschritten: Solubilisierung des Polypeptids, Reduktion „falscher" Disulfidbindungen (ggf. unter reversibler chemischer Modifizierung), kontrollierte Faltung der Peptidkette in die natürliche Konformation und oxidative Knüpfung der korrekten Disulfidbrücken. Um das Risiko von Immunogenität aufgrund der Anwesenheit fehlgefalteter Proteinanteile auszuschließen, muß die Korrektheit der Proteinkonformation mit hochsensitiven Analysemethoden überprüft werden. In einer Reihe von Fällen ist es bereits gelungen, auf diesem Weg Produktionsverfahren für therapeutische Proteine zu entwickeln (Beispiel Reteplase, siehe Kap. 8.1.3).

Neben diesen seit Jahren intensiv untersuchten klassischen Expressionssystemen tritt in jüngster Zeit die Verwendung transgener Tiere (oder Pflanzen) als Produktionssystem. Die Expression rekombinanter Proteine in der Milch von transgenen Schafen, Ziegen oder Schweinen bietet das Potential zu äußerst kostengünstiger

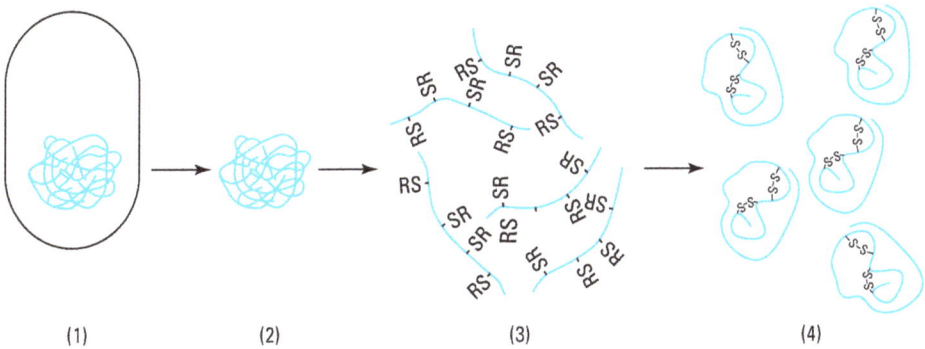

Abb. 8.1 „Naturierung" von rekombinanten Proteinen. Heterologe Proteine werden in Bakterienzellen oft als unlösliche, fehlgefaltete „inclusion bodies" (IBs) gebildet (1). Nach Zellaufschluß und Waschung der IBs (2) denaturiert man das Protein vollständig (z. B. durch Zusatz von Harnstoff oder Guanidin-HCl) und reduziert die Disulfidbindungen, ggf. unter reversibler Modifikation der freien SH-Gruppen durch eine löslichkeitsverbessernde Gruppe R (3). Anschließend entfernt man das Denaturierungsmittel unter kontrollierten Bedingungen und gibt der Polypeptidkette Gelegenheit, sich in die native Konformation zu falten. Hierbei werden gleichzeitig die korrekten Disulfidbrücken ausgebildet. Verändert nach Marston, F.A.O., Biochem. J. (1986) 240, 4. (© The Biochemical Society, mit Genehmigung).

Herstellung von großen Proteinmengen; so gelang es zum Beispiel, den Protease-Hemmstoff α_1-Antitrypsin in einer Konzentration von bis zu 30 g pro Liter in der Schafmilch zu exprimieren. Allerdings ist diese Technik bisher sehr aufwendig, mit einer geringen Erfolgsquote verbunden und langwierig; sie wird deshalb beim jetzigen Entwicklungsstand nur für solche therapeutischen Proteine in Frage kommen, bei denen ein hoher und langfristiger Bedarf sicher prognostiziert werden kann.

8.1.2 Proteinwirkstoffe „erster Generation"

Als „erste Generation" sind solche gentechnischen Proteinwirkstoffe zu bezeichnen, die ganz oder nahezu identisch mit natürlich vorkommenden Humanproteinen sind. Drei typische Beispiele seien genannt:

Insulin. Das Hormon der Bauchspeicheldrüse wird aufgrund seiner blutzuckersenkenden Wirkung seit 1922 bei Typ-I-Diabetikern eingesetzt. Insulin besteht aus zwei disulfidverbrückten Polypeptidketten (A-Kette: 21 Aminosäuren; B-Kette: 30 Aminosäuren). Die Biosynthese erfolgt durch proteolytische Prozessierung aus einem einkettigen Vorläufer (Proinsulin) (Abb. 8.2).

In den ersten Jahrzehnten der Insulin-Therapie war man auf Rinder- oder Schweine-Insulin angewiesen, die zu humanem Insulin Sequenzunterschiede aufweisen und daher bei Dauertherapie zu klinisch relevanter Insulin-Antikörperbildung führen können. Durch enzymkatalysierte Semisynthese (Austausch des Alanin-Rests in Position B30 von Schweineinsulin gegen Threonin) wurde es um 1980 möglich, hu-

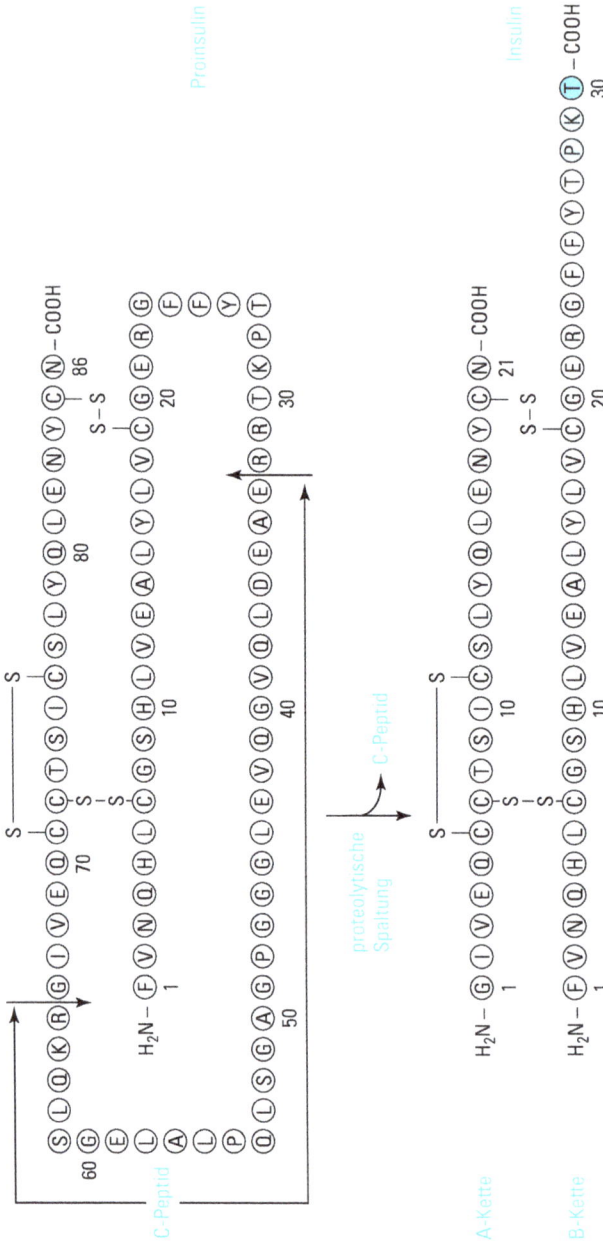

Abb. 8.2 Prozessierung von humanem Proinsulin zu Insulin. Durch proteolytische Spaltung wird unter Abspaltung des „C-Peptids" aus dem einkettigen Vorläufer Proinsulin das zweikettige, disulfidverbrückte aktive Insulin gebildet. Beim Analog „Insulin lispro" ist die Reihenfolge der Reste 28 und 29 in der B-Kette vertauscht (Lys-Pro statt Pro-Lys). B30 ist der einzige Aminosäurerest, in dem sich menschliches und Schweine-Insulin unterscheiden.

manidentisches Insulin zu produzieren. Diese Methode wurde inzwischen jedoch weitgehend durch die gentechnische Herstellung verdrängt; das erste rekombinante Humaninsulin wurde bereits 1982 zugelassen. Es existieren alternative Herstellverfahren, die sich entweder einer getrennten Expression von A- und B-Ketten mit nachfolgender Verknüpfung oder aber der Biosynthese eines modifizierten Proinsulins mit nachfolgender Proteasespaltung bedienen.

Erythropoietin. Erythropoietin (Epoetin alpha und beta, EPO) ist ein Glykoprotein (165 Aminosäuren), das in der fetalen Leber und in der Niere von Erwachsenen gebildet wird. Die Synthese erfolgt in Abhängigkeit von Hypoxie oder Anämie nach dem Prinzip einer „feedback-Kontrolle". Das Hormon gehört zu den hämatopoietischen Wachstumsfaktoren und steuert die Bildung von Erythrocyten aus Vorläuferzellen (BFU-E und CFU-E) im Knochenmark. Rekombinantes Erythropoietin, das wegen der hier notwendigen Glykosylierung in Säugerzellkulturen hergestellt wird, wird therapeutisch vor allem bei renaler Anämie (chronischer Niereninsuffizienz) eingesetzt, daneben aber auch bei anderen Indikationen (z. B. bei Tumoranämien).

G-CSF. Der Granulocyten-coloniestimulierende Faktor (G-CSF gehört wie EPO zu den hämatopoietischen Wachstumsfaktoren. G-CSF stimuliert die Proliferation und Differenzierung von neutrophilen Vorläuferzellen zu reifen Granulocyten und ist deshalb von Bedeutung bei der Behandlung der durch Chemotherapie induzierten Neutropenie. Außerdem wird G-CSF bei einer Reihe anderer Indikationen verwendet, so zur Behandlung der Myelosuppression, bei chronischer Neutropenie, aplastischer Anämie und zur Mobilisierung von Stammzellen aus peripherem Blut. G-CSF ist ein Glykoprotein mit einer Länge von 174 Aminosäuren. Neben der aus rekombinanten Säugerzellen gewonnenen glykosylierten Form (Lenograstim) ist auch eine therapeutisch ebenso wirksame, aus *E. coli*-Bakterien hergestellte unglykosylierte Form zugelassen (Filgrastim), die zusätzlich über einen N-terminalen Methioninrest verfügt.

Ferner fallen in die Kategorie der rekombinanten Proteinwirkstoffe „erster Generation" unter anderem verschiedene therapeutisch eingesetzte Antikörper, aber auch Enzyme wie die zur Behandlung von Glukocerebrosidase-Defizienz (M. Gaucher) verwendete Glukocerebrosidase sowie die Gerinnungsfaktoren Faktor VIIa, Faktor IX und Faktor VIII, die zur Substitutionstherapie bei Hämophilien dienen. Auf den Plasminogen-Aktivator vom Gewebstyp (t-PA) wird nachfolgend näher eingegangen. Weitere Beispiele sind in Tabelle 8.1 genannt.

8.1.3 Proteinwirkstoffe „zweiter Generation": Muteine

Es ist heute möglich, die für Proteine kodierende DNA-Sequenz an jeder beliebigen Position gezielt zu ändern und dadurch die Aminosäuresequenz eines Proteins in gewünschter Weise zu modifizieren („protein engineering"). So gewonnene mutierte Proteine werden als „Muteine" bezeichnet. Die Änderungen gegenüber der natürlichen Sequenz können sich auf einzelne Aminosäurereste beschränken (Punktmutationen), aber auch eine Deletion oder Insertion größerer Bereiche (z. B. Domänen) oder eine Neuverknüpfung von Sequenzen (Fusionen) umfassen. Konzeptionell bietet sich dadurch die Möglichkeit, Eigenschaften von Proteinen gezielt in gewünschter Weise zu verändern. Dies kann etwa die Stabilität, Löslichkeit, Spezifität bzw. Rezeptorbindung oder die Pharmakokinetik von Proteinen betreffen. Durch gezieltes Design erhaltene veränderte Proteinwirkstoffe hat man als „zweite Generation" therapeutischer Proteine bezeichnet.

Das gegenwärtige Verständnis der Struktur-Funktions-Beziehungen in Proteinen ist allerdings noch fragmentarisch. Deshalb ist es bisher nur in einigen einfachen Fällen möglich gewesen, den Effekt von Änderungen der natürlichen Aminosäuresequenz auf beobachtbare Eigenschaften von Proteinen zutreffend vorherzusagen. In der Regel müssen jedoch die Annahmen, die zum Design von Muteinen führen, noch immer empirisch verifiziert werden. Trotzdem ist es bereits in mehreren Fällen gelungen, rekombinante Proteine zum Einsatz als pharmazeutische Wirkstoffe gezielt zu optimieren. Folgende Präparate, bei denen protein engineering mit ganz unterschiedlicher Zielsetzung verwendet wurde, sind derzeit als zugelassene Medikamente verfügbar:

Insulin lispro. Subkutane Injektion von Insulin führt nicht zum gleichen zeitlichen Wirkungsprofil, wie dies für die Plasmakonzentration von Insulin bei Personen ohne Diabetes mellitus postprandial erreicht wird (Abb. 8.3): Nach der Injektion des Insulins steigt der Plasmaspiegel nur verzögert an, so daß die Injektion mehr als 15 Minuten vor einer Mahlzeit erfolgen muß. Wegen des langsameren Abfalls des Insulinspiegels besteht andererseits später die Gefahr der Hyperinsulinämie. Die langsame Anstiegsphase beruht auf der für die Dissoziation von hexamerem Insulin zu Dimeren und Monomeren benötigten Zeit. Um diese zu verringern, wurden zahl-

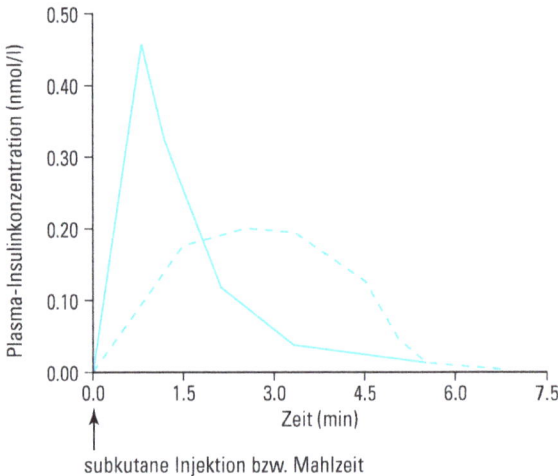

Abb. 8.3   Insulin-Konzentrationen im Plasma. Personen mit normaler Glukosetoleranz nach einer Mahlzeit (———) bzw. nach subkutaner Injektion von Insulin (– – – –). (Verändert nach: Barnett, A.H. and Owens, D.R. (1997) Lancet 349, 47–51 (© The Lancet Ltd., mit Genehmigung).

reiche Insulin-Muteine konstruiert, bei denen die biologische Aktivität des Hormons erhalten bleibt, die Dissoziationsrate des Hexamers in Lösung aber erhöht ist. Als solches Insulin-Analog steht „Insulin lispro" zur Verfügung, bei dem – wie dies auch beim natürlichen Insulin-Homolog, „insulin-like growth factor-I" (IGF-I) gefunden wurde – die Reihenfolge der Aminosäurereste B28 und B29 getauscht wurde (Abb. 8.2). Insulin lispro kann auf Grund seines schnelleren Wirkungseintritts unmittelbar vor der Mahlzeit injiziert werden. Die Punktmutation führt hier also zu einer pharmakokinetisch relevanten Änderung der Aggregationseigenschaften des Proteins.

Reteplase. Seit 1996 für die Behandlung des akuten Herzinfarkts zugelassen ist Reteplase, ein Mutein des bereits 1987 für die gleiche Indikation eingeführten Plasminogen-Aktivators vom Gewebstyp (tissue plasminogen activator, t-PA, Alteplase). Die Wirkung der Plasminogen-Aktivatoren beruht auf der Aktivierung des inaktiv in der Blutbahn zirkulierenden Proenzyms Plasminogen zur aktiven Protease Plasmin. Dieses ist in der Lage, das unlösliche Fibrin des Blutgerinnsels proteolytisch zu löslichen Peptiden zu spalten und dadurch den Gefäßverschluß zu beseitigen (Abb. 8.4).

Gegenüber früher verwendeten Fibrinolytica wie der bakteriellen Streptokinase und der aus Urin oder Zellkultur gewonnenen Urokinase besteht ein wesentlicher Vorteil von t-PA darin, daß es in freier Form nahezu inaktiv ist und erst im ternären Komplex mit Fibrin und Plasminogen seine volle Aktivität entfaltet. Es war daher zu erwarten, daß aufgrund dieser „Fibrin-Spezifität" aktives Plasmin nur lokal am Thrombus entsteht, während eine systemische Aktivierung von Plasminogen und dadurch eine Depletierung von Fibrinogen in der Blutbahn mit der Folge erhöhter Blutungsgefahr weitgehend vermieden werden könne. Tatsächlich konnte in klinischen Großstudien bei Behandlung von Herzinfarkt Patienten mit t-PA gegenüber Streptokinase eine effizientere Gefäßöffnung, verbunden mit nur geringfügig erhöhter Blutungsrate, und daraus resultierend eine geringere Mortalität belegt werden.

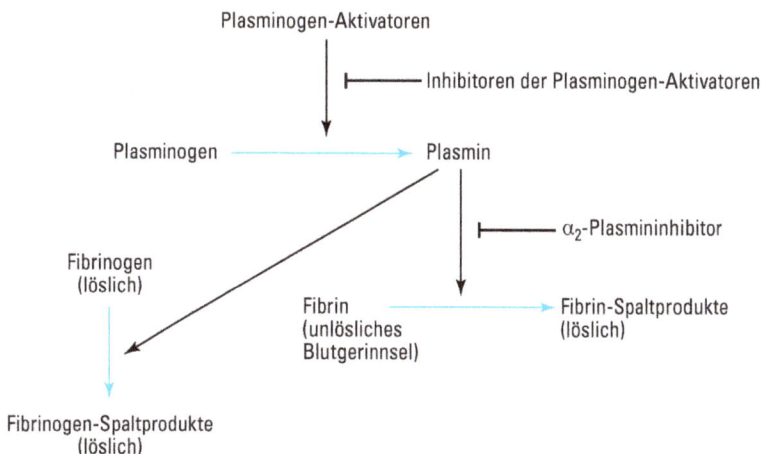

Abb. 8.4 Allgemeines Schema der Fibrinolyse.

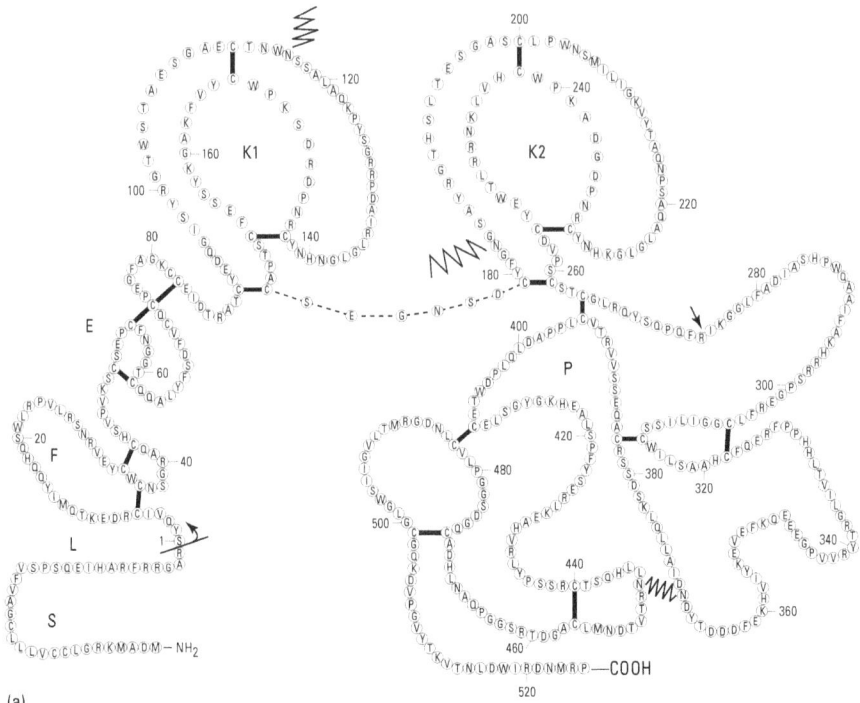

(a)

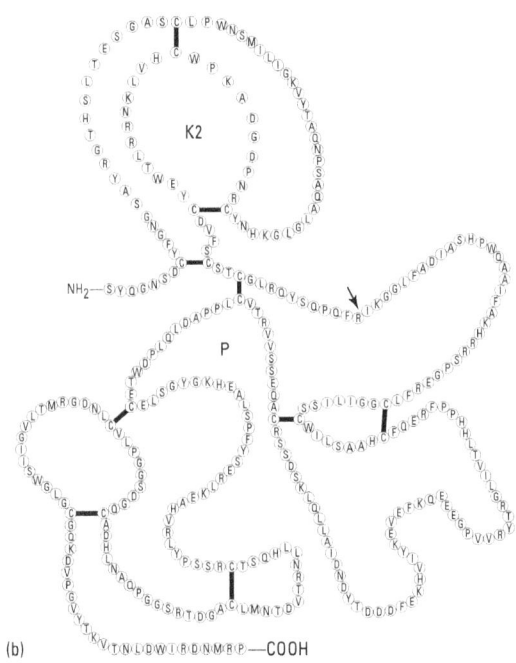

(b)

Diese vorteilhaften Eigenschaften von Alteplase werden durch eine sehr kurze Halbwertszeit im Blut (ca. 5 min.) beeinträchtigt. Da die Dosis infolge dann zunehmender Nebenwirkungen nicht beliebig gesteigert werden kann, ist das Potential des Aktivators zu schneller Gefäßöffnung nicht voll nutzbar. Bei Reteplase wurden daher gezielt diejenigen Bereiche des t-PA entfernt, die für die hochaffine Fibrinbindung und für die rezeptorvermittelte Clearance des Aktivators aus der Blutbahn verantwortlich sind („EGF-Domäne", „Finger-Domäne" und „Kringel 1-Domäne") (Abb. 8.5). Zudem wird Reteplase, anders als die aus rekombinanten Säugerzellen gewonnene Alteplase, in gentechnisch veränderten E. coli-Bakterien hergestellt. Das dadurch verursachte Fehlen der natürlichen Glykosylierung ist in diesem Fall ein therapierelevanter Vorteil, da die Zuckerstrukturen durch Bindung an Leber-Rezeptoren für die kurze Verweildauer von glykosyliertem t-PA im Blutstrom mitverantwortlich sind.

Die dadurch etwa dreifach verlängerte Halbwertszeit erlaubt bei Reteplase eine wesentliche Verringerung der zu applizierenden Dosis des Aktivators. Obwohl die hochaffine Fibrinbindung fehlt, besitzt Reteplase in vitro Fibrin-Spezifität (gemessen als Stimulation der Plasminogen-Aktivierung in Gegenwart von Fibrin), wenn auch in geringerem Maß als Alteplase. In vivo allerdings ist die Fibrin-Spezifität – gemessen als Fibrinogen-Abbau bei thrombolytisch äquipotenten Dosen – bei beiden Aktivatoren vergleichbar. In klinischen Studien wurde aufgrund der längeren biologischen Halbwertszeit und des unterschiedlichen Wirkmechanismus eine schnellere Lyse beobachtet als mit t-PA.

Weitere Proteinwirkstoffe „zweiter Generation". Für die nahe Zukunft sind Fortschritte insbesondere auf dem Gebiet der rekombinanten Immuntoxine zu erwarten. Hier handelt es sich um Konjugate oder Fusionen aus einem zellbindenden Anteil (meist der Antigen-Bindungsregion eines Antikörpers) und aus einem cytotoxischen Bereich, etwa einem bakteriellen Toxin wie Diphtherie-Toxin oder Pseudomonas-Exotoxin (Abb. 8.6). Immuntoxine finden in der experimentellen Krebstherapie Anwendung. Sie können konventionell durch chemische Kopplung hergestellt werden; wenn die toxische Komponente selbst Proteincharakter hat, bietet sich jedoch der Weg über ein rekombinant hergestelltes Fusionskonstrukt an. In klinischen Phase-I/II-Studien wurden bereits ermutigende Resultate mit Immuntoxinen erhalten, bei denen die Antikörper-Spezifität gegen spezifische Oberflächen-Antigene von Tumorzellen gerichtet ist. Als Antigene genutzt werden hierbei namentlich die Transferrin- und IL-2-Rezeptoren sowie die ERBB2- und Lewis-Y-Antigene.

◀ *Abb. 8.5* Schematische Darstellung der Strukturen von (a) Alteplase (t-PA) und (b) Reteplase. Die einzelnen Protein-Domänen sind: S/L, Signal-/Leader-Sequenz (fehlt im reifen t-PA); F, Finger-Domäne; E, epidermal growth factor-ähnliche Domäne; K1, Kringel 1; K2, Kringel 2; P, Protease-Domäne. Reteplase enthält nur die K2- und P-Domänen. Die in Alteplase vorhandene, in Reteplase fehlende Glykosylierung befindet sich an den mit ∧∧∧ gekennzeichneten Positionen der Polypeptidkette. Die Pfeilspitze gibt diejenige Peptidbindung (zwischen Rest 275 und 276) an, durch deren Spaltung t-PA bzw. Reteplase zur zweikettigen Form prozessiert werden.

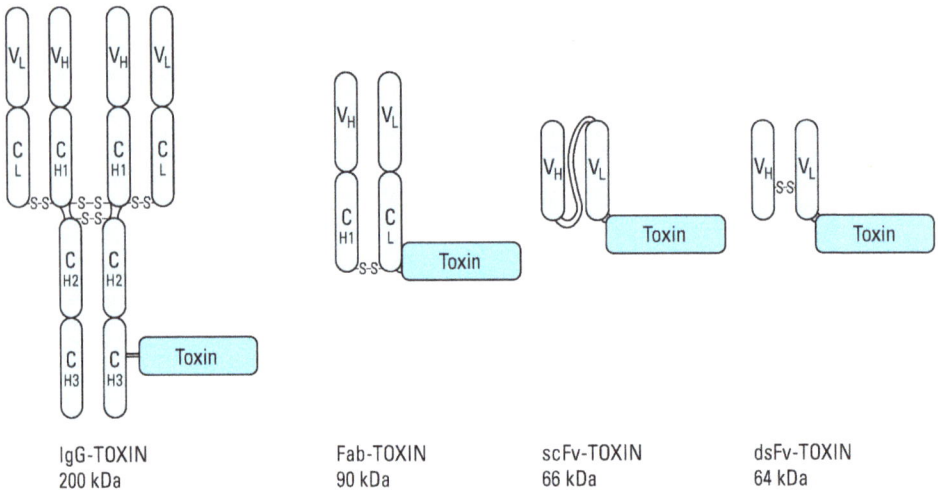

| IgG-TOXIN | Fab-TOXIN | scFv-TOXIN | dsFv-TOXIN |
| 200 kDa | 90 kDa | 66 kDa | 64 kDa |

Abb. 8.6   Schema der Strukturen verschiedener Immuntoxine. Während IgG-Toxine und Fab-Toxine durch chemische Konjugation hergestellt werden können, sind scFv-Toxine und dsFv-Toxine nur als rekombinante Proteine zugänglich. (Verändert nach: Brinkmann, U. and Pastan, I. (1995) Methods 8, 143–156, © Academic Press, Inc., mit Genehmigung).

Zu erwähnen ist, daß Muteine – da nicht mehr mit körpereigenen Eiweißstoffen identisch – potentiell immunogen sein können. Bei den bisher eingeführten therapeutischen Proteinen „zweiter Generation" hat sich diese Befürchtung nicht bestätigt; sie ist jedoch für Immuntoxine zu beachten, die über bakterielle (nicht-humane) Sequenzen verfügen.

Humane, körpereigene Proteine sind in größeren, potentiell unbegrenzten Mengen erst durch die Gentechnik zugänglich geworden. Neben den rekombinanten Proteinen „erster Generation" finden zunehmend gezielt in ihrer Aminosäuresequenz veränderte Protein-Mutanten (Muteine) als zweite Generation von Protein-Wirkstoffen Anwendung. Für die Zukunft zeichnet sich ab, daß der Körper des Patienten selbst die Biosynthese wirksamer Proteine auf Basis eingeschleuster genetischer Information übernehmen wird: Die Gentherapie ist in diesem Sinn als „dritte Generation" der modernen Proteintherapie anzusprechen.

8.2 Gentherapie

Unter Gentherapie im engeren Sinne versteht man die gezielte Veränderung der genetischen Information zur Prävention oder Behandlung von Krankheiten. Grundsätzlich kommen Keimzellen oder somatische Zellen als Ziel einer solchen Veränderung in Frage. Bei Keimzellen kommt es dabei zu einer bleibenden und weitervererbbaren Veränderung der genetischen Information. Derzeit wird ausgesprochen kontrovers diskutiert, ob dies ein ethisch vertretbares Ergebnis ärztlichen Handelns sein kann. In Deutschland ist die Entwicklung dieser Strategie für den Menschen durch das Embryonenschutzgesetz verboten und soll hier nicht weiter diskutiert werden. Im Gegensatz dazu zielt die somatische Gentherapie auf die Erzeugung eines genetischen Chimärismus, wie er etwa auch bei der Organtransplantation entsteht. Dazu wurden eine Reihe technischer Strategien entwickelt, von denen einige im folgenden beschrieben werden. Im Prinzip muß die neue genetische Information den Zellkern der Zielzellen erreichen, um dort selbst exprimiert zu werden oder um die Expression eines endogenen Gens zu beeinflussen. Konzeptionell kann dabei einerseits versucht werden, das defekte Gen gezielt durch sogenanntes „gene targeting" (siehe unten) zu reparieren oder durch ein neues zu ersetzen. Alternativ kann eine weniger gezielte Genapplikation erfolgen und ein beispielsweise defektes Gen im Genom verbleiben. Über diese qualitativen Erfordernisse hinaus muß auch eine quantitativ angemessene Effizienz dieses Prozesses gewährleistet sein, um einen klinischen Nutzen zu erreichen.

Im weiteren Sinne wird der Begriff der Gentherapie oft auch für therapeutische Strategien verwendet, die die Genexpression durch den Einsatz von Nukleinsäuren beeinflussen, ohne die genetische Information selbst zu verändern. Derzeit werden in Nordamerika und in Europa mehr als 200 Phase I/II Studien durchgeführt, um die Verträglichkeit und die Effektivität der Gentherapie beim Menschen zu erproben. Die Verträglichkeit ist in den meisten Fällen gut. Ein klarer, reproduzierbarer klinischer Nutzen konnte mit den bisher verwendeten Methoden jedoch noch nicht belegt werden. Dennoch erscheint das Konzept erfolgversprechend und soll hier mit seinen Grundzügen und Problemen erläutert werden.

8.2.1 Die Definition der Zielzelle

Die Strategie der Gentherapie hängt wesentlich davon ab, welche Zellen genetisch verändert werden sollen. Bei der gegenwärtig am weitesten entwickelten Methodik werden die Zielzellen dem Körper zunächst entnommen, dann *ex vivo* in einer Zellkultur genetisch modifiziert und erst in einem dritten Schritt dem Patienten zurückgegeben (Abb. 8.7).

Diese Strategie wurde in ersten klinischen Protokollen bisher für die Modifikation von hämatopoietischen Stammzellen (schwerer kombinierter Immundefekt durch Adenosin-Deaminase-Mangel), Hepatocyten (familiäre Hypercholesterinämie durch LDL-Rezeptordefekt), Myoblasten (Muskeldystrophie vom Typ Duchenne) und Fibroblasten (Hämophilie B) eingesetzt. Bei schwerer zugänglichen oder nicht kultivierbaren Zielzellen kann dieses Verfahren nicht angewandt werden. In diesen Fällen muß das therapeutische Gen dem Patienten direkt, *in vivo* appliziert werden (Abb. 8.7). Die gewünschte Spezifität kann man versuchen, etwa durch einen passenden Tropismus bzw. durch eine rezeptorvermittelte Aufnahme des Vektors (siehe unten) zu erreichen. Der Einsatz adenoviraler Vektoren für die Mukoviszidose oder herpesviraler Vekoren für Erkrankungen des ZNS sind Beispiele für die Anwendung dieser Strategie.

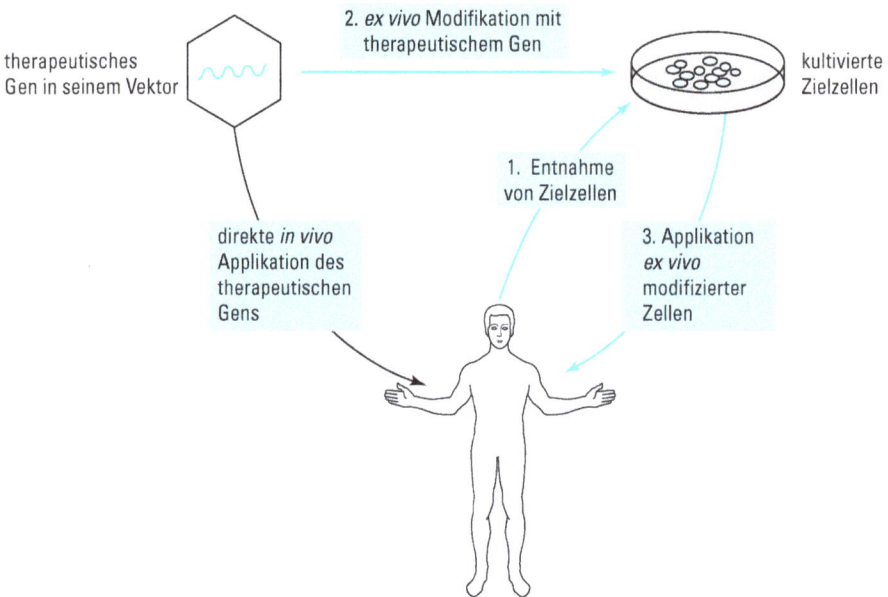

Abb. 8.7   Ex vivo und *in vivo* Strategie der Gentherapie. Bei der *in vivo* Strategie wird das Transgen in seinem Vektor direkt appliziert (schwarzer Pfeil). Bei der *ex vivo* Strategie werden die Zielzellen dem Patienten zunächst entnommen (1), *in vitro* durch Applikation des Transgens in seinem Vektor genetisch modifiziert (2) und dann retransplantiert (3) (blaue Pfeile).

8.2.2 Die Suche nach dem geeigneten Vektor

Die Aufnahme der fremden genetischen Information in eine therapeutisch relevante Zahl von Zielzellen ist eine der ganz wesentlichen Voraussetzungen für den Erfolg sowohl der *ex vivo* als auch der *in vivo* Strategien. Bei manchen Anwendungen kann eine vorübergehende Expression des Transgens ausreichen, bei anderen ist eine stabile und regulierte Expression des Transgens für einen therapeutischen Erfolg erforderlich.

Grundsätzlich kann DNA unverpackt als sogenannte „nackte" DNA in die Zelle aufgenommen und exprimiert werden. Für die meisten Anwendungen ist dieser Weg jedoch zu ineffizient. In der Regel ist ein Transportvehikel erforderlich, das die Aufnahme der exogenen DNA erleichtert. Diese Transportvehikel werden als Vektoren bezeichnet. Viren erscheinen als besonders attraktive Vektoren, da sie natürlicherweise über Mechanismen verfügen, ihr Genom in die Wirtszelle einzubringen und dort zu exprimieren. Allerdings wurden in den letzten Jahren auch nicht-virale Vektorsysteme entwickelt (Tab. 8.2). Insgesamt ist der Erfolg der Suche nach dem geeigneten Vektor eine zentrale Voraussetzung für den Erfolg der Gesamtstrategie. Eine zufriedenstellende Lösung für dieses Problem gibt es jedoch noch nicht.

Tab. 8.2   Potentielle Vor- und Nachteile einiger gebräuchlicher Vektorsysteme für die Gentherapie

	Retrovirale Vektoren	Adenovirale Vektoren	AAV-Vektoren	Liposomale Vektoren	Nackte DNA
Vorteile	Stabile Integration in das Genom der Zielzelle	Transduziert auch ruhende Zellen	Transduziert auch ruhende Zellen	Keine bekannte Pathogenität	Keine bekannte Pathogenität
	Hohe Transduktionseffizienz	Minimale Pathogenität des Wildtypvirus	Keine bekannte Pathogenität des Wildtypvirus		Möglicher Einsatz als DNA Vakzine
		Große Kapazität für exogene DNA	Stabile Integration in das Genom der Zielzelle		
Nachteile	Zufällige Lokalisation der Integration mit dem Risiko der Insertionsmutagenese	Nur vorübergehende episomale Integration	Geringe Kapazität für exogene DNA	Ineffiziente und nur vorübergehende Expression in der Zielzelle	Ineffiziente und nur vorübergehende Expression in der Zielzelle
	Keine Aufnahme in mitotisch ruhende Zellen	Stimuliert eine potente Immunantwort			

8.2.2.1 Retrovirale Vektoren

Bei der Infektion eines natürlicherweise vorkommenden Retrovirus wird das virale RNA-Genom revers in DNA transkribiert und als Provirus permanent in das Genom der Wirtszelle integriert (siehe Kap. 7.2.3). Bei jeder Zellteilung wird das retrovirale Provirus zusammen mit dem Wirtsgenom repliziert und an die Tochterzellen weitergegeben. Bei der Entwicklung retroviraler Vektoren versucht man, diese Eigenschaft zu erhalten, während die pathogenen Eigenschaften eliminiert werden. Der Begriff der Transduktion grenzt die vektorvermittelte Übertragung therapeutischer Transgene von der Infektion durch ein natürliches Virus ab.

Das Minimalgenom eines Retrovirus enthält die drei Gene *gag* (kodiert Verpackungsproteine des viralen Genoms), *pol* (kodiert die reverse Transkriptase) und *env* (kodiert virale Hüllproteine). Diese Gene werden von sogenannten *long terminal repeats* (LTR) flankiert, die zum einen als Enhancer/Promotor Element und zum anderen als Signal für die Verpackung des viralen Genoms in die Hüllproteine dienen (siehe Kap. 7.2.2). In einem retroviralen Vektor sind die kodierenden viralen Gene entfernt und durch das therapeutische Gen ersetzt. Damit verliert der Vektor seine pathologischen Eigenschaften und die Fähigkeit zur Replikation. Zur Produktion eines therapeutisch einsetzbaren Partikels wird der retrovirale Vektor in eine sogenannte Verpackungszellinie eingebracht, die die retroviralen Gene ohne LTR enthält und exprimiert. Retrovirale Vektorpartikel können aus dem Überstand der mit dem Transgen transfizierten Verpackungszellinie gewonnen und für die Transduktion der Zielzellen verwendet werden (Abb. 8.8). Durch Modifikation des *env*-Gens können dem retroviralen Vektorpartikel neue Eigenschaften gegeben werden, die zum Beispiel eine gezielte zelltypspezifische, rezeptorvermittelte Aufnahme ermöglichen. Der Vorteil retroviraler Vektoren liegt in ihrer fast 100 %igen Transduktionseffizienz und in der Stabilität der Integration des Transgens. Dennoch wird die Expression des Transgens durch einen noch nicht verstandenen Mechanismus bald nach der Transduktion reprimiert, so daß der therapeutische Effekt bisheriger Vektoren meist nur vorübergehend ist. Ein weiterer Nachteil ist, daß retrovirale Vektoren nur mitotisch aktive Zellen transduzieren können. Außerdem sind retrovirale Vektoren am ehesten für die *ex vivo* Strategie der Gentherapie einsetzbar, da die ENV-Proteine bei einer *in vivo* Therapie eine potente Immunantwort stimulieren.

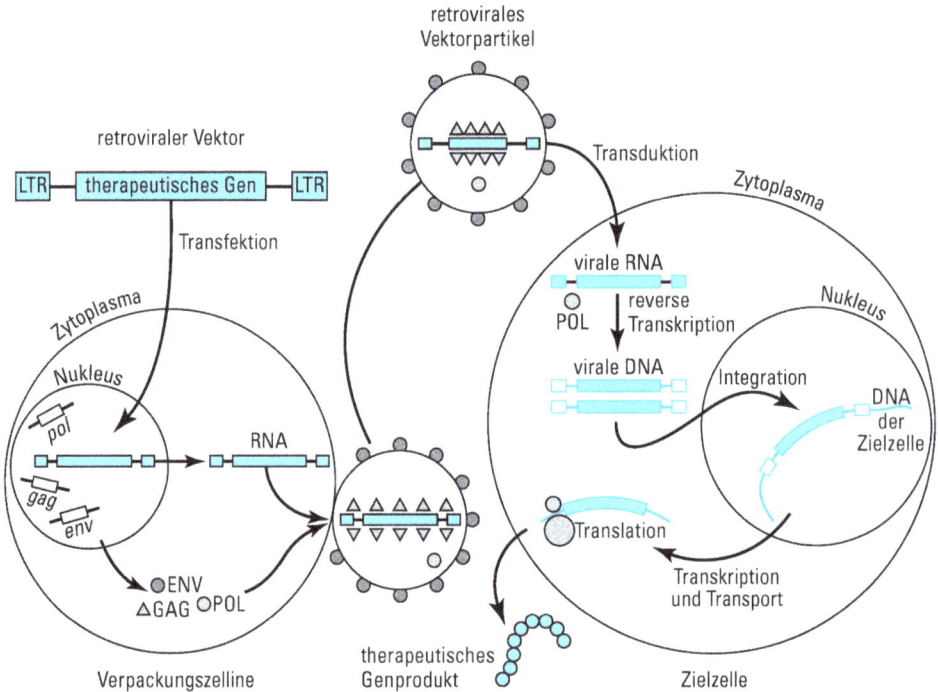

Abb. 8.8 Schematische Darstellung einer Transduktion mit einem retroviralen Vektor. Das therapeutische Transgen ersetzt im Vektor die retroviralen *pol-, gag-* und *env-* Gene. Das komplette Vektorpartikel wird in einer Verpackungszellinie zusammengesetzt, die die retroviralen Proteine beisteuert. Nach Aufnahme in die Zielzelle wird das Transgen revers transkribiert, in die genomische DNA integriert und von dort exprimiert.

8.2.2.2 Adenovirale Vektoren

Adenoviren haben ein 36 kb DNA-Genom, das eine Reihe von sogenannten „early" (E) Genen für regulatorische Proteine und „late" (L) Genen für strukturelle Proteine enthält. Diese Viren zeigen einen charakteristischen Tropismus für Epithelzellen der Atemwege, des Verdauungstraktes und der Leber. Entsprechend diesem Tropismus wurden adenovirale Vektoren zunächst für die Gentherapie der Mukoviszidose und des α1-Antitrypsinmangels entwickelt, wobei sie grundsätzlich für eine *in vivo* Therapie eingesetzt werden können. Bei diesen Vektoren ist, ähnlich wie bei den retroviralen Vektoren, zumindest das für die Replikation nötige *e1a*-Gen durch das therapeutische Transgen ersetzt. Im Gegensatz zu den retroviralen Vektoren können adenovirale Vektoren sowohl mitotisch aktive als auch ruhende Zellen transduzieren. Außerdem integriert sich die Vektor-DNA meist nicht in das Genom der Zielzelle, sondern wird als extrachromosomales Episom im Kern repliziert. Die potente zelluläre und humorale Immunantwort auf die Hüllproteine des Vektorpartikels repräsentiert jedoch ein gewichtiges Problem mit diesem Vektor. Erfolgversprechende tierexperimentelle Erfahrungen gibt es in diesem Zusammenhang mit Vektoren, die keinerlei virusspezifische Proteine mehr kodieren.

8.2.2.3 AAV-Vektoren

Das Adeno-assoziierte-Virus (AAV) ist ein kleines, nicht-pathogenes, einzelsträngiges DNA-Virus, das außer den Verpackungssignalen lediglich zwei Gene für das Kapsid und für die Replikation enthält. Darüber hinaus benötigt dieses Virus für die Replikation Genprodukte anderer Viren, die meist von Adenoviren oder von Herpesviren bereitgestellt werden. Das Virus kann eine Vielzahl von ruhenden oder sich teilenden Zellen infizieren und integriert sich präferenziell an einer spezifischen Stelle des Chromosoms 19 des Wirtsgenoms. Außerdem scheinen AAV-Vektoren ein relativ effizientes „gene targeting" vermitteln zu können. Ein Nachteil dieses Vektors ist die geringe Größe, die eine Kapazität für exogene DNA von nur etwa 4 kb mit sich bringt.

8.2.2.4 Liposomale Vektoren

Aufgrund ihrer negativen elektrischen Ladung wird die DNA grundsätzlich von der ebenso geladenen Zellmembran abgestoßen und daher schlecht aufgenommen. Liposomen sind kleine, runde Partikel, die aus einer membranähnlichen Lipiddoppelschicht bestehen und sowohl nach innen als auch nach außen hydrophile Reste tragen. So sind sie selbst wasserlöslich und können wasserlösliche Bestandteile aufnehmen. Die Lipide der Liposomen können mit der Zellmembran fusionieren und so die Aufnahme ihres Inhalts in die Zelle vermitteln. Aufgrund der geringen Kapazität dieser nicht-viralen Vektoren für exogene DNA und der geringen Transfektionseffizienz spielen die Prototypen dieser Vektoren nur noch eine untergeordnete Rolle. In einer auch als „Lipoplexe" bezeichneten Weiterentwicklung dieser Vektoren sind die natürlicherweise vorkommenden anionischen durch kationische Lipide ersetzt. Dadurch konnte zum einen die Kapazität dieser Partikel für DNA und zum anderen auch die Effizienz der Fusion mit der negativ geladenen Zellmembran und damit die Transfektionseffizienz gesteigert werden.

8.2.2.5 Nackte DNA

Unverpackte DNA kann wegen ihrer negativen Ladung nur mit geringer Effizienz in die Zelle inkorporiert und bis zum Protein exprimiert werden. Eine absehbare klinische Anwendung für diese Methode der Gentherapie liegt jedoch in der Impfung. Bei der traditionellen Impfung mit einem Protein wird das Antigen durch Phagocytose in die antigenpräsentierende Zelle aufgenommen. *Via* Prozessierung durch das MHC Klasse II-System wird primär die humorale Immunantwort stimuliert. Im Gegensatz dazu führt die Aufnahme des Antigen-kodierenden Gens und die intrazelluläre Expression des Proteins zu einer Prozessierung über das MHC Klasse I-System, was sowohl eine zytotoxische als auch eine humorale Immunantwort auslöst. Im Tierversuch führte eine Impfung mit einem Influenzagen zum Schutz gegen eine sonst letale Virusinfektion. Publizierte Ergebnisse klinischer Studien mit solchen DNA-Vakzinen gibt es noch nicht.

8.2.3 Gentherapie im weiteren Sinne

8.2.3.1 Antisense-Oligonukleotide

Oligonukleotide sind kurze, meist aus 15–20 Nukleotiden bestehende, synthetisch hergestellte einzelsträngige DNA- oder auch RNA-Moleküle, die sich spezifisch mit einzelsträngigen RNA- oder in einer sogenannten Tripelhelix auch mit doppelsträngigen DNA-Molekülen paaren können. Darüber hinaus können sich Oligonukleotide sequenzspezifisch oder sequenzunspezifisch an Proteine binden. Klinischen Nutzen erhofft man sich von einer Störung der Expression pathologisch relevanter Gene oder einer Störung der Funktion von Proteinen, etwa bei malignen oder infektiösen Krankheiten. Darüber hinaus wurden Antisense-Oligonukleotide im Sinne eines „gene targeting" auch zur Korrektur von Genmutationen eingesetzt (siehe unten). Außer den sequenzspezifischen Wirkungen kommt es auch zu nicht Antisense-spezifischen Effekten. Ein Beispiel dafür ist die immunstimulierende Wirkung von CpG-Dinukleotid-reichen Oligonukleotiden. Dies wird darauf zurückgeführt, daß bakterielle DNA im Vergleich zur menschlichen sehr viel mehr solcher Dinukleotide enthält und die B-lymphozytäre Zellreihe zur Immunglobulinsynthese stimulieren kann.

Ein zentraler potentieller Angriffspunkt auf die Genexpression ergibt sich aus der Aktivierung von RNase H. Bei diesem Enzym handelt es sich um eine Endonuklease, die sich spezifisch an RNA-DNA Doppelstränge, sogenannte Heteroduplexformationen, bindet und die RNA an einer solchen Stelle spaltet. Dadurch steht die mRNA für die Translation nicht mehr zur Verfügung. Erste klinische Erprobungen dieses Verfahrens gibt es bei der Hemmung der Replikation des HIV und des Cytomegalievirus, bei der Hemmung der Zelladhäsion bei entzündlichen Erkrankungen sowie bei der Hemmung der Onkogenexpression bei soliden Tumoren, dem non-Hodgkin Lymphom und beim *ex vivo purging* von BCR-ABL exprimierenden Blasten im Knochenmark von Patienten mit chronischer myeloischer Leukämie.

Außerdem gibt es Versuche, mit Antisense-Oligonukleotiden die Transkription zu inhibieren, indem die Interaktion mit Transkriptionsfaktoren oder die Entwindung des DNA-Doppelstranges behindert werden (siehe Kap. 3.1). Zudem können Oligonukleotide mit entsprechenden Bindungssequenzen als sogenannte „decoys" Transkriptionsfaktoren abtitrieren. Die Bindung eines Antisense-Oligonukleotids an die 5'-UTR kann auch die Assemblierung des Ribosoms und damit die Translationsinitiation stören (siehe Kap. 3.4.2).

Unter physiologischen Bedingungen ergeben sich beim Einsatz von Oligonukleotiden jedoch eine Reihe von praktischen Problemen. Die Aufnahme in die Zelle ist ineffizient; die Zugänglichkeit der Zielsequenz im Chromatin ist nicht unbedingt gegeben; die Stabilität von Oligonukleotiden selbst und ihrer Interaktion mit der Zielsequenz ist im physiologischen Millieu gering. Das Problem der Aufnahmeeffizienz kann, wie bei den oben beschriebenen Anwendungen, grundsätzlich durch eine vektorvermittelte Applikation angegangen werden. Die Stabilität von Oligonukleotiden kann im Prinzip durch chemische Modifikationen gesteigert werden. Beispiele dafür sind die Methylierung oder die Sulfurierung des Phosphatrestes in der Phosphodiesterbindung zwischen den Nukleosiden (siehe Kap. 2.4.1). Allerdings sind Oligonukleotide mit sogenannten Methylphosphonaten nicht mehr in der Lage, die RNase H zu aktivieren. Die Oligonukleotide mit Phosphorothioaten sind dagegen stark hydrophil und werden ausgesprochen ineffizient in die Zelle aufgenommen. Es gibt eine Reihe von Strategien, diese Probleme zu lösen, jedoch noch zu wenige Daten von kontrollierten Studien, die die klinische Bedeutung dieses Verfahrens abzuschätzen erlauben.

8.2.3.2 Ribozyme

Klassische Enzyme (Biokatalysatoren) sind Proteine. Die Entdeckung, daß einige natürlich vorkommende RNAs ebenfalls als Biokatalysatoren fungieren können war daher außerordentlich überraschend. In Anlehnung an klassische Proteinenzyme werden diese katalytischen RNAs als Ribozyme bezeichnet (siehe Kap. 3.2.3.5). Ribozyme haben die Fähigkeit, die Reaktionsgeschwindigkeit einer biochemischen Reaktion erheblich zu beschleunigen, selbst unverändert aus dem katalytischen Zyklus hervorzugehen und deshalb mehrere solcher Zyklen durchlaufen zu können. Ferner zeichnen sie sich durch hohe Substrat- und Produktspezifität aus und stellen hinsichtlich dieser Kriterien echte Äquivalente zu Proteinenzymen dar. Theorien von der Entstehung des Lebens auf der Erde wurden durch die Entdeckung von Ribozymen nachhaltig beeinflußt. Man glaubt, daß die biologische Welt vor der Entstehung von Zellen eine RNA-Welt gewesen sein könnte, in der sowohl die Nukleinsäure-typische Funktion der Informationsspeicherung als auch die Katalyse metabolischer Vorgänge von RNA-Molekülen ausgeführt worden sei.

Physiologisch vorkommende Ribozyme verwenden RNAs als Substrate für Spaltungsreaktionen von Phosphodiesterbindungen. Die Interaktion eines Ribozyms mit einem Substrat findet zuerst durch Basenpaarung statt, was seine Spezifität erklärt.

Physiologisch vermitteln Ribozyme z. B. die Reifung von tRNA-Vorstufen (durch sog. RNase P) oder können, ähnlich dem Spleißosom, auch das Ausschneiden spezieller Introns (z. B. bei *Tetrahymena*) katalysieren.

Potentiell therapeutisch relevant sind die in niedrigen Eukaryonten und in einigen Bakterien vorkommenden „Gruppe I Introns" und die in einigen Viren vorkommenden selbst-spaltenden RNAs mit „hammerhead" oder „hairpin" Struktur. Die natürlich vorkommenden Ribozyme wirken intramolekular, d. h. sie entfalten ihre katalytische Aktivität an sich selbst. Das therapeutische Potential ergibt sich aus der Möglichkeit, strukturell veränderte Ribozyme auch auf andere RNAs zu richten und so eine Rekombination oder die Destruktion des Zielmoleküls zu bewirken. Probleme ergeben sich aus der im therapeutischen Kontext relativ geringen Spezifität des Ribozyms für die Ziel-RNA, der geringen Stabilität *in vivo*, der ineffizienten Aufnahme in die Zelle und aus der unzuverlässigen Colokalistaion des Ribozyms mit der zellulären Ziel-RNA.

Gruppe I Introns

Dieser Typ von Ribozym katalysiert einen Spleißvorgang, ohne daß dafür ein Spleißosom erforderlich ist (siehe Kap. 3.2.3). Die katalytische Aktivität zur RNA-Spaltung und zur Religierung der beiden Exons erfordert (1) die Präsenz eines Uridins an der letzten Position des 5'-Exons, (2) ein Guanosin an der letzten Position des Introns, (3) die Hybridisierung der 3'- und der 5'-Spleißstellen durch Vermittlung einer internen Führungssequenz und (4) die Interaktion des Uridins mit einem Guanosin.

Modifizierte Gruppe I Introns können zum Transspleißen und damit zur Rekombination der Ziel-RNA eingesetzt werden. Grundsätzlich soll durch den Einsatz

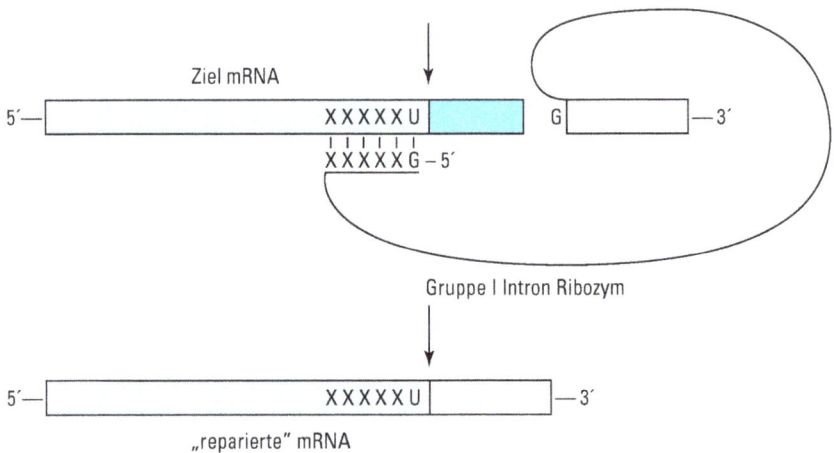

Abb. 8.9 Schematische Darstellung eines Ribozyms vom Typ des Gruppe I Introns. Das Ribozym bindet sich durch homologe Basenpaarung des 5'-Bereichs an die Ziel-mRNA, so daß das Guanosin am 5'-Ende mit einem Uridin der Ziel-mRNA interagiert. 3' vom Uridin wird die Ziel-mRNA gespalten (Pfeil) und korrigiert, indem der 3'-Anteil durch Sequenzen des Ribozyms ersetzt wird.

eines solchen Ribozyms die Struktur einer pathologisch relevanten RNA repariert werden. Dafür sind folgende Strukturmerkmale erforderlich: (1) ein Guanosin am 5′-Ende des Ribozyms, (2) eine spezifische homologe Sequenz zur Ziel-RNA, (3) die katalytischen Nukleotide innerhalb des Introns und (4) das neue Exon am 3′-Ende des Moleküls (Abb. 8.9). Die Reparatur der Ziel-RNA erfolgt dann in drei Schritten. Zunächst bindet sich die homologe Sequenz des Ribozyms an die Ziel-RNA und erlaubt dadurch die Interaktion des 5′-Guanosins mit dem Uridin der Ziel-RNA. Dann vermittelt die katalytische Aktivität des Ribozyms die Spaltung der Ziel-RNA direkt hinter dem Uridin. Letztlich bewirkt die katalytische Aktivität des Ribozyms die Ligierung des neuen 3′-Exons an das 5′-Exon der Ziel-RNA (Abb. 8.9). Das Ziel dieser Form der Therapie ist somit das Transkript und nicht die genetische Information selbst, so daß der Effekt von der Stabilität der modifizierten Ziel-mRNA abhängt bzw. nur so lange anhält, wie die Ribozymaktivität in der Zelle erhalten bleibt. Potentielle klinische Anwendungen sieht man in der Korrektur von pathogenen Transkripten bei hereditären Krankheiten, wie etwa der Sichelzellkrankheit oder den Krankheiten mit Dynamischen Mutationen (siehe Kap. 5.3).

Hammerhead Ribozym

Es gibt eine Reihe meist viraler RNAs, die sich ohne die Beteiligung von Enzymen selbst spalten und spleißen können. Die kleinste RNA dieses Typs von Ribozym besitzt wegen der Fähigkeit zur Spaltung anderer RNAs das größte therapeutische Potential und wird in Anlehnung an ihre Sekundärstruktur als „hammerhead" Ribozym bezeichnet. Dieses Ribozym läßt sich so modifizieren, daß die katalytische Aktivität sequenzspezifisch zur Spaltung der Ziel-RNA an einem Uridin mit einem 3′-benachbarten Cytosin, Uridin oder Adenosin führt. Dazu benötigt dieses nur 30 Nukleotide große Molekül sein katalytisches Zentrum und flankierende Sequenzen, die komplementär zur Ziel-RNA sind (Abb. 8.10).

Potentielle klinische Anwendungen sieht man in der spezifischen Zerstörung pathogener RNA-Moleküle. Beispiele sind hier HIV, dominant negativ wirkende Transkripte bei hereditären Erkrankungen wie etwa *fbn1* beim Marfan Syndrom oder

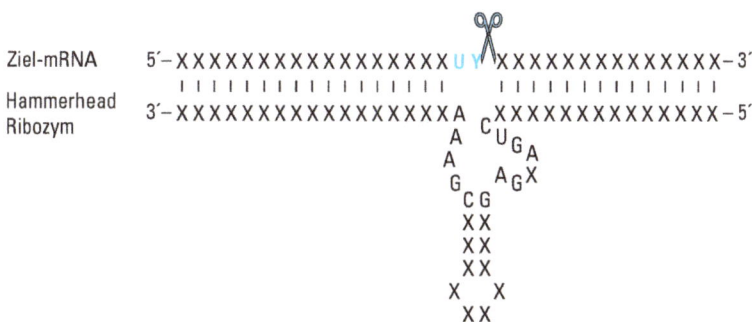

Abb. 8.10 Schematische Darstellung eines „hammerhead" Ribozyms. Die Ziel-mRNA wird an einer UY Stelle gespalten (Y = A, C oder U), nachdem sich das Ribozym *via* homologe Basenpaarung 5′ und 3′ davon spezifisch gebunden hat.

Onkogentranskripte bei malignen Erkrankungen wie etwa *bcr-abl* bei der chronischen myeloischen Leukämie.

8.2.4 Gene Targeting

Bei der idealen Gentherapie etwa einer Stoffwechselerkrankung würde das pathologisch veränderte Gen durch ein normales ersetzt bzw. der genetische Defekt spezifisch korrigiert. Dieser Vorgang wird als „gene targeting" bezeichnet. Die meisten Entwicklungen in diese Richtung beruhen auf dem Prinzip der homologen Rekombination der Ziel-DNA mit dem in einem viralen Vektor enthaltenen Transgen. Grundsätzlich hängt die Effizienz des „gene targeting" von der Zielzelle, vom verwendeten Vektor und von der Konzentration der exogenen DNA im Nukleus der Zielzelle ab. Auch bei den besten bisher bekannten Protokollen liegt die Effizienz des targeting allerdings bei nur etwa 1%, meist aber Größenordnungen darunter. Für klinische Anwendungen ist diese Effizienz zu gering. Bei der Erzeugung von Tiermodellen durch die „knock-out" oder „knock-in" Technologie (siehe Kap. 4.10) spielt das „gene targeting" allerdings eine ganz wesentliche praktische Rolle.

Im Prinzip wird ein exogenes rekombiniertes DNA-Fragment eingebracht, das mit dem Ziellokus bis auf die zu korrigierende Mutation identisch ist. Außerdem enthält die exogene DNA einen Selektionsmarker, meist ein Resistenzgen gegen ein Antibiotikum. Durch homologe Rekombination wird das exogene Fragment in einigen der Zielzellen an die Stelle der endogenen DNA des Ziellocus gesetzt. In einem zweiten Schritt können die so veränderten Zielzellen über die neu eingebrachte Antibiotikaresistenz gegen die nicht veränderten Zellen selektiert werden. Der prinzipielle Vorteil dieser Methode liegt in der locusspezifischen Integration, die das exogene Fragment unter die physiologische Kontrolle des endogenen Gens bringt und das pathologische Gen entfernt. Die geringe Effizienz der homologen Rekombination bedingt jedoch die Notwendigkeit, sekundär zu selektionieren. Dies limitiert die Anwendung dieses Prinzips bei derzeit verfügbarer Methodik grundsätzlich auf die *ex vivo* Strategie. Insgesamt befindet sich die Entwicklung des „gene targeting" noch im Stadium präklinischer Erprobung.

Ein ganz anderes Prinzip liegt einer neu entwickelten Strategie des „gene targeting" zu Grunde (Abb. 8.11). Hier wird nicht die homologe Rekombination sondern die DNA-Reparatur genutzt, um eine *in vivo* Korrektur von Punktmutationen zu erreichen (siehe Kap. 3.7). Die publizierte *in vivo* Effizienz des Targeting und der Korrektur eines spezifischen Gendefektes liegt nahe dem theoretisch möglichen Maximum. Die Komponenten dieses ausgesprochen interessanten Systems sind ein Oligonukleotid mit besonderen strukturellen Eigenschaften und ein nicht-viraler Vektor, der aus einem Polykation mit Laktose als Ligand besteht. Das Polykation erlaubt eine effiziente Aufnahme des Vektors in die Zielzelle und die Laktose eine Bindung an Glykoproteinrezeptoren von Hepatocyten. Das Oligonukleotid besteht aus einem methylierten, chimären RNA/DNA Doppelstrang mit „hairpin" Strukturen an beiden Enden. Das Zentrum bildet ein nur vier Desoxynukleotide langes Element mit der korrekten Sequenz des in der Zielzelle punktmutierten Gens. Dieses Zentrum wird von Ribonukleotiden flankiert, die in ihrer Sequenz dem Zielgen homolog sind. Die Hybridisierung dieser DNA/RNA Sequenz an das Zielgen aktiviert die „mis-

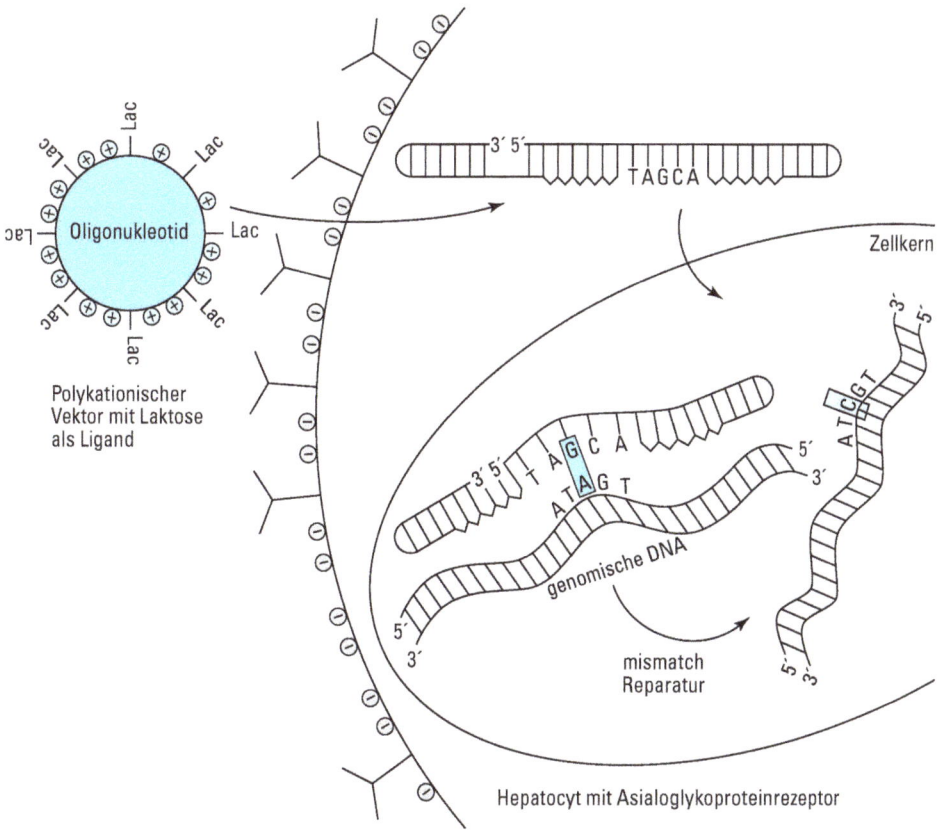

Abb. 8.11 Schematische Darstellung eines „gene targeting" durch „mismatch repair". Das methylierte DNA/RNA Hybrid-Oligonukleotid ist in einem polykationischen Vektor (+) mit Laktose (Lac) als Ligand enthalten und wird über einen Glykoproteinrezeptor des Hepatocyten aufgenommen. Nach Hybridisierung des therapeutischen Oligonukleotids wird die Fehlpaarung mit der mutierten genomischen DNA (blau) durch „mismatch repair" korrigiert.

match" Reparaturenzyme der Zielzelle (siehe Kap. 3.7) und führt zur Korrektur des mutierten Zielgens. Durch die Methylierung des Oligonukleotids und durch die „hairpin" Strukturen an den Enden wird eine physikalische Stabilität und eine Resistenz gegenüber der RNase H erreicht. In einem präklinischen Modell war diese Strategie außerordentlich erfolgreich. Im Detail ist diese Methode aber offenbar technisch sehr anspruchsvoll, so daß sich die Reproduzierbarkeit oder gar die klinische Anwendbarkeit noch zeigen muß.

8.2.5 Potentielle klinische Anwendungen

Weltweit werden derzeit mehr als zweihundert klinische Protokolle einer Gentherapie hereditärer und erworbener Erkrankungen erprobt. In den USA werden klinische Versuche durch das „Recombinant DNA Advisory Committee" (RAC) des NIH geprüft und in ihrer Durchführung überwacht. In Deutschland unterliegen Genttherapeutika grundsätzlich dem Arzneimittelgesetz und den darin festgelegten Prüfrichtlinien. Darüber hinaus soll die Kommission "Somatische Gentherapie" der Bundesärztekammer in allen Fällen von den lokalen Ethikkommissionen in die Begutachtung einbezogen werden.

8.2.5.1 Hereditäre Krankheiten

Diese Krankheiten erfordern je nach Gendefekt und pathogenetisch relevantem Gewebe sehr unterschiedliche Strategien. So können Knochenmarkerkrankungen nach Gewinnung von Stammzellen im Prinzip einer *ex vivo* Strategie unterworfen werden. Dagegen benötigt man für Erkrankungen etwa der Lunge oder des ZNS eine *in vivo* Strategie. Es gibt wenige, im folgenden dargestellte publizierte Erfahrungen mit der Gentherapie hereditärer Erkrankungen. Insgesamt wird deutlich, daß eine verbreitete praktische Anwendung kurzfristig noch nicht zu erwarten ist.

Adenosin-Deaminase Mangel

Die erste mit einem gewissen Erfolg behandelte Erkrankung ist der Adenosin-Deaminase (ADA)-Mangel, der eine seltene Form der schweren kombinierten Immundefizienz verursacht (SCID). Bei den ersten Patienten führte die in 6- bis 8-wöchigen Abständen durchgeführte Infusion eines ADA-Gens in einem retroviralen Vektor zur Transduktion von T-Zellen und zur klinischen Verbesserung mit einer reduzierten Zahl von Infektionen, dem Wachstum von Tonsillen, der Entwicklung von Typ IV Immunreaktionen und der Bildung von Antikörpern. Neue Transduktionsprotokolle mit Anreicherung von hämatopoietischen Stammzellen zielen auf eine stabile Integration der exogenen DNA und damit auf eine dauerhafte Korrektur des Enzymmangels. Außerdem erhoffte man sich von dem grundsätzlichen Selektionsvorteil transduzierter Zellen einen im Laufe der Zeit zunehmenden Anteil „geheilter" Zellen. Es hat sich jedoch gezeigt, daß entsprechend behandelte Patienten auch nach vier Jahren noch über keine ausreichende Aktivität des rekombinanten ADA-Gens verfügen und in ihrer immunologischen Funktion weiterhin von der Substitution des Enzyms abhängig sind.

Familiäre Hypercholesterinämie (LDL-Rezeptordefekt)

Eine weitere gentherapeutisch angegangene hereditäre Erkrankung ist die homozygote Form der familiären Hypercholesterinämie. Nach einer partiellen Hepatektomie führte die Pfortaderinfusion von *ex vivo* mit einem LDL-Rezeptorgen transduzierten autologen Hepatocyten zu einer 20–40 %igen Reduktion des Plasmacholesterinspiegels und prinzipiell zur Option einer pharmakologischen Stimulation der

LDL-Rezeptoren. Insgesamt war der Erfolg dieses sehr eingreifenden und aufwendigen Therapieversuchs allerdings nur gering. Da viele Stoffwechselerkrankungen pathobiochemisch in der Leber lokalisiert sind, ist die Entwicklung von effizienten Genapplikationsstrategien für dieses Organ von besonderer Bedeutung. Aufwand, Risiko und Erfolg einer Gentherapie müssen sich jedoch mit der konventionellen Lebertransplantation messen.

Mukoviszidose

Große Hoffnungen hatte man zunächst auch bei der Mukoviszidose. Nach der Identifikation des CFTR-Gens 1989 wurde die Entwicklung der somatischen Gentherapie konsequent begonnen. Tatsächlich konnte bereits vier Jahre später gezeigt werden, daß der Chloridionentransportdefekt im nasalen Epithel von CF-Patienten nach *in vivo* Applikation eines rekombinanten CFTR-Adenovirus grundsätzlich korrigierbar ist. Im Verlauf hat sich jedoch gezeigt, daß eine effiziente Transduktion von Bronchialepithelzellen mit derzeitigen Methoden noch nicht möglich ist und mit Immunreaktionen auch gravierende Nebenwirkungen verursachen kann.

Hämoglobinopathien

Ebenso hat die Entwicklung der Gentherapie der Hämoglobinopathien enttäuscht. Es gab frühe und erfolgversprechende Ergebnisse bei der Expression von humanen β-Globingenen im Mausknochenmark. Allerdings ergab sich hier das Problem einer nur sehr geringen Expression des exogenen Gens. Hoffnungen gründeten sich auf der Identifikation der β-Globin Locus-Kontrollregion (LCR), die postitionsunabhängig zu einer gewebespezifischen und quantitativ fast physiologischen Expression führt. Es stellte sich jedoch heraus, daß retrovirale Vektoren mit einem LCR-gekoppelten β-Globingen strukturell besonders instabil sind, ein Problem, das auch nach umfangreichen Modifikationen an den retroviralen Vektoren heute noch nicht gelöst ist.

Andere vererbte Krankheiten

Ganz andere Strategien wurden für Erkrankungen erdacht, die auf dem Mangel sezernierten Proteins beruhen. In Frage kommen hier zum Beispiel die Hämophilien oder der Wachstumshormonmangel. Im Prinzip reicht es dabei aus, wenn die produzierenden Zellen an einer beliebigen Stelle des Körpers implantiert werden und ihrer therapeutischen Funktion nachkommen. Versuche gibt es mit transduzierten Keratinocyten, Myoblasten oder auch mikroverkapselten Zellen anderer Spezies. Bei diesen Erkrankungen sollte jedoch bedacht werden, daß sie einer konventionellen Therapie meist gut zugänglich sind und daher die mit einer ganz neuen Therapieform grundsätzlich einhergehenden Unsicherheiten und Risiken höher bewertet werden müssen.

8.2.5.2 AIDS

Die Versuche einer Gentherapie dieser Krankheit sind in Kapitel 7.2 beschrieben.

8.2.5.3 Maligne Krankheiten

Sowohl solide Tumore als auch Leukämien bieten prinzipiell an mehreren Stellen Angriffspunkte für eine Gentherapie. Es gibt eine Reihe von Strategien, die für die Gentherapie maligner Tumoren klinisch getestet werden (Tab. 8.3). Drei dieser Ansätze sind in diesem Feld am weitesten entwickelt und sollen hier kurz beschrieben werden: (1) die Aktivierung des körpereigenen Immunsystems zur Elimination der Tumor- oder Leukämiezellen, (2) die tumorspezifische Aktivierung einer sonst inaktiven Substanz („suicide" Strategie) und (3) der Ersatz ausgefallener Tumorsuppressorgene (siehe Kap. 6.7). Eine vorübergehende Expression des therapeutischen Transgens sollte bei diesen drei Strategien ausreichen, so daß die Stabilität der Transgenexpression als eines der großen praktischen Hindernisse der Gentherapie hereditärer Krankheiten hier keine so große Rolle spielen dürfte. Allerdings ist es beim Ersatz defekter Tumorsuppressoren oder der „suicide" Strategie natürlich erforderlich, daß möglichst viele, wenn nicht alle Zielzellen getroffen werden. Die Transduktionseffizienz wird somit zum kritischen Parameter.

Tab. 8.3 Gentherapiestudien maligner Tumoren

Tumorvakzine
Prodrug Aktivierung („suicide" Strategie)
Tumorsuppressor-Ersatz
Protektion von hämatopoietischen Zellen gegenüber der Chemotherapie
Antisense Oligonukleotid-vermittelte Störung der Onkogenexpression

---

Tumorvakzine

Maligne Zellen unterscheiden sich in vielen Fällen von normalen Zellen durch die Expression charakteristischer Proteine, die grundsätzlich durch das Immunsystem erkannt werden können. Möglicherweise führt die immunologische Kontrolle auch zur Elimination vieler Tumore im *status nascendi* oder einer minimalen Restkrankheit nach erfolgreicher konventioneller Therapie. Bei klinisch manifesten Tumoren hat dieser natürliche Mechanismus aber offensichtlich nicht ausreichend funktioniert.

Eine effiziente Immunantwort erfordert zum einen die Präsentation des fremden Antigens gegenüber den T- und B-Lymphozyten durch eine Antigen-präsentierende Zelle (APC). Zum anderen müssen die an der Immunantwort beteiligten Zellen miteinander kommunizieren. Dies wird durch die Synthese von Cytokinen erreicht. Bei einer häufig verfolgten Strategie werden Tumorzellen des Patienten entfernt und *ex vivo* mit einem Cytokingen, etwa Interleukine, Interferone oder GM-CSF, transduziert. Nach Bestrahlung werden die so veränderten Tumorzellen dem Patienten subkutan oder intramuskulär injiziert. Die Cytokinexpression soll beim Patienten dann eine spezifische Immunantwort anregen, die sich auch gegen die nicht transduzierten Tumorzellen richten soll. Einer der Vorteile dieser Strategie liegt darin, daß die Transduktionseffizienz für den Erfolg nicht kritisch sein muß. Es gibt eine Reihe von bemerkenswerten Erfolgsberichten dieser Strategie, vor allem bei der Behandlung von Patienten mit kleinen Tumoren und einem intakten Immunsystem. Kontrollierte Vergleiche mit konventionellen Therapieansätzen fehlen meist jedoch noch.

Ein verwandter Therapieansatz nutzt Gene tumorspezifischer Antigene, mit denen APCs des Patienten *ex vivo* transduziert werden. Diese modifizierten Zellen können dann eine T-Zell vermittelte, gegen den Tumor gerichtete Immunantwort stimulieren. Erfolgversprechende klinische Erfahrungen mit diesem System gibt es bei der Behandlung des malignen Melanoms, bei dem eine Reihe von tumorspezifischen Antigenen bekannt sind.

Suicide Strategie

Bei dieser Strategie metabolisiert das Transgen die unwirksame Vorstufe einer Substanz (prodrug) zum aktiven Wirkstoff. Weder die inaktive Substanz selbst noch das Produkt des Transgens sind allein therapeutisch wirksam. Der Prototyp dieser Strategie wird durch die Aktivierung von Ganciclovir (GCV) durch die Thymidinkinase (Tk) des Herpes Simplex Virus (HSV) repräsentiert. Durch Phosphorylierung wird GCV zu einem Nukleosidanalogon metabolisiert und hemmt die DNA-Synthese. Im Kontext der Gentherapie beispielsweise eines Hirntumors wird das HSV-TK Gen in einem retroviralen Vektor in den Tumor injiziert und der Patient dann mit GCV behandelt. Aufgrund der Unfähigkeit eines retroviralen Vektors mitotisch ruhende Zellen zu transduzieren wird das normale Gewebe geschont, die sich teilenden Tumorzellen jedoch GCV-vermittelt getötet. Tatsächlich führte dieses Verfahren in einer Reihe von präklinischen und klinischen Studien zu einer Größenreduktion von Tumoren. Interessant war dabei, daß nicht nur die transduzierten Zellen sondern auch umliegende maligne Zellen durch den sogenannten „bystander effect" getroffen wurden. Dieser Effekt kommt wahrscheinlich dadurch zustande, daß die aktivierte toxische Substanz via Gap-Junctions in die Nachbarzellen transportiert wird. Ähnlich wie bei der Tumorsuppressor-Therapie wurden anhaltende, vollständige Regressionen allerdings auch bei diesem Verfahren nicht beobachtet, was der geringen Transduktionseffizienz und der nur begrenzten Wirkung des „bystander effects" zuzuschreiben ist. Besorgnis erregte jedoch ein Bericht über die Induktion einer chronischen aktiven Entzündung des Gehirns mit Demyelinisierungserscheinungen in einem Glioblastom Tiermodell.

Tumorsuppressor-Ersatz

Dieser Strategie liegt die Erkenntnis zugrunde, daß der maligne Phänotyp vieler Tumoren durch den Ausfall von Tumorsuppressorgenen bedingt ist (siehe Kap. 6.7). Besonders häufig finden sich Mutationen des *p53*-Gens, dessen Produkt ein wichtiges Regulatorprotein des Zellzyklus und der Apoptose darstellt (siehe Kap. 3.6. und 3.8). In Modellsystemen für Lungen- und Brustkrebs konnte durch die Transduktion eines intakten *p53*-Gens die Apoptose der malignen Zellen erreicht werden. Auch kann die retrovirale Transduktion von P53-negativen Tumoren klinisch zu einer

Verlangsamung des Wachstums und zur Sensibilisierung der Tumoren gegenüber einer Strahlen- oder Chemotherapie führen. Vollständige Regressionen von Tumoren konnten jedoch weder in klinischen noch in präklinischen Studien erreicht werden, was vermutlich auch auf die mangelnde Transduktionseffizienz derzeitiger Vektoren zurückzuführen ist (s. o.).

8.2.6 Ausblick

Die offensichtliche Anwendungsmöglichkeit der Gentherapie liegt in der Behandlung von hereditären Krankheiten. Allerdings sind erworbene Erkrankungen, wie Malignome oder AIDS, heute die häufigeren Ziele dieser neuen Therapieform. Nach dem initial sehr großen Enthusiasmus ist bezüglich der Geschwindigkeit einer klinischen Einführung der Gentherapie wegen erheblicher technischer Probleme inzwischen eine gewisse Ernüchterung eingetreten. Bis zur Einführung der Gentherapie in die Standardbehandlung wird einige Geduld nötig sein. Die Möglichkeit einer Gentherapie sollte derzeit daher bei der Behandlung von Patienten nur in kontrollierten Studien und bei besonderer Indikation eine Rolle spielen. Positiv zu vermerken ist jedoch, daß die bislang in Phase I-Studien eingesetzten Gentherapieprotokolle im allgemeinen gut vertragen wurden, so daß manche Bedenken hinsichtlich gesundheitlicher Risiken inzwischen in den Hintergrund getreten sind. Aufgrund der breiten naturwissenschaftlichen Basis dieses Behandlungsprinzips, den in experimentellen Modellen eindeutig nachweisbaren Fortschritten und dem prinzipiellen Beleg, daß auch eine klinisch relevante Wirkung möglich ist, erscheint eine langfristig optimistische Sichtweise bezüglich dieser Therapieform angemessen.

9 Molekulare Medizin: ein ethisches Problem?

Ethische Überlegungen gehören seit langem zur Medizin; der hippokratische Eid zeugt davon. Der technische Fortschritt und die veränderte Stellung der Medizin in der Gesellschaft haben jedoch Probleme entstehen lassen, die der hippokratischen Tradition unbekannt waren. Ethische Erwägungen können sich nicht mehr auf die unmittelbare Arzt-Patient-Beziehung beschränken. Medizinisches Handeln steht heute inmitten eines komplexen Geflechts von ökonomischen Rahmenbedingungen, juristischen Anforderungen und öffentlicher Aufmerksamkeit; umgekehrt hat das medizinische Handeln Auswirkungen auf Gesellschaft und Wirtschaft. Die Anforderungen an den biomedizinischen Forscher und Praktiker sind damit nicht nur technisch und gesellschaftlich komplexer geworden, sondern auch ethisch anspruchsvoller. Ethik muß daher heute als ein Bestandteil der Qualitätssicherung in der Medizin begriffen werden. Dies gilt insbesondere für die innovativsten Bereiche der Medizin. Ziel des vorliegenden Beitrags ist es daher, einige mit der molekularen Medizin verbundenen ethischen Probleme zu skizzieren; Lösungen können bestenfalls angedeutet werden.

9.1 Molekulare Erforschung des Menschen

Die Ausbreitung molekularer Methoden und Ansätze wird nach Ansicht etlicher Autoren zu einer Revolutionierung der gesamten Medizin führen, da sie (1) effiziente Techniken der Diagnose und Therapie zur Verfügung stellen und (2) unser Verständnis sowohl des ‚normalen' Funktionierens des menschlichen Körpers als auch der Mechanismen der Entstehung und des Verlaufs von Krankheiten verändern werden. Die molekulare Medizin wird demnach ein neues Paradigma der Medizin etablieren, das von ähnlich grundlegender Bedeutung sein wird wie das anatomische Paradigma, das im 16. Jahrhundert vor allem von Vesalius begründet wurde oder das im 19. Jahrhundert von Virchow initiierte zellularpathologische Paradigma. Damit sind große Hoffnungen verbunden, aber auch ebenso große Bedenken.

(a) Unerlaubtes Wissen. Einige Autoren haben die Auffassung vertreten, daß der molekulare Ansatz zur Erforschung des Menschen als solcher fragwürdig sei. Der Mensch habe nicht das Recht, das innerste Wesen alles Lebendigen aufzudecken. Das Projekt zur Erforschung des menschlichen Genoms (siehe Kap. 4.9) komme einer Anmaßung gleich, den göttlichen Schöpfungsplan enthüllen zu wollen. – Nun ist aber schwer einzusehen, inwiefern gerade die molekulare Medizin das Wesen des Menschen enthüllen sollte. Zu seiner Zeit war das anatomische Paradigma mit ähn-

lichen Bedenken konfrontiert; heute gilt anatomisches Wissen als ‚harmlos'. Es ist daher festzuhalten: Weder die Neuheit des molekularen Paradigmas, noch die (möglichen) Veränderungen im Verständnis von Gesundheit und Krankheit können als an sich schlecht angesehen werden.

(b) Genetischer Reduktionismus. Der Erfolg und das Prestige des molekularen Ansatzes können seine Verabsolutierung fördern; es entsteht dann der Eindruck, daß nur noch Gene und molekulare Mechanismen zählen. Psychische und soziale Faktoren treten in den Hintergrund; der Mensch wird auf eine molekulare Maschine reduziert. Tatsächlich ist empirisch zu beobachten, daß der Aufstieg der molekularen Genetik zur Leitwissenschaft mit einer rapiden Ausbreitung reduktionistischer Auffassungen einhergegangen ist. So hat während der 80er Jahre die Zahl der Publikationen stark zugenommen, in denen verschiedene Formen abweichenden Verhaltens (Kriminalität, Agressivität, Alkoholismus, Homosexualität etc.) sowie psychische Erkrankungen oder Intelligenz geradlinig auf genetische Faktoren zurückgeführt wurden. Eine undifferenzierte „Genetisierung" des Menschenbildes könnte der Stigmatisierung von Individuen und der Diskriminierung von Minderheiten Vorschub leisten und soziale Konflikte verstärken. Wenn der Mensch und seine Krankheit nicht in ihrer ganzen Komplexität wahrgenommen und behandelt werden, führt das molekulare Paradigma zu einer Verarmung – anstatt zu einer Bereicherung – der Medizin.

(c) Einseitige high-tech-Medizin. Die naturwissenschaftlich geprägte Medizin legt es nahe, beliebige Gesundheitsprobleme durch technische Mittel und Verfahren zu lösen. Der Erfolg und das Prestige des molekularen Ansatzes könnte diese Tendenz weiter verstärken, zumal die high-tech-Medizin auch ökonomisch sehr attraktiv ist. Die ohnehin oft unzureichend berücksichtigten psychischen und sozialen Komponenten der Entstehung und Therapie von Krankheiten könnten weiter in den Hintergrund gedrängt werden. Auch wenn technische Mittel und Verfahren in der Medizin unverzichtbar sind, wäre die Reduktion des Gesundheitswesens auf einen molekularen „Reparaturbetrieb" nicht wünschenswert.

Während das Bedenken (a) sich gegen die molekulare Medizin als solche wendet, machen (b) und (c) auf Risiken aufmerksam, die mit ihrer Ausbreitung verbunden sind, die aber durch geeignete Maßnahmen ausgeschlossen oder zumindest eingeschränkt werden können. Die Bedenken (b) und (c) sind ernstzunehmende Hinweise darauf, daß die Beachtung der Grenzen molekularer Methoden und Ansätze ein Gebot der wissenschaftlichen Seriosität und zugleich auch ein moralisches Gebot sind. Wissenschaftler und Ärzte sind durchaus nicht nur zur Weiterentwicklung der molekularen Medizin aufgerufen, sondern haben auch die Pflicht, deren Grenzen zu ermitteln und die Öffentlichkeit über sie aufzuklären. Vorschnelle Urteile und einseitige Verabsolutierungen sind moralisch problematisch und müssen zugleich auch als gravierende professionelle Fehler gelten.

9.2 Gentherapie

In der ethischen Diskussion besteht international ein breiter Konsens darüber, daß die Gentherapie legitim und wünschenswert ist. Vor allem deshalb, weil von ihr neue Möglichkeiten der Behandlung von bisher unheilbaren Erkrankungen erwartet werden. Sowohl ihrem Selbstverständnis wie auch ihrem öffentlichen Auftrag nach ist die Heilung von Krankheiten das letzte bzw. höchste Ziel medizinischen Handelns. Während Eingriffe in die menschliche Keimbahn auf (beinahe) einhellige Ablehnung stoßen, werden grundsätzliche ethische Einwände gegen die somatische Gentherapie kaum geäußert. Zumindest zwei Probleme ergeben sich aber auch hier:

(a) Prioritäten der Forschungspolitik. Angesichts der geringen Zahl von Patienten, die in der überschaubaren Zukunft von der Gentherapie profitieren werden, sind bisweilen die hohen Investitionen in die entsprechende Forschung kritisiert worden: es seien mehr Forscher mit Krankheiten wie ADA befaßt als es weltweit Patienten gibt. Angesichts knapper werdender Mittel im Gesundheitswesen insgesamt und angesichts des zunehmenden internationalen wissenschaftlichen Konkurrenzkampfes ist die Befürchtung, daß die im Bereich der molekularen Medizin investierten Mittel zu Lasten anderer Bereiche gehen, nicht von der Hand zu weisen. – Andererseits wäre es aber ebensowenig akzeptabel, auf die Erforschung molekularer Therapien völlig zu verzichten. Damit würde den betroffenen Patienten die Chance auf eine Therapie dauerhaft vorenthalten. Auch die Entwicklung von Therapien für sehr seltene Krankheiten kann sinnvoll sein, wenn diese Modellcharakter haben. Es wird daher darauf ankommen, eine ausgewogene Prioritätensetzung in der Forschungsförderung zu erreichen, bei der die Belange möglichst aller Betroffenen angemessen berücksichtigt werden.

(b) Experimenteller Charakter. Die Gentherapie hat gegenwärtig noch den Charakter eines Heilversuchs und wird diesen auch in der überschaubaren Zukunft behalten. Damit sind schwierige Fragen verbunden: Welche Versuchspersonen sind auszuwählen und welche Risiken können ihnen zugemutet werden? – Natürlich sind diese Fragen nicht spezifisch für die Gentherapie, mit ihnen ist jegliche experimentelle Medizin konfrontiert. Immerhin aber waren bereits während der 70er Jahre in den USA verfrühte und mißbräuchliche Gentherapie-Versuche bekannt geworden. Angesichts des harten internationalen wissenschaftlichen Konkurrenzkampfes kann die Versuchung zu voreiligen Experimenten auch heute nirgends völlig ausgeschlossen werden.

Angesichts dieser (und ähnlicher) Probleme erweist sich die institutionelle Verankerung ethischer Grundsätze als bedeutsam. Die Einbeziehung von Ethik-Kommissionen ist ein wichtiger Schritt in diese Richtung. In den USA wurden bereits zu Beginn der 80er Jahre spezielle Richtlinien für die Gentherapie-Versuche erarbeitet; gleichzeitig wurde ein breit gefächerter institutioneller Rahmen für die Kontrolle der einschlägigen Forschung aufgebaut. Kein anderes therapeutisches Verfahren in der Geschichte der Medizin wurde bereits *vor* seiner Anwendung einer solch eingehenden Prüfung unterzogen. Die Entwicklung der Gentherapie kann daher als Modellfall für einen ethisch regulierten wissenschaftlich-technischen Fortschritt angesehen werden. Dabei ist bemerkenswert, daß dieses aufwendige Prüfverfahren, dem jeder Gentherapie-Versuch in den USA unterzogen werden mußte, den Innovationsprozeß nicht unterbunden hat; die führende Stellung der USA auf diesem Gebiet war zu keinem Zeitpunkt gefährdet. Die immer wieder geäußerte Befürchtung, daß jegliche Kontrolle die wissenschaftliche Innovation verhindere, ist in dieser Allgemeinheit offensichtlich nicht zutreffend.

9.3 Keimzellmanipulation beim Menschen

Im Jahre 1997 erregte die Meldung von der erfolgreichen Klonierung eines Schafes weltweites Aufsehen. Seitdem steht fest, daß es möglich ist, aus einer Körperzelle eines erwachsenen Säugetieres ein genetisch (fast) identisches neues Individuum zu erzeugen. Da diese Technik grundsätzlich auch auf den Menschen anwendbar ist, wurde die bereits seit längerem geführte Diskussion über das Klonieren von Menschen neu belebt. Tatsächlich war bereits einige Jahre früher in den USA ein menschlicher Embryo kloniert worden; der Versuch wurde im 48-Zellstadium abgebrochen.

Beim „Klonieren von Menschen" sind verschiedene Optionen zu unterscheiden. Als ethisch unbedenklich muß zunächst das Klonieren einzelner menschlicher Gewebe oder Organe zu medizinischen Zwecken angesehen werden. Es liegt auf der Hand, daß es von erheblichem Nutzen – vor allem in der Transplantationsmedizin – wäre, wenn man defekte Organe oder Gewebe reproduzieren könnte. Andererseits ist nicht zu erkennen, wem durch diese Technik ein – sei es materieller, sei es ideeller – Schaden zugefügt werden könnte.

Eine zweite Anwendungsmöglichkeit besteht in der Teilung von Embryonalgewebe in einem frühen Entwicklungsstadium, von denen dann ein Teil zu diagnostischen Zwecken im Rahmen einer *in vitro*-Fertilisation verwendet wird („Präimplantationsdiagnostik"). Auf diese Weise könnte in Einzelfällen der Transfer eines Embryo mit einem schweren genetischen Defekt vermieden werden. Auf der Basis einer Güterabwägung kann man diese Möglichkeit unter bestimmten Voraussetzungen mit guten Gründen für ethisch akzeptabel halten. In Deutschland ist sie allerdings strafrechtlich verboten (Embryonenschutzgesetz § 6).

Dieses Verbot gilt auch für jene Variante des Klonierens, auf die sich die Aufmerksamkeit weitgehend konzentriert hat: das reproduktive Klonieren. Ziel dieser Variante wäre die Erzeugung eines Individuums, das mit einem bereits existierenden Individuum genetisch identisch ist. Ein strafrechtliches Verbot kann allerdings ethische Reflektion nicht ersetzen, zumal auch nach den ethischen Gründen eines solchen Verbots gefragt werden kann. Meist wird dieses Verbot mit dem Argument begründet, das Klonieren sei mit der Menschenwürde unvereinbar, weil es eine Instrumentalisierung des erzeugten Individuum einschließe. Es bleibt jedoch unklar, inwiefern die Instrumentalisierung beim Klonieren prinzipiell gravierender sein soll als bei anderen Reproduktionsverfahren (einschließlich der „normalen" Reproduktion). Immerhin aber bleiben auch unabhängig von diesem Menschenwürde-Argument verschiedene ethische Einwände, die gegen das Klonieren von Menschen sprechen. Drei seien hier genannt:

(1) Wenn wir davon ausgehen, daß medizinische Eingriffe am Menschen stets eine medizinische Begründung erfordern, dann fragt sich, wie eine solche Begrün-

dung im Fall des Klonierens aussehen könnte. Eine sinnvolle medizinische ‚Indikation‘ ist bei diesem Verfahren aber nur schwer vorstellbar. Tatsächlich sind die meisten Motive, die für das Klonen angeführt werden, nicht-medizinischer Natur: z. B. ein zweites „Exemplar" eines attraktiven Schauspielers, eines erfolgreichen Sportlers oder einer genialen Wissenschaftlerin herzustellen.

(2) Hinter solchen Motiven steht die – empirisch außerordentlich fragwürdige – Überzeugung, daß die Gene die ‚Begabung‘ eines Menschen determinieren und über sein gesamtes Schicksal entscheiden. Es spricht aber nur wenig dafür, daß ein klonierter Beckenbauer ein ebenso erfolgreicher Libero oder ein klonierter Einstein ein ebenso genialer Physiker wird. Für die Ausbildung derartiger phänotypischer Eigenschaften sind komplexe Ursachengeflechte verantwortlich, an denen Gene zwar beteiligt, aber keineswegs allein entscheidend sind.

(3) Obwohl sich derartige Erwartungen als sachlich haltlos erweisen werden, stellen sie für das entsprechende Individuum doch eine unzumutbare Belastung dar. Die Umgebung wird den Einstein-Klon in eine bestimmte Laufbahn zu drängen versuchen (denn zu diesem Zweck wurde er ja erzeugt), so daß dessen Freiheit ernsthaft beschnitten wird; von einer offenen und unbefangenen Lebensplanung wird kaum noch die Rede sein können.

9.4 Molekulargenetische Diagnostik

Das gegenwärtig wichtigste Feld der praktischen Anwendung molekularer Methoden in der medizinischen Versorgung ist die genetische Diagnostik. Gegenüber den herkömmlichen (cytogenetischen) Diagnosemöglichkeiten zeichnet sie sich dadurch aus, daß mit ihrer Hilfe eine viel größere Zahl von Merkmalen testbar wird. Darüber hinaus ermöglicht sie die Diagnose von Erkrankungen, *bevor* diese sich klinisch manifestieren und eröffnet damit die Perspektive auf eine prädiktive Medizin. Gerade diese größere Leistungsfähigkeit der molekulargenetischen Diagnostik kann aber auch Probleme verursachen, denn sie vergrößert die Kluft zwischen den diagnostischen und den therapeutischen Möglichkeiten der Medizin. In vielen Fällen hängt das diagnostische Wissen „in der Luft": ihm entsprechen keine (oder keine ausreichenden) therapeutischen Handlungsmöglichkeiten.

9.4.1 Einzelfallbezogene Diagnostik

Betrachten wir zunächst den Einsatz der neuen Techniken im Rahmen der individuellen humangenetischen Beratung. Diese hat es mit einzelnen Ratsuchenden zu tun, die aufgrund eines vorliegenden besonderen Risikos zur Beratung kommen; die Diagnose ist eingebunden in eine vorherige und eine nachherige persönliche Beratung. – Das wohl entscheidende neue Problem, das die molekulargenetische Diagnostik in diesem Zusammenhang aufwirft, ergibt sich aus ihrem prädiktiven Charakter. Es entsteht dann, was als belastendes Wissen charakterisiert werden kann.

Personen mit einem positiven Befund werden durch eine solche Diagnostik in eine zweideutige Stellung gebracht. Wer in der Zukunft krank werden wird, ist ja in der Gegenwart gesund. Wie wird ein 20jähriger Patient reagieren, der erfährt, daß er im Alter von 40–50 Jahren schwer erkranken wird? Vor allem, wenn es sich um unbehandelbare und zugleich schwere oder gar tödliche Krankheiten (z. B. Chorea Huntington) handelt, können die psychischen Folgen solcher Diagnosen zerstörerisch sein. Fragen werfen aber auch die möglichen Reaktionen der Umwelt auf. Wird ein solcher Patient noch eine Arbeit bekommen oder eine Lebensversicherung abschließen können? – Obgleich es in einer Reihe von Fällen möglich sein wird, mit Hilfe genetischer Diagnostik den späteren Ausbruch einer Krankheit sicher vorauszusagen, wird ein weiter Bereich der positiven Befunde sich auf Krankheits*dispositionen* und auf *Anfälligkeiten* für bestimmte Umweltnoxen beziehen. Eine solche Disposition oder Anfälligkeit führt nicht mit Sicherheit zu einer manifesten Krankheit, sondern nur mit einer gewissen Wahrscheinlichkeit. Der Ausbruch der Krankheit ist von weiteren genetischen oder nicht-genetischen Faktoren abhängig, die hinzutreten. Unser 20jähriger Patient wird dann also vielleicht erfahren, daß er im Alter von 40–50 Jahren mit 60 prozentiger Wahrscheinlichkeit an Krebs erkranken wird. Wie wird er diesen zusätzlichen Unsicherheitsfaktor verarbeiten? Es ist bekannt, daß viele Menschen Schwierigkeiten mit dem Begreifen von Wahrscheinlichkeiten haben.

Auch wenn es vielleicht eine gewisse Zeit dauern wird, bis die Patienten und ihr Umfeld, aber auch Ärzte und Institutionen des Gesundheitswesen gelernt haben, mit dem zweideutigen Status zwischen Gesundheit und Krankheit adäquat umzugehen, dürften diese Probleme im Rahmen der individuellen humangenetischen Beratung durchaus lösbar sein. Bedeutend schwieriger dürfte dies aber dann sein, wenn das Potential der genetischen Diagnostik in großem Maßstab in der Normalbevölkerung eingesetzt wird.

9.4.2 Screening-Programme

Je einfacher und preisgünstiger genetische Tests in Zukunft sein werden, ein desto größerer Anreiz dürfte bestehen, sie im Rahmen von Screening-Programmen einzusetzen. Die frühzeitige Feststellung von Krankheiten oder Krankheitsdispositionen eröffnet ja in manchen Fällen die Möglichkeit, frühzeitige medizinische Maßnahmen zu ergreifen oder durch Änderungen des Lebensstils den Ausbruch der Krankheit zu verhindern oder zu verzögern. Da die Prävention von Krankheiten in der Regel deutlich billiger ist als ihre kurative Behandlung, sind entsprechende genetische Screening-Programme auch gesundheitspolitisch interessant. Vor dem Hintergrund wachsender Kosten scheint sich hier ein Weg zu eröffnen, der für Individuum und Gesellschaft gleichermaßen nützlich ist. – Dabei darf jedoch nicht übersehen werden, daß die aus der Diskrepanz zwischen diagnostischen Möglichkeiten und therapeutischen Optionen resultierenden Risiken bei der Anwendung in großem Maßstab weit schwerer beherrschbar sein werden.

(a) Krankheitsbegriff. Es ist davon auszugehen, daß mit dem Fortschritt von Wissenschaft und Technik immer mehr Krankheitsdispositionen – und übrigens auch Resistenzen – testbar werden. Manche davon werden selten sein, andere hingegen werden bei vielen Menschen anzutreffen sein. Da davon ausgegangen werden kann,

daß (nahezu) jeder Mensch anfällig für irgendwelche Krankheiten ist, wird es auf längere Sicht unbelastete Personen überhaupt nicht mehr geben. Die Bevölkerung wird irgendwann nur noch aus (mehr oder weniger) krankheitsanfälligen Personen bestehen. Der berühmte Spruch „wer gesund zu sein scheint, ist nur noch nicht ausreichend untersucht" bekommt auf diese Weise eine unerwartete Aktualität.

Dieser Effekt wird noch verstärkt durch das Problem der Heterozygotie für rezessive Störungen. Der heterozygote Träger eines solchen Gens ist (zumeist) vollkommen gesund, und es ist für ihn zunächst irrelevant, daß er ein bestimmtes genetisches Merkmal aufweist. (Dies kann für das betreffende Individuum aber relevant werden, wenn es im Begriff steht, sich fortzupflanzen und der Partner ebenfalls ein heterozygoter Genträger ist.) Es wird nun angenommen, daß *jeder* Mensch für mehrere Merkmale heterozygot ist, die im homozygoten Zustand zu schweren, zum Teil tödlichen Erkrankungen führen. Wenn diese Merkmale genetisch testbar sind und tatsächlich festgestellt werden, kann niemand mehr auch nur in der Illusion leben, er sei genetisch unbelastet. Alle sind „krank", aber in einem unsichtbaren und zweideutigen Sinn. Die genetische Diagnostik kann auf diese Weise zu einem tiefgreifenden Wandel in unserem Verständnis von „Gesundheit" und „Krankheit" führen. Um es etwas dramatisch zuzuspitzen: sie wird zu einer Abschaffung der Gesundheit führen. An die Stelle von Gesundheit wird möglicherweise ein Phänomen treten, das man „universelle präsymptomatische Multimorbidität" bezeichnen kann.

(b) Datenschutz. In vielen Fällen sind die bei einer Gendiagnose anfallenden Daten nicht nur für das betreffende Individuum relevant, sondern auch für Dritte: für Arbeitgeber, für Versicherungsunternehmen oder für den Staat. Es ist daher bereits oft auf die Gefahr hingewiesen worden, daß genetische Informationen zu einem Instrument der Diskriminierung und der Benachteiligung für Personen werden, die ohnehin bereits durch ihre genetische Ausstattung benachteiligt sind. Und mehr noch: Diese Tatsache kann auch den möglichen medizinischen Nutzen dieser Technologie behindern oder zunichte machen. So sind in den USA Fälle bekannt geworden, in denen Angehörige von Familien mit hohem Krebsrisiko genetische Analysen verweigern, weil sie befürchten, keine Krankenversicherungen mehr zu finden.

Ob das Arztgeheimnis auf Dauer ein ausreichender Schutz sein wird, ist nicht zuletzt deshalb fraglich, weil es Mittel und Wege geben wird, die Patienten selbst zur Herausgabe der Daten zu bewegen. Beispielsweise können Krankenversicherungen ihren Mitgliedern Beitragssenkungen anbieten, wenn sie Gendiagnosen durchführen lassen und dabei ein günstiges Resultat haben (mit dem Bumerang von Beitragserhöhung oder Ausschluß im Falle eines ungünstigen Befundes). Auch können Arbeitsuchende versucht sein, bei Bewerbungen ihre genetischen Befunde von sich aus vorzulegen, um sich durch positive Resultate als besonders belastbar und leistungsfähig zu empfehlen.

(c) Individualisierung von Risiken. Die Attraktivität der genetischen Diagnostik besteht z. T. in der Möglichkeit, einem bestimmten Individuum ein bestimmtes individuelles Risiko zuzuweisen. Die präventiven Chancen liegen auf der Hand: Wer sein persönliches Risiko kennt, wird möglicherweise durch einen geeigneten Lebensstil oder durch andere Maßnahmen den Eintritt der Krankheit zu verhindern suchen. Was früher ein unbekanntes und unabänderliches „Schicksal" war, kann in Zukunft

mehr und mehr beeinflußbar werden. In vielen Fällen wird auf diese Weise Leiden verhindert oder vermindert werden können. – Doch auch hier hat der Fortschritt seine Schattenseite. Indem nämlich jedes Individuum sein genetisches „Schicksal" kennen und beeinflussen kann, wächst ihm unausweichlich auch eine bisher nicht gegebene Verantwortung zu. Wer an Krebs erkrankt, muß sich nun sagen (und von anderen sagen lassen), er sei selbst schuld daran, da er keine rechtzeitige Diagnose durchführen lassen und präventive Maßnahmen ergriffen hat.

Vor dem Hintergrund der finanziellen Krise des Gesundheitswesens ist es nun sehr unwahrscheinlich, daß eine solche Zuschreibung von Verantwortung ohne soziale Folgen bleiben wird. Die Versuchung wird naheliegen, denen, die sich solcher präventiven Versäumnisse schuldig gemacht haben, auch die daraus erwachsenden finanziellen Lasten aufzubürden. Die Individualisierung von Gesundheitsrisiken durch genetische Diagnostik kann auf diese Weise zu einem Vehikel der Individualisierung auch der Kosten werden. Die Folgen dieser Entwicklung für unser Gesundheitssystem wären einschneidend. Die unmittelbare Folge wäre eine Entsolidarisierung des Gesundheitswesens.

Auf lange Sicht könnte die Grundlage unterminiert werden, auf denen das gesamte Versicherungswesen beruht: das Prinzip der Zufallsverteilung von Risiken. Wer ein geringes gesundheitliches Risiko hat und dies durch entsprechende genetische Tests erfährt, wird ein entsprechend geringes Interesse an einer Versicherung haben; andererseits werden die Versicherungen ein Interesse daran haben, sich von denen zu befreien, die ein hohes Risiko haben. Auf eine Formel gebracht: wer keine Versicherung braucht, wird keine abschließen; wer eine braucht, wird keine abschließen können.

(d) Präventiver Zwang. Schließlich sind auch die Risiken zu bedenken, die sich aus der Etablierung eines System der genetischen Prävention auf der Basis eines mehr oder weniger flächendeckenden Bevölkerungs-Screenings ergeben können. So attraktiv diese Idee aus gesundheitspolitischer Sicht auch sein mag: ihr grundlegendes Problem besteht darin, daß ein solches System letzten Endes nur auf der Basis von Zwang realisierbar sein wird. Dieser Zwang kann zunächst indirekt sein und von nicht-staatlichen Institutionen ausgeübt werden. Beispielsweise indem es einfach „üblich" wird, derartige Tests durchzuführen. Im Rahmen der Pränataldiagnostik würde ein solcher Trend möglicherweise dem Wunsch der Patientinnen entgegenkommen, alles für die Gesundheit ihres (noch ungeborenen) Kindes zu tun. Die Autorität der verordnenden Ärzte und der Wunsch der Patientin nach einem gesunden Kind können auf diese Weise eine Situation der Alternativlosigkeit erzeugen, aus der ein starker Druck zur Pränataldiagnose entsteht.

Auch im Bereich der postnatalen Gendiagnostik ist die Entstehung eines solchen Druckes nicht ausgeschlossen. Schon von der bloßen Existenz solcher Programme kann bereits ein starker Sog zur Teilnahme ausgehen. Die Freiwilligkeit eines Genträger-Tests ist selbst dort, wo sie formal aufrechterhalten wird, nicht immer schon gewährleistet. Man kann annehmen, daß dieser Sog um so stärker ist, je verbreiteter und akzeptierter das betreffende Screening-Programm ist.

Neben den verschiedenen Formen sozialen Drucks ist schließlich auch die Möglichkeit direkten Zwangs von Seiten des Staates in Betracht zu ziehen. Dies erscheint in einer Demokratie als unwahrscheinlich. Es darf aber nicht vergessen werden, daß bereits heute eine gesetzliche Pflicht zur einer „gesundheitsbewußten Lebensführung" (§ 1 Sozialgesetzbuch V) besteht. An gleicher Stelle werden die Krankenkassen aufgefordert, auf eine gesunde Lebensführung der Versicherten hinzuwirken. Die in vielen Ländern existierende Gurtpflicht beim Auto- und die Helmpflicht beim Motorradfahren können als ein weiteres Paradigma der Zwangsprävention angesehen werden. Es kann zumindest nicht ausgeschlossen werden, daß bei fortschreitender Kostenexplosion im Gesundheitswesen dieses bereits heute existierende Instrumentarium eingesetzt und die Teilnahme an genetischen Tests (unter bestimmten Bedingungen) obligatorisch gemacht wird.

9.4.3 Ethische Prinzipien der genetischen Diagnostik

Über die ethischen Prinzipien, die der Anwendung der molekulargenetischen Diagnostik zugrundegelegt werden sollten, wird seit langem intensiv diskutiert. Es zeichnet sich ein Konsens im Hinblick auf drei essentielle Minimalbedingungen ab, denen jegliche Form der genetischen Diagnostik unterworfen sein muß:

(a) Freiwilligkeit. Alle Tests müssen freiwillig sein; nicht nur direkter Zwang, sondern auch informeller Druck (z. B. durch drohende finanzielle Benachteiligungen) ist auszuschließen.

(b) Aufklärung. Von echter Freiwilligkeit kann nur dort die Rede sein, wo die betreffenden Personen über die Ziele der Tests, über die mit ihnen verbundenen Risiken, über die Implikationen ihrer Ergebnisse etc. aufgeklärt sind. Im Rahmen der individuellen humangenetischen Beratung dürfte dieses Ziel am leichtesten zu erreichen sein; wesentlich schwieriger aber bei umfassenden Screening-Programmen. In jedem Fall ist eine eingehende und fachkundige Beratung vor und nach den Tests unabdingbar.

(c) Datenschutz. Die gewonnenen Informationen sind vertraulich zu behandeln und dürfen nur mit Zustimmung der getesteten Person an Dritte weitergegeben werden.

Diese drei Prinzipien sollen das Recht *auf informationelle Selbstbestimmung* gewährleisten: Jede Person muß über die sie selbst betreffenden Informationen frei verfügen können. Dieses Recht darf nur in wenigen, präzise bestimmten Ausnahmen und zu hochrangigen Zwecken (beispielsweise zur Identifizierung von Straftätern) außer Kraft gesetzt werden. Dabei ist hervorzuheben, daß dieses Recht auf informationelle Selbstbestimmung nicht nur die Erhebung und Weitergabe von persönlichen Daten ohne Zustimmung der Betroffenen verbietet; es schließt auch ein, daß niemandem Informationen über seine genetische Ausstattung vorenthalten werden dürfen. Es gibt ein „Recht auf Nichtwissen" und ein „Recht auf Wissen" – eine allgemeine „Pflicht zum Wissen" darf es nicht geben.

10 Glossar

AATAA-Motiv: Sequenzmotiv am 3' Ende von Genen, das als Terminationssignal der Transkription und als Erkennungssignal für die Polyadenylierung fungiert.

Adenin (A): Purinbase; Grundbaustein von DNA und RNA Nukleotiden; das entsprechende Nukleotid wird Adenosin genannt.

Allel: Die Kopien eines Gens oder einer DNA Sequenz am selben Locus homologer Chromosomen. Die „normale" Form eines Allels wird auch als Wildtyp-Allel bezeichnet. Häufig gibt es in einer Bevölkerung verschiedene Varianten normaler Allele (multiple Allelie).

Allel-spezifische Oligonukleotid Hybridisierung (ASO): Methode zum Nachweis spezifischer Punktmutationen mittels Hybridisierung mit spezifischen Oligonukleotiden.

Alternatives Spleißen: Beim alternativen Spleißen wird eine aus mehreren Exons und Introns bestehende prä-mRNA zu verschiedenen reifen mRNA-Formen weiterverarbeitet, die sich in der Zusammensetzung ihrer Exons oder in der Position des Start- bzw. Stopsignals der Translation unterscheiden und deshalb in Proteine mit unterschiedlicher Funktion übersetzt werden.

Alu-Sequenzen: Eine Familie von ca. 300 bp langen, sequenzverwandten DNA Elementen, von denen ca. 500.000 im haploiden menschlichen Genom vorkommen. Ihr Name leitet sich vom Restriktionsenzym AluI ab, das diese repetitiven Sequenzen in etwa gleich lange Fragmente schneidet.

Anaphase: Stadium der Mitose bzw. Meiose, welches durch die Bewegung der homologen Chromosomen in Richtung auf die jeweils gegenüberliegenden Pole der Zellteilungsspindel charakterisiert ist.

Aneuploidie: Aus Gewinn oder Verlust ganzer Chromsomen resultierender numerisch anomaler Chromosomensatz.

Anti-Codon: Eine Sequenz von drei Nukleotiden der tRNA, welche sich bei der Translation spezifisch an ein mRNA Codon bindet.

Anti-Onkogen: s. Tumorsuppressor Gen.

Antizipation: Die Tatsache, daß für eine Familie absehbar ist, daß eine Krankheit im Laufe der Generationen immer früher auftritt oder eine immer gravierendere Symptomatik zeigt. Das pathogenetische Prinzip der Antizipation beruht auf einer Trinukleotidexpansion.

Apoptose: Programmierter Zelltod. Im Gegensatz zur Zellnekrose liegt der Apoptose ein organisiertes Absterben von Zellen mit charakteristischem morphologischem Erscheinungsbild zu Grunde. Der programmierte Zelltod spielt eine wichtige Rolle bei der normalen Embryonalentwicklung und Gewebedifferenzierung, wird aber auch zur gezielten Elimination geschädigter Zellen induziert. Die pro- und anti-apoptotischen Prozesse unterliegen einem komplexen Regelkreis intrazellulärer Signalvermittlung.

Autoradiographie: Methode zum lokalisierenden Nachweis radioaktiver Substanzen in Geweben oder auf Blots mit photographischen Verfahren. Das radioaktiv markierte Material wird für eine bestimmte Belichtungszeit mit einem Film in engen Kontakt gebracht (exponiert) und nach Entwicklung des Films als eine Schwärzung sichtbar.

Autosom: Alle Chromosomen außer den Geschlechtschromosomen.

BAC: „*B*acterial *a*rtificial *c*hromosome". Als Klonierungsvektor benutztes künstliches Bakterienchromosom mit einer Aufnahmekapazität von bis zu 300 kb großen DNA-Fragmenten.

Basen-Exzisions Reparatur: Form der Reparatur eines DNA-Einzelstranges in einer Doppelhelix. Dabei kommt es nach Beschädigung einzelner Basen eines Nukleotids zuerst zur Entfernung dieser Basen und erst anschließend zur Herstellung reaktiver 5' – und 3' – Enden im Zuckerrückgrat des geschädigten DNA-Stranges. Die enstandene Lücke wird nach dem Prinzip der Basenpaarung ohne Informationsverlust wieder verschlossen.

B-DNA: Form der DNA, in der sich die beiden Stränge der Doppelhelix rechtsdrehend umeinander winden. Die DNA des Zellkerns befindet sich hauptsächlich in der B-Form, welche eine größere Stabilität als die Z-DNA besitzt.

Bp: *B*asen*p*aar; Maßeinheit für die Größe (Länge) einer DNA-Sequenz.

CAAT-Box: Sequenzmotiv, das sich in der Promotor-Region von Genen findet.

Capping: Teilschritt der mRNA Reifung, bei dem in einer zweistufigen Reaktion am 5' Ende der prä-mRNA zunächst ein GTP angefügt wird, das danach von einer 7-Methyltransferase methyliert wird; dem 5' Ende des Primärtranskriptes wird somit ein modifiziertes Nukleotid als Kappe aufgesetzt.

Caspasen: Protein-verdauende Enzyme (Proteasen), die Eiweißmoleküle gezielt spalten können. Dies führt zu einer spezifischen Aktivierung oder Inaktivierung von Funktionen in den Zielproteinen. Caspasen besitzen eine herausragende Bedeutung in der Regulation und Exekution der Apoptose.

cDNA : „complementary" oder „copy" DNA, die vom Enzym Reverse Transkriptase an einer mRNA Matrize synthetisiert wurde und deshalb im Gegensatz zu genomischer DNA keine Introns enthält. Bei der reversen Transkription entsteht zunächst ein mRNA/DNA Hybrid. Durch Verdau mit RNA-spezifischen Nukleasen wird danach der RNA Strang abgebaut und über eine DNA Polymerase ein doppelsträngiges cDNA Molekül synthetisiert.

cDNA Array: Zusammenstellung von cDNA Sonden bis zu mehrerer Tausend Gene auf einem Träger. Die Hybridisierung von zellulärer mRNA mit einer solchen Sondenpopulation kann automatisiert erfasst werden und erlaubt nach entsprechender Datenverarbeitung Aufschlüsse über das Genexpressionsprofil der untersuchten Zellen.

Centimorgan (cM): Einheit für die Rekombinationsfraktion, d. h. die Zahl der Rekombinationen zwischen zwei Genloci; benannt nach dem amerikanischen Genetiker T. Morgan. Ein cM ist definiert als eine Rekombinationsfrequenz von 0,01 oder 1 %. Dies entspricht etwa der Länge einer DNA Sequenz von ca. 1000 kb (1 Mb).

Centromer: Chromosomenregion, an die während der Meiose die Fasern des Spindelapparates ansetzen. In der Cytogenetik dient das Centromer, an dem beide Chromatiden eines Chromosoms sich berühren, als wichtige Markierungshilfe, da es den kurzen und langen Chromosomenarm voneinander abgrenzt.

CGH Analyse: Vergleichende (englisch: *c*omparative) *G*enomische *H*ybridisierung. Eine Methode der molekularen Cytogenetik zum Nachweis von überzähligem oder deletiertem Chromosomenmaterial, insbesondere in der Tumorgenetik angewandt. Bei dieser Technik wird die DNA des zu untersuchenden Gewebes mit einer Kontroll-DNA verglichen, wobei die DNA Proben nach Markierung mit unterschiedlichen Fluoreszenzfarbstoffen auf ein Metaphase-Präparat eines gesunden Probanden hybridisiert wird. Die Auswertung der Fluoreszenzprofile erfolgt über eine CCD-Kamera und eine spezielle CGH-Software.

Checkpoints: Imaginäre Zeitpunkte im Zellzyklus, an denen Kontrollfunktionen wirken, die sicherstellen, daß laufende Zellzyklusabschnitte korrekt beendet werden, bevor nachfolgende beginnen können. Der bedeutendste Checkpoint menschlicher Zellen ist der G1-Checkpoint – auch Restriktionspunkt genannt. Die Kontrollfunktion am Restriktionspunkt ist in fast allen bisher untersuchten Tumoren außer Kraft gesetzt. Auf diese Weise können transformierte Zellen ihre Zellzyklen unkontrolliert und ungehindert durchlaufen.

Chromatid: Eine Hälfte des während der S-Phase im Zellzyklus duplizierten Chromosoms, die mit dem Schwesterchromatid in der Zentromer-Region verbunden ist.

Chromatin: Das Material, aus dem Chromsomen zusammengesetzt sind, d. h. DNA und nukleäre Proteine (insbesondere Histone). Chromatin besteht mengenmäßig aus etwa doppelt so viel Proteinanteilen wie DNA. Unter dem Elektronenmikroskop stellt sich das Chromatin als eine lange Reihe von Nukleosomen dar und erinnert an eine Perlenkette.

Chromosom: Im Zellkern befindliche, während der Kernteilung mikroskopisch abgrenzbare Einheit, die aus einem langen Faden von DNA und assoziierten Proteinen besteht. Jedes Chromosom ist aus zwei parallel angeordneten Teilen, den Chromatiden, zusammengesetzt, die am Centromer miteinander verbunden sind. Das Centromer trennt den kurzen (p, petit) und den langen Arm (q, auf p folgender Buchstabe im Alphabet) eines Chromsoms. Verschiedene Behandlungs- und Färbemethoden führen zu einer reproduzierbaren Darstellung horizontaler, heller oder dunkler Banden, die die Identifikation und Beurteilung jedes einzelnen Chromsoms zulassen (z. B. G (Giemsa)-, Q (Quinakrin)-, R (Reverse)-Banden).

Chromosome Painting: Kennzeichnung von Chromosomen bzw. deren Subregionen in der Metaphase oder Interphase durch in-situ Hybridisierung mit Chromosomen-spezifischen Sonden. Derartige Untersuchungen gestatten z. B. die Diagnose chromosomaler Aberrationen in Interphasepräparaten. Die Benutzung von mehreren, durch unterschiedliche Fluorochrome markierte Sonden erlaubt es, die relative Lage von verschiedenen Chromosomenregionen zueinander in Interphasekernen zu untersuchen. (s. FISH).

Chromosome Walking: Klonierung und Charakterisierung von zusammenhängender genetischer Information eines chromosomalen Gebietes. Dabei werden „überlappende", benachbarte genomische Sequenzen isoliert, die in jeweils unterschiedlichen Klonen einer Genbank enthalten sind. Als Ausgangspunkt wird eine Gensonde für die näher zu untersuchende Region benötigt. Das Ausmaß der Überlappung zwischen verschiedenen Rekombinanten läßt sich durch eine Restriktionskartierung der jeweiligen DNA Fragmente ermitteln. Jeder „Schritt" dieses „Spazierganges auf einem Chromosom" kann abhängig vom Vektortyp maximal 40 kb betragen. Sehr viel größere Distanzen (200 kb) können durch sogenanntes „chromosome jumping" überbrückt werden, wobei nur die Enden sehr langer DNA Fragmente, nicht aber die dazwischen liegenden Abschnitte, kloniert werden, so daß eine bestimmte Strecke auf einem Chromosom gleichsam in „Sprüngen" charakterisiert wird, bevor eine nähere Analyse relevanter Subregionen über ein „chromosome walking" erfolgt.

Cis-Acting Element: Ein in cis wirkendes genetisches Element wie z. B. ein Enhancer beeinflußt die biologische Aktivität benachbarter Sequenzen auf demselben DNA Molekül.

Code (Genetischer): s. Codon.

Codon: Eine Sequenz von drei Nukleotiden (Triplett) eines mRNA Moleküls, welche den Einbau einer bestimmten Aminosäure in eine wachsende Polypeptidkette steuert; häufig wird der Begriff auch für die drei entsprechenden DNA Nukleotide benutzt. Die 64 möglichen Codons repräsentieren den genetischen Code, der mit Ausnahme der mitochondrialen DNA für alle Lebewesen (universell) gilt. Drei Tripletts fungieren als Stopsignale der Translation, während 61 Codons dem Einbau der 20 Aminosäuren dienen. Der genetische Code ist somit degeneriert, d. h. für die meisten Aminosäuren kodiert nicht nur ein Triplett, sondern mehrere; z. B. stehen 6 Tripletts für die Aminosäure Leucin, und nur Tryptophan und Methionin sind durch ein einziges spezifisches Codon charakterisiert. In besonderen Fällen kann das Stopcodon „UGA" auch für die Aminosäure Selenocystein kodieren.

Compound heterozygot: Das Vorhandensein von 2 verschiedenen, vom Wildtyp abweichenden Allelen an entsprechenden Stellen homologer Chromosomen. Bei autosomal rezessiven Erbkrankheiten kann sowohl die Weitergabe einer bei Vater und Mutter (den heterozygoten Überträgern) identischen Mutation als auch die Vererbung unterschiedlicher Mutationen im selben Gen (compound: gemischte Heterozygotie) durch die Eltern zur klinischen Manifestation führen.

Contig: "*Contig*uous DNA Fragments"; Population sich überlappender Klone eines Genlocus.

Cosmid: Ein genetisch modifiziertes Plasmid, in das die cos-Stellen des Phagen Lambda eingesetzt wurden. Cosmide können ca. 40 kb große fremde DNA Fragmente aufnehmen und dienen als Vektoren.

Cos-Stellen: An den cos-Stellen (*co*hesive, zusammengehalten) sind die beiden aus komplementären Nukleotidsequenzen bestehenden Enden der linearen Lambda Phagen DNA zu einem Ring verknüpft. Während des Infektionszyklus eines Phagen wird das Phagengenom in der Wirtszelle zunächst als ein zusammenhängendes, aus zahlreichen Genom-Kopien bestehendes Molekül (Konkatemer) repliziert und anschließend jeweils an den cos-Stellen gespalten; jedes Genom wird dann in Hüllproteine zu einem fertigen Bakteriophagen verpackt. Die cos-Stellen können in Plasmide eingebaut werden (Cosmide) und anstelle von Phagen DNA ca. 40 kb fremde DNA zwischen sich aufnehmen.

CpG-Island: s. HTF-Island

Cre/Lox P System: Rekombinase-System zur Herstellung konditionaler Mausmutanten, bestehend aus der Rekombinase „Cre" (*c*auses *re*combination) und den von Cre erkannten DNA-Zielsequenzen, den sogenannten Lox P-Elementen (*lo*cus of *c*rossing over).

Crossing-Over: Austausch von Sequenzen homologer Chromosomen während der Meiose, welcher zur Rekombination der in den elterlichen Keimzellen verankerten genetischen Informationen führt. Neben dem meiotischen „crossing-over" gibt es eine entsprechende Rekombination zwischen homologen Chromosomen auch während der Mitose somatischer Zellen.

Cykline: Familie von Proteinen, die als regulative Untereinheiten von Kinasekomplexen die Zellzyklusprogression steuern.

Cytosin (C): Pyrimidinbase; Grundbaustein von DNA und RNA Nukleotiden; das entsprechende Nukleosid wird Cytidin genannt.

Deletion: Verlust eines DNA- oder Chromosomenabschnittes, dessen Größe von einem Nukleotid bis zu einem ganzen Chromosom reichen kann.

Designer Protein: In der Natur nicht vorkommendes Protein, das durch die Expression gezielt veränderter, rekombinanter cDNA gewonnen wird. Entsprechende Veränderungen können die Stabilität, Spezifität oder Funktion eines natürlich vorkommenden Proteins so modifizieren, daß seine pharmakologischen Eigenschaften verbessert werden.

Dimer: Molekülpaar.

Diploid: Somatische Zellen mit einem doppelten Chromosomensatz jeweils mütterlicher und väterlicher Herkunft.

DNA: Desoxyribonukleinsäure (*d*eoxyribo*n*ucleic *a*cid); chemischer Träger der primären genetischen Information. DNA besteht aus einem Polymer von Purin- und Pyrimidinbasen, einem Zucker (Desoxyribose) und Phosphorsäure; sie besitzt die Struktur einer Doppelhelix, in der sich jeweils die Purinbase Adenin (A) und die Pyrimidinbase Thymin (T) oder die Purinbase Guanin (G) und die Pyrimidinbase Cytosin (C) durch Wasserstoffbrücken verbunden gegenüber stehen. Die beiden komplementären Stränge der DNA verlaufen in Gegenrichtung.

DNA-Chip: Zusammenstellung einer Vielzahl von DNA Sonden auf einem Träger, der mit DNA oder RNA hybridisiert und automatisch ausgewertet werden kann. DNA Chips werden entweder zur Expressionsanalyse (s. cDNA Array) oder zur Analyse von DNA Mutationen und Polymorphismen (s. „single nucleotide polymorphism") eingesetzt.

DNA-Doppelstrangbruch Reparatur: Es wird unterschieden zwischen der Reparatur von Doppelstrangbrüchen unter Verwendung der homologen Rekombination, bei der es nicht zu einem Verlust von DNA-Information kommt und der nicht-homologen Verknüpfung der DNA-Enden (non-homologous end joining), bei der die freien DNA Enden ohne Ausgleich der möglicherweise verlorengegangenen Sequenzinformationenen wieder fusioniert werden.

DNA Methylierung/-Demethylierung: Die DNA-Methylierung erfolgt typischerweise am C5-Atom von Desoxycytosin in CpG-Dinukleotiden, welche gehäuft im Promotorbereich von Genen vorkommen (CpG-Island). Hieraus resultiert eine Blockade des Zuganges von Transkriptionsfaktoren am Promotor. Die Demethylierung von CpG-Islands führt umgekehrt zu einer Transkriptionsaktivierung. DNA-Methylierung und Histon-Deacetylierung wirken gleichsinnig (negativ) bei der epigenetischen Modifikation der Transkriptionsaktivität.

Dominant: Ein Allel oder Gen gilt als dominant, wenn im heterozygoten Zustand die phänotypische Manifestation wesentlich von diesem, nicht aber vom anderen Allel geprägt wird, so daß Heterozygote den gleichen Phänotyp wie Homozygote aufweisen.

Dominant negativer Effekt: Das Produkt eines mutierten Allels stört aktiv die Funktion oder Struktur des normalen Genproduktes, so daß die Gesamtfunktion beider Allele beeinträchtigt ist, obwohl das normale Allel für sich genommen eine ausreichende Funktion sicher stellen könnte.

Dot Blot: Nachweisverfahren für RNA oder DNA Sequenzen, die zunächst punktförmig (dot) oder durch die Schlitze (slot) einer dafür entwickelten Apparatur auf Nitrozellulose- oder Nylonmembranen aufgetragen und anschließend mit Gensonden hybridisiert werden. Im Gegensatz zur Southern oder Northern Blot Analyse wird die DNA bzw. RNA zuvor nicht elektrophoretisch aufgetrennt, so daß mit dieser Methode nur eine Aussage zur Quantität, nicht aber zur Qualität (Fragmentgröße) der nachgewiesenen Sequenzen möglich ist.

Double Minutes (DM): Amplifizierte DNA Sequenzen, die sich zytogenetisch als paarige, extrachromosomale Partikel darstellen.

D-Segment: DNA Sequenz, welche einen variablen Kettenanteil von Immunglobulinen oder T-Zell Rezeptoren kodiert, der zwischen V- und J-Segmenten liegt und die Vielfalt (*d*iversity) der spezifischen immunologischen Abwehrmoleküle erhöht.

Duplikation: Verdoppelung eines Chromosomenabschnittes oder Nukleotidpaares.

Dynamische Mutation: Zunahme von Oligonukleotiden (z. B. Trinukleotide) über eine kritische Grenze hinaus, wobei die Zahl der Module von Generation zu Generation ansteigt. Diese Expansion kann Mikrosatelliten betreffen, die intragenisch oder auch 5' bzw. 3' von einem Gen lokalisiert sind. Klinisches Korrelat der Dynamischen Mutation ist die Antizipation.

Elektrophorese: Trennung von DNA-, RNA- oder Polypeptid-Molekülen verschiedener Ladung und Größe durch unterschiedliche Wanderungsgeschwindigkeit im elektrischen Feld. Als Träger werden Substanzen in Gelform wie Agarose oder Polyacrylamid verwendet.

Elongation: Verlängerung einer Nukleotid- oder Polypeptidkette im Rahmen der Transkription bzw. Translation.

5' und 3' Ende: Die einzelnen Nukleotide der DNA und RNA sind durch Phosphatbrücken zwischen dem 5' Kohlenstoffatom vom Zucker des einen und dem C3 Atom vom Zucker des benachbarten Nukleotids verknüpft (5'-3' Phosphodiesterbindung). Nach einer Übereinkunft ordnet man eine Polynukleotidkette so, daß das Kopfnukleotid am 5' Atom mit keinem Nachbarnukleotid verbunden ist (freies 5' Ende), während das Schwanznukleotid eine freie OH-Gruppe am 3' Atom des Zuckers aufweist (freies 3' Ende).

Enhancer: Sequenzmotiv, welches die Aktivität von Promotoren „verstärkt". Enhancer können in beide Richtungen eines DNA Stranges über eine Distanz von mehreren kb wirken, sind also zu einem gewissen Grad positions- und orientierungsunabhängig; die Funktion eines Enhancers kann experimentell und in vivo auf andere Gene übertragen werden.

Epigenetisch: Ein nicht in der primären DNA-bzw. Chromatinstruktur fixierter, von „außen" regulierter Aktivitätszustand der Erbinformation. Hierzu zählen auf DNA-Niveau die Methylierung (Inaktivierung) bzw. Demethylierung von CpG-Islands sowie die Deacetylierung (Kondensation) bzw. Acetylierung von Histonen des Chromatingerüstes. Epigenetische Prozesse liegen beispielsweise der X-Inaktivierung und dem Imprinting zu Grunde.

Episom: Extrachromosomale DNA, z. B. ein Plasmid.

EST: s. Expressed Sequence Tag

ES-Zellen: *E*mbryonale *S*tammzellen aus der inneren Zellmasse von 3,5 Tage alten Mausembryonen. ES-Zellen sind undifferenziert und können sich am Aufbau aller Gewebe einschließlich der Keimzellen beteiligen.

Eukaryont: Zu den Eukaryonten zählen alle Lebewesen außer Bakterien, mithin Organismen, die einen Zellkern besitzen, der die DNA einschließt, und die über typische Zellorganellen wie Mitochondrien und Golgi Apparat verfügen.

Exon: Abschnitt eines Strukturgens, welcher in der reifen mRNA repräsentiert ist. Exons werden in der genomischen DNA bzw. in der prä-mRNA von Introns unterbrochen, die während des Spleißens entfernt werden.

Exon Trapping: In-vitro Methode zur Identifikation von gespleißten und damit wahrscheinlich proteinkodierenden Fragmenten genomischer DNA.

Expressed Sequence Tag: Ein EST entspricht einer spezifischen cDNA-Teilsequenz und wird häufig in Datenbanken gesammelt. ESTs sind den entsprechenden mRNAs eindeutig zuzuordnen. Eine Sammlung von ESTs aus einem bestimmten Gewebe oder Zelltyp gibt Auskunft über die dort exprimierten Gene.

Expressionsvektor: Vektor, der die Expression und Translation eukaryonter Gensequenzen in Wirtszellen (z. B. Bakterien, Hefen, Säugerzellen) ermöglicht. Die entsprechenden Sequenzen müssen zunächst mit geeigneten Promotoren verknüpft werden, um von den RNA Polymerasen der Wirtszelle erkannt werden zu können. Da Prokaryonten nicht in der Lage sind, Primärtranskripte zu spleißen, kann in Bakterien nur eukaryonte cDNA exprimiert werden; s. Genbank.

Expressivität: Graduell unterschiedliche Ausprägung eines monogen vererbten Merkmals. Das Spektrum der Symptome oder der Schweregrad einer hereditären Krankheit.

Fingerabdruck (DNA): „DNA fingerprint"; Kombination von individualspezifischen, polymorphen DNA Markerallelen.

Fluoreszenz in-situ Hybridisierung (FISH): Molekular-cytogenetische Methode zur farbigen Darstellung ausgewählter Chromosomen oder Chromosomenabschnitte im Fluoreszenzmikroskop. Hierbei erfolgt die Hybridisierung der einzelsträngigen DNA Sonden in-situ direkt auf die Chromosomen- bzw. Zellpräparate. Die FISH-Analytik ermöglicht eine Chromosomendiagnostik auch in der Interphase. Eine Erweiterung findet die FISH-Technologie durch die Verwendung von 5 verschiedenen Fluorochromen in genau definierten Kombinationen sowie spezieller Computerprogramme, die eine Darstellung aller Chromosomen des Menschen in 24 verschiedenen Farben ermöglichen (Vielfarben-FISH, Multiplex (M)-FISH).

Fokus-Assay: Assay zur Identifikation von Onkogenen. Er basiert auf der Transfektion von Tumor DNA in rezipiente Zellkulturen (z. B. NIH/3T3 Mausfibroblasten). Morphologische Veränderungen der Zellkulturen in Form von „Foci" bilden die Grundlage für die Klonierung der für die Fokusinduktion verantwortlichen Onkogensequenzen.

Frameshift Mutation: s. Mutation.

Funktionelle Klonierung: Strategie zur Identifikation von Genen, die eine Kenntnis des biochemischen Defektes einer genetischen Krankheit voraussetzt.

Gen: Ein DNA Abschnitt, der für eine nachweisbare Funktion oder Struktur kodiert, z. B. die Polypeptidkette eines Proteins. Neben den kodierenden Bereichen (Exons) umfassen Gene weitere Regionen wie z. B. Promotoren und Introns. Das menschliche Genom enthält etwa 140.000 Gene.

Genbank: 1. Population von Bakterienkolonien oder Bakteriophagenplaques, die klonierte DNA Moleküle enthalten. Prinzipiell umfaßt die Konstruktion einer Genbank („library"; Bücherei, Bibliothek) die Isolation von DNA, ihr Zerschneiden in definierte Restriktionsfragmente, Insertion dieser Fragmente in ein Vektorsystem und die anschließende Klonierung der rekombinanten DNA Moleküle in Bakterien. Mit Gensonden kann das Vorhandensein bestimmter Sequenzen innerhalb einer Genbank überprüft werden. In den „Bibliotheken" sind die meisten Gene („Bücher") wegen ihrer Größe nicht in einem Klon (einer „Seite") repräsentiert, sondern auf mehrere Klone verteilt, die unterschiedliche Fragmente dieses Gens enthalten. Man unterscheidet Genbanken nach dem zu ihrer Herstellung benutzten Vektorsystem (Phage, Cosmid) oder ihrem Inhalt. „Genomische" Banken enthalten die vollständige Erbinformation aus Zellen z. B. eines Menschen, also sowohl kodierende als auch nichtkodierende DNA Sequenzen; „cDNA" Banken enthalten hingegen nur kodierende Sequenzen und werden aus mRNA eines Zelltyps, die zunächst zu cDNA umgeschrieben wurde, konstruiert; Genbanken können auch aus der DNA einzelner Chromosomen („Chromosomenspezifische" Bank) oder chromosomaler Subregionen erstellt werden. Will man nicht nur die Struktur klonierter DNA Sequenzen analysieren, sondern auch deren Expression, so bietet eine Gruppe von Vektoren (Expressionsvektoren) die Möglichkeit, funktionelle Proteine eukaryonter Gene in Bakterien zu exprimieren. Das betreffende Protein kann z. B. über spezifische Antikörper in der „Expressionsbank" identifiziert werden.
2. Computer gestützte Datenbank, die DNA Sequenzdaten speichert, annotiert und öffentlich zugänglich macht.

Gene Targeting: Gezielte Insertion exogener DNA in einen definierten Lokus des Genoms der Zielzelle.

Gen-Konversion: Modifikation eines Allels durch das andere Allel während des Crossing-Over in der Meiose oder Mitose. Dabei wird der Einzelstrang des einen Chromosoms als Matrize bei der Reparatur von DNA Sequenzen in der Cross-Over Region des homologen Chromosoms benutzt.

Genlocus: Die sich entsprechende Position eines Gens auf homologen Chromosomen.

Genom: Das gesamte genetische Material einer Zelle oder eines Organismus. Der Begriff wird auch in Bezug auf Viren benutzt.

Gentherapie: Korrektur eines krankheitsbedingenden genetischen Defektes oder Veränderung der pharmakologischen Eigenschaften durch Anwendung rekombinanter DNA Techniken.

Genotyp: Die genetische Information einer Zelle oder eines Individuums, die dem Erscheinungsbild (Phänotyp) zugrunde liegt.

Germline-Configuration: s. Keimbahn-Konfiguration.

Geschlechtschromosom: Gonosom; die Chromosomen X und Y legen bei Säugetieren das Gonadengeschlecht fest, wobei weibliche Individuen zwei X-Chromosomen, männliche Individuen X- und Y-Chromosomen aufweisen. Umgekehrt haben z. B. bei Fischen die Weibchen zwei verschiedene Geschlechtschromosomen, Z und W genannt, während Männchen zwei Z-Chromosomen besitzen. Die Geschlechtschromosomen, insbesondere das X-Chromosom, enthalten auch zahlreiche Gene, die nicht die Geschlechtsentwicklung determinieren, wie andererseits auch Autosomen Gene tragen, die bei der primären und sekundären Geschlechtsentwicklung eine große Rolle spielen.

G0/G1/G2-Phase: Gap (englisch): Lücke, im Sinne von Pause im Zellzyklus vor G0 bezeichnet eine besondere Ruhephase von nicht proliferierenden Zellen, die in der frühesten G1-Phase den aktiven Zellzyklus verlassen haben.

Gonosom: s. Geschlechtschromosom.

GU/AG-Regel: Im 5' Exon-Intron-Übergang (Spleiß-Donor) bildet das Dinukleotid GU das 5' Ende eines Introns, während sich am 3' Intron-Exon-Übergang (Spleiß-Akzeptor) das Dinukleotid AG als 3' Ende eines Introns findet.

Guanin (G): Purinbase; Grundbaustein von DNA und RNA Nukleotiden; das entsprechende Nukleosid wird Guanosin genannt.

Haploid: Einfacher Chromosomensatz in Keimzellen.

Haploinsuffizienz: Der Funktionsausfall eines Allels kann durch die Aktivität des korrespondierenden Allels nicht kompensiert werden.

Haplotyp: Eine Kombination von Allelen gekoppelter Genloci auf demselben Chromosom. Jedes Individuum besitzt zwei Haplotypen, von denen jeweils ein Haplotyp unverändert vererbt wird, falls keine Rekombination (Crossing-Over) in der betreffenden Region stattfindet.

Helikase: Enzym, das die Auflösung doppelsträngiger Nukleinsäuren in ihre Einzelstränge vermittelt. Man unterscheidet DNA und RNA Helikasen, die im allgemeinen energieabhängig arbeiten.

Helix-Turn-Helix Motiv: Strukturmotiv von einigen DNA-bindenden Proteinen, bei dem zwei α-helikale Anteile durch ein kurzes Element so miteinander verbunden sind, daß sich zwischen beiden Helices ein Winkel bildet; diese Form ermöglicht eine enge Kontaktaufnahme des Proteins mit der DNA Doppelhelix.

Hemizygotie: Vorkommen nur einer Kopie eines Gens oder einer DNA Sequenz im diploiden Chromosomensatz. Männliche Individuen besitzen z. B. nur ein Allel eines X-chromosomalen Gens; sie sind hinsichtlich dieses Gens weder homo- noch heterozygot.

Heteroplasmie: Vorkommen unterschiedlicher mitochondrialer DNA in Einzelzellen oder in einem Individuum; Analogie zum Begriff der Heterozygotie bei nukleären Genen.

Heterozygotie: Die beiden Allele eines Genlocus homologer Chromosomen weisen Unterschiede auf.

Histon-Acetylierung/-Deacetylierung: Die Übertragung von Acetylgruppen auf aminoterminale Lysinreste der Histone des Chromatingerüstes durch Histon-Acetyltransferasen. Hieraus resultiert eine Auflockerung der Nukleosomenstruktur und eine Zunahme der Transkriptionseffektivität. Die Histon-Deacetylierung führt zu einer Repression der Transkriptionsmaschinerie. Histon-Acetylierungen bzw. –Deacetylierungen zählen zu den epigenetischen Modifikationen der Transkriptionsaktivität.

Histone: Basische Proteine, die den Hauptbestandteil des Chromatins eukaryonter Zellen ausmachen.

Homolog: Im genetischen Sinn Bezeichnung für gleiche Chromosomen bzw. Genloci mütterlicher und väterlicher Herkunft.

Homologe Rekombination: Austausch von allelen Sequenzen im zellulären Genom.

Homoplasmie: Vorkommen identischer mitochondrialer DNA in Einzelzellen oder in einem Individuum; Analogie zum Begriff der Homozygotie bei nukleären Genen.

Homozygotie: Die Anwesenheit von identischen Allelen an einem Genlocus auf beiden homologen Chromosomen.

Housekeeping Gene: Gene, deren Produkte in nahezu allen Geweben für die Aufrechterhaltung des „Zellhaushaltes" benötigt und deshalb dauerhaft exprimiert werden.

HSR: *H*omogeneously *s*taining *r*egion; Abschnitt eines Chromosoms, der aus amplifizierten DNA Sequenzen besteht und bei cytogenetischen Analysen abweichend vom normalen Bandierungsmuster der Chromosomen als einheitlich gefärbte Region erscheint.

HTF-Island: „*H*pa II-*t*iny-*f*ragment-island"; im 5' Bereich von Genen lokalisierte, demethylierte CpG-reiche DNA-Sequenzen, die durch Verdau mit einem methylierungs-sensitiven Enzym wie Hpa II identifiziert werden können.

HUGO: Abkürzung für *Hu*man *G*enome *O*rganization. Aus öffentlichen Geldern geförderdertes internationales Konsortium, das die Erforschung des menschlichen Genoms und die Bereitstellung der Information in öffentlich zugänglichen Datenbanken betreibt.

Human Genome Project: International koordiniertes Großforschungsprojekt mit der Zielsetzung einer kompletten Kartierung und Sequenzierung des menschlichen Genoms.

Hybridisierung: Bindung komplementärer DNA bzw. RNA Sequenzen aneinander. Im Rahmen z. B. einer Southern Blot Analyse kommt es zur Hybridisierung, wenn die markierten Einzelstrangsequenzen einer Gensonde auf eine komplementäre Sequenz der auf dem Filter fixierten DNA trifft. Bei einer in-situ Hybridisierung erfolgt die Kopplung der Sondensequenzen mit komplementären RNA bzw. DNA Sequenzen der auf Objektträgern fixierten Zellen oder Geweben (z. B. Transkriptionsnachweis) bzw. Chromosomen (Genlokalisation).

Hybridzelle: Zelle, die durch Fusion von zwei diploiden Zellen (auch unterschiedlicher Tierspezies) entstanden ist sowie deren Nachkommen.

Hypervariable Region (HVR): Abschnitt im Genom, der durch eine individuell stark variierende Anzahl kurzer, identischer, miteinander verknüpfter repetitiver DNA Elemente charakterisiert ist. Eine andere Bezeichnung ist „variable number tandem repeats (VNTR)". Viele HVR weisen mehrere hundert verschiedene Allele in einer Bevölkerung auf und können als polymorphe Marker in der genetischen Diagnostik benutzt werden.

Imprinting: Prägung; ursprünglich ein Begriff aus der Verhaltensforschung, welcher die Beeinflussung des Verhaltensmusters in einer spezifischen Phase der Individualentwicklung beschreibt. Unter „genomic imprinting" versteht man einen epigenetischen Prozeß, der dafür verantwortlich ist, daß ein Gen (Allel) nur dann exprimiert wird, wenn es von der Mutter oder in anderen Fällen vom Vater des jeweiligen Individuums ererbt wurde. Daher stellt das „genomische Imprinting" eine Ausnahme von den klassischen Mendelschen Erbregeln dar.

Initiierung: Bezeichnet den Vorgang der Assemblierung eines transkriptions- oder translationskompetenten Proteinkomplexes bis hin zum Start der Transkription eines Gens oder der Translation einer mRNA. Die Häufigkeit der Reinitiierung pro Zeiteinheit ist im wesentlichen für die Höhe der Expression eines Gens verantwortlich.

Insert: Ein in einen Vektor eingebautes fremdes DNA Fragment.

Insertion: Einfügen von Nukleotiden oder Chromosomenabschnitten ins Genom.

Interphase: Zeitabschnitt zwischen zwei Mitosen, also die eigentliche Funktionsphase im Leben einer Zelle; sie wird unterteilt in *G1* (*g*ap, Lücke), d. h. die an die Telophase anschließende, unter Proteinsynthese und Wasseraufnahme erfolgende Massenzunahme einer Zelle, *S* (Synthesephase), die Phase der DNA Replikation sowie *G2*, d. h. die Strukturierung der alten und neuen Chromatide und Vorbereitung zur Mitose. Zellen, die ihre Fähigkeit zur Zellteilung verloren haben, verbleiben bis zu ihrem Tode in einer als G0 bezeichneten Ruhephase.

Intron: Intervenierende Sequenz (IVS); Abschnitt eines Gens, der zwar transkribiert, aber beim Spleißen aus der prä-mRNA herausgelöst wird und somit nicht kodiert. Introns sind zwischen die Exons eines Gens eingeschoben. Der Begriff wird auf sich entspechende Abschnitte sowohl der DNA als auch der prä-mRNA angewendet.

Inversion: Strukturveränderung eines Chromosoms durch Bruch an zwei Stellen mit Drehung des zwischen den Bruchstellen gelegenen Segmentes um 180° nach Wiedereinfügung.

J-Segment: DNA Sequenzen, die einen Abschnitt der Immunglobulin bzw. T-Zell Rezeptoren kodieren, der den variablen mit dem konstanten Kettenteil „verbindet" (to *j*oin).

Kandidatengen: Ein bekanntes Gen, das auf Grund seiner Funktion und/oder chromosomalen Lokalisation für die Entstehung eines Krankheitsbildes in Betracht kommt. Mutationsanalysen bei den jeweiligen Patienten müssen diesen Verdacht dann erhärten.

Karyotyp: Anordnung der Chromosomen einer Zelle oder eines Individuums nach ihrer Größe und Lage der Centromere. Ein normaler, diploider Karyotyp umfaßt beim Menschen 46 Chromosomen: 2 Geschlechtschromosomen (XX bei Frauen, XY bei Männern) sowie 22 Paare (= 44) homologer Autosomen, die eine Kennziffer von 1 bis 22 erhalten haben.

Kb: Kilo Basenpaare; 1 kb = 1000 bp.

Kd: Dalton; nach J. Dalton benannte atomare Masseneinheit der chemischen Atommassenskala; 1 Dalton = Ein Zwölftel der Masse des Kohlenstoffisotops ($^{12}_6 C = 1{,}66 \cdot 10^{-24} g$).

Keimbahn: Die Zellfolge, welche in der ontogenetischen Entwicklung eines Individuums von der befruchteten Eizelle zum Gonadengewebe einschließlich der Keimzellen führt; meist verkürzt gebraucht als Bezeichnung für Geschlechtszellen, die die genetische Information von einer Generation auf die nächste übertragen.

Keimbahn-Konfiguration: „Germline-configuration"; Anordnung von Genen oder DNA Sequenzen, wie sie sich in Geschlechtszellen findet. Abgrenzung z. B. zu physiologischen Rearrangements der Immunglobulin Genloci in Lymphozyten oder der Rekombination von Onkogenen im Rahmen der Karzinogenese.

Keimzellmosaik: Gonaden, welche neben gesunden auch mutierte Keimzellen enthalten. Da diese genetischen Defekte während der Gonadenentwicklung auftreten, sind sie in den Körperzellen des betreffenden Individuums nicht nachweisbar. Keimzellmosaike sind zum Beispiel dafür verantwortlich, daß bei einem autosomal dominant vererbten Krankheitsbild mit hoher Penetranz trotz unauffälligem Phänotyp der Eltern mehrere Kinder betroffen sein können.

Klon: Population von genotypisch und phänotypisch identischen Individuen, Zellen oder DNA Fragmenten, die von einer einzigen Zygote, Stammzelle oder DNA Sequenz abstammen.

Klonalitätsanalysen: Techniken, mit deren Hilfe man untersuchen kann, ob sich eine Zellpopulation von einer, wenigen oder zahlreichen Stammzellen ableitet, d. h. mono-, oligo- oder polyklonalen Ursprungs ist. Als Marker können u. a. die Expression von Isoenzymen (Glukose-6-Phosphat Dehydrogenase), chromosomale Aberrationen oder molekulargenetische Parameter (z. B. X-chromosomale RFLP) dienen.

Klonieren: Unter „Klonieren" versteht man in der Molekulargenetik die Isolation und Herstellung von vielen Kopien eines DNA Fragmentes. Dazu wird die entsprechende DNA Sequenz in einen Vektor eingebaut, über ihn in Bakterien eingeschleust und dort vermehrt.

Knock-in: Durch homologe Rekombination in ES-Zellen wird ein neues Gen oder eine neue Genfunktion (gain of function) in einen Genlokus eingebracht.

Knock-out: Durch homologe Rekombination in ES-Zellen wird ein Gen inaktiviert (loss of function, oft Nullmutante).

Ko-Dominant: Zwei Allele, die sich im heterozygoten Zustand nebeneinander phänotypisch manifestieren. Ein Beispiel ist die Blutgruppe „AB"; hingegen ist „A" bzw. „B" gegenüber „O" dominant.

Komplementäre Basenpaarung: Ausbildung von Wasserstoffbrücken zwischen der Purinbase Adenin und der Pyrimidinbase Thymin oder Uracil bzw. zwischen Guanin und Cytosin; Grundlage der komplementären Bindung von DNA bzw. RNA Einzelsträngen.

Komplementäre Sequenzen: Eine DNA wird dann als komplementär zu einem anderen DNA oder RNA Strang bezeichnet, wenn beide miteinander hybridisieren können, d. h. für jedes

Guanin bzw. Thymin des einen Stranges ein gegenüberliegendes Cytosin oder Adenin des anderen Stranges für eine Wasserstoffbrückenverbindung zur Verfügung steht.

Konditionale Mutagenese: Regulierbare Veränderung von Genen in transgenen Tieren. Durch den Einsatz von Rekombinase-Systemen wie dem Cre/Lox P System kann die Mutation zeitlich oder räumlich begrenzt werden.

Konstitutive Genexpression: Andauernde (unregulierte) Expression von Genen; physiologisches Prinzip bei sogenannten „housekeeping" Genen, pathologisch z. B. im Rahmen der Karzinogenese bedingt durch Verlust von Regulation eines Gens etwa infolge chromosomaler Translokation.

Kopplung: „Linkage"; Lokalisation von Allelen (Genen) auf demselben Chromosom und dadurch bedingte gemeinsame Vererbung als Kopplungsgruppe. Je weiter die beiden Genloci auf dem Chromosom voneinander entfernt liegen, desto eher können gekoppelte Gene durch eine Rekombination der homologen Chromosomen (Crossing-Over) während der Meiose getrennt werden. Die Häufigkeit meiotischer Rekombinationen ist somit ein Maßstab für die Entfernung verschiedener Genloci voneinander. Die Rekombinationsfraktion (-häufigkeit), d.h. die Zahl der Rekombinationen zwischen zwei Loci ist 0 bei vollständiger Kopplung und kann maximal 0,5 (50 %) bei unabhängiger Verteilung der betreffenden Loci betragen. Die Einheit für die Rekombinationsfraktion ist das Centimorgan (cM).

Lagging Strand: „Nachfolgender" Strang bei der DNA Replikation, der wegen des Fehlens einer 3'→5' DNA Polymerase nicht kontinuierlich, sondern in kleinen Abschnitten (Okazaki Fragmente) synthetisiert werden muß.

Lariat: „Lasso"-förmige Struktur von Introns während eines Teilschritts des Spleißvorganges, bei dem das 5' Ende eines Introns sich mit einem Verzweigungspunkt nahe seinem 3' Ende verbunden hat.

Leading Strand: „Führender" Strang bei der DNA Replikation, der durch eine DNA Polymerase kontinuierlich in 5'→3' Richtung an der Einzelstrangmatrize synthetisiert wird.

Leseraster (Offenes): „Open-reading frame"; die Abfolge von Basentripletts einer mRNA zwischen Start- und Stopcodon bezeichnet man als (offenes) Leseraster.

Leucine-Zipper: Strukturmotiv von einigen DNA-bindenden Proteinen, das eine charakteristische Folge von sich wiederholenden Leucinen enthält. Zwei Proteine können sich mit ihren Leucine-Zipper Motiven axial aneinander lagern und quasi über einen „Reißverschluß" der Leucinreste interagieren.

Library: Bibliothek, Bücherei; s. Genbank.

Ligase: DNA-Ligasen sind Enyzme, die die Phosphodiesterbindung zwischen dem 5' Phosphat-Ende eines Nukleotids und dem 3' OH-Ende des benachbarten Nukleotids herstellen.

Linkage: s. Kopplung.

Linker: Chemisch synthetisierter, kurzer DNA Doppelstrang, der die Erkennungsstelle für ein Restriktionsenzym trägt. Linker kann man an ein DNA Fragment ligieren und zu dessen

Insertion in einen Vektor nutzen. Viele der heute benutzten Vektoren besitzen synthetische „Polylinker" mit Erkennungssequenzen für verschiedene Restriktionsenzyme.

Lod Score: „*L*ogarithm of the *od*ds"; statistischer Ausdruck für die Wahrscheinlichkeit der Kopplung zweier Genloci bei bekannter Rekombinationsfrequenz. Der „Lod Score" wird angegeben als der dezimale Logarithmus der Wahrscheinlichkeit, beide Loci innerhalb einer bestimmten Population gekoppelt zu finden relativ zum dezimalen Logarithmus der Wahrscheinlichkeit ihrer unabhängigen Vererbung. Bei einem „Lod Score" von 3 ist die Kopplung von zwei Genloci 10^3-mal wahrscheinlicher als ihre unabhängige Vererbung.

LTR: *L*ong *t*erminal *r*epeat; relativ lange (einige hundert bp), sequenzidentische Abschnitte an beiden Enden proviraler DNA von Retroviren. Die LTR spielen sowohl bei der Integration als auch bei der Expression der proviralen DNA eine wesentliche Rolle und enthalten Promotor- und Enhancer-Elemente sowie Polyadenylierungssignale.

Mb: Mega Basenpaare; 1 Mb = 1000 kb.

Meiose: Kernteilung von Keimzellen, die zur Reduktion des diploiden auf den haploiden Chromosomensatz führt.

Metaphase: Stadium der Mitose bzw. Meiose, in dem die Chromosomen kondensiert in der Mitte zwischen den Polen der Teilungsspindel liegen und cytogenetisch gut sichtbar gemacht werden können.

Methylierung: Enzymatische Modifikation einer DNA oder RNA Base durch Einbau einer Methylgruppe. Bei der DNA Methylierung wird Cytosin, häufig als Bestandteil eines CG Dinukleotids am C5 Atom modifiziert. Einige DNA-bindende Proteine können an ein methyliertes Erkennungssignal nicht mehr binden, so daß eine Methylierung von DNA Sequenzen z. B. Auswirkungen auf die Aktivierbarkeit von Genen haben kann. Eine RNA Methylierung findet bei der mRNA Reifung im Rahmen des sogenannten „Cappings" am 7 Atom von Guanin statt.

Microsatelliten: Kleine, hoch polymorphe Sequenzabschnitte des Genoms, die als genetische Marker für Kopplungsuntersuchungen oder für die individualspezifische Zuordnung von Untersuchungsmaterial eingesetzt werden können.

Minimal Residual Disease (MRD): Hinweise auf Krankheitszeichen unterhalb der Nachweisgrenze konventioneller Methoden. So erkennen etwa Standardverfahren der Leukämiediagnostik nur ein bis fünf maligne Zellen unter hundert normalen weißen Blutzellen. Hingegen gestatten PCR Verfahren eine zehntausendfache Sensitivitätssteigerung und damit den Nachweis sehr kleiner Mengen residueller Leukämiezellen bis zu einer Größenordnung von einer bösartigen Zelle unter 1 Million Normalzellen.

Mismatch Reparatur: Reparatur von einfachen Basenfehlpaarungen oder Einzelstranginsertionen bis zu 4 zusätzlichen Basen nach abgeschlossener DNA Replikation (Post-Replikations-Reparatur). Ein Ausfall von Einzelkomponenten dieses Reparatursystems führt zur Instabilität von Mikrosatelliten. Keimbahnmutationen von Genen, die an der Mismatch Reparatur beteiligt sind (z.B. MSH2, MLH1), disponieren für eine erbliche Form des Dickdarmkrebses (HNPCC).

Missense Mutation: s. Mutation.

Mitose: Kernteilung von somatischen Zellen, unterteilt in Prophase, Metaphase, Anaphase und Telophase.

Modifier Gen: Ein Gen, das zur phänotypischen Manifestation eines anderen Genes beiträgt. Modifier Gene bedingen (neben Umweltfaktoren) auch bei sogenannten monogenen Erbkrankheiten die unterschiedliche Penetranz und variable Expressivität eines Gendefektes.

mRNA: Die „*m*essenger" (Boten) RNA entsteht durch Weiterverarbeitung eines primären Transkriptes (prä-mRNA) im Zellkern; die reife mRNA wird durch nukleo-cytoplasmatischen Transport zu den Ribosomen exportiert und dient dort als Matrize zur Proteinsynthese.

mRNA-Editierung : Posttranskriptionale Veränderung der Nukleotidsequenz einer mRNA.

mtDNA: Mitochondriale DNA; sie ist ringförmig strukturiert, sehr viel kleiner als das nukleäre Genom (16,5 kb), wird ausschließlich über Eizellen, nicht aber Spermien vererbt und folgt somit einem eigenständigen Erbgang.

Mutation: Bleibende Veränderung des genetischen Materials. „Punktmutationen" basieren auf Austausch, Verlust oder Insertion von Basenpaaren, während „Chromosomenmutationen" mit Veränderungen der Chromosomenstruktur verbunden sind. Mutationen, die den proteinkodierenden Bereich von Genen betreffen, können zum Einbau einer falschen Aminosäure führen und dadurch den Sinngehalt einer Polypeptidkette verfälschen („Missense Mutation"), ein vorzeitiges Translationsterminationskodon entstehen lassen („Nonsense Mutation") oder das Leseraster der nachfolgenden Nukleotide verschieben, was zum Einbau falscher Aminosäuren und meist zum vorzeitigen Abbruch der Translation führt („Frameshift Mutation"). Außerdem können Mutationen auch Steuerelemente der Expression (z.B. Promotormutation) oder des korrekten Spleißens (Spleißmutationen) von Genen betreffen.

N-Element: Sequenz von *N*ukleotiden, die während der somatischen Rekombination von Immunglobulin oder T-Zell Rezeptor Genen de novo in die Nahtstelle der rekombinierenden DNA Region eingefügt werden.

Non-Disjunction: Fehlverteilung einzelner Chromosomen während der Meiose oder Mitose, so daß die Tochterzellen zu viele oder zu wenige Chromosomen enthalten.

Non-Homologous End Joining: Form der DNA-Reparatur von Doppelstrangbrüchen. Dabei werden die freien DNA-Enden ohne Wiederherstellung möglicherweise verlorengegangener Sequenzinformationen lediglich fusioniert.

Nonsense-mediated Decay (NMD): Post-transkriptionaler Qualitätskontrollmechanismus zum spezifischen Abbau fehlerhafter (mutierter) mRNAs, bei denen das Leseraster verkürzt ist. Die medizinische Bedeutung liegt unter anderem darin, daß die Synthese von C-terminal verkürzten Proteinen verhindert wird, die bei Heterozygoten mit der Funktion des vom anderen Allel kodierten vollständigen Proteins interferieren könnten. Mithin handelt es sich um einen Schutzmechanismus für heterozygote Träger bestimmter Mutationen.

Nonsense Mutation: s. Mutation

Northern Blot: Ein dem Southern Blot analoges Verfahren zum Transfer von RNA Molekülen auf Nitrozellulose- oder Nylonmembranen. Nach der elektrophoretischen Auftrennung der

RNA in einem Agarosegel entfällt der beim Southern Blot notwendige Denaturierungsschritt, da die RNA Moleküle bereits einzelsträngig vorliegen.

Nukleo-Cytoplasmatischer Transport: Transport der reifen mRNA aus dem Zellkern ins Cytoplasma zur Translation an den Ribosomen.

Nukleosid: Verbindung einer Purin- oder Pyrimidinbase mit einem Zucker (Ribose oder Desoxyribose); z. B. Adenosin, Guanosin, Cytidin, Thymidin, Uridin.

Nukleosom: Strukturelle Untereinheit des Chromatin, bestehend aus ca. 200 bp DNA und 9 Histonmolekülen.

Nukleotid: Grundbaustein der Nukleinsäuren aus Pyrimidin- oder Purinbase, Zucker (Pentose) und Phosphorsäure.

Nukleotid-Exzisions Reparatur: Form der Reparatur eines DNA-Einzelstranges in einer Doppelhelix. Dabei kommt es zum Herausschneiden einzelner oder mehrerer Nukleotide und deren Ersatz nach Vorlage des komplementären Gegenstranges.

Oligonukleotid: Natürliche oder chemisch synthetisierte Kette von Nukleotiden (Mononukleotide), die über Phosphodiesterbrücken miteinander verbunden sind. In der Molekularbiologie werden häufig Oligomere aus 20 bis 40 Nukleotiden benutzt, z. B. als Sonden oder Primer für eine PCR.

Onkogen: Gene, die normalerweise bei der Regulation von Zellproliferation und Gewebedifferenzierung eine wichtige Rolle spielen und in dieser physiologischen Form als „Proto-Onkogen" bezeichnet werden. Defekte in der Struktur oder Expression dieser Gene rufen Störungen im Zellmetabolismus hervor, die als Teilschritte einer Tumorentwicklung aufgefaßt werden können. In dieser defekten Form werden die Gene als „Onkogen" bezeichnet. Man unterscheidet zwischen Onkogenen in Retroviren (v-onc) und Eukaryonten (zelluläre Onkogene, c-onc). Onkogene werden auch als „dominante Tumorgene" bezeichnet, da sich bereits der Deffekt *eines* Allels phänotypisch manifestiert (siehe dagegen Tumorsuppressor Gen).

Ortholog: Gen bzw. Protein, das in unterschiedlichen Organismen die entsprechende biologische Funktion ausübt.

PAC: „*P*1 bacteriophage *a*rtificial *c*hromosome". Als Klonierungsvektor benutztes, vom Bakteriophagen P1 abgeleitetes künstliches Chromosom mit einer Aufnahmekapazität von etwa 150 kb großen DNA-Fragmenten.

Palindrom: Eine zu sich selbst komplementäre Nukleotidsequenz (z. B. 5'GCATGC3'). Zwei palindromische Nukleotidstränge weisen, jeweils von 5' nach 3' gelesen, exakt die gleiche Sequenz auf.

PCR-Technik: s. Polymerase-Kettenreaktion.

Penetranz: Wahrscheinlichkeit mit der ein Gen in Wechselwirkung mit anderen Einflußgrößen (zumindest) *ein* krankheitsrelevantes Symptom zeigt.

Phage: Bakteriophage; Virus, das Bakterien infiziert. Bestimmte Phagen können fremde DNA Fragmente bis zu einer Größe von a. 20 kb aufnehmen und somit als Vektor benutzt werden.

Phänotyp: Das Erscheinungsbild einer Zelle oder eines Individuums, das durch den Genotyp sowie durch Umweltfaktoren zustande kommt.

Phosphodiesterbindung: Phosphatbrücke zwischen den C5 und C3 Atomen der Zucker benachbarter DNA oder RNA Nukleotide.

Phosphorylierung: Durch Kinasen vermittelte Anheftung von Phosphatresten primär an Serin-Threonin- oder Tyrosinbestandteilen von Proteinen. Durch ihre rasche und reversible Durchführbarkeit besitzt die Phosphorylierung eine herausragende Bedeutung bei der Regulation von Proteinaktivitäten.

Plasmid: Zirkuläre, doppelsträngige DNA, die in Bakterien autonom (extrachromosomal) repliziert wird; Plasmide können fremde DNA Fragmente bis zu einer Größe von a. 10 kb aufnehmen und als Vektor benutzt werden.

Polyadenylierung: Teilschritt der posttranskriptionalen mRNA Reifung, bei dem es zur Modifikation des 3' Endes von Primärtranskripten kommt. Zunächst wird dabei ein Stück des 3' Endes durch eine Endoribonuklease abgeschnitten und nachfolgend von einer Poly-A Polymerase an das verkürzte 3' Ende ein Poly-A Schwanz angehängt, der für die Stabilität und translationale Effektivität der mRNA von Bedeutung ist.

Poly-A Schwanz: Eine RNA Sequenz aus 50–100 Adeninnukleotiden, für die es keine komplementäre Poly-T Region in Genen gibt. Der Poly-A Schwanz wird während der Modifikation eines Primärtranskriptes enzymatisch am 3' Ende einer mRNA synthetisiert (Polyadenylierung); er dient der Erhöhung der Stabilität und translationalen Effektivität der mRNA. Für molekulargenetische Analysen kann man reife mRNA, sogenannte Poly(A)+ RNA, aus einer RNA Fraktion (totale RNA) isolieren, indem man die Poly-A Schwänze der mRNA an synthetische Poly-T Moleküle von Trägersubstanzen binden läßt, die nach der Aufreinigung wieder abgelöst werden.

Polymerase-Kettenreaktion: „Polymerase chain reaction" (PCR); Technik mit zahlreichen Modifikationen zur raschen in vitro Amplifikation (Vermehrung) spezifischer, 50 bp bis einige kb großer DNA Sequenzen. Auch Transkripte können nach Synthese einer cDNA mittels Reverser Transkriptase amplifiziert werden (RT-PCR). Die PCR ist weitgehend automatisiert und ermöglicht u.a. eine präzise Quantifizierung genomischer DNA sowie von Transkripten.

Polymerasen: Enzyme, welche die Verbindung von Nukleotiden zu DNA oder RNA Ketten katalysieren.

Positionsklonierung: Strategie zur Klonierung eines Gens auf der Basis seiner präzisen Lokalisation auf einem Chromosom. Die Funktion des Genes spielt zunächst keine Rolle.

Prädiktive Diagnostik: Abklärung einer individuellen Disposition für eine spät-manifestierende Erbkrankheit noch vor Ausbruch erster Krankheitszeichen (präsymptomatisch).

Prä-mRNA: Noch nicht gespleißtes Produkt einer Transkription (Primärtranskript).

Primer: Natürliches oder chemisch hergestelltes Startmolekül (Oligonukleotid) für die Synthese eines Polynukleotidstranges von einer DNA oder RNA Matrize.

Prion: „*Pro*teinaceous *in*fectious particle". Der Begriff dient heute in der Regel als Synonym zur Bezeichnung des infektiösen TSE-Agens, des pathologischen Prion-Proteins und der molekularen Proteinstruktur, die das „protein only"-Modell als infektiöse Einheit ansieht.

Prionen- oder „protein only"-Hypothese: TSE-Erreger sind nukleinsäurefreie Pathogene, die ausschließlich aus Protein bestehen. Die infektiöse Komponente dieser Prionen ist mit dem Prion-Protein (PRP^{SC}) identisch, das durch eine pathologische Konformationsänderung aus einem zellulären Vorläuferprotein (PRP^C) entsteht. PRP^{SC} vermag PRP^C in seine eigene Konformation zu überführen und erzeugt auf diese Weise neue infektiöse Proteinpartikel.

Prion-Protein oder PRP: Vom zellulären Prion-Gen kodiertes Protein. PRP^C: Zelluläre Isoform des PRP; glykosyliert, mit einem GPI-Anker in der Plasmamembran verankert, vorzugsweise an der Oberfläche von Neuronen lokalisiert, geringer β-Faltblattanteil. PRP^{SC}: pathologische Isoform des PRP; tritt ausschließlich in infizierten Individuen auf und unterscheidet sich nur in der Konformation von PRP^C, hoher β-Faltblattanteil. PRP^{SC} besitzt einen Proteinase K – resistenten Kern, der aufgrund seiner Konformation vor enzymatischer Degradation geschützt ist.

Probe: s. Sonde; englisch für Sonde; wird auch eingedeutscht benutzt.

Prokaryont: Organismen ohne Zellkern und einige für Eukaryonten typische Zellorganellen wie Mitochondrien und endoplasmatisches Retikulum. Die Prokaryonten umfassen alle Bakterien einschließlich der blaugrünen Algen. Viren sind hingegen keine Lebewesen und werden deshalb nicht zu den Prokaryonten gezählt.

Promotor: DNA Sequenz in unmittelbarer Nähe des Transkriptionsstarts von Genen, die Erkennungs- und Bindungssignale für RNA Polymerase und regulatorische Proteine enthält.

Prophase: Die erste Phase der Mitose bzw. Meiose, während der die Chromosomen beginnen zu kondensieren und mikroskopisch sichtbar werden; die Kernmembran ist noch erhalten und der Spindelapparat nicht ausgebildet.

Proteasom: Hochmolekularer, zytoplasmatischer Eiweißkomplex in dem spezifisch markierte Proteine abgebaut werden können. Die Markierung ist der wesentliche regulative Faktor beim proteasomenvermittelten Proteinabbau. Sie erfolgt primär über die Anheftung von Polyubiquitinresten an Zielproteine und wird über feinregulierte Enzymkomplexe vermittelt.

Proteindomäne: In sich abgeschlossener Teil eines Poteins mit eigenständiger und oft auf andere Proteine übertragbarer Funktion.

Proteom: Ein an den Begriff „Genom" angelehnter Ausdruck, der die Gesamtheit aller in einer Zelle oder einem Organismus exprimierten Proteine beschreibt.

Proto-Onkogen: s. Onkogen.

Provirus: Die in das Wirtsgenom integrierte Form (cDNA) eines Retrovirus.

Pseudoautosomal: Die Geschlechtschromosomen enthalten Bereiche, die auf dem X- und Y-Chromosom identisch sind, mithin homologe Sequenzfolgen darstellen, die während der Meiose auch interagieren können (Crossing-Over). Die genetische Information dieser Bereiche unterliegt nicht dem Prozeß der X-Chromosom Inaktivierung und segregiert nach den gleichen Gesetzmäßigkeiten wie autosomale DNA.

Pseudogen: Nicht-transkribierte DNA mit großer Sequenzhomologie zu einem funktionellen Gen.

Puls-Feld-Gelelektrophorese (PFGE): Elektrophoretische Auftrennung von DNA Fragmenten der Größe nach in Agarosegelen. Während die konventionelle Gelelektrophorese je nach Agarosekonzentration eine Differenzierung zwischen etwa 0,05–20 kb großen Fragmenten erlaubt, können mit Hilfe der PFGE einige 1000 kb große Fragmente separiert werden. Besondere elektrophoretische Bedingungen, bei denen der Strom nach einem festen Schema pulsartig in verschiedene Richtungen fließt, dabei aber die Nettorichtung beibehält, führen zu dem erheblich besseren Auflösungsvermögen großer DNA Fragmente.

Rekombinante Pharmaka: Gentechnologisch gewonnene Pharmaka. Das zugehörige Gen bzw. die entsprechende cDNA wird in Expressionsvektoren kloniert, anschließend in Wirtszellen eingebracht und dort exprimiert und translatiert; schließlich wird das rekombinante Protein aus der Zelle isoliert und gereinigt.

Rekombination: Neue Zusammensetzung von Allelen (Genen), z. B. durch Crossing-Over während der Meiose oder somatisches Rearrangement von Sequenzen z. B. der Immunglobulin Genloci in Lymphozyten. Bei der sogenannten rekombinanten DNA Technologie handelt es sich um eine experimentelle Neuzusammensetzung von DNA Molekülen.

Rekombinationsfraktion: Rekombinationsfrequenz, -häufigkeit; s. Kopplung.

Repetitive Sequenzen: DNA Sequenzen, die vielfach im Genom vorhanden sind und teilweise zu Familien sequenzverwandter Elemente zusammengefaßt werden können (z. B. Alu-Familie). Einige repetitive Sequenzen besitzen Spezies-Spezifität.

Replikation: Prozeß der DNA Verdopplung bei der Zellteilung.

Restriktionsendonukleasen: Enzyme, die spezifische, kurze DNA-Nukleotidsequenzen erkennen und einschneiden. Natürlicherweise kommen diese Enzyme in Bakterien vor, wo sie fremde DNA abbauen und dadurch beispielsweise die Effektivität eines Virus restringieren (einschränken), mit der es Bakterien infizieren kann. Die Abkürzungen für Restriktionsenzyme leiten sich von den Bakterien ab, aus denen sie isoliert wurden; z. B. EcoRI wurde aus *E*scherichia *c*oli, Stamm *RI*, gewonnen.

Restriktionsfragment: DNA Fragment, das durch Verdau mit einem Restriktionsenzym entsteht.

Restriktionsfragment-Längen-Polymorphismus: RFLP; ein Vergleich der DNA von zwei homologen Chromosomen unterschiedlicher Individuen zeigt ca. alle 200 bp einen Unterschied in der DNA Sequenz. Derartige Variationen beruhen zumeist auf Punktmutationen, seltener auf größeren DNA-Rearrangements (z. B. Deletionen). Unterschiede in der Basenfolge können zur Bildung neuer Einschnittstellen für Restriktionsenzyme bzw. deren Verlust führen. In solchen Fällen kommt es nach Spaltung mit dem jeweiligen Enzym zur Bildung verschieden langer DNA Fragmente. Um der Definition eines genetischen Polymorphismus zu entsprechen, muß eine derartige Sequenzvariation mit einer Allelfrequenz von $> 1\%$ in der Bevölkerung vorkommen und nach den Mendelschen Gesetzen vererbt werden.

Restriktionskarte: Relative Lage von Schnittstellen verschiedener Restriktionsendonukleasen in einem DNA Fragment. Die Abstände der einzelnen Schnittstellen voneinander werden in Basenpaaren (bp) angegeben. Je mehr Enzyme zur Kartierung benutzt werden, desto besser lassen sich DNA Fragmente untereinander vergleichen.

Retrovirus: Einzelsträngiges RNA Virus, das über ein doppelsträngiges DNA Zwischenprodukt (cDNA) im Wirtsgenom repliziert und exprimiert wird.

Reverse Transkriptase: In Retroviren natürlich vorkommendes Enzym, welches die Synthese komplementärer DNA (cDNA) von einer mRNA Vorlage katalysiert, also den konventionellen Transkriptionsprozeß umkehrt.

Reverse Transkription: Synthese einer cDNA von einer mRNA Matrize, vermittelt durch das Enzym Reverse Transkriptase.

Rezessiv: Phänotypische Manifestation eines Allels nur im homozygoten Zustand.

RFLP: s. *R*estriktions*f*ragment-*L*ängen-*P*olymorphismus.

Ribonukleoprotein Partikel (RNP): Sammelbegriff für eine Reihe von Komplexen aus RNA Molekülen und Proteinen, die im Zellkern und im Zytoplasma vorkommen.

Ribosom: Hochmolekulare Komplexe, die die Proteinsynthese (Translation) durchführen.; sie bestehen aus zwei Untereinheiten und enthalten rRNA sowie zahlreiche Proteine.

Ribozyme: RNA Moleküle, die etwa wie Proteine (Enzyme) eine katalytische Funktion ausüben.

RNA: Ribonukleinsäure (*ribonucleic acid*); ein Polynukleotid wie DNA, wobei Ribose statt Desoxyribose den Zuckeranteil stellt und die Pyrimidinbase Uracil (U) anstelle von Thymin tritt. RNA ist oft einzelsträngig, während DNA meist doppelsträngig vorliegt.

rRNA: Ribosomale RNA, Struktur- und Funktionselemente der Ribosomen, die ca. 75% der gesamten zellulären RNA ausmachen. Die RNA Polymerase I transkribiert von rRNA Genen das gleiche 45 S große Vorläufermolekül, welches anschließend in die reifen rRNA Moleküle (28 S; 18 S; 5,8 S) gespalten wird.

RT-PCR: s. Polymerase-Kettenreaktion

Scanning: Teilschritt der Translationsvorbereitung, bei dem der ribosomale 43 S Komplex die mRNA in 5'-3' Richtung „abtastet", bis er das AUG Codon identifiziert, von dem aus die Translation beginnt.

Segregation: Während der Meiose erfolgende Trennung der Allele, ihre Verteilung auf verschiedene Gameten und anschließende Vererbung gemäß den Mendelschen Gesetzen.

Seneszenz: Alterung von Zellen im Sinne des Verlustes der Fähigkeit zur Zellteilung in der Abwesenheit eines Differenzierungsprogrammes. Parallel zur Apoptose stellt der verfrühte Eintritt in die Seneszenz für gefährdete Zellen möglicherweise eine Schutzfunktion vor Zelltransformation dar.

Sequenzhomologie: Verwandtschaft zwischen Polynukleotid- bzw. Polypeptidketten, häufig angegeben in Prozent identischer Nukleotide bzw. Aminosäuren.

Sequenzieren (DNA/Proteine): Automatisierbare Analyse der Nukleotidfolge einer DNA oder der Aminosäuren eines Proteins.

Signaltransduktion: Gerichteter Fluß der Signalübertragung durch biochemische Prozesse. Zahlreiche verschiedene Signalformen und Prinzipien der Signalweitergabe sind bekannt. So können etwa nach Kontakt mit extrazellulären Signalträgern Stimuli über Signalempfänger (Rezeptoren) aufgenommen und über eine Kaskade spezifischer Signalmediatoren in den Zellkern weitergereicht werden. Am Ende der Signalkette steht häufig die von Transkriptionsfaktoren vermittelte Aktivierung spezifischer genetischer Programme.

Silencer: Enhancer-ähnliches Sequenzmotiv, das jedoch die transkriptionale Aktivität eines Promotors (Gens) „verstummen" läßt.

Single Copy Sequenzen: Gene bzw. DNA Sequenzen, die im haploiden Genom nur einmal vertreten sind.

Single Nucleotide Polymorphism (SNP): Neue Generation von genetischen Markern, bei denen Unterschiede einzelner Nukleotide genutzt werden. Dabei werden DNA-Chips eingesetzt, um mehrere Tausend SNPs gleichzeitig zu erfassen.

Single-Strand-Conformation Polymorphisim (SSCP) Analyse: Vielfach benutzte Screening Methode zur Identifikation von Punktmutationen mit einer Sensitivität zwischen 50 und 80%. Sie beruht auf der Fähigkeit von einzelsträngigen DNA-Fragmenten in Abhängigkeit von ihrer Primärsequenz bestimmte Konformationen anzunehmen, die in der nicht denaturierenden Gelelektrophorese zu einem unterschiedlichen Laufverhalten führen.

Slot Blot: s. Dot Blot.

Snurp (snRNP): Small nuclear ribonucleo protein particle; eine Gruppe von Ribonukleoprotein Partikeln des Zellkerns, die Bestandteile des Spleißosoms sind. Sie bestehen aus mehreren nukleären Proteinen und relativ kurzen (60–215 Nukleotide) RNA Molekülen, die Uridin reich sind; aus diesem Grund werden die verschiedenen snRNP nach ihren RNA Bestandteilen U1, U2 etc. benannt.

Sonde (Gensonde): Probe (engl.); DNA- oder RNA-Fragment, mit dessen Hilfe in Hybridisierungsexperimenten spezifische DNA- oder RNA-Sequenzen nachgewiesen werden können.

Southern Blot: Von E. M. Southern entwickelte Methode, um DNA Fragmente, die zuvor in einem Agarosegel elektrophoretisch aufgetrennt wurden, auf Nylon- oder Nitrozellulosefilter zu transferieren. Dabei wird die im Gel befindliche doppelsträngige DNA zunächst mittels alkalischer Lösungen in Einzelstränge zerlegt (denaturiert) und anschließend durch kapillare Wirkung von Löschpapier (blotting paper) in das auf dem Gel liegende Filter gesogen. Das Filter wird dann getrocknet und steht nach Fixierung der DNA durch Wärme oder UV Behandlung für Hybridisierungen mit markierten Einzelstrangsequenzen (Sonden) zur Verfügung.

Spacer: DNA Sequenzen die als „Abstandshalter" zwischen den Gruppen von rRNA Genen auf den akrozentrischen Chromosomen liegen. Auch in den Modulen der Rekombination-

Signalsequenzen (Heptamer-Spacer-Nonamer) von Immunglobulin und T-Zell Rezeptor Loci kommen Spacer-Sequenzen vor.

Splicing: s. Spleißen.

Spleißen: Die Verknüpfung von Sequenzen (Exons) eines Primärtranskripts (prä-mRNA) im Zellkern unter Entfernung der Introns, so daß eine translatierbare mRNA entsteht.

Spleißosom: Komplex aus RNA und Proteinen, der im Zellkern den mehrstufigen Prozeß des Spleißens durchführt.

Start-Codon: Initiations-Codon; das Triplett AUG, welches die erste Aminosäure einer Polypeptidkette, Methionin, kodiert. Dieses aminoterminale Methionin wird häufig posttranslational entfernt. In Bakterien ist das durch das Triplett AUG (und manchmal GUG) kodierte Methionin der Initiations-tRNA durch eine Formylgruppe modifiziert.

Steuerelemente: cis-agierende Strukturelemente von DNA und RNA, die über die Bindung trans-agierender Faktoren regulative Proteinkomplexe für die Genexpression rekrutieren.

Stop-Codon: Terminations-Codon; s. Codon.

Stringentes Waschen: Angabe zur Intensität, mit der nach Hybridisierung mit einer Sonde versucht wird, unspezifische oder teilkomplementäre Bindungen vom Filter (z. B. Southern Blot) abzulösen. Je höher die Temperatur und je niedriger die Salzkonzentration einer Waschlösung, desto spezifischer ist das entstehende Signal.

Synthenie: Begriff für Genloci, die sich auf demselben Chromosom befinden und zwar unabhängig davon, ob sie als Kopplungsgruppe vererbt werden oder nicht.

Taq Polymerase: Hitzestabile DNA Polymerase aus dem Bakterium *Thermus aquaticus*, die zur PCR benutzt wird.

TATA-Box: Sequenzmuster (TATAA), das sich in der Promotorregion der meisten Gene findet. An der TATA-Box formiert sich der Transkriptionsinitiationskomplex.

TdT: *T*erminale *D*esoxynukleotidyl-*T*ransferase; ein Enzym, das die Anknüpfung von Nukleotiden an die 3' Enden von DNA Ketten katalysiert. Die Expression dieses Enzyms dient auch als Marker bei der immunologischen Phänotypisierung von Lymphozyten.

Telomer: Das distale Ende eines Chromosomenarms.

Telomerase: Enzym, das dem Verlust terminaler DNA Sequenzen bei der DNA Replikation entgegenwirkt, in dem es an das 3' Ende des Elternstranges TTAGGG-Motive ankoppelt. Die Telomerase besteht neben der katalytischen Komponente aus einer RNA-Untereinheit, die als Matrize zur Synthese der Telomer-Motive dient.

Telophase: Endstadium der Mitose bzw. Meiose, in dem die Chromatidgruppen zu den Polen befördert werden und dekondensieren, und in dem sich eine Kernmembran ausbildet.

Temperatur-Gradienten-Gelelektrophorese (TGGE): Aufwendige Screening Methode zur Identifikation von Punktmutationen mit einer Sensitivität zwischen 70 und 90%. Sie beruht auf der Fähigkeit von doppelsträngiger DNA in Abhängigkeit von ihrer Primärsequenz bei unterschiedlichen Temperaturen zu denaturieren, was in einem Temperaturgradientengel zu einem unterschiedlichem Laufverhalten führt.

Termination: Beendigung des Transkriptions- bzw. Translationsvorganges.

Thymin (T): Pyrimidinbase; Grundbaustein eines DNA Nukleotids; das entsprechende Nukleosid wird Thymidin genannt.

Trans-Acting Factor: Ein in „trans" wirkender Faktor, meist ein Protein, beeinflußt die biologische Aktivität von DNA Sequenzen mit geeignetem Erkennungssignal (cis-acting-elements), die auf unterschiedlichen DNA oder RNA Fragmenten lokalisiert sein können.

Transduktion: Durch Viren vermittelter Transfer von DNA zwischen Zellen.

Transfektion: Einschleusen von fremder DNA in eukaryonte Zellen durch Injektion mit Mikropipetten, Elektroporation, Endozytose von Kalziumphosphatpräzipitaten oder Virusinfektion. Bei der stabilen Transfektion wird die exogene DNA in das Genom integriert. Bei der transienten Transfektion verbleibt die exogene DNA vorübergehend im Zellkern der Zielzelle, ohne in das Genom inkorporiert zu werden. Abgrenzung zum Begriff der Transformation prokaryonter Zellen.

Transformation: Genetik: Einschleusung eukaryonter DNA in Bakterien. Abgrenzung zum Begriff der Transfektion.
Zellbiologie: Veränderungen des Geno- und Phänotyps von Zellen im Rahmen der Karzinogenese.

Transgen: Gen oder DNA Konstrukt, das in eine fremde, befruchtete Eizelle eingeschleust wurde, im Genom aller Keim- und Körperzellen des sich hieraus entwickelnden Tieres enthalten ist und auch an nachfolgende Generationen vererbt werden kann.

Transkription: Im Zellkern erfolgende Umsetzung einer genetischen Information von DNA in RNA. Die RNA Polymerase I transkribiert rRNA; die RNA Polymerase II mRNA und die RNA Polymerase III tRNA. Das Primärtranskript (prä-mRNA) ist ein komplementäres Abbild der DNA Matrize. Die Transkription erfolgt vom 5' zum 3' Ende der entstehenden RNA.

Transkriptionsfaktor: Protein, welches die Transkription durch direkte oder indirekte Interaktion mit Regulatorsequenzen (z. B. Promotoren und Enhancer) beeinflußt.

Transkriptions-gekoppelte DNA Reparatur : Funktionell gleichzusetzen mit einer Nukleotid-Exzisions Reparatur aktiv transkribierter Gene. Einige der beteiligten Faktoren (wie TFIIH) führen eine Doppelfunktion in der Transkriptionsregulation und der DNA-Reparatur aus.

Translation: Übersetzung der genetischen Information einer mRNA in eine Polypeptidkette an den Ribosomen. Die Translation beginnt am Initiations-/Start-Codon der jeweiligen mRNA.

Translokation: Chromosomale Strukturveränderung durch Positionswechsel chromosomaler Segmente. Reziproke Translokationen sind durch einen Austausch ohne Materialverlust charakterisiert.

Transmissible spongiforme Enzephalopathien (TSE): Eine Gruppe infektiöser neurodegenerativer Krankheiten des zentralen Nervensystems, zu denen im Tierreich u.a. Scrapie und die bovine spongiforme Enzephalopathie (BSE), der sog. „Rinderwahnsinn" zählen. Analoge menschliche Erkrankungen sind Kuru, die Creutzfeldt-Jakob-Krankheit (CJK), das Gerstmann-Sträussler-Scheinker Syndrom (GSS) und die fatale familäre Insomnie (FFI). Transmissible spongiforme Enzephalopathien verlaufen stets tödlich. Schutzimpfungen oder Therapien sind bisher nicht verfügbar. Als klinische Symptome treten beim Menschen Demenz und häufig auch Ataxie auf. Die Bezeichnung als „spongiforme Enzephalopathien" beruht auf dem markantesten histologischen Merkmal dieser Krankheiten, einer schwammartigen („spongiformen") Degeneration von Neuronen im Gehirn.

Trinukleotidexpansion: Die Zunahme von Trinukleotidfolgen im Umfeld eines Genes über eine kritische Grenze hinaus, verbunden mit einer pathologischen Funktion (gain of function) oder einem Funktionsverlust (loss of function) des betreffenden Genes. Trinukleotidexpansionen können präferentiell über die weiblichen (z. B. Fra-X Syndrom) oder männlichen (z. B. Chorea Huntington) Keimzellen weitergegeben werden, im Laufe der Generationsfolge weiter an Länge zunehmen und somit die klinische Beobachtung der Antizipation bei monogenen Erbkrankheiten erklären.

Triplett (Basen): Die drei Basen (Nukleotide) eines Codons bzw. Anti-Codons.

tRNA: Transfer RNA; von der RNA Polymerase III synthetisiertes RNA Molekül mit einer aus drei Schleifen und einem freien 3' Ende bestehenden Sekundärstruktur („Kleeblatt"). Die dem freien 3'Ende („Stiel") gegenüberliegende Schleife enthält das Anti-Codon, das sich spezifisch an ein Basentriplett (Codon) der mRNA bindet. Das freie 3' Ende dient als Bindungsstelle für die jeweils spezifische Aminosäure. Die tRNA spielt eine zentrale Rolle als Adapter bei der Translation von mRNA in eine Polypeptidkette.

Tumorigenizitäts-Assay: *In vivo* Assay zum Nachweis von Onkogenen. Er basiert auf der Transfektion von Tumor DNA in Zellkulturen sowie anschließender Selektion und Injektion transfizierter Zellen in immundefekte Mäuse (nude mice). Eine Tumorentwicklung in diesen Tieren ist der Ausgangspunkt für die Klonierung der für die Tumorinduktion verantwortlichen Onkogensequenzen.

Tumorsuppressor Gen: Gene, deren Proteine bei der physiologischen Regulation des Zellmetabolismus eine Rolle spielen. Der Ausfall dieser Regulatorproteine bedingt Störungen, die als Teilschritte einer Tumorentwicklung aufgefaßt werden können. Tumor-Suppressor Gene werden auch als „rezessive Tumorgene" bezeichnet, da sich erst Defekte auf *beiden* Allelen phänotypisch manifestieren. Sie unterscheiden sich hierin von den „dominanten" Onkogenen und werden plakativ auch „Anti-Onkogene" genannt.

Uniparentale Disomie: Beide Kopien eines Chromosomenabschnittes oder eines Gens stammen von einem Elternteil ab. Unterscheidet sich das Expressionsmuster von Genen aus der betroffenen Region je nach elterlicher Herkunft (siehe Imprinting), kann es zur Entwicklung von Krankheiten kommen.

Uracil (U): Pyrimidinbase; Grundbaustein eines RNA Nukleotids; das entsprechende Nukleosid wird genannt.

Vektor: DNA Molekül, das zur selbständigen Replikation in Bakterien befähigt ist und sich für den Einbau fremder, je nach Vektortyp unterschiedlich großer DNA Fragmente eignet. Man unterscheidet Phagen, Plasmide, Cosmide und sogenannte artifizielle Chromosomen (BAC, PAC, YAC).

V-Segment: DNA Sequenz, die den variablen Teil von Immunglobulin- und T-Zell-Rezeptor-Ketten kodiert.

Wachstumsfaktoren: Faktoren die in wachstumskompetenten Zelle ein Programm initiieren können, das diese Zellen aus der Ruhephase (G0) des Zellzyklus in die DNA-Synthesephase (S-Phase) überführt.

Western Blot: Ein dem Southern (DNA) und Northern (RNA) Blot analoges Verfahren zum Transfer von Proteinen nach elektrophoretischer Auftrennung in einem denaturierenden SDS Polyacrylamidgel (PAGE) auf eine Nitrozellulose- oder Nylonmembran. Der Nachweis der relevanten Polypeptidstruktur erfolgt durch markierte Antikörper.

Wobble: „Schwanken", Mehrdeutigkeit der dritten Base des Anti-Codons der tRNA. Bei der Basenpaarung von Codon (mRNA) und Anti-Codon (tRNA) im Rahmen der Translation erfolgt die Paarung der beiden ersten Basen nach den gleichen Gesetzen wie bei der DNA Replikation oder Transkription. Die Paarung der letzten Base ist jedoch nicht eindeutig festgelegt; so kann z. B. Guanin (als dritte Base im Anti-Codon) zwischen einer Paarung mit Uracil oder Cytosin (dritte Base im Codon) schwanken, Uracil (Anti-Codon) zwischen einer Verbindung mit Adenin oder Guanin.

X-Inaktivierung: Epigenetischer Prozeß zur Dosiskompensation X-chromosomaler Genprodukte bei Frau (XX) und Mann (XY). Während der frühen Embryonalentwicklung wird nach dem Zufallsprinzip in jeder Embryonalzelle entweder das väterliche oder mütterliche X-Chromosom inaktiviert. Das jeweilige Inaktivierungsmuster bleibt dann in allen Tochterzellen stabil. Der Inaktivierungsprozeß erfaßt jedoch nicht alle Bereiche des betreffenden X-Chromosoms; eine Ausnahme bilden beispielsweise die pseudoautosomalen Regionen.

YAC: „Yeast artificial chromosome". Als Klonierungsvektor benutztes künstliches Hefechromosom mit einer Aufnahmekapazität von 1–2 Mb großen DNA-Fragmenten.

Yeast Two Hybrid: In vivo Assay zur Analyse von Proteinwechselwirkungen. In einer Abwandlung kann das Yeast Two Hybrid System zur Klonierung der cDNA von neuen Interaktionspartnern bekannter Proteine genutzt werden.

Z-DNA: Form der DNA-Doppelhelix, bei der das Phosphat-Zuckerband linksdrehend verläuft. Ein Übergang der DNA von der hauptsächlichen B-Form in die Z-Form findet sich gehäuft an Stellen mit Purin-Pyrimidin-Folgen.

Zellzyklus: Vorgang der sich vom Ende einer Zellteilung über die Interphase bis hin zum Ende der folgenden Zellteilung erstreckt. Der Zellzyklus läßt sich in die Mitose und die Interphaseabschnitte G1, S und G2 einteilen. Nicht am Zellzyklus teilnehmende Zellen befinden sich definitionsgemäß in einer als G0 bezeichneten Ruhephase. Die Progression durch den Zellzyklus wird durch Zyklinkinasekomplexe gesteuert. Der ordnungsgemäße Ablauf des Zellzyklus wird vor dem Übergang von einer Phase in die folgende durch sog. Checkpoints sichergestellt.

Zink-Finger: Strukturmotiv von einigen DNA-bindenden Proteinen, das sich fingerförmig der DNA entgegenstreckt. Es setzt sich aus jeweils zwei charakteristisch angeordneten Cystein und Histidin Bausteinen zusammen, die gemeinsam ein Zink-Ion koordinieren.

Zygote: Eine einzelne Zelle, die durch Fusion einer Eizelle mit einem Spermium entstanden ist.

Register

494   Register